工业和信息化部“十四五”规划教材

科学出版社“十四五”普通高等教育本科规划教材
航空宇航科学与技术教材出版工程

导弹制导控制系统设计

Missile Guidance and Control System Design

韦常柱　崔乃刚　刘延芳　单永志　编著

科学出版社
北京

内 容 简 介

本书是一本适用于高等学校航空航天工程类专业本科生的教材，系统阐述了导弹制导控制系统设计理论和方法。全书共10章，主要内容为导弹的基本概念、系统组成及制导控制技术的发展现状，导弹的数学模型，制导系统的基本原理、自寻的制导系统、遥控制导系统、自主制导系统及各自对应的制导律，导弹控制系统的基本原理、控制模型建立、控制特性分析及要求、经典控制设计方法及现代控制设计方法等内容。本书注重理论联系实际，结合实际科研工作，提供了大量的仿真与分析，便于读者理解。

本书可作为飞行器设计、自动化等专业高年级本科生的教材和教学参考书，也可供从事导弹制导控制系统设计相关工作的研究生、科研人员和工程技术人员参考。

图书在版编目(CIP)数据

导弹制导控制系统设计 / 韦常柱等编著. — 北京 : 科学出版社, 2024.4

科学出版社"十四五"普通高等教育本科规划教材

航空宇航科学与技术教材出版工程

ISBN 978-7-03-078387-5

Ⅰ.①导… Ⅱ.①韦… Ⅲ.①制导武器—控制系统设计—高等学校—教材 Ⅳ.①TJ

中国国家版本馆CIP数据核字(2024)第075395号

责任编辑：徐杨峰 / 责任校对：谭宏宇
责任印制：黄晓鸣 / 封面设计：殷 靓

科学出版社 出版
北京东黄城根北街16号
邮政编码：100717
http://www.sciencep.com

南京展望文化发展有限公司排版
广东虎彩云印刷有限公司印刷
科学出版社发行 各地新华书店经销

*

2024年4月第 一 版 开本：787×1092 1/16
2025年3月第五次印刷 印张：21 1/4
字数：488 000

定价：98.00元

(如有印装质量问题，我社负责调换)

航空宇航科学与技术教材出版工程
编写委员会

从 书 序

我在清华园中出生，旧航空馆对面北坡静置的一架旧飞机是我童年时流连忘返之处。1973年，我作为一名陕北延安老区的北京知青，怀揣着一张印有西北工业大学航空类专业的入学通知书来到古城西安，开始了延绵46年矢志航宇的研修生涯。1984年底，我在美国布朗大学工学部固体与结构力学学门通过Ph. D的论文答辩，旋即带着在24门力学、材料科学和应用数学方面的修课笔记回到清华大学，开始了一名力学学者的登攀之路。1994年我担任该校工程力学系的系主任。随之不久，清华大学委托我组织一个航天研究中心，并在2004年成为该校航天航空学院的首任执行院长。2006年，我受命到杭州担任浙江大学校长，第二年便在该校组建了航空航天学院。力学学科与航宇学科就像一个交互传递信息的双螺旋，记录下我的学业成长。

以我对这两个学科所用教科书的观察：力学教科书有一个推陈出新的问题，航宇教科书有一个宽窄适度的问题。20世纪80~90年代是我国力学类教科书发展的鼎盛时期，之后便只有局部的推进，未出现整体的推陈出新。力学教科书的现状也确实令人扼腕叹息：近现代的力学新应用还未能有效地融入力学学科的基本教材；在物理、生物、化学中所形成的新认识还没能以学科交叉的形式折射到力学学科；以数据科学、人工智能、深度学习为代表的数据驱动研究方法还没有在力学的知识体系中引起足够的共鸣。

如果说力学学科面临着知识固结的危险，航宇学科却孕育着重新洗牌的机遇。在军民融合发展的教育背景下，随着知识体系的涌动向前，航宇学科出现了重塑架构的可能性。一是知识配置方式的融合。在传统的航宇强校（如哈尔滨工业大学、北京航空航天大学、西北工业大学、国防科技大学等），实行的是航宇学科的密集配置。每门课程专业性强，但知识覆盖面窄，于是必然缺少融会贯通的教科书。而2000年后在综合型大学（如清华大学、浙江大学、同济大学等）新成立的航空航天学院，其课程体系与教科书知识面较宽，但不够健全，即宽失于泛、窄不概全，缺乏军民融合、深入浅出的上乘之作。若能够将这两类大学的教育名家邀集一处，互相切磋，是有可能纲举目张，塑造出一套横跨航空和宇航领域，体系完备、详略适中的经典教科书。于是在郑耀教授的热心倡导和推动下，我们得聚22所高校和5个工业部门（航天科技、航天科工、中航、商飞、中航发）的数十位航宇专家于一堂，开启“航空宇航科学与技术教材出版工程”。在科学出版社的大力促进下，为航空与宇航一级学科编纂这套教科书。

考虑到多所高校的航宇学科，或以力学作为理论基础，或由其原有的工程力学系改造而成，所以有必要在教学体系上实行航宇与力学这两个一级学科的共融。美国航宇学科之父冯·卡门先生曾经有一句名言：“科学家发现现存的世界，工程师创造未来的世界……而力学则处在最激动人心的地位，即我们可以两者并举！”因此，我们既希望能够表达航宇学科的无垠、神奇与壮美，也得以表达力学学科的严谨和博大。感谢包为民先生、杜善义先生两位学贯中西的航宇大家的加盟，我们这个由18位专家（多为两院院士）组成的教材建设专家委员会开始使出十八般武艺，推动这一出版工程。

因此，为满足航宇课程建设和不同类型高校之需，在科学出版社盛情邀请下，我们决心编好这套丛书。本套丛书力争实现三个目标：一是全景式地反映航宇学科在当代的知识全貌；二是为不同类型教研机构的航宇学科提供可剪裁组配的教科书体系；三是为若干传统的基础性课程提供其新貌。我们旨在为移动互联网时代，有志于航空和宇航的初学者提供一个全视野和启发性的学科知识平台。

这里要感谢科学出版社上海分社的潘志坚编审和徐杨峰编辑，他们的大胆提议、不断鼓励、精心编辑和精品意识使得本套丛书的出版成为可能。

是为总序。

2019年于杭州西湖区求是村、北京海淀区紫竹公寓

前　言

导弹制导控制系统设计是导弹研发过程中至关重要的环节，它不仅决定了导弹的精确性和可靠性，更是决定导弹飞行性能和战斗力的关键因素。为了使从事导弹制导控制相关领域的研究人员深入地了解导弹制导体制、原理和控制方法，笔者在参考相关文献的基础上，紧密结合自身工程经验，特编写了这本教材。

本书在内容安排上分为制导系统设计和控制系统设计两部分，其中在制导系统设计方面，因已有专门著作深入地阐述了制导律的相关设计方法，本书则重点阐述导弹制导系统原理、制导体制，并简要介绍几种经典的制导律；在控制系统设计方面，本书不对控制系统元件、信号等方面做过多介绍，而重点阐述导弹两回路、三回路经典控制系统设计方法，及鲁棒控制、自抗扰控制等导弹现代控制系统设计方法。

本书凝聚了笔者大量的专业知识、工程经验和心得体会，特别是结合实际科研工作提供了大量的仿真与分析，注重理论与实践相结合，以深入阐述导弹制导控制系统的基本原理、工作机制、设计方法及发展趋势，旨在帮助读者深刻理解核心概念，掌握相应的分析和设计方法，为今后从事导弹制导控制系统相关研发与设计工作奠定坚实基础。

全书共分 10 章。第 1 章介绍了导弹的基本概念、系统组成及制导控制技术的发展现状；第 2 章阐述了导弹的数学模型；第 3 章至第 6 章聚焦导弹制导系统，分别涵盖了制导系统的基本原理、自寻的制导系统、遥控制导系统、自主制导系统及各自对应的制导律；第 7 章至第 10 章则聚焦导弹控制系统，包含了导弹控制系统的基本原理、控制模型建立、控制特性分析及要求、经典控制设计方法以及现代控制设计方法等内容。

本书由韦常柱教授、崔乃刚教授负责统稿。第 1 章由韦常柱教授、崔乃刚教授、单永志研究员编写，第 2 章由崔乃刚教授编写，第 3～6 章由刘延芳研究员编写，第 7～10 章由韦常柱教授编写。

本书在编写过程中得到了关英姿教授和浦甲伦副研究员的大力支持，他们在本书的内容安排、文字勘误上做了诸多工作，在此表示衷心感谢。同时，研究生徐世昊、林建锋、魏皓暄、赵国印、杨志、张峪浩等参与了部分文字与图片的编辑工作，在此一并表示感谢。

本书可作为飞行器设计、自动化等专业高年级本科生的教材和教学参考书，也可供从事导弹制导控制系统设计的科学研究人员和工程技术人员参考。限于编者学识和水平，书中疏漏与不足在所难免，敬请读者批评指正。

编　者

2023 年 10 月于哈尔滨工业大学

目　　录

第1章 绪 论

1.1 导弹概述

导弹是依靠火箭发动机或空气喷气发动机产生喷气反作用力推进，本身带有制导、控制、战斗部等系统的一种飞行武器。按照弹道特征分类，可分为弹道式导弹和非弹道式导弹。弹道式导弹通常没有弹翼，沿着一条预先设定的轨迹飞行，一般采用垂直发射的方式，弹体和弹头之间采用的是分离式结构。而非弹道式导弹通常有弹翼，可以在临近空间或大气层内机动飞行，包括爬升、滑翔、巡航、下压、盘旋、俯冲等，也可以在大气层外的空间飞行。

1. 弹道式导弹

弹道式导弹是一种在火箭发动机推力作用下按预定程序飞行，关机后按自由抛物体轨迹飞行的导弹。整个弹道分为主动段和被动段，主动段弹道是导弹在火箭发动机推力和制导控制系统作用下，从发射点到火箭发动机关机时的飞行轨迹；被动段弹道是导弹从火箭发动机关机点到弹头爆炸点，按照在主动段终点获得的速度和弹道倾角及偏角作惯性飞行的轨迹。弹道式导弹的“弹道”二字通常指的是传统抛物弹道。

2. 非弹道式导弹

非弹道式导弹可分为飞航式导弹、滑翔式导弹及组合式导弹，如滑翔-补能式、往复式滑翔增程型等，兼具飞航式和滑翔式导弹弹道特性。

1）飞航式导弹

飞航式导弹是指采用发动机推力作为飞行动力，依靠翼面所产生的空气动力支撑自身重量，大部分时间在大气层内飞行的导弹，包括多数反飞机导弹、反舰导弹、反坦克导弹和巡航导弹等。飞行弹道通常由起飞爬升段、巡航段或程序飞行段及俯冲段弹道组成。在起飞爬升段，导弹由助推器推动起飞，随后助推器分离；巡航段或程序飞行段是主要的飞行阶段，在这个阶段，主发动机启动，进行水平飞行或按预置程序角飞行；在俯冲段，当接近目标区域时，由制导系统引导导弹，俯冲攻击目标。

2）滑翔式导弹

滑翔式导弹是指利用空气动力进行滑翔飞行的导弹。这类导弹通常由助推器或火箭发动机推动起飞，然后在大气层内进行滑翔飞行。滑翔式导弹的弹体通常具有特定的气动外形和控制系统，通过调整弹翼和控制系统来改变飞行轨迹和速度，以实现稳定滑翔飞行和精确打击目标的目的。

3）组合式导弹

组合式导弹通常指结合飞航式导弹动力巡航和滑翔式导弹无动力滑翔弹道特征的一类新型导弹。通过结合不同的弹道优势，可以针对性地从射程、机动性、突防能力等方面提升导弹的性能。

一种常见的组合式导弹是滑翔-补能式导弹。这种导弹在滑翔器的基础上增加了补能系统。导弹以高超声速进行滑翔飞行过程中，当其速度太小或飞行距离不足时，可以借助自身携带的能够重复开启的发动机进行补能，以提高速度或增加航程。这种设计使得导弹在飞行过程中能够更好地适应复杂的环境条件和战场态势，提高其突防与打击能力。

另外一种常见的组合式导弹采用往复式滑翔与助推的弹道方案，以增加导弹的有效航程，该弹道的特点是导弹在竖直平面内做滑翔下降与助推上升的周期性往复运动。相比于常规水平直飞弹道，往复式滑翔弹道能够有效增加导弹飞行距离。

除了滑翔-补能式、往复式滑翔增程型外，还有其他的组合式导弹设计，这些组合式设计使得导弹能够更好地适应不同的作战环境和任务需求。

以上三种类型的非弹道式导弹各有其特点和优势，适用于不同的作战环境和目标。

本教材主要研究非弹道式导弹。

1.2　导弹系统组成

导弹发展至今，已经形成了庞大的导弹家族，分为各种不同类型的导弹。但从导弹系统组成来看，基本上还是一致的，主要由导弹制导控制系统、动力系统、结构系统和战斗部系统等组成。

1. 制导控制系统

导弹制导控制系统是保证导弹在飞行过程中，能够克服各种干扰因素，使导弹按照预先规定的弹道，或根据目标的运动情况随时修正自身弹道，使之命中目标的一种引导控制系统。广义的制导控制系统是完成引导导弹命中目标的所有设备的总和，对初始目标信息的传递处理、发射控制、战斗部引爆控制等，均是制导系统的重要组成部分。

导弹制导系统是以导弹为引导控制对象的闭环回路，又称“大回路”，由导航系统（位置、速度、姿态敏感元件）、导引系统、控制系统（稳定回路）、弹体动力学及运动学环节（描述导弹与目标相对运动的运动学关系）组成。导弹控制系统又称自动驾驶仪，响应制导系统输出的引导指令信号，产生作用力迫使导弹改变方向，使导弹沿着要求的弹道飞行，同时稳定导弹的飞行，一般由姿态敏感元件、操纵面位置敏感元件、计算机（或综合比较放大器）、伺服机构和操纵面等组成。稳定导弹飞行是控制系统的一项重要任务，控制系统也因此被称为稳定回路或“小回路”。

2. 动力系统

导弹动力系统是提供推力以驱动导弹飞行的整套装置，也称为导弹动力装置。导弹动力系统向与导弹飞行相反的方向喷射工质，从而产生推力并推动导弹运动。根据所使用的燃料类型，导弹动力系统通常分为固体火箭发动机、液体火箭发动机和吸气式发动机。

固体火箭发动机的推进剂制成药柱并装填在发动机壳体中，点燃后产生高温高压气体反推导弹飞行，结构简单、紧凑并易于使用，发射准备时间短，但比冲相对较低，不方便多次启动或重复使用，主要应用在中程或小型导弹上。液体火箭发动机以液态燃烧剂和氧化剂作为能源，比冲较高，可通过调整燃料喷射速度灵活调整导弹推力，可关闭并重新启动，但结构复杂，燃料注入需要时间，不利于储存操作，主要应用在洲际导弹等大型武器上。吸气式发动机仅自带燃料并利用空气作为氧化剂，常用于远程对陆、对舰攻击的导弹，同时大部分采用吸气式发动机的导弹均采用两种或两种以上发动机组合。

3. 结构系统

结构系统是导弹的重要组成部分，它不仅用于构成导弹的外形，还用于连接和安装导弹上的各个分系统。同时，它还能够承受各种载荷，如飞行中的气动力、惯性力、推力等，以确保导弹的稳定性和可靠性。为了提高导弹的运载能力，弹体结构的质量应尽量减轻，因此需要采用高比强度的材料和先进的结构形式。常用的优质轻合金材料包括铝合金、钛合金等，这些材料具有较高的强度和较轻的重量，能够有效地减轻导弹的质量。同时，也使用玻璃钢等复合材料，这些材料具有较好的抗腐蚀性和耐高温性，能够满足导弹在复杂环境下的工作要求。

弹体结构的外形设计需满足各类导弹不同的空气动力学要求，同时由于导弹飞行速度快，弹体结构也必须适应高机动能力的需求。为了提高导弹的机动能力，弹体结构通常采用大细长比设计，以减小导弹在飞行中的阻力。

有些导弹气动防热给结构提出了特殊要求，通常采用特殊的材料和设计，如烧蚀材料、热防护层等，以保护导弹内部的关键部件不受高温和气动力的影响。

4. 战斗部系统

战斗部系统主要由引信和战斗部组成，是负责导弹起爆和杀伤的核心部分。引信是利用环境信息和目标信息，在预定条件下控制战斗部在相对于目标最有利的位置或时机起爆或引爆战斗部装药的控制系统。它必须具备安全控制、解除保险，感知目标、起爆控制四个基本功能。引信是由探测目标的传感器、使战斗部爆炸的点火机构和确保安全的保险机构组成，其工作过程的动态性、瞬时性和一次性，构成了其区别于导弹其他系统的主要特点。一个具有良好性能的导弹引信，不仅能保证战斗部以至全弹的安全性，而且能使战斗部充分发挥毁伤目标的威力。

战斗部是导弹中直接用于摧毁或杀伤目标的部件，根据毁伤元素的不同，战斗部可以分为常规战斗部、核战斗部、特种战斗部、新型战斗部和新概念战斗部等。常规战斗部中，杀爆战斗部是最常用的一种，它依赖于炸药爆炸产生的高速破片和高压气体对目标造成破坏。在设计杀爆战斗部时，导弹的制导精度对战斗部的质量下限有很大影响。

1.3　导弹制导方法概述

制导系统用于控制弹体在按照预定的弹道或修正弹道飞行时，克服在飞行过程中的各种干扰和不确定因素，直至命中目标。制导系统愈加精准，导弹的作战效能愈能充分发挥。因此,制导系统的研发也就成了研究重点,制导技术在原理、体制和方法上不断有新的突破。

1.3.1 制导体制

导弹的制导体制是导弹飞行过程中实时敏感飞行偏差,生成引导指令以达到预定目标所采用的方法和技术,按形成导引指令所需的信号来源和形成引导指令的方式来分,目前导弹常用的制导体制主要分为自寻的制导、遥控制导与自主制导三类。

1. 自寻的制导

由装在导弹上的敏感器(导引头)接收目标辐射或反射的能量(如电磁波、红外线、激光、可见光、声音等),测量目标、导弹相对运动的参数,按照确定的关系直接形成引导指令,控制导弹飞向目标的制导系统,称为自寻的制导系统。

由于自寻的制导系统全部装在弹内,所以导弹本身装置比较复杂,但制导精度比较高,可使导弹攻击高速目标,而且导弹与指挥站间没有直接联系,能发射后不管。但由于它靠来自目标的能量来检测导弹的飞行偏差,因此,作用距离有限,且易受外界的干扰。

自寻的制导一般用于空空导弹、地空导弹、空地导弹和某些弹道导弹、巡航导弹的飞行末段,以提高末段制导精度。

2. 遥控制导

由导弹以外的制导站向导弹发出引导信息的制导系统,称为遥控制导系统。这里所说的引导信息,可能是导引指令或导弹的位置信息,制导站可设在地面、空中或海上。

遥控式制导系统的优点是弹内装置较简单,作用距离可以比自寻的制导系统稍远,但制导过程中制导站不能撤离,易被敌方攻击。遥控制导的制导精度较高,但随导弹与制导站的距离增大而降低,且容易受外界干扰。

遥控式制导系统多用于地空导弹和一些空空、空地导弹,有些战术巡航导弹也用遥控指令制导修正其航向,早期的反坦克导弹多采用有线遥控指令制导。

3. 自主制导

引导指令信号仅由弹上制导设备敏感地球或宇宙空间物质的物理特性而产生,制导系统和目标、指挥站不发生联系的制导系统,称为自主制导系统。

采用自主制导系统的导弹,由于和目标及指挥站不发生任何联系,故隐蔽性好,不易被干扰。导弹的射程远,完全取决于弹内制导系统。但导弹一经发射出去,其飞行弹道就不能再变,所以只能攻击固定目标或将导弹引向预定区域。

自主制导系统一般用于弹道导弹、巡航导弹和某些战术导弹(如地空导弹)的初始飞行段。

除了以上三类制导体制外,目前导弹采用的制导体制还包括指令-寻的制导及根据任务需求综合各类制导方法的组合制导等。

1.3.2 制导律

精确制导方法的探索研究开始于20世纪30年代,随后,各国学者利用不同的控制理论针对不同角度设计了各种制导律，主要有建立在早期概念上的经典制导律及其变体，以及建立在现代控制理论上的各种现代制导律。

经典制导律主要包含追踪法、平行接近法和比例导引法。

追踪法控制导弹弹体或速度矢量实时指向目标，该方法的技术实现较简单，但弹道弯曲，需用法向过载较大，故追踪法目前应用较少；平行接近法控制目标视线角速率为零，使目标视线在空间内平移，该方法弹道平直，需用过载小，但难以工程实现；比例导引法控制速度矢量角速率和目标视线角速率成比例，该比值为导航比，导航比设为 1 即追踪法，导航比无穷大即为平行接近法，故该方法介于追踪法和平行接近法之间，弹道相对平直且工程上易于实现。

在上述经典制导律中，比例导引法的应用最为广泛。Bryson 证明了比例导引法是一种最小化终端脱靶量的最优控制律[1]。故国内外许多学者对比例导引法进行了研究和改进，针对不同的应用场景，提出了各种比例导引及其变体。

1. 传统比例导引

主要有纯比例导引和真比例导引，指令加速度方向分别垂直于速度矢量和弹目视线矢量，在导弹和目标速度均为常值且目标不机动的条件下，传统比例导引具备最优制导效果，但应对机动目标制导效果较差。

2. 理想比例导引

指令加速度方向垂直于相对速度矢量[2]，在不考虑导弹过载限制条件下，只要导航比>2，理想比例导引就能在任意初始状态命中目标[3]，但在导弹过载受限情况无法实现，故理想比例导引没有被广泛应用。

3. 偏置比例导引

在视线角速度的基础上增加一个偏置项，通过对偏置项设计可在命中目标的同时实现约束落角、减少控制能量等目的。

4. 扩展比例导引

在传统比例导引的基础上增加目标机动加速度修正项，传统比例导引拦截机动目标时需用过载较大，而扩展比例导引可显著减小导弹需用过载[4]。

5. 广义比例导引

指令加速度垂直于与视线有一固定偏置角的方向，实际上是增加了目标机动的修正，因此对拦截机动目标性能有一定提升。

随着现代对制导精度需求的提升，各种现代控制理论被运用于制导律的设计中，形成了各类现代制导律。现代制导律主要包含基于最优控制理论的最优制导律、弹道成型制导律，基于滑模变结构控制理论的滑模制导律，基于博弈论的微分对策制导律等，本教材不对这些现代制导律做展开介绍，感兴趣的读者可参考相关文献。

1.4 导弹控制方法概述

为适应日益复杂的战场环境，导弹需要具备应对大机动飞行目标、大空域作战拦截和对超低空目标拦截等任务的能力。因此，研究和发展先进导弹控制方法，以提高导弹的机动能力和制导精度等作战特性,以及更好地协调机动性与稳定性之间的矛盾,变得日益迫切。

1.4.1 经典控制方法

导弹经典控制设计方法中通常首先将非线性运动分解为三个独立的通道,然后对每个通道分别设计控制器。传统的飞行控制系统设计主要采用固定增益方法,并且控制算法主要基于经典控制理论的时域法、频率响应法和根轨迹法等。当导弹按照预定弹道飞行时,控制器的参数会根据预定方案进行实时调整,通常可以保证控制品质达到要求。

经典控制方法的控制回路包含两回路、带 PI 校正的两回路、三回路等。两回路控制方法采用加速度计的量测过载作为主反馈,角速率陀螺反馈构成阻尼回路,可改善弹体的等效阻尼;带 PI 校正的两回路控制在两回路控制的基础上,增加了 PI 校正环节,可以有效减小跟踪的静态误差;三回路控制则增加了姿态角或者伪攻角反馈回路,可进一步提高控制性能。这些方法可以消除系统偏差并增加系统稳定性,且由于其简单易行,至今仍广泛应用于飞行控制系统设计中。

1.4.2 现代控制方法

相较于经典控制方法,现代控制方法在抑制参数摄动和各种干扰的影响方面表现更为出色,同时还能考虑系统未建模的动态,因此具有更好的控制性能,这使得现代控制方法在导弹控制系统设计中也得到了应用,从而推动了导弹控制技术的巨大发展。其中,鲁棒控制、自抗扰控制、滑模变结构控制、反馈线性化控制和反演控制等方法是具有代表性的几种。

1. 鲁棒控制

鲁棒控制是解决系统不确定问题的重要方法,由 Doyle J C 等在 20 世纪 80 年代提出。其核心思想是在已知被控对象变化范围的情况下,设计具有固定参数的控制器,以确保当被控对象在这个范围内发生摄动时,系统的动态性能能够满足特定的指标要求。

鲁棒控制可以解决两类问题: ① 不确定性问题,不确定性是指模型不确定性,即所设计的数学模型与实际的物理系统不一致,模型不确定性又可分为模型参数的变化和未建模动态特性两类;② 多变量控制问题,多变量系统是指有多个输入输出变量的系统,或称多入多出系统(multi-input multi-output, MIMO),而对于多变量系统的控制问题即为多变量控制问题。

在鲁棒控制器设计中,通常需要先将广义控制对象 G 和控制器 K 统一转化为标准问题,即得到外部输入信号 w、控制信号 u、系统输出信号 y 及表示性能要求的加权输出 z 的状态空间实现;再利用设计的反馈控制器 K 获得由 w 到 z 的闭环传递函数;最终通过求取闭环传递函数的 H_∞ 范数,获取一个真有理[即 $|k(\infty)|$ 为有限值]的控制器 K,实现控制器 K 镇定广义控制对象 G 的目的。

目前,鲁棒控制已经形成了许多有效的分析和综合方法,其中研究和应用较多的是 H_∞ 控制和 μ 综合。将 H_∞ 控制理论和 μ 综合方法应用于导弹的控制系统设计,与经典设计方法相比,具有更好的鲁棒稳定性能和更好的控制效果。但实际上,控制系统的鲁棒性和动态性能之间存在一定的矛盾。鲁棒控制以牺牲系统动态性能为代价，换取系统的鲁棒性，因此设计上更倾向于保守。

2. 自抗扰控制

自抗扰控制是韩京清研究员于 1998 年正式提出的一种不依赖被控对象精确模型的新型实用技术。自抗扰控制突破了“绝对不变性原理”和“内模原理”的局限性，发扬了 PID 控制的精髓——“基于误差来消除误差”，并吸收了现代控制理论成就的基础，是一种新型实用控制方法。

自抗扰控制不依赖系统的精确模型，可直接利用被控对象的输入输出信息对系统状态及“总扰动”进行估计并在线补偿，当存在多种不确定性时，依然可以保持良好的控制性能。自抗扰控制系统包括：跟踪微分器、非线性状态误差反馈控制律、扩张状态观测器及扰动补偿部分[5]。

跟踪微分器能够快速地跟踪输入信号，并产生输入信号的近似微分信号，可分为非线性跟踪微分器和线性跟踪微分器。将系统总扰动作为系统新的扩张状态，针对扩张后的新系统设计状态观测器称为扩张状态观测器。扩张状态观测器对系统总扰动进行实时估计，扰动补偿部分根据估计出的总扰动进行合理补偿，可将原系统近似为积分串联型系统。基于跟踪微分器和扩张状态观测器产生的误差信号和各阶误差微分信号，可以选取不同形式的非线性误差反馈控制律，实现高精度快速控制。

综上，由于自抗扰控制具有不依赖于精确数学模型、可扩展性强等特点，在控制领域展现出旺盛的生命力，但是控制参数整定复杂、稳定性理论分析难度大、理论结果依赖于观测器带宽足够高等问题依然有待解决。

3. 滑模变结构控制

滑模变结构控制在 20 世纪 50 年代由 Utkin 等提出，这种控制方法通过控制量的切换，迫使系统按照预定“滑动模态”的状态轨迹运动，这种滑动模态是可以设计的，且与系统的参数摄动和扰动无关，这样系统在受到参数摄动和外部干扰时具有不变性，从而提高了鲁棒性。

滑模变结构控制系统的设计步骤包括：首先定义滑动模态 $s(x)$，并确保其存在性；随后设计控制函数，使得滑动模态满足可达性条件，即在 $s(x)$ 以外的运动点都将于有限的时间内到达 $s(x)$；最后通过理论证明，保证滑模运动的稳定性；并在稳定的前提下调节控制参数，以满足控制系统的动态品质要求。

滑模控制具有对参数变化及扰动不灵敏等优点，近年来得到了学者的广泛关注，成为导弹控制系统的现代设计方法之一。但该方法的缺点在于：当状态轨迹到达滑模面后，难于严格地沿着滑模面向着平衡点滑动，而是在滑模面两侧往复穿越，由此产生抖振现象。这种抖振在理论上是无限快的，没有执行机构能够实现，且易激发导弹的未建模特性，从而对工程应用带来困难。因此，削弱抖振而不影响鲁棒性是滑模变结构控制系统设计的一个重要课题。目前，削弱抖振的有效方法主要包括：边界层的准滑动模态、自适应控制和高阶滑模方法等[6]。

4. 反馈线性化控制

反馈线性化的基本思想是利用全状态反馈来消除原系统中的非线性特性，从而得到伪线性系统,然后应用线性理论对系统进行综合[7]。反馈线性化方法可以分为微分几何方法和非线性动态逆方法。微分几何方法在理论上比较容易展开,可以从统一的微分几何概念出发对各种不同问题进行深入研究。然而,这种方法比较抽象,不便于工程应用。非线性动态逆方法则具有直观、简便、易于理解的特点,且便于工程应用。动态逆适用于多变量、非线性、强耦合及时变对象的控制,并且其系统模型不受仿射非线性形式的限制。

对于导弹而言,其本质属于仿射非线性系统。而对于仿射非线性系统,在理论上已经得出了用状态反馈及局部微分同胚将其线性化的充分条件,这就保证了非线性动态逆方法在导弹控制系统设计中应用的可行性。然而,采用反馈线性化方法要求已知被控对象的精确数学模型,而实际系统的精确数学模型通常是难以得到的,因此采用该方法设计的导弹控制系统的鲁棒性能较差。

5. 反演控制

反演控制最早由 Krstic 等于 1994 年提出,是一种针对复杂非线性系统的控制设计方法。其基本思想是:将复杂的非线性系统分解为不超过系统阶数的若干个子系统,然后根据李亚普诺夫稳定性定理设计每个子系统的李亚普诺夫函数和中间虚拟控制量,一直“后退”到整个系统,最后将它们集成起来实现控制律的设计方法,其关键在于将某些状态视为另一些状态的虚拟控制输入,并最终找到一个李亚普诺夫函数,从而推导出使整个系统闭环稳定的控制律[8]。

反演控制的一般设计步骤是:首先选取系统的部分状态构成子系统,将剩余的状态视为该子系统的虚拟控制输入,然后构造李亚普诺夫函数,设计虚拟控制律,以确保该子系统稳定。接下来,基于已设计的虚拟控制量,再选取系统的部分状态,设计虚拟误差变量,并将该虚拟误差变量与前面的子系统组成新的子系统。按照此方法由前向后递归设计,最后设计系统的实际控制律,以确保整个系统稳定。

反演控制的实质是一种静态补偿的思想,它容易构造李亚普诺夫函数,并在控制器设计过程中可考虑系统中各类约束条件及不确定性,适用于可状态线性化的严格反馈不确定非线性系统。此外,反演控制不需要参数辨识,设计得到的系统收敛速度较快。

然而,反演控制也存在一些不容忽视的问题,例如鲁棒性及饱和问题。但是,反演控制具有较强的灵活性,可增广其他控制结构,为解决这些问题提供了可能。

第 2 章
导弹数学模型建立与分析

导弹运动方程是表征导弹运动规律的数学模型,也是分析、计算和模拟导弹运动的基础。本章将要介绍：导弹飞行力学中常用的坐标系及坐标系之间的转换关系;作用在导弹上的力和力矩;分别建立在弹道坐标系与速度坐标系下的导弹运动方程组,以及两种坐标系下运动方程组特性分析与应用场景。本章在编写过程中主要参考了文献[9-14]。

2.1 坐标系定义及转换关系

建立描述导弹运动的标量方程,常常需要定义一些坐标系。由于选取不同的坐标系,所建立导弹运动方程组的形式和复杂程度也会有所不同。因此,选取合适的坐标系是十分重要的[1]。选取坐标系的原则是：既能正确地描述导弹的运动,又要使描述导弹运动的方程形式简单且清晰明了。

2.1.1 坐标系定义

导弹飞行力学中经常用到的坐标系有弹体坐标系 $Ox_1y_1z_1$、速度坐标系 $Ox_3y_3z_3$、地面坐标系 $Axyz$ 和弹道坐标系 $Ox_2y_2z_2$,它们都是右手直角坐标系。

1. 速度坐标系 $Ox_3y_3z_3$

原点 O 取在导弹的质心上;Ox_3 轴与导弹速度矢量 $\boldsymbol{V}$ 重合;Oy_3 轴位于弹体纵向对称面内与 Ox_3 轴垂直,向上为正;Oz_3 轴垂直于 x_3Oy_3 平面,其方向按右手定则确定。此坐标系与导弹速度矢量固联,是一个动坐标系。

2. 弹体坐标系 $Ox_1y_1z_1$

原点 O 取在导弹的质心上;Ox_1 轴与弹体纵轴重合,指向头部为正;Oy_1 轴在弹体纵向对称平面内,垂直于 Ox_1 轴,向上为正;Oz_1 轴垂直于 x_1Oy_1 平面,方向按右手定则确定。此坐标系与弹体固联,也是动坐标系。

3. 地面坐标系 $Axyz$

地面坐标系 $Axyz$ 与地球固联,原点 A 通常取导弹发射点质心在地面(水平面)上的投影点,Ax 轴在水平面内,指向目标(或目标在地面的投影)为正; Ay 轴与地面垂直,向上为正; Az 轴按右手定则确定,如图 2-1 所示。为了便于进行坐标变换,通常将地面坐标系平移,即原点 A 移至导弹质心 O 处,各坐标轴平行移动。

对于近程战术导弹而言,地面坐标系就是惯性坐标系,主要是用来作为确定导弹质心

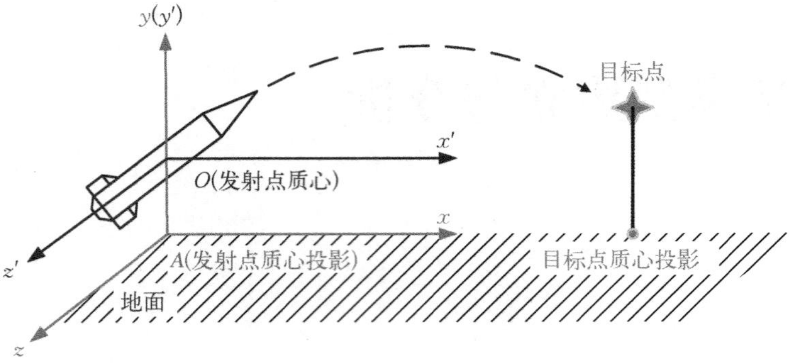

图 2-1 地面坐标系

位置和空间姿态的基准的。

4. 弹道坐标系 $Ox_2y_2z_2$

弹道坐标系 $Ox_2y_2z_2$ 的原点 O 取在导弹的质心上；Ox_2 轴同导弹质心的速度矢量 $\boldsymbol{V}$ 重合(即与速度坐标系 $Ox_3y_3z_3$ 的 Ox_3 轴完全一致)；Oy_2 轴位于包含速度矢量 $\boldsymbol{V}$ 的铅垂平面内，且垂直于 Ox_2 轴，向上为正；Oz_2 轴按照右手定则确定。

弹道坐标系与导弹的速度矢量 $\boldsymbol{V}$ 固联，是一个动坐标系。该坐标系主要用于研究导弹质心的运动特性，在以后的研究中会发现，利用该坐标系建立的导弹质心运动的动力学方程，在分析和研究弹道特性时比较简单清晰。

弹体坐标系 $Ox_1y_1z_1$ 与弹体固联，随导弹在空间运动。它与地面坐标系配合，可以确定弹体的姿态。另外，研究作用在导弹上的推力、推力偏心形成的力矩以及气动力矩时，利用该坐标系也比较方便。

速度坐标系 $Ox_3y_3z_3$ 也是动坐标系，常用来研究作用于导弹上的空气动力 $\boldsymbol{R}$。该力在速度坐标系各轴上的投影分量就是所谓的阻力 $\boldsymbol{X}$、升力 $\boldsymbol{Y}$ 和侧向力 $\boldsymbol{Z}$（简称为侧力）。

2.1.2 坐标系转换

导弹在飞行过程中，作用其上的力包括空气动力、推力和重力。一般情况下，各个力分别定义在上述不同的坐标系中。要建立描绘导弹质心运动的动力学方程，必须将分别定义在各坐标系中的力变换(投影)到某个选定的、能够表征导弹运动特征的坐标系中。为此，就要首先建立各坐标系之间的变换关系。实际上，只要知道任意两个坐标系各对应轴的相互方位，就可以用一个确定的变换矩阵给出它们之间的变换关系。

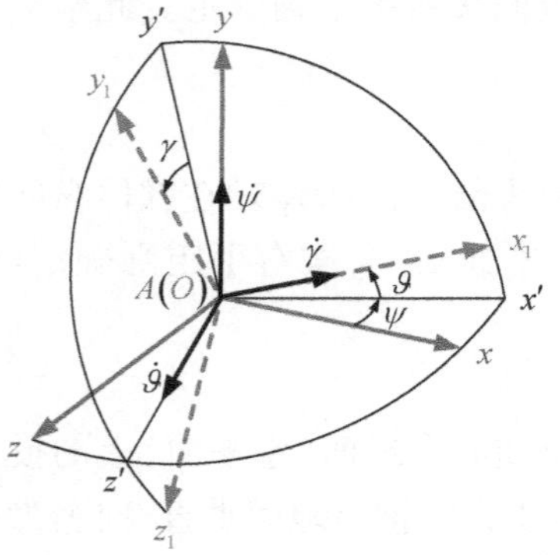

图 2-2 地面坐标系 $Axyz$ 到弹体坐标系 $Ox_1y_1z_1$ 的变换关系

1. 地面坐标系到弹体坐标系的变换矩阵

将地面坐标系 $Axyz$ 平移，使原点 A 与弹体坐标系 $Ox_1y_1z_1$ 的原点 O 重合。弹体坐标系 $Ox_1y_1z_1$ 相对地面坐标系 $Axyz$ 的方位，可用三个姿态角来确定，它们分别为偏航角 ψ、俯仰角 ϑ、滚转角(又称倾斜角) γ，如图 2-2 所示。其定义如下。

（1）偏航角 ψ：导弹的纵轴 Ox_1 在水平面上的投影与地面坐标系 Ax 轴之间的夹角。由 Ax 轴逆时针方向转至导弹纵轴的投影线时，偏航角 ψ 为正（转动角速度方向与 Ay 轴的正向一致），反之为负。

（2）俯仰角 ϑ：导弹的纵轴 Ox_1 与水平面之间的夹角。若导弹纵轴指向水平面向上，则俯仰角 ϑ 为正（转动角速度方向与 Az' 轴的正向一致），反之为负。

（3）滚转角 γ：导弹的 Oy_1 轴与包含弹体纵轴 Ox_1 的铅垂平面之间的夹角。从弹体尾部顺 Ox_1 轴往前看，若 Oy_1 轴位于铅垂平面的右侧，形成的夹角 γ 为正（转动角速度方向与 Ox_1 轴的正向一致），反之为负。

以上定义的三个角度，通常称为欧拉角，又称为弹体的姿态角。按照姿态角的定义，绕相应坐标轴依次旋转 ψ，ϑ 和 γ（如图 2-2），每一次旋转称为基元旋转，相应得到三个基元变换矩阵（又称初等变换矩阵），这三个基元变换矩阵的乘积，就是坐标变换矩阵 $\boldsymbol{L}(\psi,\ \vartheta,\ \gamma)$。

可得到地面坐标系 $Axyz$ 到弹体坐标系 $Ox_1y_1z_1$ 的变换关系为

$$\begin{pmatrix} x_1 \\ y_1 \\ z_1 \end{pmatrix} = \boldsymbol{L}(\psi,\ \vartheta,\ \gamma)\begin{pmatrix} x \\ y \\ z \end{pmatrix} \tag{2-1}$$

其中，坐标变换矩阵 $\boldsymbol{L}(\psi,\ \vartheta,\ \gamma)$ 为

$$\boldsymbol{L}(\psi,\ \vartheta,\ \gamma) = \begin{pmatrix} \cos\vartheta\cos\psi & \sin\vartheta & -\cos\vartheta\sin\psi \\ -\sin\vartheta\cos\psi\cos\gamma + \sin\psi\sin\gamma & \cos\vartheta\cos\gamma & \sin\vartheta\sin\psi\cos\gamma + \cos\psi\sin\gamma \\ \sin\vartheta\cos\psi\sin\gamma + \sin\psi\cos\gamma & -\cos\vartheta\sin\gamma & -\sin\vartheta\sin\psi\sin\gamma + \cos\psi\cos\gamma \end{pmatrix} \tag{2-2}$$

相应地，弹体坐标系 $Ox_1y_1z_1$ 到地面坐标系 $Axyz$ 的变换关系为

$$\begin{pmatrix} x \\ y \\ z \end{pmatrix} = \boldsymbol{L}^{-1}(\psi,\ \vartheta,\ \gamma)\begin{pmatrix} x_1 \\ y_1 \\ z_1 \end{pmatrix} \tag{2-3}$$

由于坐标变换矩阵 $\boldsymbol{L}(\psi,\ \vartheta,\ \gamma)$ 是规范化正交矩阵，所以 $\boldsymbol{L}^{-1}(\psi,\ \vartheta,\ \gamma) = \boldsymbol{L}^{\mathrm{T}}(\psi,\ \vartheta,\ \gamma)$。

2. 地面坐标系到弹道坐标系的变换矩阵

地面坐标系 $Axyz$ 到弹道坐标系 $Ox_2y_2z_2$ 的变换可通过两次旋转得到，如图 2-3 所示。它们之间的相互方位可由两个角度确定，分别定义如下。

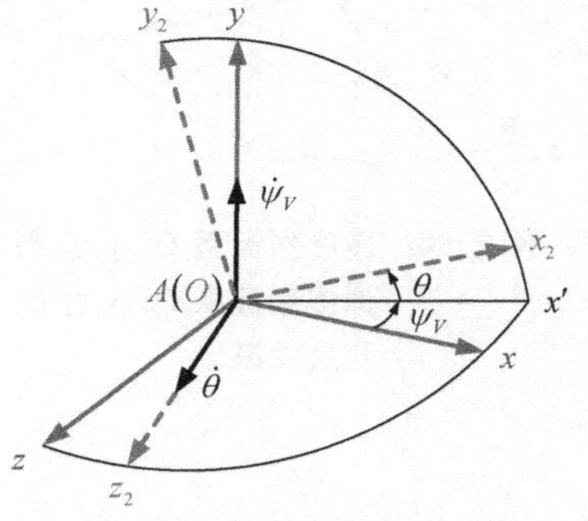

图 2-3　地面坐标系 $Axyz$ 到弹道坐标系 $Ox_2y_2z_2$ 的变换关系

（1）弹道倾角 θ：导弹的速度矢量 $\boldsymbol{V}$（即 Ox_2 轴）与水平面 xAz 之间的夹角，若速度矢量 $\boldsymbol{V}$ 在水平面之上，则 θ 为正，反之为负。

（2）弹道偏角 ψ_V：导弹的速度矢量 $\boldsymbol{V}$ 在水平面 xAz

上的投影 Ox' 与 Ax 轴之间的夹角。沿 Ay 轴向下看，当 Ax 轴逆时针方向转到投影线 Ox' 上时，弹道偏角 ψ_V 为正，反之为负。

首先将地面坐标系 $Axyz$ 绕 Oy 轴旋转一个 ψ_V 角，然后再绕 Oz_2 轴旋转一个 θ 角，即可得到弹道坐标系 $Ox_2y_2z_2$，可得到地面坐标系 $Axyz$ 到弹道坐标系 $Ox_2y_2z_2$ 的变换关系为

$$\begin{pmatrix} x_2 \\ y_2 \\ z_2 \end{pmatrix} = \boldsymbol{L}(\psi_V,\ \theta)\begin{pmatrix} x \\ y \\ z \end{pmatrix} \tag{2-4}$$

其中，坐标变换矩阵 $\boldsymbol{L}(\psi_V,\ \theta)$ 为

$$\boldsymbol{L}(\psi_V,\ \theta) = \boldsymbol{L}_z(\theta)\boldsymbol{L}_y(\psi_V) = \begin{pmatrix} \cos\theta\cos\psi_V & \sin\theta & -\cos\theta\sin\psi_V \\ -\sin\theta\cos\psi_V & \cos\theta & \sin\theta\sin\psi_V \\ \sin\psi_V & 0 & \cos\psi_V \end{pmatrix} \tag{2-5}$$

相应地，弹道坐标系 $Ox_2y_2z_2$ 到地面坐标系 $Axyz$ 的变换关系为

$$\begin{pmatrix} x \\ y \\ z \end{pmatrix} = \boldsymbol{L}^{-1}(\psi_V,\ \theta)\begin{pmatrix} x_2 \\ y_2 \\ z_2 \end{pmatrix} \tag{2-6}$$

由于坐标变换矩阵 $\boldsymbol{L}(\psi_V,\ \theta)$ 是规范化正交矩阵，所以 $\boldsymbol{L}^{-1}(\psi_V,\ \theta) = \boldsymbol{L}^{\mathrm{T}}(\psi_V,\ \theta)$。

3. 速度坐标系到弹体坐标系的变换矩阵

由坐标系的定义可知，速度坐标系 $Ox_3y_3z_3$ 到弹体坐标系 $Ox_1y_1z_1$ 的变换关系可通过两次旋转得到，如图 2－4 所示，分别定义如下。

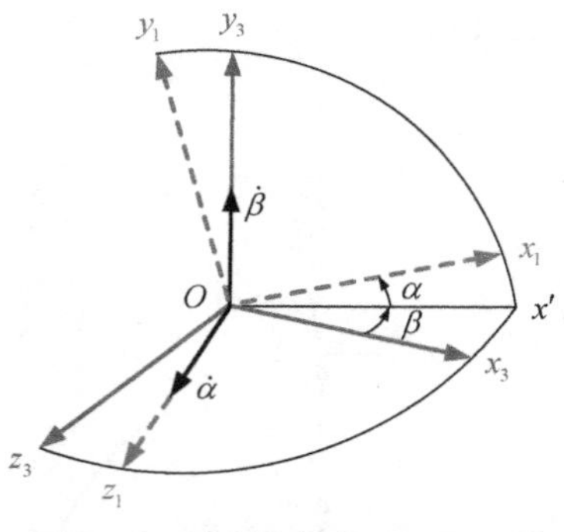

图 2－4 速度坐标系 $Ox_3y_3z_3$ 到弹体坐标系 $Ox_1y_1z_1$ 的变换关系

（1）攻角 α：速度矢量 $\boldsymbol{V}$ 在纵向对称平面上的投影与纵轴 Ox_1 的夹角，当纵轴位于投影线的上方时，攻角 α 为正；反之为负。

（2）侧滑角 β：速度矢量 $\boldsymbol{V}$ 与纵向对称平面之间的夹角，若来流从右侧（沿飞行方向观察）流向弹体，则所对应的侧滑角 β 为正；反之为负。

首先将速度坐标系 $Ox_3y_3z_3$ 绕 Oy_3 轴旋转一个 β 角，然后再绕 Oz_1 轴旋转一个 α 角，即可得到弹体坐标系 $Ox_1y_1z_1$，可得到速度坐标系 $Ox_3y_3z_3$ 到弹体坐标系 $Ox_1y_1z_1$ 的变换关系为

$$\begin{pmatrix} x_1 \\ y_1 \\ z_1 \end{pmatrix} = \boldsymbol{L}(\beta,\ \alpha)\begin{pmatrix} x_3 \\ y_3 \\ z_3 \end{pmatrix} \tag{2-7}$$

其中，坐标变换矩阵 $\boldsymbol{L}(\beta,\ \alpha)$ 为

$$L(\beta,\ \alpha) = L_z(\alpha)L_y(\beta) = \begin{pmatrix} \cos\alpha\cos\beta & \sin\alpha & -\cos\alpha\sin\beta \\ -\sin\alpha\cos\beta & \cos\alpha & \sin\alpha\sin\beta \\ \sin\beta & 0 & \cos\beta \end{pmatrix} \tag{2-8}$$

相应地，弹体坐标系 $Ox_1y_1z_1$ 到速度坐标系 $Ox_3y_3z_3$ 的变换关系为

$$\begin{pmatrix} x_3 \\ y_3 \\ z_3 \end{pmatrix} = L^{-1}(\beta,\ \alpha)\begin{pmatrix} x_1 \\ y_1 \\ z_1 \end{pmatrix} \tag{2-9}$$

由于坐标变换矩阵 $L(\beta,\ \alpha)$ 是规范化正交矩阵，所以 $L^{-1}(\beta,\ \alpha) = L^{\mathrm{T}}(\beta,\ \alpha)$。

4. 弹道坐标系到速度坐标系的变换矩阵

由这两个坐标系的定义可知，Ox_2 轴和 Ox_3 轴都与速度矢量 V 重合，因此，它们之间的相互方位只用一个角参数 γ_V 即可确定。γ_V 称为速度滚转角，定义成位于导弹纵向对称平面 x_1Oy_1 内的 Oy_3 轴与包含速度矢量 V 的铅垂面之间的夹角（Oy_2 轴与 Oy_3 轴的夹角）。沿着速度方向（从导弹尾部）看，Oy_2 轴顺时针方向转到 Oy_3 轴时，γ_V 为正，反之为负（见图 2-5）。

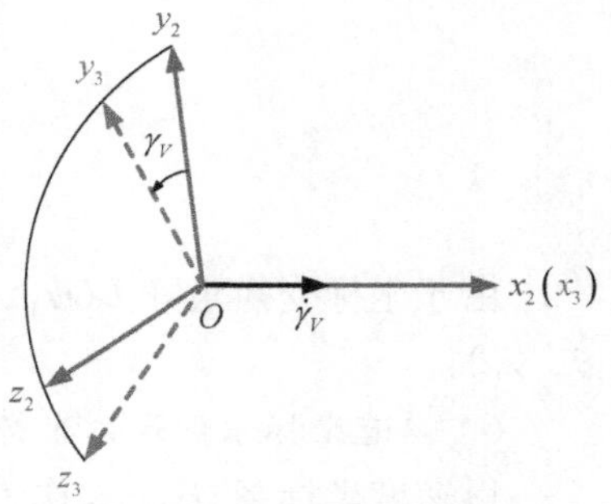

图 2-5　弹道坐标系 $Ox_2y_2z_2$ 到速度坐标系 $Ox_3y_3z_3$ 的变换关系

将弹道坐标系 $Ox_2y_2z_2$ 绕 Ox_2 轴旋转 γ_V 角即可得到速度坐标系 $Ox_3y_3z_3$，可得到弹道坐标系 $Ox_2y_2z_2$ 到速度坐标系 $Ox_3y_3z_3$ 的变换关系为

$$\begin{pmatrix} x_3 \\ y_3 \\ z_3 \end{pmatrix} = L(\gamma_V)\begin{pmatrix} x_2 \\ y_2 \\ z_2 \end{pmatrix} \tag{2-10}$$

其中，坐标变换矩阵 $L(\gamma_V)$ 为

$$L(\gamma_V) = L_x(\gamma_V) = \begin{pmatrix} 1 & 0 & 0 \\ 0 & \cos\gamma_V & \sin\gamma_V \\ 0 & -\sin\gamma_V & \cos\gamma_V \end{pmatrix} \tag{2-11}$$

相应地，速度坐标系 $Ox_3y_3z_3$ 到弹道坐标系 $Ox_2y_2z_2$ 的变换关系为

$$\begin{pmatrix} x_2 \\ y_2 \\ z_2 \end{pmatrix} = L^{-1}(\gamma_V)\begin{pmatrix} x_3 \\ y_3 \\ z_3 \end{pmatrix} \tag{2-12}$$

由于坐标变换矩阵 $L(\gamma_V)$ 是基元变换矩阵，所以 $L^{-1}(\gamma_V) = L^{\mathrm{T}}(\gamma_V)$。

5. 地面坐标系到速度坐标系的变换矩阵

以弹道坐标系 $Ox_2y_2z_2$ 作为过渡坐标系，可得到地面坐标系 $Axyz$ 到速度坐标系 $Ox_3y_3z_3$ 的变换关系为

$$\begin{pmatrix} x_3 \\ y_3 \\ z_3 \end{pmatrix} = \boldsymbol{L}(\psi_V,\ \theta,\ \gamma_V)\begin{pmatrix} x \\ y \\ z \end{pmatrix} \tag{2-13}$$

其中,坐标变换矩阵 $\boldsymbol{L}(\psi_V,\ \theta,\ \gamma_V)$ 为

$$\begin{aligned}\boldsymbol{L}(\psi_V,\ \theta,\ \gamma_V) &= \boldsymbol{L}(\gamma_V)\boldsymbol{L}(\psi_V,\ \theta)\\ &= \begin{pmatrix} \cos\theta\cos\psi_V & \sin\theta & -\cos\theta\sin\psi_V \\ -\sin\theta\cos\psi_V\cos\gamma_V + \sin\psi_V\sin\gamma_V & \cos\theta\cos\gamma_V & \sin\theta\sin\psi_V\cos\gamma_V + \cos\psi_V\sin\gamma_V \\ \sin\theta\cos\psi_V\sin\gamma_V + \sin\psi_V\cos\gamma_V & -\cos\theta\sin\gamma_V & -\sin\theta\sin\psi_V\sin\gamma_V + \cos\psi_V\cos\gamma_V \end{pmatrix}\end{aligned} \tag{2-14}$$

相应地,速度坐标系 $Ox_3y_3z_3$ 到地面坐标系 $Axyz$ 的变换关系为

$$\begin{pmatrix} x \\ y \\ z \end{pmatrix} = \boldsymbol{L}^{-1}(\psi_V,\ \theta,\ \gamma_V)\begin{pmatrix} x_3 \\ y_3 \\ z_3 \end{pmatrix} \tag{2-15}$$

由于坐标变换矩阵 $\boldsymbol{L}(\psi_V,\ \theta,\ \gamma_V)$ 是规范化正交矩阵,所以 $\boldsymbol{L}^{-1}(\psi_V,\ \theta,\ \gamma_V) = \boldsymbol{L}^{\mathrm{T}}(\psi_V,\ \theta,\ \gamma_V)$。

6. 弹道坐标系到弹体坐标系的变换矩阵

以速度坐标系 $Ox_3y_3z_3$ 作为过渡坐标系,将式(2-8)和式(2-11)联立,即可得到弹道坐标系 $Ox_2y_2z_2$ 到弹体坐标系 $Ox_1y_1z_1$ 的变换关系为

$$\begin{pmatrix} x_1 \\ y_1 \\ z_1 \end{pmatrix} = \boldsymbol{L}(\gamma_V,\ \beta,\ \alpha)\begin{pmatrix} x_2 \\ y_2 \\ z_2 \end{pmatrix} \tag{2-16}$$

其中,坐标变换矩阵 $\boldsymbol{L}(\gamma_V,\ \beta,\ \alpha)$ 为

$$\begin{aligned}\boldsymbol{L}(\gamma_V,\ \beta,\ \alpha) &= \boldsymbol{L}(\beta,\ \alpha)\boldsymbol{L}(\gamma_V)\\ &= \begin{pmatrix} \cos\alpha\cos\beta & \sin\alpha\cos\gamma_V + \cos\alpha\sin\beta\sin\gamma_V & \sin\alpha\sin\gamma_V - \cos\alpha\sin\beta\cos\gamma_V \\ -\sin\alpha\cos\beta & \cos\alpha\cos\gamma_V - \sin\alpha\sin\beta\sin\gamma_V & \cos\alpha\sin\gamma_V + \sin\alpha\sin\beta\cos\gamma_V \\ \sin\beta & -\cos\beta\sin\gamma_V & \cos\beta\cos\gamma_V \end{pmatrix}\end{aligned} \tag{2-17}$$

相应地,弹体坐标系 $Ox_1y_1z_1$ 到弹道坐标系 $Ox_2y_2z_2$ 的变换关系为

$$\begin{pmatrix} x_2 \\ y_2 \\ z_2 \end{pmatrix} = \boldsymbol{L}^{-1}(\gamma_V,\ \beta,\ \alpha)\begin{pmatrix} x_1 \\ y_1 \\ z_1 \end{pmatrix} \tag{2-18}$$

由于坐标变换矩阵 $\boldsymbol{L}(\gamma_V, \beta, \alpha)$ 是规范化正交矩阵，所以 $\boldsymbol{L}^{-1}(\gamma_V, \beta, \alpha) = \boldsymbol{L}^{\mathrm{T}}(\gamma_V, \beta, \alpha)$。

2.2　导弹所受作用力与作用力矩

若把导弹看成一个刚体，则它在空间的运动，是导弹质心移动和绕质心转动的合成运动。质心的移动取决于作用在导弹上的力，绕质心的转动则取决于作用在导弹上相对于质心的力矩。在飞行中，作用在导弹上的力主要有：总空气动力、发动机推力和重力等。作用在导弹上的力矩有：空气动力引起的空气动力矩、由发动机推力（若推力作用线不通过导弹质心时）引起的推力矩等。

2.2.1　作用在导弹上的总空气动力

把总空气动力 $\boldsymbol{R}$ 沿速度坐标系分解为三个分量，分别称之为阻力 X、升力 Y 和侧向力 Z（而在弹体坐标系下也可分解为三个分量，分别称之为轴向力、法向力和横向力）。习惯上，把阻力 X 的正向定义为 Ox_3 轴（即 $\boldsymbol{V}$）的负向，而升力 Y 和侧向力 Z 的正向则分别与 Oy_3 轴、Oz_3 轴的正向一致。

实验分析表明：作用在导弹上的空气动力与来流的动压 $q\left(q = \frac{1}{2}\rho V^2\right.$，其中，$\rho$ 为导弹所处高度的空气密度$\left.\right)$ 及导弹的特征面积 S 成正比，可表示为

$$\begin{cases} X = c_x qS \\ Y = c_y qS \\ Z = c_z qS \end{cases} \tag{2-19}$$

式中，c_x、c_y、c_z 为无量纲的比例系数，分别称为阻力系数、升力系数和侧向力系数。S 为特征面积，对有翼式导弹来说，常用弹翼的面积作为特征面积；对于无翼式导弹，则常用弹身的最大横截面积作为特征面积。

在导弹气动外形及其几何参数、飞行速度和高度给定的情况下，研究导弹在飞行中所受的空气动力，可简化为研究这些空气动力系数。

1. 升力

全弹的升力可以看成是弹翼、弹身、尾翼（或舵面）等各部件产生的升力之和加上各部件间相互干扰的附加升力。而在各部件中，弹翼是提供升力的最主要部件。

1）单独弹翼升力

由空气动力学得知，对于二元（维）翼，若略去空气黏性和压缩性的影响，按照茹科夫斯基公式可得速度系下描述的单独弹翼升力系数为

$$c_{yW0} = 2\pi(\alpha - \alpha_0) \tag{2-20}$$

式中，α_0 为零升攻角（即升力为零时的攻角），对于轴对称导弹，$\alpha_0 = 0$。

2）单独弹身的升力

导弹弹身通常是轴对称的，由圆锥形头部、圆柱段和锥台形尾部组成。按照细长体理论，锥形头部在垂直于弹身纵轴方向的法向力系数 c_{y_1n}（体系下描述）可由下式计算：

$$c_{y_1n} = \sin 2\alpha \approx 2\alpha \tag{2-21}$$

对攻角求导数，有

$$c_{y_1n}^{\alpha} = \frac{2}{57.3} = 0.035 \tag{2-22}$$

其单位为：1/(°)。实际上，由于头部上、下表面压差对圆柱段有影响，靠近头部的圆柱段也将产生一小部分与攻角成正比的法向力。通常把这一部分力归并在头部法向力中。于是，头部的法向力系数斜率 $c_{y_1n}^{\alpha}$ 要比由式(2-22)计算出的理论值大。

收缩段尾部的法向力系数 c_{y_1t}，由细长体理论有

$$c_{y_1t} = -\left[1 - \left(\frac{D_d}{D}\right)^2\right]\sin 2\alpha \tag{2-23}$$

式中，D_d 为弹身底部直径；D 为弹身直径。然而，由于尾部附面层厚度的增厚和气流分离等因素，使得尾部法向力系数的绝对值要比理论值小得多。因此，在计算尾部法向力系数时，常引进一个修正系数 ξ，其值约为 0.15~0.20，于是

$$c_{y_1t} = -\xi\left[1 - \left(\frac{D_d}{D}\right)^2\right]\sin 2\alpha \tag{2-24}$$

对攻角求导数，有

$$c_{y_1t}^{\alpha} \approx -0.035\xi\left[1 - \left(\frac{D_d}{D}\right)^2\right] \tag{2-25}$$

在小攻角的情况下，弹身中段考虑气流黏性影响而产生的升力可以略去不计，单独弹身的升力可以看作是由头部升力和尾部升力合成的，即

$$c_{yB} = (c_{y_1n} + c_{y_1t})\cos\alpha \tag{2-26}$$

在攻角小于 8°~10°的范围内，弹身升力系数与攻角呈线性关系，并且可用法向力系数来取代升力系数，因此有

$$c_{yB} = c_{yB}^{\alpha} \cdot \alpha \approx (c_{y_1n}^{\alpha} + c_{y_1t}^{\alpha})\alpha \tag{2-27}$$

3）尾翼的升力

尾翼产生升力的机理与弹翼是相同的，但是弹翼和弹身对尾翼空气动力存在干扰。流经弹翼和弹身的气流给弹翼和弹身以阻力，同时沿气流方向，弹翼和弹身给气流的反作用力使气流速度降低，引起尾翼处动压损失，用速度阻滞系数 k_q 来表征：

$$k_q = \frac{q_t}{q} \tag{2-28}$$

式中，q_t 为尾翼处平均动压；q 为来流的动压。

速度阻滞系数 k_q 的值取决于导弹的外形、飞行 Ma 数、雷诺数 R_e 及攻角等因素，一般可取 0.85~1.0。若略去来流与尾翼处气流密度的微小差异，于是

$$V_t = \sqrt{k_q} V \tag{2-29}$$

流经弹翼和弹身的气流给弹翼和弹身升力，而沿垂直来流方向，弹翼和弹身给气流的反作用力则使气流下抛，导致气流速度方向发生偏斜，这种现象称为下洗。由于下洗，尾翼处实际攻角将小于弹翼的攻角，可用下洗角 ε 来表示下洗程度。以来流的方向为基准，下洗角 ε 表征了实际有效气流对来流偏过的角度。在攻角不大时，下洗角与攻角的关系可以表示为

$$\varepsilon = \varepsilon^{\alpha} \cdot \alpha \tag{2-30}$$

其中，ε^{α} 为单位攻角的下洗率，它与弹翼的升力线斜率 c_{yW}^{α} 成正比，与弹翼的展弦比 λ 成反比，还与飞行马赫数、弹翼与弹身布局情况、尾翼的布局情况、弹翼与尾翼间的距离等因素有关。下洗的影响，最终将反映在尾翼升力系数的数值上。

4）全弹升力

当把弹翼、弹身、尾翼（或舵面）等部件组合到一起作为一个完整的导弹来研究其空气动力时，可以发现，全弹总的空气动力并不等于各单独部件空气动力的总和，这个现象的物理本质在于部件组合在一起的绕流情况发生了变化。例如，安装在弹身上的弹翼，由于弹身的影响，绕该弹翼的流动就不同于绕单独弹翼的流动，于是弹翼上的压强分布、空气动力及空气动力矩都将发生变化，这种现象称为空气动力干扰，组合到一起的各部件间空气动力干扰主要是弹翼与弹身间的相互干扰，以及弹翼和弹身对尾翼的干扰。

弹翼对全弹升力的贡献除了单独弹翼提供的 Y_{W0} 以外，还有翼身干扰引起的干扰升力，它包括两部分，一部分是弹身对弹翼的干扰，这部分干扰升力以 $\Delta Y_{W(B)}$ 表示；另一部分则是弹翼对弹身的干扰，其干扰升力用 $\Delta Y_{B(W)}$ 表示，如果以 Y_W 表示弹翼对全弹升力的贡献，则

$$Y_W = Y_{W0} + \Delta Y_{W(B)} + \Delta Y_{B(W)} \tag{2-31}$$

因此，就升力来说，翼身之间的干扰是有利的。

对于正常式布局、水平平置翼（或“+”型翼）的导弹来说，全弹的升力可表示为

$$Y = Y_W + Y_B + Y_t \tag{2-32}$$

式中，Y_B 为单独弹身的升力；Y_t 为尾翼的升力。

工程上常用升力系数来表述全弹的升力。在写成升力系数表达式时，各部件提供的升力系数都要折算到同一参考面积上，然后各部件的升力系数才能相加。如果以正常式布局导弹为例，以弹翼面积为参考面积，则有

$$c_y = c_{yW} + c_{yB}\frac{S_B}{S} + c_{yt}k_q\frac{S_t}{S} \tag{2-33}$$

上式右端的三项分别表示弹翼、弹身和尾翼对升力的贡献，其中，S_B/S 和 S_t/S 反映了弹身最大横截面积和尾翼面积对于参考面积（弹翼面积）的折算；k_q 为尾翼处的速度阻滞系数，反映了对尾翼处动压的修正。

当攻角 α 和升降舵偏角 δ_z 比较小时，全弹的升力系数还可表示为

$$c_y = c_{y0} + c_y^{\alpha}\alpha + c_y^{\delta_z}\delta_z \tag{2-34}$$

式中，c_{y0} 为攻角和升降舵偏角均为零时的升力系数，它是由于导弹外形相对于 Ox_1z_1 平面不对称而引起的。对于轴对称导弹，$c_{y0}=0$。于是有

$$c_y = c_y^{\alpha}\alpha + c_y^{\delta_z}\delta_z \tag{2-35}$$

2. 侧向力

空气动力的侧向力是由于气流不对称地流过导弹纵向对称面两侧而引起的，这种飞行情况称为侧滑。图 2-6 表示了导弹的俯视图，图中表明了侧滑角 β 所对应的侧向力。

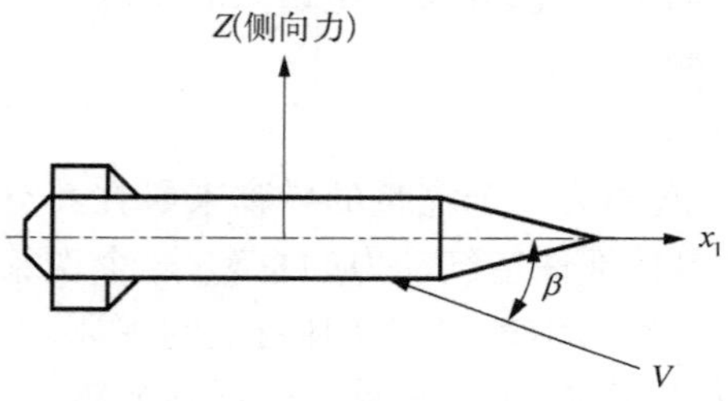

图 2-6　侧滑角与侧向力

按右手直角坐标系的规定，侧向力指向右翼为正。按侧滑角 β 的定义，图中侧滑角 β 为正，引起负的侧向力 Z。

对于轴对称导弹，若把弹体绕纵轴转过 90°，这时的 β 角就相当于原来 α 角的情况。所以，轴对称导弹的侧向力系数的求法类似于升力系数的求法。因此，有等式：

$$c_z^{\beta} = -c_y^{\alpha} \tag{2-36}$$

式中的负号是由 α、β 的定义所致。对侧向力的详细研究这里就不再展开。

3. 阻力

计算全弹阻力的方法与计算全弹升力相类似，可以先求出弹翼、弹身和尾翼等各部件的阻力之和，然后加以适当的修正。考虑到各部件阻力计算上的误差，以及弹体上突起物的影响，往往把各部件阻力之和乘以 1.1，作为全弹的阻力值。

下面仅以弹翼为例，研究弹翼阻力的计算。

阻力受空气的黏性影响最为显著，用理论方法计算阻力，必须考虑空气黏性的影响。总的阻力通常分成两部分，一部分与升力无关，称为零升阻力，其阻力系数以 c_{x0W} 表示；另一部分取决于升力的大小，称为诱导阻力或升致阻力，其阻力系数以 c_{xiW} 表示，即

$$c_{xW} = c_{x0W} + c_{xiW} \tag{2-37}$$

1）零升阻力

零升阻力又可分成摩擦阻力和压差阻力两部分。在低速流动中，它们都是由于空气的黏性引起的，与 R_e 数的大小和附面层流态有关。当攻角不大时，摩擦阻力比重较大，随着攻角的增大，附面层开始分离且逐渐加剧，压差阻力在零升阻力中也就成为主要的部分。在超声速流动中，零升阻力的一部分是由于黏性引起的摩擦阻力和压差阻力，其中摩擦阻力是主要的；另一部分是由介质的可压缩性引起的，介质在超声速流动时形成压缩波

和膨胀波，导致波阻的产生，把这部分波阻称为零升波阻或厚度波阻。超声速流动中，零升波阻在零升阻力中是主要的，虽然摩擦阻力在 Ma 数增大时也有所增大，但与零升波阻相比仍然是较小的一部分。

零升波阻 c_{xWd} 与相对厚度 $\bar{c}$ 有关，按线性化理论有

$$c_{xWd} = \frac{4(\bar{c})^2}{\sqrt{Ma^2 - 1}} \tag{2-38}$$

有翼式导弹超声速时的零升阻力系数 c_{x0W} 有两处局部极值，第一个极值点通常发生在来流 Ma 数为 1 左右时，这是激波失速的结果；另一个极值点是当 Ma 数在弹翼前缘法向上的分量超过 1 时，弹翼的主要部分发生激波失速而出现的极值点。第二个极值点所对应的临界 Ma 数，随弹翼前缘后掠角 χ 的变化而变化，χ 角增大，第二个极值点后移。

2）诱导阻力

弹翼的诱导阻力系数 c_{xiW} 与升力系数 c_{yW0} 的关系，在亚音速流动中可用抛物线公式表示：

$$c_{xiW} = \frac{1 + \delta}{\pi\lambda} c_{yW0}^2 \tag{2-39}$$

式中，λ 为弹翼展弦比；δ 为对弹翼平面形状的修正值（对椭圆形弹翼，δ 的理论值为零；对梯形弹翼及翼端修圆的矩形弹翼等，其 δ 值也近似为零）。

超声速流动中，根据线化理论：

$$c_{xiW} = Bc_{yW0}^2 \tag{2-40}$$

式中，B 可视为 Ma 数的函数。

由于诱导阻力是与升力有关的那部分阻力，有时又称为升力波阻。

2.2.2　作用在导弹上的空气动力矩

1. 空气动力矩的表达式

为了便于分析研究导弹绕质心的旋转运动，可以把空气动力矩 $\boldsymbol{M}$ 沿弹体坐标系分成三个分量 M_{x1}、M_{y1}、M_{z1}（为书写简便，以后书写省略脚注“1”），分别称为滚转力矩（又称倾斜力矩）、偏航力矩和俯仰力矩（又称纵向力矩）。滚转力矩 M_x 的作用是使导弹绕纵轴 Ox_1 作转动运动。副翼偏转角 δ_x 为正（即右副翼的后缘往下、左副翼的后缘往上）时，将引起负的滚转力矩。偏航力矩 M_y 的作用是使导弹绕立轴 Oy_1 作旋转运动。对于正常式导弹，方向舵偏转角 δ_y 为正（即方向舵的后缘往右偏）时，引起负的偏航力矩。俯仰力矩 M_z 将使导弹绕横轴 Oz_1 作旋转运动。对于正常式导弹，升降舵的偏转角 δ_z 为正（即升降舵的后缘往下）时，将引起负的俯仰力矩。

研究空气动力矩与研究空气动力一样，可以采用对气动力矩系数的研究来取代对气动力矩的研究。空气动力矩的表达式为

$$\begin{cases} M_x = m_x qSL \\ M_y = m_y qSL \\ M_z = m_z qSL \end{cases} \tag{2-41}$$

式中，m_x、m_y、m_z 为无量纲比例系数，分别称为滚转力矩系数、偏航力矩系数和俯仰力矩系数；L 为特征长度。需要注意的是，对有翼式导弹，计算俯仰力矩时，特征长度常以弹翼的平均气动力弦长 b_A 来表示；计算偏航力矩和滚转力矩时，特征长度常以弹翼的翼展 l 来表示。对弹道式导弹，计算空气动力矩时，特征长度均以弹身长度 L_B 来表示。

力的三要素中，除了力的大小和方向外，另一个要素就是力的作用点，在确定相对于质心的空气动力矩时，必须先求出空气动力的作用点。

如前所述，作用在轴对称导弹上的升力可近似表示为

$$Y = Y^{\alpha}\alpha + Y^{\delta_z}\delta_z$$

总气动力的作用线与导弹纵轴的交点称为全弹的压力中心。在攻角不大的情况下，常近似地把总升力在纵轴上的作用点作为全弹的压力中心。由攻角 α 所引起的那部分升力 $Y^{\alpha}\alpha$ 在纵轴上的作用点，称为导弹的焦点。舵偏转所引起的那部分升力 $Y^{\delta_z}\delta_z$ 就作用在舵面的压力中心上。

从导弹头部顶点至压力中心的距离，即为导弹压力中心的位置，用 x_p 来表示。如果知道导弹上各部件所产生的升力值及其作用点位置，则全弹的压力中心位置就可用下式求出：

$$x_p = \frac{\sum_{k=1}^{n} Y_k^{\alpha} x_{Fk}}{Y^{\alpha}} = \frac{\sum_{k=1}^{n} c_{yk}^{\alpha} x_{Fk} \frac{S_k}{S}}{c_y^{\alpha}} \tag{2-42}$$

对于有翼式导弹，弹翼所产生的升力是全弹升力的主要部分。因此，这类导弹的压力中心位置在很大程度上取决于弹翼相对于弹身的前后位置。显然，弹翼安装位置离头部顶点越远，x_p 值也就越大。此外，压力中心的位置还取决于飞行 Ma 数、攻角 α、舵偏转角 δ_z、弹翼安装角及安定面安装角等，这是因为 Ma 数、α、δ_z、安装角等改变时，改变了弹上的压力分布的缘故。当飞行 Ma 数接近于 1 时，压力中心的位置变化较剧烈。

焦点一般并不与压力中心相重合，仅在导弹是轴对称（即 $c_{y0} = 0$）且 $\delta_z = 0$ 时，焦点才与压力中心相重合。用 x_F 表示从导弹头部顶点量起的焦点坐标值，焦点位置可以表示成：

$$x_F = \frac{\sum_{k=1}^{n} Y_k^{\alpha} x_{Fk}}{Y^{\alpha}} = \frac{\sum_{k=1}^{n} c_{yk}^{\alpha} x_{Fk} \frac{S_k}{S}}{c_y^{\alpha}} \tag{2-43}$$

式中，Y_k^{α} 为某一部件所产生的升力（也包括其他部件的影响）对攻角的导数；x_{Fk} 为某一部件由攻角所引起的那部分升力的作用点坐标值。

2. 俯仰力矩

在导弹的气动布局和外形几何参数给定的情况下，俯仰力矩的大小不仅与飞行 Ma 数、飞行高度 H 有关，还与攻角 α、操纵面偏转角 δ_z、导弹绕 Oz_1 轴的旋转角速度 ω_z、攻角的变化率 $\dot{\alpha}$ 及操纵面偏转角的变化率 $\dot{\delta}_z$ 等有关。因此，俯仰力矩可表示成如下的函数形式：

$$M_z = f(Ma,\ H,\ \alpha,\ \delta_z,\ \omega_z,\ \dot{\alpha},\ \dot{\delta}_z)$$

严格地说，俯仰力矩还取决于某些其他参数，例如侧滑角 β、副翼偏转角 δ_x、导弹绕纵轴的旋转角速度 ω_x 等。通常这些数值的影响不大，一般予以忽略。

当 α、δ_z、ω_z、$\dot{\alpha}$、$\dot{\delta}_z$ 较小时，俯仰力矩与这些量的关系是近似线性的，其一般表达式为

$$M_z = M_{z0} + M_z^{\alpha}\alpha + M_z^{\delta_z}\delta_z + M_z^{\omega_z}\omega_z + M_z^{\dot{\alpha}}\dot{\alpha} + M_z^{\dot{\delta}_z}\dot{\delta}_z \tag{2-44}$$

为了研究方便，用无量纲力矩系数代替上式，即

$$m_z = m_{z0} + m_z^{\alpha}\alpha + m_z^{\delta_z}\delta_z + m_z^{\bar{\omega}_z}\bar{\omega}_z + M_z^{\bar{\dot{\alpha}}}\bar{\dot{\alpha}} + M_z^{\bar{\dot{\delta}}_z}\bar{\dot{\delta}}_z \tag{2-45}$$

式中，$\bar{\omega}_z$ 为量纲为 1 的俯仰角速度，$\bar{\omega}_z = \dfrac{\omega_z L}{V}$；$\bar{\dot{\alpha}}$、$\bar{\dot{\delta}}_z$ 为量纲为 1 的角度变化率，分别可表示为 $\bar{\dot{\alpha}} = \dfrac{\dot{\alpha}L}{V}$、$\bar{\dot{\delta}}_z = \dfrac{\dot{\delta}_z L}{V}$，其中，特征长度 L 为弹翼的平均气动力弦长 b_A；m_{z0} 为当 $\alpha = \delta_z = \omega_z = \dot{\alpha} = \dot{\delta}_z = 0$ 时的俯仰力矩系数，它是因导弹外形相对于 Ox_1y_1 平面不对称引起的，m_{z0} 主要取决于飞行 Ma 数、导弹的几何形状、弹翼或安定面的安装角等。

1）定态直线飞行时的俯仰力矩及纵向平衡状态

导弹的定态飞行是指在飞行过程中，速度 $\boldsymbol{V}$、攻角 α、侧滑角 β、舵偏转角 δ_z 和 δ_y 等均不随时间变化的飞行状态。实际上，导弹不会有严格的定态飞行，即使导弹作等速直线飞行，由于燃料的消耗使导弹质量发生变化，为保持等速直线飞行所需的攻角也要随之改变。因此，只能说导弹在整个飞行轨迹中某一小段距离接近于定态飞行。

导弹在作定态直线飞行时，$\omega_z = \dot{\alpha} = \dot{\delta}_z = 0$，俯仰力矩系数的表达式(2-45)则成为

$$m_z = m_{z0} + m_z^{\alpha}\alpha + m_z^{\delta_z}\delta_z \tag{2-46}$$

对于轴对称导弹，$m_{z0} = 0$，则式(2-46)改写为

$$m_z = m_z^{\alpha}\alpha + m_z^{\delta_z}\delta_z \tag{2-47}$$

实验表明：只有在攻角 α 和舵偏角 δ_z 值不大的情况下，上述线性关系才成立，随着 α、δ_z 的增大，线性关系将被破坏。若把一定 δ_z 值时 m_z 与 α 的关系画成曲线，可得如图 2-7 中的示意曲线。由图可见，在攻角值超过一定范围以后，m_z 对 α 的线性关系就不再保持。

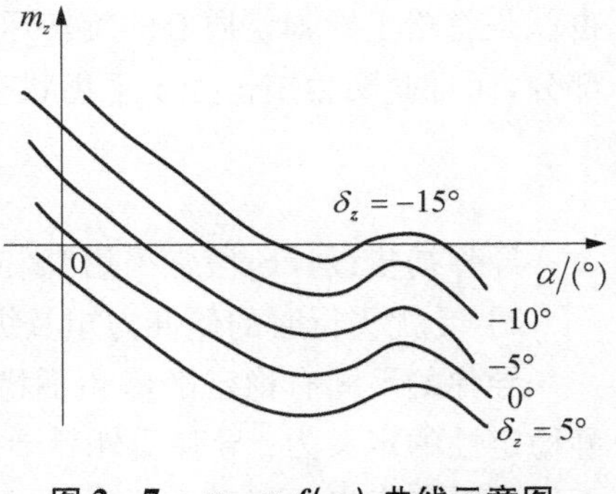

图 2-7　$m_z = f(\alpha)$ 曲线示意图

从图 2－7 上看到，这些曲线与横坐标轴的交点满足 $m_z=0$，这些交点称为静平衡点。这时，导弹运动的特征就是 $\omega_z=\dot{\alpha}=\dot{\delta}_z=0$，而攻角 α 与舵偏角 δ_z 保持一定的关系，使作用在导弹上由 α、δ_z 产生的所有升力相对于质心的俯仰力矩代数和为零，即导弹处于纵向平衡状态。此时，攻角 α 与舵偏角 δ_z 之间的关系可令式(2－47)的右端为零求得

$$m_z^{\alpha}\alpha + m_z^{\delta_z}\delta_z = 0$$

即

$$\left(\frac{\delta_z}{\alpha}\right)_B = -\frac{m_z^{\alpha}}{m_z^{\delta_z}}$$

或

$$\delta_{zB} = -\frac{m_z^{\alpha}}{m_z^{\delta_z}}\alpha_B \tag{2-48}$$

式(2－48)表明：为使导弹在某一飞行攻角下处于纵向平衡状态，必须使升降舵(或其他操纵面)偏转一相应的角度，这个角度称为升降舵的平衡偏转角，以符号 δ_{zB} 表示。换句话说，为在某一升降舵偏转角下保持导弹纵向平衡所需要的攻角就是平衡攻角，以 α_B 表示。

比值 $(-m_z^{\alpha}/m_z^{\delta_z})$ 除了与飞行 Ma 数有关外，还随导弹气动布局的不同而不同。统计表明，对于正常式布局，$(-m_z^{\alpha}/m_z^{\delta_z})$ 一般为 -1.2 左右；鸭式布局的 $(-m_z^{\alpha}/m_z^{\delta_z})$ 约为 1.0 左右；对于旋转弹翼式，$(-m_z^{\alpha}/m_z^{\delta_z})$ 则可高达 6.0~8.0。

平衡状态时的全弹升力，即平衡升力，其系数可由下式求得

$$c_{yB} = c_y^{\alpha}\alpha_B + c_y^{\delta_z}\delta_{zB} = \left(c_y^{\alpha} - c_y^{\delta_z}\frac{m_z^{\alpha}}{m_z^{\delta_z}}\right)\alpha_B \tag{2-49}$$

由于上面讨论的是定态直线飞行的情况，在进行一般弹道计算时，若假设每一瞬时导弹都处于平衡状态，则可用式(2－49)来计算弹道每一点上的平衡升力系数。这种假设，通常称为“瞬时平衡”，即认为导弹从某一平衡状态改变到另一平衡状态是瞬时完成的，也就是忽略了导弹绕质心的旋转运动，此时作用在导弹上的俯仰力矩只有 $m_z^{\alpha}\alpha$ 和 $m_z^{\delta_z}\delta_z$ 两部分，而且此两力矩恒处于平衡状态，即

$$m_z^{\alpha}\alpha + m_z^{\delta_z}\delta_z = 0$$

导弹初步设计阶段常采用“瞬时平衡”假设，可大大减少计算工作量。

2）受扰飞行时的俯仰力矩及纵向静稳定性

导弹的平衡有稳定平衡和不稳定平衡，导弹的平衡特性取决于它自身的静稳定性。静稳定性的定义为：导弹受外界干扰作用偏离平衡状态后，外界干扰消失的瞬间，若导弹不经操纵能产生空气动力矩，使导弹有恢复到原平衡状态的趋势，则称导弹是静稳定的；

若产生的空气动力矩将使导弹更加偏离原来的平衡状态,则称导弹是静不稳定的;若是既无恢复的趋势,也不再继续偏离原平衡状态,则称导弹是静中立稳定的。必须强调指出,静稳定性只是说明导弹偏离平衡状态那一瞬间的力矩特性,并不说明整个运动过程中导弹最终是否具有稳定性。

判别导弹纵向静稳定性的方法是看偏导数 $m_z^{\alpha}|_{\alpha=\alpha_B}$（即力矩特性曲线相对于横坐标轴的斜率)的性质。若导弹以某个平衡攻角 α_B 处于平衡状态下飞行,由于某种原因(例如,垂直向上的阵风)使攻角增加了 $\Delta\alpha$(即 $\Delta\alpha>0$),引起了作用在焦点上的附加升力 ΔY。当舵偏角 δ_z 保持原值不变(即导弹不操纵)时,则由于这个附加升力引起的附加俯仰力矩为

$$\Delta M_z(\alpha)=m_z^{\alpha}|_{\alpha=\alpha_B}\Delta\alpha qSL \tag{2-50}$$

若式(2-50)中 $m_z^{\alpha}|_{\alpha=\alpha_B}<0$[见图 2-8(a)中],则 $\Delta M_z(\alpha)$ 是个负值,它将使导弹低头,力图使攻角由 $(\alpha_B+\Delta\alpha)$ 值恢复到 α_B 值(即消除攻角增量 $\Delta\alpha$)。导弹的这种物理属性称为静稳定性。静稳定的导弹,在偏离平衡位置后产生的力图使导弹恢复到原平衡状态的空气动力矩,称为静稳定力矩或恢复力矩。

若 $m_z^{\alpha}|_{\alpha=\alpha_B}>0$[见图 2-8(b)中],则式(2-50)中 $\Delta M_z(\alpha)>0$,这附加俯仰力矩将使导弹更加偏离平衡位置。这种情况,称之为静不稳定的。静不稳定的空气动力矩又被形象地称为翻滚力矩。

若 $m_z^{\alpha}|_{\alpha=\alpha_B}=0$[见图 2-8(c)中],则是静中立稳定的情况。当导弹偏离平衡位置后,由 $\Delta Y(\alpha)$ 导致的附加俯仰力矩等于零,干扰造成的附加攻角既不再增大,也不能被消除。

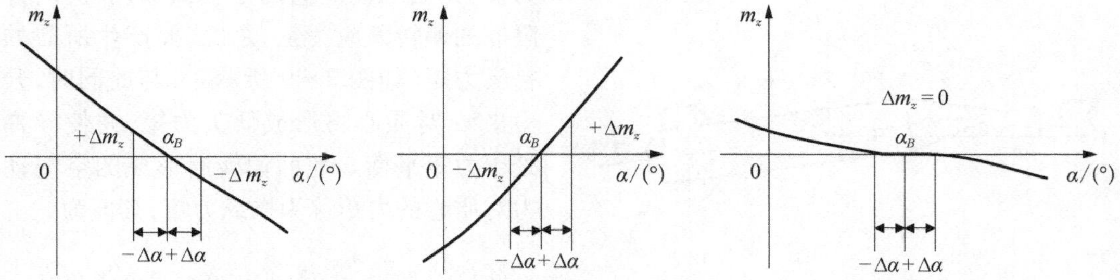

(a) 静稳定的　(b) 静不稳定的　(c) 静中立稳定的

图 2-8　$m_z=f(\alpha)$ 的三种典型情况

偏导数 m_z^{α} 表示单位攻角引起的俯仰力矩系数大小和方向,它表征着导弹的纵向静稳定品质。把纵向静稳定性条件总结起来有

$$m_z^{\alpha}|_{\alpha=\alpha_B}\begin{cases}<0, & \text{纵向静稳定的}\\ =0, & \text{纵向静中立稳定的}\\ >0, & \text{纵向静不稳定的}\end{cases}$$

在大多数情况下 c_y 与 α 呈线性关系，有时用偏导数 $m_z^{c_y}$ 取代 m_z^{α}，作为衡量导弹是否具有静稳定的条件。

$$m_z^{\alpha}\alpha = -Y^{\alpha}\alpha(x_F - x_G) = -c_y^{\alpha}(x_F - x_G)qS = m_z^{\alpha}\alpha qSL$$

于是

$$m_z^{\alpha}\alpha = -c_y^{\alpha}(\bar{x}_F - \bar{x}_G)$$

由此得

$$m_z^{c_y} = \frac{\partial m_z}{\partial c_y} = \frac{m_z^{\alpha}}{c_y^{\alpha}} = -(\bar{x}_F - \bar{x}_G) \tag{2-51}$$

式中，$\bar{x}_F$ 为全弹焦点的相对坐标，量纲为1；$\bar{x}_G$ 为全弹质心的相对坐标，量纲为1。

显然，对于具有纵向静稳定性的导弹，$m_z^{c_y} < 0$。这时，焦点位于质心之后。当焦点逐渐向质心靠近时，静稳定性逐渐降低；当焦点移到与质心重合时，导弹是静中立稳定的；焦点移到质心之前时（即 $m_z^{c_y} > 0$），导弹是静不稳定的。因此，工程上常把 $m_z^{c_y}$ 称为静稳定度，焦点相对坐标与质心相对坐标之间的差值 $(\bar{x}_F - \bar{x}_G)$ 称为静稳定裕度。

导弹的静稳定度与飞行性能有关。为了保证导弹具有所希望的静稳定度，设计过程中常采用两种办法：一是改变导弹的气动布局，从而改变焦点的位置，如改变弹翼的外形、面积及其相对弹身的前后位置，改变尾翼面积，添置反安定面等。另一种办法是改变导弹内部的部位安排，以调整全弹质心的位置。

3. 操纵力矩

若使导弹以正攻角飞行，对具有静稳定性的正常式布局导弹来说，升降舵的偏转角应为负（即后缘往上）；对于鸭式布局导弹，升降舵的偏转角应为正，总之，要产生所需的抬头力矩（如图2-9所示）。与此同时，升力 $Y^{\alpha}\alpha$ 对质心将形成低头力矩，并使导弹处于力矩平衡。舵面偏转后形成的空气动力对质心的力矩称为操纵力矩，其值为

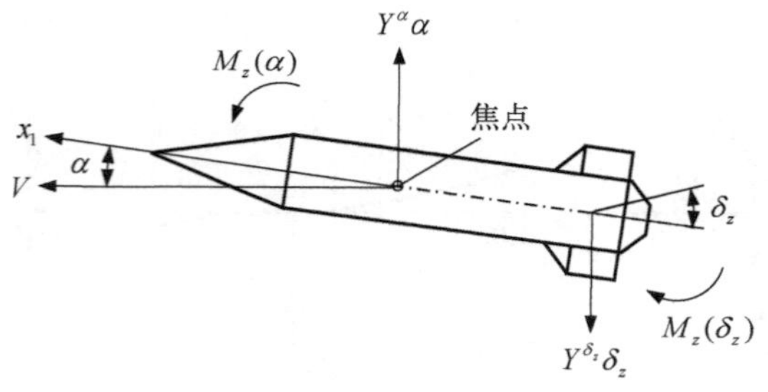

图2-9 操纵力矩

$$M_z(\delta_z) = -c_y^{\delta_z}\delta_z qS(x_R - x_G) = m_z^{\delta_z}\delta_z qSL$$

由此得

$$m_z^{\delta_z} = -c_y^{\delta_z}(\bar{x}_R - \bar{x}_G) \tag{2-52}$$

式中，$\bar{x}_R = \dfrac{x_R}{L}$ 为舵面压力中心至导弹头部顶点距离的相对坐标，量纲为1；$c_y^{\delta_z}$ 为舵面偏转单位角度所引起的升力系数；$m_z^{\delta_z}$ 为舵面偏转单位角度时所引起的操纵力矩系数，称为舵面效率。对于正常式导弹，舵面总是在质心之后，所以总有 $m_z^{\delta_z} < 0$；对于鸭式导弹，$m_z^{\delta_z} > 0$。

4. 俯仰阻尼力矩

俯仰阻尼力矩是由导弹绕 Oz_1 轴旋转运动所引起的，其大小和旋转角速度 ω_z 成正比，方向总与 ω_z 相反，其作用是阻止导弹绕 Oz_1 轴的旋转运动，故称为俯仰阻尼力矩（或称纵向阻尼力矩）。显然，导弹不作旋转运动时，也就没有阻尼力矩。

设导弹质心以速度 V 运动，同时，又以角速度 ω_z 绕 Oz_1 轴转动（如图 2-10 所示），旋转使导弹表面上各点均获得一附加速度，其方向垂直于连接质心与该点的矢径 $\boldsymbol{r}$，大小等于 $\omega_z r$。若 $\omega_z > 0$，则质心之前的导弹表面上各点的攻角将减小一个 $\Delta\alpha(\boldsymbol{r})$，其值为

$$\tan \Delta\alpha(r) = \frac{r\omega_z}{V} \tag{2-53}$$

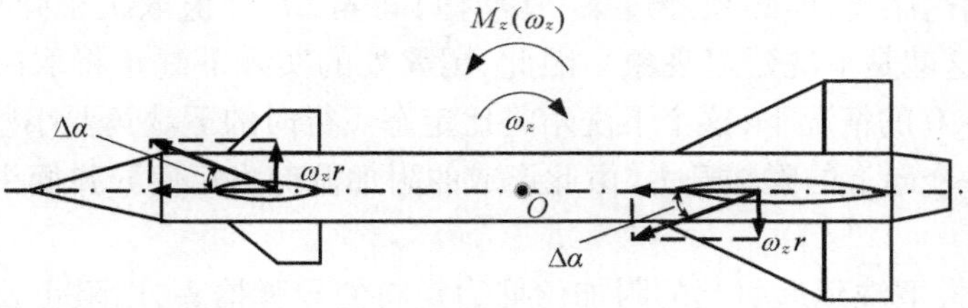

图 2-10　俯仰阻尼力矩

而处于质心之后的导弹表面上各点的攻角将增加一个 $\Delta\alpha(\boldsymbol{r})$。由于导弹质心前后各点处攻角都将有所改变，从而使质心前后各点处产生了附加的升力 $\Delta Y_i(\omega_z)$，且 $\Delta Y_i(\omega_z)$ 对导弹质心还将产生一个附加的俯仰力矩 $\Delta M_{zi}(\omega_z)$。$\omega_z > 0$ 时，质心前各点均产生向下的附加升力，质心后各点均产生向上的附加升力，因此，质心前后各点的附加升力引起的附加俯仰力矩 $\Delta M_{zi}(\omega_z)$ 方向相同，均与 ω_z 方向相反。把所有各点的 $\Delta M_{zi}(\omega_z)$ 相加，得到作用在导弹上的总俯仰阻尼力矩 $M_z(\omega_z)$。由于导弹质心前后各点的附加升力 $\Delta Y_i(\omega_z)$ 方向刚好相反，所以，总的 $Y(\omega_z)$ 可略去不计。

工程上，俯仰阻尼力矩常用量纲为 1 的俯仰阻尼力矩系数来表示，即

$$M_z^{\omega_z} = \frac{m_z^{\bar{\omega}_z} qSL^2}{V}$$

$$\bar{\omega}_z = \frac{\omega_z L}{V} \tag{2-54}$$

式中，$m_z^{\bar{\omega}_z}$ 总是一个负值，它的大小主要取决于飞行 Ma 数、导弹的几何形状和质心的位置。

一般情况下，俯仰阻尼力矩相对于俯仰稳定力矩和操纵力矩来说是比较小的，对某些旋转角速度 ω_z 比较小的导弹来说，甚至可以忽略。但是，俯仰阻尼力矩会促使过渡过程振荡的衰减，因此它是改善导弹过渡过程品质的一个很重要因素，从这个意义上讲，它却是不能忽略的。

5. 附加俯仰力矩

前面所述计算升力和俯仰力矩的方法，严格地说，仅适用于导弹作定态飞行时的特殊情况。但是在一般情况下，导弹的飞行是非定态的飞行，各运动参数都是时间的函数。这时，空气动力系数和空气动力矩系数不仅取决于该瞬时的 α、δ_z、ω_z、Ma 数及其他参数值，而且还取决于这些参数随时间而变化的特性。但是，作为初步的近似计算，可以认为作用在非定态飞行的导弹上的空气动力系数和空气动力矩系数完全决定于该瞬时的运动学参数，这个假设通常称为定态假设。采用定态假设，不仅可以大大减少计算工作量，而且由此求得的空气动力系数和空气动力矩系数也非常接近于实际值。

但是，在某些情况下不能采用定态假设，下洗延迟就是其中的一种情况。

设正常式布局的导弹以速度 V 和随时间而变化的攻角 $\dot{\alpha}$(例如 $\dot{\alpha} > 0$) 作非定态飞行。由于攻角的变化，弹翼后的下洗气流的方向也随之改变。但是，被弹翼偏斜了的气流并不能瞬时地到达尾翼，而必须经过某一段时间间隔 Δt，其值取决于弹翼和尾翼间的距离和气流速度，这就是下洗延迟现象。因此，尾翼处的实际下洗角将取决于 Δt 间隔前的攻角值。在 $\dot{\alpha} > 0$ 的情况下，这个下洗角将比定态飞行时的下洗角要小些，而这就相当于在尾翼上引起一个向上的附加升力，由此形成的附加俯仰力矩使导弹低头，以阻止 α 值的增长。

在 $\dot{\alpha} < 0$ 时，下洗延迟引起的附加俯仰力矩将使导弹抬头，以阻止 α 值减少。总之，由 $\dot{\alpha}$ 引起的附加俯仰力矩相当于一种阻尼力矩，力图阻止 α 值的变化。

同样，若导弹的气动布局为鸭式或旋转弹翼式，当舵面或旋转弹翼的偏转角速度 $\dot{\delta}_z \neq 0$ 时，也存在下洗延迟现象。同理，由 $\dot{\delta}_z$ 引起的附加俯仰力矩也是一种阻尼力矩。

当 $\dot{\alpha} \neq 0$ 和 $\dot{\delta}_z \neq 0$ 时，由下洗延迟引起的两个附加俯仰力矩系数分别以 $m_z^{\bar{\dot{\alpha}}}\bar{\dot{\alpha}}$ 和 $m_z^{\bar{\dot{\delta}}_z}\bar{\dot{\delta}}_z$ 表示，为书写简便，$m_z^{\bar{\dot{\alpha}}}$、$m_z^{\bar{\dot{\delta}}_z}$ 简记作 $m_z^{\dot{\alpha}}$、$m_z^{\dot{\delta}_z}$，它们都是量纲为 1 的量。

在分析了俯仰力矩的各项组成以后，必须强调指出，尽管影响俯仰力矩的因素有许多，但其中主要的是两项，即由攻角引起的 $m_z^{\alpha}\alpha$ 项和由舵偏转角引起的 $m_z^{\delta_z}\delta_z$ 项，它们分别称为导弹俯仰(纵向)静稳定力矩系数和俯仰(纵向)操纵力矩系数。

6. 偏航力矩

偏航力矩是总空气动力矩在 Oy_1 轴上的分量，它将使导弹绕 Oy_1 轴转动。对于轴对称导弹，偏航力矩产生的物理原因与俯仰力矩是类似的，不同的是，偏航力矩是由侧向力所产生的。偏航力矩系数的表达式可类似写成如下形式：

$$m_y = m_y^{\beta}\beta + m_y^{\delta_y}\delta_y + m_y^{\bar{\omega}_y}\bar{\omega}_y + m_y^{\bar{\dot{\beta}}}\bar{\dot{\beta}} + m_y^{\bar{\dot{\delta}}_y}\bar{\dot{\delta}}_y \tag{2-55}$$

式中，$\bar{\omega}_y = \omega_y L/V$；$\bar{\dot{\beta}} = \dot{\beta}L/V$；$\bar{\dot{\delta}}_y = \dot{\delta}_y L/V$，其中，特征长度 L 为弹翼的翼展 l。

由于导弹外形相对于 Ox_1y_1 平面总是对称的，所以 m_{y0} 总是等于零。

m_y^{β} 表征导弹航向的静稳定性。当 $m_y^{\beta} < 0$ 时，导弹是航向静稳定的。但要注意，航向静稳定的导弹，$m_y^{c_z}$ 是正的(因为按 β 定义，$c_z^{\beta} < 0$)。

对于飞机型的面对称导弹，当它绕 Ox_1 轴转动时，安装在弹身上方的垂直尾翼的各个剖面将产生附加的侧滑角 $\Delta\beta$(见图 2-11)，其对应的侧向力产生相对于 Oy_1 轴的偏航力

$M_y(\omega_x)$。附加侧滑角表示为

$$\Delta\beta \approx \frac{\omega_x}{V} y_t \tag{2-56}$$

式中，y_t 为弹身纵轴到垂直尾翼所选剖面的距离。

对于飞机型的面对称导弹，偏航力矩 $M_y(\omega_x)$ 往往不容忽视，因为它的力臂大。由于绕纵轴的转动角速度 ω_x 引起的偏航力矩有使导弹 $M_y(\omega_x)$ 做螺旋运动的趋势，故称之为偏航螺旋力矩。因此，对于飞机型导弹，式(2－55)右端必须加上 $m_y^{\bar{\omega}_x}\bar{\omega}_x$ 这一项，其中 $\bar{\omega}_x = \omega_x L/(2V)$，$m_y^{\bar{\omega}_x}$ 是量纲为 1 的旋转导数，又称为交叉导数，其值为负。此时，偏航力矩系数的表达式写成如下形式：

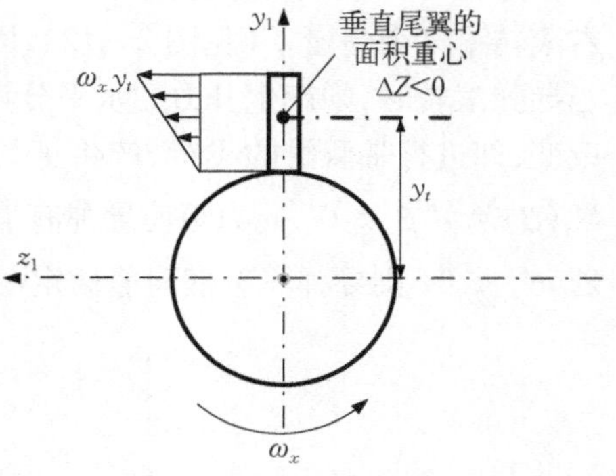

图 2－11　垂直尾翼产生的偏航螺旋力矩

$$m_y = m_y^{\beta}\beta + m_y^{\delta_y}\delta_y + m_y^{\bar{\omega}_y}\bar{\omega}_y + m_y^{\dot{\bar{\beta}}}\dot{\bar{\beta}} + m_y^{\dot{\bar{\delta}}_y}\dot{\bar{\delta}}_y + m_y^{\bar{\omega}_x}\bar{\omega}_x \tag{2-57}$$

7. 滚转力矩

滚转力矩(又称倾斜力矩) M_x 是绕导弹纵轴 Ox_1 的空气动力矩，它是由于迎面气流不对称地绕流过导弹而产生的。当导弹有侧滑角，某些操纵面(例如副翼)偏转，导弹绕 Ox_1、Oy_1 轴转动时，均会使气流流动不对称。此外，生产的误差，如左、右(或上、下)弹翼(或安定面)的安装角和尺寸制造误差所造成的不一致，也会破坏气流流动的对称性，从而产生滚转力矩。因此，滚转力矩的大小取决于导弹的几何形状、飞行速度和高度、侧滑角 β、舵面及副翼的偏转角 δ_y、δ_x、绕弹体的转动角速度 ω_x、ω_y 及制造误差等。

研究滚转力矩与其他空气动力矩一样，只讨论滚转力矩的量纲为 1 的系数，即

$$m_x = \frac{M_x}{qSL} \tag{2-58}$$

式中，特征长度 L 为弹翼的翼展 l。

若影响滚转力矩的上述参数值都比较小，且略去一些次要因素，则滚转力矩系数 m_x 可用如下线性关系近似地表示为

$$m_x = m_{x0} + m_x^{\beta}\beta + m_x^{\delta_x}\delta_x + m_x^{\delta_y}\delta_y + m_x^{\bar{\omega}_x}\bar{\omega}_x + m_x^{\bar{\omega}_y}\bar{\omega}_y \tag{2-59}$$

式中，m_{x0} 为由加工误差引起的外形不对称产生的力矩；m_x^{β}、$m_x^{\delta_x}$、$m_x^{\delta_y}$ 为静导数；$m_x^{\bar{\omega}_x}$、$m_x^{\bar{\omega}_y}$ 为量纲为 1 的旋转导数。

下面主要讨论式(2－59)右端的第 2、3、5 项。

1) 横向静稳定力矩

当气流以某个侧滑角 β 流过导弹的平置水平弹翼和尾翼时，由于左、右翼的绕流条件不同，压力分布也就不同，左、右翼的升力不对称则产生绕导弹纵轴的滚转力矩。

导数 m_x^{β} 表征导弹的横向静稳定性，对于飞机型导弹来说具有重要意义。为了说明这

一概念,下面举一个飞机型导弹作水平直线飞行的例子。假设由于某种原因,导弹突然向右滚转了某个角度 γ(见图 2-12),因为升力 Y 总是处在导弹纵向对称平面 Ox_1y_1 内,故当导弹滚转时,则产生升力的水平分量 $Y\sin\gamma$,在该力的作用下,导弹的飞行速度方向将改变,即进行带侧滑的飞行,产生正的侧滑角。若 $m_x^{\beta}<0$,则由侧滑所产生的滚转力矩 $M_x(\beta)=M_x^{\beta}\beta<0$,此力矩使导弹有消除由于某种原因所产生的向右倾斜的趋势。因此,若 $m_x^{\beta}<0$,则导弹具有横向静稳定性;若 $m_x^{\beta}>0$,则导弹是横向静不稳定的。

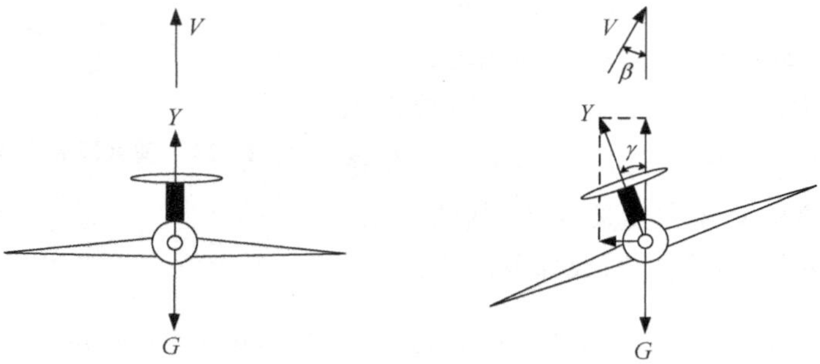

图 2-12　由滚转引起的侧滑飞行

飞机型导弹的横向静稳定性主要由弹翼和垂直尾翼所产生,而影响弹翼 m_x^{β} 值的主要因素是弹翼后掠角及上反角。

2) 滚转操纵力矩

操纵副翼或差动舵产生的绕 Ox_1 轴的力矩,称为滚转操纵力矩。副翼和差动舵一样,两边的操纵面总是一上一下成对地出现的。如图 2-13 所示,副翼的偏转角 δ_x 为正(即右副翼后缘往下偏,左副翼的后缘往上偏),这相当于右副翼增大了攻角,形成正的升力,而左副翼刚好相反,这样,引起负的滚转操纵力矩。当副翼的偏转角为负时,则滚转操纵力矩为正。

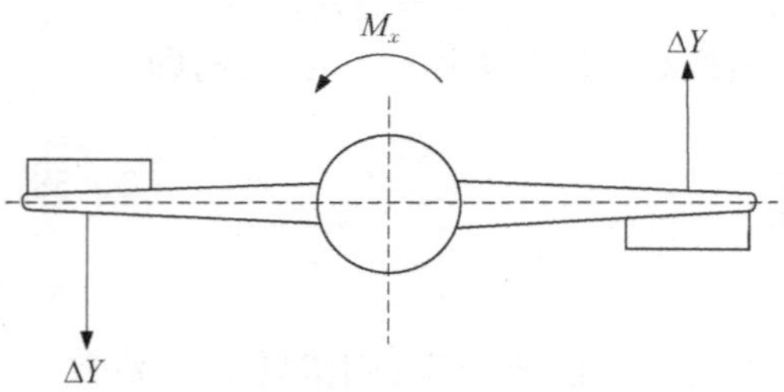

图 2-13　副翼产生的滚转操纵力矩(后视图)

滚转操纵力矩 $M_x(\delta_x)$ 用于操纵导弹绕纵轴 Ox_1 转动或保持导弹的滚转稳定。力矩系数导数 $m_x^{\delta_x}$ 称为副翼的操纵效率,也就是单位偏转角所引起的力矩系数。当差动舵(副翼)偏转角增大时,其操纵效率略有降低。根据 δ_x 角的定义,$m_x^{\delta_x}$ 总是负值。

3) 滚转阻尼力矩

当导弹绕纵轴 Ox_1 转动时,将产生滚转阻尼力矩 $M_x^{\omega_x}\omega_x$。滚转阻尼力矩产生的物理原因与俯仰阻尼力矩相类似。滚转阻尼力矩主要是由弹翼产生的,该力矩的方向总是阻止导弹绕纵轴转动。不难证明,滚转阻尼力矩系数与无量纲角速度 $\bar{\omega}_x$ 成正比,即

$$m_x(\omega_x)=m_x^{\bar{\omega}_x}\bar{\omega}_x \tag{2-60}$$

式中，$\bar{\omega}_x = \frac{\omega_x L}{2V}$ 是无量纲值，其值总是负的。

8. 铰链力矩

导弹操纵时，操纵面（升降舵、方向舵、副翼）偏转某一角度，在操纵面上产生空气动力，它除了产生相对于导弹质心的力矩之外，还产生相对于操纵面转轴（即铰链轴）的力矩，称之为铰链力矩，其对导弹的操纵起着很大的作用。对于由控制系统操纵的导弹来说，推动操纵面的舵机的需用功率取决于铰链力矩的大小。

尾翼一般由不动的部分（安定面）和可转动的部分（舵面）所组成，也有全动的，如全动舵面。但无论何种类型，其铰链力矩都可表示为

$$M_h = m_h q_t S_t b_t \tag{2-61}$$

式中，m_h 为铰链力矩系数；q_t 为流经操纵面（舵面）的动压；S_t 为舵面面积；b_t 为舵面弦长。

以升降舵为例，铰链力矩主要是由升降舵上的升力引起的。当舵面处的攻角为 α，舵偏角为 δ_z 时，舵面升力 Y_t 的作用点距铰链轴为 h（见图 2-14），略去舵面阻力对铰链力矩的影响，则有

$$M_h = -Y_t h\cos(\alpha + \delta_z) \tag{2-62}$$

当 α、δ_z 不大时，有

$$\cos(\alpha + \delta_z) \approx 1$$

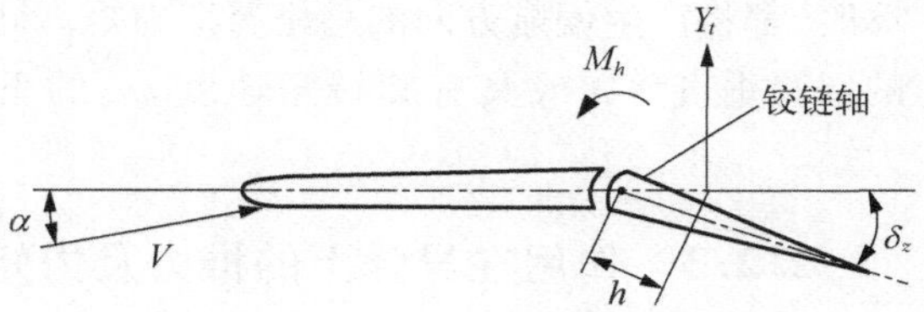

图 2-14　铰链力矩

而且舵面升力 Y_t 可以看作是 α、δ_z 的线性函数，即

$$Y_t = Y_t^{\alpha}\alpha + Y_t^{\delta_z}\delta_z \tag{2-63}$$

于是，可以把铰链力矩表示为 α、δ_z 的线性关系：

$$M_h = M_h^{\alpha}\alpha + M_h^{\delta_z}\delta_z \tag{2-64}$$

铰链力矩系数也可写成：

$$m_h = m_h^{\alpha}\alpha + m_h^{\delta_z}\delta_z \tag{2-65}$$

铰链力矩系数时主要取决于操纵面的类型及形状、Ma 数、攻角（对于方向舵则取决于侧滑角）、操纵面的偏转角及铰链轴的位置。偏导数 m_h^{α} 与 $m_h^{\delta_z}$ 是 Ma 数的函数，当攻角变化时，其值变化不大。当舵面尺寸一定时，在其他条件相同的情况下，铰链力矩的大小取决于舵面的转轴的位置。转轴越靠近舵面前缘，铰链力矩就越大。若转轴与舵面压力中心重合，则铰链力矩为零。

9. 马格努斯力和力矩

当导弹以某一攻角飞行，且以一定的角速度 ω_x 绕自身纵轴 Ox_1 旋转时，由于旋转和来流横向分速的联合作用，在垂直于攻角平面的方向上将产生侧向力 z_1，该力称为马格努

斯力。该力对质心的力矩 M_{y1} 称为马格努斯力矩。

马格努斯力一般不大,不超过相应法向力的5%,但马格努斯力矩有时却很大,尤其是对有翼的旋转导弹。在旋转弹的动稳定性分析中必须考虑马格努斯力矩的影响。马格努斯力和马格努斯力矩与多种因素有关。对单独弹身来说,影响因素有:附面层位移厚度的非对称性、压力梯度的非对称性、主流切应力的非对称性、横流切应力的非对称性、分离的非对称性、转捩的非对称性、附面层与非对称体涡的相互作用等。对弹翼来说,影响因素有:旋转弹翼的附加攻角差动、附加速度差动、安装角差动、钝后缘弹翼底部压力差动、弹身对背风面翼片的遮蔽作用、非对称体涡对弹翼的冲击干扰、弹翼对尾翼的非对称干扰等。因此,研究旋转弹的马格努斯效应是个十分复杂的问题。简单总结如下:

1) 单独弹身的马格努斯力和马格努斯力矩

当 $\omega_x \neq 0$ 时,若对导弹进行俯仰操纵($\alpha \neq 0$),将伴随偏航运动的发生;同样,当对导弹进行偏航操纵($\beta \neq 0$)时,也将伴随俯仰运动的发生,这即是运动的交连。

2) 弹翼的马格努斯力矩

当气流以速度 $\boldsymbol{V}$ 和攻角 α 流经不旋转的斜置水平弹翼时,或流经旋转的平置水平弹翼时,都将产生偏航方向的马格努斯力矩。同理,当来流以速度 $\boldsymbol{V}$ 和侧滑角 β 流经不旋转的斜置垂直弹翼或具有旋转角速度 ω_x 的垂直弹翼时,也将产生俯仰方向的马格努斯力矩。

2.2.3 作用在导弹上的推力及力矩

导弹推力由发动机燃气流以高速喷出而产生的反作用力,以及喷口处压差产生的静推力等组成,是导弹飞行的动力。导弹上采用的发动机有火箭发动机(采用固体或液体燃料)或航空发动机(如冲压发动机、涡轮喷气发动机等)。发动机的类型不同,其推力特性也不同。

火箭发动机的推力值可以用下式确定:

$$P = m_c u_e + S_a(p_a - p_H) \tag{2-66}$$

式中,m_c 为单位时间内燃料的消耗量(又称为质量秒消耗量);u_e 为燃气在喷管出口处的平均有效喷出速度;S_a 为发动机喷管出口处的横截面积;p_a 为发动机喷管出口处燃气流静压强;p_H 为导弹所处高度的大气静压强。

从式(2-66)可以看出:火箭发动机的推力 P 只与导弹的飞行高度有关,而与导弹的其他运动参数无关,它的大小主要取决于发动机的性能参数。式(2-66)中的第一项是由于燃气流以高速喷出而产生的推力,称为反作用力(或动推力);第二项是由于发动机喷管出口处的燃气流静压强 p_a 与大气静压强 p_H 的压差引起的推力部分,称为静推力。

火箭发动机的地面推力:

$$P_0 = m_c u_e + S_a(p_a - p_0) \tag{2-67}$$

可以通过地面发动机试验来获得,式中 p_0 是地面的大气压强。随着导弹飞行高度的增加,推力略有增加,其值可表示为

$$P = P_0 + S_a(p_a - p_H) \tag{2-68}$$

式中，p_a 为地面上发动机喷口周围的大气静压强。

航空喷气发动机的推力特性，较火箭发动机相比更为复杂，其推力大小与导弹的飞行高度、Ma 数、飞行速度、攻角 α 等参数有十分密切的关系。

发动机推力 $\boldsymbol{P}$ 的方向，主要取决于发动机在弹体上的安装，其方向一般和导弹的纵轴 Ox_1 重合，也可能和导弹纵轴 Ox_1 平行，或者与导弹纵轴构成任意夹角。这就是说，推力 $\boldsymbol{P}$ 可能通过导弹质心，也可能不通过导弹质心。若推力 $\boldsymbol{P}$ 不通过导弹质心，且与导弹纵轴构成某一夹角，则产生推力矩 $\boldsymbol{M}_P$。设推力 $\boldsymbol{P}$ 在弹体坐标系中的投影分量分别为 P_{x_1}、P_{y_1}、P_{z_1}，推力作用线至质心的偏心矢径 $\boldsymbol{R}_P$ 在弹体坐标系中的投影分量分别为 x_{1P}、y_{1P}、z_{1P}。那么，推力 $\boldsymbol{P}$ 产生的推力矩 $\boldsymbol{M}_P$ 可表示成

$$\boldsymbol{M}_P = \boldsymbol{R}_P \times \boldsymbol{P} \tag{2-69}$$

推力矩 $\boldsymbol{M}_P$ 在弹体坐标系上的三个分量可表示为

$$\begin{bmatrix} M_{Px_1} \\ M_{Py_1} \\ M_{Pz_1} \end{bmatrix} = \begin{bmatrix} 0 & -z_{1P} & y_{1P} \\ z_{1P} & 0 & -x_{1P} \\ -y_{1P} & x_{1P} & 0 \end{bmatrix} \begin{bmatrix} P_{x_1} \\ P_{y_1} \\ P_{z_1} \end{bmatrix} = \begin{bmatrix} P_{z_1}y_{1P} - P_{y_1}z_{1P} \\ P_{x_1}z_{1P} - P_{z_1}x_{1P} \\ P_{y_1}x_{1P} - P_{x_1}y_{1P} \end{bmatrix} \tag{2-70}$$

2.2.4　作用在导弹上的重力

根据万有引力定律，所有物体之间都存在着相互作用力。对于非弹道式导弹而言，由于它一般是在贴近地球表面的大气层内或临近空间内飞行的，所以只涉及地球对导弹的引力。在考虑地球自转的情况下，导弹除了受地心的引力 $\boldsymbol{G}_1$ 外，还要受到因地球自转所产生的离心惯性力 $\boldsymbol{F}_e$，因而，作用在导弹上的重力就是地心引力和离心惯性力的矢量和（图 2-15）：

$$\boldsymbol{G} = \boldsymbol{G}_1 + \boldsymbol{F}_e \tag{2-71}$$

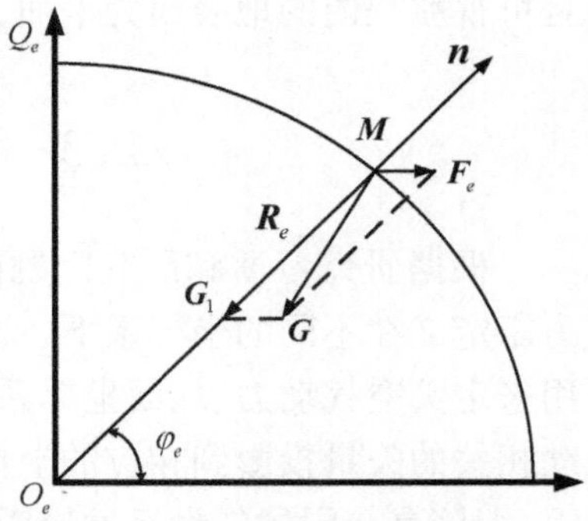

图 2-15　地球表面 M 点的重力方向

根据万有引力定律，地心引力 $\boldsymbol{G}_1$ 的大小与地心至导弹的距离的平方成反比，方向总是指向地心。

由于地球自转，导弹在各处受到的离心惯性力也不相同。事实上，地球并不是严格的球形，其质量分布也不均匀。为研究方便，通常把地球看作是均质的椭球体。设导弹在椭球形地球表面上的质量为 m，地心至导弹的矢径为 $\boldsymbol{R}_e$，导弹所处地理纬度为 φ_e，地球绕极轴的旋转角速度大小为 Ω_e，则导弹所受到的离心惯性力 $\boldsymbol{F}_e$ 为

$$\boldsymbol{F}_e = m\boldsymbol{R}_e\Omega_e^2\cos\varphi_e \tag{2-72}$$

计算表明：离心惯性力 $\boldsymbol{F}_e$ 比地心引力 $\boldsymbol{G}_1$ 小得多。因此通常把地心引力 $\boldsymbol{G}_1$ 视为重力，即

$$G \approx G_1 = mg \tag{2-73}$$

式中，m 为导弹的瞬时质量。发动机工作过程中，不断消耗燃料，导弹的质量不断减小，质量 m 是时间的函数。

$$\frac{dm}{dt} = -m_c \tag{2-74}$$

在 t 瞬时，导弹的质量可以写成：

$$m(t) = m_0 - \int_0^t m_c dt \tag{2-75}$$

式中，m_0 为导弹的起始瞬时质量；m_c 为质量秒消耗量，可由发动机试验给出。严格说来，m_c 不是常量，在发动机从一个工作状态过渡到另一个工作状态（如起动、加速或减小推力）时，m_c 的变化是很显著的。

式(2-73)中的 $\boldsymbol{g}$ 为重力加速度，当略去地球的椭球形状及自转影响时，重力加速度的大小可表示成：

$$g = g_0 \frac{R_e^2}{(R_e + H)^2} \tag{2-76}$$

式中，R_e 为地球平均半径，R_e = 6 371 km；g_0 为地球表面的重力加速度，工程上一般取 g_0 = 9.806 ≈ 9.81 m/s^2；H 为导弹的飞行高度。

由式(2-76)可知，重力加速度 g 是高度 H 的函数。当 H = 50 km，按式(2-76)计算，g = 9.66 m/s^2，与地球表面的重力加速度 g_0 相比，只减小 1.5%左右。因此，对于近程导弹来说，在整个飞行过程中，重力加速度 g 可认为是常量，工程计算时，取 g = 9.81 m/s^2，且可视航程内的地表面为平面，重力场是平行力场。

2.3 导弹动力学与运动学方程

根据研究习惯和研究问题的方便，通常会将导弹的运动参数及作用在导弹上的力和力矩定义在不同的坐标系下。比如，弹体坐标系用来定义空气动力矩和推力、速度坐标系用来定义空气动力、地面坐标系用来定义射程和重力等。坐标系的建立就是将与导弹运动相关的矢量投影到相应的坐标系中，从而得到相应的标量表达式。若在不同的坐标系下，即使是相同的矢量经过投影也会得到不同的坐标，所以数学模型的形式和复杂程度也会不同。建立动力学方程需要在一定的坐标系下对导弹进行受力分析，选择不同的坐标系来构建导弹模型可以简化受力分析。因此，选取合适的坐标系是十分重要的。

选取坐标系的原则是：既能正确地描述导弹的运动，又要使描述导弹运动的方程形式简单且清晰明了。

2.3.1 建立在弹道坐标系下的导弹运动方程组

在弹道坐标系下建立导弹运动方程组，其中，导弹质心运动的动力学方程是在弹道坐标系下建立的，导弹绕质心转动的动力学方程是在弹体坐标系下建立的，导弹质心运动的运动学方程和绕质心转动的运动学方程均是在地面坐标系下建立的[2]。

1. 动力学方程

导弹在空间的运动一般具有 6 个自由度。采用“固化原理”后，某一研究瞬时的变质量导弹运动方程可简化成常质量刚体的方程形式，即用该瞬时的导弹质量 $m(t)$ 取代原来的常质量 m。关于导弹绕质心转动的研究也可以用类似的方法处理，应用牛顿第二定律和动量矩定理可得导弹动力学基本方程：

$$m(t)\frac{\mathrm{d}\boldsymbol{V}}{\mathrm{d}t}=\boldsymbol{F}+\boldsymbol{P} \tag{2-77}$$

$$\frac{\mathrm{d}\boldsymbol{H}}{\mathrm{d}t}=\boldsymbol{M}+\boldsymbol{M}_P \tag{2-78}$$

式中，$\boldsymbol{V}$ 为导弹的速度矢量；$\boldsymbol{F}$ 为作用于导弹上外力的主矢量；$\boldsymbol{P}$ 为导弹发动机推力；$\boldsymbol{H}$ 为导弹相对于质心的动量矩矢量；$\boldsymbol{M}$ 为作用在导弹上的外力对质心主矩；$\boldsymbol{M}_P$ 为发动机推力产生的力矩。

为研究导弹运动特性方便起见，通常将这两个矢量方程分别投影到相应的坐标系上，写成导弹质心运动的三个动力学标量方程和导弹绕质心转动的三个动力学标量方程[2]。

1）导弹质心运动的动力学方程

工程实践表明：对研究导弹质心运动来说，把矢量方程(2－77)写成在弹道坐标系上的标量形式，方程最为简单，又便于分析导弹运动特性。对于一般非弹道式导弹，把地面坐标系视为惯性坐标系，就能够满足所需的计算准确度。弹道坐标系是动坐标系，它相对地面坐标系既有位移运动，又有转动运动，位移速度为 $\boldsymbol{V}$，转动角速度用 $\boldsymbol{\Omega}$ 表示。

建立在动坐标系中的动力学方程，引用矢量的绝对导数和相对导数之间的关系：在惯性坐标系中某一矢量对时间的导数（绝对导数）与同一矢量在动坐标系中对时间的导数（相对导数）之差，等于这矢量本身与动坐标系的转动角速度的矢量乘积，即

$$\frac{\mathrm{d}\boldsymbol{V}}{\mathrm{d}t}=\frac{\delta\boldsymbol{V}}{\delta t}+\boldsymbol{\Omega}\times\boldsymbol{V}$$

式中，$\dfrac{\mathrm{d}\boldsymbol{V}}{\mathrm{d}t}$ 为在惯性坐标系（地面坐标系）中矢量 $\boldsymbol{V}$ 的绝对导数；$\dfrac{\delta\boldsymbol{V}}{\delta t}$ 为在动坐标系（弹道坐标系）中矢量 $\boldsymbol{V}$ 的相对导数。

于是，式(2－77)可改写为

$$m\frac{\mathrm{d}\boldsymbol{V}}{\mathrm{d}t}=m\left(\frac{\delta\boldsymbol{V}}{\delta t}+\boldsymbol{\Omega}\times\boldsymbol{V}\right)=\boldsymbol{F}+\boldsymbol{P} \tag{2-79}$$

设 $\boldsymbol{i}_2$、$\boldsymbol{j}_2$、$\boldsymbol{k}_2$ 分别为沿弹道坐标系 $Ox_2y_2z_2$ 各轴的单位矢量；Ω_{x_2}、Ω_{y_2}、Ω_{z_2} 分别为弹道坐标系相对地面坐标系的转动角速度 $\boldsymbol{\Omega}$ 在 $Ox_2y_2z_2$ 各轴上的分量；V_{x_2}、V_{y_2}、V_{z_2} 分别为导弹质心速度矢量 $\boldsymbol{V}$ 在 $Ox_2y_2z_2$ 各轴上分量。

$$
\begin{aligned}
&\boldsymbol{V} = V_{x_2}\boldsymbol{i}_2 + V_{y_2}\boldsymbol{j}_2 + V_{z_2}\boldsymbol{k}_2 \\
&\boldsymbol{\Omega} = \Omega_{x_2}\boldsymbol{i}_2 + \Omega_{y_2}\boldsymbol{j}_2 + \Omega_{z_2}\boldsymbol{k}_2 \\
&\frac{\delta \boldsymbol{V}}{\delta t} = \frac{V_{x_2}}{\mathrm{d}t}\boldsymbol{i}_2 + \frac{V_{y_2}}{\mathrm{d}t}\boldsymbol{j}_2 + \frac{V_{z_2}}{\mathrm{d}t}\boldsymbol{k}_2
\end{aligned} \tag{2-80}
$$

根据弹道坐标系定义可知：

$$
\begin{bmatrix} V_{x_2} \\ V_{y_2} \\ V_{z_2} \end{bmatrix} = \begin{bmatrix} V \\ 0 \\ 0 \end{bmatrix}
$$

于是

$$
\frac{\delta \boldsymbol{V}}{\delta t} = \frac{\mathrm{d}V}{\mathrm{d}t}\boldsymbol{i}_2 \tag{2-81}
$$

$$
\boldsymbol{\Omega} \times \boldsymbol{V} = \begin{vmatrix} \boldsymbol{i}_2 & \boldsymbol{j}_2 & \boldsymbol{k}_2 \\ \Omega_{x_2} & \Omega_{y_2} & \Omega_{z_2} \\ V_{x_2} & V_{y_2} & V_{z_2} \end{vmatrix} = \begin{vmatrix} \boldsymbol{i}_2 & \boldsymbol{j}_2 & \boldsymbol{k}_2 \\ \Omega_{x_2} & \Omega_{y_2} & \Omega_{z_2} \\ V & 0 & 0 \end{vmatrix} = V\Omega_{z_2}\boldsymbol{j}_2 - V\Omega_{y_2}\boldsymbol{k}_2 \tag{2-82}
$$

根据弹道坐标系与地面坐标系之间的转换中可得

$$
\boldsymbol{\Omega} = \dot{\boldsymbol{\psi}}_V + \dot{\boldsymbol{\theta}}
$$

式中，$\dot{\boldsymbol{\psi}}_V$、$\dot{\boldsymbol{\theta}}$ 分别在地面坐标系 Ay 轴上和弹道坐标系 Oz_2 轴上，于是利用地面坐标系与弹道坐标系之间的变换矩阵得

$$
\begin{bmatrix} \Omega_{x_2} \\ \Omega_{y_2} \\ \Omega_{z_2} \end{bmatrix} = \boldsymbol{L}(\theta, \psi_V)\begin{bmatrix} 0 \\ \dot{\psi}_V \\ 0 \end{bmatrix} + \begin{bmatrix} 0 \\ 0 \\ \dot{\theta} \end{bmatrix} = \begin{bmatrix} \dot{\psi}_V \sin\theta \\ \dot{\psi}_V \cos\theta \\ \dot{\theta} \end{bmatrix} \tag{2-83}
$$

将式(2-83)代入式(2-82)中，可得

$$
\boldsymbol{\Omega} \times \boldsymbol{V} = V\dot{\theta}\boldsymbol{j}_2 - V\dot{\psi}_V \cos\theta \boldsymbol{k}_2 \tag{2-84}
$$

式(2-81)和式(2-84)代入式(2-79)中，展开后得

$$
\begin{cases}
m\dfrac{\mathrm{d}V}{\mathrm{d}t} = F_{x_2} + P_{x_2} \\
mV\dfrac{\mathrm{d}\theta}{\mathrm{d}t} = F_{y_2} + P_{y_2} \\
-mV\cos\dfrac{\mathrm{d}\psi_V}{\mathrm{d}t} = F_{z_2} + P_{z_2}
\end{cases} \tag{2-85}
$$

式中，F_{x_2}、F_{y_2}、F_{z_2} 为除推力外导弹所有外力（总空气动力 $\boldsymbol{R}$、重力 $\boldsymbol{G}$ 等）分别在 $Ox_2y_2z_2$ 各轴上分量的代数和；P_{x_2}、P_{y_2}、P_{z_2} 分别为推力 $\boldsymbol{P}$ 在 $Ox_2y_2z_2$ 各轴上分量。

将总空气动力 $\boldsymbol{R}$、重力 $\boldsymbol{G}$ 和推力 $\boldsymbol{P}$ 在弹道坐标系上投影，并代入到式(2－85)，得到导弹质心运动的动力学方程的标量形式为

$$\begin{cases} m\dfrac{\mathrm{d}V}{\mathrm{d}t} = P\cos\alpha\cos\beta - X - mg\sin\theta \\ mV\dfrac{\mathrm{d}\theta}{\mathrm{d}t} = P(\sin\alpha\cos\gamma_V + \cos\alpha\sin\beta\sin\gamma_V) + Y\cos\gamma_V - Z\sin\gamma_V - mg\cos\theta \\ -mV\cos\theta\dfrac{\mathrm{d}\psi_V}{\mathrm{d}t} = P(\sin\alpha\sin\gamma_V - \cos\alpha\sin\beta\cos\gamma_V) + Y\sin\gamma_V + Z\cos\gamma_V \end{cases} \tag{2-86}$$

式中，$\dfrac{\mathrm{d}V}{\mathrm{d}t}$ 为导弹质心加速度沿弹道切向 Ox_2 轴的投影，称切向加速度；$V\dfrac{\mathrm{d}\theta}{\mathrm{d}t}$ 为导弹质心加速度在铅垂面 Ox_2y_2 内沿弹道法线 Oy_2 轴上投影，称法向加速度；$-mV\cos\theta\dfrac{\mathrm{d}\psi_V}{\mathrm{d}t}$ 为导弹质心加速度的水平分量（即沿 Oz_2 轴），也称侧向加速度，该项“－”号表明：向心力为正时所对应 $\dot{\psi}_V$ 为负，反之亦是，它是由角 ψ_V 的正负号定义所决定的。

2）导弹绕质心转动的动力学方程

导弹绕质心转动的动力学矢量方程(2－78)写成在弹体坐标系上的标量形式最为简单。弹体坐标系是动坐标系，设弹体坐标系相对地面坐标系的转动角速度用 $\boldsymbol{\omega}$ 表示。同理，在动坐标系（弹体坐标系）上建立导弹绕质心转动的动力学方程，式(2－78)可写成：

$$\frac{\mathrm{d}\boldsymbol{H}}{\mathrm{d}t} = \frac{\delta\boldsymbol{H}}{\delta t} + \omega\times\boldsymbol{H} = \boldsymbol{M} + \boldsymbol{M}_P \tag{2-87}$$

设 $\boldsymbol{i}_1$、$\boldsymbol{j}_1$、$\boldsymbol{k}_1$ 分别为沿弹体坐标系 $Ox_1y_1z_1$ 各轴的单位矢量；ω_x、ω_y、ω_z 为弹体坐标系相对地面坐标系的转动角速度 ω 沿弹体坐标系各轴上分量；动量矩 $\boldsymbol{H}$ 在弹体坐标系各轴上分量为 H_{x_1}、H_{y_1}、H_{z_1}；$\dfrac{\mathrm{d}\boldsymbol{H}}{\mathrm{d}t}$ 为动量矩 $\boldsymbol{H}$ 相对惯性坐标系的时间导数；$\dfrac{\delta\boldsymbol{H}}{\delta t}$ 为动量矩 $\boldsymbol{H}$ 相对弹体坐标系的时间导数。

$$\frac{\delta\boldsymbol{H}}{\delta t} = \frac{\mathrm{d}H_{x_1}}{\mathrm{d}t}\boldsymbol{i}_1 + \frac{\mathrm{d}H_{y_1}}{\mathrm{d}t}\boldsymbol{j}_1 + \frac{\mathrm{d}H_{z_1}}{\mathrm{d}t}\boldsymbol{k}_1 \tag{2-88}$$

动量矩 $\boldsymbol{H}$ 可表示为

$$\boldsymbol{H} = \boldsymbol{J}\boldsymbol{\omega}$$

式中，$\boldsymbol{J}$ 为惯性张量。

动量矩 $\boldsymbol{H}$ 在弹体坐标系各轴上分量可表示为

$$\begin{bmatrix} H_{x_1} \\ H_{y_1} \\ H_{z_1} \end{bmatrix} = \begin{bmatrix} J_{x_1x_1} & -J_{x_1y_1} & -J_{x_1z_1} \\ -J_{y_1x_1} & J_{y_1y_1} & -J_{y_1z_1} \\ -J_{z_1x_1} & -J_{z_1y_1} & J_{z_1z_1} \end{bmatrix} \begin{bmatrix} \omega_x \\ \omega_y \\ \omega_z \end{bmatrix} \tag{2-89}$$

式中，$J_{x_1x_1}$、$J_{y_1y_1}$、$J_{z_1z_1}$ 为导弹对弹体坐标系各轴的转动惯量；$J_{x_1y_1}$、$J_{x_1z_1}$、…、$J_{z_1y_1}$ 为导弹对弹体坐标系各轴的惯量积。

对于战术导弹来说，一般多为轴对称外形，这时可认为弹体坐标系就是它的惯性主轴系。在此条件下，导弹对弹体坐标系各轴的惯量积为零。为书写方便，上述转动惯量分别以 J_{x_1}、J_{y_1}、J_{z_1} 表示，则式(2-89)可简化为

$$\begin{bmatrix} H_{x_1} \\ H_{y_1} \\ H_{z_1} \end{bmatrix} = \begin{bmatrix} J_{x_1} & 0 & 0 \\ 0 & J_{y_1} & 0 \\ 0 & 0 & J_{z_1} \end{bmatrix} \begin{bmatrix} \omega_x \\ \omega_y \\ \omega_z \end{bmatrix} = \begin{bmatrix} J_{x_1}\omega_{x_1} \\ J_{y_1}\omega_{y_1} \\ J_{z_1}\omega_{z_1} \end{bmatrix} \tag{2-90}$$

将式(2-90)代入式(2-88)中，可得

$$\frac{\delta \boldsymbol{H}}{\delta t} = J_{x_1}\frac{\mathrm{d}\omega_x}{\mathrm{d}t}\boldsymbol{i}_1 + J_{y_1}\frac{\mathrm{d}\omega_y}{\mathrm{d}t}\boldsymbol{j}_1 + \frac{\mathrm{d}H_z}{\mathrm{d}t}\boldsymbol{k}_1 \tag{2-91}$$

$$\begin{aligned} \boldsymbol{\omega} \times \boldsymbol{H} &= \begin{vmatrix} \boldsymbol{i}_1 & \boldsymbol{j}_1 & \boldsymbol{k}_1 \\ \omega_x & \omega_y & \omega_z \\ H_{x_1} & H_{y_1} & H_{z_1} \end{vmatrix} = \begin{vmatrix} \boldsymbol{i}_1 & \boldsymbol{j}_1 & \boldsymbol{k}_1 \\ \omega_x & \omega_y & \omega_z \\ J_{x_1}\omega_x & J_{y_1}\omega_y & J_{z_1}\omega_z \end{vmatrix} \\ &= (J_{z_1} - J_{y_1})\omega_z\omega_y\boldsymbol{i}_1 + (J_{x_1} - J_{z_1})\omega_x\omega_z\boldsymbol{j}_1 + (J_{y_1} - J_{x_1})\omega_y\omega_x\boldsymbol{k}_1 \end{aligned} \tag{2-92}$$

将式(2-91)、式(2-92)代入式(2-87)中，于是导弹绕质心转动的动力学标量方程为

$$\begin{cases} J_{x_1}\dfrac{\mathrm{d}\omega_x}{\mathrm{d}t} + (J_{z_1} - J_{y_1})\omega_z\omega_y = M_{x_1} \\ J_{y_1}\dfrac{\mathrm{d}\omega_y}{\mathrm{d}t} + (J_{x_1} - J_{z_1})\omega_x\omega_z = M_{y_1} \\ J_{z_1}\dfrac{\mathrm{d}\omega_z}{\mathrm{d}t} + (J_{y_1} - J_{x_1})\omega_y\omega_x = M_{z_1} \end{cases} \tag{2-93}$$

式中，J_{x_1}、J_{y_1}、J_{z_1} 分别为导弹对于弹体坐标系(即惯性主轴系)各轴的转动惯量，它们随着燃料燃烧产物的喷出而不断变化；$\dfrac{\mathrm{d}\omega_x}{\mathrm{d}t}$、$\dfrac{\mathrm{d}\omega_y}{\mathrm{d}t}$、$\dfrac{\mathrm{d}\omega_z}{\mathrm{d}t}$ 分别为弹体转动角加速度矢量在弹体坐标系各轴上的分量；M_{x_1}、M_{y_1}、M_{z_1} 分别为作用在导弹上的所有外力(含推力)对质心的力矩在弹体坐标系各轴上的分量。

由于发动机的推力 $\boldsymbol{P}$ 与弹体纵轴 Ox_1 重合，因此只有空气动力产生的外力矩，忽略加工误差引起的外形不对称、俯仰舵面下洗延迟等影响后，可得有翼导弹(轴对称或面对

称)外力力矩的一般表达形式:

$$
\begin{aligned}
M_{x_1} &= qSL(57.3m_x^{\beta}\beta + m_x^{\bar{\omega}_x}\bar{\omega}_x + m_x^{\bar{\omega}_y}\bar{\omega}_y + 57.3m_x^{\delta_x}\delta_x + 57.3m_x^{\delta_y}\delta_y)\\
M_{y_1} &= qSL(57.3m_y^{\beta}\beta + m_y^{\bar{\dot{\beta}}}\bar{\dot{\beta}} + m_y^{\bar{\omega}_x}\bar{\omega}_x + m_y^{\bar{\omega}_y}\bar{\omega}_y + 57.3m_y^{\delta_y}\delta_y + 57.3m_y^{\delta_x}\delta_x)\\
M_{z_1} &= qSL(57.3m_z^{\alpha}\alpha + m_z^{\bar{\dot{\alpha}}}\bar{\dot{\alpha}} + 57.3m_z^{\delta_z}\delta_z + m_z^{\bar{\omega}_z}\bar{\omega}_z)
\end{aligned} \tag{2-94}
$$

式中, $\bar{\omega}_x = \omega_x \dfrac{L}{V}$、$\bar{\omega}_y = \omega_y \dfrac{L}{V}$、$\bar{\omega}_z = \omega_z \dfrac{L}{V}$; $\bar{\dot{\alpha}} = \dot{\alpha}\dfrac{L}{V}$、$\bar{\dot{\beta}} = \dot{\beta}\dfrac{L}{V}$; L 为导弹的参考长度,单位 m; $m_x^{\delta_x}$、$m_y^{\delta_y}$、$m_z^{\delta_z}$ 为副翼、方向舵、升降舵的操纵效率,单位 1/(°); $m_x^{\bar{\omega}_x}$、$m_y^{\bar{\omega}_y}$、$m_z^{\bar{\omega}_z}$ 为无因次滚转/偏航/俯仰阻尼力矩系数导数; $m_y^{\bar{\dot{\beta}}}$、$m_z^{\bar{\dot{\alpha}}}$ 为无因次偏航/俯仰下洗延迟引起的阻尼力矩系数导数; m_x^{β}、$m_x^{\bar{\omega}_y}$、$m_x^{\delta_y}$ 为侧滑(斜吹)、无因次偏航角速度、方向舵引起的滚转交叉力矩系数导数; $m_y^{\bar{\omega}_x}$、$m_y^{\delta_x}$ 为无因次滚转角速度、滚转舵引起的偏航交叉力矩系数导数。

将式(2-94)代入式(2-93),消去右边各项,最后得

$$
\begin{cases}
\dot{\omega}_x = \dfrac{qSL}{J_{x_1}}\left(57.3m_x^{\beta}\beta + m_x^{\bar{\omega}_x}\dfrac{L}{V}\omega_x + m_x^{\bar{\omega}_y}\dfrac{L}{V}\omega_y + 57.3m_x^{\delta_x}\delta_x + 57.3m_x^{\delta_y}\delta_y\right) - \dfrac{J_{z_1} - J_{y_1}}{J_{x_1}}\omega_y\omega_z\\
\dot{\omega}_y = \dfrac{qSL}{J_{y_1}}\left(57.3m_y^{\beta}\beta + \dfrac{L}{V}m_y^{\bar{\dot{\beta}}}\dot{\beta} + \dfrac{L}{V}m_y^{\bar{\omega}_x}\omega_x + \dfrac{L}{V}m_y^{\bar{\omega}_y}\omega_y + 57.3m_y^{\delta_y}\delta_y + 57.3m_y^{\delta x}\delta_x\right) - \dfrac{J_{x_1} - J_{z_1}}{J_{y_1}}\omega_z\omega_x\\
\dot{\omega}_z = \dfrac{qSL}{J_{z_1}}\left(57.3m_z^{\alpha}\alpha + \dfrac{L}{V}m_z^{\bar{\dot{\alpha}}}\dot{\alpha} + \dfrac{L}{V}m_z^{\bar{\omega}_z}\omega_z + 57.3m_z^{\delta_z}\delta_z\right) - \dfrac{J_{y_1} - J_{x_1}}{J_{z_1}}\omega_x\omega_y
\end{cases} \tag{2-95}
$$

2. *运动学方程*

导弹运动方程组还包括描述各运动参数之间关系的运动学方程,由描述导弹质心相对地面坐标系运动的运动学方程和导弹弹体相对地面坐标系姿态变化的运动学方程两部分组成。

1) 导弹质心运动的运动学方程

要确定导弹质心相对于地面坐标系的运动轨迹(弹道),需要建立导弹质心相对于地面坐标系运动的运动学方程。计算空气动力、推力时,需要知道导弹在任一瞬时所处的高度,通过弹道计算确定相应瞬时导弹所处的位置。因此,要建立导弹质心相对于地面坐标系 $Axyz$ 的位置方程。

$$
\begin{bmatrix} \dfrac{\mathrm{d}x}{\mathrm{d}t} \\ \dfrac{\mathrm{d}y}{\mathrm{d}t} \\ \dfrac{\mathrm{d}z}{\mathrm{d}t} \end{bmatrix} = \begin{bmatrix} V_x \\ V_y \\ V_z \end{bmatrix} \tag{2-96}
$$

根据弹道坐标系的定义可知,导弹质心的速度矢量与弹道坐标系的 Ox_2 轴重合,即

$$\begin{bmatrix} V_{x_2} \\ V_{y_2} \\ V_{z_2} \end{bmatrix} = \begin{bmatrix} V \\ 0 \\ 0 \end{bmatrix} \tag{2-97}$$

利用地面坐标系与弹道坐标系的转换关系可得

$$\begin{bmatrix} V_x \\ V_y \\ V_z \end{bmatrix} = \boldsymbol{L}^{\mathrm{T}}(\theta,\ \psi_V) \begin{bmatrix} V_{x_2} \\ V_{y_2} \\ V_{z_2} \end{bmatrix} \tag{2-98}$$

将式(2-97)、式(2-5)代入式(2-98)中,并将其结果代入式(2-96)中,即得到导弹质心运动的运动学方程:

$$\begin{cases} \dfrac{\mathrm{d}x}{\mathrm{d}t} = V\cos\theta\cos\psi_V \\ \dfrac{\mathrm{d}y}{\mathrm{d}t} = V\sin\theta \\ \dfrac{\mathrm{d}z}{\mathrm{d}t} = -V\cos\theta\sin\psi_V \end{cases} \tag{2-99}$$

2) 导弹绕质心转动的运动学方程

要确定导弹在空间的姿态,就需要建立描述导弹弹体相对地面坐标系姿态变化的运动学方程,亦即建立姿态角 ϑ、ψ、γ 变化率与导弹相对地面坐标系转动角速度分量 ω_{x_1}、ω_{y_1}、ω_{z_1} 之间的关系式。

根据地面坐标系与弹体坐标系的转换关系可得

$$\omega = \dot{\psi} + \dot{\vartheta} + \dot{\gamma}$$

由于 $\dot{\psi}$、$\dot{\gamma}$ 分别与地面坐标系 Ay 轴和弹体坐标系的 Ox_1 轴重合,而 $\dot{\vartheta}$ 与 Oz' 轴重合,故有

$$\begin{aligned} \begin{bmatrix} \omega_{x_1} \\ \omega_{y_1} \\ \omega_{z_1} \end{bmatrix} &= \boldsymbol{L}(\gamma,\ \vartheta,\ \psi) \begin{bmatrix} 0 \\ \dot{\psi} \\ 0 \end{bmatrix} + \boldsymbol{L}(\gamma) \begin{bmatrix} 0 \\ 0 \\ \dot{\vartheta} \end{bmatrix} + \begin{bmatrix} \dot{\gamma} \\ 0 \\ 0 \end{bmatrix} \\ &= \begin{bmatrix} \dot{\psi}\sin\vartheta + \dot{\gamma} \\ \dot{\psi}\cos\vartheta\cos\gamma + \dot{\vartheta}\sin\gamma \\ -\dot{\psi}\cos\vartheta\sin\gamma + \dot{\vartheta}\cos\gamma \end{bmatrix} = \begin{bmatrix} 0 & \sin\vartheta & 1 \\ \sin\gamma & \cos\vartheta\cos\gamma & 0 \\ \cos\gamma & -\cos\vartheta\sin\gamma & 0 \end{bmatrix} \begin{bmatrix} \dot{\vartheta} \\ \dot{\psi} \\ \dot{\gamma} \end{bmatrix} \end{aligned}$$

经变换后得

$$\begin{bmatrix}\dot{\vartheta}\\ \dot{\psi}\\ \dot{\gamma}\end{bmatrix}=\begin{bmatrix}0 & \sin\gamma & \cos\gamma\\ 0 & \dfrac{\cos\gamma}{\cos\vartheta} & -\dfrac{\sin\gamma}{\cos\vartheta}\\ 1 & -\tan\vartheta\cos\gamma & \tan\vartheta\sin\gamma\end{bmatrix}\begin{bmatrix}\omega_{x_1}\\ \omega_{y_1}\\ \omega_{z_1}\end{bmatrix} \tag{2-100}$$

上式展开后得到导弹绕质心转动的运动学方程:

$$\begin{cases}\dfrac{\mathrm{d}\vartheta}{\mathrm{d}t}=\omega_{y_1}\sin\gamma+\omega_{z_1}\cos\gamma\\ \dfrac{\mathrm{d}\psi}{\mathrm{d}t}=\dfrac{1}{\cos\vartheta}(\omega_{y_1}\cos\gamma-\omega_{z_1}\sin\gamma)\\ \dfrac{\mathrm{d}\gamma}{\mathrm{d}t}=\omega_{x_1}-\tan\vartheta(\omega_{y_1}\cos\gamma-\omega_{z_1}\sin\gamma)\end{cases} \tag{2-101}$$

为书写方便,省略式(2-101)中的脚注“1”。

2.3.2　建立在速度坐标系下的导弹运动方程组

在速度坐标系下建立导弹运动方程组,其中导弹质心运动的动力学方程是在速度坐标系下建立的,导弹绕质心转动的动力学方程是在弹体坐标系下建立的(与 2.3.1 节一致),导弹质心运动的运动学方程和绕质心转动的运动学方程均是在速度坐标系下建立的,导弹的侧向过载方程是在弹体坐标系下建立的。

为简化建模问题,采用如下假设:

(1) 忽略重力影响(因为重力影响容易在导引律中得到补偿),仅考虑空气动力、推力的影响;

(2) 仅考虑导弹的短周期运动,认为导弹速度变化缓慢,将导弹飞行速度视为常数;

(3) 导弹的攻角 α、侧滑角 β 均为小量,即认为: $\sin\alpha\approx\alpha$, $\cos\alpha\approx 1$, $\sin\beta\approx\beta$, $\cos\beta\approx 1$, 忽略二阶小量,即 $\alpha^2\approx\beta^2\approx\alpha\beta\approx 0$;

(4) 取发动机推力矢量方向与弹体纵轴一致;

(5) 忽略速率陀螺和加速度计的动态特性;

(6) 认为导弹的惯性主轴就是弹体轴,无惯性积。

1. 基于 α 与 β 导数描述的导弹质心动力学方程

为获得在速度坐标系下的角速度,以便建立关于 $\dot{\alpha}$、$\dot{\beta}$ 的方程,将导弹的质心动力学方程建立在速度坐标系中[3],表达如下:

$$m\frac{\mathrm{d}\boldsymbol{V}}{\mathrm{d}t}=\left(m\frac{\delta\boldsymbol{V}}{\delta t}+\omega_3\times\boldsymbol{V}\right)=\boldsymbol{F} \tag{2-102}$$

式中,m 为导弹的瞬时质量,单位 kg; $\boldsymbol{V}$ 为惯性坐标系下导弹质心的速度矢量,单位 m/s; ω_3 为速度坐标系相对惯性坐标系的角速度矢量,单位 rad/s; $\boldsymbol{F}$ 为作用于导弹的外力合矢量,单位 N; $\dfrac{\mathrm{d}\boldsymbol{V}}{\mathrm{d}t}$、$\dfrac{\delta\boldsymbol{V}}{\delta t}$ 分别表示导弹速度矢量相对惯性坐标系和速度系的时间导数,单位 $\mathrm{m/s^2}$。

将式(2－102)各项向速度坐标系投影，其矢量表达式为

$$\boldsymbol{V} = V\boldsymbol{i} + 0\boldsymbol{j} + 0\boldsymbol{k} \tag{2-103}$$

$$\omega_3 = \omega_{x3}\boldsymbol{i} + \omega_{y3}\boldsymbol{j} + \omega_{z3}\boldsymbol{k} \tag{2-104}$$

$$\boldsymbol{F} = F_{x3}\boldsymbol{i} + F_{y3}\boldsymbol{j} + F_{z3}\boldsymbol{k} \tag{2-105}$$

式中，$\boldsymbol{i}$、$\boldsymbol{j}$、$\boldsymbol{k}$ 为速度坐标系中的沿三轴的单位矢量；ω_{x3}、ω_{y3}、ω_{z3} 为 ω_3 在速度坐标系三轴上的分量，单位 rad/s；F_{x3}、F_{y3}、F_{z3} 为 $\boldsymbol{F}$ 在速度坐标系三轴上的分量，单位 N。

将式(2－103)、式(2－104)、式(2－105)代入式(2－102)得

$$m\frac{\mathrm{d}V}{\mathrm{d}t} = F_{x3} \tag{2-106}$$

$$m\omega_{z3}V = F_{y3} \tag{2-107}$$

$$-m\omega_{y3}V = F_{z3} \tag{2-108}$$

为将式(2－106)、式(2－107)、式(2－108)进一步展开，需要对作用于导弹上的外力进行分析。作用于导弹的外力一般有：重力、推力和空气动力。由于重力对导弹的作用很容易在导引律中得到补偿，这里仅考虑推力和空气动力的作用。

1）推力

由于假定发动机推力 $\boldsymbol{P}$ 的方向与弹体纵轴 Ox_1 重合，因此 $\boldsymbol{P}$ 在体坐标系三轴上的分量为 $[P, 0, 0]$，将其向速度坐标系投影可得

$$\boldsymbol{P} = [P\cos\alpha\cos\beta \quad P\sin\alpha \quad -P\cos\alpha\sin\beta]^{\mathrm{T}} \tag{2-109}$$

2）空气动力

当导弹在空中运动时，将会有空气动力 $\boldsymbol{R}$ 作用于弹体。将 $\boldsymbol{R}$ 按速度坐标系分解，则有气动阻力 X，升力 Y 和侧向力 Z 表达式如下：

$$\boldsymbol{R} = [-X \quad Y \quad Z]^{\mathrm{T}} \tag{2-110}$$

$$X = qSC_x \tag{2-111}$$

$$Y = 57.3qS(C_y^{\alpha} \cdot \alpha + C_y^{\delta_z} \cdot \delta_z) \tag{2-112}$$

$$Z = 57.3qS(C_z^{\beta} \cdot \beta + C_z^{\delta_y} \cdot \delta_y) \tag{2-113}$$

式中，X、Y、Z 分别表示气动阻力、升力和侧向力，单位 N；q 为动压，单位 $\mathrm{kg/(m \cdot s^2)}$；$S$ 为导弹的特征面积，单位 $\mathrm{m^2}$；C_x 为阻力系数，无量纲；α、β 分别表示导弹的攻角和侧滑角，单位 rad；δ_x、δ_y、δ_z 分别表示副翼舵偏角、方向舵偏角及升降舵偏角，单位 rad；C_y^{α} 为法向力系数对攻角的导数，单位 1/(°)；$C_y^{\delta_z}$ 为法向力系数对升降舵偏角的斜率，单位 1/(°)；C_z^{β} 为侧向力系数对侧滑角的导数，单位 1/(°)；$C_z^{\delta_y}$ 为侧向力系数对方向舵偏角的斜率，单位 1/(°)。

将式(2－109)和式(2－110)代入式(2－106)、式(2－107)、式(2－108)，得导弹质心

运动的动力学方程：

$$\begin{cases} m\dfrac{\mathrm{d}V}{\mathrm{d}t} = P\cos\alpha\cos\beta - X \\ m\omega_{z3}V = Y + P\sin\alpha \\ -m\omega_{y3}V = Z - P\cos\alpha\sin\beta \end{cases} \tag{2-114}$$

考虑到 α、β 均为小量的假设，将式(2-114)简化为

$$\begin{cases} m\dfrac{\mathrm{d}V}{\mathrm{d}t} = P - X \\ mV\omega_{z3} = P\alpha + Y \\ -mV\omega_{y3} = -P\beta + Z \end{cases} \tag{2-115}$$

弹体坐标系可以通过速度坐标系的两次旋转得到，首先绕速度坐标系的 Oy_3 轴旋转 $\boldsymbol{\beta}$ 角，然后绕弹体坐标系的 Oz_1 轴旋转 $\boldsymbol{\alpha}$ 角，即可获得弹体坐标系。由此可得如下绕质心转动的运动学关系式：

$$\boldsymbol{\omega}_1 = \boldsymbol{\omega}_3 + \dot{\boldsymbol{\alpha}} + \dot{\boldsymbol{\beta}} \tag{2-116}$$

式中，$\boldsymbol{\omega}_1$、$\boldsymbol{\omega}_3$ 分别表示弹体坐标系和速度坐标系相对地面惯性坐标系的旋转角速度。

将上式向速度坐标系投影，可得

$$\dot{\alpha}\cos\beta = -\omega_x\cos\alpha\sin\beta + \omega_y\sin\alpha\sin\beta + \omega_z\cos\beta - \omega_{z3} \tag{2-117}$$

$$\dot{\beta} = \omega_x\sin\alpha + \omega_y\cos\alpha - \omega_{y3} \tag{2-118}$$

式中，ω_x、ω_y、ω_z 为 ω_1 在弹体坐标系三轴上的分量。

由 α、β 为小量的假设，可将上式化简为

$$\dot{\alpha} = \omega_z - \omega_x\beta - \omega_{z3} \tag{2-119}$$

$$\dot{\beta} = \omega_y + \omega_x\alpha - \omega_{y3} \tag{2-120}$$

利用式(2-119)、式(2-120)两个转动运动学关系可将式(2-115)中的两个质心动力学方程转换为

$$\dot{\alpha} = \omega_z - \omega_x\beta - \frac{Y + P\alpha}{mV} \tag{2-121}$$

$$\dot{\beta} = \omega_y + \omega_x\alpha + \frac{Z - P\beta}{mV} \tag{2-122}$$

进一步变换以消去式中的 Y 和 Z，将式(2-112)、式(2-113)代入式(2-121)、式(2-122)，得

$$\dot{\alpha} = \omega_z - \omega_x\beta - \frac{1}{mV}(57.3qSC_y^{\alpha} + P)\alpha - 57.3\frac{qS}{mV}C_y^{\delta_z}\cdot\delta_z \tag{2-123}$$

$$\dot{\beta} = \omega_y + \omega_x\alpha + \frac{1}{mV}(57.3qSC_z^{\beta} - P)\beta + 57.3\frac{qS}{mV}C_z^{\delta_y} \cdot \delta_y \tag{2-124}$$

由上述推导过程可知,上述计算 $\dot{\alpha}$、$\dot{\beta}$ 的两个方程实为综合了导弹质心动力学关系式(2-115)和转动运动学关系式(2-119)、式(2-120)后,给出的导弹质心动力学方程。

2. 导弹绕质心转动的动力学方程

导弹绕质心转动的动力学方程建立过程与 2.3.1 节一致,不再赘述。

3. 导弹的侧向过载方程

根据牛顿定律可得弹体坐标系下导弹质心的两个侧向加速度为

$$a_y = \frac{F_{y1}}{m} \tag{2-125}$$

$$a_z = \frac{F_{z1}}{m} \tag{2-126}$$

将导弹所受外力在弹体坐标系展开得

$$F_{y1} = X\sin\alpha\cos\beta + Y\cos\alpha + Z\sin\alpha\sin\beta \tag{2-127}$$

$$F_{z1} = -X\sin\beta + Z\cos\beta \tag{2-128}$$

考虑 α、β 为小量的假设条件,上述 4 个方程式整理得

$$a_y = \frac{1}{m}(X\alpha + Y) \tag{2-129}$$

$$a_z = \frac{1}{m}(-X\beta + Z) \tag{2-130}$$

将式(2-111)~式(2-113)代入式(2-129)、式(2-130),消去 X、Y、Z,得

$$a_y = \frac{qS}{m}[(C_x + 57.3C_y^{\alpha})\alpha + 57.3C_y^{\delta_z}\delta_z] \tag{2-131}$$

$$a_z = \frac{qS}{m}[(-C_x + 57.3C_z^{\beta})\beta + 57.3C_z^{\delta_y}\delta_y] \tag{2-132}$$

式中,a_y、a_z 分别表示导弹沿弹体坐标系 Oy_1、Oz_1 轴向的两个侧向加速度分量,单位 m/s^2。

导弹过载为导弹视加速度(即导弹实际加速度减去重力加速度)与重力加速度之比,得到导弹的两个侧向过载方程为

$$n_y = \frac{qS}{m}[(C_x + 57.3C_y^{\alpha})\alpha + 57.3C_y^{\delta_z}\delta_z]/g \tag{2-133}$$

$$n_z = \frac{qS}{m}[(-C_x + 57.3C_z^{\beta})\beta + 57.3C_z^{\delta_y}\delta_y]/g \tag{2-134}$$

2.3.3　两种坐标系下运动方程组特性分析及应用场景

1. 弹道坐标系下运动方程组特性分析及应用场景

弹道坐标系与导弹的速度矢量 $\boldsymbol{V}$ 固联，是一个动坐标系。该坐标系主要用于研究导弹质心的运动特性，可用于作为制导指令的形成和执行基准。理论研究和工程实践表明：利用该坐标系建立的导弹质心运动的动力学方程，在分析、研究弹道特性时会比较简单清晰。同时，选择弹道坐标系可以有效利用在弹体坐标系上直接测量的风洞实验数据。

然而这个模型并未考虑到其在整个制导控制系统模型中的适应性。在该方程中，当 ϑ 趋于$-90°$时，$\tan\vartheta$ 趋于 $-\infty$，$\dfrac{1}{\cos\vartheta}$ 趋于∞，均为无界。故如按上述模型进行研究，必须避开末段弹道垂直于地面的情况，然而这却是常见的地面目标打击模式。此时，可采用四元数来表示导弹的姿态，并用四元数建立导弹绕质心转动的运动学方程。四元数法被经常用来研究导弹或航天器的大角度姿态运动及导航计算等。

2. 速度坐标系下运动方程组特性分析及应用场景

导弹的空气动力参数需要由速度坐标系与弹体坐标系共同确定。速度坐标系体现了导弹速度和导弹姿态间的关系，是计算气动力最常用的坐标系，速度坐标系下的弹道微分方程最为简单，常用于射程比较近、高度变化不大的场景，如弹道导弹的再入段。

当讨论导弹的速度时，有两个重要的概念：空速和地速。空速是指导弹相对于未受扰动气流的速度，即导弹相对于空气的速度；而地速则是导弹相对于地面的速度。当没有风的时候，空气相对于地面是静止的，因此空速和地速是相等的。但是，当有风的时候，空速和地速就不再相等。在导弹的飞行过程中，气动参数、大气密度等参数的计算通常采用空速，因而导弹的空速更受制导控制设计人员关注。

虽然弹道坐标系下的导弹运动方程组在有风扰的情况下会更加简单，可以更贴合实际，但其方程组中的状态量并不常用。而在速度坐标系下，动力学方程中对应的速度是地速，这就涉及空速和地速之间的关系，问题会变得非常复杂，所以通常只考虑无风条件进行设计。在无风的情况下，地速可以用空速来代替，这样在速度坐标系下建立导弹质心的动力学方程会更加方便。同时速度坐标系可给出导弹的气流角，这对于控制器的设计也是十分重要的。

因此，为了使问题简化，应该针对具体的问题，选择适当的坐标系建立导弹运动模型。如文献[4]选择弹体坐标系来建立 BTT 导弹运动模型，就是为了有效利用在弹体坐标系上直接测量的风洞实验数据；文献[5]选择准弹体坐标系来建立自旋导弹的动力学方程，也是因为弹体所受的气动力是在该坐标系下表达的；文献[6]在建立制导航弹模型时，引入了一套新的坐标系，解决了制导航弹垂直俯冲攻击问题在分析过程中面临的奇异问题。这些处理方式不但简化了建模过程，而且解决了某些情况下导弹运动模型无法使用的问题。

2.4　本 章 要 点

1. 导弹飞行力学中常用的坐标系包括弹体坐标系、速度坐标系、地面坐标系和弹道坐标系，它们之间的转换关系可以由变换矩阵描述。

2. 作用在导弹上的力主要包括气动力、发动机推力和重力；作用在导弹上的力矩主要包括气动力矩、推力作用线不通过导弹质心时引起的推力矩等。

3. 在导弹外形、飞行剖面确定的情况下，对于导弹所受气动力与气动力矩的研究，可简化为对气动力系数与气动力矩系数的研究。

4. 导弹的平衡特性取决于其静稳定性，在焦点位于质心之后时，导弹是纵向静稳定的；焦点与质心重合时静中立稳定；焦点位于质心之前时静不稳定。

5. 导弹的运动方程组可以在弹道坐标系和速度坐标系下建立，需针对具体的问题，选择适当的坐标系建立导弹运动模型。

2.5 思考题

(1) 简述升力 Y 产生的原因，及升力系数与攻角 α 的关系。

(2) 压力中心 x_p 和焦点 x_F 如何定义，两者有何区别和联系？

(3) 什么是平衡状态，平衡状态下的平衡攻角和全弹升力如何计算？

(4) 什么叫纵向静稳定性，改变纵向静稳定性的途径有哪些？

(5) 简述导弹阻尼力矩产生的原因。

(6) 简述铰链力矩的产生原因。

(7) 弹道坐标系和速度坐标系下的导弹运动方程组有什么区别和联系？

第3章
导弹制导系统原理

制导系统是指探测导弹或测定导弹相对于目标的飞行情况，计算导弹实际位置与预定位置的飞行偏差，形成引导指令，并操纵导弹改变飞行方向，使其沿预定的弹道飞向目标的自动控制系统。制导系统以导弹为控制对象，是导引系统和控制系统的总称。本章主要介绍导弹制导系统的基本功能、组成、分类和基本要求。本章在编写过程中主要参考了文献[15-19]。

3.1 制导系统的功能及组成

1. 制导系统的基本功能

以足够高的导引精度把导弹导引控制到目标是制导系统的中心任务。为了完成这个任务，制导系统必须具备以下的基本功能：

(1) 导弹在飞向目标的过程中，要不断地计算导弹的实际运动与理想运动之间的偏差；

(2) 据此偏差的大小和方向形成引导指令，在此指令的作用下，通过控制系统控制导弹改变运动状态，消除偏差；

(3) 克服各种干扰因素的影响，使导弹始终保持所需要的运动姿态和轨迹。

制导系统最主要的性能指标是制导精度，它是决定命中精度的最重要因素。

2. 制导系统的基本组成

导弹制导系统的基本组成如图3-1所示。从功能上可将制导系统分为导引系统和控制系统两部分。

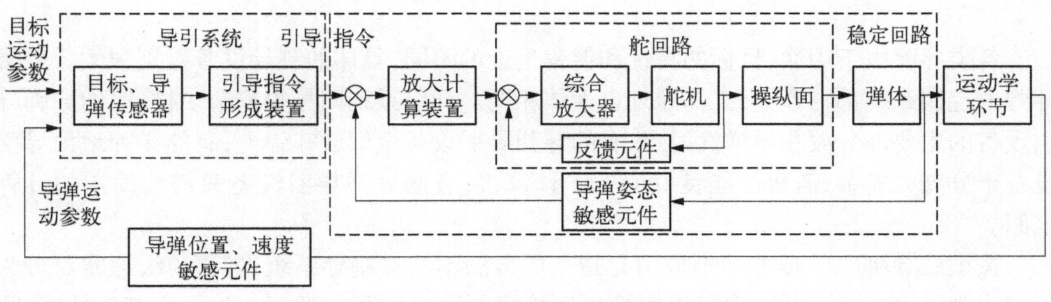

图3-1 导弹制导系统基本组成框图

导引系统探测导弹或测定导弹相对于目标的位置或发射点的位置,按照要求的弹道或设计好的导引规律形成引导指令,并把引导指令发送给控制系统。导引系统通常由导弹、目标位置敏感器(或观测器)及引导指令形成装置等组成。

控制系统又称自动驾驶仪,响应来自导引系统的引导指令信号,产生作用力迫使导弹改变航向,使导弹沿着要求的弹道飞行,同时稳定导弹的飞行。控制系统一般由姿态敏感元件、放大计算装置(计算机)、执行机构等组成。

在制导控制系统中,姿态控制系统称为稳定回路或"小回路",保证导弹在引导指令作用下沿着要求的弹道飞行并能保证导弹的姿态稳定不受各种干扰的影响。稳定回路是制导系统的重要环节,它的性质直接影响制导系统的制导精度,既要保证导弹飞行的稳定性,又要保证导弹的机动性,即对飞行有控制和稳定的作用。

导弹的制导系统也是以导弹为控制对象的闭合回路,又称"大回路"。它由导引系统、姿态控制系统、弹体环节及运动学环节组成。一般情况下,制导系统是一个多回路系统,稳定回路作为制导系统大回路的一个环节,它本身也是闭合回路,而且可能是多回路(如包含阻尼回路和加速度计反馈回路等),而稳定回路中的执行机构通常也采用位置反馈或速度反馈形成闭环回路。当然,并不是所有的制导系统都要求具备上述各回路,例如,有些小型导弹就可能没有稳定回路,也有些导弹的执行机构采用开环控制,但所有导弹都必须具备制导系统大回路。

3. 制导系统的工作过程

制导系统的工作过程如下:导弹发射后,目标、导弹敏感器不断测量导弹相对要求弹道的偏差,并将此偏差送给引导指令形成装置;引导指令形成装置将该偏差信号加以变换和计算,形成引导指令,该指令要求导弹改变航向或速度;引导指令信号送往控制系统,经变换、放大,通过舵机驱动操纵面偏转,改变导弹的飞行方向,使导弹回到要求的弹道上来;当导弹受到干扰、姿态角发生改变时,导弹姿态敏感元件检测出姿态偏差,并形成电信号送入计算机,从而操纵导弹恢复到原来的姿态,保证导弹稳定地沿要求的弹道飞行;反馈元件能感受操纵面位置或操纵面速度,并以电信号的形式送入综合放大器与操纵面偏转指令信号进行比较,通过舵机控制操纵面偏转;放大计算装置接收引导信号和导弹姿态运动信号,经过比较和计算,形成控制信号,以驱动舵回路控制操纵面偏转。

3.2 制导系统的分类

各类导弹由于用途、目标的特性和射程远近的不同,具体的制导设备差别很大。各类导弹的控制系统都在弹上,工作原理也大体相同。导引系统则显得复杂多样,有的导弹导引设备的主要部分放在导弹发射点;有的导弹导引设备全部放在弹上;有的导弹地面导引设备十分庞大复杂,需要性能良好的电子计算机;有的导弹导引设备只需要简单的计算电路。

按敏感导弹飞行偏差和形成引导指令的方法不同对制导系统进行分类,通常可分为自主式制导、自寻的制导(自导引制导)、遥控式制导三种基本类型。为提高制导性能,将这些基本类型妥善地组合起来,称为复合制导。制导系统的详细分类见图 3-2。

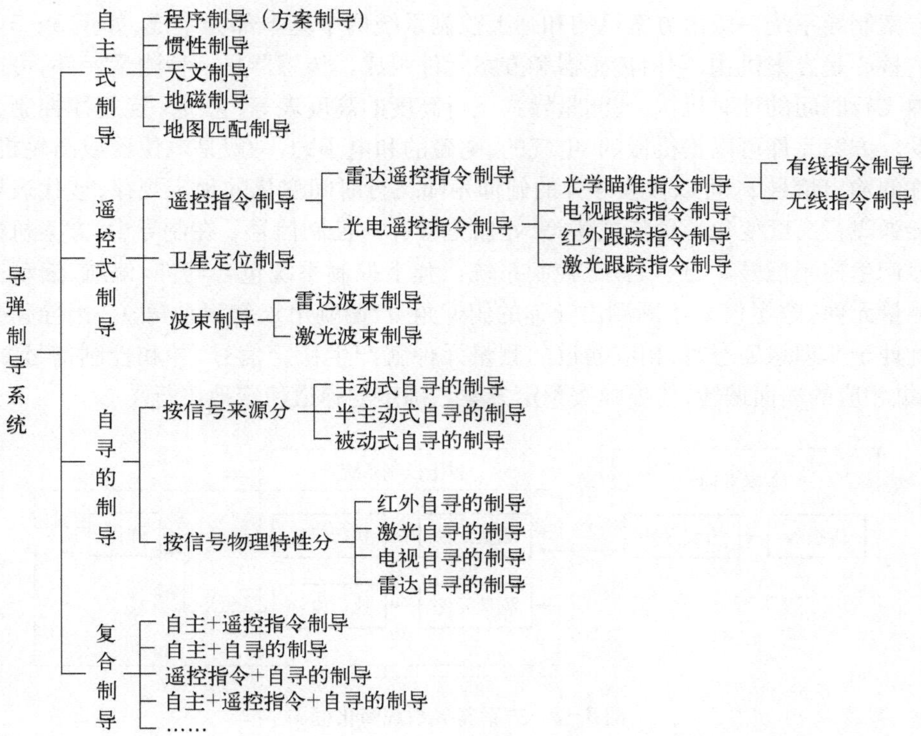

图 3－2　制导系统分类图

3.2.1　自主式制导系统

引导指令信号仅由弹上制导设备敏感地球或敏感宇宙空间物质的物理特性而产生，制导系统和目标、指挥站不发生联系的制导系统，称为自主制导。

导弹发射前，预先确定了导弹的弹道。导弹发射后，弹上制导系统的敏感元件不断测量预定的参数，如导弹的加速度、导弹的姿态、天体位置、地貌特征等。这些参数在弹上经适当处理，与在预定的弹道运动时的参数进行比较，一旦出现偏差，便产生引导指令，使导弹飞向预定的目标。

采用自主制导系统的导弹，由于和目标及指挥站不发生任何联系，故隐蔽性好，不易被干扰。但导弹一经发射出去，其飞行弹道就不能再变，所以只能攻击固定目标或将导弹引向预定区域。自主制导系统一般用于弹道导弹、巡航导弹和某些战术导弹（如地空导弹）的初始飞行段。

按照控制信号的生成方法的不同，自主式制导可分为方案制导、天文制导、惯性制导、地图匹配制导等。

1. 方案制导

所谓的方案就是根据导弹飞向目标的既定轨迹，拟定的一种飞行计划。方案制导是引导导弹按这种预先拟制好的计划飞行，导弹在飞行中的引导指令就是根据导弹的实际参量值与预定值的偏差来形成。方案制导系统实际上是一个程序控制系统，所以方案制导也叫程序制导。

方案制导系统一般由方案机构和弹上控制系统两个基本部分组成,如图 3－3。方案制导的核心是方案机构,它由传感器和方案元件组成。传感器是一种测量元件,可以是测量导弹飞行时间的计时机构,或测量导弹飞行高度的高度表等,它按一定规律控制方案元件运动。方案元件可以是机械的、电气的、电磁的和电子的,一般是电位器或凸轮机构,方案元件的输出信号 u_c 可以代表导弹的俯仰角随飞行时间变化的预定规律,或代表导弹倾角随导弹飞行高度变化的预定规律等,u_c 就是导弹的控制信号。在制导中,方案机构按一定程序产生控制信号 u_c,送入弹上控制系统。弹上控制系统包含俯仰、偏航、滚动三个通道的测量元件(陀螺仪),不断测出导弹的俯仰角 ϑ、偏航角 ψ 和滚动角 γ。当导弹受到外界干扰处于非理想姿态时,相应通道的测量元件就产生稳定信号,并和控制信号 u_c 综合后,操纵相应的舵面偏转,使导弹按预定方案和确定的弹道稳定地飞行。

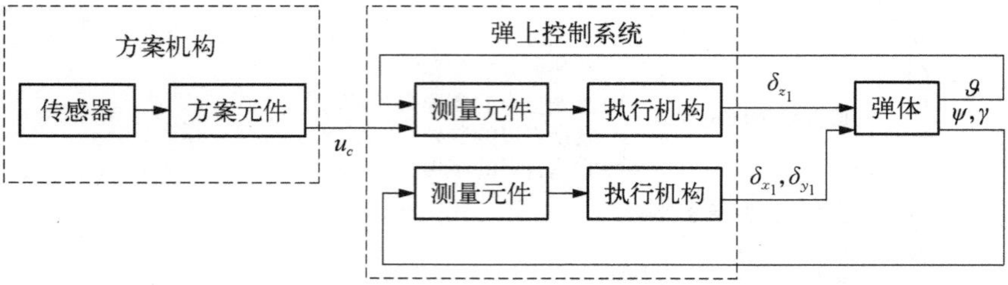

图 3－3　方案制导系统简化框图

以俯仰通道为例,导弹发射后,传感器不断将导弹的飞行时间送给方案元件。方案元件输出一个与导弹飞行时间相对应的俯仰控制信号,送入弹上控制系统俯仰通道的测量元件,与实际俯仰角信号进行比较。出现偏差时,测量元件输出的信号送入执行机构,使其操纵导弹舵面偏转,以改变导弹的俯仰角 ϑ,使其按预定飞行方案连续地变化,直到导弹的弹道倾角达到预定的数值为止。

2. 天文导航

天文制导是根据导弹、地球、星体三者之间的运动关系,来确定导弹的运动参量,将导弹引向目标的一种自主制导技术。导弹天文导航系统有两种,一种是由光电六分仪或无线电六分仪,跟踪一个星体,引导导弹飞向目标,如图 3－4。另一种是用两部光电六分仪

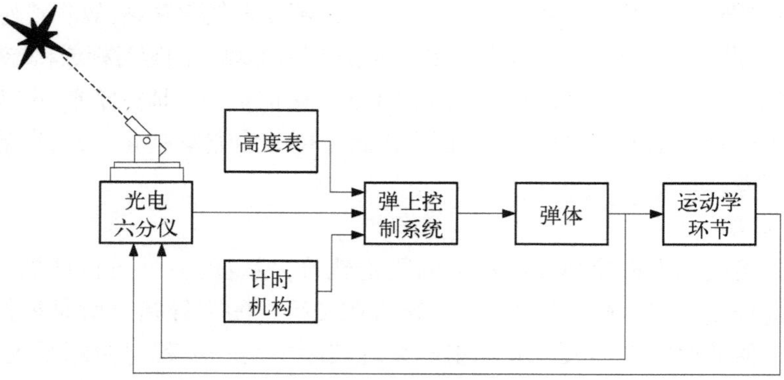

图 3－4　跟踪一个星体的导弹天文导航系统方块图

或两部无线电六分仪,分别观测两个星体,根据两个星体等高圈的交点,确定导弹的位置,引导导弹飞向目标,如图 3-5。

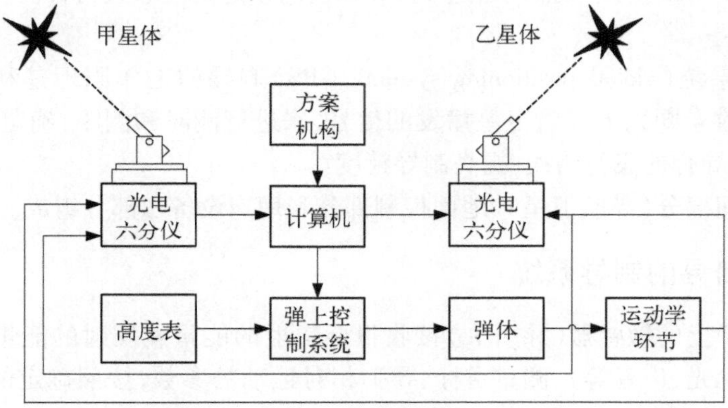

图 3-5　跟踪两个星体的导弹天文导航系统方块图

六分仪是天文导航的观测装置,它通过观测天空中的星体来确定导弹的地理位置。

3. 惯性制导

惯性制导是指利用弹上装置的惯性元件,测量导弹相对于惯性空间的运动参数(如加速度等),并在给定运动的初始条件下,在完全自主的基础上,由制导计算机算出导弹的速度、飞行距离、位置及姿态等参数,形成控制信号,以引导导弹顺利完成预定飞行的一种自主制导技术。惯性制导是建立在牛顿第二定律的基础上,而牛顿第二定律的应用又是以惯性空间作为参考系的,它是通过测量导弹内部的惯性力来确定其运动加速度的,所以,把这种制导称作惯性制导。

惯性制导系统由惯性测量装置、初始条件调整装置、控制或显示装置、导航计算机和电源等组成。惯性测量装置包括测量角运动参数的陀螺仪和测量平移运动加速度的加速度计;计算机对测量数据计算可以得到导弹的速度、位置和姿态。

4. 地图匹配制导

地图匹配制导是在航天技术、微型计算机、空载雷达、制导、数字图像处理和模式识别的基础上发展起来的一门综合性的新技术。从 20 世纪 70 年代开始人们就进行了大量的研究,理论日趋成熟,国内外把这项技术已成功地运用到巡航式导弹和弹道式导弹等制导系统中,从而大大改善了这些武器的命中精度。

所谓地图匹配制导,就是利用地图信息进行制导的一种自主式制导技术。地图匹配制导系统通常由一个成像传感器、一个基准图存储器及一台相关(配准)比较并作信息处理的计算机(常称为相关处理机)等组成。

目前使用的地图匹配制导有两种:一种是地形匹配制导,它是利用地形信息来进行制导的一种系统,有时也叫地形等高线匹配(terrain contour matching, TRCOM)制导;另一种叫景象匹配区域相关器(scene matching area correlation, SMAC)制导,它是利用景象信息来进行制导的一种系统,简称为景象匹配制导。它们的基本原理相同,都是利用弹上计算机(相关处理机)预存的地形图或景象图(基准图),与导弹飞行到预定位置时携带的传感器测出的地形图或景象图(实时图)进行相关处理,确定出导弹当前位置偏离预定位置的纵向偏差和横向偏差,形成制导指令,将导弹引向预定的区域或目标。

5. GPS 制导

全球定位系统(global positioning system, GPS)制导的工作原理是利用弹上安装的GPS 接收机接收 4 颗以上导航卫星播发的信号,来进行测时和测距,确定导弹的速度、位置和姿态,修正导弹的飞行路线,提高制导精度。

GPS 由空间部分(导航卫星)、地面控制部分和用户设备三部分组成。

3.2.2 自寻的制导系统

由装在导弹上的敏感器(导引头)接收目标辐射的能量或反射的能量(如电磁波、红外线、激光、可见光、声音等),测量目标、导弹相对运动的参数,按照确定的关系直接形成引导指令,控制导弹飞向目标的制导系统,称为自寻的制导系统,又称为自动导引系统或自动瞄准制导系统。

根据信号的来源,自寻的制导系统分为主动寻的制导系统、半主动寻的制导系统和被动寻的制导系统三种。

1. 主动寻的制导系统

主动自寻的制导系统的导引头,发射能量去照射目标,同时又接收目标反射回来的能量如图 3-6 所示。从反射回来的能量中导出运动偏差数据,由计算机形成修正偏差的制导指令。导弹发射后便完全独立,自动地跟踪目标飞行,直至击中目标。

图 3-6 主动寻的制导示意图

随着能量发射装置的功率增大,系统作用距离也增大,但同时弹上设备的体积和重量也增大,所以弹上不可能有功率很大的发射装置。因而主动寻的制导系统作用距离不能增大很多,已经应用的典型主动寻的制导系统是雷达主动寻的制导系统。

2. 半主动寻的制导系统

照射目标的能量由导弹外部提供(如地面、舰艇或母机等),目标反射回来的能量仍由导引头内的接收机接收,依此导引导弹飞向目标,如图 3-7 所示。半主动寻的制导系统的功率可以很大,因此作用距离比主动寻的制导系统要大。

3. 被动寻的制导系统

制导系统没有专门照射目标的能量发射装置,仅靠目标自身所发出的能量,被导弹的导引头所感受,形成制导指令,控制导弹命中目标,如图 3-8 所示。被动寻的制导系统的作用距离不大,典型的被动寻的制导系统是红外被动寻的制导系统。

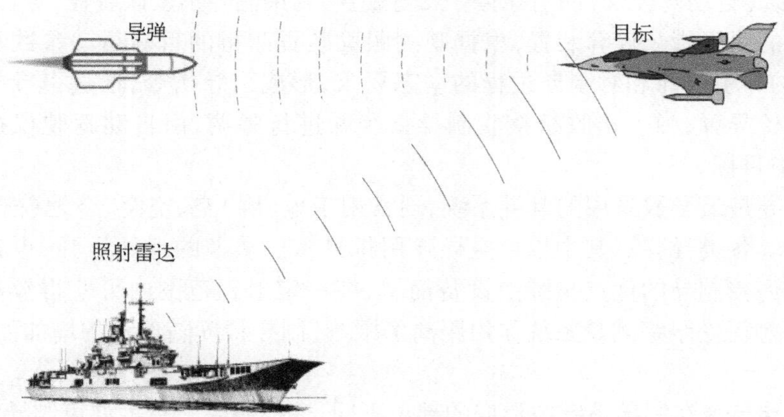

图 3－7　半主动寻的制导示意图

图 3－8　被动寻的制导示意图

4. 自寻的制导系统的原理和特点

自寻的制导系统由导引头、指令计算机和导弹控制装置组成，系统组成原理如图 3－9 所示。导弹发射后，导引头敏感目标的辐射能量，自动跟踪目标并测量目标与导弹的相对运动参数，再由计算机形成导引指令。

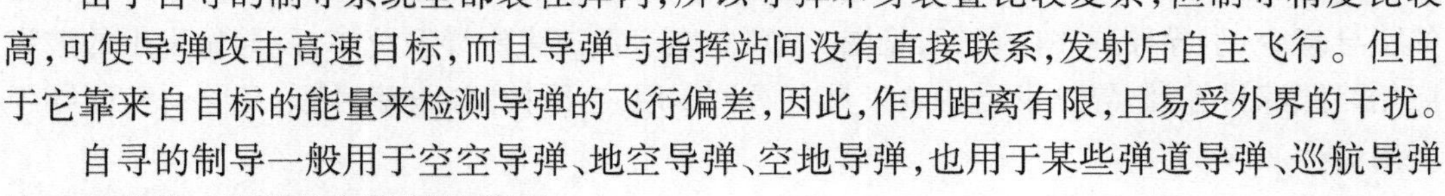

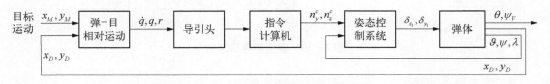

图 3－9　自寻的制导系统组成原理图

由于自寻的制导系统全部装在弹内，所以导弹本身装置比较复杂，但制导精度比较高，可使导弹攻击高速目标，而且导弹与指挥站间没有直接联系，发射后自主飞行。但由于它靠来自目标的能量来检测导弹的飞行偏差，因此，作用距离有限，且易受外界的干扰。

自寻的制导一般用于空空导弹、地空导弹、空地导弹，也用于某些弹道导弹、巡航导弹的飞行末段，以提高末段制导精度。

3.2.3　遥控制导系统

由导弹以外的制导站向导弹发出引导信息的制导系统，称为遥控制导系统。这里所说的引导信息，可能是导引指令或导弹的位置信息。制导站可设在地面、空中或海上。遥控制导系统主要组成部分是：目标（导弹）观测跟踪装置、引导指令形成装置（计算机）、弹上控制系统(自动驾驶仪)和引导指令发射装置(驾束制导不设该装置)等。

制导站的引导指令计算装置,根据观测跟踪装置测得的目标运动参数和导弹运动参数,选定的导引规律和对制导过程的动态要求,形成引导指令,通过引导指令发送设备不断发送给导弹,弹上接收机接收制导指令并进行解调,由自动驾驶仪控制导弹飞行,直至命中目标。

遥控制导是最早被采用的制导系统,通常用于地(舰)空、空空、空地(舰)、反坦克、反弹道导弹等各类导弹。其中以地空导弹用得最多。早期的地地导弹,也曾采用这种制导系统。遥控制导的优点是弹上设备简单,在一定射程范围内可获得较高的制导精度。缺点是射程受跟踪测量系统作用距离的限制,制导精度随射程的增加而降低,并易受干扰。

根据引导指令在制导系统中形成的部位不同,遥控制导又分为波束制导和遥控指令制导,见图 3-10。

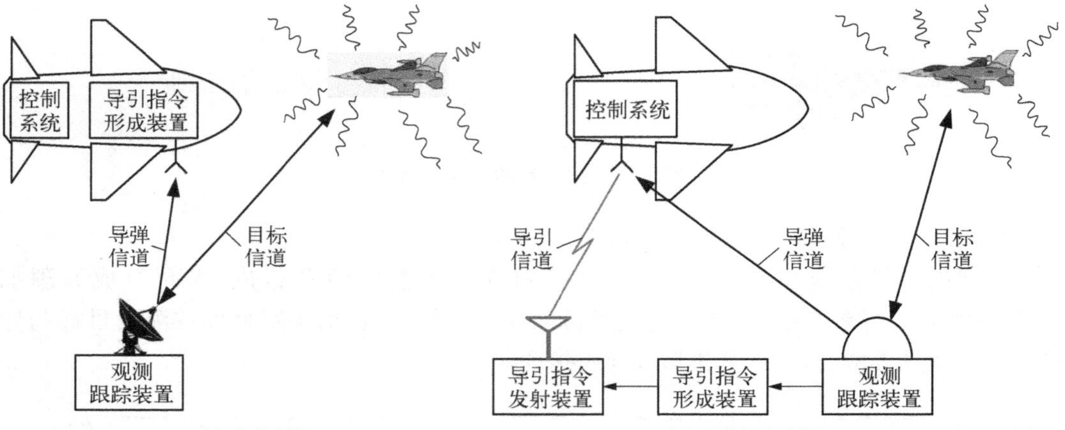

(a) 波束制导　　(b) 遥控指令制导

图 3-10　遥控制导示意图

1. 波束制导系统

波束制导系统中,由制导站发出的波束(如无线电波束、激光波束等)指示导弹的位置,导弹在波束内飞行,弹上的制导设备感知它偏离波束中心的方向和距离,并产生相应的引导指令,引导导弹飞向目标,见图 3-11。在多数波束制导系统中,制导站发出的波束应始终跟踪目标,制导站发出的波束具有两种作用,它既搜索、跟踪目标,又导引控制导弹飞向目标。

2. 遥控指令制导

遥控指令制导系统,由制导站的引导设备同时测量目标、导弹的位置和运动参数,由指令计算机按照选定的引导规律形成引导指令,该指令送至弹上,弹上控制系统操纵导弹飞向目标。遥控指令制导系统由装在地面的跟踪测量装置、指令形成装置、指令传输装置及装置在弹上的指令接收装置和控制系统组成。遥控指令制导系统一般多用于地空导弹,其突出的优点是弹上设备简单。

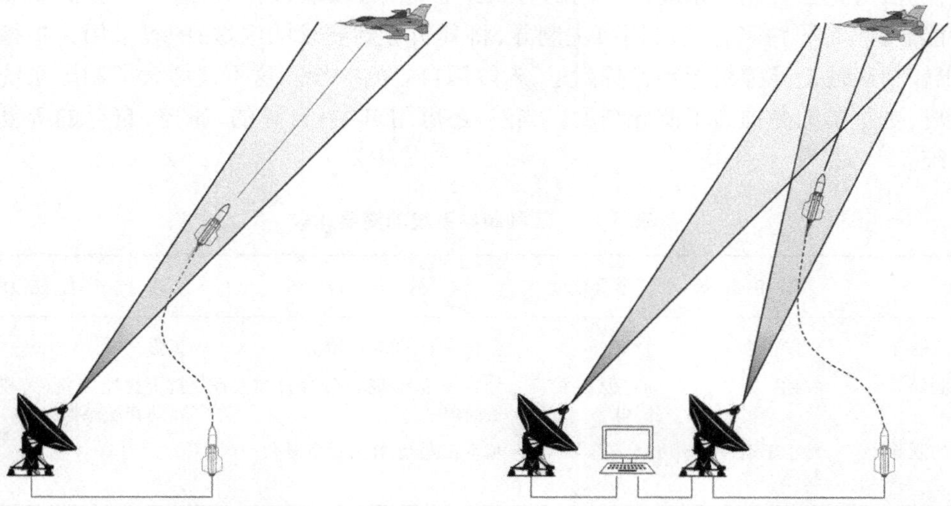

(a) 单波束系统（按三点法导引）　　(b) 双波束系统（按前置法导引）

图 3-11　波束制导导弹

3．遥控制导系统的特点

可见，波束制导和遥控指令制导虽然都由导弹以外的制导站引导导弹，但前者制导站的波束指向，只给出导弹的位置信息，至于引导指令，则由飞行在波束中的导弹检测其在波束中的位置偏差来形成。弹上的敏感装置不断地测量导弹偏离波束中心的大小和方向，并据此形成引导指令，使导弹保持在波束中心飞行，因此又被形象地称为驾束制导。而遥控指令制导系统中，则由指挥站根据导弹、目标的信息，检测出导弹与给定弹道的位置偏差，并形成引导指令，该指令送往导弹，以操纵导弹飞向目标。

与自寻的制导系统相比，遥控制导系统在导弹发射后，制导站必须对目标（遥控指令制导中还包括导弹）进行观测，并通过其遥控信道向导弹不断发出引导信息（或引导指令）。而自寻的制导系统在导弹发射后，只由弹上制导设备通过其目标信道对目标进行观测、跟踪，并形成引导指令。原则上，导弹一经发射，制导站不再与它发生联系。因此，遥控式制导系统的制导设备分装在指挥站和弹上，而自寻的制导系统的制导设备基本都装在导弹上。

遥控式制导系统的优点是弹内装置较简单，作用距离可以比自寻的制导系统稍远，但制导过程中制导站不能撤离，易被敌方攻击。遥控制导的制导精度较高，但随导弹与制导站的距离增大而降低，且容易受外界干扰。

遥控式制导系统多用于地空导弹和一些空空、空地导弹，有些战术巡航导弹也用遥控指令制导修正其航向，早期的反坦克导弹多采用有线遥控指令制导。

3.2.4　复合制导

以上三种制导系统各有其优、缺点，如表 3-1 所示。当要求较高时，根据目标特性和作战任务,可把三种制导系统以不同的方式组合起来,以取长补短,进一步提高制导系统的性能。例如,导弹飞行初段用自主制导,将其引导到要求的区域;中段采用遥控指令制导,以较精确地把导弹引导到目标附近;末段用自寻的制导。这不仅增大了制导系统的作用距离,更重要的是提高了制导精度。当然,还可用自主+自寻的、遥控+自寻的等复合制导系统。

表 3-1　三种制导系统的简要比较

类　型	作用距离	制导精度	制　导　设　备	抗干扰能力
自主式制导	可以很远	较高	全在弹上,要求很精密	极强
遥控制导	较远	高,但随距离降低	分装在弹上和指挥站内,弹上设备简单	抗干扰能力差(特别是用雷达作敏感器)
自寻的制导	略小于遥控式制导	高	基本在弹上,弹上设备复杂	

复合制导在转换制导方式过程中,各种制导设备的工作必须协调过渡,使导弹的弹道能够平滑地衔接起来。

目前,复合制导已获得广泛应用,如地空导弹、空地导弹、地地导弹等。随着微电子器件的发展,复合制导的应用将越来越广泛。

3.3　对制导系统的基本要求

对制导系统的主要要求是:制导精度高、对目标的分辨能力强、反应时间应尽量短、控制容量要大、抗干扰能力强和有高的可靠性及好的可维修性等。

3.3.1　制导精度

制导精度是制导系统最重要的性能指标,它是决定命中精度的最重要的因素。制导精度通常用脱靶量来表示。所谓的脱靶量是指导弹在制导过程中与目标间的最短距离。导弹的脱靶量不能超出其战斗部的杀伤半径,否则,导弹便不能以预定概率杀伤目标。目前,战术导弹的脱靶量可达到几米,甚至有的可与目标相碰。战略导弹,由于其战斗部威力大,目前的脱靶量可达到几十米。

提高制导精度的主要途径是,在制导系统中采用高精密度的测量器件。采用微电子器件和数字技术,也为提高制导精度提供了有效的保证。

3.3.2　对目标的分辨率

当被攻击的目标附近有其他非指定目标时,制导系统对目标必须有较高的距离、角度分辨能力。距离分辨率是制导设备在同一角度上,对不同距离目标的分辨能力,一般用制导系统能分辨出两个目标的最小距离 Δr 来表示。角度分辨率则是制导系统在同一距离上,对不同角度目标的分辨能力,一般用制导系统能分辨出的两个目标与观测点连线间的

夹角 $\Delta\phi$ 表示。如图 3－12，制导系统对 M_1、M_2 目标距离分辨率为 Δr，对 M_1、M_3 目标的角度分辨率为 $\Delta\phi$。

制导系统对目标的分辨率主要由其传感器的测量精度决定。要提高系统对目标的分辨率，必须采用高分辨能力的目标传感器。目前，制导系统对目标的距离分辨率可达到几米以内；角分辨率可达到毫弧度级以内。

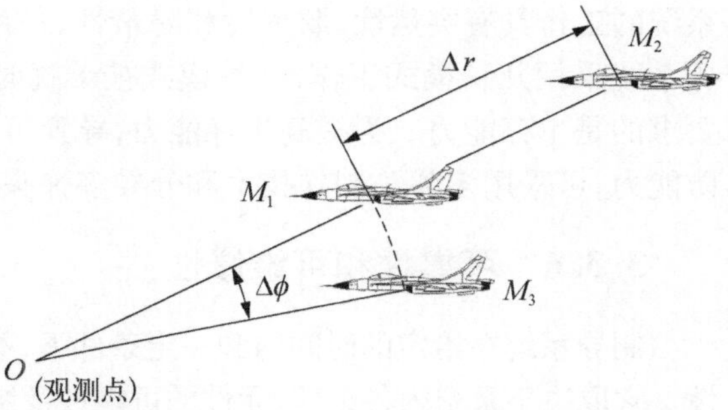

图 3－12　制导系统对目标的分辨率

3.3.3　反应时间

反应时间一般应由防御的指挥、控制、通信系统（C^3SI 系统）和制导系统的性能决定。但对攻击机动目标的战术导弹，则主要由制导系统决定。导弹系统的搜索探测设备对目标进行识别和威胁判定后，立即计算目标诸元并选定应射击的目标。制导系统便接受被指定的目标，对目标进行跟踪（照射），并指令转动发射设备、捕获目标、计算发射数据、执行发射操作等。此后，导弹才从发射设备射出。制导系统执行上述操作所需要的时间称为反应时间。随着科学技术的发展，目标速度越来越快，由于难以实现在远距离上对低空目标的搜索、探测。因此，制导系统的反应时间必须尽量短。

提高制导系统反应时间的主要途径是提高制导系统准备工作的自动化程度，例如，使跟踪、瞄准自动化，发射前测试自动化等。目前，技术先进的弹道导弹反应时间可缩短到几分钟，近程地空导弹的反应时间可达到几秒钟内。

3.3.4　控制容量

控制容量是对地空、空空导弹系统的主要要求之一。它是指制导系统能同时观测的目标和制导导弹的数量。在同一时间内，制导一枚导弹或几枚导弹只能攻击同一目标的制导系统，叫单目标信道系统。制导多枚导弹能攻击多个目标的制导系统，叫多目标、多导弹信道系统。单目标信道系统只能在一批（枚）导弹的制导过程结束后，才能发射第二批（枚）导弹攻击另一目标。因此，空空和地空导弹多采用多目标、多导弹信道系统，以增强导弹武器对多目标入侵的防御能力。

提高制导系统控制容量的主要途径是，采用具有高性能的目标、导弹敏感器和快速处理信号能力的制导设备，以便在大的空域内跟踪、记忆和实时处理多个目标信号，也可采用多个制导系统组合使用的方法。目前，技术先进的地空导弹引导设备，能够处理上百个目标的数据，跟踪几十个目标，制导几批导弹分别攻击不同的目标。

3.3.5　抗干扰能力和生存能力

抗干扰能力和生存能力是指遭到敌方袭击、电子对抗、反导对抗和受到内部、外部干扰时，制导系统保持其正常工作的能力。对多数战术导弹，要求的是抗干扰能力。为提高制导系统的抗干扰能力，一是采用新开辟的技术，使制导系统对干扰不敏感；二是使制导系统的工作具有突然性、欺骗性和隐蔽性，使敌方不易觉察制导系统是否在工作；三是制导系统采用几种模式工作，一种模式被干扰时，立即转成另一种模式。对战略弹道导弹，要求的是生存能力。为提高生存能力，导弹可在井下或水下发射、机动发射等。为提高突防能力，可采用多弹头制导技术和分导多弹头制导技术等。

3.3.6 可靠性和可维修性

制导系统在给定的时间内和一定条件下，不发生故障的工作能力，称为制导系统的可靠性。它取决于系统内各组件、元件的可靠性及结构决定的对其他组件、元件及整个系统的影响。制导系统工作的环境是多变的，例如在运输、导弹发射及飞行中，受到振动、冲击和加速度等影响，贮存和工作时受到温度、湿度、大气压力变化及有害气体、灰尘等环境因素影响。这些都可能使元件变质、失效，影响系统的可靠度。为保证和提高制导系统的可靠性，在研制时必须对制导系统进行可靠性设计，采用优质耐用的元器件、合理的结构和精密的制造工艺，还必须正确地使用和使维修科学化、现代化，以保持制导系统的可靠性。目前，技术先进的战术导弹制导系统的可靠度可达95%以上，弹道导弹制导系统的可靠度约为80%~90%。

制导系统发生故障后，在特定的停机时间内，系统被修复到正常的概率，称为制导系统的可维修性。它主要取决于系统内设备、组件、元件的安装，人机接口，检测设备，维修程序，维修环境等。目前，技术先进的制导系统用计算机进行故障诊断，内部多采用接插件，维修场地配置合理，环境舒适，并采用最佳维修程序，因而大大提高了制导系统的可维修性。

对制导系统还有其他要求，如作用距离要远（保证导弹的射程）、设备体积要小、重量轻等，在此不再赘述。

最后应指出，由于不同的制导系统所要完成的任务和工作原理不同，对于上述要求，不同制导系统应该合理选择使用，如对自主式制导系统一般不提控制容量的要求等。

3.4 本章要点

（1）制导系统的概念：通过测量、计算导弹实际飞行路线和理论飞行路线的差别，形成制导指令，调整导弹的飞行方向，控制导弹沿预定路线飞行的自动控制系统。制导系统以导弹为控制对象，是导引系统和控制系统的总称。

（2）根据敏感导弹飞行偏差和形成引导指令的方法不同，制导系统主要分为四类：自主式制导、自寻的制导、遥控式制导及复合制导。

（3）制导系统的基本要求主要包括：高制导精度、对目标的强分辨能力、较短反应时间、大控制容量、强抗干扰能力及高可靠性和好的可维修性等。

3.5 思考题

（1）阐述导弹制导系统的基本功能、组成和工作过程。

（2）阐述制导系统的分类、特点和适用情况。

（3）阐述对制导系统的基本要求。

第 4 章
自寻的制导系统

由弹上的敏感器接收目标辐射或反射的能量，测量目标、导弹相对运动的参数，形成引导指令，控制导弹飞向目标的制导系统，称为自寻的制导系统。本章将重点阐述自寻的导引的引导方法、弹道特性、自导引系统基本原理和制导误差等。本章在编写过程中主要参考了文献[20-24]。

4.1 自寻的引导方法和导弹的弹道

在自寻的制导中，由于目标的观测、跟踪装置在弹上，因此，根据每瞬时目标(点)、导弹(点)在惯性坐标系中的相对运动关系来确定引导方法，它被称为二点引导法。

为了简化讨论，设目标、导弹在同一平面内运动，如图 4-1，某瞬时目标位于 M 点，其速度矢量为 V_M。导弹位于 D 点，其速度矢量为 V_D。则导弹的运动可由目标、导弹的相对距离 r，目标视线 DM 的方向(φ 角)决定。于是导弹运动的微分方程为

$$\begin{cases}\dot{r} = V_M\cos\varphi_M - V_D\cos\varphi_D = V_M\cos(\theta_M - \varphi) - V_D\cos(\theta_D - \varphi)\\ r\dot{\varphi} = V_M\sin\varphi_M - V_D\sin\varphi_D = V_M\sin(\theta_M - \varphi) - V_D\sin(\theta_D - \varphi)\end{cases} \tag{4-1}$$

式中，φ 为目标视线 DM 与基准线的夹角；θ_M 为目标速度矢量 V_M 与基准线的夹角；θ_D 为导弹速度矢量 V_D 与基准线的夹角；φ_M 为 V_M 与目标视线 DM 的夹角；φ_D 为 V_D 与目标视线 DM 的夹角，称前置角。

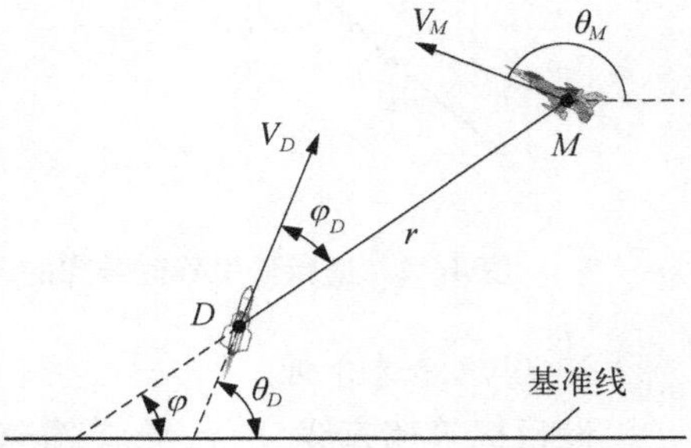

图 4-1 二点法引导时目标、导弹的运动

导弹的速度 V_D 已知，每瞬时 $V_M\cos(\theta_M-\varphi)$、$V_M\sin(\theta_M-\varphi)$ 值可由弹上观测器测得。因此，式(4-1)中含有三个未知量 r、θ_M、φ，但仅有两个方程，故必须增加一个引导方程，该方程的一般形式为

$$f(r,\ \theta,\ \varphi) = 0 \tag{4-2}$$

考虑对导弹只进行横向控制，上式中 r 可不计入。因此两点法引导方程的一般形式变为

$$f(\theta,\ \varphi) = 0 \tag{4-3}$$

根据导弹速度矢量与目标视线所要求的相对方向不同,自寻的引导方法可分为追踪法、固定前置角法、平行接近法和比例接近法。下面对它们逐一讨论。

4.1.1 追踪法

保持导弹速度矢量时刻指向目标的引导方法,称为追踪法。

1. 引导方程

根据追踪法的含义,由图 4-1 得引导方程为

$$\varphi_D = \theta_D - \varphi = 0 \tag{4-4}$$

2. 理想弹道

当目标的运动和导弹的速度已知时,用作图法可得追踪法时导弹的理想弹道。设开始引导时导弹位于 D_0,目标位于 M_0,以足够小的间隔 Δt 把目标航迹分成若干段,则目标依次位于 M_1、M_2、…位置。目标由 M_0 飞至 M_1 时,导弹飞行距离为 $V_D\Delta t$,在 D_0M_0 线上截取 $D_0D_1 = V_D\Delta t$,导弹应位于 D_1;目标由 M_1 飞至 M_2 时,在 D_1M_1 上截取 $D_1D_2 = V_D\Delta t$,导弹应位于 D_2;依次做下去直至遭遇,可得目标位于 M_3、M_4、…时,导弹应位于 D_3、D_4、…。将 D_0、D_1、D_2、D_3、…用平滑的曲线连起来,便得到追踪法引导时导弹的理想弹道,如图 4-2。

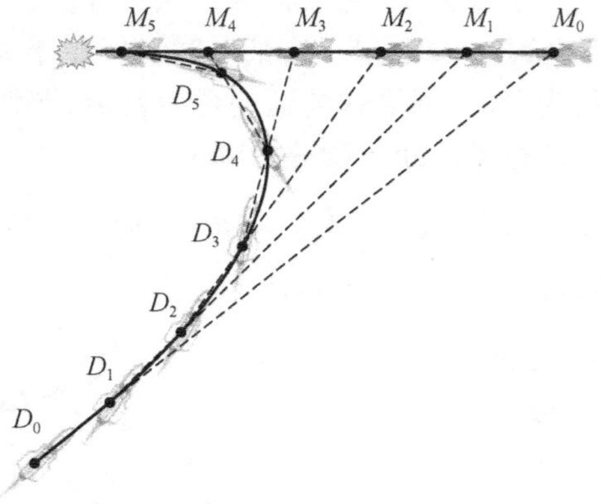

图 4-2 追踪法引导时导弹的理想弹道

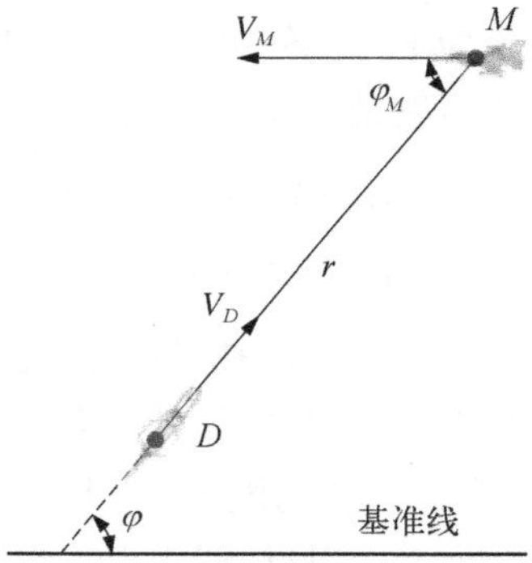

图 4-3 追踪法弹道的分析

3. 理想弹道分析

设目标等速直线飞行,导弹的速度 V_D 为常数,且目标、导弹在同一平面内运动,如图 4-3 所示。

由式(4-1)、式(4-4)可得

$$\begin{cases} \dot{r} = -V_M\cos\varphi - V_D \\ \dot{\varphi} = \dfrac{V_M\sin\varphi}{r} \end{cases} \tag{4-5}$$

将 2 个式子两边相除,整理后得

$$\frac{\dot{r}}{r} = -\left(\cot\varphi + \frac{k}{\sin\varphi}\right)\dot{\varphi} \tag{4-6}$$

其中，$k = V_D/V_M$ 称为速度比。

设开始引导时 $r = r_0$，$\varphi = \varphi_0$，将式(4-6)积分得

$$r = r_0 \frac{(\sin\varphi_0)^{k+1}}{(1+\cos\varphi_0)^k} \frac{(1+\cos\varphi)^k}{(\sin\varphi)^{k+1}} \tag{4-7}$$

由式(4-7)可得遭遇时 $r \to 0$，$\cos\varphi = -1$，$\varphi = \pi$。这说明，对临近的目标拦截时，导弹最后总是绕到目标后方(后半球)去攻击，必造成末段弹道弯曲度较大，要求导弹有很高的机动性，只有对准目标尾部发射导弹和准确对准目标头部发射导弹(此时弹道不稳定)时，弹道是直线。分析还证明，初始条件 r_0、φ_0 相同时，速度比 k 值不同，理想弹道的弯曲度也不同。由于受过载限制，一般应使 $1 < k \leqslant 2$，追踪法引导时，还不能实现对目标的全向拦截。

4. 追踪法的应用

由上面的分析可见，追踪法一般用于攻击低速目标或静止目标的导弹，或向目标尾部发射的情况。

实现追踪法应保持 $\varphi_D = 0$。所以可测量每瞬时的前置角 φ_D，来形成引导指令。测 φ_D 有两种方法：一是近似认为导弹纵轴与其速度矢量 V_D 重合(只差几度)，由导引头测出目标视线与导弹纵轴的角偏差，即得 φ_D；另一种是由弹上风标测出 φ_D 方向，与弹上导引头测得目标视线方向比较得 φ_D。

5. 弹道仿真算例

导弹初始坐标为(40 km, 10 km)，目标初始坐标为(80 km, 80 km)；假设导弹的速度始终保持不变，目标的运动为匀速直线运动，速度为 1 km/s，击中目标为导弹与目标之间的相对距离等于零。

仿真可得如图 4-4 及图 4-5 所示的导弹追击目标的轨迹，其中蓝色线表示的是目标的运动轨迹，红色线表示的是导弹的运动轨迹。图 4-4 中导弹速度为 1.5 km/s，由等间隔时刻导弹与目标的连线可以看出，导弹速度矢量时刻指向目标，弹道比较弯曲。由

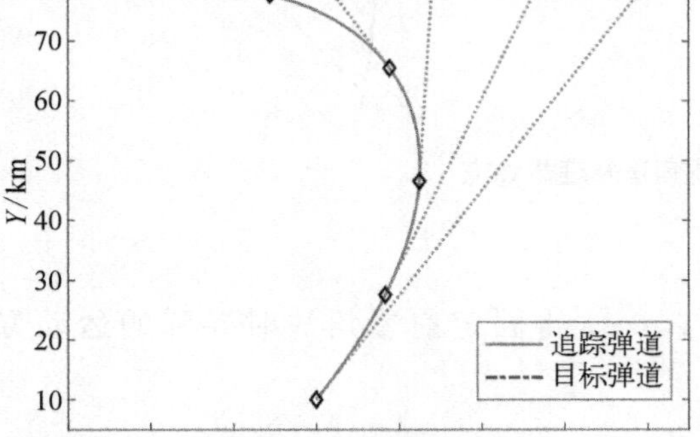

图 4-4　追踪法仿真(固定 k)

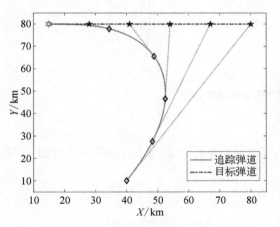

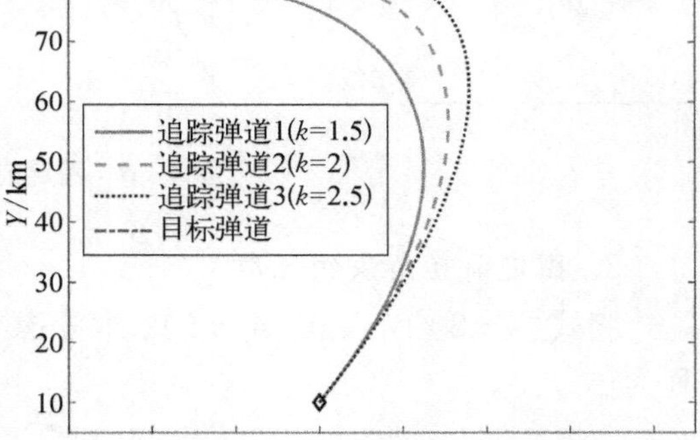

图 4-5　追踪法仿真(改变 k)

图4－5可以看出，$k(k=V_D/V_M$称为速度比）值不同，理想弹道的弯曲度也不同，k值越大，弹道的弯曲程度越大，也对导弹的过载能力有了更大的要求。

以上分析可见，追踪法能够较为快速的追击目标，但是随着与目标的距离越来越小，导弹的弹道会变得十分弯曲，到后期导弹只能在目标后方追击，这就限制了追踪法对运动复杂的目标进行追击。

4.1.2 固定前置角法

为改善追踪法的弹道，一种合乎逻辑的想法是使导弹速度矢量 V_D 提前目标视线一个前置角。导弹在遭遇前飞行中，使其速度矢量与目标视线间的夹角保持不变的引导方法，称为固定前置角法，简称前置角法。

1. 引导方程

根据固定前置角法的含义，从图4－1得引导方程为

$$\theta - \varphi = \varphi_{D0} = \text{const} \tag{4-8}$$

2. 理想弹道

设目标等速直线运动，如图4－6，开始引导时导弹、目标分别位于 D_0、M_0 点。将目标航迹以足够小的间隔 Δt 分成若干段，目标在 M_1 时，在目标航向一侧以 D_0M_0 为一边做前置角 φ_{D0}，在 φ_{D0} 另一边截取 $D_0D_1=V_D\Delta t$，导弹应位于 D_1。目标位于 M_1 时，以 D_1M_1 为一边在目标航向一侧做前置角 φ_{D0}，在 φ_{D0} 另一边上截取 $D_1D_2=V_D\Delta t$，导弹应位于 D_2。依次做下去直到遭遇。用平滑的曲线将 D_0、D_1、D_2、D_3、…连起来，该曲线便是固定前置角法引导时的理想弹道。

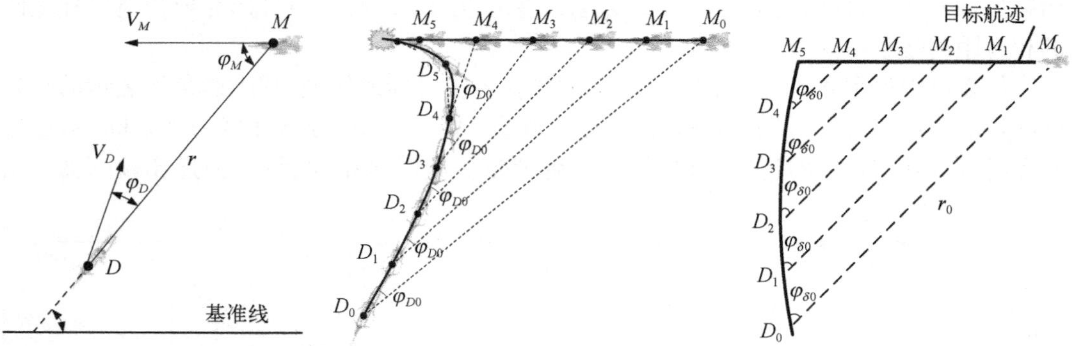

图4－6 固定前置角法及理想弹道

3. 固定前置角法的应用

将式（4－8）代入式（4－1），并考虑 $\varphi_M=\varphi$，得固定前置角法时导弹的运动方程为

$$\dot{r} = V_M\cos\varphi - V_D\cos\varphi_{D0} \tag{4-9}$$

$$r\dot{\varphi} = V_M\sin\varphi - V_D\sin\varphi_{D0} \tag{4-10}$$

当 $\varphi_{D0}=0$，为追踪法；当 $\varphi_{D0}\neq 0$ 时，为固定前置角法。可以证明，当 $k^2\sin^2\varphi_{D0}>1$ 时（$k=V_D/V_M$），弹道是相对目标的无数螺旋线，导弹和目标不能遭遇。只有 $k^2\sin^2\varphi_{D0}<1$ 时导弹才能和目标相遇，因此当 φ_{D0} 给定时 k 不能太大，即要导弹速度 V_D 减小，必使攻击周期增大，目标机动效果明显。如引导中 k 值变化，为满足 $k^2\sin^2\varphi_{D0}<1$，必须大范围改变 φ_{D0}，使制导设备较复杂。因此，固定前置角法只限于攻击低速目标的导弹或其他特殊场合。

4. 弹道仿真算例

导弹初始坐标为（40 km, 10 km），目标初始坐标为（80 km, 80 km）；假设导弹的速度始终保持不变，目标的运动为匀速直线运动，速度为 1 km/s，击中目标为导弹与目标之间的相对距离等于零。

仿真可得到如图 4-7 及图 4-8 所示的导弹追击目标的轨迹。其中蓝色线表示的是目标的运动轨迹，红色线表示的是导弹的运动轨迹，具有一定的弯曲度。图 4-7 中 $k=1.5$，导弹速度矢量与目标视线间的夹角保持不变。图 4-8 中，随着 k 值变大，弹道的弯曲程度也随之增大。由图 4-7 和图 4-4 对比分析可以看出：前置角法使得导弹飞行轨迹曲率变小，从而降低了导弹在机动飞行时所需提供的法向加速度。

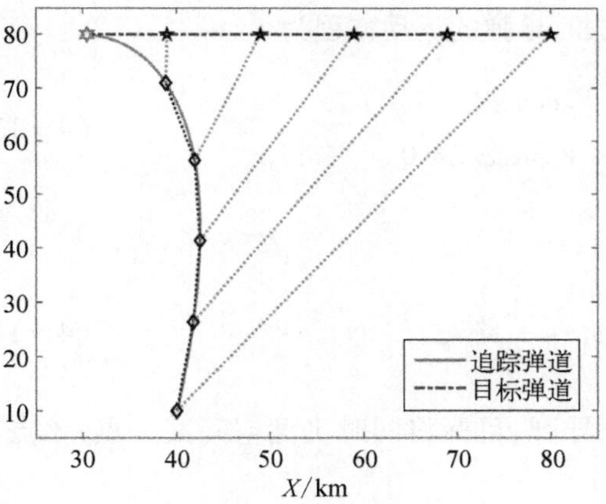

图 4-7　固定前置角法仿真（固定 k）

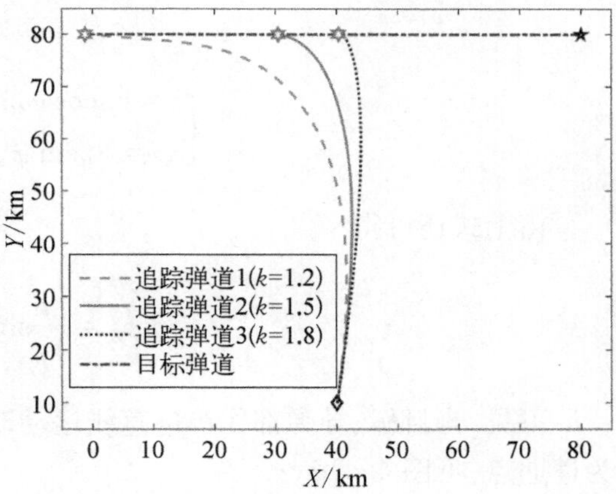

图 4-8　固定前置角法仿真（改变 k）

4.1.3　平行接近法

保持目标视线始终朝给定方向平行移动的导引方法，叫平行接近法，也叫逐次前置法。

1. 引导方程

根据平行接近法的含义和图 4-1 得引导方程：

$$\varphi=\varphi_0=\text{const} \tag{4-11}$$

或

$$\dot{\varphi}=0 \tag{4-12}$$

2. 理想弹道

设目标、导弹在同一平面内运动，其航迹如图 4-9。将目标航迹按足够小的间隔 Δt 划分若干段。开始引导时导弹、目标分别位于 D_0、M_0，则 D_0M_0 便确定了目标视线要求的方向。以 M_1、M_2、…为起点，画一簇与 D_0M_0 平行的直线。以 D_0 为圆心，$V_D\Delta t$ 为半径画弧截取过 M_1 的目标视线于 D_1。以 D_1 为圆心，$V_D\Delta t$ 为半径，截取过 M_2 的目标视线于 D_2，依次做下去，当目标位于 M_3、M_4、…时，对应得 D_3、D_4、…。将 D_0、D_1、D_2、…用平滑曲线连起来，便是平行接近法的理想弹道。图 4-9 中目标做匀速运动，曲线 1 是导弹作加速运动时的弹道；曲线 2 是导弹做减速运动时的弹道。

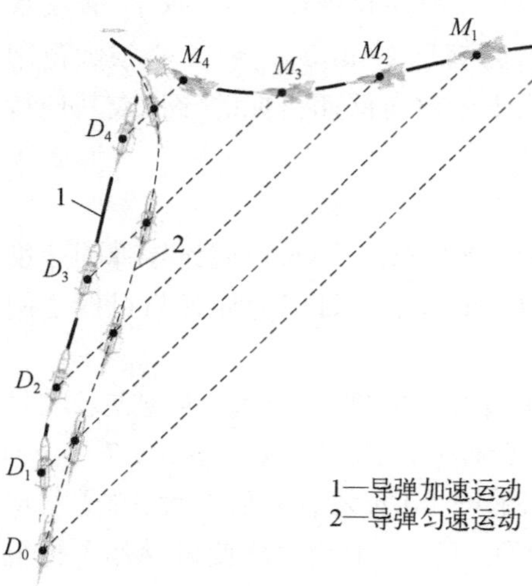

图 4-9　平行接近法引导的理想弹道

3. 弹道分析

由式(4-1)和式(4-11)，得平行接近法时导弹的运动方程为

$$\begin{cases} \dot{r} = V_M\cos\varphi_M - V_D\cos\varphi_D \\ r\dot{\varphi} = V_M\sin\varphi_M - V_D\sin\varphi_D = 0 \end{cases} \tag{4-13}$$

由上式还可得

$$\sin\varphi_D = \frac{V_M}{V_D}\sin\varphi_M = \frac{1}{k}\sin\varphi_M \tag{4-14}$$

可见，当目标、导弹都作等速直线运动时，导弹、目标将同时飞到空间某一点，该点称为遭遇点，见图 4-10。

当目标机动运动、导弹速度也变化时假设目标从时刻 t^*（图 4-10 中 M^* 点）停止机动运动，然后作等速直线运动，导弹同时作等速直线运动，运动方向指向与目标相遇点 $B(t^*)$，该点称为瞬时遭遇点。导弹向瞬时遭遇点运动的方向满足：

$$\sin\varphi_D(t) = \frac{V_M(t)}{V_D(t)}\sin\varphi_M(t^*) \tag{4-15}$$

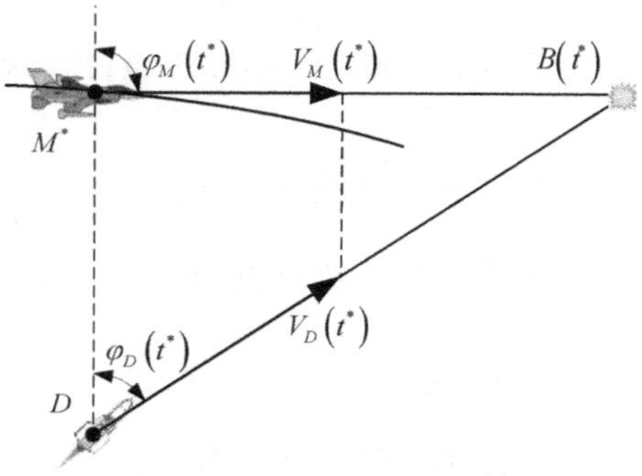

图 4-10　瞬时遭遇点的确定

但因目标作机动运动，导弹速度也在变化，所以每瞬时 t 都有一个瞬时遭遇点 $B(t)$，即瞬时遭遇点在空间的位置不断变化。导弹向瞬时遭遇点运动的方向，每时刻都按下面条件变化：

$$\sin\varphi_D(t)=\frac{V_M(t)}{V_D(t)}\sin\varphi_M(t) \tag{4-16}$$

即按平行接近法引导时,导弹速度矢量 $V_D(t)$ 每一时刻都指向瞬时遭遇点。因此,平行接近法也叫向瞬时遭遇点引导法。

用平行接近法引导时,由于保持目标视线与基准线的夹角 φ 为常数,所以如果保持导弹速度矢量前置角 φ_D 不变,则导弹的弹道就为一直线。由式(4-14)不难看出,只要满足 k、φ_M 为常数,φ_D 便为常数。所以,在目标作直线运动情况下,用平行接近法引导时,只要速度比 k 保持为常数($k>1$),导弹无论从任何方向攻击目标,都能得到直线弹道。

上面已提到,当目标作机动运动,导弹速度变化时,前置角 φ_D 必须相应变化,此时理想弹道是弯曲的。但用平行接近法引导时,导弹的需用横向过载总比目标的横向过载小。设目标、导弹的速度大小不变,目标横向机动,对式(4-16)微分得

$$a_{n_M}\cos\varphi_M=a_n\cos\varphi_D \tag{4-17}$$

式中,$a_{n_M}=V_M\dot{\varphi}_M$ 为目标的横向加速度;$a_{n_D}=V_D\dot{\varphi}_D$ 为导弹的横向加速度。

将上式代入式(4-14),整理后得

$$a_{n_D}=\frac{a_{n_M}\cos\varphi_M}{\sqrt{1-\dfrac{1}{k^2}\sin^2\varphi_M}} \tag{4-18}$$

对上式求导得 $\sin\varphi_M=0$, $\cos\varphi_M=1$ 时,a_{n_D} 达到最大值,此时 $a_{n_D}^{\max}=a_{n_M}$。可见,只要 $k>1$,导弹的横向加速度总小于目标的横向加速度,即导弹的弹道弯曲程度总比目标航迹弯曲的程度小。

4. 平行接近法的应用

由上面分析可见,当目标机动时按平行接近法引导的弹道最平直,还可以实施全方向攻击,从这个意义上讲,平行接近法是最好的引导方法。

实现平行接近法引导时,可用弹上风标和导引头测出导弹的瞬时前置角,或测出目标视线的角速度 $\dot{\varphi}$,和式(4-13)比较,形成引导指令。还必须测出目标的运动参数 $V_M\cos\varphi_M$、$V_M\sin\varphi_M$。因此,要求弹上制导设备复杂、精确,很难实现。所以,平行接近法目前未得到广泛应用。

5. 弹道仿真算例

导弹初始坐标为(40 km, 10 km),目标初始坐标为(80 km, 80 km);假设导弹的速度始终保持不变,为 1.5 km/s,目标的运动为匀速直线运动,速度为 1 km/s,击中目标为导弹与目标之间的相对距离等于零。

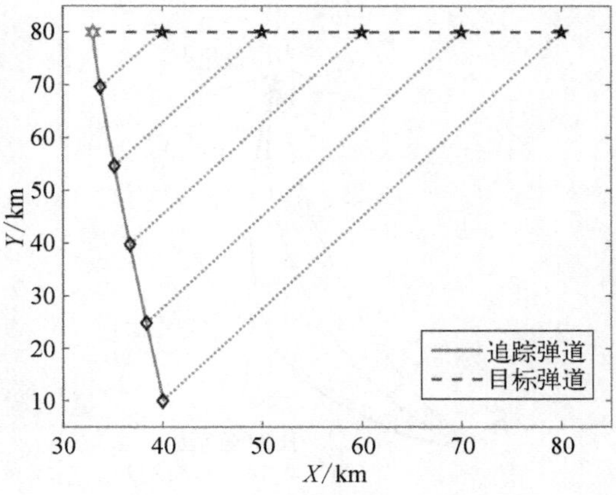

图 4-11　平行接近法仿真图

仿真可得到如图 4-11 所示的导弹追

击目标的轨迹。其中蓝色线表示的是目标的运动轨迹,红色线表示的是导弹的运动轨迹,较为平直。由等间隔时刻导弹与目标的连线可以看出,目标视线始终向给定方向平行移动。由图 4-11 可见,该方法使得导弹飞行轨迹近似一条直线从而降低了导弹在机动飞行时所需提供的法向加速度。

4.1.4 比例接近法

保持导弹速度矢量转动的角速度 $\dot{\theta}_D$ 与目标视线转动的角速度 $\dot{\varphi}$ 成一定比例的引导方法,叫比例接近法。

1. 引导方程

由比例接近法的含义得引导方程:

$$\dot{\theta}_D = K\dot{\varphi} \tag{4-19}$$

将上式两边积分得

$$\theta_D = K(\varphi - \varphi_0) + \theta_{D0} \tag{4-20}$$

式中,φ_0 为引导开始时 φ 值;θ_{D0} 为引导开始时 θ_D 值;K 为引导系数。

2. 理想弹道

由引导方程可见:$K = 1$,$\varphi_0 = \theta_{D0}$ 时为追踪法的弹道;$K = \infty$,$\dot{\theta}_D$ 为有限量,则 $\dot{\varphi} = 0$,即为平行接近法的弹道。

$1 < K < \infty$ 时为比例接近法的弹道,如图 4-12 所示。所以,比例接近法引导时导弹的理想弹道弯曲程度,介于平行法和追踪法之间。追踪法引导时弹道最弯曲,导弹的速度矢量时刻指向目标,最后导致尾追。平行接近法时导弹的速度矢量总指向目标前方瞬时遭遇点,以保持目标视线平行移动。比例接近法时导弹的速度矢量虽也指向目标前方,但前置角 φ_D 比平行接近法时小,允许目标视线有一定的速度 $\dot{\varphi}$。$\dot{\varphi}$ 与引导系数有关,K 越大,$\dot{\varphi}$ 越小。当 K 值确定后,目标视线角速度开始增大,随着导弹与目标的接近,$\dot{\varphi}$ 逐渐减小。从引导开始,导弹速度矢量的角速度 $\dot{\theta}_D$ 为目标视线角速度 $\dot{\varphi}$ 的 K 倍,使前置角 φ_D 自动地建立,导致目标视线角速度 $\dot{\varphi}$ 逐渐减小。所以,按比例接近法引导时,弹道初段和追踪法相近,弹道末段和平行接近法相近,如图 4-13。

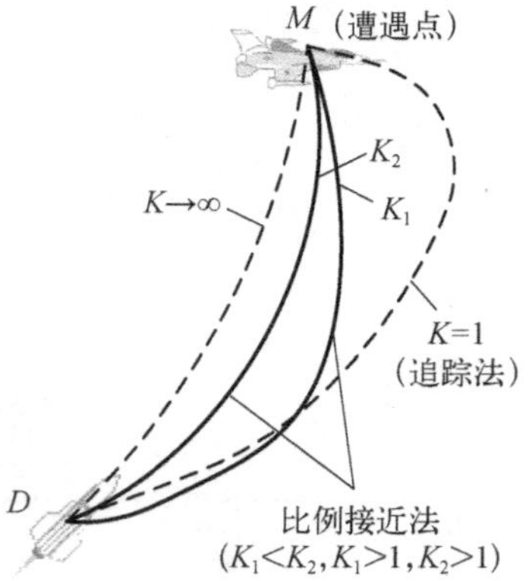

图 4-12 比例接近法弹道示意图

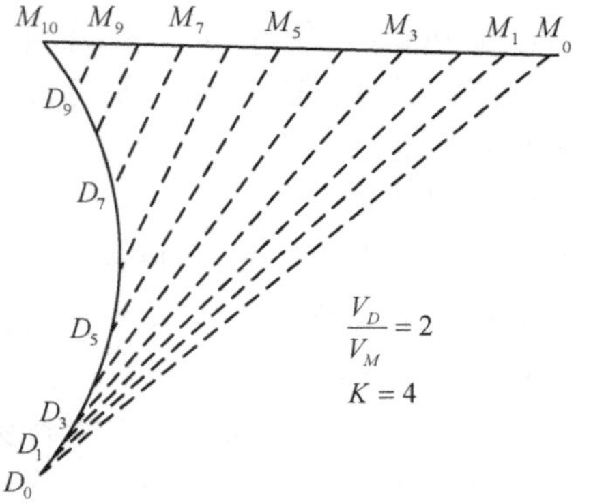

图 4-13 比例接近法的理想弹道

3. 弹道分析

按比例接近法引导时，希望在遭遇区内 $\dot{\varphi}=0$，即此段为直线弹道。下面先考虑这个问题。为方便分析取 V_M 方向为基准方向，如图 4-14，考虑式(4-19)，得导弹的运动方程：

$$\begin{aligned}\dot{r} &= V_M\cos\varphi - V_D\cos[(K-1)(\varphi-\varphi_0)]\\ r\dot{\varphi} &= V_M\sin\varphi - V_D\sin[(K-1)(\varphi-\varphi_0)]\end{aligned} \tag{4-21}$$

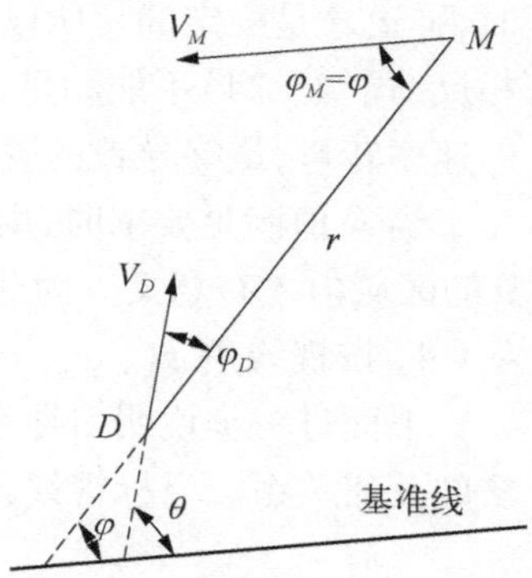

图 4-14　比例接近法的几何关系

式中，$(K-1)\varphi_0 = K\varphi_0 - \theta_{D0}$。

为在遭遇区得到直线弹道，令 $\dot{\varphi}=0$ 得

$$\sin\varphi - \frac{V_D}{V_M}\sin[(K-1)(\varphi-\varphi_0)] = 0 \tag{4-22}$$

用图解法解这个方程，当 $V_D/V_M>1$ 时，如图 4-15(a)。在(0~2π)区间，有 $2(K-1)$ 个根。令 $K=4$，则有 $\varphi_1\sim\varphi_6$ 六个根，它们分布在以目标 M 为极点，φ 为极角的平面内，如图 4-15(b)，图中 $\varphi=\varphi_i$ 为直线弹道时目标视线的位置。

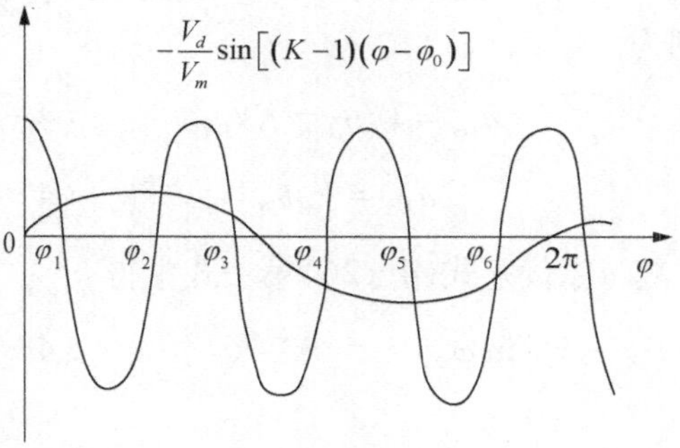

(a) 遭遇时$\varphi=\varphi_i$的求解(K=4)

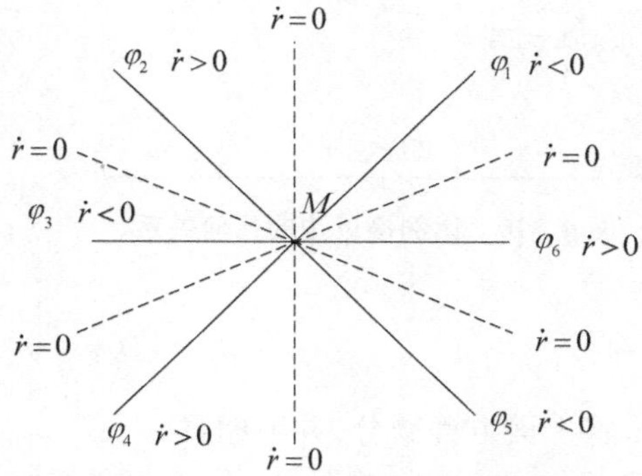

(b) $\varphi=\varphi_i$射线将r、φ平面分为$2(K-1)$个扇形

图 4-15　获得直线弹道时的 φ 角

上述条件下的直线弹道，并非都是稳定(收敛)的。当 $|\dot{\varphi}|$ 随时间不断减小时，导弹的横向过载也不断减小，这种弹道是稳定的；如 $|\dot{\varphi}|$ 随时间不断增大，对应的弹道是不稳定(发散)的。显然，要得到稳定弹道，必须满足 $\dot{\varphi}$、$\ddot{\varphi}$ 异号才行。为此，对式(4-21)第二式微分得

$$r\ddot{\varphi} = -[2\dot{r} + KV_D\cos(K-1)(\varphi-\varphi_0)]\dot{\varphi} \tag{4-23}$$

显然只要满足：

$$2\dot{r} + KV_D\cos(K-1)(\varphi-\varphi_0) > 0 \tag{4-24}$$

即

$$K > -\frac{2\dot{r}}{V_D\cos(K-1)(\varphi-\varphi_0)} \tag{4-25}$$

时，弹道才是稳定的。所以，只要比例系数 K 选的足够大，$|\dot{\varphi}|$ 值就逐渐减小而趋向零。相反，式(4－24)不能满足，则 $|\dot{\varphi}|$ 值逐渐增大，在接近目标时导弹速度矢量要以无穷大的速率转弯，最终导致的脱靶量将是不能允许的。

当 K 值满足要求时，由 $\dot{\varphi}=0$，从图 4－15(a)中得到 $\varphi_1 \sim \varphi_6$ 六个根，只有位于 $\dot{r}<0$ 的区域内才有意义。为此将式(4－21)第 1 个方程的根也画在图 4－15(b)中。可见，当 $K=4$，按视线角 φ_1、φ_3、φ_5 接近目标的弹道才是稳定的。

下面进一步说明引导系数 K 的选择问题。为了分析方便，用图 4－16 表示比例接近法的几何关系。目标视线角速度和导弹、目标的接近速度分别为

$$\begin{cases}\dot{\varphi}=\dfrac{V_M\sin\varphi_M-V_D\sin\varphi_D}{r}\\ \dot{r}=V_M\cos\varphi_M+V_D\cos\varphi_D\end{cases} \tag{4-26}$$

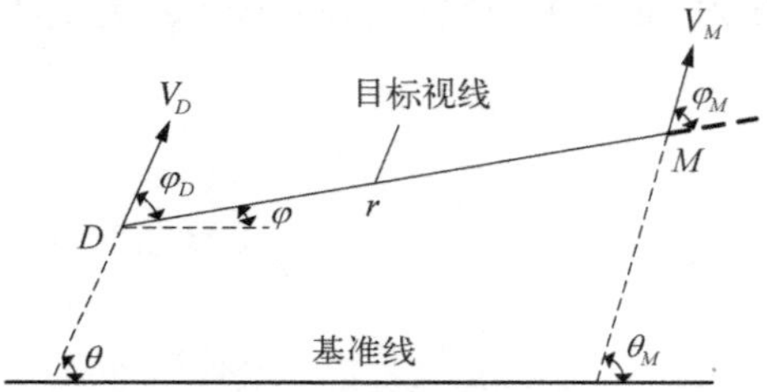

图 4－16　比例接近法的几何关系

选择 K 值时，最感兴趣的是使导弹的横向加速度最小。设导弹、目标的切向加速度均为零，由图 4－16 得导弹、目标的横向加速度 a_{Dn}、a_{Mn} 分别为

$$a_{Dn}=V_D\dot{\theta}_D=KV_D\dot{\varphi} \tag{4-27}$$

$$a_{Mn}=V_M\dot{\theta}_M \tag{4-28}$$

将 a_{Dn} 代入式(4－26)第一式中得

$$a_{Dn}r=KV_D(V_M\sin\varphi_M-V_D\sin\varphi_D) \tag{4-29}$$

将上面方程微分，并考虑：

$$\dot{\varphi}_D=\dot{\theta}_D-\dot{\varphi}=\dot{\theta}_D-\frac{\dot{\theta}_D}{K} \tag{4-30}$$

得 $r\dot{a}_{Dn}=-a_{Dn}\dot{r}+KV_Da_{Mn}\cos\varphi_M-KV_Da_{Dn}\cos\varphi_D-a_{Dn}(V_M\cos\varphi_M-V_D\cos\varphi_D)$

将(4－26)式中第二式代入，得

$$\dot{a}_{Dn}=\frac{KV_Da_{Mn}\cos\varphi_M}{r}-\frac{a_{Dn}}{r}(2\dot{r}+KV_D\cos\varphi_D) \tag{4-31}$$

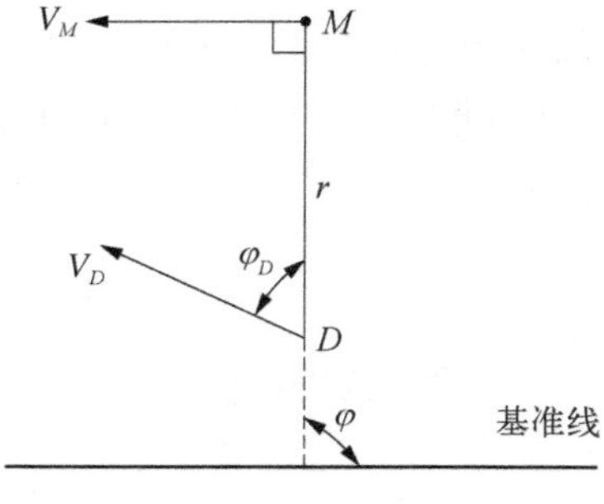

图 4－17　V_M 垂直视线时比例接近法几何关系

方程(4－26)、方程(4－27)称比例接近法时导弹的运动方程。这些方程只有特殊情况下才能用解析方法。为得到有益的结论，假定目标速度矢量 V_M 垂直视线，如图 4－17。这时，

$$a_{Mn} = 0 \tag{4-32}$$

$$\dot{r} = -V_D \cos\varphi_D \tag{4-33}$$

由式(4-31)得

$$\frac{\dot{a}_{Dn}}{a_{Dn}} = \frac{\dot{r}}{r}(K-2) \tag{4-34}$$

解得

$$\ln a_{Dn} = (K-2)\ln r + \ln c \tag{4-35}$$

其中,c 为常数。由上式得:$K > 2$ 时,$r \to 0$, $a_{Dn} \to 0$;$K = 2$ 时,$a_{Dn} = a_{D0} = \text{const}$;$K < 2$ 时,$r \to 0$,$a_{Dn} \to \infty$。因此,引导系数 K 必须大于 2。

但 K 值不是越大越好。由 $a_{Dn} = KV_D\dot{\varphi}$,若 K 取的很大,即使 $\dot{\varphi}$ 值不大,也可能使导弹的需用过载很大。因此,导弹的可用过载限制了 K 的上限值。K 值过大还可能使制导系统的稳定性变差,因为 $\dot{\varphi}$ 很小的变化,将引起 $\dot{\theta}_D$ 较大的变化。所以,目前 K 一般选在 2~6 之间。

在制导中,引导系数 K 值还可进行自适应调节。

4. 比例接近法的应用

比例接近法的弹道,特别在遭遇区内较平直,使得引导系数 K 取值有限。所以,采用比例接近法的制导设备在技术较易实现。可用弹上观测器测出目标视线的角速度 $\dot{\varphi}$,由 $(K\dot{\varphi} - \dot{\theta}_D)$ 得引导指令。如何用导引头测 $\dot{\varphi}$,将在后面章节中讨论。测 $\dot{\theta}_D$ 可用横向加速度计实现,典型的方块图如图 4-18,由于,

$$K_\varphi\dot{\varphi} - K_\theta\dot{\theta}_D = K_\theta\left(\frac{K_\varphi}{K_\theta}\dot{\varphi} - \dot{\theta}_D\right) \tag{4-36}$$

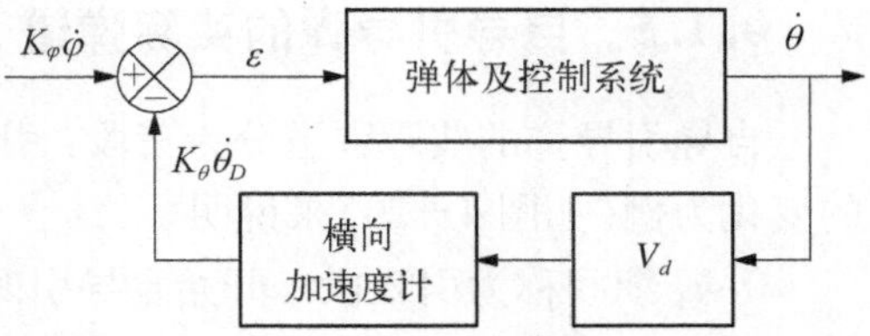

图 4-18　实现比例接近法方块图

因此,引导系数 $K = K_\varphi / K_\theta$。

若不用加速度计,只能实现近似的比例接近法,$\dot{\theta}_D$、ε 间近似看成放大关系,如放大系数为 K_ε,则

$$\dot{\theta}_D = K_\varepsilon \varepsilon = K_\varepsilon K_\varphi \dot{\varphi} \tag{4-37}$$

引导系数 $K = K_\varepsilon K_\varphi$。由于环节中有惯性,所以只能实现近似比例接近法引导。

5. 弹道仿真算例

导弹初始坐标为(40 km, 10 km),目标初始坐标为(80 km, 80 km);假设导弹的速度始终保持不变,为 1.5 km/s,目标的运动为匀速直线运动,速度为 1 km/s,击中目标为导弹与目标之间的相对距离等于零。

仿真可得到如图 4-19 所示的导弹追击目标的轨迹。在图 4-19 中,蓝色线表示的

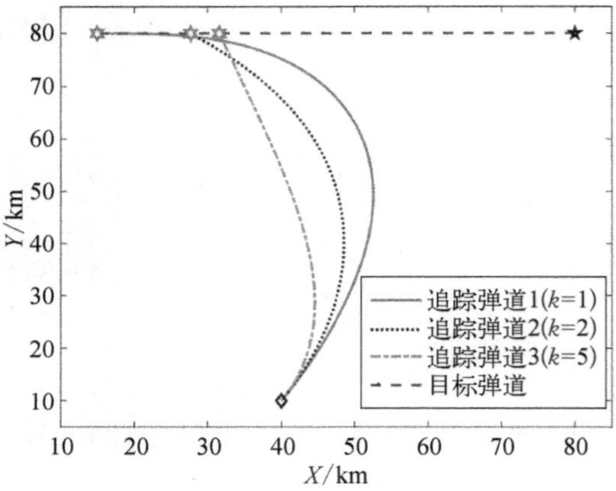

图 4-19　比例导引法仿真图

是目标的运动轨迹，红色、黑色及紫色线表示的是采用不同引导系数时导弹的运动轨迹。由仿真图 4-19 分析可见，不同的引导系数 K 会影响引导的效果，$K=1$ 时，弹道与追踪法结果一样；$K=5$ 相比于 $K=2$ 时弹道弯曲程度更小。

无论从对快速机动目标的响应和制导精度上看，比例接近法都有明显的优点，各种引导方法的比较如表 4-1。比较可见，一般情况下选择比例接近法是比较适宜的。

表 4-1　各种引导法的比较

引导法	目标航向	目标速度	目标加速度	测量角偏差	噪声	阵风
追踪法	差	好	差	一般	好	好
比例接近法	好	好	好	好	差	好

因此，比例接近法在各种导弹中得到广泛的应用，如 SA-6、SA-7、霍克、麻雀导弹等。随着计算技术的发展，最优控制已应用于最优拦截、控制系统的最优设计等问题中，目前最优自动导引也都和比例接近法相联系。

4.1.5　自导引导弹的实际弹道

自导引导弹的实际弹道分为三段：引入段、引导段和失稳段。下面以比例接近法时 $\dot{\varphi}$ 的变化为例（如图 4-20）来说明。

$0\sim t_1$ 期间称为引入段。开始自导引时，视线角速度有一个初始值 $\dot{\varphi}_0$，使导弹速度矢量开始指向瞬时遇点。在引入时间内，制导系统应使 $\dot{\varphi}\rightarrow 0$。

$t_1\sim t_2$ 期间为引导段。由于目标机动或导弹速度的变化，瞬时遭遇点改变，$\dot{\varphi}\neq 0$。

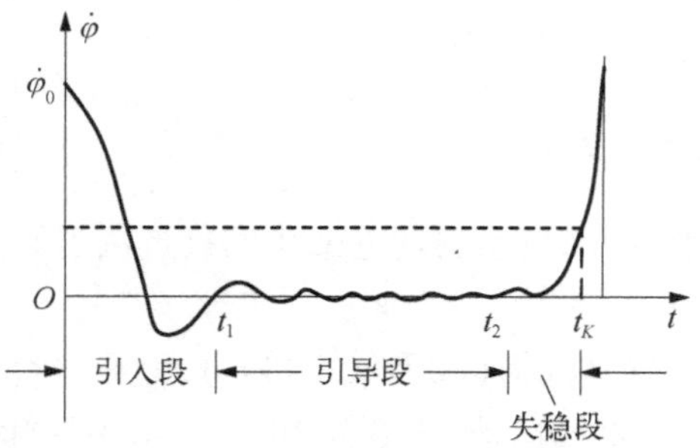

图 4-20　比例接近法时 $\dot{\varphi}$ 的变化

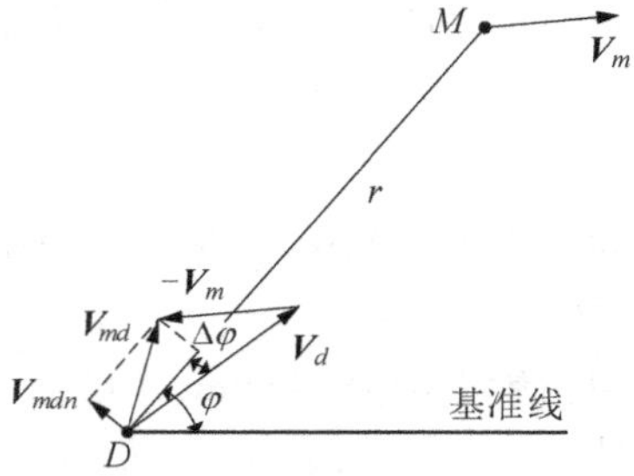

图 4-21　制导系统惯性引起的视线转动

制导系统操纵导弹改变速度矢量方向，力图使 $\dot{\varphi}=0$。由于制导系统的惯性和目标信号的噪声，会不断出现误差，则 $\dot{\varphi}$ 不可能为零。如图4-21，由于制导系统的惯性使导弹、目标相对速度矢量 $\boldsymbol{V}_{md}$ 与目标视线不重合，$\boldsymbol{V}_{md}$ 在视线垂直方向的分量 $\boldsymbol{V}_{mdn}$ 为

$$\boldsymbol{V}_{mdn} = \boldsymbol{V}_{md}\sin\Delta\varphi \tag{4-38}$$

使视线出现转动角速度 $\dot{\varphi}$：

$$\dot{\varphi} = \frac{\boldsymbol{V}_{mdn}}{r} \tag{4-39}$$

t_2 以后为失稳段。由于导弹接近目标，$\boldsymbol{V}_{mdn}$ 的减小比 r 的减小慢时，视线角速度逐渐增大。$r\to0$，$\dot{\varphi}\to\infty$。

4.2 导引头的基本工作原理

导引头是通过接收目标辐射或反射的能量，测得制导武器飞向目标的相对位置信息并形成制导指令，是制导武器上用于探测、跟踪目标并产生姿态调整参数的核心装置。导引头通常安装在制导武器头部，按导引头上敏感装置的物理特性，可分为雷达导引头、电视导引头、红外导引头、激光导引头和多模复合导引头等。本节中以雷达导引头为例，阐述导引头的基本工作原理。

4.2.1 雷达导引头的分类

雷达导引头接收目标辐射或反射的电波能量，确定目标的位置及运动特性，形成引导指令。按作用原理可分为：主动式（接收目标反射的电波能，发射机在导引头内）、半主动式（接收目标反射的电波能，照射能源不在导引头内）和被动式（接收目标辐射的电波能）。它们分别用于主动式、半主动式和被动式雷达自导引系统中。

按测角工作体制分为扫描式（圆锥扫描、扇形扫描、变换波瓣）、单脉冲式（幅度法单脉冲、相位法单脉冲和幅度-相位法单脉冲）和相控阵天线导引头；按工作波形分为连续波、脉冲波和脉冲多普勒式导引头；按导引头测量坐标系相对于弹体坐标系的位置可分为固定式、活动式（活动非跟踪式和活动跟踪式）导引头。下面主要说明固定式导引头和活动式导引头的主要工作特征。

1. 固定式导引头

导引头的测量坐标系 $Oxyz$ 和弹体坐标系 $Ox_1y_1z_1$ 重合时，称为固定式导引头。这种导引头不跟踪目标，只测量目标视线与弹体纵轴间的角偏差值 φ_1 大小，如图4-22(a)。当测得 φ_1 值后，导引头形成相应的信号电压 $u_\varphi=k_\varphi\varphi_1$，并根据 u_φ 产生 Oy、Oz 方向的引导指令：

$$u_y = k_y\varphi_y,\ u_z = k_z\varphi_z \tag{4-40}$$

式中，k_y、k_z 为比例系数。

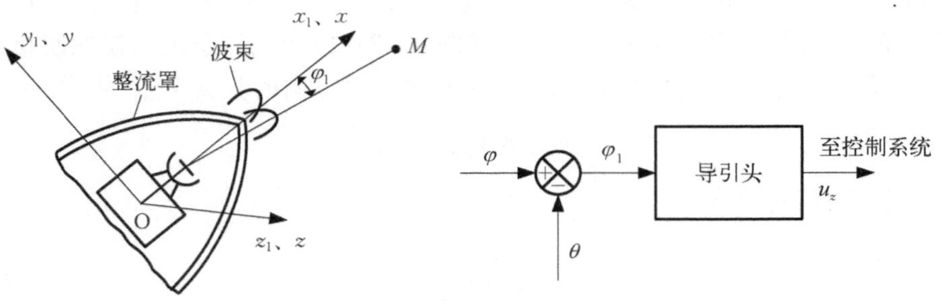

(a) 固定式导引头　　(b) 简化方块图

图 4-22　固定式导引头的示意图

引导指令通过控制系统操纵导弹飞行，使目标位于导弹纵轴方向。它能实现近似的追踪法引导。

为较精确的实现追踪法引导，常在装有固定导引头的弹上增添测速装置，如测量风标器或动力风标器等，如图 4-23。由于导弹的速度比干扰风速大得多，因此风标器的指向可认为是导弹速度的方向，它和导弹纵轴间的夹角就是导弹的迎角 α，经角度传感器输出电压 $u_\alpha = k_\alpha \alpha$（$k_\alpha$ 称为比例系数）。导引头的输出电压为 $u_\varphi = k_\varphi \varphi_1$，控制系统输入的电压 u_k 为

$$u_k = u_\varphi - u_\alpha = k(\varphi_1 - \alpha) \tag{4-41}$$

其中，$k = k_\varphi = k_\alpha$。u_k 通过控制系统变换，操纵舵偏转，使 $\varphi_1 = \alpha$。则导弹速度方向便和目标视线重合。

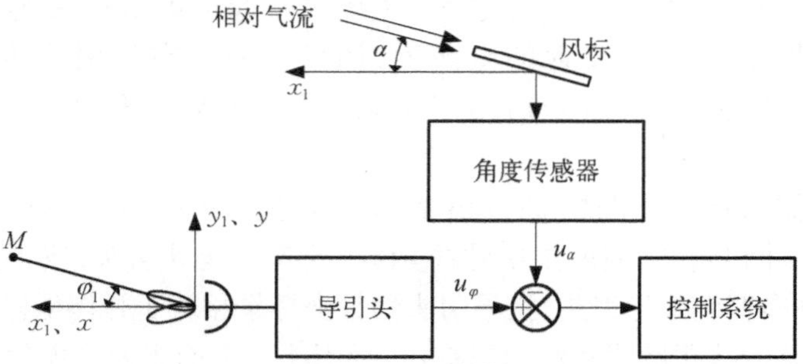

图 4-23　装风标器的固定导引头

2. *活动式导引头*

活动式导引头一般分为活动式非跟踪导引头与活动式跟踪导引头两种。

1）活动式非跟踪导引头

活动式非跟踪导引头虽能改变导引头坐标轴与弹体坐标轴的相对位置，但这种改变只在发射导弹前发生，它使导引头坐标轴 Ox 瞄准目标，然后固定该坐标系轴相对导弹速度矢量或地面固连直角坐标的位置，且在导弹飞行中保持不变。它可用于追踪法引导的导弹和平行接近法引导的导弹。

当实现追踪法引导时，导引头按来流对 Ox 轴定向。为此，采用了顺桨装置，如图 4－24。

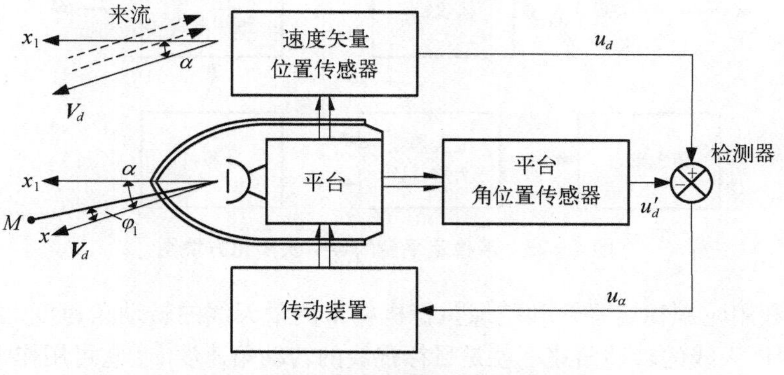

图 4－24 活动式非跟踪导引头简化方块图

顺桨装置是一个跟踪系统，它包括速度矢量位置传感器、传动装置、装有导引头天线的平台、平台角位置传感器和检测元件等。速度矢量位置传感器测出来流对弹体纵轴的角度 α 并输出正比于 α 的电压 u_α。平台角位置传感器测出平台相对来流的角位置 α' 并形成与 α' 成正比的电压 u'_α。u_α、u'_α 加在检测元件上，检测元件则输出与 $\alpha - \alpha'$ 成正比的电压 u_α、u'_α 经变换后输入给传动装置，使平台转动，使 $\alpha - \alpha'$ 趋近于零。因此，使导引头坐标轴 Ox 调整到导弹速度矢量 $\boldsymbol{V}_d$ 的方向。

可见，用追踪法引导时目标视线相对基准线的角度 φ 是控制系统的输入量。为使 $\theta = \varphi$，由导引头测出目标视线偏离来流方向的角偏差 φ_1，并形成引导指令，操纵导弹使 $\varphi_1 = 0$。

当实现平行接近法引导时，导弹发射前，导引头应调整到使 Ox 轴与目标视线重合，并用陀螺稳定器锁定这个方向。发射导弹后，一旦导弹偏离理想弹道，Ox 轴与目标视线间出现角偏差 φ_1。当用“+”字布局的导弹时，则引导指令电压为

$$\begin{aligned} u_y &= k_y\varphi_y \\ u_z &= k_z\varphi_z \end{aligned} \tag{4-42}$$

其中，k_y、k_z 为比例系数。

2）活动式跟踪导引头

使坐标轴 Ox 连续跟踪目标视线的导引头，称为活动式跟踪导引头。它可用于平行接近法引导的制导系统和比例接近法引导的制导系统。

活动式跟踪导引头的天线有两种安装方式，一种是安装在稳定平台上，另一种是安装在弹体上。

跟踪天线安装在稳定平台上的导引头如图 4－25。天线与稳定平台固连，稳定平台作相应的转动，以实现天线对准目标方向。当天线等强信号轴线偏离目标视线时，接收机输出误差信号，该信号大小与偏差角 φ_1 大小成正比，极性由偏差方向决定。误差信号经放大后驱动力矩马达，使陀螺平台转动，直至误差信号为零。因此，导引头跟踪系统能保证天线跟踪目标。

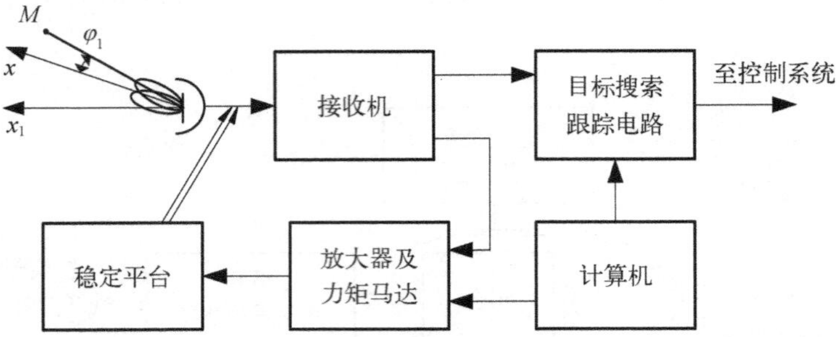

图 4-25 带稳定平台的导引头简化方块图

导引头利用陀螺稳定平台和陀螺执行机构来测量天线的转动角速度，由于天线始终跟踪目标，因而天线的转动角速度就是目标视线的转动角速度 $\dot{\varphi}$，它可用作平行接近法和比例接近法引导时形成引导指令。

形成引导指令时应考虑测得的目标视线角速度，还应考虑重力加速度和导弹的纵向加速度，此外，必须考虑电波因天线罩折射引起的系统误差。这样，引导指令的一般表达式为

$$\lambda_0 = k(\dot{\varphi} + \Delta\dot{\varphi})G(s) \tag{4-43}$$

式中，k 为系数；$\dot{\varphi}$ 为天线角速度测定值；$\Delta\dot{\varphi}$ 为因重力、导弹纵向加速度和天线罩折射引入的角速度补偿分量；$G(s)$ 为指令形成装置的传递函数。

跟踪天线安装在弹体上的导引头，如图 4-26 所示。天线由电动机带动相对弹体转动，以使其对准目标。由于不用平台，结构比较简单。其主要组成部分的作用如下：

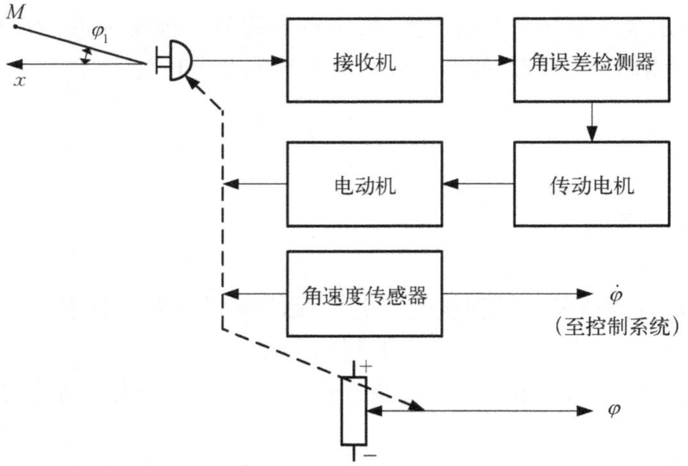

图 4-26 没有稳定平台的导引头简化方块图

（1）接收机——按目标、导弹的接近速度捕捉、跟踪目标信号，输出标识目标视线与导引头测量坐标轴 Ox 角偏差 φ_1 的误差信号。

（2）角误差检测器——将角误差信号分解为俯仰、方位误差信号，送到传动电路。

（3）传动电路——将俯仰、方位误差信号分别放大，并与有关的负反馈信号综合，输出天线角位置信号。

（4）电动机——在天线角位置信号的控制下，驱动天线，使其测量坐标轴 Ox 对准目标。

（5）角速度传感器——敏感天线的角速度，由于天线跟踪系统始终使天线对准目标，因此其输出电压与目标视线角速度 $\dot{\varphi}$ 成正比。该电压送到弹上控制系统，经处理后使导弹按比例接近法飞向目标。

4.2.2　导引头的一般组成

由上面的叙述可知，雷达导引头的主要任务是：捕捉目标、跟踪目标和形成引导指令。

捕捉目标是指在进行自导引之前，导引头按目标方向和目标速度获得指定的目标信号。为此，导引头天线应先使波束在预定空间扫描（一般用于末制导的导引头）或执行控制站给出的方向指令，使天线基本对准目标。之后按目标的接近速度（即按多普勒频移）对天线视场内的目标进行搜索。收到目标信号，接通天线角跟踪系统，消除导引头的初始方向偏差，使天线对准目标。

跟踪目标包括对目标的速度跟踪和对目标的连续角跟踪。对目标的速度跟踪，是利用目标反射信号的多普勒效应，采取适当的接收技术，从频谱特性上对目标信号进行选择和连续跟踪，以排除其他信号的干扰。对目标的角度连续跟踪，一般是利用天线波束扫描（如圆锥扫描等）或多波束技术（如单脉冲技术），取得目标的角偏差信息，实现天线对选定目标的连续角跟踪，实时得到目标视线的转动角速度 $\dot{\varphi}$。以此形成引导指令，以导引头给出的 $\dot{\varphi}$ 为基础形成按比例接近法的引导指令。

因此，主动式、半主动式和被动式雷达导引头的一般组成如图 4-27 所示，它包括：天线及其传动装置、发射机（主动式雷达导引头）、接收机、选择器、同步接收机（半主动式雷达导引头）、终端装置和其他一些补偿装置。

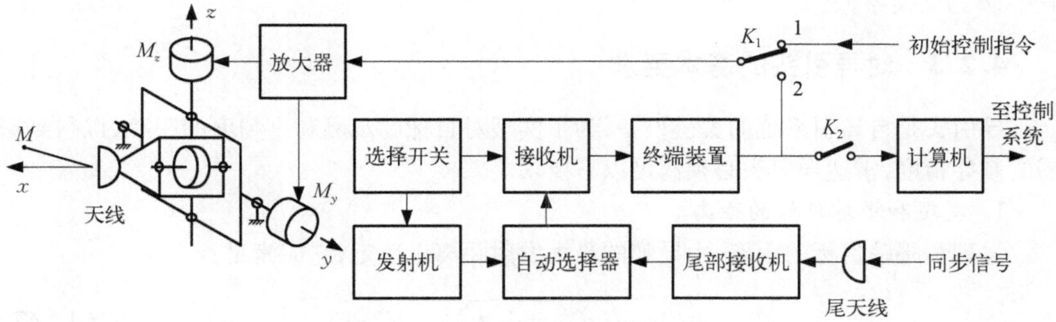

图 4-27　雷达导引头组成示意图（活动式跟踪导引头）

导引头的天线装在稳定平台上，平台采取万向支架层悬挂的形式，力矩马达 M_y、M_z 装在万向支架轴上。

导弹发射前，控制站输出目标角坐标的初始指令经放大器加到力矩马达 M_y、M_z 上，马达产生使万向支架旋转的力矩，陀螺便产生进动，平台改变位置，使天线基本对准目标。为实现精确的制导，之后开关 K_1 接至"2"，闭合导引头角跟踪回路。

天线辐射或控制站的照射信号经目标反射后，被天线接收，经天线转换器送给接收机，该信号含有目标 M 对偏离导引头坐标轴 Ox 的大小和方向（符号）的信息。它被接收后在终端装置中形成角误差信号，经开关 K_1 加到放大器，使稳定平台转动相应的角度，目标视线便和导引头 Ox 轴重合，于是系统在方向上便自动跟踪目标。

自动选择器按速度和距离选择目标信号。来自导引头发射机或控制站照射雷达的信号（即零距离信号）被尾部接收机接收到自动选择器。自动选择器也是在发射前由控制指令选取目标的，在跟踪中排除其他目标信号，并把选择的信号送入接收机中。

导弹发射后，在指定的时间内开关 K_2 闭合，角误差信号不但送给力矩马达，而且加到计算机中，以形成引导指令。假定采用比例接近法引导，应满足：

$$\dot{\theta} = K\dot{\varphi} \tag{4-44}$$

式中，$\dot{\theta}$ 为导弹速度矢量转动的角速度；$\dot{\varphi}$ 为目标视线转动的角速度；K 为引导系数。

由于采用的是跟踪导引头，Ox 轴连续和目标视线重合，导引头输出正比于 $\dot{\varphi}$ 的电压 $u_{\dot{\varphi}}$：

$$u_{\dot{\varphi}} = K_{\dot{\varphi}}\dot{\varphi}$$

$K_{\dot{\varphi}}$ 为比例系数。而 $\dot{\theta} = a_n/V_d$，可测得 a_n 值（用加速度计），导弹速度 V_d 已知。所以，可得到与 $\dot{\theta}$ 成正比的电压 u_{θ}。这样，误差信号可由：

$$\Delta\dot{\theta} = K\dot{\varphi} - \dot{\theta} \tag{4-45}$$

得到，即

$$u_{\Delta\dot{\theta}} = k\frac{K}{K_{\dot{\varphi}}}u_{\dot{\varphi}} - u_{\dot{\theta}} \tag{4-46}$$

其中，k 为变换系数。

4.2.3 对导引头的基本要求

导引头是自导引系统的关键设备，为了实现对目标的观测和高精度的跟踪，以得到必需的制导精度，雷达导引头必须满足以下要求。

1. *发现和跟踪目标的距离*

发现和跟踪目标的距离，由导弹的最大发射距离来决定，它应满足：

$$r_0 \geqslant \sqrt{(d_{\max} + V_m t_0)^2 + H_m^2} \tag{4-47}$$

式中，r_0 为发现和跟踪目标的距离；$d_{\max}$ 为导弹最大的发射距离（水平方向）；V_m 为目标速度；H_m 为目标飞行高度；t_0 为导弹从发射到预定相遇点时的时间。

对主动式雷达导引头，发现目标的距离 r_0 为

$$r_0 = \sqrt[4]{\frac{P_T G_1 G_2 \lambda^2 \sigma}{(4\pi)^3 P_{\min}}} \tag{4-48}$$

对半主动式雷达导引头，发现目标的距离 r_0 则为（导弹位于照射站）

$$r_0 = \sqrt[4]{\frac{P_{TC} G_1 G_2 \lambda^2 \sigma}{(4\pi)^3 P_{\min}}} \tag{4-49}$$

其中，P_T、P_{TC} 分别为导引头的发射机辐射功率和照射雷达辐射的功率；G_1、G_2 为主动式导引头发射、接收天线的增益系数；半主动式导引头接收天线和照射天线的增益系数；$P_{\min}$ 为导引头接收机的灵敏度；λ 为工作波长；σ 为目标等效雷达截面。

可见，导引头发现和跟踪目标的距离取决于目标特性、照射目标能源的功率、导引头的噪声和波束宽度等。

2. 视界角 Ω

导引头的视界角 Ω 是一个立体角，在这个范围内观测目标。雷达导引头的视界角由其天线的特性（如扫描、多波束等）与工作波长决定。要使导引头的角分辨率高，视界角应尽量小，而要使导引头能跟踪快速目标，又要视界角大。

对固定式导引头，其视界角 Ω 应不小于系统滞后时间内目标角度的变化量，即

$$\Omega \geqslant \dot{\varphi} t_0 \tag{4-50}$$

其中，t_0 为系统的滞后时间；$\dot{\varphi}$ 为目标视线的角速度。由于目标速度最大值发生在导弹、目标距离最小时。此时目标视线角速度最大值为 $\varphi_{\max} = 57.3V_m/r_{\min}$。固定式导引头的视界角一般为 10°或更大一些。

对活动式跟踪导引头，由于能对目标自动跟踪，其视界角可以大大减小。但由于信号的起伏、闪烁及系统内部的噪声，会引起跟踪误差。因此，视界角也应符合要求值。

3. 导引头框架的转动范围

很多导引头装在一组框架（万向支架）上，它相对弹体的转动自由度受到约束。在自导引中，导弹相对目标视线会自动产生前置角，如目标不机动，导弹便会沿直线飞向遭遇点。如图 4－28，设导弹的迎角为零，则导引头天线转动的角度为 φ_d，若目标、导弹分别以速度大小 V_m、V_d 等速接近，则由：

$$V_m \sin\varphi_m = V_d \sin\varphi_d \tag{4-51}$$

得导引头天线转过角度表示式为

$$\sin\varphi_d = \frac{1}{k}\sin\varphi_m \tag{4-52}$$

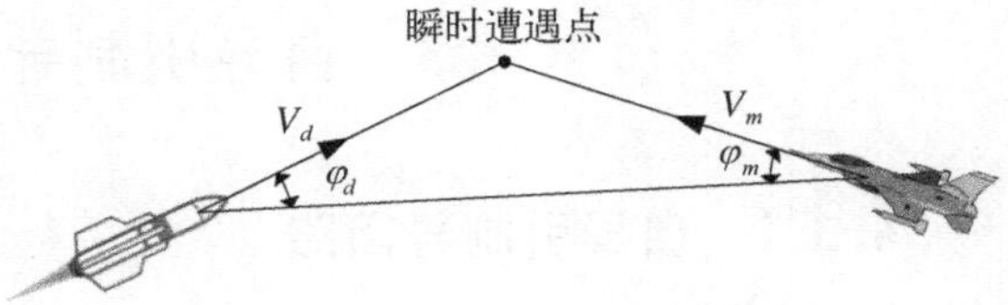

图 4－28　导引头的角度关系

式中，$k = V_d/V_m$。对给定速度比 k，当 $\varphi_m = 90°$ 时，导引头天线转角最大。而一般多为迎头攻击或尾追攻击，$\varphi_m < 90°$，再考虑导弹允许的迎角为±15°，则一般要求导引头框架的转动范围在±40°以内。

4. 中断自导引的最小距离

在自导引中,由于导弹与目标逐渐接近,目标视线角速度 $\dot{\varphi}$ 随之增大,导引头角跟踪系统要求的功率也增大,当 $r=r_{\min}$ 时便中断自动跟踪。假定角跟踪系统允许的最大角跟踪速度为 $\dot{\varphi}_{\max}$,由式(4-1)得

$$r_{\min}=\frac{V_m\sin\varphi_m - V_d\sin\varphi_d}{\dot{\varphi}_{\max}} \tag{4-53}$$

自导引中,由于导弹、目标逐渐接近,导引头接收的信号越来越强,当接收机过载后,便不能测出目标的运动参数,这称为眩光。眩光距离取决于目标特性(雷达截面、反射和辐射电波能的特性)和导引头的特性。假定接收信号的功率为 P_0 时发生眩光。对主动式导引头,眩光距离 l_0 为

$$l_0 \leqslant \sqrt{\frac{P_T G_1 G_2 \lambda^2 \sigma}{(4\pi)^3 P_0}} \tag{4-54}$$

对半主动式导引头,眩光距离 l_0 为

$$l_0 \leqslant \frac{1}{r_1}\sqrt{\frac{P_T G_1 G_2 \lambda^3 \sigma}{(4\pi)^3 P_0}} \tag{4-55}$$

其中,P_T 为导引头发射机功率或照射雷达的发射功率;G_1、G_2 为导引头发射天线或照射雷达发射天线及导引头接收天线的增益系数;λ 为工作波长;r_1 为目标与控制点的距离。

由于跟踪中断或导引头眩光都会使自导引系统停止工作,造成导弹脱靶。当给定脱靶量和已知目标、导弹特性时,就可以确定自动导引中断时的最小距离允许值。

5. 角跟踪系统的带宽

为了保持导引头天线指向目标,特别是对快速通过的目标,其角跟踪系统必须有足够的带宽。若考虑弹体滚动引起的干扰和导引头与弹体间的机械耦合,要保证跟踪精度在天线波束宽度之内,角跟踪系统的带宽应满足要求。通常其带宽在几赫兹以内,一般为 1~2 Hz。

4.3 自导引制导回路和制导误差

4.3.1 自导引制导回路

自导引的制导回路包括:导引头、控制系统、弹体和运动学环节。回路通过运动学环节闭合,如图 4-29。下面主要讨论运动学环节和导引头的数学描述。

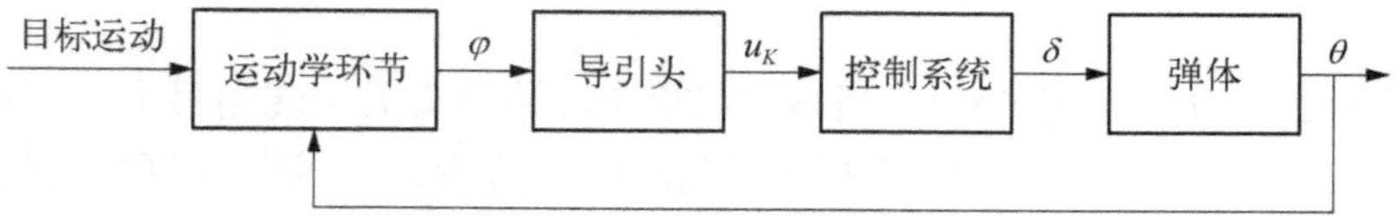

图 4-29 自导引制导回路的基本组成

考虑目前自导引的导弹最广泛应用的引导法为比例接近法，因此以比例接近引导的导弹为例来介绍制导回路。

研究自导引的制导回路，仍采用系数冻结法和小扰动线性化方法，但其准确度不如遥控制导。因为在引导中目标与导弹越来越近，r 的相对变化量和目标视线角速度 $\dot{\varphi}$ 越来越大，将系统中的时变系数"冻结"，显然会出现较大的误差。

1. 自导引时的运动学环节

相对运动方程为

$$\begin{aligned}\dot{r} &= V_M\cos(\varphi - \theta_M) - V_D\cos(\varphi - \theta_D)\\ r\dot{\varphi} &= -V_M\sin(\varphi - \theta_M) + V_D\sin(\varphi - \theta_D)\end{aligned} \tag{4-56}$$

如果 r、φ、θ_D、θ_M、V_D、V_M 均为时间的函数，对应的扰动量为 Δr、$\Delta\varphi$、$\Delta\theta_D$、$\Delta\theta_M$、ΔV_D、ΔV_M，为书写方便，无扰动量仍用 r、φ、θ_D、θ_M、V_D、V_M 表示。对方程(4－56)取增量后减去无扰动方程进行线性化，也可将式(4－56)展成泰勒级数，即把方程分别对各量求偏导数，略去二次以上的导数项办法来线性化。于是将式(4－56)第一式线性化后为

$$\begin{aligned}\Delta\dot{r} = &[V_D\sin(\varphi - \theta_D) - V_M\sin(\varphi - \theta_M)]\Delta\varphi - V_D\sin(\varphi - \theta_D)\Delta\theta_D\\ &+ V_M\sin(\varphi - \theta_M)\Delta\theta_M - \cos(\varphi - \theta_D)\Delta V_D + \cos(\varphi - \theta_M)\Delta V_M\end{aligned} \tag{4-57}$$

考虑式(4－56)第二式，得

$$\begin{aligned}\Delta\dot{r} = &r\dot{\varphi}\Delta\varphi - V_D\sin(\varphi - \theta_D)\Delta\theta_D + V_M\sin(\varphi - \theta_M)\Delta\theta_M\\ &- \cos(\varphi - \theta_D)\Delta V_D + \cos(\varphi - \theta_M)\Delta V_M\end{aligned} \tag{4-58}$$

假定 θ_M、V_M、V_D 不变，则把 $\Delta\theta_M$、ΔV_M、ΔV_D 作为干扰处理，于是式(4－58)线性化为

$$\Delta\dot{r} = r\dot{\varphi}\Delta\varphi - V_D\sin(\varphi - \theta_D)\Delta\theta_D \tag{4-59}$$

同样，方程(4－56)第二式线性化后为

$$r\Delta\dot{\varphi} + \dot{r}\Delta\varphi = -\dot{\varphi}\Delta r - V_D\cos(\varphi - \theta_D)\Delta\theta_D \tag{4-60}$$

从方程(4－60)解出 Δr，对时间微分得

$$\Delta\dot{r} = -\frac{1}{\dot{\varphi}}[r\Delta\ddot{\varphi} + r\Delta\dot{\varphi} + V_D\cos(\varphi - \theta_D)\Delta\dot{\theta}_D] \tag{4-61}$$

代入式(4－59)得

$$r\Delta\ddot{\varphi} + \dot{r}\Delta\dot{\varphi} + r\dot{\varphi}^2\Delta\varphi = -V_D\cos(\varphi - \theta_D)\Delta\dot{\theta}_D + V_D\sin(\varphi - \theta_D)\dot{\varphi}\Delta\theta_D \tag{4-62}$$

将系数冻结，在零初始条件下进行拉氏变换，得运动学环节的传递函数 $G_{\theta\varphi}(s)$ 为

$$G_{\theta\varphi}(s) = \frac{\Delta\varphi(s)}{\Delta\theta_D(s)} = \frac{-[V_D\cos(\varphi - \theta_D)s - V_D\sin(\varphi - \theta_D)\dot{\varphi}]}{rs^2 + \dot{r}s + r\dot{\varphi}^2} \tag{4-63}$$

或

$$G_{\theta\dot{\varphi}} = \frac{\Delta\dot{\varphi}(s)}{\Delta\theta_D(s)} = \frac{-[V_D\cos(\varphi-\theta_D)s - V_D\sin(\varphi-\theta_D)\dot{\varphi}]s}{rs^2+\dot{r}s+s\dot{\varphi}^2} \tag{4-64}$$

由于比例接近时 $\dot{\varphi}$ 不大(特别是 K 较大时),则 $G_{\theta\varphi}(s)$、$G_{\theta\dot{\varphi}}$ 可简化为

$$G_{\theta\varphi}(s) \approx \frac{-V_D\cos(\varphi-\theta_D)}{rs+\dot{r}} = \frac{K_{\theta\varphi}}{T_{\theta\varphi}s+1} \tag{4-65}$$

$$G_{\theta\dot{\varphi}}(s) \approx \frac{-V_D\cos(\varphi-\theta_D)s}{rs+\dot{r}} = \frac{K_{\theta\varphi}s}{T_{\theta\varphi}s+1} \tag{4-66}$$

上两式中:

$$\begin{aligned} K_{\theta\varphi} &= \frac{-V_D\cos(\varphi-\theta_D)}{\dot{r}} = \frac{V_D\cos(\varphi-\theta_D)}{|\dot{r}|} > 0 \\ T_{\theta\varphi} &= \frac{r}{\dot{r}} = -\frac{r}{|\dot{r}|} < 0 \end{aligned} \tag{4-67}$$

可见比例接近法引导时,运动学环节并不是一个稳定的一阶环节。当导弹接近目标时,r 很小,$|T_{\theta\varphi}|$ 减小,制导回路的相位滞后增大,最后将导致系统失稳。

2. 导引头的数学描述

由于导引头的观测器在导弹上安装方式的不同,对导引头的数学描述也不同。例如,对攻击固定目标或运动极慢的目标的导弹,其观测器直接固连在弹上,它只能测出目标视线角 φ 与姿态角 θ 的差值;激光制导的炸弹则把观测器固连在风标装置上,使导引头敏感轴与导弹速度矢量重合,测得目标视线角 φ 与导弹角(如弹道倾角)的差值;在观测器尺寸、质量较大时,则采用随动系统驱动观测器相对弹体转动,这种导引头测得的误差角除了与视线角和弹体姿态角变化有关外,还与导引头敏感轴相对弹体的转角有关;在观测器尺寸小、质量小时,可把它安装在稳定平台上,平台可以在空间稳定,也可以带有跟踪装置。下面只讨论目前广泛应用的两种形式即带随动系统的导引头(一般用于射程较远的导弹)和带稳定平台的导引头(用于射程较近的导弹)。

1)带随动系统的导引头

图 4-30 表示了典型的电动传动导引头天线随动系统的方块图。

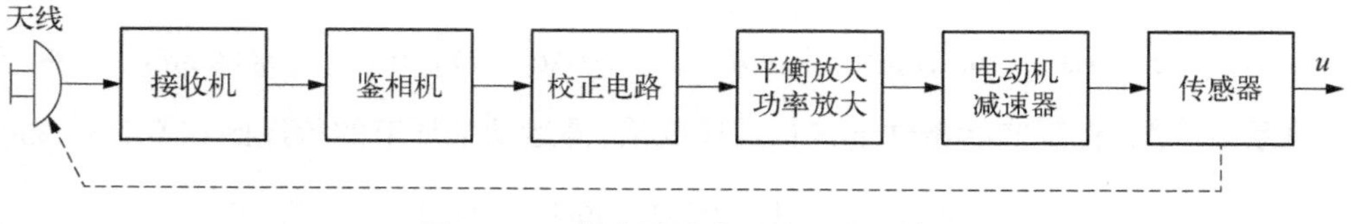

图 4-30　雷达导引头天线随动系统

工作时的几何关系如图 4－31。其中，Dx_1 为导弹纵轴方向；Dx 为导引头敏感轴的方向；φ_2 为导引头敏感轴与基准线的夹角；$\Delta\varphi$ 为导引头敏感轴相对弹体纵轴的转角；目标视线与导引头敏感方向的夹角为 ε。因此

$$\varepsilon = \varphi - \varphi_2 = \varphi - \vartheta - \Delta\varphi = \varphi_1 - \Delta\varphi \qquad (4-68)$$

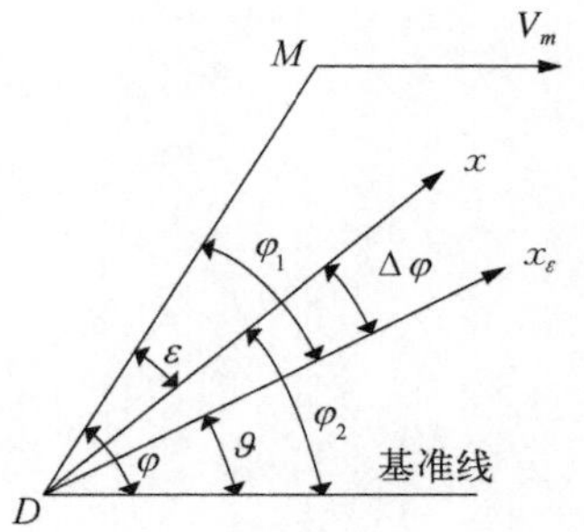

图 4－31　带随动系统导引头的几何关系

如果随动系统的开环传递函数记为 $G_1(s)$，传感器的传递函数为 $K_2 s$，则导引头随动系统的结构如图 4－32 所示。如开环传递函数 $G_1(s)$ 为

$$G_1(s) = \frac{K_1 M_1(s)}{sN_1(s)} \qquad (4-69)$$

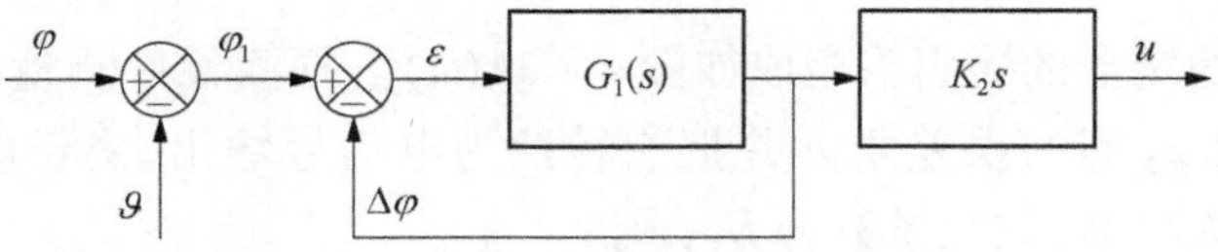

图 4－32　带天线随动系统导引头的结构图

则导引头以 φ_1 为输入、u 为输出的传递函数 $G_\varphi(s)$ 为

$$G_\varphi(s) = \frac{u(s)}{\varphi_1(s)} = \frac{K_1 K_2 s M_1(s)}{sN_1(s) + K_1 M_1(s)} \qquad (4-70)$$

若取 $M_1(s) = 1$，$N_1(s) = 1$ 这一简化情况，导引头输出信号为

$$u = \frac{Ks}{T_\varphi s + 1}(\varphi - \vartheta) \qquad (4-71)$$

式中，$T_\varphi = 1/K_1$。这说明在稳态情况下，导引头的输出信号与目标视线角速度 $\dot{\varphi}$ 和姿态角速度 $\dot{\vartheta}$ 之差成正比。采用这种导引头测目标视线角速度时，与姿态角速度耦合在一起了。这时通常把姿态角速度的耦合作为导引头的干扰来处理。目前一些地空、空空自导引导弹采用这种导引头。

2）带陀螺稳定器的导引头

典型的陀螺稳定器是三自由度定位陀螺式的稳定装置和跟踪装置，可在无弹体运动耦合情况下测出目标视线角速度，用于活动跟踪式导引头。这种陀螺装置的原理示意图如图 4－33。观测装置的探测元件（如天线）装在陀螺转子轴上，导引头的敏感轴在陀螺转子轴方向。目标在陀螺转子轴方向无偏差时，陀螺不进动。当目标在垂直方向出现向上偏差角 ε_y 时，观测器输出与偏差成正比的信号，一方面送到控制系统，另一方面送到外环力矩传感器上产生力矩 M_y 作为加在陀螺外环轴方向的外力矩，使陀螺转子产生进动角 ω_z，消除偏差角 ε_y。当目标在水平方向出现向右的偏差角时，则由内环力矩传感器产生作用在内环轴方向的外力矩 M_z，使陀螺出现进动角速度 ω_y，以消除水平方向角偏差。

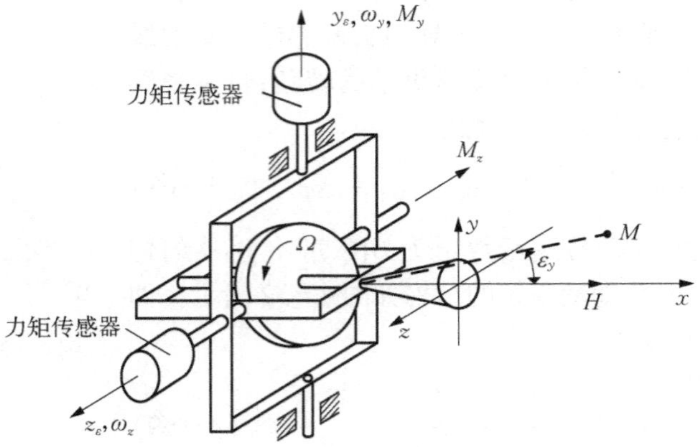

图 4-33　陀螺稳定与跟踪装置示意图

因此,带陀螺稳定器的导引头组成如图 4-34(a)。探测元件测量的是目标视线角 φ 与陀螺转子轴方向 φ_2 间的误差角 ε 并把它转换为电信号输出,由于电子器件的惯性很小,可把它看成放大环节,放大系数为 K_1, 则

$$u = K_1\varepsilon = K_1(\varphi - \varphi_2) \tag{4-72}$$

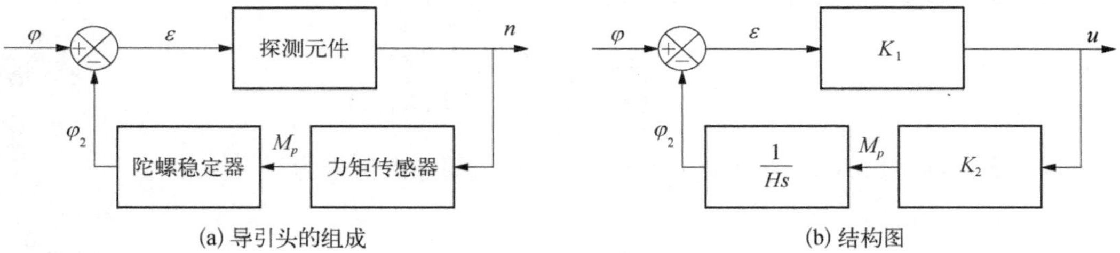

图 4-34　带陀螺稳定器的导引头方块图

进动线圈中的电流与 u 成正比,进动力矩平均值与电流成正比。则进动力矩平均值与电压 u 成正比,令放大系数为 K_2,则

$$M_p = K_2 u \tag{4-73}$$

在 M_p 的作用下陀螺便进动,进动角速度 $\dot{\varphi}_2$, 即

$$\dot{\varphi}_2 = \frac{M_p}{H} \tag{4-74}$$

进动角 φ_2 则为

$$\varphi_2 = \frac{1}{s}\frac{M_p}{H} \tag{4-75}$$

于是得导引头的结构图如图 4-34(b)所示。导引头的传递函数 $G_\varphi(s)$ 为

$$G_{\varphi}(s)=\frac{u(s)}{\varphi(s)}=\frac{K_{\varphi}s}{T_{\varphi}s+1} \tag{4-76}$$

式中，$K_{\varphi}=H/K_2$；$T_{\varphi}=H/K_1K_2$。当导引头的时间常数 T_{φ} 很小时，其输出信号 u 与目标视线角速度 $\dot{\varphi}$ 成比例，因而这种导引头能实现比例接近法导引。

3）导引头天线罩的象差

为保护导引头和使导弹获得好的气动特性，在导引头天线前方装有非金属的天线罩。由于天线罩材料的折射系数不为 1，导引头敏感轴将不在真实的目标视线方向，引起了测角误差 η。η 取决于弹体纵轴与真实视线间的夹角 $(\varphi-\vartheta)$，几何关系如图 4－35。真测角误差与 $(\varphi-\vartheta)$ 呈现函数关系，如图 4－35 所示。

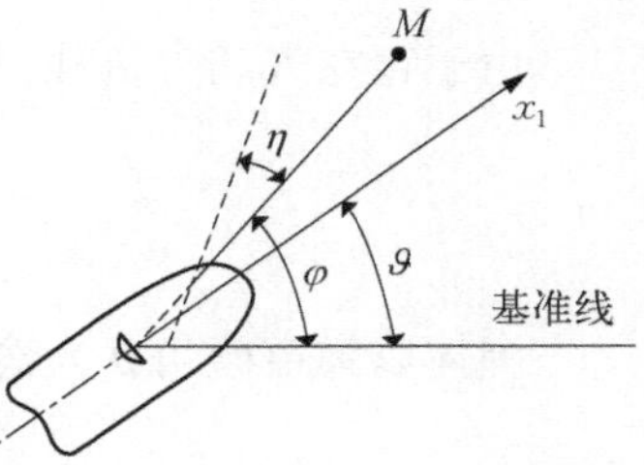

图 4－35　产生天线罩象差的几何关系 $\eta=f(\varphi-\vartheta)$

在 $(\varphi-\vartheta)$ 一定的范围内，可近似为

$$\eta=\eta_0+\gamma(\varphi-\vartheta) \tag{4-77}$$

其中，η_0 不一定为常数，γ 为对应 $(\varphi-\vartheta)$ 处的斜率。则导引头敏感轴指向的视线角为

$$\varphi'=\varphi+\eta=(1+\gamma)\varphi+\eta_0-\gamma\vartheta \tag{4-78}$$

可见，天线罩引起的测角误差 η 与弹体姿态角 ϑ 间有耦合；考虑象差时的输入为不考虑象差时的 $(1+\gamma)$ 倍数，制导回路中的引导系数 K 也变化 $(1+\gamma)$ 倍。当 γ 不大时，其影响也不大；η_0 虽可作为干扰输入。但 η_0 不是常数，导引头将响应其变化率，引起制导误差；γ 附加在弹体运动的耦合信号中，γ 为正时使弹体运动耦合负反馈增强；γ 为负值时，负反馈减弱，甚至变为正反馈，可能使反馈回路不稳定。

3. 自导引的制导回路

限于篇幅，只讨论按比例接近法引导时，带陀螺稳定器导引头的自导引的制导回路。

在前面已说明了按比例接近法的导引系统的简要组成，并指出如果控制系统中不用加速度计实现近似比例接近法的原理。图 4－36 则显示了一个导引过程中导弹速度和飞行高度变化不大的按近似比例接近法的自导引系统的组成。图中没有弹体和控制系统的回路，导引头输出的信号经功率放大后直接送给舵机操纵导弹飞行。

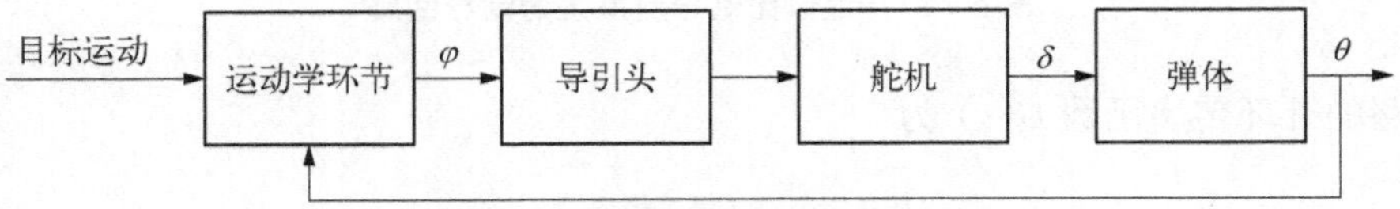

图 4－36　近似比例接近法导引系统的组成

运动学环节的传递函数可用系数冻结时的传递函数式表示，即

$$G_{\theta\varphi}(s)=\frac{K_{\theta\varphi}}{T_{\theta\varphi}s+1} \tag{4-79}$$

式中，

$$K_{\theta\varphi} = -\frac{V_d\cos(\varphi - \theta)}{\dot{r}}$$
$$T_{\theta\varphi} = \frac{r}{\dot{r}} \tag{4-80}$$

导引头的传递函数如式(4-76)所示,即

$$G_\varphi(s) = \frac{K_\varphi s}{T_\varphi s + 1} \tag{4-81}$$

由于存在气动力负载,舵机的传递函数可看成惯性环节,即

$$G_\delta(s) = \frac{K_\delta}{T_\delta s + 1} \tag{4-82}$$

弹体以弹道倾角 θ 为输出,不计偏转面偏转产生的力时,其传递函数如:

$$W_\delta^\theta(s) = \frac{K_d}{s(T_d^2 s^2 + 2\zeta_d T_d s + 1)} \tag{4-83}$$

设目标等速飞行,$V_M\cos(\varphi - \theta_m)$ 近似为常数,是目标速度 V_M 在视线上的投影值。如目标机动使 θ_m 改变时,可将它作干扰输入。考虑式(4-65)中 $V_D\cos(\varphi - \theta_m)$ 也是导弹速度 V_d 在视线上的投影值。将式(4-65)的 $V_D\cos(\varphi - \theta)$ 换为 $-V_M\cos(\varphi - \theta_m)$,可得目标运动学环节的传递函数 $G_{\theta m\varphi}(s)$:

$$G_{\theta m\varphi}(s) = -\frac{V_M\cos(\varphi - \theta_m)}{V_D\cos(\varphi - \theta)}G_{\theta\varphi}(s) \tag{4-84}$$

考虑上述传递函数后,则得近似比例接近法制导系统的制导回路如图 4-37 所示。

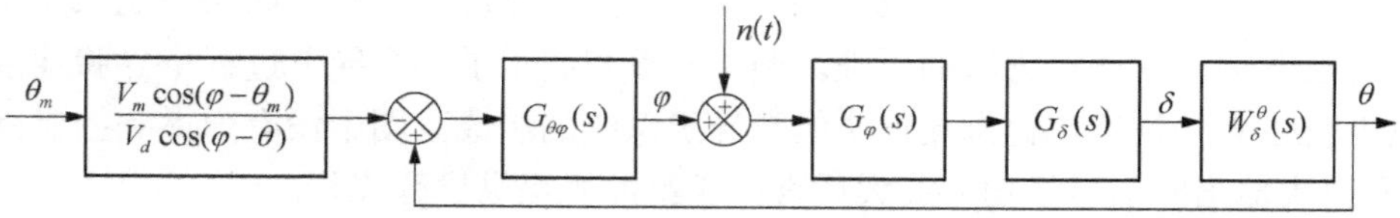

图 4-37 近似比例导引系统的制导回路

回路的开环传递函数 $G(s)$ 为

$$G(s) = \frac{K_0}{(T_{\theta\varphi}s + 1)(T_\varphi s + 1)(T_d s + 1)(T_d^2 s^2 + 2T_d\zeta_d s + 1)} \tag{4-85}$$

K_0 为回路的开环放大系数,即

$$K_0 = K_{\theta\varphi}K_\varphi K_\delta K_d = K_{\theta\varphi}K \tag{4-86}$$

K 为引导系数。如果导弹、目标的速度不变,取

$$\cos(\varphi - \theta) = \cos(\varphi - \theta_m) \approx 1$$

$$k = \frac{V_D}{V_M} = 2 \tag{4-87}$$

则运动学环节的 $K_{\theta\varphi} = 2$。回路的开环放大系数 $K_0 = 2K$。由于实际中 K 取 2~6,设 $2K=5$,则 $K_0 = 5$。开环幅频特性的交界频率将很小。当弹体的自然振荡频率 ω_d 较大,阻尼比 ζ_d 较小时,弹体绕质心的振荡不会对回路工作造成很大的影响。故不必改善弹体运动的阻尼性能。

4.3.2　雷达自导引系统的制导误差

自导引系统中,导弹与目标遭遇前总要失稳,导引头停止工作。因此用脱靶量来表示制导误差。脱靶量是导弹运动轨迹与目标运动轨迹间的瞬时最小距离。

在自导引系统中,雷达导引头(或红外导引头)都有一定的最小距离。这个距离称为引头的“死区”。它是由于脉冲宽度代表的距离与导弹、目标的距离差不多,或导引头角跟踪系统的跟踪速度达不到要求引起的。“死区”可达几百米甚至上千米。进入“死区”后,导引头和控制系统停止正常工作,导弹的运动由系统停止工作瞬间舵面所处的位置决定。舵停在中间位置,导弹便直线飞行;舵有偏转角时,导弹便沿曲线飞行。如系统失稳来得迟,导引头稍前停止工作,舵可能在中间位置;如导引头停止工作在失稳之后,由于急剧增大的 $\dot{\varphi}$,使舵可能转到最大位置,导弹以最大的横向加速度沿曲线飞行。下面仅以舵停在中间位置为例来说明自导引导弹的脱靶量。设目标等速 $\boldsymbol{V}_T$ 直线飞行,导弹的速度 $\boldsymbol{V}_m$ 不变。如图 4-38,在导弹与目标相对速度矢量 $\boldsymbol{V}_{md}$ 的垂直平面内的脱靶量 x,显然:

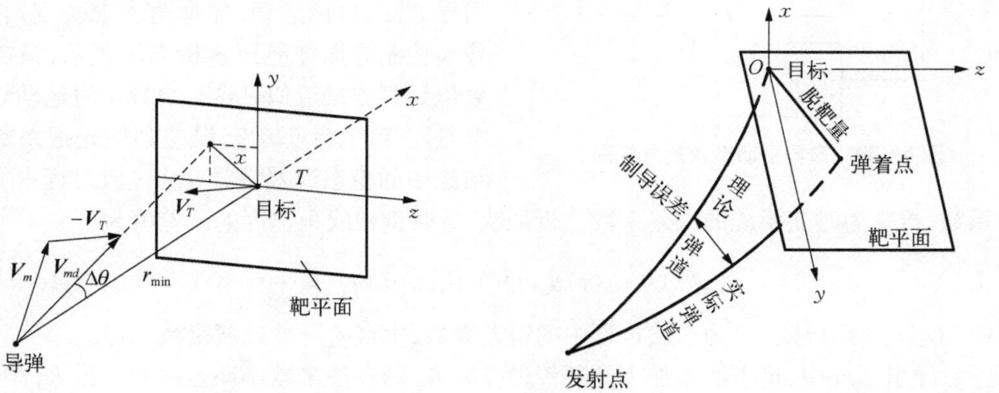

图 4-38　靶平面和脱靶的表示

$$x = r_{\min} \sin \Delta\theta \tag{4-88}$$

其中,$r_{\min}$ 为“死区”距离。如导引头停止工作时,目标视线角速度为 $\dot{\varphi}_p$:

$$\dot{\varphi}_p = \frac{\boldsymbol{V}_{md} \sin \Delta\theta}{r_{\min}} \tag{4-89}$$

消去 $\sin\Delta\theta$,则得

$$x = \frac{r_{\min}^2 \dot{\varphi}_p}{\boldsymbol{V}_{md}} \tag{4-90}$$

若 $\Delta\theta$ 不大,则

$$\dot{r} = -\boldsymbol{V}_{md}\cos\Delta\theta \approx -\boldsymbol{V}_{md} \tag{4-91}$$

因而脱靶量:

$$x = -\frac{r_{\min}^2}{\dot{r}}\dot{\varphi}_p \tag{4-92}$$

式(4-92)表明,计算自导引导弹的脱靶量,必须计算导引头停止工作时刻的 $\dot{\varphi}_p$、$r_{\min}$ 和 $\dot{r}$。分析自导引导弹的制导误差,系数冻结法已不适用。因为随导弹与目标的接近,运动学环节的系数随时间急剧变化,即 r 的相对变化量很大,必须用具有时变系数的非平稳运动环节来分析。而在自导引开始时,r 的相对变化量不大,是可以用系数冻结法来得到运动学环节传递函数的。

自导引系统的制导误差,分为动态误差,随机误差和仪器误差三类。

1. *动态误差*

自导引时一般存在视线角速度,导弹便有横向加速度,所以弹道是弯曲的,必存在动态误差。理论上可用图 4-39 来分析动态误差,图中 $G_{\vartheta\varphi}(s,\ t)$ 为运动学环节的时变传递函数,$G_{\varphi\theta}(s)$ 为系统的开环传递函数,输入 $\theta_d(t)$ 为理想弹道上的弹道角。$\theta_d(t)$ 虽可由引导方法、目标运动、导弹速度来决定,它不像遥控制导那样能用解析方法表示,只能由数值计算方法近似表达。自导引时运动学环节是时变的,计算动态误差必须先把系数冻结法中的稳态误差系数变为过渡过程中的误差系数,再变为时变系统的误差系数分析证明,每时刻视线角速度的误差值为

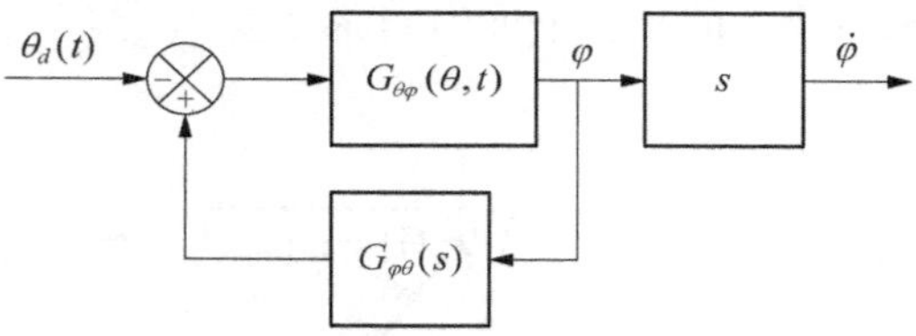

图 4-39　自导引动态误差分析图

$$\dot{\varphi}(t) = C_0(t)\theta_d(t) + C_1(t)\dot{\theta}_d(t) + \cdots \tag{4-93}$$

式中,$C_0(t)$、$C_1(t)$、$\cdots$ 为过渡过程中的误差系数,由误差脉冲过渡函数求得。

自导引系统中,也不能用加大开环传递系数 K_0 的办法来减小动态误差。因 K_0 增大,失稳要提前,如在导引头停止工作时刻前失稳,则导引头停止工作时 $\dot{\varphi}$ 加大,动态误差也加大。

2. *随机误差*

目标随机机动和各种随机干扰(目标信号起伏、地物杂波、大气湍流等)作用在制导回路上,引起的制导误差叫随机误差。在自导引系统中,随机制导误差主要由目标信号的角"闪烁"、导引头的角噪声引起的。由于制导系统的噪声频率较窄(一般小于 10 Hz),上述噪声可当成白噪声处理。雷达导引头的角噪声谱密度为

$$S_N(\omega) = 10^{-3} \sim 10^{-7} \text{ rad} \cdot \text{s} \tag{4-94}$$

其中,大值对应 10 km 距离的目标,小值对应 1 km 距离的目标。

远距离时,导引头角噪声占主要成分,且与斜距的平方成正比;近距离时,目标闪烁引起的随机误差占主要成分,且与斜距成反比。所以,严格说随机干扰是非平稳的,它随斜距变化。

估计自导引系统随机制导误差的系统结构如图 4-40。角噪声、闪烁噪声都引起视线的随机"摆动",故干扰 $\Delta\varphi_n(t)$ 在视线角处输入,$\theta_d(t)$ 为按引导法要求的弹道角。$G_{\varphi\theta}(s)$ 包括导引头传递函数、控制系统传递函数和弹体传递函数,$G_{\theta\varphi}(s,\ t)$ 是运动学环节的传递函数(时变的)。

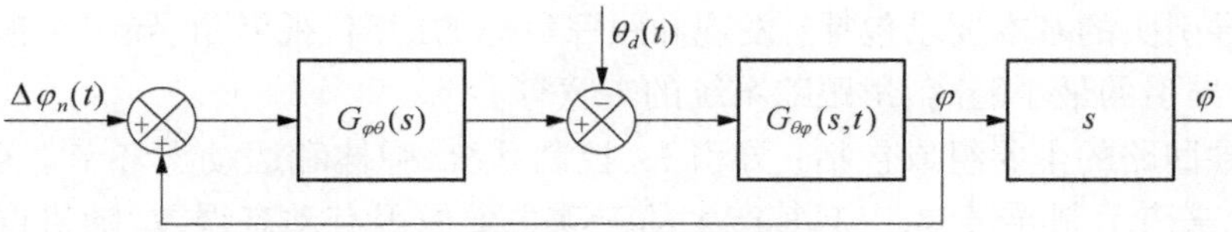

图 4-40　估计自导引系统随机误差的结构图

为简化分析,设输入角噪声谱密度为 $S(\omega)=N$,先求输入 $\Delta\varphi_n(t)$ 、输出 $\dot{\varphi}(t)$ 的脉冲过渡函数 $g_{n\dot{\varphi}}(t,\ \tau)$,则输出 $\dot{\varphi}$ 误差的均方值为

$$\sigma_{n\dot{\varphi}}(t) = N\int_0^t [g_{n\dot{\varphi}}(t,\ \tau)]^2 \mathrm{d}\tau \tag{4-95}$$

一般只求导引头停止工作时刻 t_p 的视线角速度误差的均方值。将脉冲过渡函数 $g_{n\dot{\varphi}}(t_p,\ \tau)$,代入式(4-95)便得 $\sigma_{n\dot{\varphi}}(t_p)$。

雷达自导引系统中,目标闪烁是随机误差的主要来源,分析和仿真均证明,闪烁引起脱靶量的均方值大于闪烁的均方值。

计算随机误差时系统闭环传递系数为 $K_0/(1+K_0)$,如 K_0 增大或有高的运动学增益,系统的阻尼又较低时,脱靶量都会增加。如系统带宽小于闪烁噪声带宽,可使脱靶量减小。

3. 仪器误差

自导引系统的仪器误差性质和仪器误差来源,与遥控制导系统相似,如测量设备的精度限制、设备老化与磨损、环境因素对传感器的影响等。计算仪器误差的简化结构如图 4-41。$K_{\varphi c}$ 为导引头和导引指令产生设备的传递系数;K_a 为弹上控制系统(自动驾驶仪)的传递系数;$G_{\varphi\theta}(s,\ t)$ 为有时变系数的运动学环节的传递函数,当斜距较远时用系数

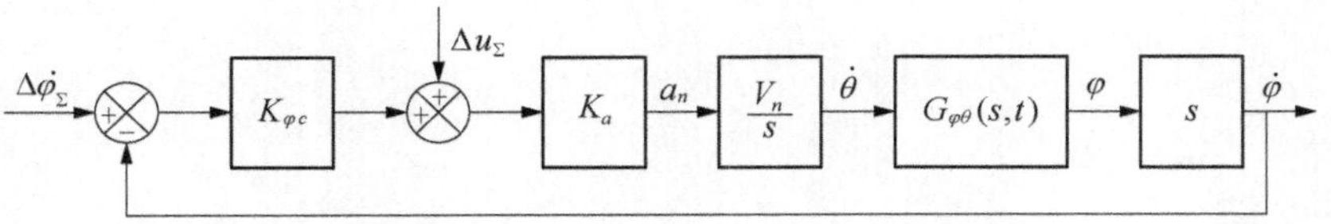

图 4-41　估计自导引系统仪器误差的简化结构图

冻结法计算,较近时应考虑时变系数的影响。$\Delta\dot{\varphi}_{\Sigma}$ 为导引头、指令产生设备的仪器误差的等效输入; Δu_{Σ} 为控制系统仪器误差的等效值。由于仪器误差变化缓慢,导引头、控制系统的传递函数都略去惯性项的影响。

4.4 本章要点

(1) 根据引导时导弹、目标的相对运动关系特征,可将自寻的制导主要分为四种引导方法:追踪法、固定前置角法、平行接近法和比例接近法。

(2) 雷达导引头的一般组成包括: 天线及其传动装置、发射机(主动式雷达导引头)、接收机、选择器、同步接收机(半主动式雷达导引头)、终端装置和其他一些补偿装置。

(3) 对导引头的基本要求包括: 发现和跟踪目标的距离、视界角、导引头框架的转动范围、中断自导引的最小距离、角跟踪系统的带宽等。

(4) 制导回路的主要组成包括: 导引头、控制系统、弹体和运动学环节。可通过"脱靶量"的概念来表示制导误差,引起其产生的三项主要原因有动态误差、随机误差和仪器误差。

4.5 思考题

(1) 阐述雷达导引头的分类和导引头的基本工作原理。

(2) 阐述雷达导引头的基本要求。

(3) 简要给出雷达导引头的传递函数。

(4) 简要分析导引制导回路。

第 5 章 遥控制导系统

由导弹以外的制导站向导弹发出引导信息的制导系统，称为遥控制导系统。本章将对遥控制导的弹道特性、遥控指令制导、波束制导及遥控制导回路和制导误差进行深入阐述。本章在编写过程中主要参考了文献[25-28]。

5.1 遥控制导导引规律和弹道

制导系统控制导弹运动所遵循的规律称为制导规律，也称为导引规律。制导规律就是导弹向目标飞行的过程中，导弹和目标之间应该满足的关系，这种关系可以用导弹和目标相对同一坐标的位置关系或运动学关系等方式来确定。这里所说的运动学关系，一般是指导弹、目标在同一坐标系中的位置关系或相对运动关系。

5.1.1 遥控制导的相对运动方程

相对运动方程是指描述导弹、目标、制导站之间相对运动关系的方程。建立相对运动方程是导引弹道运动学分析的基础。

遥控制导习惯上采用雷达坐标系 $Ox_Ry_Rz_R$，如图 5-1 所示，并定义如下：原点 O 与制导站位置 C 重合；Ox_R 轴指向跟踪物，包括目标和导弹；Oy_R 轴位于包含 Ox_R 轴的铅垂面内垂直于 Ox_R 轴，并指向上方；Oz_R 与 Ox_R 和 Oy_R 轴组成右手直角坐标系。

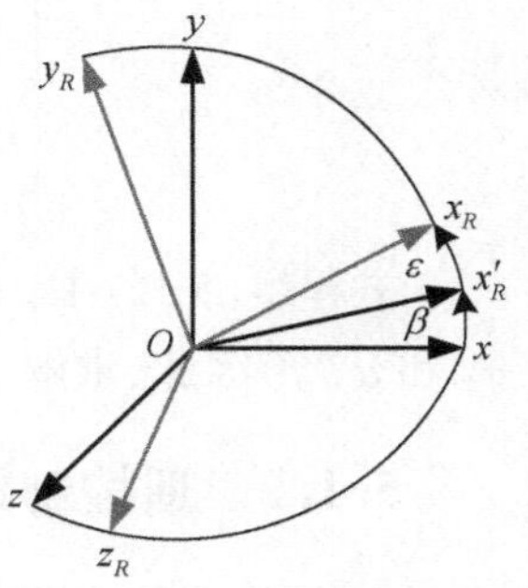

图 5-1 雷达坐标系

根据雷达坐标系 $Ox_Ry_Rz_R$ 和地面坐标系 $Oxyz$ 的定义，它们之间的关系由两个角度来确定：① ε 为高低角，Ox_R 轴与地平面 Oxz 之间的夹角，$0° \leqslant \varepsilon \leqslant 90°$。若跟踪物为目标，则称之为目标高低角，用 ε_T 表示，若跟踪物为导弹，则称之为导弹高低角，用 ε_M 表示。② β 为方位角，Ox_R 轴在地平面上的投影 Ox'_R 与地面坐标系 Ox 轴之间的夹角。若从 Ox 轴以逆时针转到 Ox'_R 上，则 β 为正。跟踪物为目标，则称之为目标方位角，以 β_T 表示，跟踪物为导弹，则称之为导弹方位角，以 β_M 表示。

跟踪物的坐标可以用(x_R, y_R, z_R)表示，也可以用(R, ε, β)表示，其中，R 表示坐标原点到跟踪物的距离，称为矢径。

遥控制导时，导弹和目标的运动参数均由制导站来测量。制导站可能是活动的(如空空导弹或空地导弹的制导站在载机上),也可能是固定不动的(如地空导弹的制导站通常是在地面固定不动的)。因此,研究遥控导引弹道时,既要考虑目标的运动特性,还要考虑制导站的运动状态对导弹运动的影响。在讨论遥控导引弹道特性时,把导弹、目标和制导站看成质点,且其运动状态是已知的时间函数,并认为导弹、制导站、目标始终处在某一攻击平面内运动。

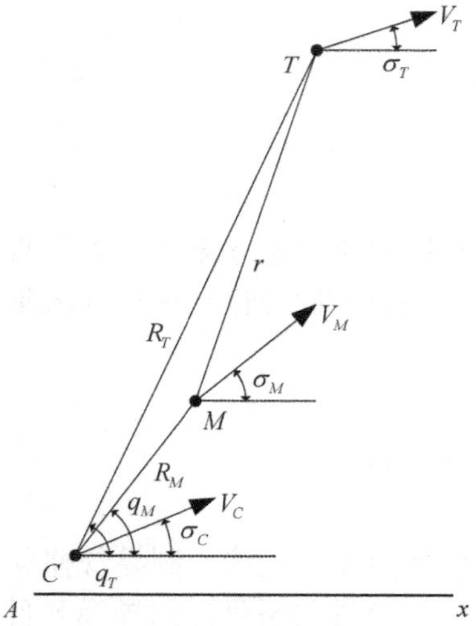

图 5-2　导弹、目标与制导站的相对位置

建立遥控式制导的相对运动方程组是通过导弹与制导站之间的相对运动关系及目标与制导站之间的相对运动关系来描述的。在某一时刻,制导站处在 C 点位置、导弹处在 M 点位置、目标处在 T 点位置,它们之间的相对运动关系如图 5-2 所示。

其中,R_T 为制导站与目标的相对距离;R_M 为制导站与导弹的相对距离;σ_T、σ_M、σ_C 为分别为目标、导弹、制导站的速度矢量与基准线之间的夹角;q_T、q_M 分别为制导站-目标连线与基准线、制导站-导弹连线与基准线之间的夹角。

根据图 5-2 所示的相对运动关系,将导弹、目标和制导站的速度矢量分别沿制导站-目标视线、制导站-导弹视线及它们的法线方向分解,得到遥控制导的相对运动方程组:

$$\begin{cases}\dfrac{\mathrm{d}R_M}{\mathrm{d}t}=V_M\cos(q_M-\sigma_M)-V_C\cos(q_M-\sigma_C)\\ R_M\dfrac{\mathrm{d}q_M}{\mathrm{d}t}=-V_M\sin(q_M-\sigma_M)+V_C\sin(q_M-\sigma_C)\\ \dfrac{\mathrm{d}R_T}{\mathrm{d}t}=V_T\cos(q_T-\sigma_T)-V_C\cos(q_T-\sigma_C)\\ R_T\dfrac{\mathrm{d}q_T}{\mathrm{d}t}=-V_T\sin(q_T-\sigma_T)+V_C\sin(q_T-\sigma_C)\end{cases} \tag{5-1}$$

方程组(5-1)中,V_M、V_T、V_C、σ_T、σ_C 为已知时间函数,未知数有 5 个:R_M、R_T、q_M、q_T 和 σ_M。因此,求解上述方程组还需要增加一个方程,即导引方程。

5.1.2　遥控制导的导引方程

为简化讨论,设导弹、目标只在铅垂平面内运动。如某瞬时导弹与目标分别位于 M 点和 T 点,如图 5-2,由 $\triangle CMT$ 可得、目标位置的几何关系:

$$\frac{r}{\sin(\varepsilon_T-\varepsilon_M)}=a_\varepsilon \tag{5-2}$$

式中,$\varepsilon_M=q_M$,$\varepsilon_T=q_T$;$r\approx r_T-r_M$,r 为目标、导弹的斜距差;a_ε 为铅垂平面(即高低角平

面）内，人为指定的引导方法系数，是时间的函数。

考虑观测跟踪设备对目标、导弹同时精确跟踪的视场范围不能太大，否则将减小导弹、目标运动的相关性。因此，一般取 $|\varepsilon_T - \varepsilon_M| < 5°$。于是式（5-2）近似为

$$\frac{r}{\varepsilon_T - \varepsilon_M} = a_\varepsilon \tag{5-3}$$

根据上述分析方法，可得方位角平面内导弹、目标运动的几何关系为

$$\frac{r}{\varepsilon_T - \varepsilon_M} = a_\beta \tag{5-4}$$

由式（5-3）、式（5-4）得

$$\begin{cases}\varepsilon_M = \varepsilon_T - A_\varepsilon r \\ \beta_M = \beta_T - A_\beta r\end{cases} \tag{5-5}$$

式中，ε_T、β_T 为跟踪装置测得的目标高低角、方位角；ε_M、β_M 为引导方法要求的导弹高低角、方位角；A_ε、A_β 为高低角平面、方位角平面由引导方法确定的系数，是时间的函数，$A_\varepsilon = 1/a_\varepsilon$、$A_\beta = 1/a_\beta$。

式（5-5）确定了每时刻导弹、目标角坐标间的关系，它称为遥控引导方程。因此，选定了引导系数 A_ε、A_β 后，方程组（5-1）可以求解，导弹每时刻的位置便可确定。

根据引导系数的不同，遥控制导时的引导方法可分为重合法（三点法）和前置点法。

5.1.3　三点法

使制导站、导弹、目标始终保持在一条直线上的引导方法，称为重合法，也叫视线法或三点法。

1. 引导方程

由重合法的含义可见，令式（5-5）中的 $A_\varepsilon = A_\beta = 0$，则得三点法引导方程：

$$\begin{cases}\varepsilon_M = \varepsilon_T \\ \beta_M = \beta_T\end{cases} \tag{5-6}$$

2. 理想弹道

用作图法可得三点法时导弹的理想弹道。设目标在铅垂平面内等速水平直线飞行，制导站在 O 点，当目标位于 T_0 时发射导弹，此后导弹以速度 V_M 等速飞行。在目标航迹上以 Δt 间隔飞行的路程依次截取 T_1、T_2、… 点。从 O 分别向 T_1、T_2、… 连线。先以 $V_M\Delta t$ 为半径，O 为圆心做弧，交 OT_1 于 M_1。然后以 M_1 为圆心，以 $V_M\Delta t$ 为半径做弧，交 OT_2 于 M_2。依次做下去，可得 M_3、M_4、…。将 O、M_1、M_2、… 用平滑的曲线联结起来，该曲线便是重合法引导时导弹的理想弹道，如图 5-3（a）。

当目标机动飞行时，如图 5-3（b），用上述同样的方法，可得重合法引导时导弹的理想弹道，比图 5-3（a）更弯曲。

当目标静止时，用重合法引导时导弹的理想弹道为一直线。

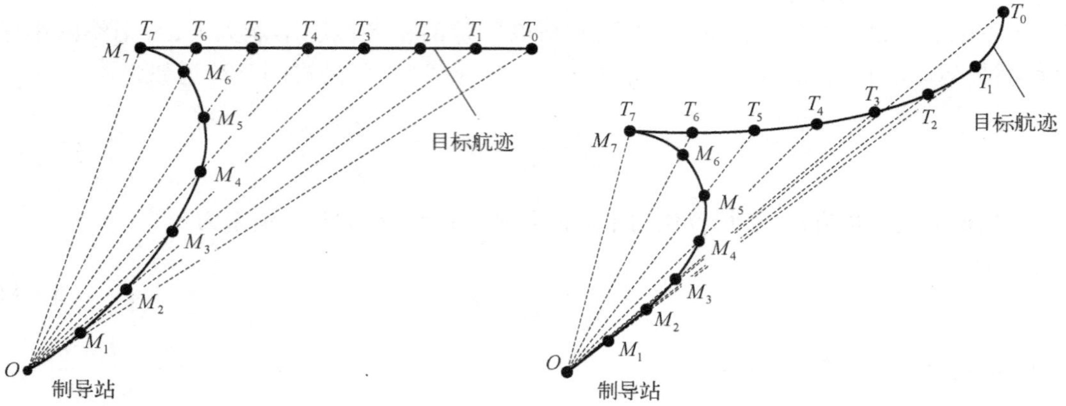

(a) 目标等速水平直线飞行时　　(b) 目标机动飞行时

图 5－3　重合法引导时导弹的理想弹道(ε 平面)

3. 横向加速度

考虑多数遥控式导弹都采用直角坐标系控制方法,因此,一般在雷达坐标系内研究导弹的横向加速度。

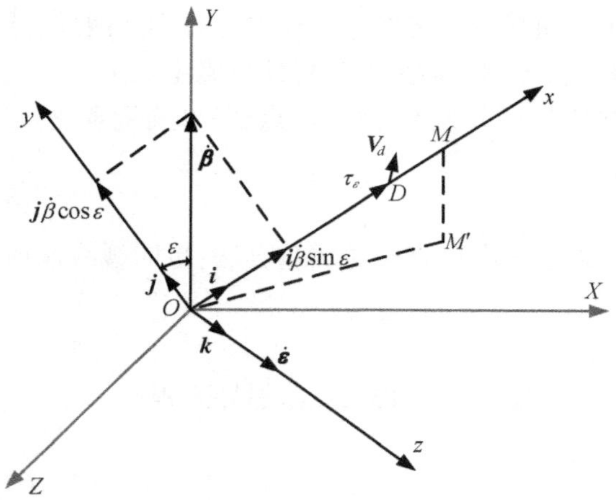

图 5－4　导弹、目标与制导站的相对位置

如图 5－4,设某时刻导弹位于 M 点,其矢径为 $\boldsymbol{R}_M$,速度矢量为 $\boldsymbol{V}_M$。观测器测得目标(导弹)的方位角速度矢量 $\dot{\boldsymbol{\beta}}$ 沿 OY 轴方向,目标(导弹)的高低角速度矢量 $\dot{\boldsymbol{\varepsilon}}$ 沿 Oz 轴方向。

令坐标轴上的单位矢量分别为 $\boldsymbol{i}$、$\boldsymbol{j}$、$\boldsymbol{k}$,则目标(导弹)的角速度矢量 $\boldsymbol{\omega}$ 为

$$\boldsymbol{\omega} = \boldsymbol{i}\dot{\beta}\sin\varepsilon + \boldsymbol{j}\dot{\beta}\cos\varepsilon + \boldsymbol{k}\dot{\varepsilon} \tag{5-7}$$

导弹的速度矢量 $\boldsymbol{V}_M$ 为

$$\boldsymbol{V}_M = \dot{\boldsymbol{R}}_M = \dot{R}_M\boldsymbol{i} + R_M\dot{\boldsymbol{i}} \tag{5-8}$$

由于

$$\dot{\boldsymbol{i}} = \begin{vmatrix} \boldsymbol{i} & \boldsymbol{j} & \boldsymbol{k} \\ \dot{\beta}\sin\varepsilon & \dot{\beta}\cos\varepsilon & \dot{\varepsilon} \\ 1 & 0 & 0 \end{vmatrix} = \boldsymbol{j}\dot{\varepsilon} - \boldsymbol{k}\dot{\beta}\cos\varepsilon \tag{5-9}$$

导弹的加速度矢量 $\boldsymbol{a}_M$ 为

$$\begin{aligned} \boldsymbol{a}_M &= \dot{\boldsymbol{V}}_M \\ &= \ddot{R}_M\boldsymbol{i} + (2\dot{R}_M\dot{\varepsilon} + R_M\ddot{\varepsilon})\boldsymbol{j} - (2\dot{R}_M\dot{\beta}\cos\varepsilon + R_M\ddot{\beta}\cos\varepsilon - R_M\dot{\varepsilon}\dot{\beta}\sin\varepsilon)\boldsymbol{k} \\ &\quad + R_M\dot{\varepsilon}\dot{\boldsymbol{j}} - R_M\dot{\beta}\cos\varepsilon\dot{\boldsymbol{k}} \end{aligned} \tag{5-10}$$

仿照式(5-9),得

$$\begin{aligned}\dot{\boldsymbol{j}} &= \dot{\beta}\sin\varepsilon\boldsymbol{k} - \dot{\varepsilon}\boldsymbol{i}\\ \dot{\boldsymbol{k}} &= \dot{\beta}\cos\varepsilon\boldsymbol{i} - \dot{\beta}\sin\varepsilon\boldsymbol{j}\end{aligned} \tag{5-11}$$

则 $\boldsymbol{a}_M$ 在雷达坐标系中的表示式为

$$\begin{aligned}\boldsymbol{a}_M = &(\ddot{R}_M - R_M\dot{\varepsilon}^2 - R_M\dot{\beta}^2\cos^2\varepsilon)\boldsymbol{i}\\ &+ (2\dot{R}_M\dot{\varepsilon} + R_M\ddot{\varepsilon} + R_M\dot{\beta}^2\cos\varepsilon\sin\varepsilon)\boldsymbol{j}\\ &- (2\dot{R}_M\dot{\beta}\cos\varepsilon + R_M\ddot{\beta}\cos\varepsilon - 2R_M\dot{\varepsilon}\dot{\beta}\sin\varepsilon)\boldsymbol{k}\end{aligned} \tag{5-12}$$

设导弹切向加速度为 $\boldsymbol{a}_\tau$，则

$$\begin{aligned}\boldsymbol{a}_\tau &= \dot{V}_M\frac{\boldsymbol{V}_M}{V_M}\\ &= \frac{\dot{V}_M}{V_M}\dot{\boldsymbol{R}}_M\\ &= \frac{\dot{V}_M}{V_M}(\dot{R}_M\boldsymbol{i} + R_M\dot{\boldsymbol{i}})\\ &= \frac{\dot{V}_M}{V_M}(\dot{R}_M\boldsymbol{i} + R_M\dot{\varepsilon}\boldsymbol{j} - R_M\dot{\beta}\cos\varepsilon\boldsymbol{k})\end{aligned} \tag{5-13}$$

设导弹的横向加速度为 $\boldsymbol{a}_n$，则

$$\begin{aligned}\boldsymbol{a}_n &= \boldsymbol{a}_M - \boldsymbol{a}_\tau\\ &= \left(-\frac{\dot{V}_M}{V_M}\dot{R}_M + \ddot{R}_M - R_M\dot{\varepsilon}^2 - R_M\dot{\beta}^2\cos^2\varepsilon\right)\boldsymbol{i}\\ &\quad + \left(-\frac{\dot{V}_M}{V_M}R_M\dot{\varepsilon} + 2\dot{R}_M\dot{\varepsilon} + R_M\ddot{\varepsilon} + R_M\dot{\beta}^2\cos\varepsilon\sin\varepsilon\right)\boldsymbol{j}\\ &\quad - \left[\left(2\dot{R}_M - \frac{\dot{V}_M}{V_M}R_M\right)\dot{\beta}\cos\varepsilon + R_M\ddot{\beta}\cos\varepsilon - 2R_M\dot{\varepsilon}\dot{\beta}\sin\varepsilon\right]\boldsymbol{k}\end{aligned} \tag{5-14}$$

可见，$\boldsymbol{a}_n$ 在雷达坐标系 Oy_R、Oz_R 轴上的分量 a_{ny}、a_{nz} 分别为

$$\begin{cases}a_{ny} = \dfrac{\dot{V}_M}{V_M}R_M\dot{\varepsilon} + 2\dot{R}_M\dot{\varepsilon} + R_M\ddot{\varepsilon} + R_M\dot{\beta}^2\cos\varepsilon\sin\varepsilon\\ a_{nz} = -\left(2\dot{R}_M - \dfrac{\dot{V}_M}{V_M}R_M\right)\dot{\beta}\cos\varepsilon - R_M\ddot{\beta}\cos\varepsilon + 2R_M\dot{\varepsilon}\dot{\beta}\sin\varepsilon\end{cases} \tag{5-15}$$

式中，$\dot{R}_M$、$\ddot{R}_M$、ε、$\dot{\varepsilon}$、$\ddot{\varepsilon}$、$\dot{\beta}$、$\ddot{\beta}$ 可由观测器测得，V_M、$\dot{V}_M$ 可由导弹的射击统计资料得到。如果目标速度较低，则 $\ddot{\varepsilon}$、$\ddot{\beta}$、$\dot{\beta}^2$、$\dot{\varepsilon}\dot{\beta}$ 均很小，式(5-15)可近似为

$$\begin{cases} a_{ny} \approx \left(2\dot{R}_M - \dfrac{\dot{V}_M}{V_M}R_M\right)\dot{\varepsilon} \\ a_{nz} \approx -\left(2\dot{R}_M - \dfrac{\dot{V}_M}{V_M}R_M\right)\dot{\beta}\cos\varepsilon \end{cases} \tag{5-16}$$

从式(5－16)中可看出：① 用三点法射击等速直线水平飞行的目标时，导弹越接近目标，需用的横向加速度越大，理想弹道越弯曲。因为目标的角速度逐渐增大的缘故；② 用三点法迎面射击目标时，如目标的速度 V_T、航路捷径 P 一定，在目标距控制站越远时发射导弹，则理想弹道越平直，导弹需用的横向加速度越小。因为此时 $\dot{\varepsilon}$、$\dot{\beta}\cos\varepsilon$ 较小；③ 用三点法射击目标时，目标航路捷径 P、高度 H 一定时，目标速度越大，导弹需用的横向加速度越大。因为目标速度增大，则角速度随之增大。

4. 三点法的应用

三点法导引最显著的优点是技术实施简单，抗干扰性能好。由引导方程(5－6)可知，重合法引导时，制导设备只需测目标、导弹的角位置。所以，许多遥控制导的近、中程导弹，广泛采用重合法，如“RBS－70”、“长剑”(Rapier)、“响尾蛇”(Crotale)、“罗兰特”(Roland)、“SA－2”等地空导弹。对射击低速目标；射击从高空向低空滑行或俯冲的目标；被射击的目标释放干扰，导弹制导站不能测量到目标距离信息时；制导雷达波束宽度或扫描范围很窄时，在这些范围内应用三点法不仅简单易行，而且其性能往往优于其他一些制导规律。它是地-空导弹使用较多的导引方法之一。

但是，三点法导引也存在明显的缺点。弹道较弯曲，迎击目标时，越是接近目标，弹道就越弯曲，需用法向过载就越大，命中点的需用法向过载达到最大。这对攻击高空和高速目标很不利。因为随着高度增加，空气密度迅速减小，由空气动力所提供的法向力也大大下降，使导弹的可用法向过载减小。又由于目标速度大，导弹的需用法向过载也相应增大。这样，在接近目标时，可能出现导弹的可用法向过载小于需用法向过载，导致导弹脱靶。

一些制导系统在使用重合法时，采取了一些修正措施：当制导系统采用光学或电视观测器时，为避免导弹“盖住”目标，在高低角方向有意使导弹向上偏开目标线，此时，称为修正的重合法(或修正的视线法)。

有些拦截低空目标的地空导弹，如完全按重合法引导时，导弹飞行的初始段可能因高度太低，有触地(海)面的危险。为此，采用小高度重合法，即在引导的初始段，将导弹抬高到目标视线以上，而后，导弹高度逐渐降低。导弹高度按下式变化：

$$H = h_0 e^{-t/\tau} \tag{5-17}$$

式中，h_0—初始抬高高度；τ —时间常数。所以，在距控制站较远时，导弹才按重合法飞向目标。

5. 仿真算例

导弹和制导站初始坐标为(10 km, 10 km)，目标初始坐标为(60 km, 80 km)；假设导弹的速度始终保持不变，为 1.5 km/s，目标的运动为匀速直线运动，速度为 1 km/s，击中目标为导弹与目标之间的相对距离等于零。

仿真可得如图 5－5 所示的导弹追击目标的轨迹。在图 5－5 中，蓝色线表示的是目标的运动轨迹，红色线表示的是导弹的运动轨迹。由等间隔时刻导弹与目标的连线可以看出，制导站、导弹、目标始终保持在一条直线上；导弹越接近目标，弹道越弯曲，需用法向过载就越大，因此在三点法引导时，必须考虑导弹的可用过载。

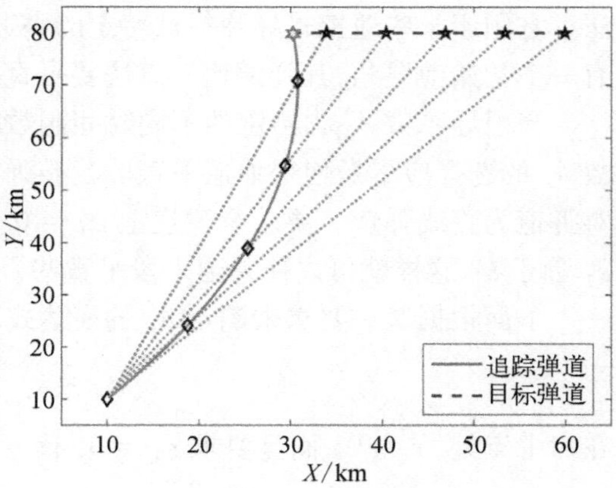

图 5－5　三点法仿真图

5.1.4　前置点法

由追踪法和平行接近法的分析比较中可以看出：平行接近法中导弹速度矢量不指向目标，而是沿着目标飞行方向超前目标瞄准线一个角度，就可以使得平行接近法比追踪法的弹道平直。同理，遥控制导导弹也可以采用某一个前置量，使得弹道平直些。

前置点法，也称作前置量法或矫直法或角度法，就是指导弹在整个导引过程中，导弹－制导站连线始终超前于目标－制导站连线，而这两条连线之间的夹角是按某种规律变化的。

1. 引导方程

采用雷达坐标系建立导引关系方程。按前置点法导引，导弹的高低角 ε_M 和方位角 β_M 应分别超前目标的高低角 ε_T 和方位角 β_T 一个角度，如图 5－6，超前的角度 ε_L、β_L，叫前置角。

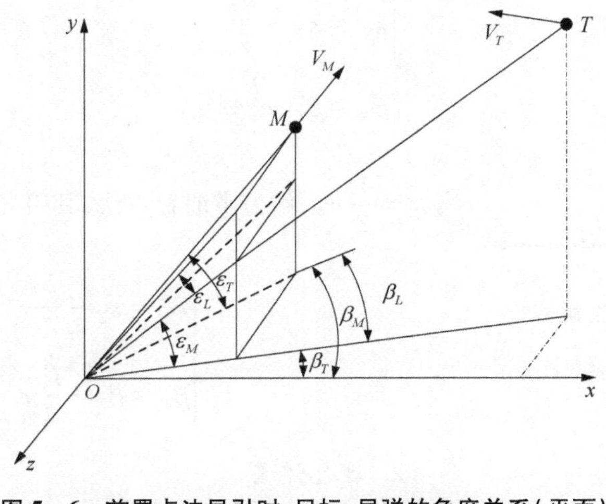

图 5－6　前置点法导引时，目标、导弹的角度关系（平面）

下面研究攻击平面为铅垂平面的情况。根据前置点法导引的定义有

$$\varepsilon_M = \varepsilon_T - A_\varepsilon r \tag{5-18}$$

当引导系数 A_ε 为常数，但不为零时，由式（5－18）决定的引导方法叫常系数前置点

法。它用于某些遥控式导弹拦截特定的高速目标情况。因为适当地选择系数 A_ε，使导弹有一个初始前置角，其弹道比三点法要平直。

当引导系数 A_ε 为给定的不同时间函数时，可得到所谓全前置点法和半前置点法。函数 A_ε 的选择应尽量使得弹道平直。若导弹高低角随时间的变化率 $\dot{\varepsilon}_M$ 为零，则导弹的绝对弹道为直线弹道。要求全弹道上 $\dot{\varepsilon}_M = 0$ 是不现实的，一般只能要求导弹在接近目标时 $\dot{\varepsilon}_T$ 趋于零，这样就可以使弹道末段平直些。所以，这种导引方法又称为矫直法。

下面根据这一要求来确定 A_ε 的表达式。将式(5-18)对时间求一阶导数得

$$\dot{\varepsilon}_M = \dot{\varepsilon}_T - \dot{A}_\varepsilon r - A_\varepsilon \dot{r} \tag{5-19}$$

在命中点处，$r \to 0$，而且要求 $\dot{\varepsilon}_M = 0$，代入上式得

$$A_\varepsilon = \frac{\dot{\varepsilon}_T}{\dot{r}} \tag{5-20}$$

为应用方便，将式(5-20)右边乘以系数 k，且令 $0 < k \leqslant 1$。则式(5-18)变为

$$\varepsilon_M = \varepsilon_T - k\frac{\dot{\varepsilon}_T}{\dot{r}}r \tag{5-21}$$

同样可以得到 β 平面的导引方程

$$\beta_M = \beta_T - k\frac{\dot{\beta}_T}{\dot{r}}r \tag{5-22}$$

当 $k = 1$ 时，称为全前置点法，其引导方程：

$$\begin{cases} \varepsilon_M = \varepsilon_T - \dfrac{\dot{\varepsilon}_T}{\dot{r}}r \\ \beta_M = \beta_T - \dfrac{\dot{\beta}_T}{\dot{r}}r \end{cases} \tag{5-23}$$

当 $k = \dfrac{1}{2}$ 时，称为半前置点法，其引导方程：

$$\begin{cases} \varepsilon_M = \varepsilon_T - \dfrac{\dot{\varepsilon}_T}{2\dot{r}}r \\ \beta_M = \beta_T - \dfrac{\dot{\beta}_T}{2\dot{r}}r \end{cases} \tag{5-24}$$

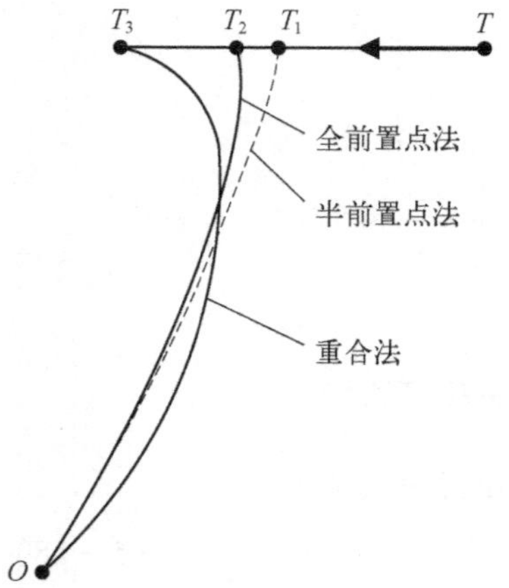

图 5-7 前置点法、三点法理想弹道

2. 理想弹道

前置点法时导弹理想弹道的作图方法与三点法时相似，但复杂些。需要由式(5-24)计算要求每时刻导弹的前置角。作图表明，前置点法时导弹的理想弹道比重合法时平直，导弹飞行时间也短，如图 5-7 所示。

3. 横向加速度

令 $r \to 0$, 由式(5-21)和式(5-22),可得采用前置点法时,在遭遇点处导弹的角速度和角加速度:

$$\begin{cases} \dot{\varepsilon}_M = (1-k)\dot{\varepsilon}_T \\ \dot{\beta}_M = (1-k)\dot{\beta}_T \end{cases} \tag{5-25}$$

$$\begin{cases} \ddot{\varepsilon}_M = (1-2k)\ddot{\varepsilon}_T + k\dfrac{\ddot{r}}{\dot{r}}\dot{\varepsilon}_T \\ \ddot{\beta}_M = (1-2k)\ddot{\beta}_T + k\dfrac{\ddot{r}}{\dot{r}}\dot{\beta}_T \end{cases} \tag{5-26}$$

全前置点法时, $k=1$。将式(5-26)代入式(5-15),则得全前置点法引导时,导弹的横向加速度:

$$\begin{cases} a_{ny} = R_M\left(\dfrac{\ddot{r}}{\dot{r}}\dot{\varepsilon}_T - \ddot{\varepsilon}_T\right) \\ a_{nz} = -R_M\left(\dfrac{\ddot{r}}{\dot{r}}\dot{\beta}_T - \ddot{\beta}_T\right)\cos\varepsilon_T \end{cases} \tag{5-27}$$

可见,用全前置点法拦截等速水平直线运动的目标时,在遭遇区导弹的横向加速度主要由目标的角速度、角加速度及导弹、目标的接近速度、接近加速度决定,与导弹的速度、加速度无关。特别是目标速度较低时, $\ddot{\varepsilon}_T$、$\ddot{\beta}_T$、$\ddot{r}_T$ 均很小,可认为导弹在遭遇段所需的横向加速度 $a_{ny}=0$。

半前置点法时, $k=0.5$, 遭遇段导弹的横向加速度为

$$\begin{cases} a_{ny} = 0.5\left(2\dot{R}_M - \dfrac{\dot{V}_M}{V_M}\right)\dot{\varepsilon}_T + R_M\left(0.5\dfrac{\ddot{r}}{\dot{r}}\dot{\varepsilon}_T + 0.25\dot{\beta}_T^2\cos\varepsilon_T\sin\varepsilon_T\right) \\ a_{nz} = 0.5\left(\dfrac{\dot{V}_M}{V}R_M - 2\dot{R}_M\right)\dot{\beta}_T\cos\varepsilon_T + 0.5R_M\left(\dot{\varepsilon}_T\dot{\beta}_T\sin\varepsilon_T - \dfrac{\ddot{r}}{\dot{r}}\dot{\beta}_T\sin\varepsilon_T\right) \end{cases} \tag{5-28}$$

当目标速度较低时, $\ddot{r}$、$\dot{\beta}_T^2$、$\dot{\varepsilon}_T\dot{\beta}_T$ 很小,上式变为

$$\begin{cases} a_{ny} = 0.5\left(2\dot{R}_M - \dfrac{\dot{V}_M}{V_M}\right)\dot{\varepsilon}_T \\ a_{nz} = 0.5\left(\dfrac{\dot{V}_M}{V_M}R_M - 2\dot{R}_M\right)\dot{\beta}_M\cos\varepsilon_T \end{cases} \tag{5-29}$$

可见,用半前置点法拦截等速水平直线运动的目标时,在遭遇区导弹的横向加速度比全前置点法稍大,但与目标的角加速度 $\ddot{\varepsilon}_T$、$\ddot{\beta}_T$ 无关。所以,半前置点法对拦截机动目标有利。比较式(5-16)与式(5-29)可见,半前置点法时导弹的横向加速度是三点法时的二分之一。所以,射击速度较大的目标时,一般用半前置点法。

4. 前置点法的应用

由于采用半前置点法时导弹的横向加速度比三点法时小,对目标的角加速度不敏感。所以,在中程遥控导弹中得到较多的应用,如“奈基”(Nike-Hercules)、“SA-2”等地空导弹。

用半前置点法时，导弹对目标视线应提前一个前置角。一方面要求制导设备必须有形成前置角的装置；另一方面要求观测跟踪设备的观测视场比重合法时大。因而，制导设备复杂。由于形成前置角时，要有目标的距离信息，使制导设备的抗干扰能力变差。实现前置量法导引是用双波束制导，其中一根波束用于跟踪目标，测量目标位置；另一根波束用于跟踪和控制导弹，测量导弹的位置。

5. 仿真算例

导弹和制导站初始坐标为(10 km, 10 km)，目标初始坐标为(60 km, 80 km)；假设导弹的速度始终保持不变，为 1.5 km/s，目标的运动为匀速直线运动，速度为 1 km/s，击中目标为导弹与目标之间的相对距离等于零。

仿真可得到如图 5－8 及图 5－9 所示的导弹追击目标的轨迹。在图中，虚线表示的是目标的运动轨迹，点线表示的是导弹的运动轨迹。由图分析可见，当系数 k 取 1/2，即使用半前置点法，相比于系数 k 取 1，采用全前置点法，生成的弹道弯曲程度更大。

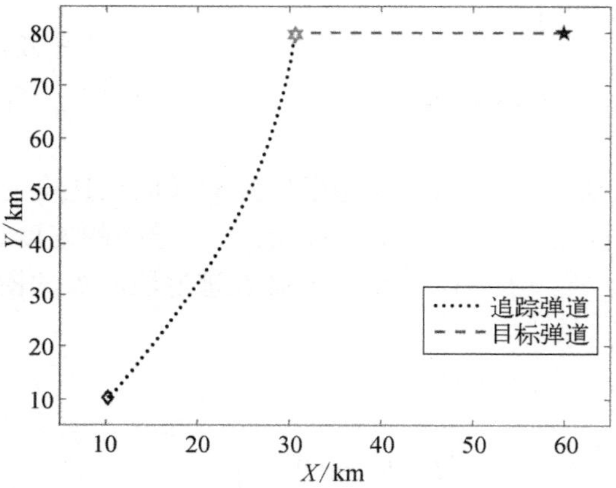

图 5－8　半前置点法仿真图

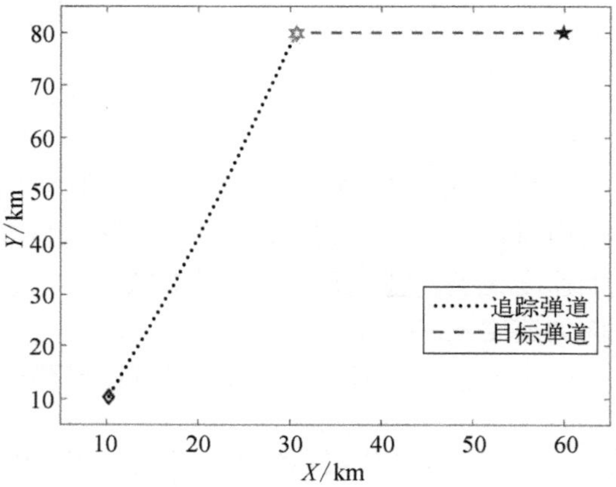

图 5－9　全前置点法仿真图

5.1.5 遥控制导弹道

遥控导弹的实际弹道，一般是在理想弹道的周围做衰减摆动，如图 5－10。按弹道特征，可分为射入段 OA，引入段 AB 和引导段 BT 三段。

1. 射入段

射入段是导弹刚发射后的非控飞行段。对气动控制的导弹，刚发射后导弹速度低，气动控制无效。特别是有助推器的导弹，助推器脱落后才能接收引导指令。因此，射入段是必须的。此段时间一般为 0.2～15 s。射入段结束，导弹位置相对理想弹道有一个随机散布。A 点与理想弹道的距离 h_0，称为起始误差。

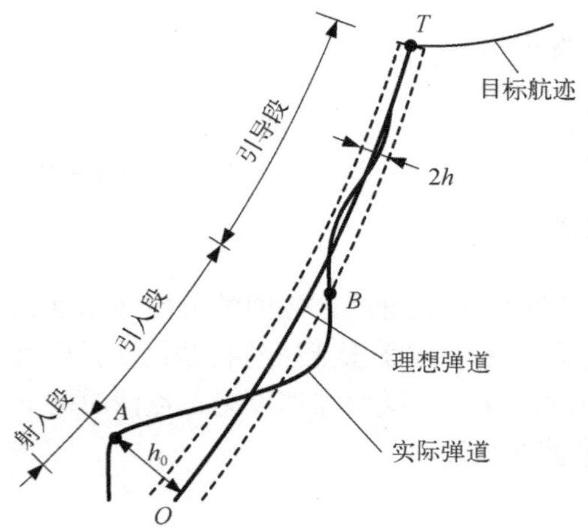

图 5－10　遥控导弹的弹道(气动控制，h—允许误差)

2. 引入段

引入段指射入段终了，导弹开始接收引导指令，到导弹的摆动不再超出允许误差规定的空间范围起点的一段弹道。在此段，制导回路存在明显的过渡过程，导弹开始摆动较大，后来较小。引入段的时间一般为 0.3~6 s，导弹摆动的次数一般少于 1.5 次。近程导弹细而短，引入段时间短；中、远程导弹笨重，引入段时间较长。

3. 引导段

引导段是指引入段终了至与目标遭遇时的一段弹道。此段导弹飞行平稳，制导回路没有明显的过渡过程，导弹与理想弹道的距离不再超出允许的误差要求。

射入段、引入段时间，决定了导弹拦截目标的最小距离，通常希望这段时间越短越好。

5.2　遥控指令制导

遥控指令制导是指从控制站向导弹发出引导指令，把导弹引向目标的一种遥控制导技术。其制导设备通常包括制导站和弹上设备两大部分。制导站一般包括：目标、导弹观测跟踪装置，指令形成装置，指令发射装置等。弹上设备一般有指令接收装置和弹上控制系统（自动驾驶仪）。

5.2.1　遥控指令制导的类型

根据指令传输（指令信道，也叫引导信道）形式的不同，遥控指令制导可分为有线指令制导和无线电指令制导。

1. 有线指令制导

有线指令制导系统中制导指令是通过连接制导站和导弹的指令线传送的，一般采用重合法引导。最典型的有线指令制导是光学跟踪有线指令制导，常用于反坦克导弹，如图 5－11 所示。

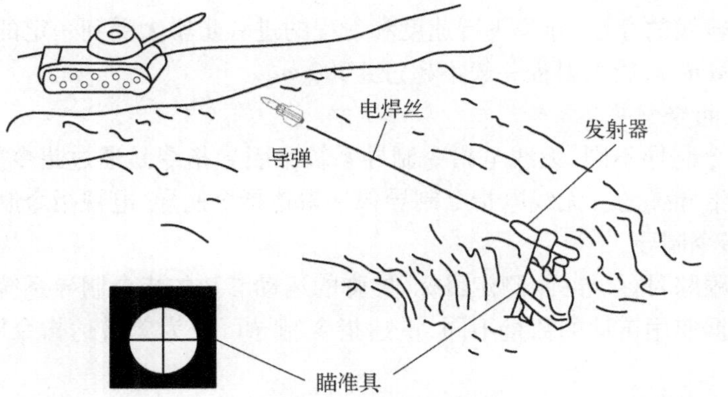

图 5－11　光学跟踪有线指令制导示意图

下面以某光学跟踪有线指令制导导弹为例，来说明光学跟踪指令制导系统的工作原理。光学跟踪有线指令制导系统中，制导站采用光学跟踪装置观测跟踪目标和导弹，指令形成装置根据导弹相对目标的偏差形成指令,指令发送装置将指令发送到导弹上,弹上控制系统根据指令控制导弹飞行。

在手动跟踪情况下光学跟踪装置是一个瞄准仪,当射手操纵光学瞄准具的十字刻线中心对准目标后,便发射导弹。导弹发射后,射手使光学瞄准仪的十字刻线跟踪目标,射手同时可以在瞄准仪中看到导弹的影像。如果导弹影像偏离十字线的中心,就意味着导弹偏离目标和制导站的连线。射手将根据导弹偏离目标视线的大小和方向移动操纵杆。操纵杆与两个电位计相连,一个是俯仰电位计,另一个是偏航电位计,分别敏感操纵杆的上下偏摆量和左右偏摆量,形成俯仰和偏航两个方向的引导指令。指令通过制导站和导弹间的传输线传向导弹,弹上控制系统根据引导指令操纵导弹,使导弹沿着目标视线飞行,导弹的影像重新与目标视线重合。导线圈可装在弹上或发射点,导弹飞行时,线圈便自动打开。手动跟踪的缺点是飞行速度必须很低,以便射手在发觉导弹偏离时有足够的反应时间来操纵制导设备,发出控制指令。

目前广泛应用的第二代反坦克导弹,如“米兰”(Milan)、改进的“陶”式(Tow)等,速度较快。为适应这一情况,在光学跟踪装置上除了目标跟踪仪,还安装了红外测角仪,实现半自动跟踪。目标跟踪仪和红外测角仪装在同一个操纵台上,同步转动。导弹发射后,射手根据目标的方位角向左或向右转动操纵台,根据目标的高低角向上或向下转动目标跟踪仪,使目标跟踪仪的十字刻线中心对准目标。红外测角仪光轴平行于目标跟踪仪的瞄准线,由于与目标跟踪仪同步转动,所以当目标跟踪仪的轴线对准目标时,目标的影像也落在导弹测角仪的十字线中心。导弹装有曳光管,红外测角仪根据曳光能够自动地连续测量导弹偏离目标瞄准线的偏差角,送入小型计算机,自动形成引导指令,经导线传给导弹,控制导弹飞行。由于导弹瞄准仪和目标跟踪仪在同一个操纵台上,同步转动,这种制导系统只能采用三点导引法。半自动跟踪有线指令制导与手动跟踪有线指令制导相比,有了很大的改进,射手工作量减少,导弹速度可提高一倍左右,实际上导弹速度仅受传输线释放速度等因素的限制。

有线指令制导系统抗干扰能力强,弹上控制设备简单,导弹成本低。但由于连接导弹和制导站间传输线的存在,导弹飞行速度和射程的进一步增大受到一定的限制,导弹速度一般不高于 200 m/s,最大射程一般不超过 4 000 m。

2. 无线电指令制导

与有线指令制导不同,无线电指令制导系统中引导指令是通过指令发射装置以无线电的方式传送给导弹的。无线电指令制导包括雷达指令制导、电视指令制导等。

1) 雷达指令制导

利用雷达跟踪目标、导弹,测定目标、导弹的运动参数的指令制导系统,称为雷达指令制导系统。根据使用雷达的数量不同,雷达指令制导可分为单雷达指令制导和双雷达指令制导。

单雷达指令制导系统,只用一部雷达观测导弹或目标,或者同时观测导弹和目标,获取相应数据,以形成指令信号。因此,单雷达指令制导系统分为跟踪目标的指令制导系统,跟踪导弹的指令制导系统和同时跟踪目标、导弹的指令制导系统。

在双雷达跟踪指令制导系统中,两部雷达分别跟踪目标和导弹,目标跟踪雷达不断跟踪目标，测出目标的运动参数，并将这些参数输入指令计算机；导弹跟踪雷达用来跟踪导弹，测出导弹的位置、速度等运动参数，并将这些参数输入指令计算机。

由于雷达观测导弹的距离受地球曲率的影响，不能长距离地跟踪导弹，所以这种制导系统只能用来制导地对空导弹和近程的地对地导弹。

2）电视指令制导

电视指令制导是利用目标反射的可见光信息对目标进行捕获、定位、追踪和导引的制导系统，它是光电制导的一种。

电视制导分辨率高，可提供清晰的目标景象，便于鉴别真假目标，工作可靠；制导精度高；采用被动方式工作，制导系统本身不发射电波，攻击隐蔽性好；工作于可见光波段。但是，电视制导只能在白天作战，受气象条件影响较大；在有烟、尘、雾等能见度较低的情况下，作战效能降低；不能测距；弹上设备比较复杂，制导系统成本较高。

电视指令制导系统由导弹上的电视设备观察目标，主要用来制导射程较近的导弹，制导系统由弹上设备和制导站两部分组成，如图 5－12 所示。

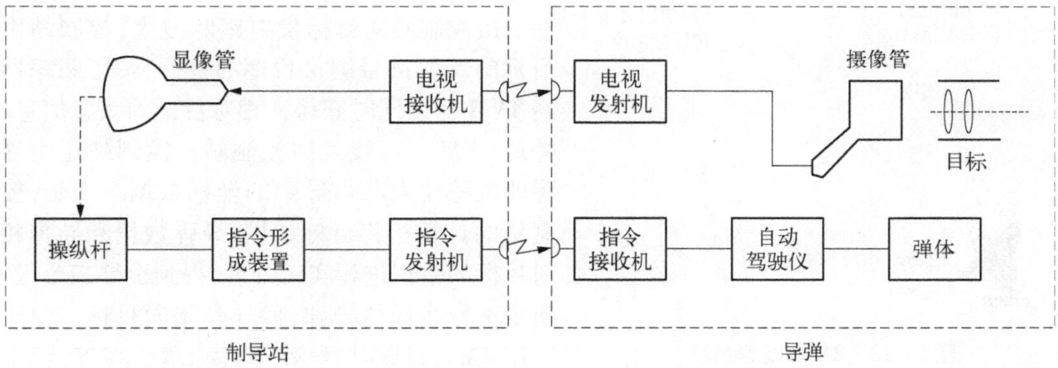

图 5－12　电视指令制导系统

弹上设备包括摄像管、电视发射机、指令接收机和弹上控制系统等。制导站上有电视接收机，指令形成装置和指令发射机等。

导弹发射以后，电视摄像管不断地摄下目标及其周围的景物图像，通过电视发射机发送给制导站。操纵员从电视接收机的荧光屏上可以看到目标及其周围的景象。当导弹对准目标飞行时，目标的影像正好在荧光屏的中心；如果导弹飞行方向发生偏差，荧光屏上的目标影像就偏向一边。操纵员根据目标影像偏离情况移动操纵杆，形成指令，由指令发射装置将指令发送给导弹，导弹上的指令接收装置将收到的指令传给弹上控制系统，使其操纵导弹，纠正导弹的飞行方向。这是早期发展的手动电视制导方式。这种电视制导系统包含两条无线电传输线路，一条是从导弹到制导站的目标图像传输线路，另一条是从制导站到导弹的遥控线路。这样就有两个缺点，一个是传输线容易受到敌方的电子干扰，另一个是制导系统复杂、成本高。

在电视跟踪无线电指令制导系统中，电视跟踪器安装在制导站，导弹尾部装有曳光管。当目标和导弹均在电视跟踪器视场内出现时，电视跟踪器探测曳光管的闪光，自动测量导弹飞行方向与电视跟踪瞄准轴的偏离情况，并把这些测量值送给计算机，计算机经计算形成制导指令，由无线电指令发射机向导弹发出控制信号；同时电视自动跟踪电路根据目标与背景的对比度对目标信号进行处理，实现自动跟踪。

电视跟踪通常与雷达跟踪系统复合运用，电视摄像机与雷达天线瞄准轴保持一致，在制导中相互补充，夜间和能见度差时用雷达跟踪系统，雷达受干扰时用电视跟踪系统，从而提高制导系统总的作战性能。

3）TVM 制导

上述形式的指令制导，弹上设备简单，制导精度较高。但跟踪器测得的导弹对目标线角偏差对应的线距离，随导弹的斜距增大而增大，因此，测角误差引起的制导误差也随之增大。目前，这种制导技术引导导弹的最大距离不超过 50 km。为增大引导距离，20 世纪 70 年代后期发展了另一种雷达指令制导技术，叫 TVM 制导（track-via-missile），如图 5－13 所示。

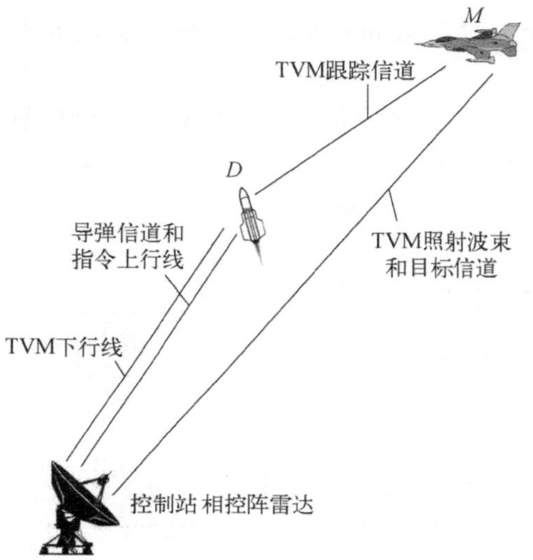

图 5－13　TVM 制导系统

由控制站向目标发射跟踪波束，控制站由目标的反射信号测得目标的数据，弹上跟踪器经 TVM 信道同时获得其相对目标的状态信息，并经 TVM 下行线发回控制站。控制站还由导弹的跟踪波束获得导弹的坐标数据。于是，控制站的计算机将目标数据、导弹数据和导弹相对目标的数据进行实时处理，得到引导指令，经指令上行线送给导弹，使导弹飞向目标。由于采用 TMV 制导时，导弹距目标越来越近，弹上 TVM 跟踪器（导引头）便能有效、精确地跟踪目标。因跟踪目标的数据在控制站上处理，所以，弹上设备仍较简单，而引导距离比典型的指令制导要远，当采用遥控指令+TVM 制导时，其引导距离可达到 100 km 以上。舰空导弹“SA－N－6”（苏）、“宙斯盾”（美）和地空导弹“爱国者”，末段均采用 TVM 制导。

5.2.2　引导指令形成原理

遥控指令制导系统中，引导指令是根据导弹和目标的运动参数，按所选定的引导方法进行变换、运算、综合形成的。引导指令的形成主要考虑以下几方面的因素：

（1）导弹实际位置与理想弹道之间的线偏差信号（误差信号），包括线偏差信号、距离角信号、前置信号等；

（2）为改善控制性能设计的校正信号和补偿信号等。

下面讨论形成引导指令应考虑的因素。

1. 误差信号

导弹在飞行过程中，经常受到各种干扰（如外部环境和内部仪器误差的扰动），加上制导设备的工作惯性，以及目标机动等原因，常常会偏离理想弹道而产生飞行偏差。误差信号由线偏差信号、距离角信号、前置角信号等组成。误差信号的组成随制导系统采用的引导方法和雷达的工作体制的不同，以及有无外界干扰因素的存在而不同。

1）线偏差信号 $h_{\Delta\varepsilon}$、$h_{\Delta\beta}$

观测装置测出的是目标的高低角 ε_T、方位角 β_T 和导弹高低角 ε_M、方位角 β_M，由此可算出角偏差信号。在角偏差信号相同的情况下，如果导弹的斜距（导弹与制导站间的距离）不同，导弹偏离目标视线的距离就不同。为提高制导精度，在形成引导指令时，一般不采用角偏差信号，而采用导弹偏离目标视线的线偏差信号。因为如果采用角偏差信号作为误差信号，控制系统产生与角偏差相对应的法向控制力，当导弹的斜距比较小时，这个控制力能够产生足够的法向加速度，纠正飞行偏差，然而随着导弹斜距的增大，同样的角偏差对应的线偏差也不断增大，上述控制力就不能提供足够大的法向加速度，因此，为保证导弹准确命中目标，需要不断地根据线偏差来纠正飞行偏差。

某时刻导弹与目标视线的垂直距离叫线偏差。这里以采用直角坐标系控制的导弹为例，先讨论导弹偏差的表示方法。

导弹的偏差通常在观测跟踪装置的固连直角坐标系内表示，如图5-14。某时刻导弹位于 M 点，过 M 做垂直轴 Ox 的平面，叫作偏差平面。偏差平面交 Ox 轴于点 M'，当采用重合法引导时，则 MM' 便是导弹偏离理想弹道的线偏差。将 Oy、Oz 轴移到偏差平面内，MM' 在 y、z 轴上的投影，就是线偏差在俯仰（高低角 ε 方向）和偏航（方位角 β 方向）的分量。这样，如果知道了偏差的 ε、β 方向分量，便知道了偏差 MM'。线偏差在 ε 方向、β 方向的分量分别表示为 $h_{\Delta\varepsilon}$、$h_{\Delta\beta}$。

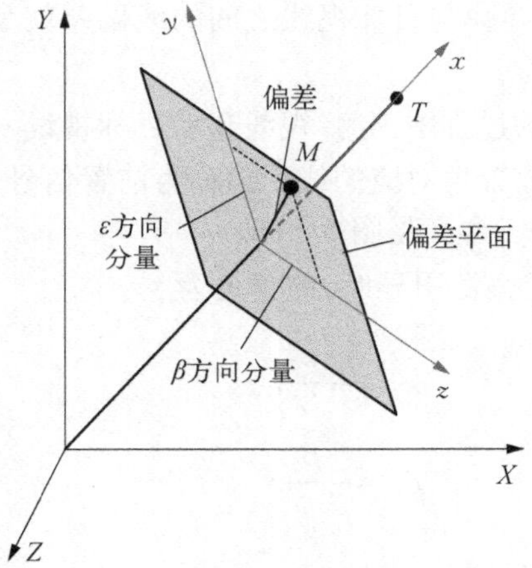

图5-14　导弹的偏差

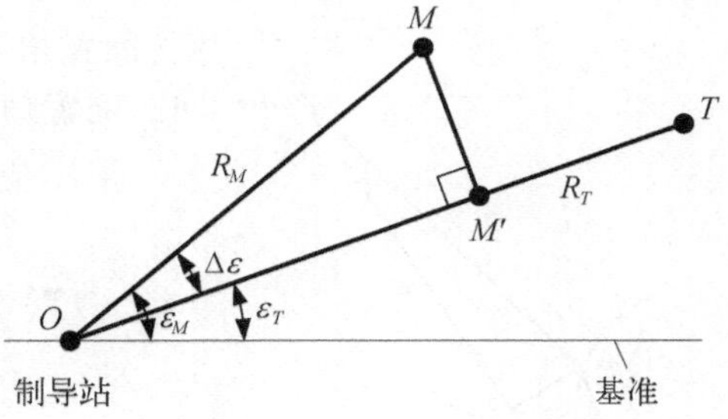

图5-15　导弹线偏差信号的含义（平面）

高低角方向上线偏差 $h_{\Delta\varepsilon}$ 和角偏差 $\Delta\varepsilon$ 的关系如图5-15所示，显然：

$$h_{\Delta\varepsilon} = R_M \sin \Delta\varepsilon \tag{5-30}$$

$$\Delta\varepsilon = \varepsilon_M - \varepsilon_T \tag{5-31}$$

其中，R_M 为导弹的斜距；$\Delta\varepsilon$ 为高低角偏差。

导弹的角度偏差一般为小量，小角度的正弦值可以用其弧度值近似，即 $\sin\Delta\varepsilon \approx \Delta\varepsilon$，所以线偏差信号可以近似写成：

$$h_{\Delta\varepsilon} \approx R_M\Delta\varepsilon \tag{5-32}$$

同理，可以得

$$h_{\Delta\beta} \approx R_M\Delta\beta \tag{5-33}$$

由式(5－32)和式(5－33)可知，$h_{\Delta\varepsilon}$ 和 $h_{\Delta\beta}$ 的极性(即导弹偏在目标视线的上方或下方、左侧或右侧)由 $\Delta\varepsilon$ 和 $\Delta\beta$ 的极性决定。一般情况下假定导弹的速度变化规律已知，所以导弹的斜距 R_M 随时间的变化规律也是可知的。由上述两式可看出线偏差信号是否精确，主要取决于角偏差的测量准确度。而角偏差取决于目标和导弹的角坐标测量的准确性。偏差信号是导引信号中一个主要分量，所以 ε_T、β_T、ε_M、β_M 的测量精度将直接影响制导精度。

2) 距离角信号

如果制导站的制导雷达工作在扫描体制下，由于目标回波和导弹应答信号受天线波瓣方向性调制的次数不同，制导雷达存在着测角误差，因而指令计算装置计算出的角偏差信号与实际的偏差值是有区别的。因为在扫描体制下，制导雷达对目标回波信号进行发射和接收两次调制，而对导弹应答信号只进行一次接收调制，这样就会产生测角误差，其误差角随着距离的增大而增大，故称距离角误差。

3) 前置信号 h_{ε_L}、h_{β_L}

采用三点法导引导弹时，要求导弹在飞向目标的过程中，导弹保持在目标视线上飞行。因此，采用三点法导引时，不需要前置信号，导弹与目标视线之间的线偏差就是导弹偏离理想弹道的线偏差。

采用前置角法引导时，要求在导弹飞向目标的过程中，导弹视线超前目标视线一个角度(前置角)。前置角对应的线距离称为前置信号，ε 方向的前置信号 h_{ε_L} 含义见图 5－16。

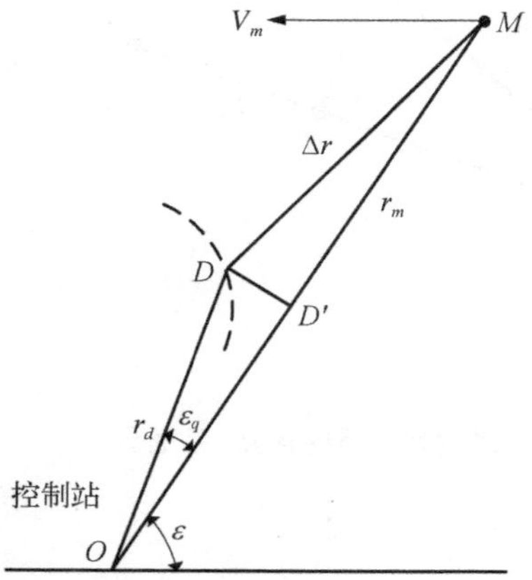

图 5－16　前置信号的含义(ε 平面)

采用全前置角法引导时，前置角为

$$\begin{aligned} \varepsilon_L &= -\frac{\dot{\varepsilon}_T}{\dot{r}}r \\ \beta_L &= -\frac{\dot{\beta}_T}{\dot{r}}r \end{aligned} \tag{5-34}$$

则前置角信号为

$$\begin{aligned} h_{\varepsilon_L} &= -\frac{\dot{\varepsilon}_T}{\dot{r}}rR_M \\ h_{\beta_L} &= -\frac{\dot{\beta}_T}{\dot{r}}rR_M \end{aligned} \tag{5-35}$$

由于制导站指令天线的波瓣宽度有限,用全前置角法引导时,前置角太大容易使导弹超出波瓣而失去控制,所以有的制导系统不采用全前置角法,而采用半前置角法引导,半前置角法的前置角为

$$\begin{aligned} \varepsilon_L &= -\frac{\dot{\varepsilon}_T}{2\dot{r}}r \\ \beta_L &= -\frac{\dot{\beta}_T}{2\dot{r}}r \end{aligned} \tag{5-36}$$

前置角信号为

$$\begin{aligned} h_{\varepsilon_L} &= -\frac{\dot{\varepsilon}_T}{2\dot{r}}rR_M \\ h_{\beta_L} &= -\frac{\dot{\beta}_T}{2\dot{r}}rR_M \end{aligned} \tag{5-37}$$

可见,前置角信号的极性由目标的角速度信号 $\dot{\varepsilon}_T$、$\dot{\beta}_T$ 的极性决定。而且,遭遇时 $r \to 0$, $h_{\varepsilon_L} = h_{\beta_L} = 0$, 保证了导弹与目标相遇。

由于观测装置的视场有限。为避免引入段 r 较大, $\dot{r}$ 较小,使 h_{ε_L}、h_{β_L} 过大,一些遥控指令制导中,对 r 最大值和 $\dot{r}$ 最小值进行限制。限制的形式因设备而异,这里就不说明了。

4) 误差信号 h_ε、h_β

通常,把某时刻导弹位置与理想弹道对应位置的距离叫误差信号。显然,重合法引导时,误差信号的表达式为

$$\begin{cases} h_\varepsilon = h_{\Delta\varepsilon} \\ h_\beta = h_{\Delta\beta} \end{cases} \tag{5-38}$$

前置点法引导时,误差信号的表达式为

$$\begin{cases} h_\varepsilon = h_{\Delta\varepsilon} + h_{\varepsilon_L} \\ h_\beta = h_{\Delta\beta} + h_{\beta_L} \end{cases} \tag{5-39}$$

5) 微分校正信号

也叫超前校正或比例-微分校正。由第 3 章对制导回路的一般介绍可知,其中的很多环节可能出现滞后,使制导回路的动态和静态品质达不到预定的要求。根据自动控制理论,一般在回路中串联如下传递函数的超前校正环节:

$$1 + \frac{T_1 s}{1 + T_2 s} \tag{5-40}$$

2. 补偿信号

1) 动态误差

制导系统是一个自动控制系统,它复现输入作用时必存在静态误差和动态误差。静态误差是指回路的过渡过程结束后,被调量的误差。动态误差是指过渡过程中复现输入

时的误差。由于目标机动、导弹运动干扰等影响,制导回路实际上没有稳定状态,因而,总会有动态误差。

2) 动态误差的补偿

一般说来,动态误差的规律是可知的,图 5 - 17 给出了重合法引导时的制导回路。

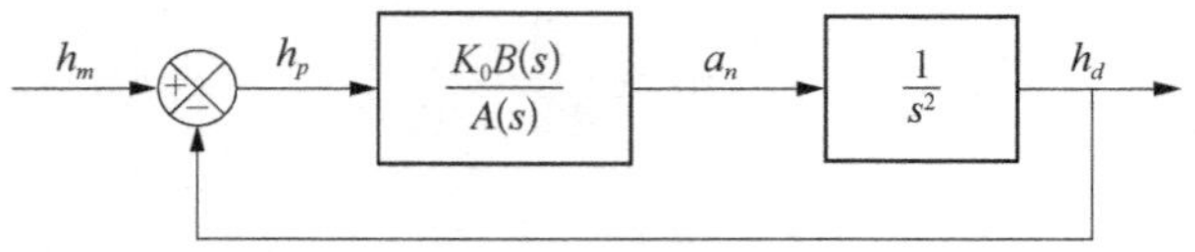

图 5 - 17　重合法引导时制导回路

图中, K_0 为开环放大系数; h_m 为要求的导弹偏移量; h_d 为导弹的实际偏移量; h_D 为动态误差; a_n 为导弹的横向加速度。

设 $h_m = h_0 + h_t t + h_2 t^2 + \cdots$。制导回路的开环传递函数 $G(s)$ 为

$$G(s) = \frac{K_0 B(s)}{s^2 A(s)} = \frac{K_0(b_m s^m + b_{m-1}s^{m-1} + \cdots + b_1 s + 1)}{s^2(a_n s^n + a_{n-1}s^{n-1} + \cdots + a_1 s + 1)} \tag{5-41}$$

由自动控制原理可知,动态误差 h_D 为

$$h_D = C_2 \ddot{h}_m + C_3 \dddot{h}_m + \cdots \tag{5-42}$$

其中,误差系数为

$$C_2 = \frac{1}{K_0};\ C_3 = \frac{a_1 - b_1}{K_0} \tag{5-43}$$

由式(5-42)可见,增加回路的积分环节个数或增大回路的开环放大系数,都可减小动态误差。但回路中积分环节个数增加时,系统很难稳定;开环放大系数增加,系统的带宽便增加,引入的随机干扰随之增加。所以,通常采用补偿的方法: 制导回路中引入局部补偿回路或引入给定规律的补偿信号。

引入局部补偿回路的原理如图 5-18。

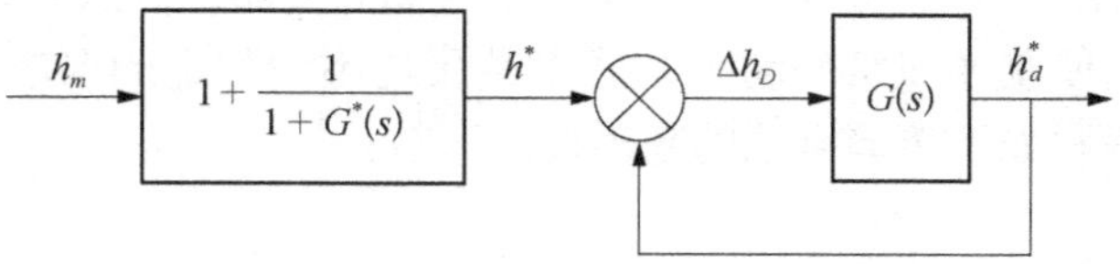

图 5 - 18　引入局部补偿回路补偿动态误差

图中,

$$\Delta h_D = \frac{1}{[1 + G(s)]^2} h_m \tag{5-44}$$

$G^*(s)$ 为引入的制导回路等效开环传递函数；h_d^* 为导弹的实际偏移量。

显然，

$$h_d^* = \frac{2G(s) + G(s)G^*(s)}{[1 + G^*(s)][1 + G(s)]}h_m \tag{5-45}$$

实际的动态误差(剩余动态误差) Δh_D 为

$$\Delta h_D = h_m - h_d^* = \frac{1 + G^*(s) - G(s)}{[1 + G^*(s)][1 + G(s)]}h_m \tag{5-46}$$

当 $G^*(s) = G(s)$ 时，则

$$\Delta h_D = \frac{1}{[1 + G(s)]^2}h_m \tag{5-47}$$

未引入局部补偿回路时，

$$\Delta h_D = \frac{1}{1 + G(s)}h_m \tag{5-48}$$

比较式(5-47)和式(5-48)，可见引入局部补偿回路时动态误差大大减小。但 $G^*(s)$ 不可能和 $G(s)$ 完全一致，而且误差的衰减要减慢。因此，引入局部补偿回路的方法没有被广泛应用。

3）重力补偿信号

导弹的重力将给制导回路造成扰动，使导弹下沉，也必须另外加重力补偿信号 h_g 来补偿。如图 5-19，重力加速度 g 的横向分量为 $g\cos\theta$，由于 θ 变化缓慢、范围不大，可取补偿信号 h_g 为

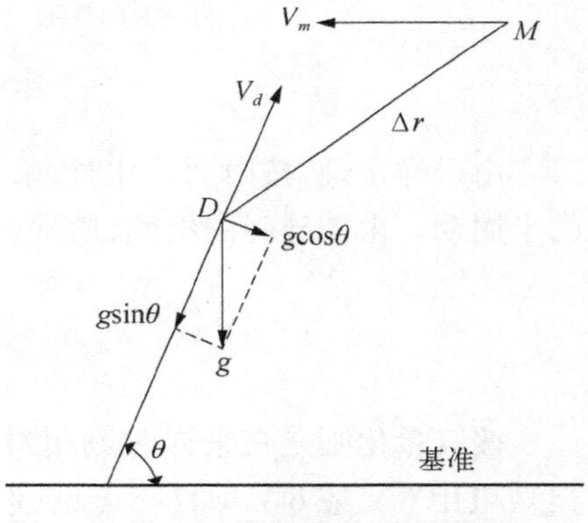

图 5-19　导弹重力的补偿图

$$h_g \approx \frac{g\cos 45°}{K_0} = \text{const} \tag{5-49}$$

5.2.3　引导指令的发射和接收

遥控指令制导中，引导指令发射、接收系统简化方块图如图 5-20。

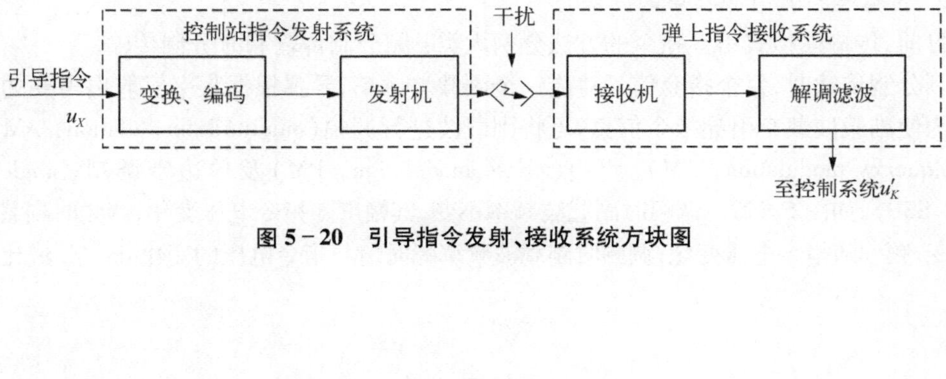

图 5-20　引导指令发射、接收系统方块图

对引导指令发射、接收系统的基本要求是:

(1) 有多路传输信息的能力。当用 1 发或几发导弹同时拦截 1 个或几个目标时,需向弹上传送多个指令和同步信号。如用直角坐标控制的三发导弹拦截一个目标,至少要向导弹传送 10 个信号。

(2) 传输失真小。要在某个时间间隔内传输多路信息,必须采用信息压缩的方法,对连续信号采样,发送不连续的信号,即有一个量化过程。目前,采用的是按时间量化和按级量化两种方法,如图 5-21 所示。

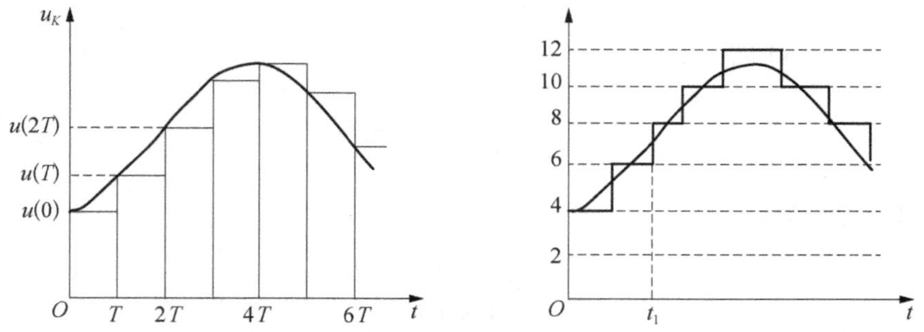

(a) 按时间量化　　(b) 按级量化

图 5-21　按时间或级量化

由采样定理,按时间量化时,采样周期 T 必须小于被采样信号频谱最高频率 f_{max} 成分的半周期。由于导弹的惯性,通常选择采样周期 T 满足:

$$T \leqslant \frac{1}{(10 \sim 20)\Delta f} \tag{5-50}$$

按级量化则是在采样时刻用最接近的不连续值来代替被采样信号。u_k = 7 V(t_1 时刻),可用 6 V 或 8 V 取代。可见,量化时都会出现失真。失真度应小于给定值。

(3) 每个信号特征明显,系统抗干扰能力强。一般给信号以频率、相位等特征,或加密(密码化),既利于导弹辨认,又不易受干扰。

(4) 传输性能稳定,设备质量小。计算表明,厘米波通过导弹发动机火焰时的衰减比米波大得多。但米波天线体积太大。中程以上的遥控指令制导导弹,多用分米波传送指令。近程遥控指令制导导弹,为减小天线体积,用厘米波。

下面分别讨论模拟式、数字式引导指令发射与接收技术。

1. 传输模拟式引导指令的方法

目前,传输模拟式引导指令的方法分两大类:频分制传输和时分制传输。

频分制传输时,每个指令信号对应一个副载波频率,导弹根据频率值取出需要的副载波。为使副载波载有引导指令信息,可将副载波进行调幅(amplitude modulation, AM)、调频(frequency modulation, FM)、调相(phase modulation, PM)及单边带调制(single side band, SSB),如图 5-22。调幅时副载波频率不变,其幅度随指令电压变化;调频时副载波幅度不变,频率随指令电压变化;调频时副载波频率瞬时值与指令电压的变化 du_t/dt 成比例。

时分制传输时，一个引导指令电压对应一个脉冲序列（副载波），在一定的时间间隔内，各路指令对应的脉冲分时出现，导弹则可按时间选出需要的副载波脉冲。为使脉冲副载波载有引导指令信息，将副载波脉冲进行脉幅调制（pulse amplitude modulation，PAM）、脉宽调制（pulse width modulation，PWM）、脉时调制（pulse time modulation，PTM）或脉冲编码调制，如图 5－23。脉幅调制时，脉冲的幅度随指令电压变化；脉宽调制时，脉冲幅度不变，其宽度随该时刻指令电压变化；脉时调制时，脉冲出现的时间相对某一参考点的偏移随指令信号成比例变化。

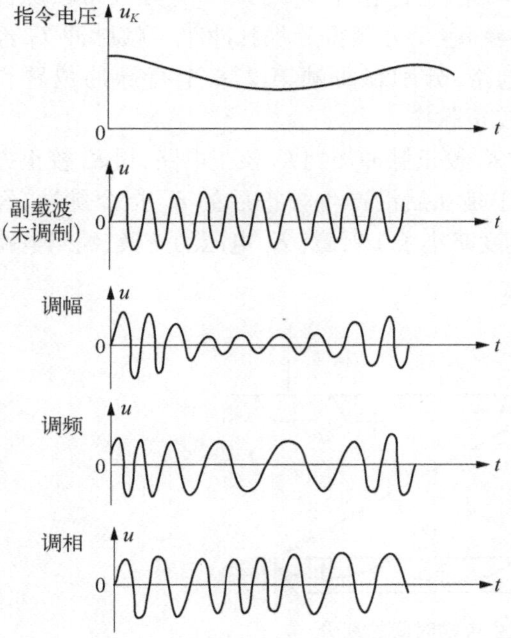

图 5－22　指令调制副载波方法

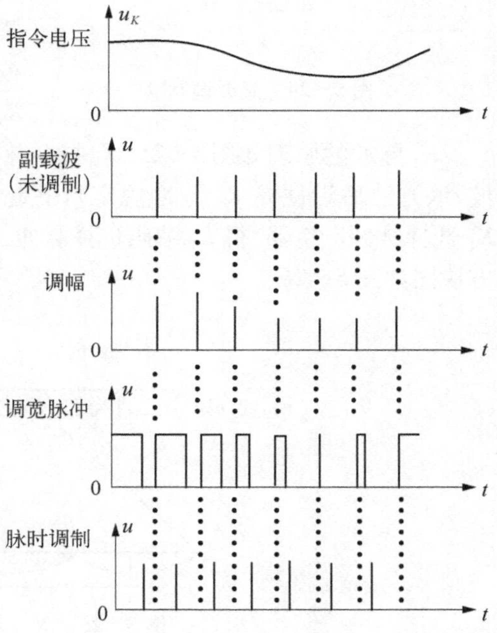

图 5－23　指令调制脉冲副载波方法

2. 脉时调制引导指令传输系统

限于篇幅，下面只讨论脉时调制引导指令传输系统。它的工作顺序是，先用指令电压（采样）对副载波脉冲进行脉时调制，再对脉时校正，并汇合编码，发射出去。弹上接收后经译码和解调滤波，将指令电压还原。

用周期为 T（称 1 个分程）、幅度不变的锯齿电压 u_m 和指令电压 u_k 求解特征值 k：

$$k = \frac{u_k}{u_m} = \frac{T_1 - T_2}{T} \tag{5-51}$$

若 $|u_k| \leqslant u_m$，当 $u_k = 0$，$T_1 = T_2$，$k = 0$；$u_k > 0$ 时，$T_1 > T_2$，k 为正，并与 u_k 成比例；$u_k < 0$ 时，$T_1 < T_2$，k 为负，其值与 u_k 也成比例。所以，指令脉冲 K 与分程起始、终止的相对时间，表示指令的大小和极性。

由于要传输两个指令（K_1、K_2），当两指令电压相等时，便出现指令脉冲的重叠。为

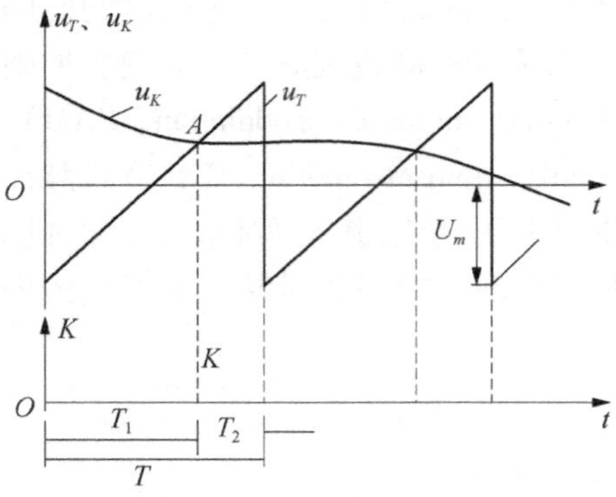

图 5-24 脉时调制

此，把 1 个分程 T（采样周期）分为 n 帧（由量化单位决定），每帧分 4 行。约定 K_1 脉冲只能出现在每帧第 2 行，K_3 脉冲只能出现在每帧第 4 行，分程脉冲位于第 1 帧第 3 行，如图 5-24。当 K_1、K_2 脉冲出现时刻不符合上述规定时便校正。由于每分程帧数很多，校正不会引起明显的传输误差。行、帧、分程脉冲及 K 校正脉冲间的关系如图 5-25。由同步器产生行脉冲 T_2，经 4∶1 分频得帧脉冲 T_1，再经 n∶1 分频得分程脉冲 T。帧脉冲 T_1 经校正电路，分别在每帧第 2、4 个行脉冲位置得 K_1K_2 校正脉冲。

K_1 脉冲的原理如图 5-25。K_1 指令脉冲和 K_1 校正脉冲加到 K_1 校正电路，得 K_1 校正方波，该方波后沿便是 K_1 脉冲规定行的起始，于是在后沿产生校正后的 K_1 指令脉冲，经 K_1 选择脉冲产生器，得 K_1 编码选择脉冲，其宽度略小于 1 行宽。K_1 电压的变换、编码电路方块图如图 5-26。

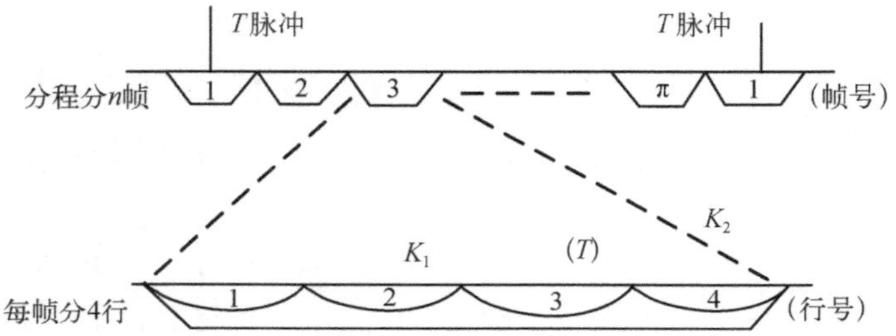

图 5-25 K_1、K_2 指令传输时间的划分

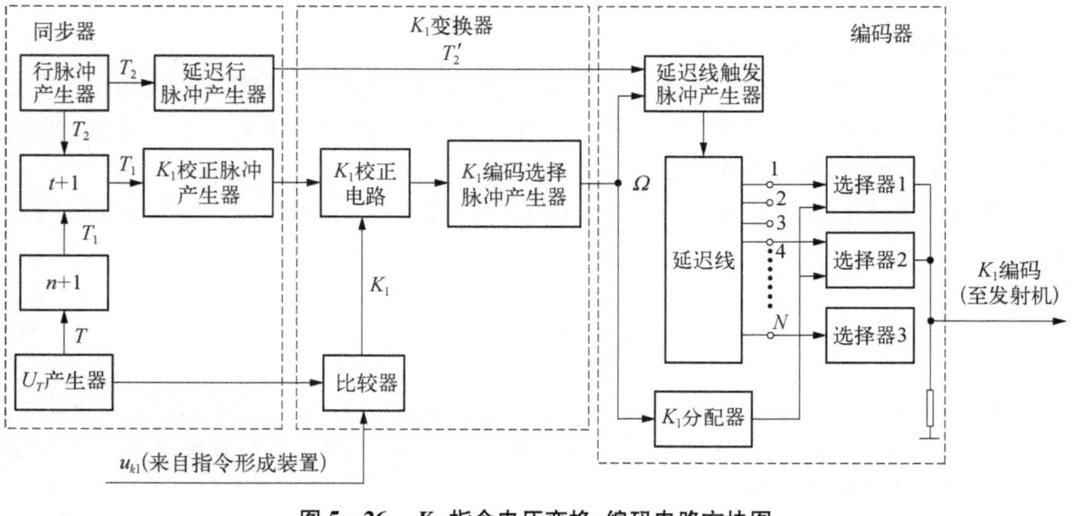

图 5-26 K_1 指令电压变换、编码电路方块图

K_1 编码选择脉冲送至延迟线触发脉冲产生器，选出相应的 T_2' 脉冲。K_1 编码选择脉冲还送至 K_1 分配器，其输出加到选择器1和2。从延迟线1、4抽头选出的延迟脉冲1、2。延迟线最后抽头 N 输出脉冲经选择器3，和1、2脉冲汇合，则得 K_1 三联编码脉冲1、2、3，如图5－27。K_1 三联编码脉冲送往指令发射机发向导弹。

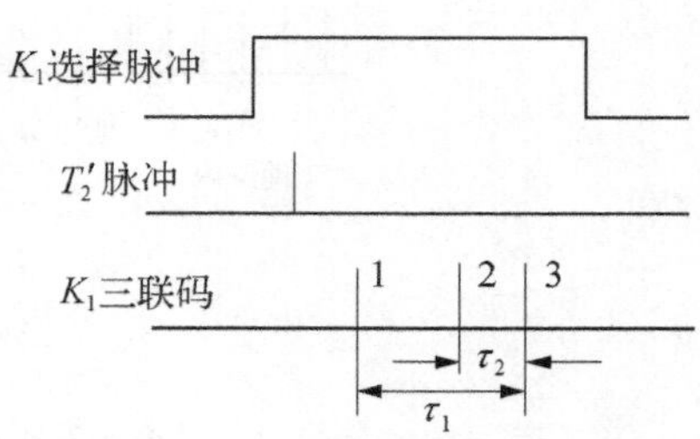

图5－27　K_1 三联码脉冲

3. 弹上接收系统

脉时调制编码弹上接收系统如图5－28(a)。其延迟线抽头和译码器抽头相对应。工作波形如图5－28(b)，解调后的方波经滤波后，还原为 u_{k1} 电压，送至弹上自动驾驶仪。

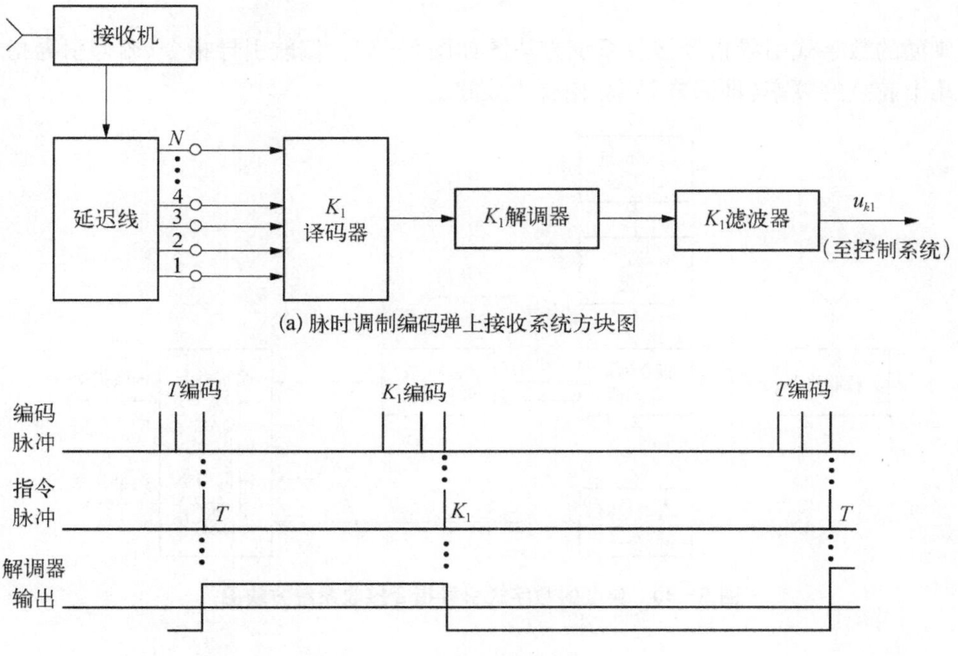

图5－28　脉时调制编码弹上接收系统原理

数字式引导指令的传输信号通常是编码脉冲，包括导弹地址码、指令地址、信号指令值三部分，如图5－29(a)。导弹地址码如图5－29(b)。第1个脉冲开启，中间4个为从8、4、2、1加权码，第6个脉冲关闭。当弹上编码与上述2~5脉冲码一致时，关闭脉冲触发应答机发出应答信号给控制站。指令地址信号共5位。中间3个为地址位，两端为开启、关闭位。图5－29(c)画出了偏航、俯仰、引信开锁指令的可能形式。指令地址后是报文开门脉冲，接着依次是指令的符号和数值。指令数值传完后，是报文关门信号。最后，用一个奇偶校验位来检验。

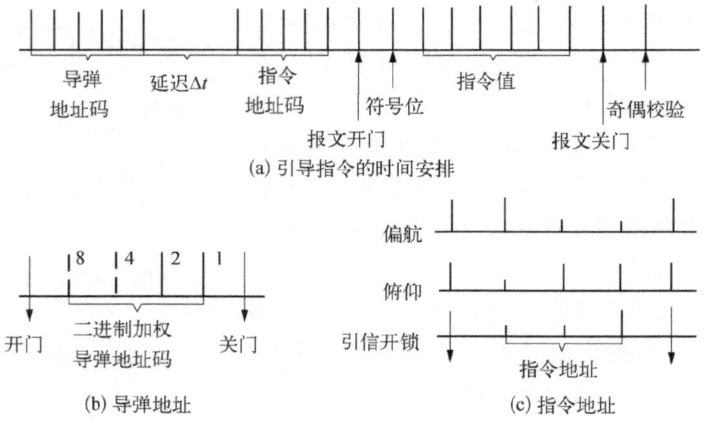

图 5-29　数字式引导指令

典型的数字式引导指令接收系统方块图如图 5-30。偏航引导指令、俯仰引导指令一般以几十赫兹的频率(即采样频率)向弹上发送。

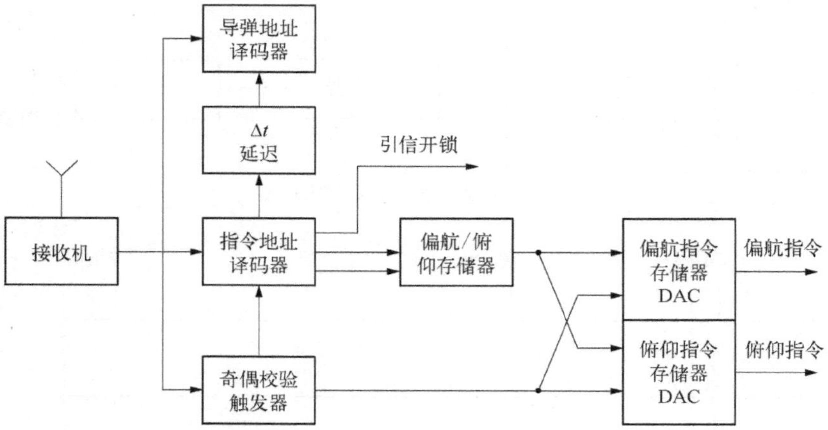

图 5-30　典型的数字式引导指令接收系统方块图

5.3　波 束 制 导

波束制导是一种遥控制导技术,也称驾束制导。在采用波束制导时,控制站与导弹间没有指令线,由控制站发出引导波束,导弹在引导波束中飞行,靠弹上制导系统感受其在波束中的位置并形成引导指令,最终将导弹引向目标。下面只讨论雷达波束和激光波束制导技术的有关问题。

5.3.1　雷达波束制导

1. *雷达波束制导的基本原理*

雷达波束制导时,控制站的引导雷达(单脉冲雷达或圆锥扫描雷达)发出引导波束,导弹在引导波束中飞行，当它偏离引导波束光轴（等强信号线）时，由偏离的大小和方向，导弹自己形成引导指令，控制它飞回引导波束光轴，最后击中目标。雷达波束制导分为单雷达波束制导和双雷达波束制导。单雷达波束制导时，控制站用一部雷达跟踪目标并引导导弹；双雷达波束制导时，控制站用两部雷达，一部跟踪目标，测得目标的运动参数，送给计算机，根据选用的引导方法，计算机控制另一部雷达引导光束的光轴指向，导弹在引导波束内飞行，最后击中目标。单雷达波束制导的设备简单，只能用重合法引导导弹。双雷达波束制导的设备复杂，但可采用重合法、半前置点法引导导弹。

2. 圆锥扫描雷达波束制导

圆锥扫描雷达采用偏离天线光轴一个小角度的“笔状”波束，绕光轴在空间作圆锥扫描。在光轴上，雷达辐射的信号强度不随时间变化，因此，把光轴称为等强信号线。当跟踪目标时，一旦目标偏离等强信号线，由目标回波包络的幅度和相位，形成控制信号，控制天线光轴对准目标。当引导导弹时，一旦导弹偏离等强信号线，导弹根据收到的控制站辐射信号变化包络的幅度和相位，并参照控制站来的基准信号，形成引导指令，控制导弹沿等强信号线飞行。

3. 引导指令形成

1）导弹的偏差信号

设引导雷达为脉冲体制，其波束作圆锥扫描时，波束中心（最大值方向）在垂直 Ox 轴的平面内运动轨迹如图 5－31（a）虚线。当导弹位于等强信号线上 D_0 点时，弹上收到等幅脉冲序列 u_{d0}；当导弹位于 Ox 轴上方 D_1 点和右方 D_2 点时，则收到余弦和正弦调制脉冲序列 u_{d1} 和 u_{d2}。因此弹上收到的脉冲包络表示式为

$$U_m(t) = U_{mo}[1 + m\cos(\Omega t - \psi)] \tag{5-52}$$

式中，U_{mo} 为直流电平；m 为调制度；ψ 为偏离方位角（导弹与等强信号线的连线与 y 轴的夹角）。

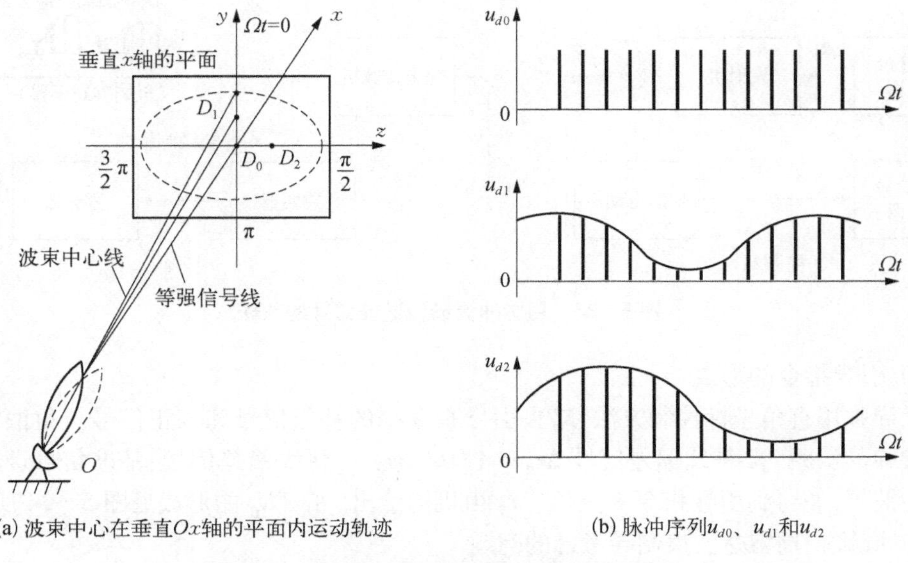

(a) 波束中心在垂直 Ox 轴的平面内运动轨迹　　(b) 脉冲序列 u_{d0}、u_{d1} 和 u_{d2}

图 5－31　圆锥扫描雷达波束制导时弹上收到的信号

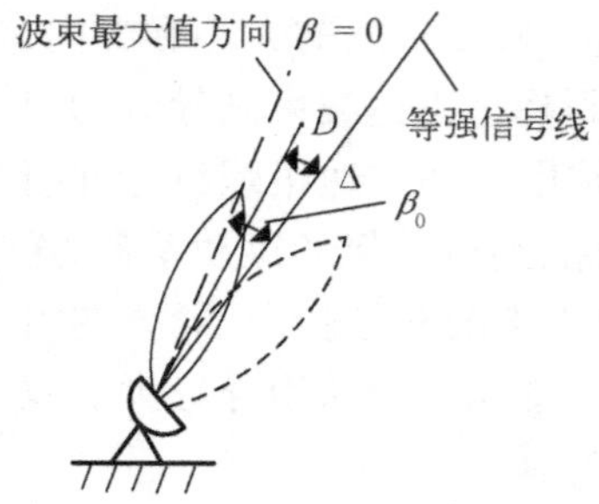

图 5-32 调制度 m 与偏差角△的关系

设天线的方位图为 $F(\beta)$，如图 5-32。当导弹与等强信号线的偏差角不大时，可认为导弹接收的信号强度相对等强信号线的变化量为 $-F'(\beta_0)\Delta$（归一化值，F' 为对 β 的导数），则调制度为 $m=-\dfrac{F'(\beta_0)}{F(\beta_0)}=k_m\Delta$，角灵敏度为 $k_m=-\dfrac{F'(\beta_0)}{F(\beta_0)}$。

弹上接收机的 AGC 电路，直流电平 U_{m0} 保持不变。经峰值检波和滤波后，角偏差信号 $u_\Delta(t)$ 为

$$u_{\Delta(t)}=U_{m\Delta}\cos(\Omega t-\psi) \tag{5-53}$$

式中，$U_{m\Delta}=kmU_{m0}=K\Delta$，$K=kk_mU_{m0}$，$k$ 为弹上接收系统的传递系数。Ω 为波束扫描角速度。

2）基准信号及其传递

角偏差信号为

$$u_\Delta(t)=K\Delta\sin\psi\cos\Omega t+K\Delta\cos\psi\sin\Omega t \tag{5-54}$$

其中，$K\Delta\sin\psi\cos\Omega t$ 为方位角偏差信号；$K\Delta\cos\psi\sin\Omega t$ 为高低角偏差信号。

显然，为了取出导弹的方位角、高低角偏差，应向导弹发送 $\cos\Omega t$、$\sin\Omega t$ 信号，经相位检波器得到 $K\Delta\sin\psi$、$K\Delta\cos\psi$。$\cos\Omega t$、$\sin\Omega t$ 信号称为基准信号。它一般由控制站波束扫描电动机带动基准信号发生器（发电机、旋转变压器等）产生。用它对雷达发射脉冲调频，向弹上发送。弹上接收后，先对受波束扫描调制的脉冲限幅，变为等幅调频脉冲，再经鉴频器后，输出基准信号，如图 5-33。

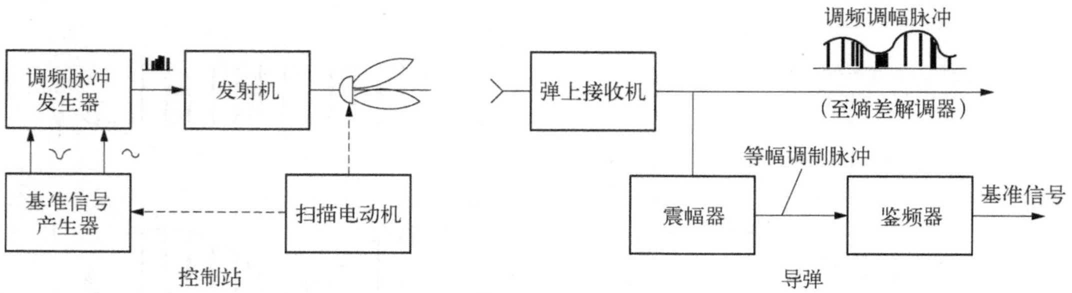

图 5-33 用脉冲调频传送准信号的原理

3）引导指令的形成

设导弹用直角坐标控制方法，略去引导指令中的补偿信号和校正信号。角偏差信号乘以导弹的斜距 r_d，得线偏差信号 $\Delta r_d\cos(\Omega t-\psi)$。将线偏差信号、基准信号送至 c、β 相位检波器，便得到引导指令 K_α、K_β。r_d 由机构给出。K_α、K_β 的形成见图 5-34 所示。

4）圆锥扫描雷达波束制导考虑的问题

弹上应采用圆极化天线。因引导波束扫描时，辐射的电磁波极化方向也旋转，为避免

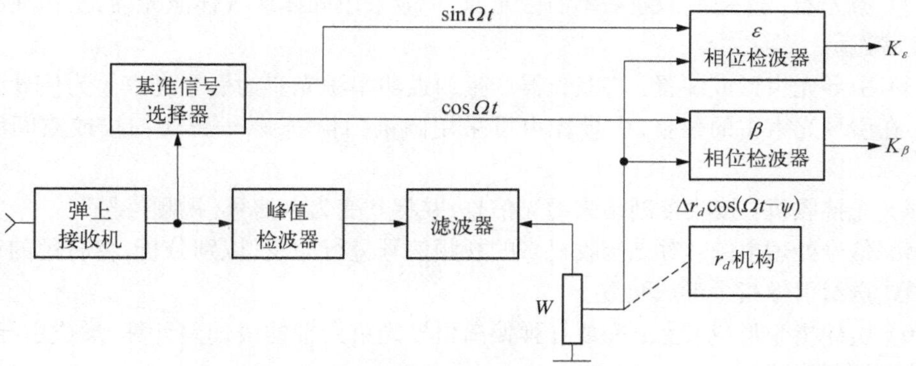

图5-34　弹上接收机、引导指令形成装置方块图

极化调制引起的误差，弹上应用圆极化天线或组合天线。

因导弹接收控制站的直射能量，一般用低灵敏度直接检波接收。为保护晶体管，线后应加衰减器，且衰减量随 r_d 增大而减小。

导弹的喷焰是一种游离电子密度很大的电离气体，因此，导弹接收的电波将被衰减和受杂乱振幅调制。所以，应合理安装接收天线的位置（如将天线装在弹尾周围），使接收的电波尽量不通过喷焰，或在发动机燃料中添加能迅速消除电离的物质（如四乙基铅等）。

为了提高引导精度，引导波束视场不能太大，一般为4°~6°之间。为将导弹引入窄引导波束，初始应用宽视场（一般为40°~70°）引导波束。

5.3.2　激光波束制导

用激光束跟踪目标，飞行在光束中的导弹感受其在光束中的位置，产生引导指令，使导弹命中目标的制导技术，称为激光波束制导。激光波束是近十年发展起来的一种波束制导技术。由于其制导设备轻、制导精度高，受到世界各国的重视。目前，已在地空和反坦克导弹中得到应用。

1. 激光波束制导系统的组成

典型激光波束制导系统的组成如图5-35。

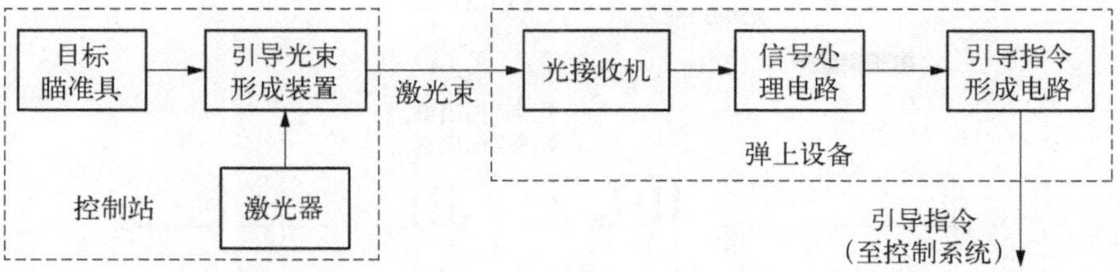

图5-35　典型激光波束制导系统的组成

（1）目标瞄准具：一般是光学望远镜，以手控或自动跟踪方式使引导激光束光轴对准目标。

(2) 激光器：这是一个强功率的激光源，一般采用固体或气体激光器，工作在脉冲或连续波状态。

(3) 引导光束形成装置：将激光器产生的强功率激光变为引导光束。为使导弹能识别自己在引导光束中的位置，引导光束可采用圆锥扫描、旋转—正交扫描或空间编码等形式。

(4) 光接收机：接收控制站来的光信息，并将其变为电信号（视频信号）。

(5) 信号处理电路：对光接收机来的视频信号进行滤波、识别分析，将有用的信号以数字形式送给引导指令形成装置。

(6) 引导指令形成装置：完成导弹偏离引导光束光轴的线偏差计算，形成引导指令，送到弹上控制系统。

下面只讨论旋转—正交扫描激光波束制导的原理。

2. *旋转—正交扫描激光波束制导的原理*

所谓旋转—正交扫描光束，是控制站顺次产生的四个扁平状的扫描激光束。如图5－36，最先产生光束1，由其起点扫到终点，即刻又产生光束2，也由其起点扫到终点。间隔 Δt 后产生光束3，由其起点扫到终点，即刻产生光束4，也由其起点扫到终点。接着产生光束1，……如此重复下去。令与光束1、2扫描相对应的是 y_1Oz_1 坐标系，与光束3、4扫描相对应的是 y_2Oz_2 坐标系。它们相对跟踪器固连坐标系 yOz 旋转 β、$-\beta$。因此，光束1、2、3、4的运动，便形成旋转—正交扫描光束。设四个光束的扫描速度和扫过的线长 L_0（或扫一次所需要时间 T_0）相等，且各光束扫描范围中心与目标瞄准具的光轴重合。当导弹位于图5－36中 D 点时，光束1、2扫过，导弹接收到信号 S_1、S_2（均为脉冲组），两信号间隔时间为 Δt_1。

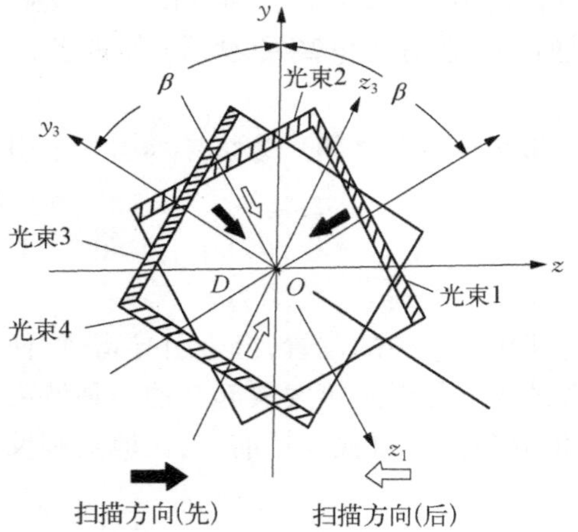

图5－36　旋转—正交扫描光束

由于只对 S_1、S_2 间隔感兴趣，所以，可将 y_1 轴、z_1 轴按扫描方向联结起来，如图5－37。

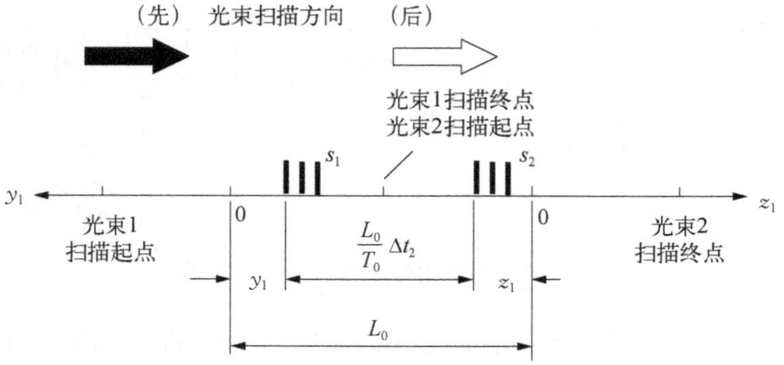

图5－37　正交扫描光束1、2扫描导弹时弹上的光信号

则有

$$L_0 + y_1 + z_1 = \frac{L_0}{T_0}\Delta t_1 \tag{5-55}$$

同理,光束 3、4 扫过导弹时,导弹收到光信号 S_3、S_4 的时间间隔为 Δt_2,则

$$L_0 + y_2 + z_2 = \frac{L_0}{T_0}\Delta t_2 \tag{5-56}$$

可见,时间间隔 Δt_1、Δt_2 中含有导弹在 y_1O_{z1}、y_2O_{z2} 两个坐标系中的坐标信息。由坐标系 y_1O_{z1}、y_2O_{z2} 与坐标系 yOz 的转换关系,便得到导弹在 Oy、Oz 轴上的坐标值。由坐标系 y_1O_{z1}、y_2O_{z2} 与坐标系 yOz 的转换矩阵:

$$\begin{bmatrix} y_1 \\ z_1 \end{bmatrix} = \begin{bmatrix} \cos\beta & \sin\beta \\ -\sin\beta & \cos\beta \end{bmatrix} \begin{bmatrix} y \\ z \end{bmatrix} \tag{5-57}$$

$$\begin{bmatrix} y_2 \\ z_2 \end{bmatrix} = \begin{bmatrix} \cos\beta & -\sin\beta \\ \sin\beta & \cos\beta \end{bmatrix} \begin{bmatrix} y \\ z \end{bmatrix} \tag{5-58}$$

$$\begin{bmatrix} y_1 + z_1 \\ \\ y_2 + z_2 \end{bmatrix} = \begin{bmatrix} \left(\dfrac{\Delta t_1}{T_0}\right) L_0 \\ \left(\dfrac{\Delta t_2}{T_0}\right) L_0 \end{bmatrix} = \boldsymbol{a} + \boldsymbol{b} \tag{5-59}$$

将式(5-59)变换为

$$\boldsymbol{a} = \boldsymbol{BA}$$

$$\boldsymbol{b} = \boldsymbol{CA} = \begin{bmatrix} 0 & 1 \\ 1 & 0 \end{bmatrix} \boldsymbol{B} \begin{bmatrix} 0 & 1 \\ 1 & 0 \end{bmatrix} \boldsymbol{A} \tag{5-60}$$

其中,

$$\boldsymbol{a} = \begin{bmatrix} y_1 \\ y_2 \end{bmatrix},\ \boldsymbol{b} = \begin{bmatrix} z_1 \\ z_2 \end{bmatrix},\ \boldsymbol{A} = \begin{bmatrix} y \\ z \end{bmatrix},\ \boldsymbol{B} = \begin{bmatrix} \cos\beta & \sin\beta \\ \cos\beta & -\sin\beta \end{bmatrix}$$

$$\boldsymbol{C} = \begin{bmatrix} -\sin\beta & \cos\beta \\ \sin\beta & \cos\beta \end{bmatrix} \tag{5-61}$$

$$\boldsymbol{a} + \boldsymbol{b} = \left(\boldsymbol{B} + \begin{bmatrix} 0 & 1 \\ 1 & 0 \end{bmatrix} \boldsymbol{B} \begin{bmatrix} 0 & 1 \\ 1 & 0 \end{bmatrix}\right) \boldsymbol{A}$$

因此,

$$\boldsymbol{A} = \left(\boldsymbol{B} + \begin{bmatrix} 0 & 1 \\ 1 & 0 \end{bmatrix} \boldsymbol{B} \begin{bmatrix} 0 & 1 \\ 1 & 0 \end{bmatrix}\right)^{-1} (\boldsymbol{a} + \boldsymbol{b}) \tag{5-62}$$

即得

$$\begin{bmatrix} y \\ z \end{bmatrix} = -\frac{1}{2\sin 2\beta}\begin{bmatrix} \frac{\Delta t_1}{T_0}L_0(\cos\beta - \sin\beta) - \frac{\Delta t_2}{T_0}L_0(\cos\beta + \sin\beta) + 2L_0\sin\beta \\ -\frac{\Delta t_1}{T_0}L_0(\cos\beta + \sin\beta) + \frac{\Delta t_2}{T_0}L_0(\cos\beta - \sin\beta) + 2L_0\sin\beta \end{bmatrix} \tag{5-63}$$

当$\beta = 60°$时，上面矩阵可简化为

$$\begin{bmatrix} y \\ z \end{bmatrix} = \begin{bmatrix} \frac{0.211\,3\Delta t_1 + 0.788\,7\Delta t_2}{k} - L_0 \\ \frac{0.788\,7\Delta t_1 + 0.211\,3\Delta t_2}{k} - L_0 \end{bmatrix} \tag{5-64}$$

式(5-64)中，$k = T_0/L_0$，由光束1次扫描决定的常数。

可见，光束1、2正交扫描一次，测得导弹收到的两个光脉冲组信号的时间间隔Δt_1；光束3、4正交扫描一次；测得导弹收到的另两个光脉冲组信号的时间间隔Δt_2。便得到导弹在跟踪器固连直角坐标系的坐标(y, z)。它们分别是高低、方位方向的线偏差。根据线偏差导弹形成引导指令，控制导弹沿跟踪器光轴飞行。

3. 激光器和引导光束形成

激光器引导光束形成装置可行的方案如图5-38所示。它由激光器、变象器、扫描发生器、扫描变换器、±β(60°)坐标转换器、变焦距镜头及可动反射镜等组成。

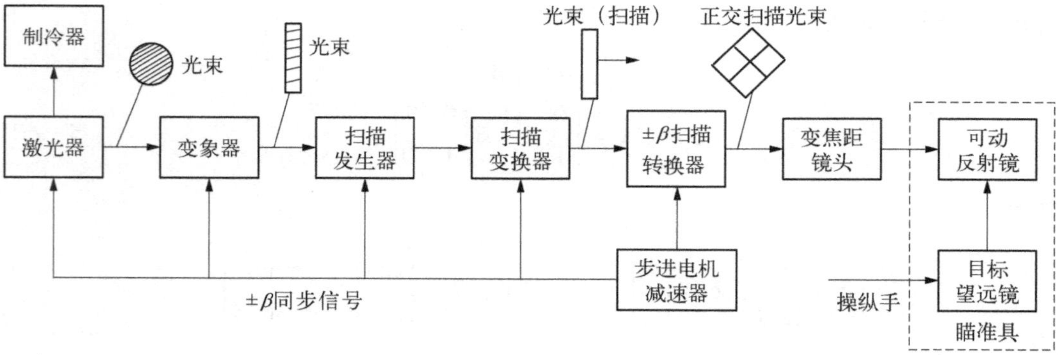

图5-38　引导光束形成装置方块图

1）激光器

在两个正交扫描期间，发出两种重复频率的激光脉冲(一般为几十个赫兹)，光束截面为圆形。它一般是多元面阵或线阵半导体激光器(如GaAs)。为在高重复频率下工作，加有制冷装置(如氟利昂制冷器)，由温控装置控制(如可在面阵激光器中心放热敏二极管检测激光器的温度)。

2）变象器

将激光器射出的圆截面光束，在输出窄缝上成像，形成宽几毫米、长几十毫米的扁光

束。它一般由一组光学柱面镜和输出缝等组成。

3）扫描发生器

使变象器射出的扁平光束实现扫描速度、范围一定的一维扫描。典型的扫描发生器是一个电动机带动的工作于透射状态的八角棱镜。由折射定律可知，棱镜旋转时，将透射出一维扫描光束，如图5-39。

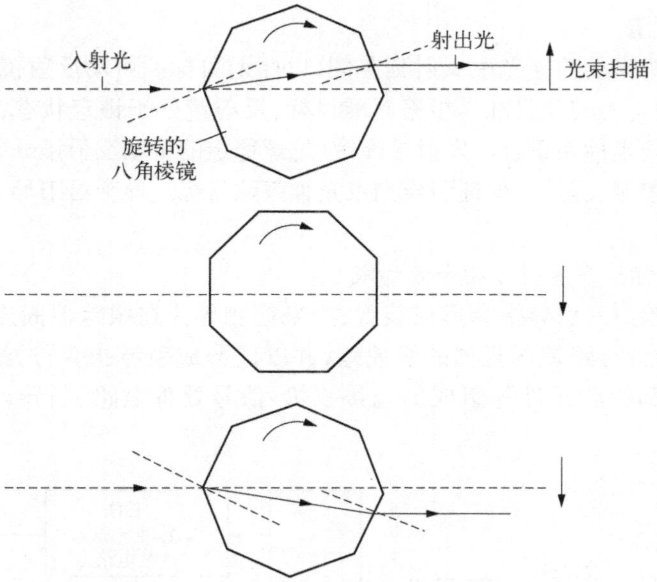

图5-39 棱镜旋转时光束的一维扫描

4）扫描变换器

将扫描发生器送来的一维扫描光束变成两个正交扫描光束。它主要由旋转调制盘和两个传光支路组成。调制盘与八角棱镜以2∶1转速比同步旋转，而调制盘交替使入射光束（一维扫描）射向反射和透射光路。透射光路中装有绕入射光轴右旋45°的直角屋脊棱镜；反射光路中装有绕入射光轴左旋45°的直角棱镜。经直角屋脊棱镜和直角棱镜后，入射的一维扫描光束便变成两个扫描中心重合的正交扫描光束，如图5-40。

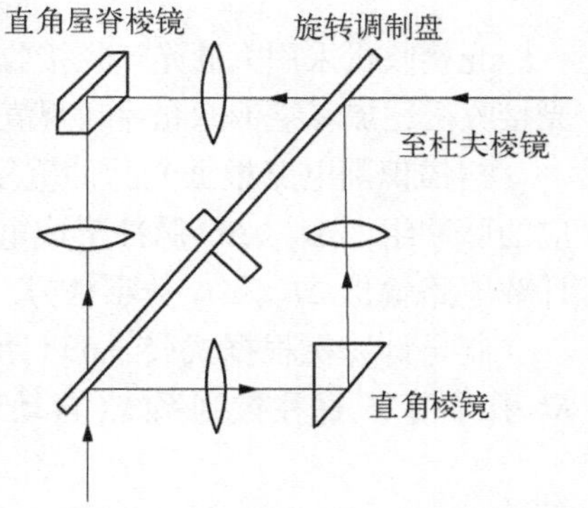

图5-40 扫描变换器示意图

5）$\pm\beta$ 坐标转换器

将两组正交扫描光束相对跟踪器固连直角坐标系轴 Oy 轴分别旋转 $\pm\beta$ 角。一组正交扫描光束的激光脉冲重复频率为 F_1，另一组则为 F_2。$\pm\beta$ 坐标转换器的主要部件是杜夫棱镜，由步进电动机带动其转、停。光束正交扫描时，棱镜不动；两组正交扫描光束扫描间歇时，棱镜进行旋转。杜夫棱镜与八角棱镜的转动同步。

由于跟踪器光轴跟踪运动目标时（$\varepsilon\neq0$），跟踪器固连直角坐标系要发生扭转。而弹上执行坐标系的滚动位置是稳定的。因此,步进电动机专门接有滚动补偿信号,改变杜夫棱镜的旋转起、止位置(转动范围不变),以补偿跟踪器固连直角坐标系的扭转。

6)变焦距镜头

用于实现光学坐标系统长焦距和短焦距的转换,改变射向空间的激光束宽度和视场。导弹起飞后初始段,镜头处于短焦距状态,得到大视场引导光束,以便把导弹引向光轴;引导段,镜头为长焦距状态,得到小视场的引导光束,以便提高引导精度。

7)可动反射镜

将变焦距镜头来的扫描光束反射到空间,以照射目标。可动反射镜由陀螺稳定。发射导弹前,射手用臂力转动瞄准具粗略对准目标,反射镜处于锁定状态,导弹执行坐标系与跟踪器固连直角坐标系重合。发射导弹后,陀螺稳定的可动反射镜开锁,射手转动操纵手柄经伺服机构控制反射镜,保证引导光束光轴跟踪目标。导弹沿引导光束光轴飞行,最后便击中目标。

4. 导弹的坐标检测和引导指令的形成

导弹的坐标检测和引导指令形成装置,用来检测导弹在跟踪器固连直角坐标系 yOz 中的位置,得到导弹与跟踪器光轴的线偏差,并以此形成引导指令,送给弹上控制系统。主要由光学系统和探测元件等组成的光接收机、信号处理电路、制导计算机等构成,如图 5-41。

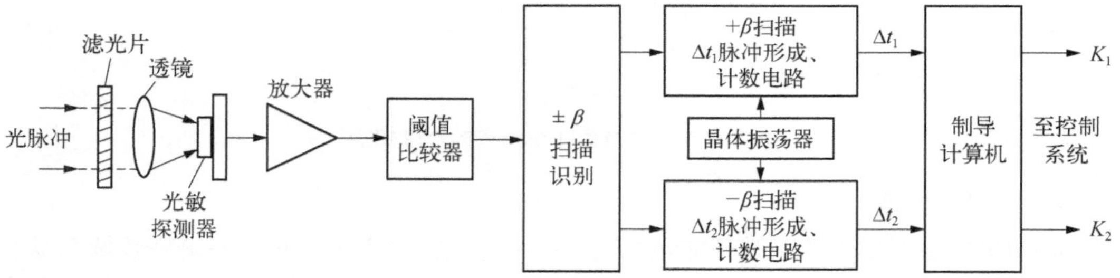

图 5-41 导弹的坐标检测和引导指令形成装置方块图

光接收机采用大通光口径接收镜头和高灵敏度、低噪声光敏探测器,以提高引导距离。光接收机还加有窄带滤光片和阈值比较器(对背景光自适应调整),以减轻背景光的影响。

扫描识别电路根据光脉冲重复频率(F_1 和 F_2)的不同,来识别$\pm\beta$ 正交扫描,并选出相应的脉冲组。Δt_1、Δt_2 脉冲形成电路实际上是方波产生器,方波宽度分别为 Δt_1、Δt_2,经计数电路输出 Δt_1、Δt_2 数字信号。

制导计算机根据式(5-63)计算导弹的坐标,并按雷达波束制导时相应公式形成 K_1、K_1 引导指令,送往控制系统(自动驾驶仪)。

5.4 遥控制导回路和制导误差

无论是遥控指令制导系统或波束制导系统,导弹之所以能纠正飞行偏差,沿理想轨道飞行,都是由制导系统各部分的作用互相协调配合的结果。要了解制导系统某一部分的作用和它对制导精度的影响,不仅应熟悉各部分的组成及工作原理,更要了解它在制导系统中的地位、与其他部分的联系和整个制导系统对这一部分的要求。能否达到预定的制导精度,是衡量一种制导技术是否先进的一个重要指标。因此,本节在讨论制导回路的基础上,进一步说明制导精度的一些问题。

5.4.1 遥控制导回路

1. 遥控指令制导回路

遥控指令制导系统包括俯仰和偏航两个通道。对气动力控制的轴对称导弹来说,这两个通道的结构相同,因此,只讨论俯仰通道的回路。遥控指令制导的俯仰通道包括:目标、导弹观测跟踪装置、引导指令(K_ε)形成装置、指令传输装置、弹上控制系统和弹体及运动学环节,如图5-42。

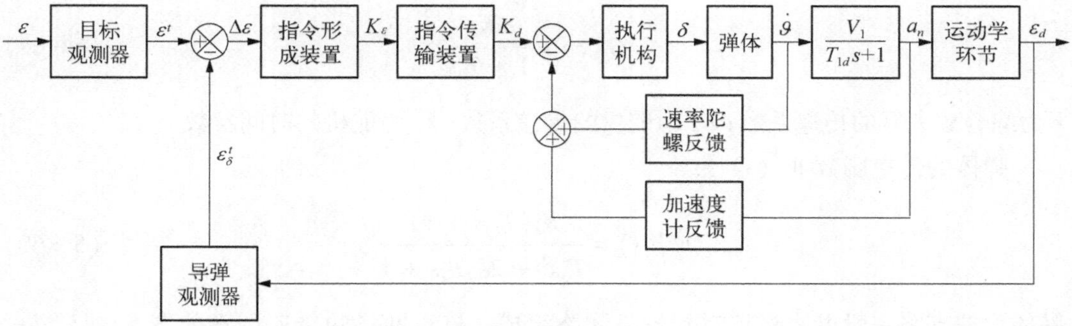

图5-42 重合法引导时遥控指令制导系统俯仰通道回路方块图

1) 目标、导弹观测跟踪装置

无论采用雷达或光电跟踪器,目标、导弹观测跟踪装置都是一个机电或电子式随动系统。因目标、导弹的坐标变化较慢,即跟踪器输入信号 ε_m、ε_d 频率较低。所以可认为目标、导弹观测跟踪装置的传递函数 $G_{Rm}(s)$、$G_{Rm}(s)$ 为

$$\begin{aligned} G_{Rm}(s) &= 1 \\ G_{Rd}(s) &= 1 \end{aligned} \tag{5-65}$$

分析跟踪装置输出起伏误差时,不能把 $G_{Rm}(s)$、$G_{Rd}(s)$ 简单地看成放大环节。因为起伏误差由跟踪器的频率特性和干扰的谱密度决定。

2) 引导指令形成装置

引导指令形成装置的输入量为角偏差 $\Delta\varepsilon$,输出量是引导指令电压 u_{kc}。由于补偿信号是在回路外引入的,所以不计入,得引导指令形成装置的传递函数 $G_c(s)$ 为

$$G_c(s) = \frac{K_c(1 + T_1 s)(1 + T_3 s)}{(1 + T_2 s)(1 + T_4 s)} r_d \quad (T_1 \gg T_2) \tag{5-66}$$

其中,K_c 为传递系数。

对有线指令制导系统,考虑射手的延迟,还应增加惯性环节。

3）引导指令传输装置

它包括指令发射装置和指令接收装置。输入量为引导指令电压 u_{kc}，输出量是经调制、编码、译码、解调后的指令电压 u'_{kc}。一般由放大、惯性、延迟元件组成。由于延迟时间只有数十毫秒，故可略去延迟的影响。所以，引导指令传输装置的传递函数为

$$G_T(s) = \frac{K^T}{1 + T_T s} \tag{5-67}$$

式中，K_T 为传递系数；T_T 为时间常数。

4）导弹的稳定回路

导弹的稳定回路包括综合放大器、执行机构、弹体和速率反馈支路。输入量为指令传输装置来的指令电压 $U'_{k\varepsilon}$，输出量是弹体俯仰角速度。

设采用冷气式舵机，则综合放大器的传递函数 $G_\delta(s)$ 为

$$G_\delta(s) = \frac{kK_\delta}{1 + T_\delta s} \tag{5-68}$$

k 为综合放大器的传递系数；K_δ 为舵机的传递系数；T_δ 为舵机的时间常数。

弹体的传递函数 $W_\delta^{\dot{\vartheta}}(s)$ 为

$$W_\delta^{\dot{\vartheta}}(s) = \frac{K_d(T_{1d}s + 1)}{T_d^2 s^2 + 2\xi_d T_d s + 1} \tag{5-69}$$

弹体反馈支路一般由速率陀螺和校正网络组成。校正网络的传递函数如图 5-43。T_{t1}、T_{i1}、T_{i2}、T_{i3} 值很小，指令电压频率又较低，弹体反馈支路可等效为放大环节，其传递函数 $G_t(s)$ 为

$$G_t(s) = K_{t1}K_i = K_t \tag{5-70}$$

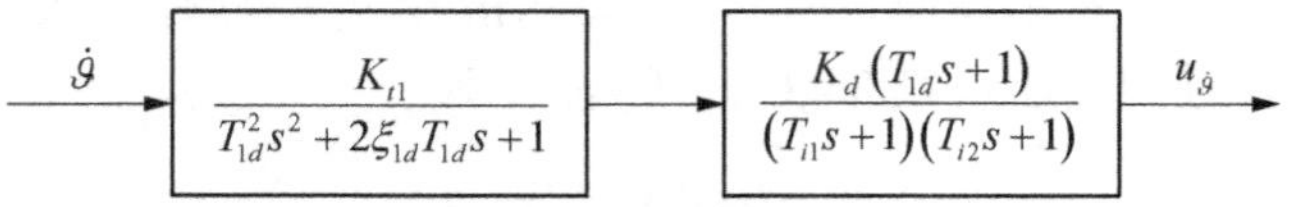

图 5-43　弹体反馈装置方块图

这样，导弹的稳定回路如图 5-44 所示，其传递函数 $W_\delta^{\dot{\vartheta}}(s)$ 为

$$W_\delta^{\dot{\vartheta}}(s) = \frac{kK_\delta K_d(T_{1d}s + 1)}{(T_d^2 s^2 + 2T_d\xi_d s + 1)(T_\delta s + 1) + kK_\delta K_d K_t(K_{1d}s + 1)} \tag{5-71}$$

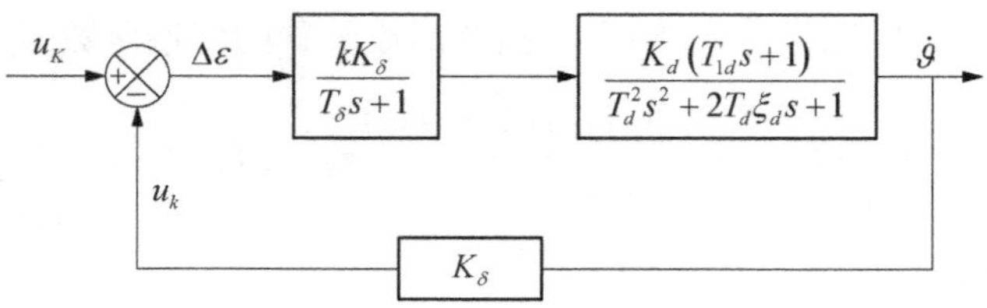

图 5-44　弹体稳定回路方块图

考虑通常 $kK_\delta K_t K_d < 1$，则 $W_\delta^{\dot{\vartheta}}(s)$ 可近似为

$$W_\delta^{\dot{\vartheta}}(s) \approx \frac{K_d^*(T_{1d}s+1)}{T_d^{*2}s^2+2\xi_d^* T_d^* s+1} \tag{5-72}$$

其中，$K_d^* \approx kK_\delta K_d$，$K_d^* \approx T_d$，$\xi_d^* \approx \xi_d + \dfrac{kK_\delta K_d K_i T_{1d}}{2T_d}$

比较式(5-69)、式(5-71)可见，加了弹体反馈后，相对阻尼系数 $\xi_d^* > \xi_d$，即导弹的稳定性增加了。

5) 运动学环节

遥控指令制导时，弹体输出函数(如横向加速度)与控制站需要的输入参数(如高低角、方位角)存在着固有的耦合关系，这一耦合关系被称为运动学环节。制导设备不同，运动学环节的传递函数也不同。下面以目标、导弹在铅垂平面内运动，重合法引导时为例，粗略地求出运动学环节的传递函数。

如图 5-45，导弹受控飞行输出横向加速度 a_{ny}，控制站观测器输入量为导弹高低角 ε_d，则 a_{ny} 与 ε_d 之间的耦合关系可由下列关系得

$$\dot{\varepsilon}_d r_d = V_d \sin\varphi_d \tag{5-73}$$

式中，φ_d 是导弹速度矢量与目标视线的夹角，也称波束角。令 $V_d = \text{const}$，对上式求导得

$$\ddot{\varepsilon}_d r_d + \dot{\varepsilon}_d \dot{r}_d = V_d \cos\varphi_d \cdot \dot{\varphi}_d \tag{5-74}$$

而 $\dot{r}_d = V_d\cos\varphi_d$、$\dot{\varphi}_d = \dot{\theta} - \dot{\varepsilon}_d$、$a_{ny} = V_d\dot{\theta}$，波束角 φ_d 一般小于 20°~30°，则 $\cos\varphi_d \approx 1$，于是有

$$\ddot{\varepsilon}_d r_d + 2\dot{\varepsilon}_d V_d \approx a_{ny} \tag{5-75}$$

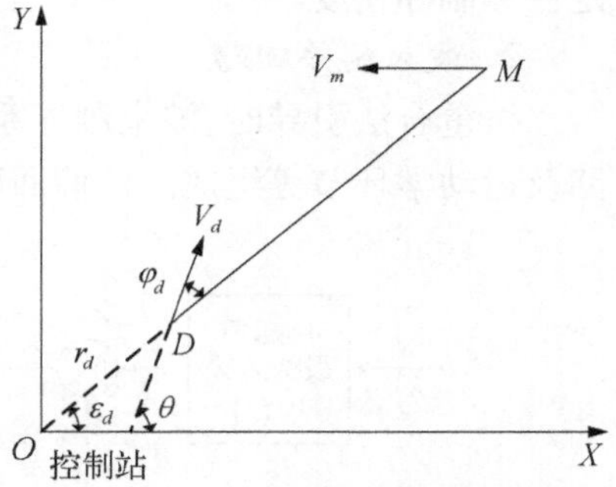

图 5-45　铅垂面内重合法时导弹目标运动关系

且考虑 $2V_d \ll r_d$，可得运动学环节的传递函数 $G_{a\varepsilon}(s)$ 为

$$G_{a\varepsilon}(s) = \frac{\varepsilon_d(s)}{a_{ny}(s)} \approx \frac{1}{s^2 r_d(s)} \tag{5-76}$$

当控制站观测器要求输入导弹的横向位移 h_d 时，运动学环节的传递函数 $G_{ah}(s)$ 为

$$G_{ah}(s) \approx \frac{1}{s^2} \tag{5-77}$$

6) 遥控指令制导系统的简化制导回路

由于导弹稳定回路(图 5-44)的参数 K_d^*、T_d^*、ξ_d^* 与导弹气动参数 K_d、T_d、ξ_d 密切相关，而气动参数又随导弹飞行速度、来流密度变化而变化。所以，导弹稳定回路的参数在制导中不断变化，当其超过一定的限度时，制导系统可能变得不稳定。为使制导回路和导

弹稳定回路达到一定的稳定裕度，导弹控制系统中加有加速度反馈回路。导弹加速度反馈装置由加速度计和滤波器串联组成。加速度计是一个振荡元件，其振荡频率比弹体振荡频率高得多，可看成为放大元件，放大系数为 K_χ。滤波器则由二级惯性元件串联而成。这样，重合法引导时遥控指令制导回路如图 5-46 所示。

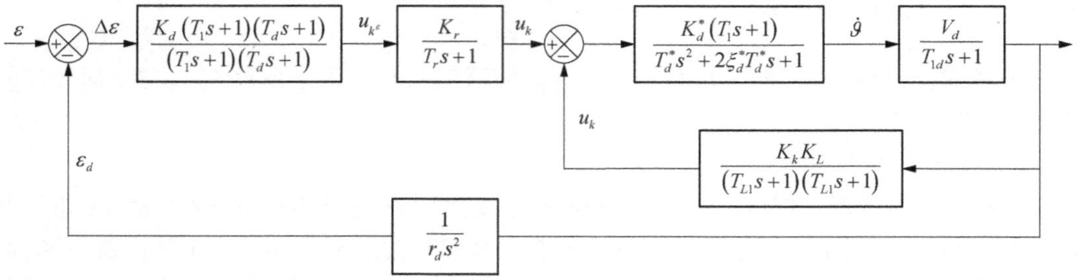

图 5-46 重合法引导时遥控指令制导回路

知道了制导系统各环节的参数，就可用自动控制原理的一般方法分析制导系统的稳定性和制导精度。

2. 波束制导回路

按重合法引导时，波束制导系统由目标角跟踪装置、弹上指令形成装置、导弹稳定回路及运动学环节等组成。俯仰回路如图 5-47 所示。

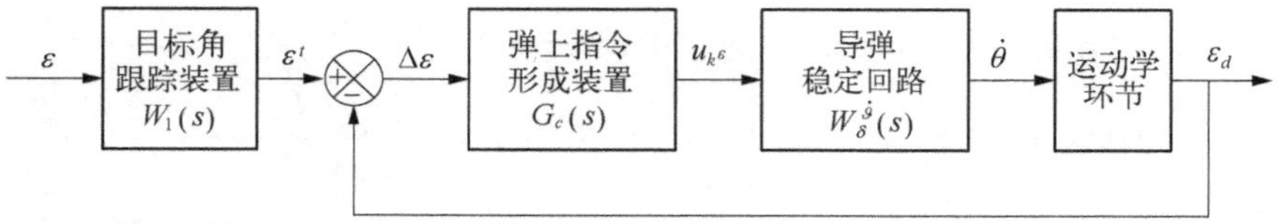

图 5-47 重合法引导时波束制导俯仰回路方块图

目标角跟踪装置是一个自动调整装置，其传递函数因设备不同而异，在有关雷达跟踪、光电跟踪的书籍中都有论述，这里便不再赘述。

弹上指令形成装置包括弹上接收机、偏差信号形成装置等。其中的相位检波带有低通滤波器，因而指令形成装置为惯性环节，传递函数 $G_c(s)$ 为

$$G_c(s)=\frac{u_{k^\varepsilon}}{\Delta\varepsilon}=\frac{K_c}{T_cs+1}r_d \tag{5-78}$$

其中，K_c、T_c 分别为指令形成装置的传递系数、时间常数。

导弹稳定回路的传递函数 $W_\delta^{\dot{\vartheta}}(s)$，运动学环节的传递函数和遥控指令制导系统相似。考虑到运动学环节是个双积分环节，为使系统稳定，指令形成装置中串有超前校正网络。这样，按重合法引导时波束制导回路如图 5-48。

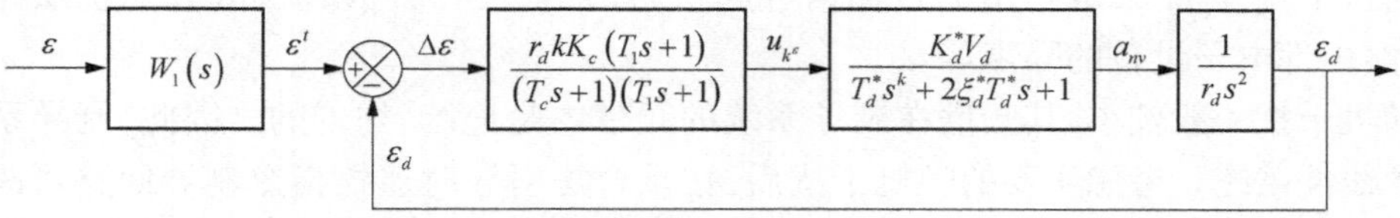

图 5-48　重合法引导时波束制导俯仰通道简化回路

5.4.2　制导误差和命中概率

在制导中，由于制导回路系统特性的限制和各种内、外干扰的影响，使导弹的实际弹道与理想弹道有偏差，这一偏差称为制导误差。

实际的制导误差线段可能指向空间任一方向。为简化讨论，仍在垂直于观测器固连直角坐标系的 Ox 轴的平面表示，并把它沿 Oy、Oz 轴分解为两个分量。

对制导误差的要求随弹道的不同点而不同，在引入段各点，允许的制导误差大一些；在遭遇区，因制导误差直接影响脱靶量，对制导误差的要求要严格得多。

根据引起制导误差的原因，制导误差可分为动态误差、随机（起伏）误差和仪器误差三大类。

1. *动态误差*

一般地来说，影响动态误差大小的因素有引导方法的不完善、导弹的重力、导弹的可用过载有限及目标机动、其他干扰引起制导回路的过渡过程。

引导方法的不完善和导弹的重力引起的动态误差变化规律是预先可知的，因而可采取补偿措施。由引导方法不完善而引入的动态误差补偿函数，补偿后剩余的动态误差 Δh_{D^ε}、Δh_{D^β} 为

$$\begin{aligned}\Delta h_{D^\varepsilon} &= \frac{1}{K_0}a_{ny} - h_{D^\varepsilon}^* \\ \Delta h_{D^\beta} &= \frac{1}{K_0}a_{nz} - h_{D^\beta}^*\end{aligned} \tag{5-79}$$

式中，K_0 是制导回路的开环放大系数。它表示线偏差（h_ε 或 h_β）为单位值时导弹能产生的横向加速度（a_{ny} 或 a_{nz}）；$h_{D^\varepsilon}^*$、$h_{D^\beta}^*$ 为 ε 平面、β 平面的动态误差补偿信号。

导弹可用过载有限也会引起动态误差。一般发生在导弹飞行的被动段（燃料用完，靠惯性飞行时），速度较低时，或理想弹道弯曲度较大，导弹飞行高度较高时。导弹的可用过载小于需用过载导致其只能沿可用过载决定的圆弧形弹道飞行，使实际弹道与理想弹道间出现偏差。这种动态误差无法补偿，只能靠选用好的引导方法，尽量使理想弹道平直。

制导回路的过渡过程引起的动态误差，发生在导弹受控后的引入段、目标机动及制导回路受到其他扰动时。这种误差也无法补偿，但可采用校正措施，使回路的过渡过程缩短，或选用对干扰不敏感的引导方法。

2. *随机误差*

目标随机机动和各种随机干扰作用在制导回路上引起的制导误差，称为随机误差。

所谓随机干扰,即第二章指出的目标信号起伏、背景杂波、大气紊流、敌方干扰及光斑漂移、回路内部电子设备的噪声等。

随机干扰一般较小,其频谱在制导系统的频带内是连续、均匀的。因此,制导系统可看成常线性系统。考虑主要的随机干扰后,按重合法引导时遥控指令制导回路可改为图5-49。

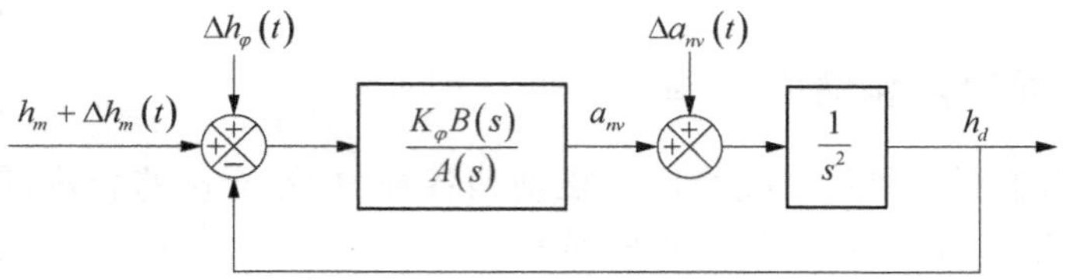

图 5-49　考虑随机干扰后遥控指令制导回路

图中,$\Delta h_m(t)$为目标随机机动的输入函数;$\Delta h_\varphi(t)$为目标信号的起伏和回路内部起伏噪声等效输入函数;$\Delta a_{nv}(t)$为大气紊流干扰的输入函数。

目标信号的起伏包括振幅起伏和角闪烁,使观测跟踪装置产生测角随机误差 $\Delta\varphi(t)$,则 $\Delta h_\varphi(t)=r_d\Delta\varphi(t)$, $\Delta h_\varphi(t)$ 是时变的,令 $r_d=\text{const}$,则 $\Delta h_\varphi(t)$ 便成为平稳随机函数。其相关函数 $\Delta h_\varphi(t)$ 为

$$\Delta h_\varphi(t)=M[r_d\Delta\varphi(t)r_d\Delta\varphi(t+\tau)]=r_d^2R_\varphi(\tau) \tag{5-80}$$

$\Delta h_\varphi(t)$ 的谱密度 $S_{h\kappa}(\omega)$ 为

$$S_{h\kappa}(\omega)=r_d^2S_\varphi(\omega) \tag{5-81}$$

$S_{h\kappa}(\omega)$ 是 $\Delta\varphi(t)$ 的谱函数, $R_\varphi(\tau)$ 是 $\Delta\varphi(t)$ 的相关函数。令制导回路的开环传递函数为 $G(s)$, 导弹位移的谱密度 $S_{hd}(\omega)$ 为

$$S_{hd}(\omega)_0=\left|\frac{G(j\omega)}{1+G(j\omega)}\right|^2S_{h\varphi}(\omega) \tag{5-82}$$

制导误差中起伏误差的均方差 σ_{hd}^2 为

$$\begin{aligned}\sigma_{hd}^2&=\frac{1}{2\pi}\int_{-\infty}^{\infty}S_{hd}(\omega)\mathrm{d}\omega=r_d^2S_\varphi(\omega)\ \frac{1}{2\pi}\int_{-\infty}^{\infty}\left|\frac{G(j\omega)}{1+G(j\omega)}\right|^2\mathrm{d}\omega\\&=r_d^2S_\varphi(\omega)A(\omega)\end{aligned} \tag{5-83}$$

上式中 $S_\varphi(\omega)$ 在系统的频带内可看成常数,因而从积分号中提出。

$$A(\omega)=\frac{1}{2\pi}\int_{-\infty}^{\infty}\left|\frac{G(j\omega)}{1+G(j\omega)}\right|^2\mathrm{d}\omega \tag{5-84}$$

称为制导回路的有效通频带宽,也叫有效带宽。

由式(5-83)可见,制导的起伏误差的均方值 σ_{hd}^2,由输入干扰的谱密度、闭合回路的有效带宽和导弹的斜距决定。为了减小起伏误差,并使动态误差(反映系统的快速性

能)满足要求,制导回路应选择最佳通频带;考虑到遥控制导起伏误差随导弹斜距增大而增大,因此应限制制导距离。

对目标的随机机动,制导系统应准确地复现,复现时将出现误差,故应当用误差传递函数。如目标随机机动横向位移函数 $h_{\alpha}(t)$ 的谱密度为 $S_{h\alpha}(\omega)$,则制导误差的均方值 $\sigma_{h\alpha}^{2}$ 为

$$\sigma_{h\alpha}^{2}=\frac{1}{2\pi}\int_{-\infty}^{\infty}\left|\frac{1}{1+G(j\omega)}\right|S_{h\alpha}(\omega)\,\mathrm{d}\omega \tag{5-85}$$

计算表明,系统的开环放大系数增大、带宽增加时,目标随机机动引起的随机制导误差将减小,但目标信号起伏干扰引起的制导误差将增大。因此,应从使随机制导误差均方差最小来考虑制导系统的参数。

3. 仪器误差

由制造工艺决定的制导设备固有精度和工作稳定的局限性引起的制导误差,称为仪器误差。它包括观测跟踪器的仪器误差、指令形成装置的仪器误差、指令传输设备的仪器误差、控制系统的仪器误差和导弹空气动力不对称引起的仪器误差等。

仪器误差的特点是随时间变化很小或保持某个常量。因此,可把它作为加在回路某点上的常值干扰。通常前三项折算到制导回路的输入端。后二项折算到导弹控制系统的输入端,如图 5-50 所示。图中,K_c、K_T、K_a 分别为指令形成装置、指令传输装置和控制系统的传递函数;Δh_m、Δu_{Σ} 为折算后的仪器误差。

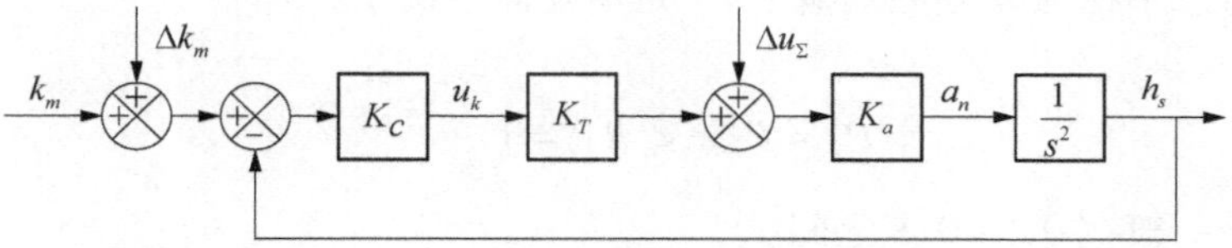

图 5-50　分析仪器误差时遥控制导回路的方块图

制导回路中的元件,都是从一批同样的元件中抽出的,其制作和安装误差是服从正态分布的随机量。若认为各元件引起的仪器误差是相互独立的,则总仪器误差均方根 $\sigma_{h\Sigma}$ 为

$$\sigma_{h\Sigma}=\sqrt{\sum_{1}^{n}\sigma_{hi}^{2}} \tag{5-86}$$

式中,σ_{hi}^{2} 为第 i 个元件仪器误差的均方值;n 表示有 n 个仪器误差源。

分析和统计表明,遥控制导设备的仪器误差,主要是观测跟踪器的角坐标测量设备和指令形成装置的动态误差补偿设备的仪器误差。

4. 导弹的命中概率

要确定制导误差(数学期望和均方值),还必须靠仿真实验和实际获得的大量数据进行综合、分析。它们互相补充,缺一不可。分析、实验、打靶证明,制导误差的分布服从正态分布。当导弹采用直角坐标控制时,若认为两个控制方向是相互独立的,各种制导误差

也相互独立,则总制导误差是一个正态分布的二维随机变量,其概率密度 $f(y, z)$ 为

$$f(y, z) = \frac{1}{2\pi\sigma_y\sigma_z} e^{-\frac{1}{2}\left[\frac{(y-y_0)^2}{\sigma_y^2}+\frac{(z-z_0)^2}{\sigma_z^2}\right]}$$

$$\sigma_y = \sqrt{\sigma_{yD}^2 + \sigma_{ym}^2 + \sigma_{yi}^2} \tag{5-87}$$

$$\sigma_z = \sqrt{\sigma_{zD}^2 + \sigma_{zm}^2 + \sigma_{zi}^2}$$

$$z_0 = z_{0D} + z_{0i}$$

式中,y_0、z_0 分别为总制导误差沿 Oy、Oz 轴的数学期望;σ_y、σ_z 分别为总制导误差沿 Oy、Oz 轴的均方根值;下标“D”、“m”、“i”分别表示动态误差、随机误差、仪器误差。

已知制导误差,可计算命中概率。为简化讨论,设导弹落入以目标为圆心、R 为半径的圆内后,其杀伤目标的概率为 1(即略去引信启动特性、战斗部杀伤覆盖特性、导弹目标相对位置和目标易损特性的影响)。且令制导误差服从圆分布($\sigma_y = \sigma_z = \sigma$),数学期望为零。由式(5-87)得

$$f(y, z) = \frac{1}{2\pi\sigma^2} e^{-\frac{R^2}{2\sigma^2}} \tag{5-88}$$

$$R^2 = y^2 + z^2$$

则导弹落入半径为 R 圆内的概率 P_1 是单发命中概率:

$$P_1 = P\{r < R\} = 1 - e^{-\frac{R^2}{2\sigma^2}} \tag{5-89}$$

目前,P_1 一般在 0.5~0.8 之间。

如对某个目标连续发射 n 发导弹,且每发是独立的,则 n 发导弹总命中概率 P_n 为

$$P_n = 1 - (1 - P_1)^n \tag{5-90}$$

如单发命中概率 $P_1 = 0.7$,当发射导弹数 $n = 2$、3、4 时,总命中概率分别为 $P_2 = 0.91$、$P_3 = 0.97$、$P_4 = 0.99$。

可见,当单发命中概率不高时,可采用连发,以弥补制导精度低的缺陷。目前,精确制导导弹,一般用单发射击目标;中、远程遥控制导导弹,则多采用 2~3 发射击同一目标。

5.5 本章要点

(1) 三点法(重合法、视线法)是使制导站、导弹、目标始终保持在一条直线上的一种引导方法。

(2) 平行接近法中导弹速度矢量不指向目标,而是沿着目标飞行方向超前目标瞄准线一个角度,这就可以使得平行接近法比追踪法的弹道平直。

(3) 前置点法(前置量法、矫直法或角度法)是指导弹在整个导引过程中,导弹-制导

站连线始终超前于目标-制导站连线，而这两条连线之间的夹角是按某种规律变化的一种导引方法。

(4) 遥控指令制导是指从控制站向导弹发出引导指令，把导弹引向目标的一种遥控制导技术，其制导设备通常包括制导站和弹上设备两大部分。制导站一般包括：目标、导弹观测跟踪装置，指令形成装置，指令发射装置等。弹上设备一般有指令接收装置和弹上控制系统。

(5) 波束制导（驾束制导）的控制站与导弹间没有指令线，其由控制站发出引导波束，导弹在引导波束中飞行，靠弹上制导系统感受其在波束中的位置并形成引导指令，最终将导弹引向目标。

(6) 遥控制导回路的主要组成有：目标、导弹观测跟踪装置、引导指令形成装置、指令传输装置、弹上控制系统和弹体运动学环节。引起制导误差的三项主要原因为：动态误差、随机误差和仪器误差。

5.6 思考题

(1) 假设目标和导弹在铅垂平面内运动，目标水平匀速直线飞行，导弹速度为常值，试推导导弹采用三点法时的过载需求。

(2) 阐述 TVM 制导的工作过程。

(3) 简要阐述遥控指令的形成原理。

(4) 简要阐述雷达或者激光波束制导的工作过程。

(5) 绘制并分析遥控制导回路。

第 6 章
自主制导系统

自主制导系统是一种不依赖于目标或指挥站(地面或空中的),仅由安装在导弹内部的测量仪器测量地球或宇宙空间的物理特性形成控制信号,实现对导弹的飞行控制的制导系统。如根据物体的惯性测出导弹运动的加速度,进而确定导弹飞行航迹的惯性导航系统;根据宇宙空间某些星体与地球的相对位置以进行引导的天文导航系统;根据预先安排好的方案以控制导弹飞行的方案制导系统;根据目标地区附近的地形特点导引导弹飞向目标的地图匹配制导系统等都属于自主制导系统。本章将对方案制导、天文导航、惯性制导以及地图匹配制导等自主制导系统进行详细阐述。本章在编写过程中主要参考了文献[29-34]。

6.1 方案制导

方案制导的基本概念在 3.2.1 节中已经阐述,这里不再赘述。下面,以舰舰飞航式导弹的初、中段制导为例,进一步说明方案制导系统的组成和工作原理。

典型舰舰飞航式导弹的飞行弹道如图 6-1 所示。导弹由导弹舰发射后,爬升到 A 点,到 B 点后转入平飞,至 C 点方案飞行结束,转入末制导飞行。末制导可采用自动导引或其他制导技术。可见,这种飞航式导弹的方案飞行弹道基本由两段组成:第一段是爬升段,第二段是平飞段。

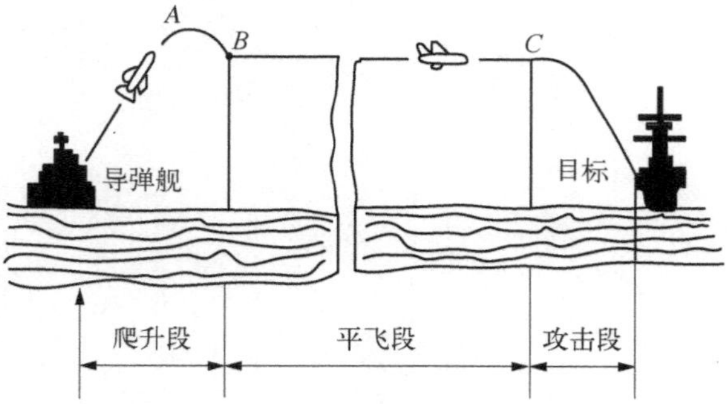

图 6-1 方案制导导弹的飞行弹道

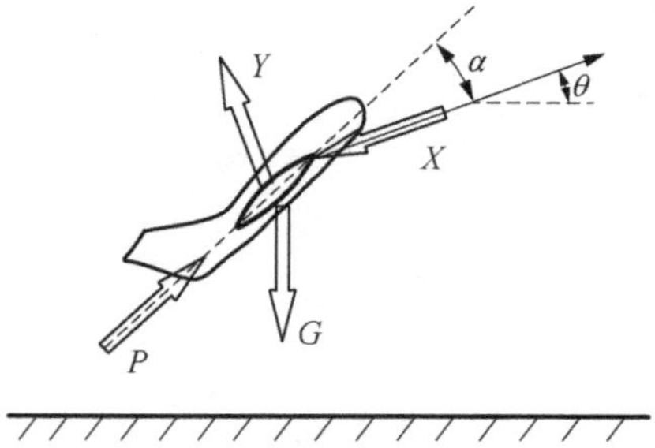

图 6-2 爬升时作用在导弹上的力

爬升段一般要求导弹等速爬升,如图 6-2,作用在导弹上的力应满足下列关系:

$$P\cos\alpha = X + G\sin\theta$$

$$Y + P\sin\alpha - G\cos\theta = \frac{G}{g}V\frac{\mathrm{d}\theta}{\mathrm{d}t} \tag{6-1}$$

式中，P 为导弹发动机的推力；X 为空气阻力；Y 为气动升力；G 为导弹重力。

由上式可见，为保证导弹按一定的轨迹角 $\theta(t)$ 爬升，作用在导弹上的升力和重力需保持一定的关系。导弹的迎角 α 变化规律 $\alpha(t)$ 就可以由上面关系式计算出来。因导弹的俯仰角 $\vartheta(t)$ 为

$$\vartheta(t) = \theta(t) + \alpha(t) \tag{6-2}$$

所以，也可计算出导弹以一定轨迹角 $\theta(t)$ 爬升时的导弹俯仰角变化规律 $\vartheta^*(t)$（见图6-3）。

俯仰角的方案值 $\vartheta^*(t)$，在爬升段实际由两部分组成。一部分是预定的爬升规律 ϑ_α^*，它由方案机构给出；另一部分是导弹还没有爬升到的预定高度 H_0，此高度差 ΔH 的存在，使导弹必须另外给出对应的迎角 α，产生升力，使之爬升，该迎角对应一个 $\vartheta_{\Delta H}$ 值。该信息由高度表给出。因此，爬升段的俯仰角方案 ϑ_α^* 为

$$\vartheta_\alpha^* = \vartheta^*(t) - \vartheta_{\Delta H}(t) \tag{6-3}$$

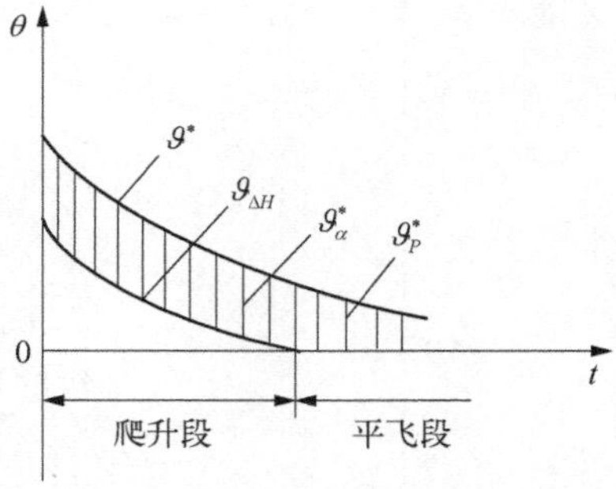

图6-3 导弹爬升段和平飞段的俯仰角变化

在平飞段，如导弹已稳定在预定高度 H_0，则高度差 $\Delta H = 0$，导弹的迎角就是平衡导弹重力所需的迎角。与此迎角相应俯仰角 $\vartheta_p^*(t)$，即平飞段导弹俯仰角方案 $\vartheta^*(t)$ 应为

$$\vartheta^*(t) = \vartheta_p^*(t) \tag{6-4}$$

可见，先爬升后平飞的导弹，其俯仰通道制导系统的方块图如图6-4所示。

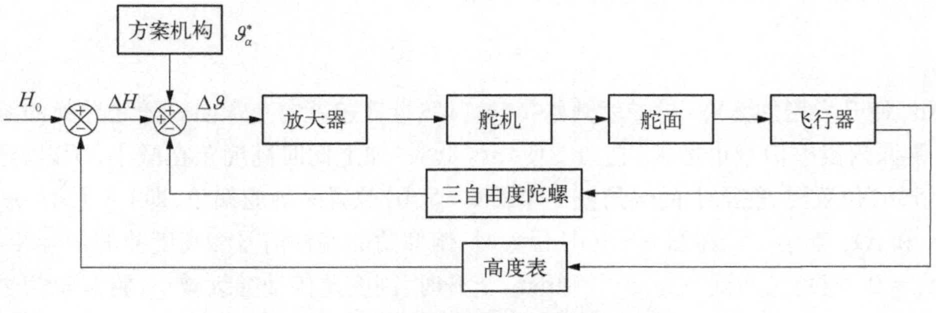

图6-4 俯仰通道制导系统方块图

导弹爬升时，由于还没达到预定高度 H_0，就存在高度差 ΔH，与此同时方案机构给出方案信号 ϑ_α^*。这两个信号（都变换为电压值）相加后，送给放大器，信号经放大送给舵机，舵机推动舵面，操纵导弹改变迎角。三自由度陀螺就测出导弹的实际俯仰角，与预定的方案俯仰角 $\vartheta^*(t)$ $[\vartheta^*(t) = \vartheta_\alpha^* + \vartheta_{\Delta H}]$ 相比较，若有误差，比较后有一个 $\Delta\vartheta$。此信号继续通过舵机操纵导弹改变俯仰角，直至陀螺测出的实际俯仰角与方案俯仰角相等时，舵

面不再继续偏转，导弹也就按方案规定的俯仰角爬升。

导弹平飞段，若因某种原因（如阵风）偏离了预定高度 H_0。如偏离 H_0 的瞬间，导弹还未改变原来的平衡状态，即升降舵偏转角 $\delta_a = 0$，由起始迎角 α_0 产生的升力 Y_0 正好等于导弹重力 G［见图 6－5(a)位置］。此时高度传感器测出导弹的飞行高度 H，此高度信号和 H_0 信号比较，得到高度差 $\Delta H = H - H_0$ 信号，经放大变换后，推动舵机，使升降舵向上偏转，形成 $-\delta_b$。

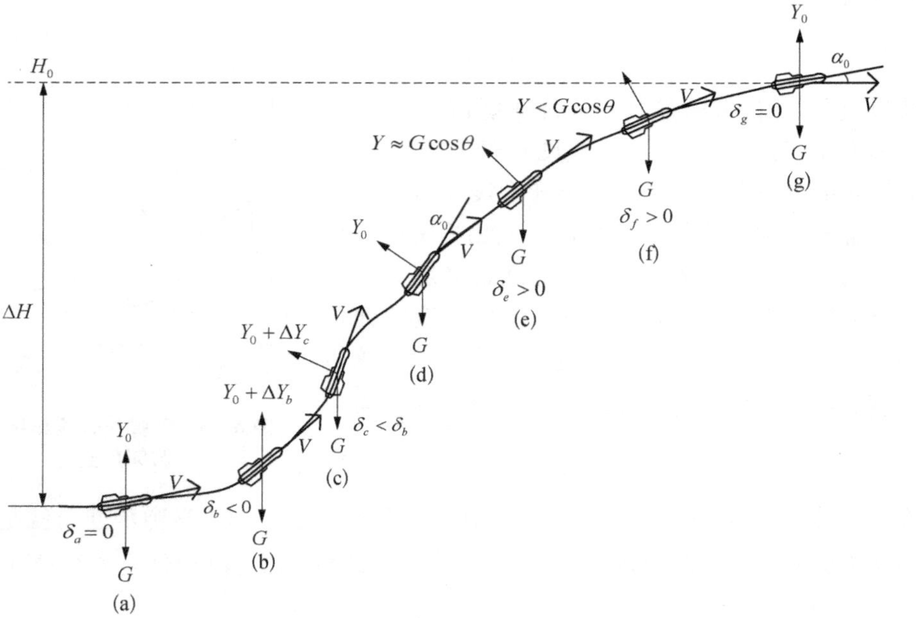

图 6－5　导弹的高度自稳定过程

在 $-\delta_b$ 作用下导弹抬头，迎角增大了 $\Delta\alpha_b$，即

$$\alpha = \alpha_0 + \Delta\alpha_b \tag{6-5}$$

$\Delta\alpha_b$ 使升力增加 ΔY_b，导弹就开始爬升，其飞行轨迹就向上弯曲。随之导弹的俯仰角增大，俯仰角偏差信号也增大，它力图使导弹低头，加上此时高度差在减小，所以，导弹在图 6－5(c)位置时，舵面上的偏角就小于图 6－5(b)位置时的舵偏角，即 $|\delta_c| < |\delta_b|$，因而 Δa_c 和 ΔY_c 都小了。在图 6－5(d)位置时，俯仰角的偏差信号和高度差的信号相等，舵偏角 $\delta_d = 0$，迎角又回到 α_0。当导弹继续上升时，高度差信号继续减小，俯仰角信号大于高度差信号，升降舵向下偏，升力小于重力 G。导弹处于图 6－5(e)位置时，$Y \approx G\cos\theta$，该点是导弹飞行轨迹的拐点。导弹再爬升时，升力 Y 将小于 $G\cos\theta$，其飞行轨迹将向下弯曲，俯仰角 ϑ 也将减小［如图 6－5(f)］。当到图 6－5(g)位置时，高度差信号和俯仰角偏差的信号均为零。速度向量重新回到水平位置，导弹在给定高度 H_0 上稳定飞行。

应当指出，由于导弹的惯性和制导系统的滞后效应，爬升时，导弹会冲过给定高度 H_0。此后，经弹上控制系统控制，历经几次波动后才回到预定高度 H_0，然后作水平飞行。另外，平飞段的结束，是靠弹上方案机构中预先装入的计时数据控制的。

方案制导除在上述飞航式导弹上采用外，在弹道式导弹的主动段航迹上一般也采用。图6－6(a)是弹道式导弹主动段弹道示意图。由于弹道式导弹一般为垂直发射，从O点发射后，升至A点，弹道才开始转弯，飞到C点后，发动机关机，主动段宣告结束。主动段结束瞬时，要求导弹的位置、速度的大小和方向均应符合预定的要求，才能使导弹靠惯性飞向预定的目标区域。例如，一枚射程为8 000 km的洲际弹道导弹，在发动机关机瞬间，速度偏离预定值(6 705 m/s)0.3 m/s，则弹着点将偏离目标1 823 m。因而，必须使AC段符合要求。这就要求导弹的姿态角(如俯仰角ϑ)按图6－6(b)所示的方案控制。

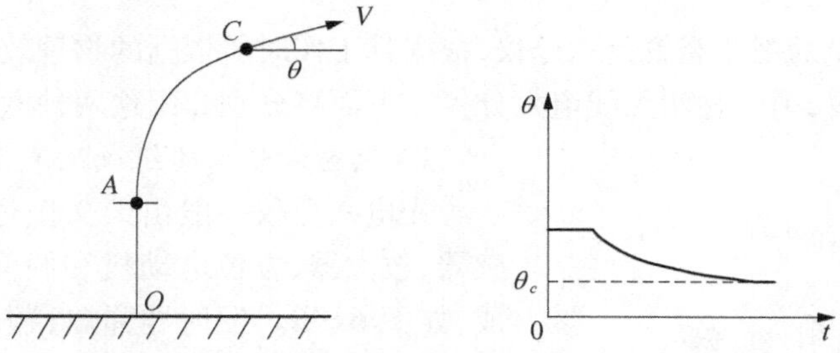

(a) 主动段弹道　　(b) 方位角方案控制

图6－6　弹道导弹主动段弹道及俯仰变化示意图

6.2 天文导航

天文导航通过观测天体的位置与运动来推算导航信息，这种导航方式不依赖外部信息，也不向外部辐射能量，因此具有较高的隐蔽性和可靠性。天文导航是基于天体的位置、轨道和光学特性来确定航向和位置。通过观测星体，获得星体的位置和轨道信息，以此可计算出观测者所处的位置和航向。

6.2.1 星体的地理位置和等高圈

星体的地理位置是星体对地面的垂直照射点。星体位于其地理位置的正上方。假设天空中某星体，如把它与地球中心连一条直线，则这直线一定和地球表面相交于一点X_e，X_e便称为该星体在地球上的地理位置，如图6－7所示。由于地球的自转，星体的地理位置始终在地面上沿着纬线由东向西移动。

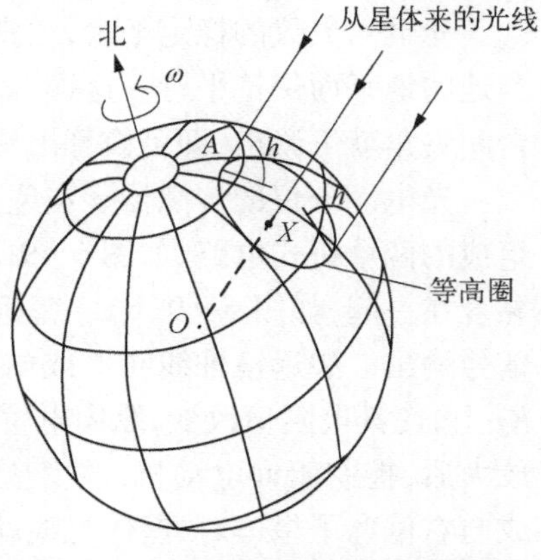

图6－7　星体的地理位置及等高圈

从星体投射到观测点的光线与当地地平面的夹角h，叫作星体高度，又称星体的平纬。由于星体离地球很远，照射到地球上的光线可视为平行光线。这样，在地球表面，离星体地理位置等距离的所有点的星体高度相同。所以，凡以X_e为圆心，以任意距离为半径在地球表面的圆圈上任一点的高度必然相等，这个圆称为等高圈。应当指出,当取的半径不同时,等高圈对应星体的高度也不同。等高圈半径愈小,星体的高度愈大。星体地理位置 X_e 处的星体高度最大($h_{max}=90°$)。

由于恒星在宇宙空间的位置是固定的,而地球从西向东旋转,故使所有的星体都是东升西落,则星体的地理位置也随时间改变。但这种变化规律,天文学上早已掌握,已由格林尼治时间编制成星图表。当对星体观测后,参照星图表,便可找出星体在天空中的位置。

6.2.2 六分仪的组成及工作原理

导弹天文导航的观测装置是六分仪,根据其工作时所依据的物理效应不同分为两种:一种叫光电六分仪,另一种叫无线电六分仪。下面将分别介绍这两种六分仪。

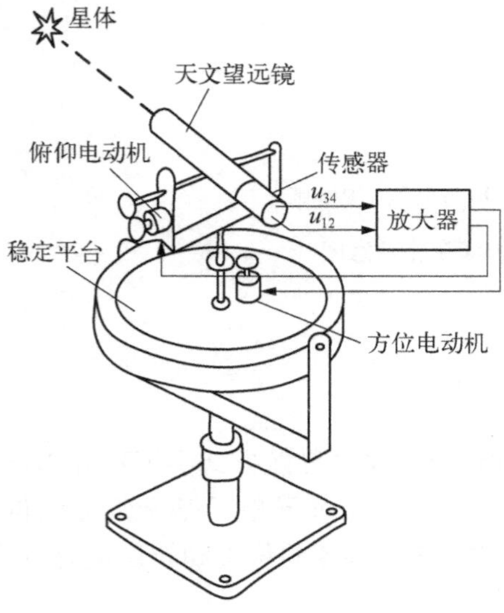

图 6-8 光电六分仪原理图

1. 光电六分仪的组成及工作原理

光电六分仪一般由天文望远镜、稳定平台、传感器、放大器、方位电动机和俯仰电动机等部分组成,如图 6-8。发射导弹前,预先选定一个星体,将光电六分仪的天文望远镜对准选定星体。制导中,光电六分仪不断观测和跟踪选定的星体。

天文望远镜是由透镜和棱镜组成的光电系统,它把从星体来的平行光聚焦在光敏传感器上,为精确的跟踪星体,不仅要求透镜系统有很高的精度,而且还应尽可能具有较长的焦距和较窄的“视力场”。但视力场过窄星体容易丢失。所以,在六分仪中,最好能有两个天文望远镜,一个有较窄的视力场,用来保证跟踪精度,另一个具有较宽的视力场用于搜索。

在搜索到星体后为实现精确跟踪,搜索系统和跟踪系统间接有转换电路。这种带有双重望远镜的系统不但能够保证跟踪精度,而且能够保证较宽的视野。

光电六分仪的稳定平台,通常是双轴陀螺稳定平台。它在修正装置的作用下始终与当地的地平面保持平行。这样,如天文望远镜的轴线对准星体,则望远镜的轴线与稳定平台间夹角就可读出,即可换算出星体的高度 h。

光电六分仪的传感器装在望远镜底部,它是由四个光敏电阻 $R_1\sim R_4$ 和四个常值电阻组成的两个桥式电路,如图 6-9(a)。四个光敏电阻 R_1、R_2、R_3、R_4 对称而又相互绝缘地黏合在一起,如图 6-9(b)。望远镜对准星体时,四个光敏电阻的阻值相同,电桥平衡无信号输出。望远镜轴线向上或向下偏离了星体时,星体光线就会照射到光敏电阻 R_1 或 R_2 上,使其电阻值改变,纵向电桥失去平衡,1、2 两点的电位不等,就有信号输出。信号经放大后,控制俯仰电动机,改变望远镜的俯仰角,使其轴线对正星体。望远镜的轴线向左或向右偏离了星体时,星体光线就会照到光敏电阻 R_3 和 R_4 上,横向电桥失去平衡,3、4 点输出信号,控制方位电动机带动望远镜左右偏转,使其轴线与光线重合。

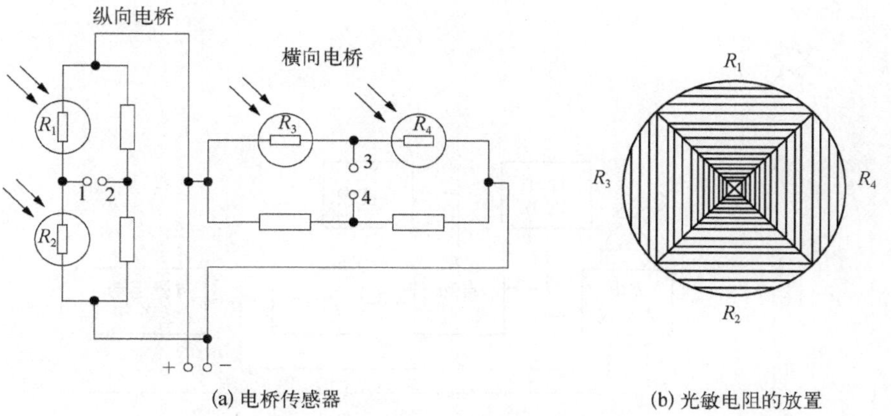

图 6-9　光电六分仪传感器的原理电路

2. 无线电六分仪的组成工作原理

无线电六分仪主要由无线电望远镜和水平稳定平台组成，其组成结构如图 6-10。水平稳定平台将在惯性导航中讨论，本小节主要讲解无线电天文望远镜。

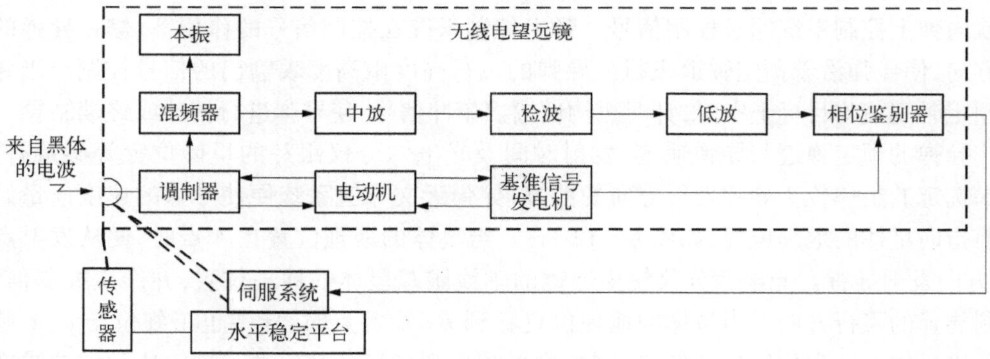

图 6-10　无线电六分仪的组成方块图

由图 6-10 可见，当天线几何轴正好对准星体中心时，星体来的无线电波经调制、混频、中频放大、检波、低放输入至相位鉴别器同基准电压比较，无误差信号输出。带动天线转动的伺服系统不动，天线几何轴和水平稳定平台间的夹角 h 即为星体的高度，由传感器输出。天线的几何轴未对准星体中心时，星体来的无线电信号经调制、混频、中放、检波、低放输入至相位鉴别器与基准电压做比较，输出俯仰角误差信号和方位角误差信号。它们送至伺服系统使天线旋转，直到其几何轴对准星体中心为止。这时天线几何轴和水平稳定平台间便复现新的星体高度 h，并经传感器输出。

6.2.3　天文导航系统的组成与工作原理

1. 跟踪一个星体的导弹天文导航系统

跟踪一个星体的导弹天文导航系统，由一部光电六分仪（或无线电六分仪）、高度表、计时机构、弹上控制系统等部分组成，其原理方块图如图 6-11 所示。

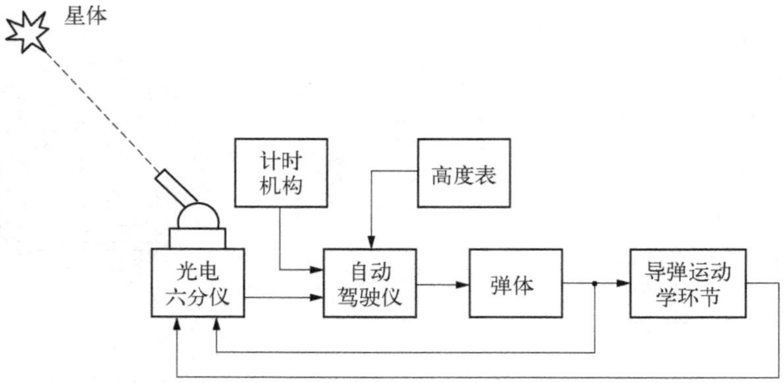

图 6-11　单星定位原理

由于星体的地理位置由东向西等速运动，每一个星体的地理位置及其运动轨迹都可在天文资料中查到，因此，可利用光电六分仪跟踪较亮的恒星（织女星、衔夫星座的 α 星等）或最亮的行星（火星、土星、木星、金星等）的方法来导引导弹飞向目标。在制导中，光电六分仪的望远镜自动跟踪并对准所选用的星体。当望远镜轴线偏离星体时，光电六分仪就向弹上控制系统输送控制信号。弹上控制系统在控制信号的作用下，修正导弹的飞行方向，使导弹沿着预定弹道飞行。导弹的飞行高度由高度表输出的信号控制。当导弹在预定时间飞临目标上空时，计时机构便输出俯冲信号，使导弹进行俯冲或终端制导。

导弹的预定弹道与导弹速度、发射时间及光电六分仪跟踪的星体位置等参量有关。如果选定的星体位于导弹发射方向的前方，导弹天文导航系统便使导弹的速度向量始终向前指向星体的地理位置，如图 6-12(a)。当星体的地理位置在 A 点时，便从发射点向 aA 方向发射导弹。光电六分仪使望远镜的轴线跟踪星体的地理位置，并产生控制信号，控制导弹的飞行方向。当星体的地理位置移到 B、C 等点时，导弹也正好位于 b、c 等点上。当星体的地理位置移动到 D 点时，导弹就飞到目标（d 点）的上空。这种向前瞄准星体地理位置所确定的弹道，称为前向追踪曲线。如果所选星体的地理位置在导弹发射方

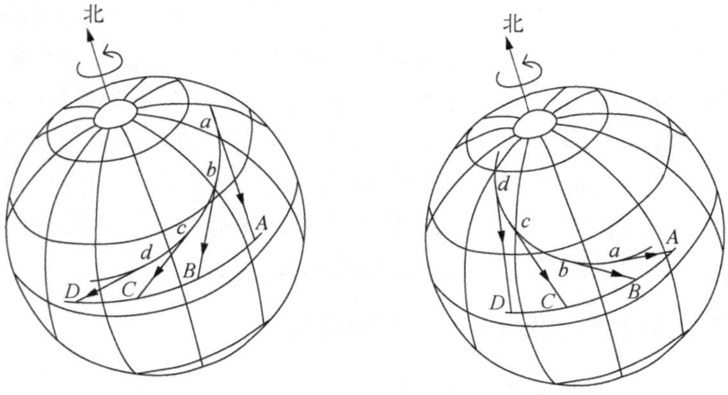

(a) 前向追踪曲线　　(b) 后向追踪曲线

图 6-12　前向和后向跟踪星体地理位置的弹道

向的后方,导弹天文系统使导弹的速度向量的后沿线始终指向星体地理位置,如图 6-12(b)。这种向后瞄准星体的地理位置所确定的弹道,称为后向追踪曲线。

2. 跟踪两个星体的导弹天文导航系统

跟踪两个星体的导弹天文导航系统,由两部光电六分仪(或两部无线电六分仪)、方案机构、计算机、高度表和弹上控制系统等组成,如图 6-13 所示。

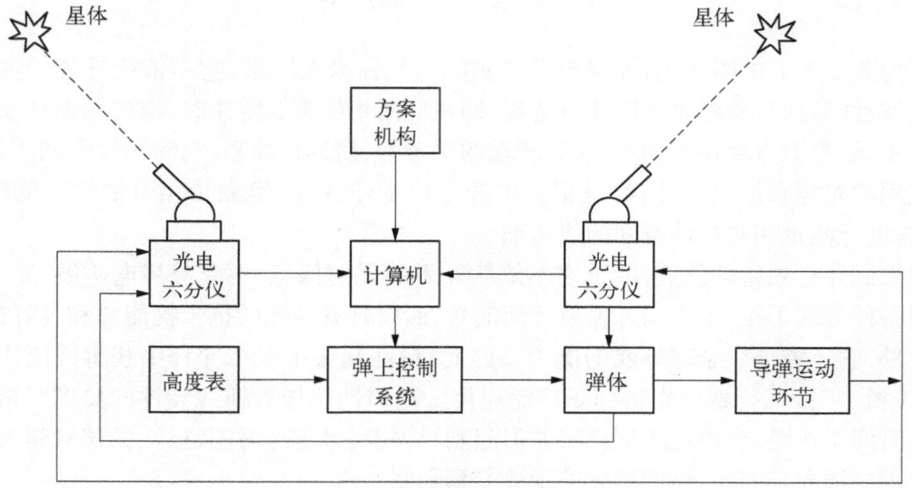

图 6-13 单星定位原理

发射导弹前,首先选定两个星体(甲和乙),并将两个六分仪分别对准两个星体。制导中,两个六分仪同时观测两个星体的高度,得到两个等高圈,导弹的位置一定处于两个星体等高圈的交点上(见图 6-14)。而两个等高圈有两个交点、且由于等高圈的直径一般选得较大,等高圈的两个交点之间可能相距数千千米,这就给区分导弹位于等高圈的哪个交点带来了方便。将两个六分仪测得的星体高度送入计算机中,并参照导弹发射时的初始数据和预定方案,便可算出导弹的地理位置(经纬度),于是就可确定出导弹的瞬时位置究竟在哪个交点上。将方案机构送来的预定值与测得的导弹瞬时地理位置比较,形成导弹的偏航控制信号,送入弹上控制系统从而控制导弹按预定弹道飞向目标。高度表用来控制导弹按预定的高度飞行。当导弹的地理位置等于目标的地理位置时,说明导弹已处在目标上空,此时计算机输出俯冲信号,导弹便向目标俯冲。

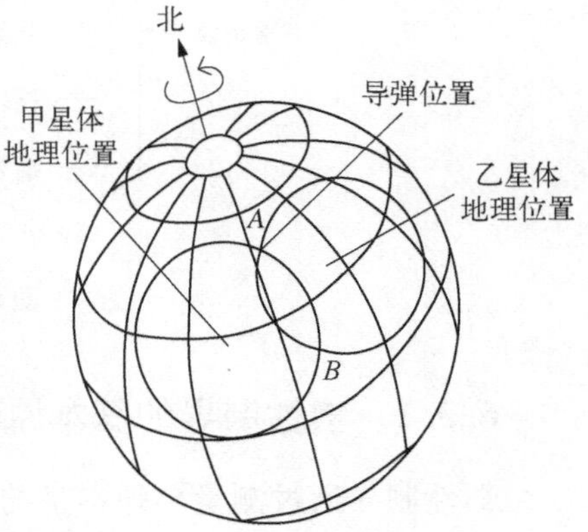

图 6-14 双星定位原理

导弹天文导航系统完全自动化,精确度较高,而且导航误差不随导弹射程的增大而增大。但导航系统的工作受气象条件的影响较大,当有云、雾时,观测不到选定的星体,则不能实施导航。另外,由于导弹的发射时间不同,星体与地球间的关系也不同,因此,天文导航对导弹的发射时间要求比较严格。为了有效地发挥天文导航的优点，该系统可与惯性导航系统组合使用，组成天文惯性导航系统。天文惯性导航系统是利用六分仪测定导弹的地理位置，校正惯性导航仪所测得的导弹地理位置的误差。如在制导中六分仪因气象条件不良或其他原因不能工作时，惯性导航系统仍能单独进行工作。

6.3 惯性制导

正如3.2.1节中阐述，惯性制导系统实际与外界毫无联系，它不依赖外界任何信息。在研究惯性制导时，参考系不能任意选择，即在应用牛顿第二定律时，应选用惯性参考系。惯性参考系，是原点取在不动点、又无转动的参考系，简称惯性系，它和惯性空间固连。制导中使用的陀螺和加速度计，都是根据牛顿定律工作的，陀螺测量相对惯性空间的角运动，加速度计测量相对惯性空间的线运动。

惯性制导有独特的优点，由于它不依赖外界的任何信息，不受外界电磁波、光波和周围气候条件等的干扰，也不向外发射任何能量，所以具有较强的抗干扰能力和良好的隐蔽性。此外，它还能提供全球导航的能力。因此，惯性制导不仅在导弹中获得广泛应用，在潜艇、飞机、宇宙飞行器中也得到了广泛应用。但惯性制导对惯性元件的要求严格，如陀螺仪长时间工作时，会出现陀螺漂移并引起制导误差，且工作时间越长，漂移量越大，使制导误差随之增大。因此，惯性制导的距离受到限制。

目前，惯性制导的分类如图6－15。

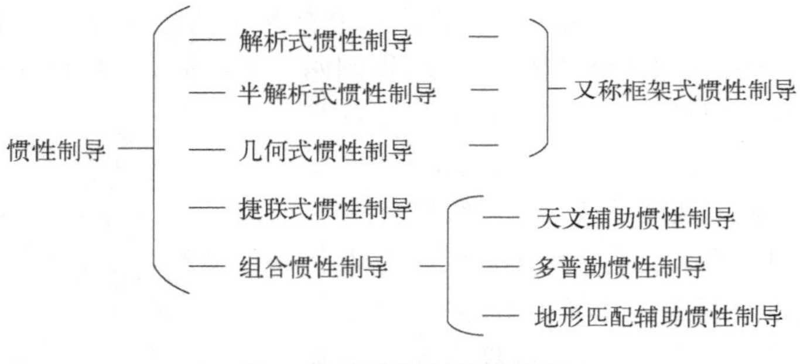

图6－15　惯性制导的分类

6.3.1 惯性制导的基本原理

惯性制导通过测量导弹本身的加速度来完成制导任务，牛顿第二定律是它的基础和本质。根据牛顿第二定律，一个质量为 m 的物体，当受到力 $\boldsymbol{F}$ 作用后，就会产生一个相对于惯性坐标系的加速度 $\boldsymbol{a}$，它们的关系为 $\boldsymbol{F}=m\boldsymbol{a}$。当用加速度计测出运动物体的加速度 $\boldsymbol{a}$ 时，只要把这个加速度对时间进行一次积分，即可得到运动物体的速度：

$$\boldsymbol{V}=\boldsymbol{V}_0+\int_0^t \boldsymbol{a}\mathrm{d}t \tag{6-6}$$

式中，$\boldsymbol{V}_0$ 为运动物体的初速度。

若对速度 V 积分一次,即可得到运动物体所经过的路程 $\boldsymbol{S}$:

$$\boldsymbol{S} = \boldsymbol{S}_0 + \int_0^t \boldsymbol{V}\mathrm{d}t \tag{6-7}$$

式中,$\boldsymbol{S}_0$ 以参考点为准计算的路程起始值。

上面所述的是物体沿某一方向运动的情况。如果上述物体在空间运动,要想测出它在惯性空间的加速度 a_X、a_Y、a_Z,必须把敏感方向互相垂直的三个加速度计放置在惯性空间稳定的三轴平台上,从而得到加速度矢量 a 在惯性坐标三个正交轴上的投影值 a_X、a_Y、a_Z,此时运动物体沿 X、Y、Z 方向的速度分量为

$$\begin{aligned} V_X &= V_{OX} + \int_0^t a_X \mathrm{d}t \\ V_Y &= V_{OY} + \int_0^t a_Y \mathrm{d}t \\ V_Z &= V_{OZ} + \int_0^t a_Z \mathrm{d}t \end{aligned} \tag{6-8}$$

相应地,运动物体的位置为

$$\begin{cases} X = X_0 + \int_0^t V_X \mathrm{d}t \\ Y = Y_0 + \int_0^t V_Y \mathrm{d}t \\ Z = Z_0 + \int_0^t V_Z \mathrm{d}t \end{cases} \tag{6-9}$$

但加速度计测量的实际是力,因此,它不仅对惯性加速度矢量敏感,而且还对重力加速度敏感。所以,加速度计测量的加速度矢量 $\boldsymbol{W}$ 应为

$$\boldsymbol{W} = \boldsymbol{a} - \boldsymbol{g} \tag{6-10}$$

式中,$\boldsymbol{W}$ 为加速度计测得的加速度矢量;$\boldsymbol{a}$ 为惯性加速度矢量;$\boldsymbol{g}$ 为重力加速度矢量。

这样,由加速度计测出的加速度,必须去掉重力加速度的影响,才能得到惯性加速度。而重力加速度为导弹在惯性坐标系内位置(或相对地心的位置)的函数。如果采用以发射点为原点的惯性坐标系,设导弹的位移矢量为 $\boldsymbol{S}$,则

$$\boldsymbol{a} = \frac{\mathrm{d}^2\boldsymbol{S}}{\mathrm{d}t^2} = \boldsymbol{W} + \boldsymbol{g} \tag{6-11}$$

对式(6-11)两次积分,可得导弹的位移矢量 $\boldsymbol{S}$。同时,由 $\boldsymbol{S}$ 可计算出重力加速度矢量 $\boldsymbol{g}$。因此,实现惯性制导原理方块图如图 6-16 所示。

令

$$\frac{\mathrm{d}\boldsymbol{S}}{\mathrm{d}t} = \boldsymbol{V} \tag{6-12}$$

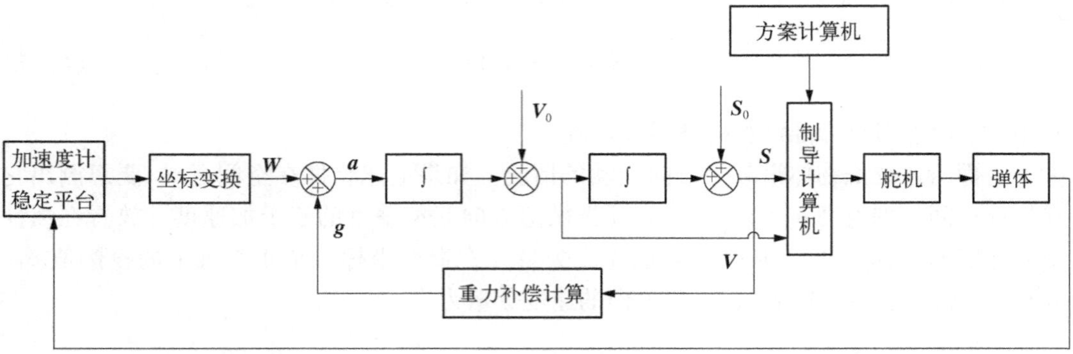

图 6-16　惯性制导原理方块图

则式(6-11)变为

$$\frac{d\boldsymbol{V}}{dt}=\boldsymbol{W}+\boldsymbol{g} \tag{6-13}$$

上述两式中，$\boldsymbol{V}$、$\boldsymbol{W}$、$\boldsymbol{g}$、$\boldsymbol{S}$ 各矢量可表示为

$$\begin{aligned}\boldsymbol{V}&=[V_X,\ V_Y,\ V_Z]^{\mathrm{T}}\\ \boldsymbol{W}&=[W_X,\ W_Y,\ W_Z]^{\mathrm{T}}\\ \boldsymbol{g}&=[g_X,\ g_Y,\ g_Z]^{\mathrm{T}}\\ \boldsymbol{S}&=[S_X,\ S_Y,\ S_Z]^{\mathrm{T}}\end{aligned} \tag{6-14}$$

于是可得在惯性坐标系内的投影表达式：

$$\begin{aligned}\frac{dV_X}{dt}&=W_X+g_X\\ \frac{dV_Y}{dt}&=W_Y+g_Y\\ \frac{dV_Z}{dt}&=W_Z+g_Z\end{aligned} \tag{6-15}$$

式中，

$$\begin{aligned}V_X&=\frac{dX}{dt}\\ V_Y&=\frac{dY}{dt}\\ V_Z&=\frac{dZ}{dt}\end{aligned} \tag{6-16}$$

而 g_X、g_Y、g_Z 可由地球的引力场模型算出，所以，V_X、V_Y、V_Z 和 X、Y、Z 可以由计算得到。将得到的 $\boldsymbol{V}$、$\boldsymbol{S}$ 与方案计算机的方案值比较。由制导计算机计算真实弹道的方案

弹道的偏差量，形成引导指令，操纵舵面偏转，使导弹按预定的弹道稳定飞行。

从上述讨论可见，一个惯性制导系统应该包括以下几个主要部分。

1. 加速度计

用来测量导弹运动的加速度。通常应有两到三个。

2. 陀螺稳定平台

给加速度计测量加速度提供坐标基准，以保持加速度计在空间的角位置；同时从陀螺稳定轴上拾取导弹运动的姿态角信号。稳定平台把加速度计、陀螺仪与导弹运动相隔离，这对加速度计、陀螺仪的设计可放松一些动特性的要求。具有陀螺平台的惯性制导系统的适用性取决于元件的精度，目前出现的捷联式惯导系统，不用陀螺平台而把运载器的加速度计的信号直接输入计算机。这种以计算机软件代替更复杂平台的办法，能够降低造价和提高可靠性。

3. 制导计算机

完成制导参数的计算；若要求平台稳定在地理坐标系内，则应给相应陀螺仪施加的指令信号，控制平台跟踪地理坐标系。

4. 初始条件调整装置

要使惯性制导系统正常工作，其初始条件必须预先给定，如初始速度和初始位置；更重要的是，在惯性制导系统开始工作时，对平台的水平（垂直）和方位校准，这些都是建立计算的初始条件，如初始条件给得不准确，惯性制导系统必然会产生初始误差。为消除初始误差，必须设置初始条件调整装置。

惯性制导的基本原理很简单，但在工程实现上却遇到很多技术问题，除要解决初始对准外，主要还有以下几个方面：

1. 惯性制导的方案问题

惯性制导有不同的方案，遇到的技术关键也不同。首先是方案中是否需要用陀螺稳定平台，即采取“机电平台”还是“数学平台”，这在陀螺仪控制上有所不同的。其次，即使是有“机电平台”的惯性制导系统，这个平台稳定在什么坐标系内，不同方案也有所不同。

2. 舒勒条件在惯性制导中的应用问题

如平台是由陀螺仪构成的，要使平台跟踪地理坐标系，必须控制陀螺进动。当导弹运动时，平台就不能准确跟踪地理坐标系，这就要求设计控制陀螺的回路满足舒勒调整条件，使得当有加速度干扰时，平台不会偏离当地水平。这种设计原则已成为设计惯性制导系统的重要依据。

3. 消除有害加速度的问题

加速度计是根据牛顿惯性原理制成的，它所测量的加速度是相对惯性空间的加速度，是绝对加速度，而用来计算制导参数的加速度是相对地球的加速度，为此，必须消除哥氏加速度及重力加速度等分量。

消除哥氏加速度采用计算方法，根据导弹速度及地球旋转角速度、纬度等计算出哥氏加速度，然后在系统中进行补偿，得到导弹的相对加速度。

消除重力加速度分量，一种是采用计算的方法，如解析式、捷联式惯性制导系统；另一种是从原理方案上予以解决，如在当地水平半解析式惯性制导系统中，放置加速度计的平台,若时刻保持地理水平,加速度计测量的加速度不会包含重力加速度的分量。

4. 惯性元件的精度问题

惯性元件的误差将影响惯性制导系统的精度。因此,对惯性元件的要求是:精度高,如对陀螺仪的漂移误差要求为小于0.05°/小时,更高的要求则达0.001°/小时;能在大冲击、高振动及大湿度范围内正常工作;工作性能应稳定;且尺寸要小、质量小等。

5. 采用滤波等新技术

利用现代控制理论,采用卡尔曼滤波等技术,以提高惯性制导系统的精度。

6.3.2 陀螺稳定平台

由上述讨论可知,惯性制导系统中的加速度计等元件,必须相对惯性空间或相对地平面保持角度稳定。能否用三自由度陀螺仪来完成上述任务呢?答案是否定的。因为一般情况下被稳定的物体体积、质量都较大。在干扰力矩较大或作用时间较长时,三自由度陀螺仪不能保持稳定。例如,沿陀螺仪外环轴上作用一个干扰力矩,陀螺仪并不绕外环轴转动,而是绕内环轴进动。在进动中,产生沿陀螺仪外环轴的陀螺力矩,它与干扰力矩保持平衡。如果干扰力矩继续存在,陀螺仪继续进动。当陀螺仪进动到转子轴与外环轴重合时,陀螺仪就停止进动,陀螺力矩随之消失。此后,陀螺仪将顺着干扰力矩方向绕外环轴转动,便不能保持对外环轴的稳定了。所以,在干扰力矩较大、作用时间较长时,要保持稳定,必须采用陀螺稳定器。该稳定器在干扰力矩作用下,产生稳定力矩,取代陀螺力矩,以平衡干扰力矩。这就限制了陀螺仪的进动角,保持其对外环轴的稳定。

陀螺稳定平台,是一种陀螺稳定器。它用角动量较小的陀螺仪来稳定体积、质量较大的物体,实际上,它是利用陀螺仪在导弹内构成不受外界任何干扰的人工基准坐标系,如惯性坐标系或地理坐标系等。陀螺稳定平台,一般由陀螺仪、加速度计、平衡环架(常平架)及平台伺服机构等组成。根据稳定轴的数目,通常分为双轴陀螺稳定平台和三轴陀螺稳定平台。

1. 双轴陀螺稳定平台

双轴陀螺稳定平台,又称双轴平台,能使被稳定对象在空间绕两根互相正交的轴保持稳定。这两根正交轴在空间形成一个稳定平面,故名双轴稳定平台。其结构原理如图6-17所示。平台通过台体轴 OY_a 支承在外环架上,外环架轴沿着导弹的纵轴安装,外环架通过外环架轴 OX 支承在基座上,外环架轴上还安装了减速器,纵向和横向稳定电机都安装在基座上,在外环架轴上还安装了倾斜传感器的转动部分,非转动部分装在基座上。内环架就是被稳定的平台,通过轴承悬挂在外环架上,平台相对外环架可以转动,它有两旋转自由度,这两个旋转自由度的转轴就是两个稳定轴,即纵向稳定轴和横向稳定轴。平台上安装了两个二自由度陀螺仪Ⅰ、Ⅱ和两套稳定回路(纵向稳定回路和横向稳定回路),分别敏感两个稳定轴方向的干扰力矩。将绕陀螺仪Ⅰ、Ⅱ进动轴输出的信号,由进动角传感器取出,经放大后送往相应的稳定电机,以使稳定力矩和干扰力矩平衡,从而达到双轴稳定的目的。两个进动角度传感器,在图中是用电位器来表示的,它们的活动部分分别与相应陀螺的进动轴相固连。

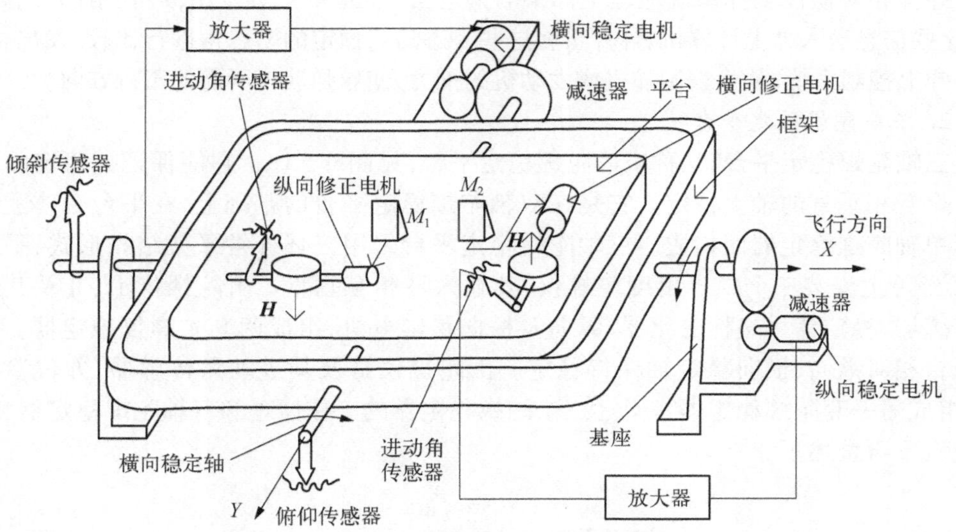

图 6－17　双轴陀螺稳定平台结构原理

当需要平台模拟当地水平面时，平台上还必须安装两个单摆机构 M_1 和 M_2，分别感受平台绕外环架轴和平台轴相对水平面的偏离角，同时输出与这些偏离角成比例的信号，分别送到两个陀螺仪进动轴上的电机中去，以产生修正力矩，使陀螺仪进动，并带动平台返回到当地水平位置。纵、横向修正电机的定子都安装在平台上，转子分别安装在相应的陀螺仪进动轴上。

陀螺仪Ⅰ的角动量 $\boldsymbol{H}$ 向上，垂直于平台面，即进动轴与平台纵向稳定轴（X 轴）垂直，感受平台纵向稳定轴方向的干扰力矩，它与进动轴上的进动角传感器及纵轴稳定电机和力矩放大器（齿轮）组成纵向器陀螺稳定器，使平台相对纵向稳定轴保持稳定。陀螺仪的Ⅱ的角动量 $\boldsymbol{H}$ 向下，其进动轴与平台横向稳定轴（Y 轴）垂直，感受平台横向稳定轴方向的干扰力矩。它与进动轴上的进动角传感器及横向稳定电机、力矩放大器（齿轮）组成横向陀螺稳定器，使平台相对横向稳定轴保持稳定。

这样，当有干扰作用在平台上时，两个陀螺仪分别感受作用在两个稳定轴上的力矩，并由两个进动角传感器输出与干扰力矩成正比的电压，分别送往相应的稳定电机上，稳定电机便产生稳定力矩，以平衡干扰力矩，平台便相对两个稳定轴保持稳定。但是，双轴稳定平台在干扰力矩作用瞬间，靠陀螺力矩来抵抗干扰力矩。一段时间后，才由稳定电机产生的力矩来平衡。

当没有修正装置时，双轴稳定平台只能对惯性空间保持稳定。如果需要对地平面稳定时，则靠两套修正装置使两个陀螺仪进动，从而带动横向、纵向稳定电机，使平台跟踪当地水平面。前已提到，当导弹相对地球表面运动时，由于地球的自转和其他有害加速度的影响，平台上指示的铅垂线方向不断改变。如以单摆机构为测量元件，当平台偏离地平面时，单摆机构便输出相应的电压，使修正电机产生修正力矩，两个陀螺仪便进动。这样，在修正力矩的作用下，平台便跟踪当地水平面。

导弹相对惯性坐标系或地理坐标系的偏差角(姿态角),分别由倾斜、俯仰传感器给出,这些信息送入弹上计算机,计算机将这些姿态角与预定的姿态角进行比较,发出指令,送入弹上控制系统,从而控制舵机或发动机的推力,使导弹获得所需的飞行方向。

2. 三轴陀螺稳定平台

三轴陀螺稳定平台,又称空间陀螺稳定平台,见图 6-18。它能保证被稳定的物体在三个互相垂直的轴上稳定。它是在双轴陀螺稳定平台的基础上,在平台台体上增加一套单轴陀螺稳定器而构成。三轴陀螺稳定平台采用三环外常平架结构形式,平台体(方位环)上安装三个二自由度陀螺仪,其输入轴相互垂直。由陀螺仪Ⅰ、Ⅱ及其进动角传感器、稳定信号坐标变化器、纵向及横向稳定电机,组成两套陀螺仪稳定器。它们使平台相对纵向、横向稳定轴保持稳定。由陀螺仪Ⅲ及其进动角传感器、方位稳定电机,组成另一套陀螺稳定器。上述三个陀螺稳定器的工作原理和双轴陀螺稳定器相似,这里就不再赘述了。

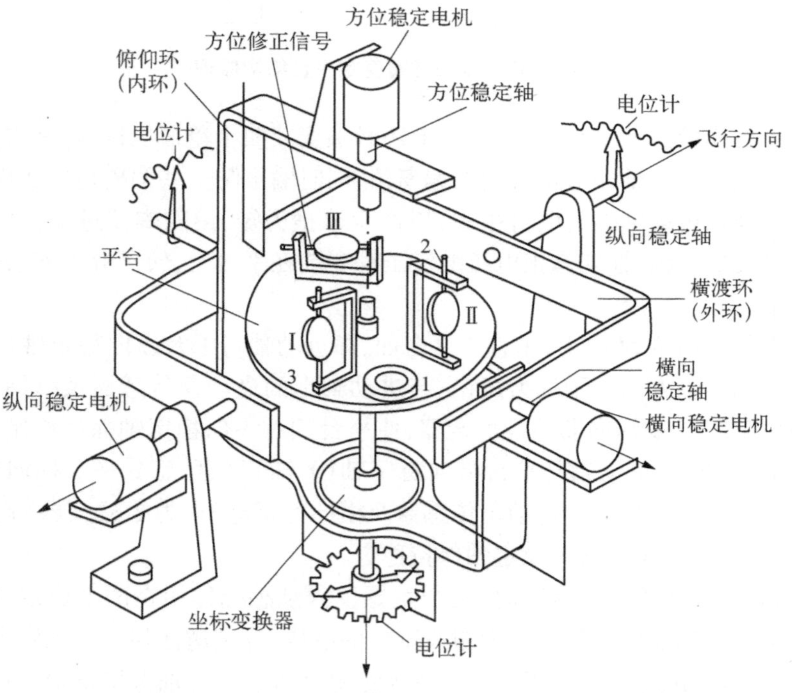

Ⅰ、Ⅱ、Ⅲ — 二自由程陀螺仪　1—液体开关门　2—修正电机　3—进动角传感器

图 6-18　三轴陀螺稳定平台结构原理

由于三个陀螺稳定器的作用,平台在惯性空间保持稳定,并通过框架(万向支架)摆脱导弹弹体的旋转和滚动。由于陀螺仪Ⅲ等组成的方位稳定器的作用,平台在方位上是稳定的。当导弹航向改变时,陀螺仪Ⅰ、Ⅱ、Ⅲ的角动量不改变方向,但平台的纵向及横向稳定轴的方向要随之改变,于是两陀螺仪和纵向、横向稳定轴的相应关系随导弹航向的变化而变化。因此,需要专门的坐标变换器,用于保证导弹不受航向改变的影响。当一个轴受到干扰力矩时,进动角传感器的输出经过坐标变换器后,可获得与干扰力矩成正比的稳

定信号,该信号只加到对应轴的稳定电机上。

当要求平台相对当地水平面保持稳定时,还应设有水平、方位修正装置。水平修正装置由平台上的开关1和陀螺仪Ⅰ、Ⅱ的修正电机等组成。它使平台保持当地水平的原理与双轴陀螺稳定平台相同。方位修正装置是将平台的方位角与罗盘测定的方位角比较,得出偏差角信号,送给方位修正电机,产生修正力矩,使平台绕方位稳定轴转动,则其跟踪地球子午线,从而保持方位稳定。

在上面的叙述中,一直把平台上陀螺稳定器的进动角传感器信号,直接加给相应的稳定电机。实际上它是一个电子伺服装置,应包括:进动角传感器、前置放大器、交流放大器、解调器、校正网络、脉冲调制器、功率放大器和稳定电机,如图6-19所示。其中,校正网络主要是使平台的角响应提前,以保证其稳定性(无振荡)。

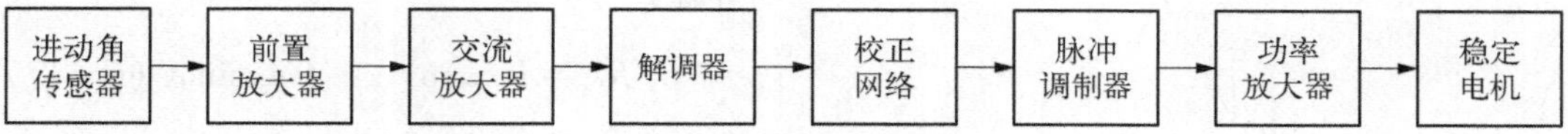

图6-19 平台稳定电子伺服装置方块图

为了隔离导弹运动,使之不传到平台上,以保证惯性元件不遭到破坏,还应安装减震设备。为使平台上的惯性元件能稳定,一般还装有恒温系统。

3. 舒勒摆

众所周知,地球基本上是个圆形球体,它除了绕太阳公转外,还在不断地自转。先假设地球是一个不作自转运动的圆球,导弹沿着地球的子午面运动,图6-20(a)给出了平台受地球地理位置的影响情况。若导弹从赤道平面往北飞行,开始时惯性平台与重力线垂直。若按陀螺的定轴性将它稳定在惯性空间,那么,导弹飞到不同纬度时平台就会和重力线不垂直了。这时,重力就会对加速度计产生影响,造成测量误差。为了消除重力加速度的影响,很多飞航式导弹在实施惯性制导时,都应使其惯性平台跟踪当地水平面。为此,平台必须装置对当地重力线敏感的元件,以简化平台控制计算机的计算工作。

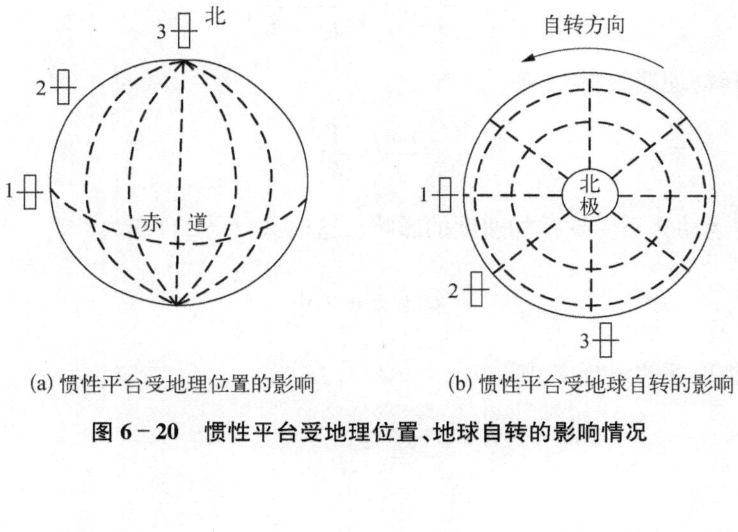

(a) 惯性平台受地理位置的影响　(b) 惯性平台受地球自转的影响

图6-20 惯性平台受地理位置、地球自转的影响情况

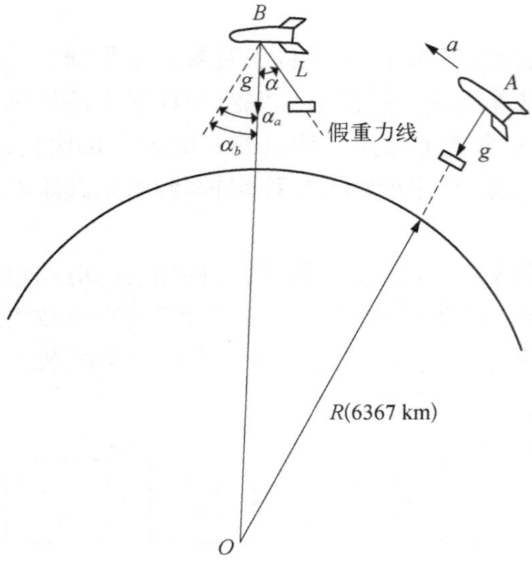

图 6-21　物理摆与地球间的几何关系

普通摆式元件,受到导弹加速度的影响,不能指示真实的重力垂线方向。如图 6-21,假定地球不转动,导弹沿子午面等高飞行,其上悬挂一个物理摆。在 A 点,物理摆停在当地地垂线上, OA 为导弹的起始位置线。如果导弹以加速度 a 等高飞行到 B 点时,由于加速度 a 的影响,物理摆必将偏离 OB 重力线 α 角。设物理摆质量中心与弹上悬挂点的距离为 L; α_a 为物理摆偏离初始位置 OA 的角度; α_b 为重力线变化的角度。不难写出物理摆运动方程式:

$$J\ddot{\alpha}_a = Lma\cos\alpha - Lmg\sin\alpha \quad (6-17)$$

式中, J 为物理摆围绕悬挂点的转动惯量; m 为物理摆的质量。

由于

$$\alpha_a = \alpha_b + \alpha \quad (6-18)$$

则角加速度关系为

$$\ddot{\alpha}_a = \ddot{\alpha}_b + \ddot{\alpha} \quad (6-19)$$

$$\alpha_b = \frac{a}{R} \quad (6-20)$$

其中, R 为地球半径。

如果将式(6-19)、式(6-20)代入式(6-17),当 α 为小角度时,则式(6-17)可写成:

$$\ddot{\alpha} + \frac{mgL}{J}\alpha = \left(\frac{mL}{J} - \frac{1}{R}\right)a \quad (6-21)$$

可见,适当选择物理摆的参数,使

$$\frac{Lm}{J} = \frac{1}{R} \quad (6-22)$$

则物理摆的角运动将不受导弹加速度的影响。这时式(6-21)变为

$$\ddot{\alpha} + \frac{g}{R}\alpha = 0 \quad (6-23)$$

令 ω_s 为物理摆的角频率,则

$$\omega_s^2 = \frac{g}{R} \quad (6-24)$$

对应的振荡周期 T_s 为

$$T_s = \frac{2\pi}{\omega_s} = 2\pi\sqrt{\frac{R}{g}} = 84.4\ \text{min} \tag{6-25}$$

将 ω_s 代入式(6-23),并求解可得物理摆的角运动规律为

$$\alpha = \alpha_b \cos \omega_s t + \frac{\dot{\alpha}_b}{\omega_s}\sin \omega_s t \tag{6-26}$$

式中,α_b、$\dot{\alpha}_b$ 为由初始条件决定的参数。

式(6-25)和式(6-26)说明,将一个具有84.4 min固有振荡周期的物理摆放在导弹上,若运动开始前,该摆处于平衡位置,导弹沿地球表面运动时,不论它有多大的加速度,摆都不会偏离平衡位置,即摆臂始终保持在当地地垂线上。如果在运动开始前,摆偏离了平衡位置一个角度,则不论是运动状态,还是静止状态,摆将围绕其平衡位置,以起始偏角为振幅,按84.4 min的周期作无阻尼振荡。这一物理现象,由德国教授舒勒在1923年发现,所以具有上述条件的摆,称为舒勒摆。$T_s = 84.4$ min,称为舒勒周期。

通过对舒勒摆的讨论可知,如果一个系统的固有振荡周期是84.4 min,则它同样具有舒勒摆的上述特性。因此,若能使陀螺稳定平台系统满足84.4 min的振荡周期,那么不论导弹作何种加速运动,平台均会保持与当地地垂线垂直或在当地水平线附近振荡。平台系统若满足式(6-24)所示条件时,就称为符合舒勒调谐条件。这时,平台就不会因为加速度计的常值偏差而偏离当地水平,从而引起航程误差。使平台系统满足舒勒调谐条件是靠选择平台修正回路的参数来实现的。设导弹沿子午线以北向速度 V_d 等高飞行。为保持其上的平台始终处于当地水平位置,则平台应以 $-\frac{V_d}{R}$ 角速度绕东向轴旋转。实现这一转动,常靠平台的修正回路来实现。修正回路通常由积分器、陀螺信号器、放大校正电路和稳定电机等组成,如图6-22。假设平台开始已和重力线校准,加速度计感受北向加速度 a_N,积分后得北向速度 V_N,除以地球半径 R 后,得角速度 $-\frac{V_N}{R}$,将它加给陀螺力矩器,平台便在这个力矩控制下,绕东向轴旋转,其转动的角速度为 $\dot{\alpha}_a$。当 $\dot{\alpha}_a$ 与 α_N 直接积分并除以 R 后得到的角速度 $\dot{\alpha}_N$ 相等时,平台便跟踪了当地水平面。图中,K_a 为加速度计的传递函数;K_u 为积分器的传递系数;K_m 为陀螺力矩器的传递系数;H 为陀螺角动量。

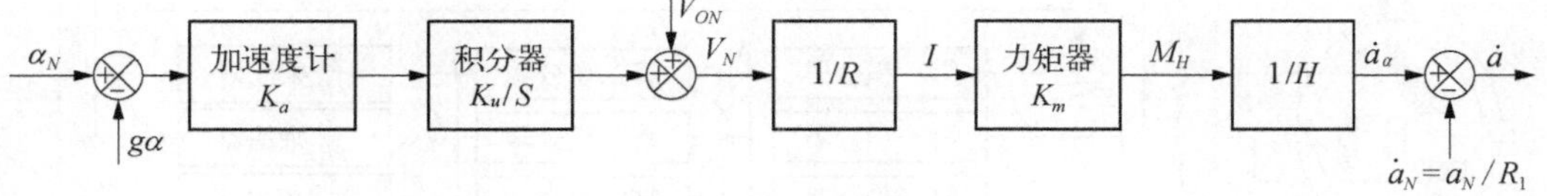

图6-22 惯性平台修正回路(单通道)方块图

显然,若图中参数满足:

$$K_a K_u K_m / H = 1 \tag{6-27}$$

则 $\dot{\alpha} = \dot{\alpha}_a - \dot{\alpha}_N = 0$，则平台便准确跟踪当地地平面，且不受导弹任意运动的干扰。不难证明，当修正回路满足式(6-27)调整条件时，其系统恰有 84.4 min 的振荡周期。所以，式(6-27)也叫舒勒调谐条件。

从上述可知，舒勒摆原理对惯性制导是很重要的。无论是哪种惯性制导方案，都有平台(机电平台或数学平台)，要使平台不受导弹加速度的影响，给出测量加速度的基准，就必须使惯性制导系统修正回路满足舒勒调谐条件。

6.3.3 解析式惯性制导系统

解析式惯性制导系统又称空间稳定惯性制导系统。它有一个三轴陀螺稳定平台，此平台相对惯性空间稳定。在稳定平台上装有三个互相垂直的加速度计 A_x、A_y、A_z。用来敏感惯性空间三个正交方向的加速度分量。由于惯性平台相对惯性空间没有转动角速度，因此加速度计输出信号不必消除有害加速度。但是，由于平台稳定在惯性空间，在不同位置下重力场矢量发生变化，使加速度计输出信号内出现重力加速度的分量，所以必须时刻通过计算机计算消除重力加速度分量。然后进行积分才能得到速度和位置坐标。需要注意的是，这种消除了重力加速度分量后的加速度是对惯性坐标系而言的，它并不是相对地面的加速度，还必须通过计算机进行坐标转换。在这种系统中，导弹相对地面的加速度不能直接从加速度计中得到，而要通过一系列的解析运算才得到。所以这种系统称为解析式惯性制导系统。一般来说，它要着力解决重力加速度的修正、坐标转换等问题。

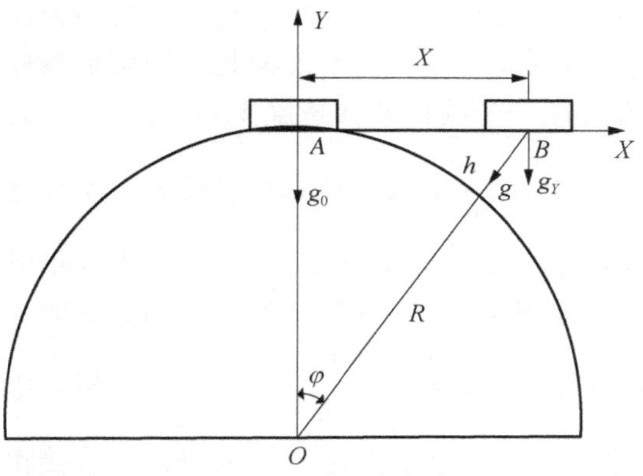

图 6-23　解析式惯性制导系统工作示意图

图 6-23 给出了解析式惯性制导系统的工作示意图。完整的解析式惯性制导系统的方块图由图 6-24 给出。在导弹惯性制导中，平台向计算机输出导弹的位移(X、Y、Z)、速度($\dot{X}$、$\dot{Y}$、$\dot{Z}$)，计算机将上述参数与方案机构送来的预定值比较，算出导弹的飞行偏差，形成控制信号，送给导弹自动控制系统，使导弹按预定弹道飞行。

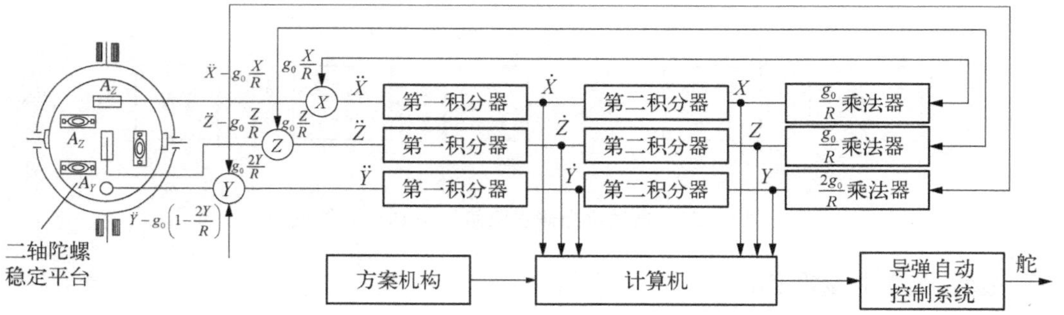

图 6-24　解析式惯性制导系统方块图

设导弹在发射点 A，校准平台与当地重力线垂直，这时，只有加速度计 A_Y 敏感重力加速度，A_X、A_Z 都不敏感重力加速度。当导弹处于位置 B 时，由于平台在惯性空间稳定，则加速度计 A_X、A_Y、A_Z 除了感受惯性加速度 $\ddot{X}$、$\ddot{Y}$、$\ddot{Z}$ 外，还将感受重力加速度分量 g_X、g_Y、g_Z。由图 6-23 可看出：

$$
\begin{aligned}
g_X &= -g\sin\varphi = -g\frac{X}{R+h} \\
g_Y &= -g\cos\varphi = -g\frac{R}{R+h} \\
g_Z &= -g\frac{Z}{R+h}
\end{aligned}
\tag{6-28}
$$

式中，h 为导弹的飞行高度；X 为导弹沿 X 轴方向的位移；Z 为导弹沿 Z 轴方向的位移；φ 为直线 OA 与 OB 间的夹角。

因海平面测得的重力加速度 g_0 与高度 h 上的重力加速度 g 的关系为

$$
g = g_0\frac{R^2}{(R+h)^2} \tag{6-29}
$$

所以将式(6-29)代入式(6-28)第一式得

$$
g_X = -g_0\frac{R^2X}{(R+h)^3} \tag{6-30}
$$

导弹的飞行高度通常比地球半径小得多，可略去分母中的 h，得

$$
g_X \approx -g_0\frac{X}{R} \tag{6-31}
$$

同理可得

$$
g_Z \approx -g_0\frac{Z}{R} \tag{6-32}
$$

而

$$
\begin{aligned}
g_Y &= -g\frac{R}{R+h} \approx -g \\
&= -g_0\frac{R^3}{(R+h)^3}
\end{aligned}
\tag{6-33}
$$

用泰勒级数将上式展开，略去高次项后得

$$
g_Y = -g_0 + \frac{2h}{R}g_0 \tag{6-34}
$$

再用纵坐标 Y 代替高度 h，便得

$$g_Y = -g_0 + \frac{2Y}{R}g_0 \tag{6-35}$$

从式(6-31)、式(6-32)和式(6-35)可看出,重力加速度分量 g_X、g_Y、g_Z 分别是位置坐标(X、Y、Z)的函数。三个加速度计的输出信号中,除沿 X、Y、Z 三个方向的惯性加速度外,还应包括重力加速度的分量,即

$$\begin{aligned} a_X &= \ddot{X} + g_X = \ddot{X} - g_0\frac{X}{R} \\ a_Y &= \ddot{Y} + g_Y = \ddot{Y} - g_0\left(1 - \frac{2Y}{R}\right) \\ a_Z &= \ddot{Z} + g_Z = \ddot{Z} - g_0\frac{Z}{R} \end{aligned} \tag{6-36}$$

为消除重力加速度分量的影响,在解析式惯性制导系统中,第二积分器输出的位移信号 X、Y、Z 分别在乘法器中乘以 $\frac{g_0}{R}$、$\frac{2g_0}{R}$、$\frac{g_0}{R}$ 然后将这些信号反馈到对应的第一积分器输入端(在 A_Y 输出信号中,还应引入重力补偿信号 g_0),与三个加速度计的输出信号进行耦合,就可得到导弹在惯性空间的真实加速度。

导弹的真实加速度经第一积分器积分后,得到导弹的速度 $\dot{X}$、$\dot{Y}$、$\dot{Z}$。再经第二积分后,得到导弹在惯性空间的位移量 X、Y、Z。

将每瞬时导弹在惯性空间的真实速度值($\dot{X}$、$\dot{Y}$、$\dot{Z}$)与位移值(X、Y、Z)送入计算机,与方案机构中预定值比较,形成控制信号,送入导弹自动控制系统,操纵导弹,纠正导弹的飞行偏差。

解析式惯性制导系统,一般应用于弹道式导弹,人造卫星的发射等。

6.3.4 半解析惯性制导系统

惯性制导系统中,平台上同时安装有陀螺仪和加速度计,平台不在惯性空间稳定(与非制导系统不同),平台上的陀螺仪必须相对惯性空间进动,以保证平台不断地跟踪当地水平面。因此,半解析式惯性制导系统又称为进动式惯性制导系统。为使平台不断跟踪当地水平面,平台台体相对导弹必须有两个转轴。另外,为使测量平面内的两加速度计始终保持北向和东向,还需要一个转轴。因此,平台应是三轴陀螺稳定平台。平台上的两个加速度计 A_E、A_N 分别测出东向及北向加速度 a_E 及 a_N。

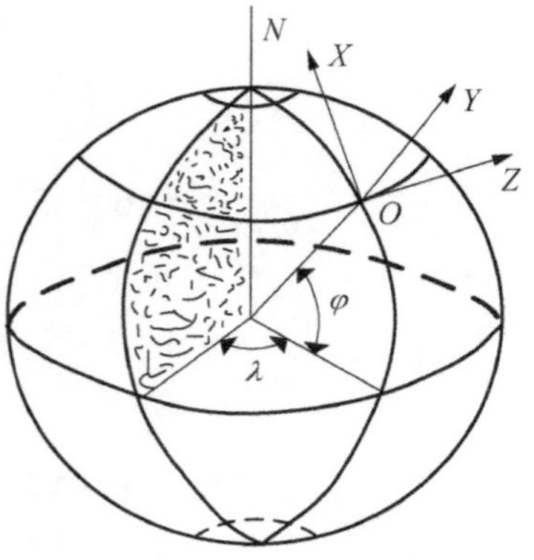

图 6-25 经纬度坐标与地理坐标

如图 6-25,设地球是圆形球体,且不旋转。则导弹在地球表面位置可由经纬度坐标(φ、λ)确定。而当地的地理坐标 OZ 轴指向东,OX 轴指向北。

则导弹的北向速度 V_N 和东向速度 V_E,可由 a_N、a_E 对时间的积分得到。并由 V_N、V_E 可得经纬度的变化率,进

而积分得导弹在地球表面的经、纬度表示式。设导弹发射时 $t=0$，并已知该时刻导弹的北向及东向初速度 V_{ON}、V_{OE}，及初始经度、纬度位置 φ_0、λ_0。则在 t 时刻导弹的 V_N、V_E、$\dot{\varphi}$、$\dot{\lambda}$ 及 φ、λ 的表达式如下：

$$\begin{aligned} V_N &= V_{ON} + \int_0^t a_N \mathrm{d}t \\ V_E &= V_{OE} + \int_0^t a_E \mathrm{d}t \end{aligned} \tag{6-37}$$

$$\begin{cases} \dot{\varphi} = \dfrac{V_N}{R} \\ \dot{\lambda} = \dfrac{V_E}{R\cos\varphi} \end{cases} \tag{6-38}$$

$$\begin{cases} \varphi = \varphi_0 + \dfrac{1}{R}\displaystyle\int_0^t V_N \mathrm{d}t \\ \lambda = \lambda_0 + \dfrac{1}{R}\displaystyle\int_0^t \dfrac{V_E}{R\cos\varphi}\mathrm{d}t \end{cases} \tag{6-39}$$

实际上，地球是个有自转的椭球。当考虑地球自转角速度 ω_e 时，加速度计测出的并不完全是导弹相对地球表面的加速度，其中包括由于地球自转、导弹相对地球有运动速度而引起的哥氏加速度，及导弹围绕地球表面运动而引起的向心加速度等有害加速度，还有地球的椭球的影响等。因此，在惯性制导系统基础上考虑消除上述有害加速度的影响，则可得到半解析式惯性制导系统的方块图如图 6-26 所示。下面，仅说明北向通道的工作原理。

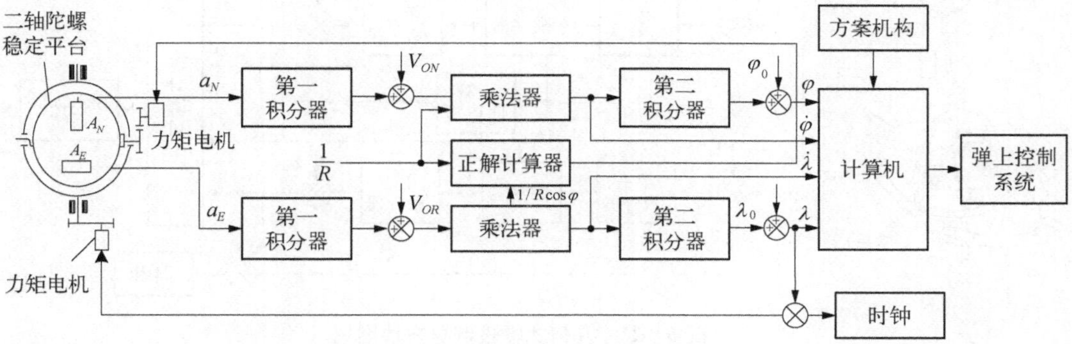

图 6-26　半解析式惯性制导方块图

平台上的加速度计 A_N 敏感 OX 轴方向的加速度 a_N，消除有害加速度分量后，送入第一个积分器，得北向速度 V_N，把此速度除以地球半径 R，得纬度变化率 $\dot{\varphi}$。将 $\dot{\varphi}$ 送入第二积分器积分，得纬度 φ。为使平台跟踪当地水平面，平台也应绕 OZ 轴转动 φ 角，所以需要把信号 φ 送到稳定平台的陀螺仪的修正机中，产生相应力矩，使平台绕 OZ 轴也转动 φ 角。

东向通道的工作原理和北向通道相似。只是加入修正电机的信号应考虑地球自转的影响，由时钟输入 $\omega_e t$ 信号（ω_e 为地球自转角速度）和 λ 信号综合后，送入修正电机。

由于导弹运动加速度的影响，上述平台跟踪当地水平还会出现误差。必须设置平台修正回路，并调整修正回路的参数满足舒勒调谐条件，即应满足式（6－27）。

由于上述惯性制导系统，导弹相对地面的加速度是直接靠加速度计测得的。因而在积分时还需通过解析计算去掉哥氏加速度等有害加速度的影响，因此，称这种系统为半解析惯性制导系统。

半解析惯性制导系统的特点是：平台始终跟踪地理坐标系，因此，可得到导弹的姿态参数和地理位置参数，提供给导弹控制系统。但它要不断地向陀螺仪的修正电机提供进动信号使其进动，所以，对陀螺仪的要求高。这种制导系统，一般用于飞航式导弹的中制导，还可用于舰船和飞机的导航。

6.3.5 几何式惯性制导系统

在几何式惯性制导系统中，陀螺仪和加速度计分别安装在两个平台上。安装陀螺仪的平台（平台 1）稳定在惯性空间，安装加速度计的平台（平台 2）跟踪当地水平面。两个平台通过一个转轴相连接，旋转轴与地球自转轴平行，并以地轴角速度 ω_e 旋转，用精确的时钟机构进行控制。由两个平台的几何关系就可定出经、纬度，故称几何式惯性制导系统。又由于加速度计平台跟踪重力线，而陀螺稳定平台稳定在惯性空间，因此，几何式惯性制导系统有时也叫“重力惯性制导系统”，结构见图 6－27。

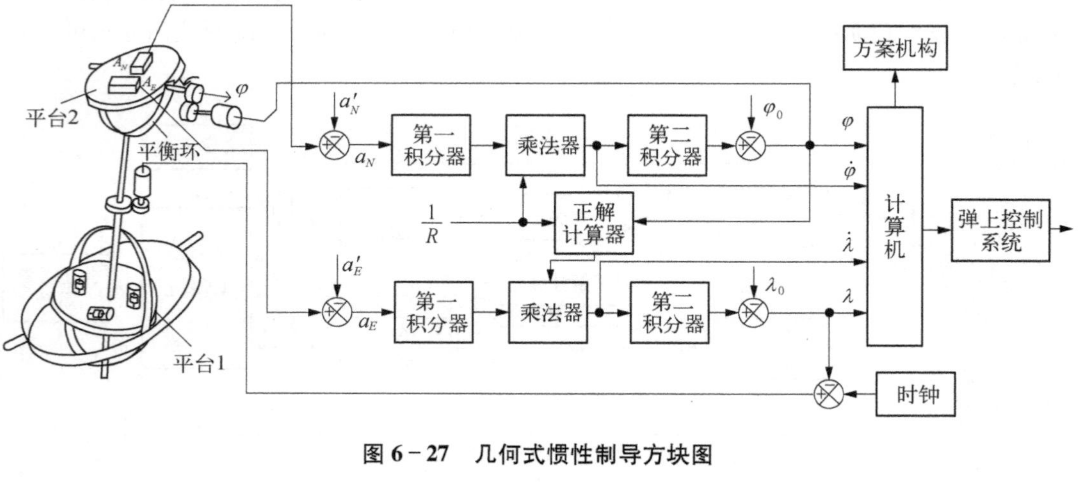

图 6－27 几何式惯性制导方块图

几何式惯性制导系统的组成除平台的结构外，和半解析惯性制导系统大体相似。由于陀螺平台稳定在惯性空间，它不随地球的转动而转动。为使加速度计平台沿东西方向跟踪当地水平面，就必须使其在惯性空间旋转一个角度 α，显然，

$$\alpha = \omega_e t + \lambda \tag{6-40}$$

式中，ω_e 为地球自转的角速度；λ 为导弹相对地球飞过的经度；t 为导弹飞行的时间。

计算时间的时钟机构中，通常采用精度可达几百万分之一秒的晶体振荡器。地球的自转角速度 ω_e 可给得较准确，因而 $\omega_e t$ 就可由时钟机构给出。由东向加速度计 A_E 测得的加速度，消除有害加速度 a'_E 后进行积分，即可得到导弹的东向速度 V_E，经度 λ 就等于：

$$\lambda = \int_0^t \frac{V_E}{R\cos\varphi}\mathrm{d}t \tag{6-41}$$

式中，φ 为纬度值。可见，当给定初始精度值 λ_0 后，就可以得到即时经度 λ。

同理，加速度计 A_N 测出的加速度，消除有害加速度 a'_N 后，即输入第一积分器积分，得北向速度 V_N，因此，纬度变化率 $\dot{\varphi}$ 为

$$\dot{\varphi} = \frac{V_N}{R} \tag{6-42}$$

再积分，并加入初始值 φ_0，便可得到即时纬度 φ。加速度计平台相对陀螺平台沿南北方向转过的角度即为 φ。几何式惯性制导系统的特点是：陀螺平台稳定在惯性空间，因而陀螺不须进动。这样可使陀螺结构简化，提高精度。此外，加速度计平台的跟踪信号取决于 $\omega_e t$ 及 λ、φ 值。$\omega_e t$ 信号可以用精度非常高的时钟机构产生，而 λ、φ 值主要取决于加速度计的精确度。

几何式惯性制导系统，由于其结构复杂、尺寸大、质量大，故多用于舰船、潜艇的导航和定位。

6.3.6　捷联式惯性制导系统

解析式惯性制导系统、半解析式惯性制导系统和几何式惯性制导系统，都是典型的平台式(框架式)惯性制导系统。其核心部件是装有惯性敏感元件(陀螺仪和加速度计)的稳定平台。稳定平台稳定在惯性空间，给加速度计测量提供坐标基准，以感受导弹相对平台的角运动，同时，由陀螺仪、伺服电机和万向支架构成的伺服系统隔离导弹激烈的角运动对坐标基准的影响。平台上的三个加速度计能敏感三个轴上的线运动。这样只要知道导弹的初始位置和目标位置，便可通过计算机算出导弹的姿态、速度和位置等参数，以便完成预定引导导弹的任务。但这种带有精密“机电平台”的惯性制导系统，要求惯性元件精度高，体积大，且维护也比较困难。能否把平台的作用在数字计算机中用机械编排的办法来实现，即用“数学平台”来代替“机电平台”呢？60 年代初，人们就对这个问题进行了研究，特别是 70 年代后，随着大容量、高速小型计算机的出现，捷联惯性制导系统已相继问世。

捷联式惯性制导系统不再采用机电平台。但“平台”的概念在捷联式惯性制导系统中依然存在，且是实现捷联式惯性制导系统的关键问题，只是实现捷联式惯性制导系统的关键问题，只是用数学描述由计算机完成平台的作用。即在计算机中建立一个相当于机电平台的“数学平台”。这样，捷联式惯性制导系统与平台式惯性制导系统在概念上就一致了，捷联式惯性制导系统也就容易理解。

为了理解捷联式惯性制导系统的概念，再来看平台式惯性制导系统中机电平台所起的作用。平台式惯性制导系统的原理方块图如图 6－28。

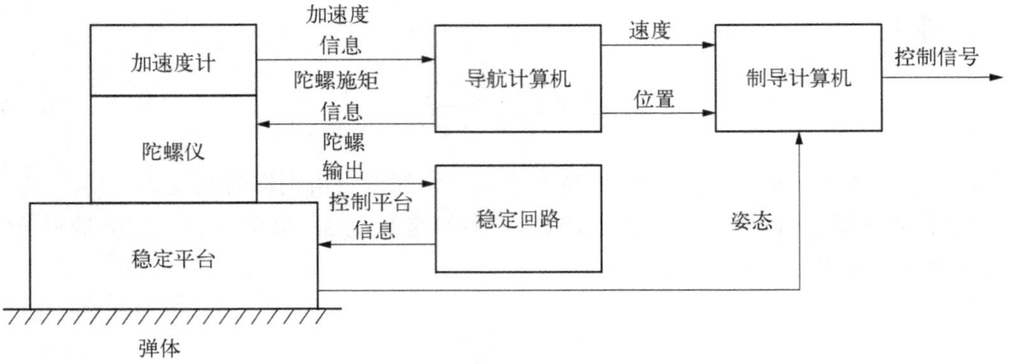

图 6－28　平台式惯性制导系统的原理方块图

从原理上说，惯性制导系统测量出导弹相对惯性空间的线运动参数和角运动参数，通过导航计算机算出导弹的姿态、速度和位置等参数，由制导计算机给出控制信号，制导导弹完成预定任务。其中的平台起到如下作用：

(1) 给加速度计提供测量基准。平台通过加给陀螺仪的施矩信息可以稳定在预定的坐标系内，正交安装在平台上的加速度计分别测出坐标轴向的加速度分量。

(2) 隔离惯性元件与导弹的角运动。安装在不受导弹角运动干扰平台上的惯性元件，工作环境相对稳定，这样可以放宽对惯性元件某些性能指标的要求。

(3) 从框架轴拾取导弹姿态角信息。

捷联式惯性制导系统没有实体平台，平台概念和作用体现在计算机中，它是写在计算机中的方向余弦矩阵。惯性元件直接固连在弹体上，加速度计测量的是沿弹体坐标轴的加速度分量；陀螺仪测量的是沿弹体坐标轴相对惯性空间的加速度分量。计算机根据陀螺仪的输出，建立导航坐标系并计算姿态角，同时把速度信息从弹体坐标系变换到导航坐标系，进行导航计算。其典型原理示意图如图 6－29 所示。

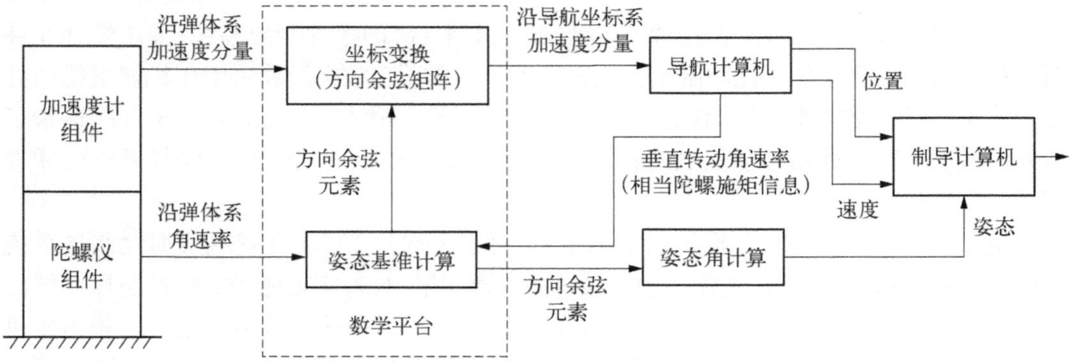

图 6－29　捷联式惯性制导系统原理方块图

从图 6-29 看出，导航计算机向姿态基准计算提供垂直转动角速率（相当于陀螺施矩信息），以根据导弹当时的位置，将计算机中建立的导航坐标系保持在所需的方位上。图中“坐标变换”实际上是一个方向余弦矩阵，它可以描述弹体坐标系和导航坐标系之间的关系，如导航坐标系代表地理坐标系，则沿导弹坐标系测量的加速度分量，经坐标转换后，可得到沿地理坐标系的加速度分量。可见，“坐标变换”和“姿态基准计算”两个部分，实际上起到了稳定平台的作用。

实现捷联式惯性制导系统需要解决的问题很多，主要有下列几点：

(1) 惯性元件的精度。由于捷联式惯性制导系统是将惯性元件直接固连在弹体，工作环境差，元件的测量范围要大，要使惯性元件精度达到惯性系统所要求的精度是较困难的。因此要求惯性元件提供其数学模型，以根据数学模型进行误差补偿，使经补偿后的惯性元件所测量的值接近真值，保证惯性制导系统的精度。

(2) 有害加速度的消除及引力修正。由于加速度计直接装在弹体上，弹体坐标系在惯性空间转动，在加速度计输出信号中含有有害加速度分量，要想得到相对地球表面的速度及地理经、纬度，必须消除有害加速度分量。测得的加速度中还包含有引力加速度，也必须予以修正。

(3) 坐标转换。由于捷联式惯性制导系统使用对象不同，坐标系规定不一样，要进行的转换也就不同。几个坐标系间的转换多以方向余弦矩阵表示，知道了方向余弦矩阵，就可以将沿弹体坐标系测得的加速度及角速度转换到导航坐标系，从而完成导航参数时运算。

(4) 基本力学编排方程。在捷联惯性制导系统中，基本力学编排有五个，即导航位置方程、姿态方程、位置速率方程、姿态速率方程和速度方程。这五个基本力学编排方程及坐标转换、加速度分解、误差补偿、垂直通道阻尼等任务都由计算机完成，因此要求计算机速度快、容量大、字长长等，以保证其计算精度。

捷联式惯性制导系统有突出的优点，由于它取消了复杂的平台框架、汇流环及相连接的伺服装置，因而节省了硬件，使系统的体积、质量、功耗有所下降，提高了系统的可靠性，使用维护简单等。目前，捷联式惯性制导系统的缺点主要是精度不够高。这是由于敏感元件固连在弹体上，直接承受恶劣环境所致。所以，研制恶劣环境下能实现高精度测量的新型敏感元件（如激光陀螺等）是发展捷联式惯性制导系统的关键。

6.3.7　组合式惯性制导系统

惯性制导系统的突出优点是它可以不受外界的任何干扰，也不受气候等条件的影响，具有完全的独立自主性。但存在着仪表误差和陀螺仪的漂移而产生的积累误差。随着制导时间或导弹射程的增加，制导误差也愈来愈大，这对宇宙飞行器和远程导弹的制导是十分不利的。为了提高导弹惯性制导系统的精度，除研制高精度的惯性元件外，可采用其他自主制导技术来修正惯性制导系统的误差。把惯性制导系统和其他自主制导系统相结合，各取其优点，组成的系统称作组合式惯性制导系统。

目前，组合式惯性制导系统多采用天文-惯性制导系统，多普勒-惯性制导系统和地图匹配+惯性制导系统。这里，只讨论前两种组合制导系统，关于地图匹配+惯性制导系统将在下一节讨论。

1. 天文-惯性制导系统

天文制导与惯性制导结合使用,组成天文-惯性制导系统,是一种较完善的组合制导系统。它以惯性制导为基本系统,以天文制导为修正系统,惯性系统可以提供天文系统需要的近似位置数据和准确的坐标基准,在天文系统因气候条件不良或其他原因不能工作时,惯性制导系统仍能作为"记忆装置"单独继续进行工作。而天文制导系统,作为修正系统,可以对惯性制导系统施加阻尼,改变其自振周期,减小误差,提高惯性制导系统的精度。也可以用天文系统来校正平台漂移,提高平台精度。

天文-惯性制导系统,一般由惯性平台、星体跟踪仪(即光电六分仪或无线电六分仪)和计算机等组成。典型的天文-半解析惯性制导系统的原理方块图如图 6-30。

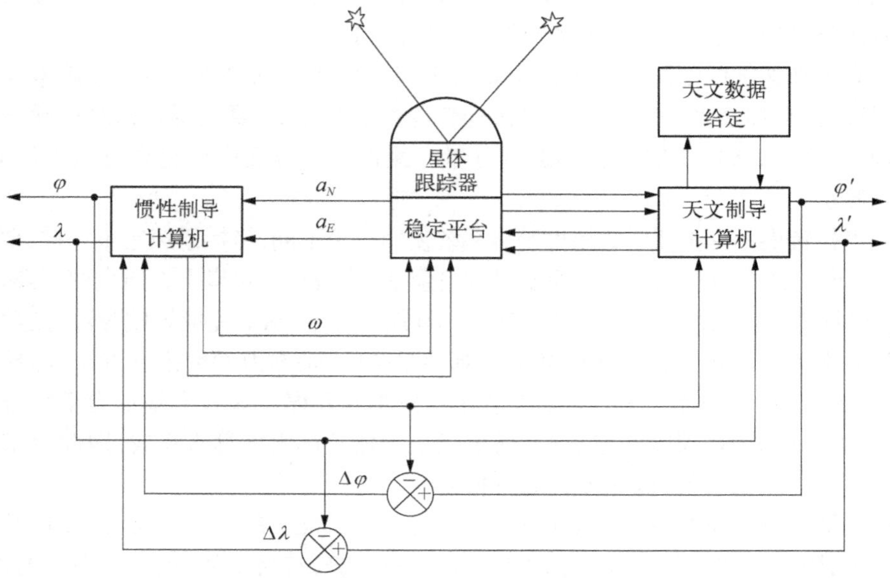

图 6-30　天文-半解析惯性制导原理

在稳定平台上,安装着北向加速度计(a_N)和东向加速度计(a_E),其输出信号进入惯性制导计算机,计算机一方面给出导弹的瞬时地理位置 φ 和 λ,同时也计算出平台的跟踪信号,使平台跟踪当地水平面。这一部分就是前面讨论的按地理坐标系定位的半解析惯性制导系统。星体跟踪器测量星体的高度,将高度信号送入天文制导计算机中,计算出导弹的瞬时地理位置 φ' 和 λ',这就是水平坐标系自动天文制导系统。在这种组合制导中,星体跟踪器装在惯性制导的稳定平台上,由惯性制导系统提供天文制导系统的水平基准,以便精确地测量星体的高度,提高天文定位精度。惯性制导系统给出的位置信号,作为导弹的近似位置,送入天文制导计算机中,计算出星体近似高度和方位角,转动星体跟踪器,使其光轴大致对准星体,然后,借助光电随动系统,自动跟踪星体,准确地测量星体高度,送入天文制导计算机。将天文制导系统输出的位置信号和惯性制导系统输出的位置信号进行比较,比较后的差值信号送入惯性制导计算机中,对惯性制导系统进行修正,从而可以大大提高惯性制导系统的精度。

2. 多普勒-惯性制导系统

多普勒制导系统的准确度较高，并且在昼间、夜间、云上、云下均可使用，但容易受到无线电干扰。为了发挥其优点，可将多普勒制导和惯性制导结合使用，组成多普勒-惯性制导系统。它不仅可利用多普勒系统的速度信号，修正平台的水平跟踪和提高惯性制导系统的精度，而且也可利用多普勒系统的速度信号，修正平台的漂移，进一步提高惯性制导系统的精度。多普勒-惯性制导系统是利用多普勒测速装置测得的速度数据，修正惯性制导系统中第一积分器输出的速度数据，同时修正平台的漂移，以提高惯性制导系统的精度。为提高系统的抗干扰能力，可使多普勒测速装置间歇地工作，即每隔一定时间，测速装置工作一次，对惯性制导系统测算的数据修正一次。利用多普勒效应测量导弹速度的原理框图如图 6-31(a)。弹上发射天线不断向导弹前方地面发射频率 f_0 的无线电波，回波被弹上接收天线接收后送入弹上接收机，并与发射机发射的信号比较，得到多普勒信号。该信号的频率表征了导弹的飞行速度。如果从导弹上发射四个波束，波束 1 指向前方，波束 3 指向后方，波束 2 指向左方，波束 4 指向右方，如图 6-31(b)，则可由多普勒频率测出导弹的纵向和横向速度。现以测量导弹的纵向速度为例来说明。从导弹上发射前向波束 1 和后向波束 3，设导弹纵轴与前、后向波束轴线的夹角均为 θ，则前向和后向接收的信号频率分别为

$$
\begin{aligned}
f_0 + \Delta f &= \frac{2V_d}{\lambda_0}\cos\theta + f_0 \\
f_0 - \Delta f &= -\frac{2V_d}{\lambda_0}\cos\theta + f_0
\end{aligned}
\tag{6-43}
$$

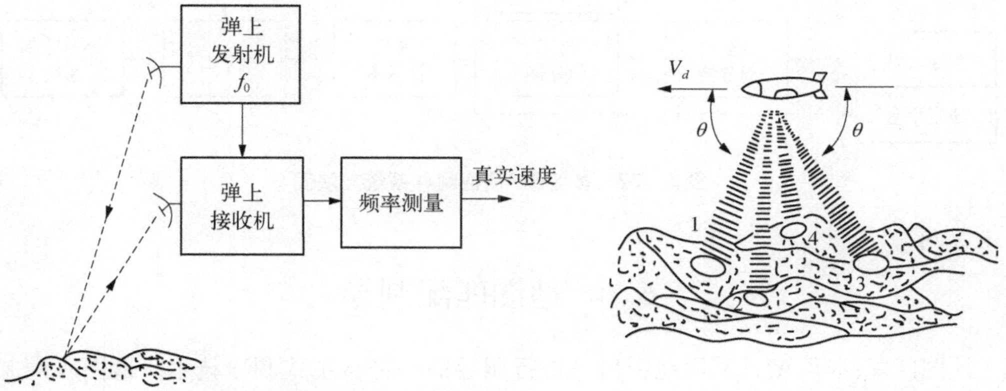

(a) 测速原理　　(b) 四个波束指向

图 6-31　多普勒测速原理

将两路信号的频率进行比较，得总多普勒频率 ΔF 为

$$
\Delta F = 2\Delta f = \frac{4V_d}{\lambda_0}\cos\theta \tag{6-44}
$$

则

$$V_d = -\frac{\lambda_0}{4\cos\theta} - \Delta F \tag{6-45}$$

式中，V_d 为导弹的水平纵向速度(地速)；λ_0 为发射信号的波长。

由于 θ 和 λ_0 已知，当测得总多普勒频率 ΔF 后，便可得到导弹的瞬时水平速度。用同样的分析方法，可得导弹的横向速度。利用测得的导弹瞬时速度，定时修正惯性制导系统的速度误差，可提高惯性制导系统的精度。图 6-32 给出了多普勒-惯性制导系统的方块图，稳定平台直接安装在导弹上。平台上放有加速度计，导弹飞行中，加速度计不断测出导弹飞行的加速度，并输入第一积分器进行积分，之后，再将积分所得信号输入第一计算器和第二积分器。多普勒测速系统可以精确地测出导弹的速度，并将此速度输入到速度比较电路，开关 K 每隔一定的时间接通一次，这样，由第一计算器输出的速度就和多普勒测速系统送来的速度在速度比较电路中比较，若出现误差信号，立即将误差信号送入第一积分器，以校正由于陀螺仪进动或加速度精度不高而造成的误差。从第二积分器输出的信号，分别送入第二计算器并反馈到稳定平台，后者将使平台不断跟踪当地重力垂线，前者经第二计算器计算后输入到比较电路和由方案机构及第一计算器送来的信号比较，获得的误差信号送入导弹控制系统，以纠正导弹的飞行误差。多普勒-惯性制导系统一般应用于飞航式导弹和飞机中。

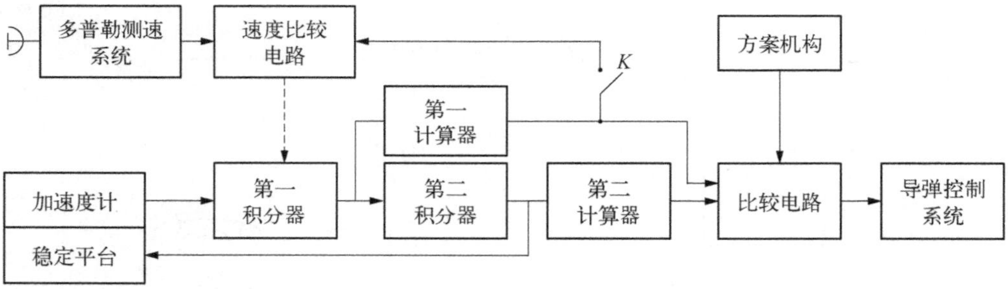

图 6-32 多普勒-惯性制导系统方块图

6.4 地图匹配制导

地图匹配制导，就是利用地图信息进行制导的一种自主式制导技术。地图匹配制导系统，通常由一个成像传感器和一个存贮预定航迹下面基准图存储器及一台相关(配准)比较并作信息处理的计算机(常称为相关处理机)等组成，如图 6-33 所示。

其中，传感器可以是光学的，雷达的及辐射计测量的。天线扫描方式可以是一维的，也可以二维的。相关处理机通常是一台高速微处理机，或是一台由硬件构成的高速数字相关器，它对实时图和基准图进行配准比较，当带噪声的实时图与基准图中大小相等的某一部分匹配时，利用门限判决法即可确定导弹的当时位置。该位置称为匹配位置。因此，相关处理机是地图匹配制导的核心。下面，分别讨论地形匹配制导系统和景象匹配制导系统。

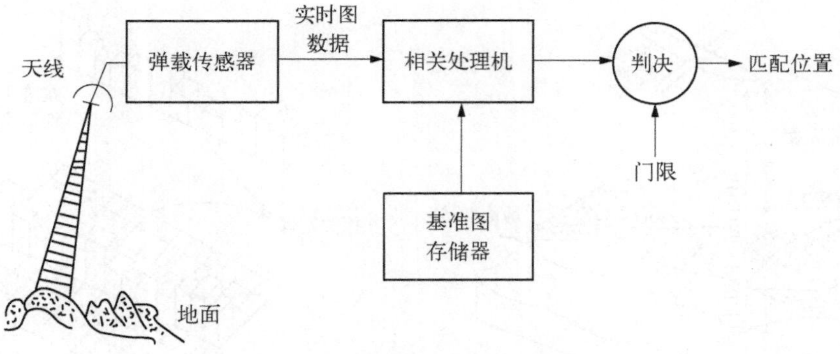

图 6-33 地图匹配制导系统

6.4.1 地形匹配制导

1. 地形匹配制导的基本原理

地球表面一般是起伏不平的,某个地方的地理位置,可用周围地形等高线确定。地形等高等线匹配,就是将测得地形剖面与存储的地形剖面比较,用最佳匹配方法确定测得地形剖面的地理位置。利用地形等高线匹配来确定导弹的地理位置,并将导弹引向预定区域或目标的制导系统,称为地形匹配制导系统。

地形匹配制导系统由以下几部分组成:雷达高度表、气压高度表,数字计算机及地形数据存储器等,其简化方块图如图 6-34。其中,气压高度表测量导弹相对海平面的高度;雷达高度表测量导弹离地面的高度;数字计算机提供地形匹配计算和制导信息;地形数据存储器提供某一已知地区的地形特征数据。

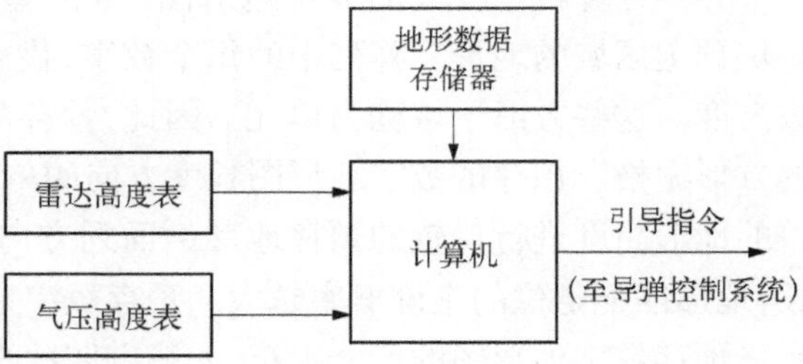

图 6-34 地形匹配制导系统简化方块图

地形匹配制导系统的工作原理如图 6-35(a)、(b)所示。用飞机或侦察卫星对目标区域和导弹预定航线下的区域进行立体摄影,就得到一张立体地图。根据地形高度情况,制成数字地形图,并把它存在导弹计算机的存储器中。同时把攻击的目标所需的航线编成程序,也存在导弹计算机的存储器中。导弹飞行中,不断从雷达高度表得到实际航迹下某区域的一串测高数据。导弹上的气压高度表提供了该区域内导弹的海拔高度数据——基准高度。上述两个高度相减,即得导弹实际航迹下某区域的地形高度数据(该数据为一数据阵列)。这样,将实测地形高度数据串与导弹计算机存储的矩阵数据逐次一列一列地比较(相关),通过计算机计算,便可得到测量数据与预存数据的最佳匹配。因此,只要知道导弹在预存数字地形图中的位置,将它和程序规定位置比较,得到位置误差,就可形成引导指令,修正导弹的航向。

可见,实现地形匹配制导时,导弹上的数字计算机必须有足够的容量,以存放庞大的地形高度数字阵列。而且,要以极高的速度对这些数据进行扫描,快速取出数据列,以便

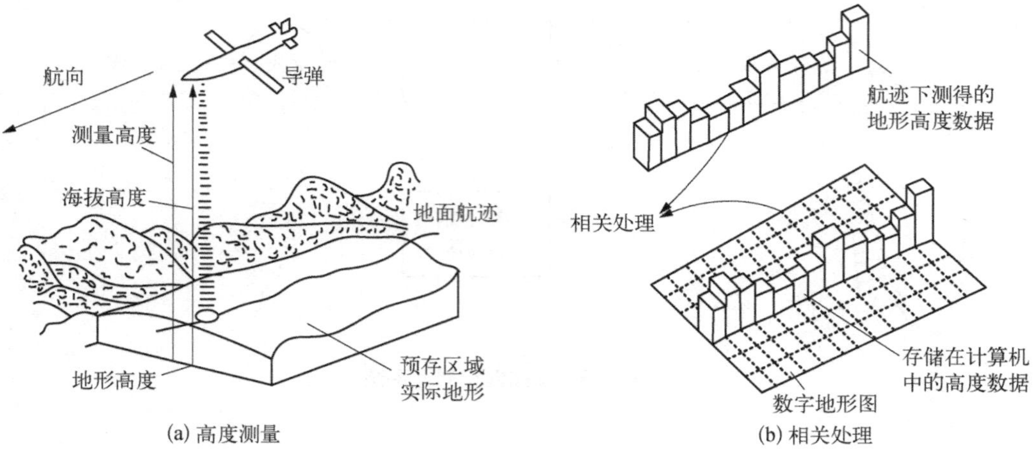

图 6－35　地形匹配制导工作原理

和实测的地形高度数据进行实时相关,才能找出匹配位置。如果航迹下的地形比较平坦,地形高度全部或大部分相等,这种地形匹配方法就不能应用了。此时,可采用以后将要介绍的景象匹配方法。

2. 数字地形图

导弹计算机中存放的数字地形图(也称基准图)是一些矩形的数阵。每个阵列表示一块预定区域的地形。阵列中的每个数字,代表某个区域内一个方形子域的地面平均海拔高度。这些方形子域称为单元。因此,预存的数字地形图是投影在地球表面预定区域的方形栅格。预存的数字地形图长度方向的单元数,叫匹配长度。实际上,它表示了与测得的地形高度进行比较的预存地形剖面列方向的平均标高数目。一般来说,匹配长度越长,地形匹配定位的正确概率越大。预存数字地形图的宽度,应保证导弹有要求的飞越概率。预存数字地形图的尺寸大小,一般有四种类型:初始、中途、中段和末段定位,其差别在于长度、宽度和单元尺寸的大小不同。其中,单元尺寸的大小由要求的定位精度来决定,单元尺寸越小,定位精度就越高。随着导弹逐渐接近目标,其定位点的间隔应逐渐减小,其中的单元尺寸也变小。这样,就能保证导弹飞到目标区域后有极高的命中概率。如果地形的变化允许,为减小虚假定位概率,可分组安排保存的数字地形图,如,每组有三个。这时,由三个数字地形图组成一个地形图集合。对集合中的每个地图,都进行匹配定位。并且,只有在三次定位判决后才修正航向;如果不满足判决准则,就不修正航向,导弹继续沿原航向飞到下一个地形图集合对应的区域或飞向目标。

现在说明数字地形图的绘制及应用,设对地球上某一地域进行地面立体摄影,得到一张立体地形图,如在该图上取出长 0.7 km,宽为 1 km 的长方形地域,按 100 m 边长的方形区域(单元)分成 70 块,再把每单元的海拔高度以 10 m 为单位标上数字,就成了该区域的基准数字地形图。其过程可参见图 6－36(a)。得到的数字地形如图 6－36(b)。显然,某地域标准高度的变化,是其位置的函数。目前,一般无线电高度表,也能从几千米高度上分辨出水平面内相距 3 m 的两块地方,在垂直方向,能清楚地判别 0.3 m 的高度差。若用激光高度表，从 1 500 m 高度上，可清楚分辨出水平面内相距 20 m 内的两块地方，在垂直方向上可判别 5～10 cm 的高度差。因此，数字地形图是对应地球表面某区域的剖面高度较精确的模型。

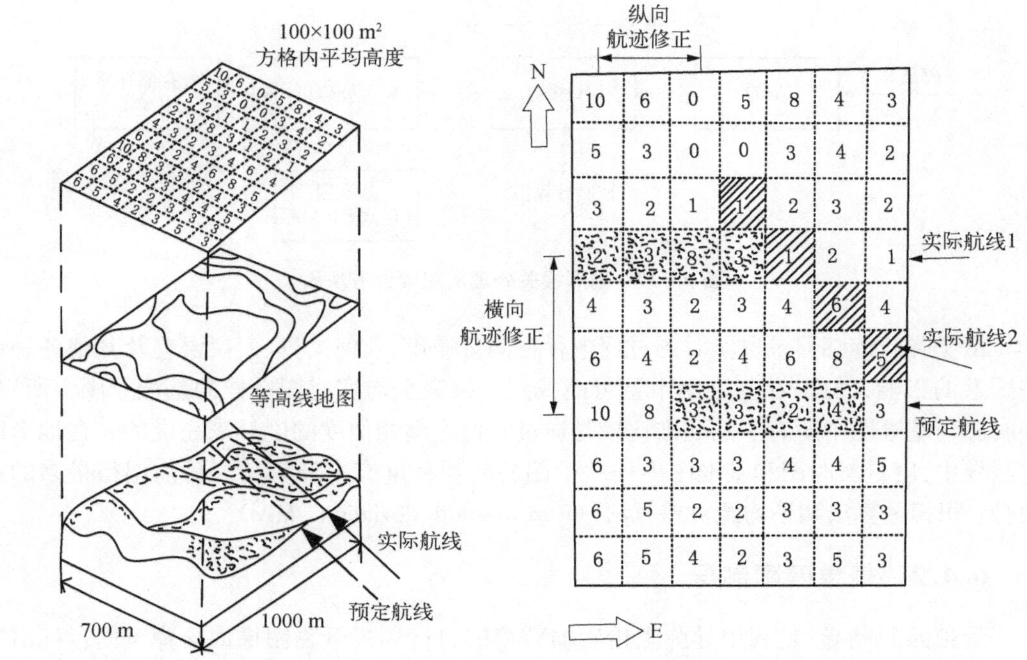

(a) 某地域地形、地图和100×100 m²方格内平均高度　　(b) 计算机存储该地域数字地形图

图 6-36　数字地形图和数据相关

下面，说明如何用预存的数字地形图修正导弹飞行航线的原理。假定导弹由东往西飞行，在某区域内预定航线的预存高度序列为 4、2、3、3、…，而高度表实际测得地形海拔高度数据序列为 3、8、5、2、…，如图 6-36(b)航线 1。弹上计算机根据高度表读出的数字序列，迅速在预存数字地形图阵列上进行扫描，立即发现实际位置匹配航线与预定航线在南北方向相差 3 个单元(300 m)，在东西方向上相差两个单元(200 m)。经计算机计算后，立即发出引导指令给弹上控制系统，将导弹修正到预定的航线上来。如果高度表实测的地形海拔高度数据序列为 5、6、1、1、…，经和预存航线数据序列比较，计算机立即判断出导弹既存在距离偏差，又有航向偏差，如图 6-36(b)航线 2。计算机立即发出使导弹平移和改变航向的引导指令，使导弹迅速回到预定的航线上来。

3. 相关处理

由上述简短讨论可知，地形匹配过程，实际上是将实时测出地形高度数据列与预存数字地形图数据列进行相关处理的过程，由于预存数字地形图中包括导弹可能位置的一个大集合。因此，存在着一个最佳相关位置，它就是导弹的匹配位置。可见，相关处理机是地形匹配的核心部分，它通常是一个高速微处理机，或者是由硬件搭成的高速数字相关器。图 6-37 给出了地形匹配处理的硬件方块图。

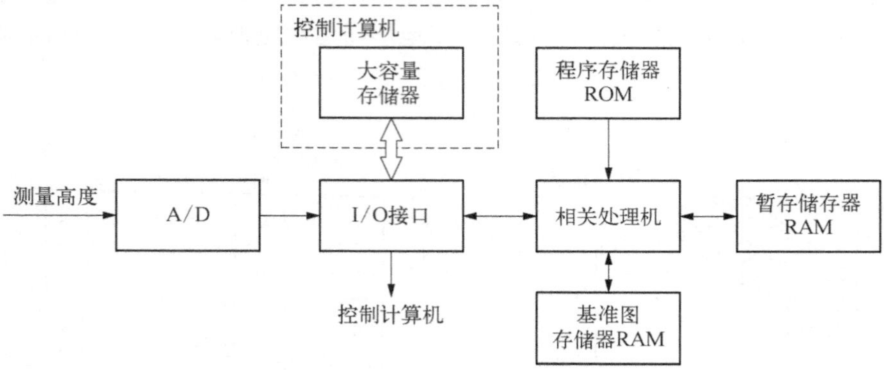

图 6-37　地形相关处理简化硬件方块图

由于弹载传感器录取实时图过程中存在测量噪声、几何失真、变换误差及其他各种误差因素的影响，因此，在基准图中不可能找到一幅完全与实时图一样的基准子图。所以，实时图与基准图中所有子图配准比较是通过它们之间相似度的度量来完成的。在地形匹配制导中，度量实时图和基准图中任一子图的相似程度有多种算法。目前用得最多的有两种：积相关算法和平均绝对差算法(mean absolute deviation, MAD)。

6.4.2　景象匹配制导

景象匹配制导，是利用导弹上传感器获得的目标周围景物图像或导弹飞向目标沿途景物图像(实时图)，与预存的基准数据阵列(基准图)在计算机中进行配准比较，得到导弹相对目标或预定弹道的纵向横向偏差，将导弹引向目标的一种地图匹配制导技术。目前使用的有模拟式和数字式两种。下面分别给以介绍。

1. 模拟式景象匹配制导系统

模拟式景象匹配制导的基本原理是：预先将导弹航线下的地面光学或微波辐射地图底片制好，放在导弹上。导弹发射后，弹上光学敏感系统或微波敏感系统受地面的辐射并成像后，与弹上预存的地面景物比较。取得误差信息，形成引导指令，以控制导弹的飞行。雷达式地物景象匹配制导系统如图 6-38(a)，预存的景物底片为负片，敏感器得到的为正片。当正、负片严密叠加重合时，对光观察出现实心黑影。若一个片子略有移动，便会透光，如移动其中一个片子，便又可使影像重合。利用这一原理，可构成图 6-38(b)的景象匹配制导(scene matching area correlation, SMAC)系统。

系统中存有预定定位点的地物微波辐射底片，该底片展开速率与导弹飞行速度一致。雷达敏感器的显示器不断显示地物的微波景象(正片)。只要导弹按预定弹道飞行，预存景象片与显示器给出的景象片便重合，这时，无光线透过，也不产生偏差信号。如导弹偏离预定弹道，上述两个片子便不能重合，使雷达平面显示器的地物景象光穿过预存景象片，投射到光电管上，光电管输出具有偏差特征的信号，经放大和相应的转换(如和雷达波束扫描相一致的坐标转换)，即获得左-右、前-后信息。左-右信息送入横向测量器，并使横向伺服装置带动预存片子架，使片子横向移动，以保持景象的重合。横向测量器还将片

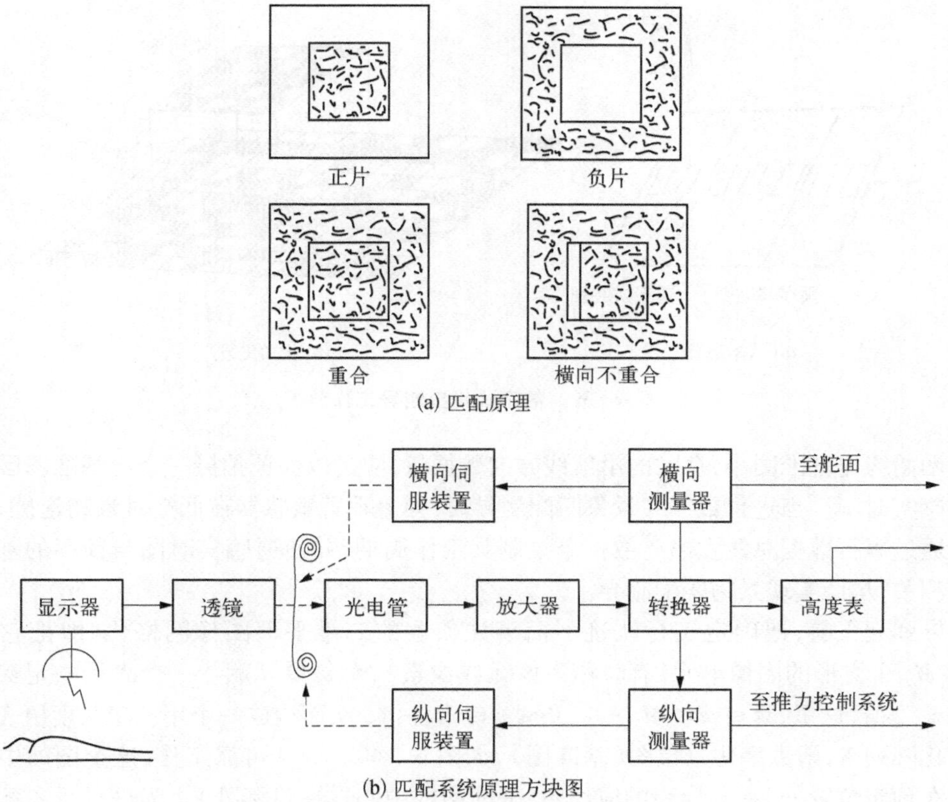

图 6-38　雷达式地物景象匹配制导系统

子架的横向位置误差转换为误差电压,送往弹上控制系统,控制导弹横向机动。这样,片子横向移动时,导弹也相应作横向机动,直到横向误差信号为零。前-后信息送入纵向伺服装置,使片子架以正确的速率(即严格与导弹速度相同)拉动片子,以使景象重合。纵向测量器还将导弹的纵向误差变为误差电压,送往导弹推力控制系统,以改变导弹的纵向速度,使其和片子的速率同步。高度表测得的信号,控制导弹高度,以扩大或缩小雷达显示器的景象尺寸,使之与预存底片代表的区域大小一致。在理想情况下,弹上预存的地物景象图,可由侦察得到,但相当困难,一般用合成景物地图的方法得到。它是由普通地图、空中照相及其他情报资料,先合成立体地图,然后用超声波技术,将此地图照相得到。地物景象匹配制导的精度很高,制导误差一般只有 5~12 m。但因弹上空间有限,预存片子不能太多。它一般用于末制导,预存片子只是目标周围区域的地物景象。

2. 数字式景物匹配制导系统

1) 景象匹配的数学描述

数字式景物匹配制导(digital-scene matching area correlation, DMAC)的基本原理如图 6-39(a),它也是通过实时图和基准图的比较来实现。

规划任务时由计算机模拟确定航向(纵向),横向制导误差,对预定航线下的某些确定景物都准备一个基准地图,其横向尺寸要能接纳制导误差加上导弹运动的容限。遥感

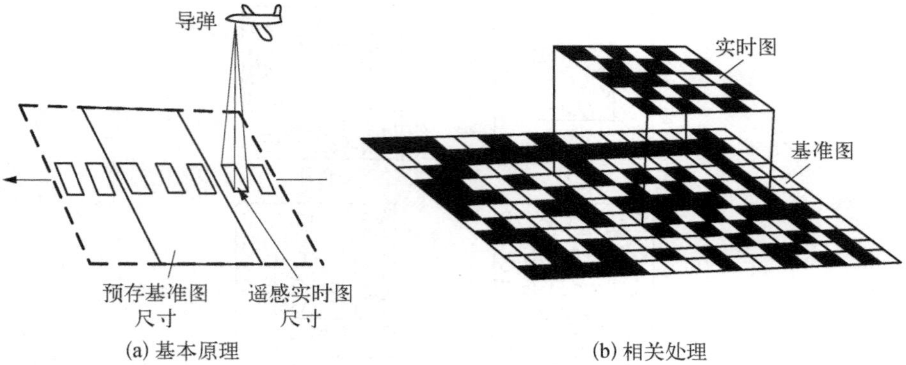

图 6-39　数字式景象制导工作原理

实时图始终比基准图小，存贮的沿航线方向数据量，应足以保证拍摄一个与基准图区重叠的遥感实时图。当进行数字式景象匹配制导时，弹上垂直敏感器在低空对景物遥感，制导系统通过串行数据总线发出离散指令控制其工作周期，并使遥感实时图与预存的基准图进行相关，从而实现景物匹配制导。

导弹起飞前，把确定飞行轨迹下面事先侦察的二维平面图像网格化，即把它分成 $M_1 \times M_2$ 个方形的图像单元（有时称为像元或像素），对每单元赋予一个表示一定灰度等级的 $x_{u,v}$ 值，这里，$0 \leqslant u \leqslant M_1 - 1$，$0 \leqslant v \leqslant M_2 - 1$，从而构成一个用一定灰度值表示的数字化阵列 X，即数字化景象图（基准图），如图 6-40。为了可靠工作，这个图的中心一般选在预定位置处（在寻导弹的应用中，基准图的中心选在目标处）。为进行景象配准比较，应将基准图预先存储在导弹计算机存储器中。当导弹飞到基准图区域上空时，传感器即时录取一幅实时图，按同样大小的网格，将之分成 $N_1 \times N_2$ 个方形的图像单元，并对每一个单元赋予一定灰度值 $y_{i,j}$（$1 \leqslant i \leqslant N_1$，$1 \leqslant j \leqslant N_2$），便构成一个数字化实时图。一般说来，实时图和基准图的尺寸是一大一小，可能 $M_1 > N_1$、$M_2 > N_2$ 或 $N_1 > M_1$、$N_2 > M_2$。

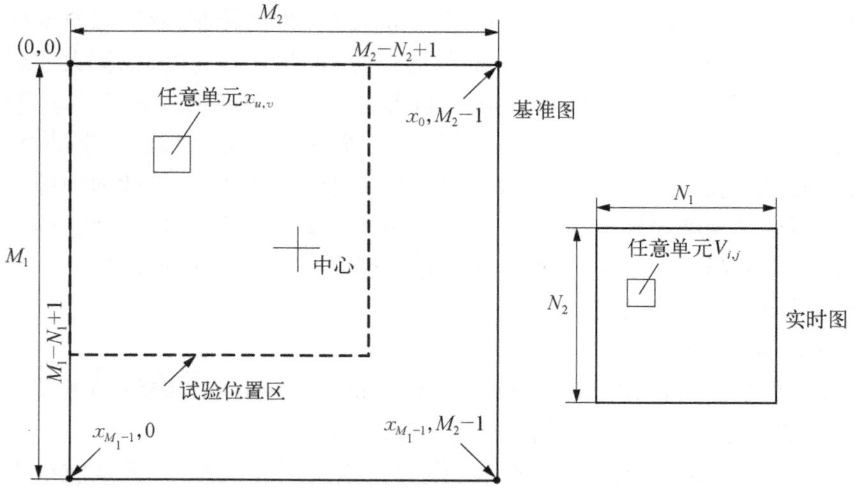

图 6-40　数字化景象图的定义

为正确地确定实时图相对基准图的位置，必须把实时图与基准图中尺寸大小相等的部分（即基准图中的一个子图，以后称为基准子图）逐个进行相关比较，找出与实时图匹配的基准图的一个子图。一旦找出后，实时图左上角的第一单元在基准图坐标系(u, v)中的位置(u^*, v^*)（坐标系原点设在基准图左上角第一个单元处），或实时图中心偏离基准图中心（预定位置或目标）的偏移量(K, L)也就确定了。可见，偏移量(K, L)与匹配位置(u^*, v^*)有如下简单关系：

$$\begin{cases} K = u^* - \dfrac{1}{2}(M_1 - N_1) \\ L = \dfrac{1}{2}(M_2 - N_2) - v^* \end{cases} \tag{6-46}$$

其中，M_1、M_2 和 N_1、N_2 为已知的地图尺寸。因此，知道了匹配位置(u^*, v^*)，由式(6-46)可计算出两图中心之间的偏移量(K, L)，反之亦然。这个偏移量可用作为制导的修正信号；因为基准图中心的地理坐标是已知的，所以，根据这个偏移量(K, L)就可计算出当时导弹在地理坐标中的位置。如前所述，为找出实时图属于基准图的那个子图，必须把实时图与基准图尺寸大小相等的各个子图逐个进行相关比较。显然，这样的子图在上述基准图中，共有$(M_1 - N_1 + 1)(M_2 - N_2 + 1)$个。即，为寻找匹配点$(u^*, v^*)$，需要在

$$G = (M_1 - N_1 + 1)(M_2 - N_2 + 1) \tag{6-47}$$

个试验位置(u, v)上作配准比较，并取出其中一个与实时图相匹配的子图位置为匹配点(u^*, v^*)，这个过程称之为搜索相关过程。理想情况下，用这种方法找到的匹配位置只有一个。令

$$Q = G - 1 = (M_1 - N_1 + 1)(M_2 - N_2 + 1) - 1 \tag{6-48}$$

则 Q 个位置是属于不配准的。可见，搜索截获过程是最费时间的。为做到实时定位，应研究各种快速匹配方法。

图6-41中给出两个试验位置，一个是匹配位置，另一个是 Q 个不匹配位置中的一个。

显然，若把实时图中心的匹配位置至任一个不匹配中心位置的偏离量定义为 J，当 $J=0$ 时，则表示实时图与相应的子图处于匹配状态；当 $J \neq 0$ 时，则表示实时图与子图处于不匹配状态，见图6-42。从这个意义上说，景象匹配问题亦可归结为 $J=0$ 还是 $J \neq 0$ 的两种状态判决的问题。

2）相似度度量算法及其正确截获概率

前面已经指出，由于各种误差因素的影响，在基准图中不可能找到一幅完全与实时图一样的基准子图。所以，实时图与基准图中所有子图的配准比较是通过它们之间的相似度的变量来完成的。度量两图相似度的算法很多，目前应用最多的有两种：平均绝对差算法和积相关算法。顺便指出，因地形匹配制导系统录取的实时图是一维的，所以它可用一维度量算法实现。

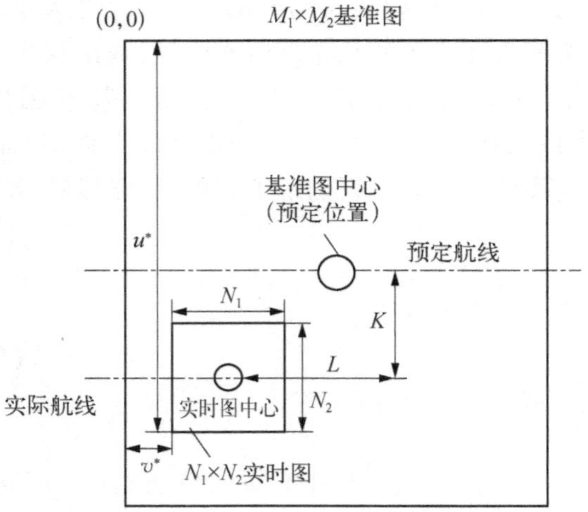

图 6-41　匹配位置与偏移的关系

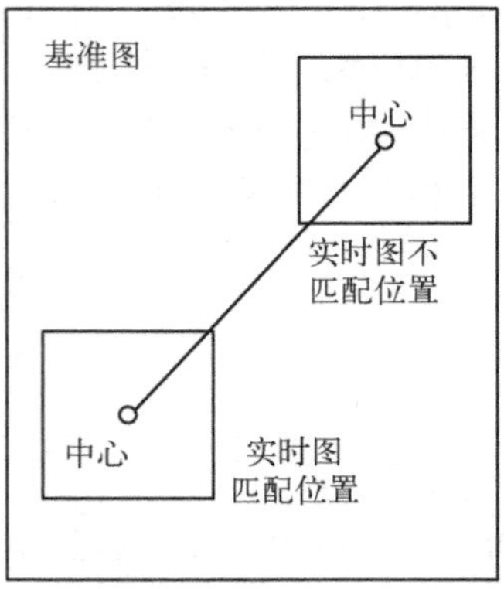

图 6-42　偏离量 J 的定义

在噪声存在条件下，如果在 $Q+1$ 次相关比较中，"某一个匹配点上出现度量值极值"事件和"其他 Q 个非匹配位置上的一切度量值不大于上述极值"事件同时发生的概率越大，则表示搜索结果越是有效。因此，这个概率可用来度量搜索截获过程的可靠程度，称为正确的截获概率，记为 P_c。

为实现定位，希望尽量缩短搜索时间，则要采用多种快速搜索方法或粗化网格的预处理方法来实现，而且只要求粗略地确定出匹配位置就可以了。为了避免虚假定位，应在很小的漏配概率条件下来确定判明匹配点的门限值，并筛选出少数几个可能的匹配位置。为了找出真正的匹配点，还需要把实时图和上述粗匹配位置及其附近位置上的若干个子图经过预处理后，再逐个进行相关比较，图 6-43 给出了两图的匹配过程方块图。在这种情况下相关比较次数很少。所以相对一般搜索过程来说，计算量是很小的，在这个阶段，允许采用匹配精度高的相关算法。

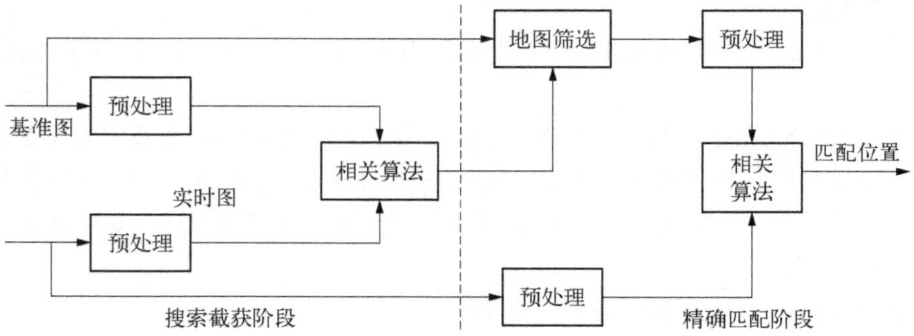

图 6-43　两图的匹配过程

一般地说，两图匹配过程是由搜索截获和精确匹配两个阶段组成。

3）数字式景象匹配制导系统的组成

如前所述，景象匹配制导是通过实时图和基准图的比较来实现的。图 6-44 给出了景象匹配制导系统的简要组成，它主要由计算机、相关处理机、敏感器（传感器）等部分组成。其中，计算机还包括各种辅助功能的部件，结构见图 6－45，各部件的工作方式，由软件通过并联和串联输出通道控制。定时和同步，则由中断指令和可编程定时部件实现。

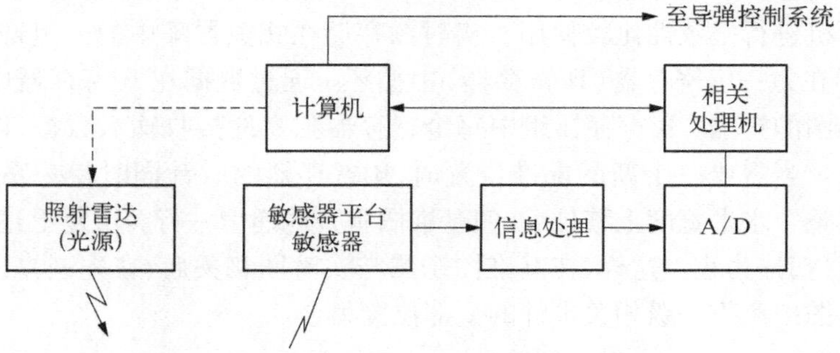

图 6－44　数字式景象匹配制导系统的简要组成

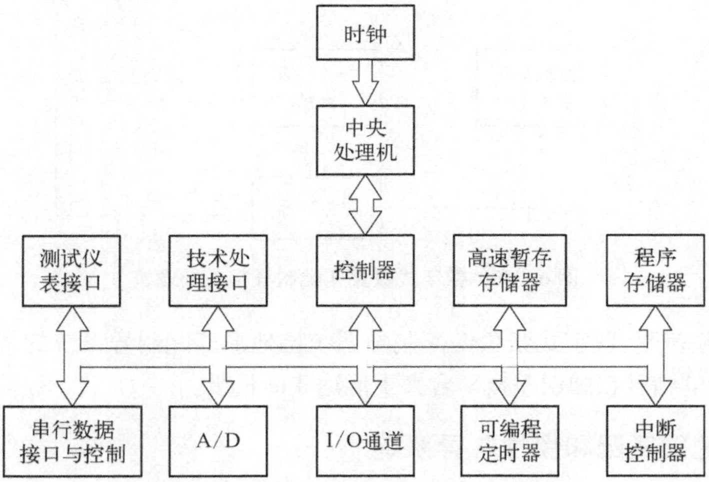

图 6－45　数字式景象匹配制导计算机结构

下面，简要说明敏感器及相关处理、图像处理的问题。

敏感器可用雷达、红外、激光和电视等来实现。当用电视敏感器时，由电视摄像机来遥感。为能在夜间工作，可在系统中加入脉冲光源。电视摄像机通常由一固态成像阵列和图像增强器等组成。图像阵列接收地面物体传来并经图像增强后的光能，它使光阴极改变导电状态，将景物存放在图像阵列中。然后，以电视光栅扫描图像的方式读出。图像的两个参数受控制，一是转动，二是放大率。因镜头装在框架上，所以，用旋转摄像机镜头的方法消除图像的转动。框架的旋转指令，由计算机产生。图像的放大率由变焦距透镜控制，其焦距由雷达高度表产生的信号控制。变焦距镜头用来补偿导弹飞行高度与预定高度的偏差。

多数景象匹配系统的相关处理机的组成,如图 6-46 所示。敏感器得到的实时图与基准图各位置间的相关计算,在平均绝对差相关器阵列中完成,该阵列是微计算机的外围部件。为减小计算时间,相关器阵列采用并行的方式,将实时图与基准图的配准段进行相关计算。将得到的相关位与相关质量门限值比较,若相关幅度高于门限值,就产生一级相关事件。然后,将这些一级相关事件的幅度和对应的位置存储在先进先出缓冲存储器中,供后来微计算机进行一致性比较使用。实时图存储在相关器阵中的一组寄存器(B 寄存器)中,基准图在另一组寄存器(H 寄存器)中循环。通过数据在 B 寄存器中移位的方法来实现对基准图的扫描。B 寄存器组中每个寄存器独立地接收输入数据,以保持系统并行处理的特点。当需要一个新的配准位置时,B 寄存器的时针同时使一系列数据移位。当基准图在其整个水平宽度上移位后,使基准图垂直地递增一行。重复上述过程,至完成整个水平/垂直扫描为止。这样,在基准图子图与实时图相关后,在先进先出缓冲存储器中将存贮基准图中产生一级相关事件的全部位置集合。

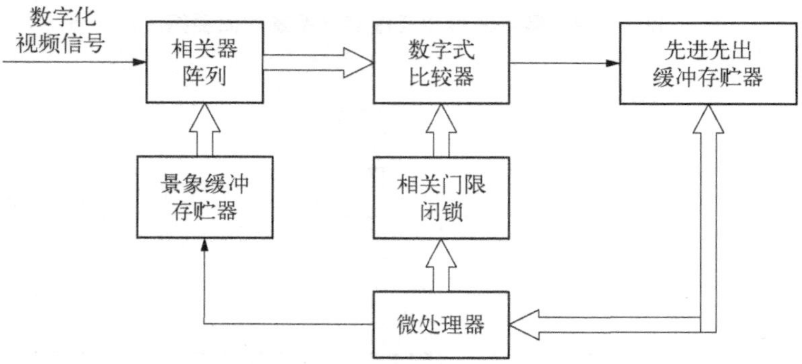

图 6-46 数字式景象匹配制导相关处理机

研究和实验表明,数字式景象匹配制导系统比地形匹配制导系统的精度约高一个数量级,命中目标的精度在圆误差概率含义下能达 3 m 量级。

6.4.3 地图匹配和惯性制导系统

将地图匹配和惯性制导系统结合在一起,用地图匹配系统的精确匹配位置信息修正陀螺漂移和加速度计误差所造成惯性制导系统的积累误差(定位误差),可大大提高制导精度。高精度制导的巡航导弹,如美国的“战斧”巡航导弹(包括地面发射的巡航导弹 GLCM 和海上发射的巡航导弹 SLCM 等)就采用地图匹配-惯性制导技术。

由于地形匹配制导不宜在平坦地带或海面上工作,即使在有起伏变化的陆地上,因弹上计算机存储量有限,也没有必要从导弹发射到飞抵目标全过程都采用地形匹配制导。而惯性制导系统能够连续地工作,这样,就可用地形匹配的方法来修正惯性制导系统由于陀螺漂移及加速度计精度不高带来的航迹误差。这种组合制导系统如图 6-47 所示。导弹由发射到飞抵目标整个飞行路线,分为若干段,隔断之间用惯性制导,而选择合适的区域内采用地图匹配,以修正前一段惯性制导系统的位置误差。由于地图匹配只在几个适宜的区域内定期工作,所以,避免了弹上计算机的存储量过于庞大。

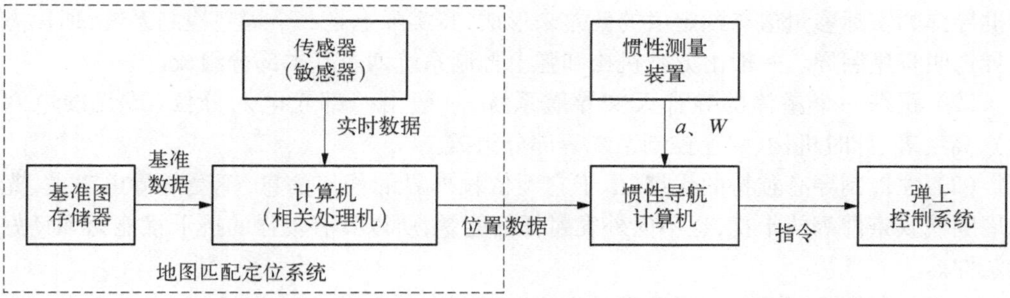

图 6－47　地形匹配－制导方框图

典型地图匹配－惯性制导的导弹飞行如图 6－48 所示。导弹可由空中、陆上或海上发射。最初由惯性制导系统控制，按预定的弹道飞行。当到第一个地图时，弹上传感器开始工作，并把实时数据送入计算机，计算机连续地把所测的实时数据和存储在存储器中的基准数据比较，给出导弹的位置数据。惯性导航计算机根据惯性测量装置输出的加速度、角速度数据及地形匹配系统输出的位置数据进行计算，确定出实际航线与预定航线的偏差。并计算出必要的修正量，形成控制指令，送给弹上控制系统，控制导弹回到预定的航线上来。计算机在修正航线的同时，修正陀螺平台由陀螺漂移所产生的误差、导弹飞过选定的地图匹配区域后，又转入惯性制导，遇到下一个地图时再作修正。如此下去，直到接近目标。

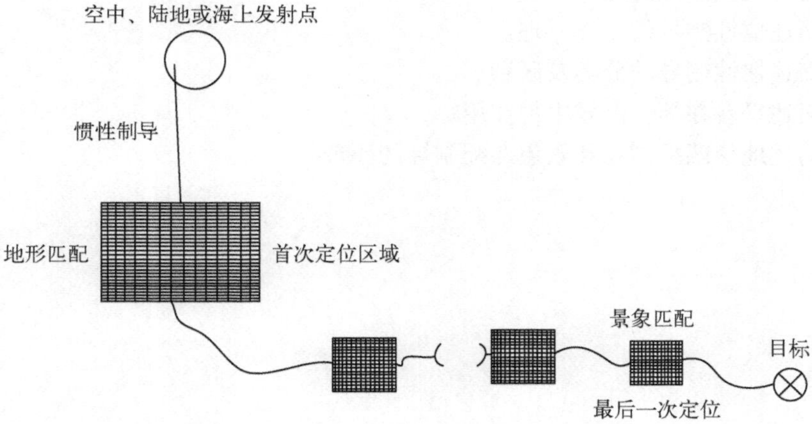

图 6－48　地图匹配－惯性制导导弹飞行情况

由于地形匹配－惯性制导系统所执行的预定航线，在方向上可以有各种变化，为迷惑敌人，导弹的飞行航线开始并不一定指向目标，而是过一段时间后才转向目标。一般情况下，地图匹配的第一个区域都选择得比较大。为了提高制导精度，导弹的末制导可采用景象匹配制导技术。

6.5　本 章 要 点

（1）方案制导是引导导弹按预先拟制好的计划飞行，导弹在飞行中的引导指令就是根据导弹的实际参量值与预定值的偏差来形成，其实际上是一个程序控制系统，所以方案制导也叫程序制导。一般由方案机构和弹上控制系统两个基本部分组成。

(2) 跟踪一个星体的导弹天文导航系统，一般由一部光电六分仪（或无线电六分仪）、高度表、计时机构、弹上控制系统等部分组成。

(3) 惯性制导有独特的优点，由于它不依赖外界的任何信息，不受外界电磁波、光波和周围气候条件等的干扰，也不向外发射任何能量，所以具有较强的抗干扰能力和良好的隐蔽性。

(4) 地图匹配制导是利用地图信息进行制导的一种自主式制导技术，通常由一个成像传感器和一个存贮预定航迹下面基准图存储器及一台相关（配准）比较并作信息处理的计算机（常称为相关处理机）等组成。

(5) 将地图匹配和惯性制导系统结合在一起，用地图匹配系统的精确匹配位置信息修正陀螺漂移和加速度计误差所造成惯性制导系统的积累误差（定位误差），可大大提高制导精度。

6.6 思考题

(1) 简述方案制导的工作过程。

(2) 简述天文制导的工作原理。

(3) 简述惯性制导的工作原理。

(4) 简述惯性制导的分类及区别。

(5) 简述平台在惯性制导中的作用。

(6) 简述地形匹配制导和景象匹配制导的原理。

第7章 导弹控制系统原理

本章首先介绍了导弹控制系统的作用及组成，以操纵气动舵面改变空气动力实现机动的导弹为例，阐述了导弹控制系统作用的原理，及侧滑转弯、倾斜转弯两种控制方式。随后基于第2章给出的导弹数学模型，推导了弹体的状态空间模型与传递函数，构成了导弹的控制模型。最后基于该控制模型，分析了导弹的三通道耦合特性、舵面控制特性、弹体开环特性等控制特性，并给出了导弹控制系统的要求及设计指标选择方法。本章在编写过程中主要参考了文献[35-40]。

7.1 导弹控制系统介绍

导弹控制系统是导弹上自动稳定和控制导弹绕质心运动的整套装置。它的功能是保证导弹稳定飞行，并控制导弹跟踪制导指令以飞向目标。导弹控制系统由敏感装置、控制计算装置和执行机构三部分组成。

敏感装置（如陀螺仪、加速度计等）测量弹体姿态/加速度的变化并输出信号。控制计算装置（如计算机）根据导弹的控制律，对各姿态/加速度信号和制导指令进行运算、校正和放大并输出控制信号。执行机构根据控制信号，驱动舵面或摆动发动机产生作动量，形成使导弹绕质心运动的控制力矩，其闭环框图如图7-1。

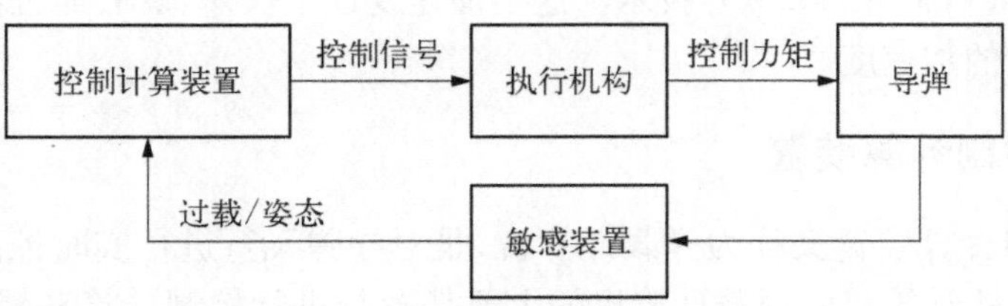

图7-1 导弹控制系统闭环框图

下面将以大气层内飞行，采用陀螺仪、加速度计作为敏感装置，空气舵作为执行机构的导弹为例，详细介绍导弹的控制系统。

7.1.1 敏感装置

陀螺仪，简称陀螺，又称角速度传感器，是用于测量导弹在相对惯性空间中角运动的器件。陀螺仪的工作原理主要基于两个物理原理：角动量守恒和进动。

（1）角动量守恒：当一个物体（对于陀螺来说，是其转子）旋转时，它会保持其旋转轴的方向不变，除非外力对其产生扭矩。这是因为旋转物体具有角动量，而角动量在没有外力作用的情况下是守恒的。

（2）进动：当一个旋转物体（如陀螺）受到一个垂直于其旋转轴的外力（如重力）时，会产生一种称为“进动”的现象。进动是陀螺旋转轴的圆周运动，使得陀螺可以对外部扭矩做出反应，而不是简单地改变其方向。

按照原理，陀螺仪可以分为机电式陀螺仪（以经典力学为基础）、光电类陀螺仪（以近代物理学效应为基础）。随着技术的发展，传统的机电式陀螺仪逐渐被光纤陀螺仪和激光陀螺仪所替代。这些现代陀螺仪利用光的干涉模式来测量角速度，提供了更高的精度和可靠性。不过，它们的基本原理仍然是利用角动量守恒和进动等物理原理来测量导弹的姿态。

加速度计，是测量导弹线加速度的器件。加速度计的基本构成通常包括一个质量块（称为“证据质量”）和一个能够测量该质量块位置变化的装置。以下是加速度计工作的基本原理。

（1）惯性作用：当导弹加速或减速时，证据质量由于惯性会倾向于保持其原始状态。也就是说，当导弹加速时，质量块会相对于导弹向后移动；当导弹减速时，质量块会相对于导弹向前移动。

（2）位移检测：加速度计内部装置会检测证据质量的位移。这种位移通常通过电气、光学或机械手段来测量。例如，一个常见的方法是使用压电材料，当导弹存在加速度时，加速度通过质量块形成的惯性力加在压电材料上，使压电材料产生变形，产生电压。该电压与加速度成正比，经放大后就可检测出加速度大小。

（3）信号转换和处理：检测到的位移或压力变化会转换为电信号，然后通过电子装置进行放大和处理，最终转换为加速度读数。

加速度计的类型较多：按检测质量的位移方式分类有线性加速度计（检测质量作线位移）和摆式加速度计（检测质量绕支承轴转动）；按工作原理分类有振弦式、振梁式和摆式积分陀螺加速度计等。现代导弹上的加速度计往往非常小巧，采用微机械系统（micro-electro mechanical system, MEMS）技术。这类加速度计不仅体积小，而且能够非常精确地测量不同方向上的加速度。

7.1.2 控制计算装置

导弹的控制计算装置又称为弹载计算机，是对导弹飞行进行实时控制和数字信号处理等的专用嵌入式计算机。弹载计算机的主要任务是进行控制计算和辅助计算（如舵翼张开控制、级间分离指令发出等），是导弹控制系统的重要组成部分。它接收导弹制导系统中输出的飞行参数及 GPS 等外来数据；按导引、姿态控制、自毁、弹头解除保险等要求，对接收的数据进行实时计算和处理，按照既定的控制律产生必要的控制信号。

弹载计算机要改变导弹的运动参数，必须通过控制系统使舵面偏转，对质心产生操纵力矩，引起弹体转动，使 α（或 β、γ_V）变化，从而改变总升力的大小和方向，使导弹运动参数产生相应变化。弹载计算机根据飞行过程的实际运动参数与按导引关系要求的运动参数间的差异，而产生控制信号的规律，称为导弹的控制律。

导弹控制律的工作原理是“有误差工作”。例如,导弹飞行中俯仰角 ϑ 与要求的俯仰角 ϑ_* 不相等时,即存在偏差角 $\Delta\vartheta=\vartheta-\vartheta_*$,控制系统将根据 $\Delta\vartheta$ 的大小使升降舵偏转相应的角度 δ_z,最简单的比例控制关系为

$$\delta_z = k_\vartheta(\vartheta - \vartheta_*) = k_\vartheta\Delta\vartheta \tag{7-1}$$

式中,k_ϑ 为控制系统的比例系数,称为放大系数。

导弹在飞行过程中,控制系统总是做出消除误差 $\Delta\vartheta$ 的回答反应,根据误差的大小,偏转相应的舵面来力图消除误差 $\Delta\vartheta$。实际上,误差不存在绝对为零的状态,只是控制系统工作越准确,误差就越小而已。

设 x_{*i} 为研究瞬时由导引关系要求的运动参数值,x_i 为同一瞬时运动参数的实际值,ε_i 为运动参数误差,则有

$$\varepsilon_i = x_i - x_{*i}(i = 1,\ 2,\ 3) \tag{7-2}$$

式中,ε_1、ε_2、ε_3 为角运动/加速度误差,根据不同的导弹构型可选取不同的角度/加速度量。

在一般情况下,ε_1、ε_2、ε_3 不为零,此时控制系统将偏转舵面以求消除误差。而舵面的偏转角大小及方向取决于误差 ε_i 的数值和正负。例如,在最简单的情况下,对轴对称型导弹来说,有如下关系存在:

$$\delta_z = f_1(\varepsilon_1),\ \delta_y = f_2(\varepsilon_2),\ \delta_x = f_3(\gamma) \tag{7-3}$$

式中,$\delta_x = f_3(\gamma)$ 表示期望滚转角为零,控制导弹滚转稳定。

对于面对称型导弹,则有如下关系存在:

$$\delta_z = f_1(\varepsilon_1),\ \delta_x = f_2(\varepsilon_2),\ \delta_y = f_3(\beta) \tag{7-4}$$

式中,$\delta_y = f_3(\beta)$ 表示期望侧滑角为零,控制导弹无侧滑。

式(7-3)、式(7-4)表示每一个操纵机构仅负责控制某一方向上的运动参数,这是一种简单的控制关系,但对一般情况而言,可以写成下面通用的控制关系方程:

$$\begin{cases}\phi_1(\cdots,\ \varepsilon_i,\ \cdots,\delta_i,\ \cdots) = 0\\ \phi_2(\cdots,\ \varepsilon_i,\ \cdots,\delta_i,\ \cdots) = 0\\ \phi_3(\cdots,\ \varepsilon_i,\ \cdots,\delta_i,\ \cdots) = 0\end{cases} \tag{7-5}$$

式(7-5)中可以包括舵面的偏转角、运动参数误差及其他运动参数,可简写成如下形式:

$$\phi_1 = 0,\ \phi_2 = 0,\ \phi_3 = 0 \tag{7-6}$$

$\phi_1 = 0$、$\phi_2 = 0$ 关系式仅用来表示控制飞行方向,改变飞行方向是控制系统的主要任务,因此称它们为基本(主要)控制关系方程。$\phi_3 = 0$ 关系式用以表示对第三轴加以稳定。

在设计导弹弹道时,需要综合考虑包括控制关系方程在内的导弹运动方程组,问题比较复杂。因此在导弹初步设计时,常常作近似处理,即假设控制系统是按“无误差工作”的理想系统,运动参数能保持按导引关系要求的变化规律,这样,

$$\varepsilon_i = x_i - x_{*i} = 0 (i = 1, 2, 3)$$

即有3个理想控制关系式:

$$\varepsilon_1 = 0, \varepsilon_2 = 0, \varepsilon_3 = 0 \tag{7-7}$$

7.1.3 执行机构

空气舵根据作用不同,又可分为升降舵、方向舵和副翼。无论对于轴对称导弹还是面对称导弹,升降舵主要是用于操纵导弹的俯仰姿态;方向舵主要是用于操纵导弹的偏航姿态;副翼主要是用于操纵导弹的滚转(倾斜)姿态。

对于轴对称型导弹,如果舵面与弹身的安装是"+"型,那么水平位置的一对舵面作为升降舵,垂直位置的一对舵面作为方向舵(图7-2)。而在"×"型安装的情况下,两对舵面无法分别单独充当升降舵和方向舵的角色。例如,当两对舵面同时向同一方向(无论向下或向上)偏转且角度相同时,它们将共同起到升降舵的作用(图7-3);如果两对舵面的偏转方向相反,但角度相同,它们则共同起到方向舵的作用(图7-4);当两对舵面的偏转角度不同,不论是方向相同还是相反,这种配置既可以实现升降舵的功能,也可以实现方向舵的功能(图7-5)。

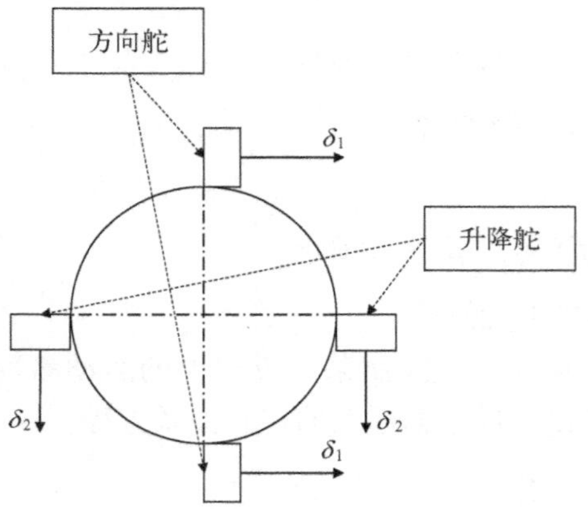

图7-2 "+"型舵面

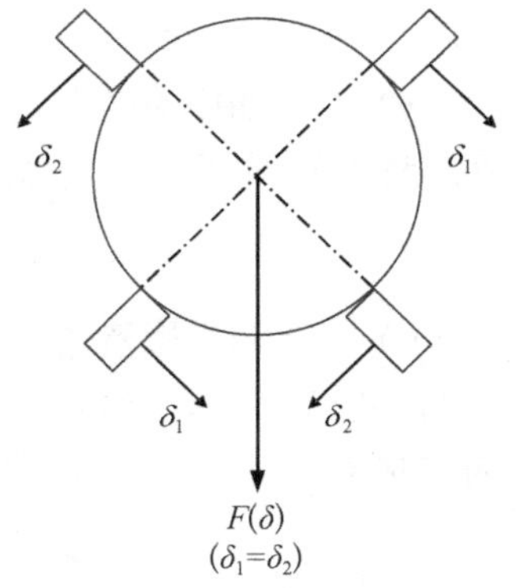

图7-3 "×"型舵面布局向下产生气动力

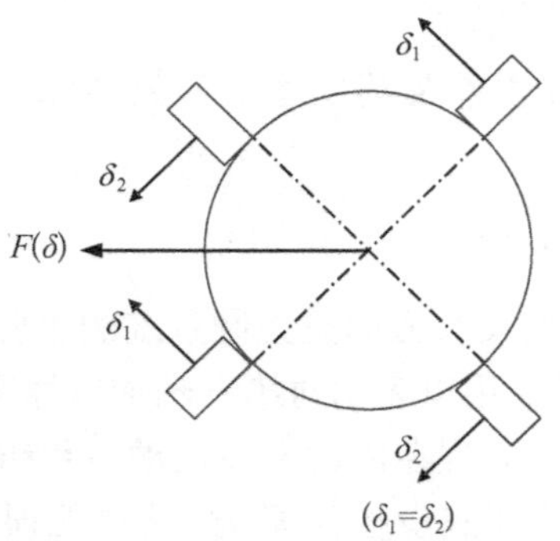

图7-4 "×"型舵面向左产生气动力

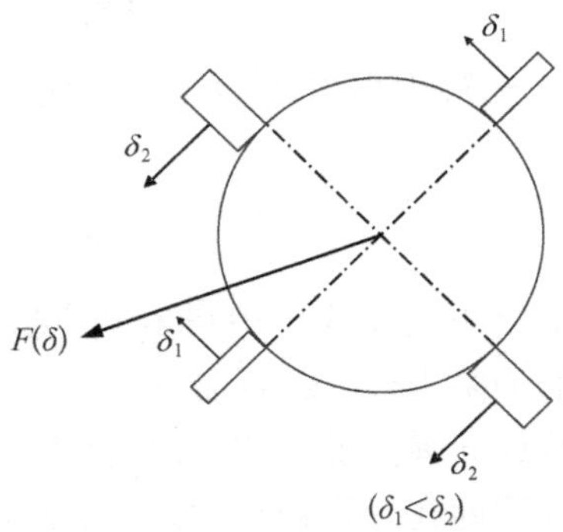

图7-5 "×"型舵面斜向产生气动力

副翼由一对左右相反偏转的舵面组成，这意味着一个舵面向上偏转时，另一个舵面则向下偏转（图 7－6）。副翼可以由单独的一对舵面构成，也可以由内外两组舵面组成。这组舵面不仅能够同向偏转，还能进行差动偏转。这样的设计使得这组舵面既能承担升降舵的功能，又能充当副翼的角色。

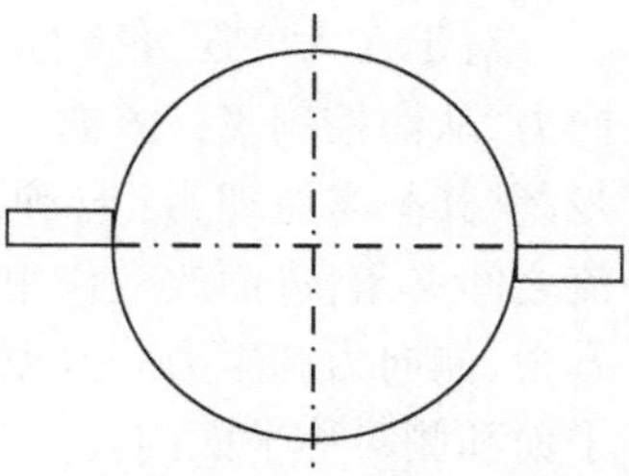

图 7－6　副翼的偏转

轴对称型导弹通常配备两对弹翼，这些弹翼在周向上均匀分布。通过调整升降舵的偏转角度 δ_z，可以改变攻角 α，进而改变升力 $\boldsymbol{Y}$ 的大小和方向，以操纵导弹的纵向运动。而通过调整方向舵的偏转角度 δ_y 则可改变侧滑角 β，影响侧向力 $\boldsymbol{Z}$ 的大小和方向，从而控制导弹的航向运动。如果升降舵和方向舵同时偏转到任意角度，就可以在空气动力上实现纵向和航向运动的联合控制。当 α 与 β 改变时，阻力 $\boldsymbol{X}$ 与推力的法向分量 P_n 和切向分量 P_t 也随之改变。

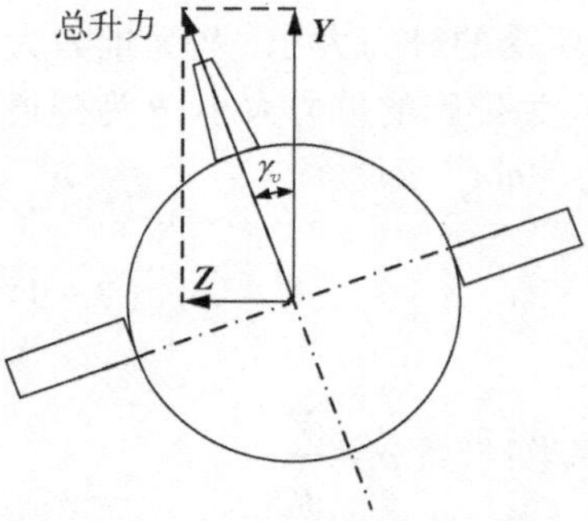

图 7－7　面对称型导弹的偏航运动

对于面对称型的导弹，通常只有一对水平弹翼，这种设计使得升力远大于侧向力。纵向运动的控制仍通过改变升降舵的偏转角来调节升力的大小；而航向运动的控制通常依靠副翼的差动偏转来使弹体倾斜。弹体倾斜导致在纵向对称面上的升力向对应方向偏转，升力的水平分力则使导弹作航向运动（图 7－7）。

为了形成任意方向的总升力并避免系统过于复杂，需要操纵导弹绕某一轴或至多绕两轴转动，而对第三轴加以稳定。例如，在轴对称型导弹中，只需操纵导弹绕 Oz_1 轴和 Oy_1 轴转动，同时保持 Ox_1 轴的稳定，即可有效控制俯仰和偏航运动，并能避免操纵指令的混乱。对于面对称型导弹，通常控制导弹绕 Oz_1 轴和 Ox_1 轴进行转动，通过改变攻角和速度倾斜角来产生所需的总升力，实现纵向和航向运动控制，同时保持 Oy_1 轴的稳定。此外，为了精确调节速度，一些导弹系统还通过改变油门开度等方法来调节推力的大小，进而改变轴向力的大小。

7.2　导弹的控制原理与控制方式

7.2.1　导弹的控制原理

导弹能否精确击中目标的关键在于其制导控制系统的品质优劣，该系统根据特定的导引规则调整导弹的运动方向和速度，同时通过生成与导弹飞行速度矢量平行和垂直的力对导弹进行控制。例如，大气层内飞行的有翼导弹，其运动受到发动机推力 $\boldsymbol{P}$、空气动力 $\boldsymbol{R}$ 和重力 $\boldsymbol{G}$ 的综合作用。这些力的合力可以分解为沿飞行方向的切向力和垂直于飞行方向的法向力。切向力负责改变导弹的速度大小，而法向力则负责改变飞行方向。通常，切向力的调整通过改变推力来实现，法向力则主要通过改变空气动力或推力的方向来控制。

对于在大气层外飞行的无翼导弹,主要通过改变推力矢量方向来调整导弹受到的法向力,从而控制飞行方向。对于在大气层内飞行的导弹,主要通过改变导弹空气动力进行控制,其基本原理为:导弹通过操纵气动舵面形成控制力,产生旋转力矩来改变弹体与来流之间夹角,进而改变作用在导弹上的空气动力,这些空气动力沿速度坐标系可以分解成升力、侧向力和阻力。升力和侧向力分别垂直于导弹飞行方向,分别作用于导弹的纵对称平面和侧对称平面内。

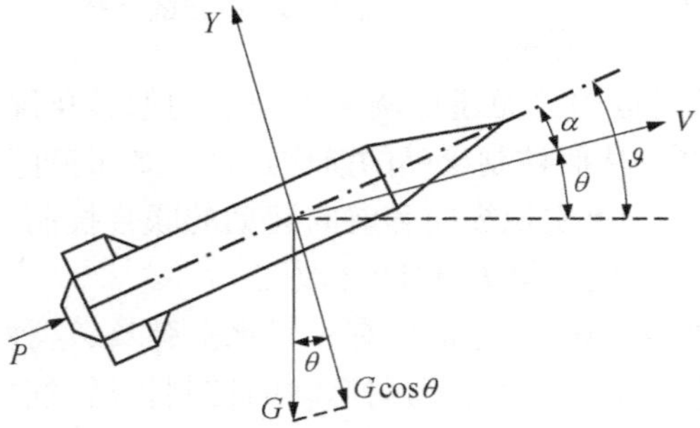

图 7-8　导弹纵向平面受力示意图

图 7-8 展示了导弹在纵对称平面内的受力情况。

显然,导弹在弹道法向的受力大小为 $F_y = Y + P\sin\alpha - G\cos\theta$, 去除不可控的重力项 $G\cos\theta$ 后,导弹所受的法向力大小为

$$N_y = Y + P\sin\alpha \tag{7-8}$$

式中, Y 为导弹所受的升力大小; P 为推力大小; α 为攻角; G 为导弹的重力大小;θ 为弹道倾角。又知, $F_y = ma_y$, 即

$$N_y - G\cos\theta = m\frac{V^2}{\rho} \tag{7-9}$$

式中, V 为导弹飞行速度大小;m 为导弹质量; ρ 为弹道曲率半径,且 $\rho = \frac{V}{\dot{\theta}}$。

将 $\rho = \frac{V}{\dot{\theta}}$ 代入式(7-9),得

$$\dot{\theta} = \frac{N_y - G\cos\theta}{mV} \tag{7-10}$$

由式(7-8)和式(7-10)可见,若使导弹在纵对称平面内向上或向下改变飞行方向,必须控制导弹法向力的变化。可借助控制系统操纵气动舵面偏转产生操纵力矩,使导弹绕质心转动,进而改变导弹的攻角来实现法向力的变化。

由式(7-10)可进一步看出,当导弹飞行速度一定时,法向力越大,弹道倾角的变化率就越大,即导弹在纵向对称平面内的飞行方向改变就越快。同理,为了实现导弹在侧向平面内的向左或向右飞行方向的改变,就必须通过控制系统作用改变侧滑角 β(对于轴对称导弹)或速度倾斜角 γ_v(对于面对称导弹),使侧向力 N_z 发生变化,从而改变控制力。

一般地,工程实践上采用法向过载来衡量导弹的机动能力。法向过载是指除重力以外所有作用在导弹上的合外力在法向上的分力与重力的比(或见本书第 2.3.2 节给出的定义),其可以写成:

$$n_y = \frac{N_y}{G} \text{ 或 } n_y = \frac{a_y}{g} + \cos\theta \tag{7-11}$$

其中，a_y 为导弹的法向加速度；g 为重力加速度。

在简化的平面运动中，法向加速度与导弹的运动速度和速度方向变化有关。在上述铅垂平面内，导弹在铅垂平面的瞬时速度分量为 V、弹道倾角为 θ，则此时的法向加速度可表示为

$$a = V\dot{\theta} \tag{7-12}$$

此外，根据导弹设计的需要通常还会引入需用过载、极限过载和可用过载的概念，相关定义可参考文献[40]。

综上所述，导弹制导控制实质是按照制导系统产生的导引律，由控制系统实施作用于导弹上的法向力 N_y 与侧向力 N_z 进行控制。以轴对称导弹为例，导弹通过改变其相应的攻角 α 和侧滑角 β，改变导弹飞行方向，使其不断调整飞行轨迹，从而命中目标。制导控制的大致流程为：控制信号→空气舵偏转→控制力矩变化→姿态变化→攻角与侧滑角变化→空气动力变化→法向力与侧向力变化→法向加速度与侧向加速度变化→速度和方向变化→质心位置变化。也就是说，导弹制导控制是通过对导弹进行姿态控制来间接达到质心控制的目的。

7.2.2　侧滑转弯控制方式

侧滑转弯(skid to turn, STT)是以两个执行平面不同大小的机动，来实现导弹任意方向的机动转弯。从控制坐标的角度来看，STT 控制是一种直角坐标控制。

以图 7－9 所示的轴对称“×”型布局的导弹为例，记 X_1OY_{1X} 与 X_1OZ_{1X} 为执行平面；X_1OY_1 与 X_1OZ_1 分别是导弹的纵对称平面与水平对称平面。OY_1Z_1 绕导弹纵轴 OX_1 转动 $-45°$ 得到 $OY_{1X}Z_{1X}$。n_{y1xm} 与 n_{z1xm} 分别是 X_1OY_{1X} 与 X_1OZ_{1X} 平面内的最大过载。且 $|n_{y1xm}|=|n_{z1xm}|$。下面分三种情况进行讨论分析：

(1) 当导弹按照 OY_1 轴方向以最大机动能力飞行时，导弹所能产生的最大过载值为 $n_{OA}=\sqrt{n_{y1xm}^2+n_{z1xm}^2}$。由于速度矢量在纵对称平面 X_1OY_1 内，此时只有攻角而无侧滑角存在；

(2) 当要求在 OB 方向作最大机动飞行时，$n_{OB}=\sqrt{n_{y1x}^2+n_{z1xm}^2}$。由于速度矢量不在纵对称平面 X_1OY_1 内，此时不仅有攻角而且还有正侧滑角的存在；

(3) 当要求在与 OB 方向相对称的 OC 方向作最大机动飞行时，其过载为 $n_{OC}=\sqrt{n_{y1xm}^2+n_{z1x}^2}$，同时存在着攻角和负侧滑角。

按照上述规律，导弹向各方向能产生的最大的过载图形是一个正方形(由图 7－9 中的虚线包络所示)。它的特点是：

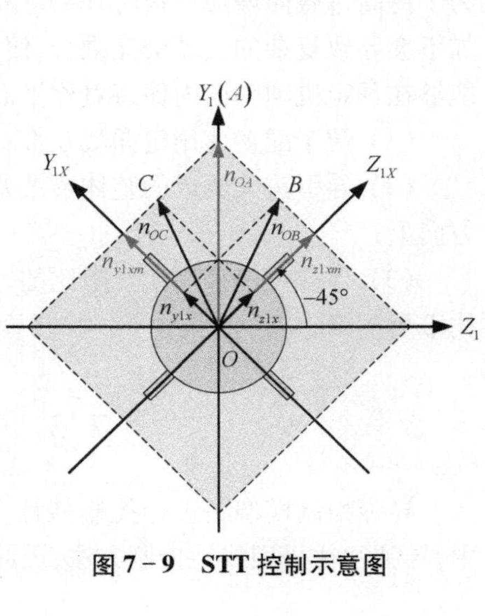

图 7－9　STT 控制示意图

(1) 导弹在任意方向上的机动过载都是由两

个执行平面的过载合成的，导弹机动时速度矢量不是永远在其纵对称平面 X_1OY_1 内，因而存在侧滑角；

(2) 导弹机动时滚转角永远等于零，从而使交叉耦合减小。

当导弹以小攻角飞行时，由于气动交叉耦合很小，可以忽略不计，因此导弹的俯仰、偏航、滚转三个通道是解耦的，在后续的控制系统设计中可以视为相互独立。

7.2.3 倾斜转弯控制方式

倾斜转弯(bank to turn, BTT)是以两执行平面的等同大小机动与控制滚转角，来实现导弹任意方向的机动转弯。从控制坐标的角度看，这种控制是一种极坐标控制。下面依据图 7－10，分为三种情况来讨论：

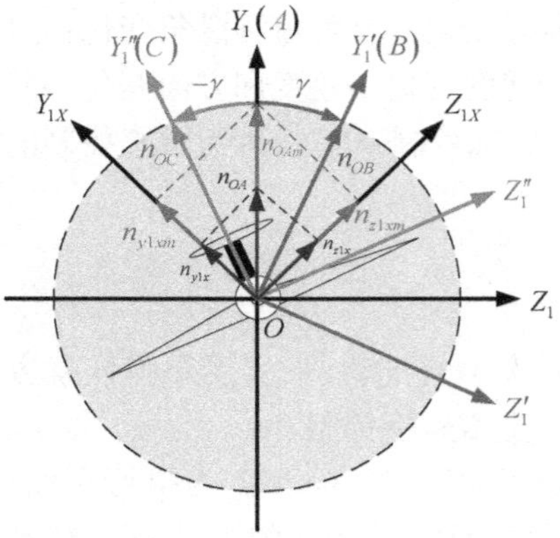

图 7－10 BTT 控制示意图

(1) 导弹要实现 OA 方向的机动，只要 $n_{y1x}=n_{z1x}$，并且均为正方向，则 $n_{OA}=\sqrt{n_{y1x}^2+n_{z1x}^2}$，此时滚转角 $\gamma=0$；

(2) 导弹要实现 OA 方向的最大机动，则 $n_{OAm}=\sqrt{n_{y1xm}^2+n_{z1xm}^2}$，滚转角 γ 仍为零；

(3) 导弹要实现 OB 或 OC 方向的机动，可由 n_{OAm} 滚转 γ 角或 $-\gamma$ 角实现。

由此可见，倾斜转弯是使导弹的纵对称平面 X_1OY_1 绕其纵轴 OX_1，转动一个滚转角 γ，实现导弹任意方向的机动转弯。由于速度矢量永远在 X_1OY_1 内，导弹不存在侧滑角。

BTT 控制策略产生的最大过载图形是一个圆，这意味可以按照最大过载进行空间任意方向的机动飞行，但其代价是导弹需要先进行倾斜运动，旋转主升力面至要求的方向，这会增大控制指令到过载输出的响应时间。特别地，为了提高过载而增加攻角时，BTT 控制方式下的导弹由于执行无侧滑机动转弯，攻角的增加不会导致复杂的气动交叉耦合，便于进行解耦控制。此外，无侧滑转弯的特性使得导弹能够在预定机动平面内保持对称平面的飞行，这具有以下好处：

(1) 便于配置使用定向战斗部；

(2) 导引头天线罩的整体透波要求可以放宽，透波能力可以集中在导弹的对称平面方向上；

(3) 导弹可以采用大升阻比的气动外形，同时通过不等强度的结构设计使导弹的结构重量下降。

7.3 导弹控制模型建立

导弹控制模型是进行控制特性分析与控制系统设计的基础。目前在实际工程应用中，导弹往往采用线性控制方法，因此本节将对第 2 章中推导得到的导弹运动方程组进行处理,建立导弹的线性化控制模型。

7.3.1　导弹三通道耦合线性化控制模型

以攻角 α, 侧滑角 β, 绕体轴的三个角速度 ω_x、ω_y、ω_z, 三个舵偏角 δ_x、δ_y、δ_z 和滚转角 γ 作为状态变量,并在速度系下描述对应的控制模型最为便捷。在速度系下建立导弹动力学模型的详细过程见 2.3.2 节,忽略无因次下洗阻尼力矩系数后,控制模型具体形式如下:

$$\dot{\alpha} = \omega_z - \omega_x\beta - \frac{1}{mV}(57.3qSC_y^{\alpha} + P)\alpha - 57.3\frac{qS}{mV}C_y^{\delta_z}\delta_z \tag{7-13}$$

$$\dot{\beta} = \omega_y + \omega_x\alpha + \frac{1}{mV}(57.3qSC_z^{\beta} - P)\beta + 57.3\frac{qS}{mV}C_z^{\delta_y}\delta_y \tag{7-14}$$

$$\dot{\omega}_x = \frac{qSL}{J_{x_1}}\left(57.3m_x^{\beta}\beta + m_x^{\bar{\omega}_x}\frac{L}{V}\omega_x + m_x^{\bar{\omega}_y}\frac{L}{V}\omega_y + 57.3m_x^{\delta_x}\delta_x + 57.3m_x^{\delta_y}\delta_y\right) - \frac{J_{z_1} - J_{y_1}}{J_{x_1}}\omega_y\omega_z \tag{7-15}$$

$$\dot{\omega}_y = \frac{qSL}{J_{y_1}}\left(57.3m_y^{\beta}\beta + m_y^{\bar{\omega}_x}\frac{L}{V}\omega_x + m_y^{\bar{\omega}_y}\frac{L}{V}\omega_y + 57.3m_y^{\delta_y}\delta_y + 57.3m_y^{\delta_x}\delta_x\right) - \frac{J_{x_1} - J_{z_1}}{J_{y_1}}\omega_z\omega_x \tag{7-16}$$

$$\dot{\omega}_z = \frac{qSL}{J_{z_1}}\left(57.3m_z^{\alpha}\alpha + m_z^{\bar{\omega}_z}\frac{L}{V}\omega_z + 57.3m_z^{\delta_z}\delta_z\right) - \frac{J_{y_1} - J_{x_1}}{J_{z_1}}\omega_x\omega_y \tag{7-17}$$

$$\dot{\gamma} = \omega_x \tag{7-18}$$

$$n_y = \frac{qS}{m}[(C_x + 57.3C_y^{\alpha})\alpha + 57.3C_y^{\delta_z}\delta_z]/g \tag{7-19}$$

$$n_z = \frac{qS}{m}[(-C_x + 57.3C_z^{\beta})\beta + 57.3C_z^{\delta_y}\delta_y]/g \tag{7-20}$$

后面为书写方便,省略式(7-15)至式(7-17)中的脚注“1”。

从式(7-13)至式(7-18)可以看出滚转通道单独解耦,但俯仰、偏航通道存在耦合,且耦合强度与滚转角速度 ω_x 成正比。

整理式(7-13)至式(7-18)得到滚转通道控制模型为

$$\dot{\gamma} = \omega_x \tag{7-21}$$

$$\dot{\omega}_x = -\left(-\frac{M_x^{\beta}}{J_x}\beta - \frac{M_x^{\omega_x}}{J_x}\omega_x - \frac{M_x^{\omega_y}}{J_x}\omega_y - \frac{M_x^{\delta_x}}{J_x}\delta_x - \frac{M_x^{\delta_y}}{J_x}\delta_y\right) - \left(\frac{J_z - J_y}{J_x}\right)\omega_y\omega_z \tag{7-22}$$

俯仰/偏航通道控制模型由式(7-13)、式(7-14)、式(7-19)、式(7-20),以及如下的两个转动方程构成：

$$\dot{\omega}_z = -\left(-\frac{M_z^{\alpha}}{J_z}\alpha - \frac{M_z^{\omega_z}}{J_z}\omega_z - \frac{M_z^{\delta_z}}{J_z}\delta_z\right) - \left(\frac{J_y - J_x}{J_z}\right)\omega_x\omega_y \tag{7-23}$$

$$\dot{\omega}_y = -\left(-\frac{M_y^{\beta}}{J_y}\beta - \frac{M_y^{\omega_x}}{J_y}\omega_x - \frac{M_y^{\omega_y}}{J_y}\omega_y - \frac{M_y^{\delta_x}}{J_y}\delta_x - \frac{M_y^{\delta_y}}{J_y}\delta_y\right) - \left(\frac{J_x - J_z}{J_y}\right)\omega_z\omega_x \tag{7-24}$$

三个通道的力、力矩符号定义及其对应的物理意义如表 7-1 所示。

表 7-1　三个通道力与力矩符号定义及对应物理意义

符　号	表达式	物　理　意　义
$a_{\alpha} = \frac{-M_z^{\alpha}}{J_z}$	$\frac{-57.3m_z^{\alpha}qSL}{J_z}$	由攻角引起的俯仰力矩；静稳定弹体，$M_z^{\alpha} < 0$，$a_{\alpha} > 0$；静不稳定弹体，$M_z^{\alpha} > 0$，$a_{\alpha} < 0$
$a_{\omega_z} = \frac{-M_z^{\omega_z}}{J_z}$	$\frac{-m_z^{\bar{\omega}_z}qSL^2}{J_zV}$	$m_z^{\bar{\omega}_z} < 0$，由俯仰角速度引起的俯仰阻尼力矩
$a_{\delta_z} = \frac{-M_z^{\delta_z}}{J_z}$	$\frac{-57.3m_z^{\delta_z}qSL}{J_z}$	由升降舵引起的俯仰力矩；尾舵控制，$m_z^{\delta_z} < 0$，$a_{\delta_z} > 0$；鸭舵控制，$m_z^{\delta_z} > 0$，$a_{\delta_z} < 0$
$a_{\beta} = \frac{-M_y^{\beta}}{J_y}$	$\frac{-57.3m_y^{\beta}qSL}{J_y}$	由侧滑角引起的偏航力矩；航向静稳定弹体，$m_y^{\beta} < 0$；航向静不稳定弹体，$m_y^{\beta} > 0$
$a_{\omega_x} = \frac{M_y^{\omega_x}}{J_y}$	$-\frac{m_y^{\bar{\omega}_x}qSL^2}{J_yV}$	$m_y^{\bar{\omega}_x} < 0$，由滚转角速度引起的偏航力矩
$a_{\omega_y} = \frac{-M_y^{\omega_y}}{J_y}$	$\frac{-m_y^{\bar{\omega}_y}qSL^2}{J_yV}$	$m_y^{\bar{\omega}_y} < 0$，由偏航角速度引起的偏航力矩
$a_{\delta_x} = \frac{-M_y^{\delta_x}}{J_y}$	$\frac{-57.3m_y^{\delta_x}qSL}{J_y}$	$m_y^{\delta_x}$（+差动，-正常），由副翼引起的偏航力矩
$a_{\delta_y} = \frac{-M_y^{\delta_y}}{J_y}$	$\frac{-57.3m_y^{\delta_y}qSL}{J_y}$	$m_y^{\delta_y} < 0$，由方向舵引起的偏航力矩
$b_{\alpha} = \frac{P + Y^{\alpha}}{mV}$	$\frac{P + 57.3c_y^{\alpha}qS}{mV}$	$c_y^{\alpha} > 0$，由攻角生成的俯仰力
$b_{\delta_z} = \frac{Y^{\delta_z}}{mV}$	$\frac{57.3c_y^{\delta_z}qS}{mV}$	$c_y^{\delta_z} > 0$，由升降舵生成的俯仰力
$b_{\beta} = \frac{P - Z^{\beta}}{mV}$	$\frac{P - 57.3c_z^{\beta}qS}{mV}$	$c_z^{\beta} < 0$，由侧滑角生成的偏航力
$b_{\delta_y} = \frac{-Z^{\delta_y}}{mV}$	$\frac{-57.3c_z^{\delta_y}qS}{mV}$	$c_z^{\delta_y} < 0$，由方向舵生成的偏航力

续　表

符　号	表达式	物　理　意　义
$c_{\omega_x}=\dfrac{-M_x^{\omega_x}}{J_x}$	$\dfrac{-m_x^{\bar{\omega}_x}qSL^2}{J_xV}$	$m_x^{\bar{\omega}_x}<0$，由滚转角速度生成的滚转阻尼力矩
$c_{\omega_y}=\dfrac{-M_x^{\omega_y}}{J_x}$	$\dfrac{-m_x^{\bar{\omega}_y}qSL^2}{J_xV}$	$m_x^{\bar{\omega}_y}<0$，由偏航角速度生成的滚转力矩
$c_\beta=\dfrac{-M_x^\beta}{J_x}$	$\dfrac{-m_x^\beta qSL}{J_x}$	由侧滑角生成的滚转力矩（斜吹力矩）； $m_x^\beta<0$，横向（滚转）静稳定
$c_{\delta_x}=\dfrac{-M_x^{\delta_x}}{J_x}$	$\dfrac{-57.3m_x^{\delta_x}qSL}{J_x}$	$m_x^{\delta_x}<0$，由副翼生成的滚转力矩（操纵力矩）
$c_{\delta_y}=\dfrac{-M_x^{\delta_y}}{J_x}$	$\dfrac{-57.3m_x^{\delta_y}qSL}{J_x}$	$m_x^{\delta_y}<0$，由方向舵生成的滚转力矩

说明：L 为导弹的参考长度；δ_z 表示俯仰舵偏角；δ_y 表示方向舵偏角；δ_x 表示副翼偏角

根据表 7-1 的符号定义，方程（7-13）至方程（7-17）可简化表示为

$$\dot{\alpha}=\omega_z-\beta\cdot\omega_x-b_\alpha\alpha-b_{\delta_z}\delta_z \tag{7-25}$$

$$\dot{\beta}=\omega_y+\alpha\cdot\omega_x-b_\beta\beta-b_{\delta_y}\delta_y \tag{7-26}$$

$$\dot{\omega}_x=-c_{\omega_x}\omega_x-c_{\delta_x}\delta_x-c_\beta\beta-(c_{\omega_y}\omega_y+c_{\delta_y}\delta_y)+\left(\frac{J_y-J_z}{J_x}\right)\omega_y\omega_z \tag{7-27}$$

$$\dot{\omega}_y=-a_\beta\beta-a_{\omega_y}\omega_y-a_{\delta_y}\delta_y+(a_{\omega_x}\omega_x-a_{\delta_x}\delta_x)+\left(\frac{J_z-J_x}{J_y}\right)\omega_z\omega_x \tag{7-28}$$

$$\dot{\omega}_z=-(a_\alpha\alpha-a_{\omega_z}\omega_z-a_{\delta_z}\delta_z)+\left(\frac{J_x-J_y}{J_z}\right)\omega_x\omega_y \tag{7-29}$$

式（7-25）至式（7-29）即为最终建立的导弹控制方程组。需要强调的是，这些方程都是耦合的，其中，$-\beta\cdot\omega_x$ 与 $\alpha\cdot\omega_x$ 为运动学耦合项，$\left(\dfrac{J_y-J_z}{J_x}\right)\omega_y\omega_z$、$\left(\dfrac{J_z-J_x}{J_y}\right)\omega_z\omega_x$ 与 $\left(\dfrac{J_x-J_y}{J_z}\right)\omega_x\omega_y$ 为惯性耦合项，$a_{\omega_x}\omega_x-a_{\delta_x}\delta_x$、$-c_\beta\beta$ 与 $-(c_{\omega_y}\omega_y+c_{\delta_y}\delta_y)$ 为气动交叉耦合项，如表 7-2 所示。

表 7-2　俯仰、偏航、滚转通道耦合项

项　目	运动学耦合项	惯性耦合项	气动交叉耦合项
俯仰通道	$-\beta\cdot\omega_x$	$\left(\dfrac{J_x-J_y}{J_z}\right)\omega_x\omega_y$	—

续 表

项 目	运动学耦合项	惯性耦合项	气动交叉耦合项
偏航通道	$\alpha \cdot \omega_x$	$\left(\dfrac{J_z - J_x}{J_y}\right)\omega_z\omega_x$	$a_{\omega_x}\omega_x - a_{\delta_x}\delta_x$
滚转通道	—	$\left(\dfrac{J_y - J_z}{J_x}\right)\omega_y\omega_z$	$-c_\beta\beta$、$-(c_{\omega_y}\omega_y + c_{\delta_y}\delta_y)$

7.3.2 弹体状态空间模型

1. STT 导弹状态空间模型

对于 STT 导弹，略去式(7-27)~式(7-29)中的惯性耦合项与气动交叉耦合项；由于滚转通道采用稳定控制，ω_x 较小，可以忽略方程(7-25)与方程(7-26)中的运动学耦合项 $-\beta \cdot \omega_x$ 与 $\alpha \cdot \omega_x$。俯仰通道、偏航通道、滚转通道解耦后得

$$\begin{aligned}\dot{\alpha} &= \omega_z - b_\alpha\alpha - b_{\delta_z}\delta_z \\ \dot{\omega}_z &= -a_\alpha\alpha - a_{\omega_z}\omega_z - a_{\delta_z}\delta_z\end{aligned} \tag{7-30}$$

$$\begin{aligned}\dot{\beta} &= \omega_y - b_\beta\beta - b_{\delta_y}\delta_y \\ \dot{\omega}_y &= -a_\beta\beta - a_{\omega_y}\omega_y - a_{\delta_y}\delta_y\end{aligned} \tag{7-31}$$

$$\dot{\omega}_x = -c_{\omega_x}\omega_x - c_{\delta_x}\delta_x \tag{7-32}$$

在本书三通道解耦，小扰动线性化假设条件下，俯仰角、偏航角、滚转角的导数与对应的角速度近似相等，同时为了更明显地表现出物理意义，记 $\dot{\vartheta} \triangleq \omega_z$，$\dot{\psi} \triangleq \omega_y$，$\dot{\gamma} \triangleq \omega_x$，式(7-30)、式(7-31)、式(7-32)又可表示为

$$\begin{aligned}\dot{\alpha} &= \dot{\vartheta} - b_\alpha\alpha - b_{\delta_z}\delta_z \\ \ddot{\vartheta} &= -a_{\omega_z}\dot{\vartheta} - a_\alpha\alpha - a_{\delta_z}\delta_z\end{aligned} \tag{7-33}$$

$$\begin{aligned}\dot{\beta} &= \dot{\psi} - b_\beta\beta - b_{\delta_y}\delta_y \\ \ddot{\psi} &= -a_\beta\beta - a_{\omega_y}\dot{\psi} - a_{\delta_y}\delta_y\end{aligned} \tag{7-34}$$

$$\ddot{\gamma} = -c_{\omega_x}\dot{\gamma} - c_{\delta_x}\delta_x \tag{7-35}$$

式(7-33)至式(7-35)即为采用 STT 控制时三通道独立的线性方程组。对采用 STT 控制，滚转稳定的轴对称导弹，俯仰运动与偏航运动相似，统称为侧向运动。

由于工程上通常采用加速度作为反馈，俯仰通道加速度方程可表示为

$$\begin{aligned}a_y &= V\dot{\theta} \\ \dot{\theta} &= \dot{\vartheta} - \dot{\alpha}\end{aligned} \tag{7-36}$$

结合(7-33)第一式，简记 b_{δ_z} 为 b_δ，得

$$a_y = V(b_\alpha \alpha + b_\delta \delta_z) \tag{7-37}$$

实际上,加速度计往往并不是恰好安装在弹体质心处,因而 a_y 的测量值中还应包含角加速度信息,设 c 为加速度计安装位置离质心的距离(在质心之前为正),并简记 $a_{\omega_z} = a_\omega$,则

$$\begin{aligned} a_y &= V(\dot{\vartheta} - \dot{\alpha}) + c\ddot{\vartheta} \\ &= Vb_\alpha \alpha + Vb_\delta \delta_z - ca_\omega \dot{\vartheta} - ca_\alpha \alpha - ca_\delta \delta_z \\ &= (Vb_\alpha - ca_\alpha)\alpha - ca_\omega \dot{\vartheta} + (Vb_\delta - ca_\delta)\delta_z \end{aligned} \tag{7-38}$$

以俯仰运动为例,设 STT 导弹弹体的状态方程如下所示:

$$\begin{aligned} \dot{\boldsymbol{x}} &= \boldsymbol{Ax} + \boldsymbol{Bu} \\ \boldsymbol{y} &= \boldsymbol{Cx} + \boldsymbol{Du} \end{aligned} \tag{7-39}$$

其中,$\boldsymbol{A}$ 为 $n \times n$ 方阵;$\boldsymbol{B}$ 为 $n \times p$ 阵;$\boldsymbol{C}$ 为 $q \times n$ 阵;$\boldsymbol{D}$ 为 $q \times p$ 阵;$\boldsymbol{u}$ 为 p 维输入向量;$\boldsymbol{y}$ 为 q 维输出向量。由方程(7-33)知,系统只有俯仰舵偏角 δ_z 一个输入,选取 α、$\dot{\vartheta}$ 为状态变量,a_y、$\dot{\vartheta}$ 为输出量,将方程(7-33)、方程(7-38)写成二维状态空间形式,如式(7-40)所示。

$$\begin{aligned} \begin{bmatrix} \dot{\alpha} \\ \ddot{\vartheta} \end{bmatrix} &= \begin{bmatrix} -b_\alpha & 1 \\ -a_\alpha & -a_\omega \end{bmatrix} \begin{bmatrix} \alpha \\ \dot{\vartheta} \end{bmatrix} + \begin{bmatrix} -b_\delta \\ -a_\delta \end{bmatrix} [\delta_z] \\ \begin{bmatrix} a_y \\ \dot{\vartheta} \end{bmatrix} &= \begin{bmatrix} Vb_\alpha - ca_\alpha & -ca_\omega \\ 0 & 1 \end{bmatrix} \begin{bmatrix} \alpha \\ \dot{\vartheta} \end{bmatrix} + \begin{bmatrix} Vb_\delta - ca_\delta \\ 0 \end{bmatrix} [\delta_z] \end{aligned} \tag{7-40}$$

式中,$\dot{\boldsymbol{x}} = \begin{bmatrix} \dot{x}_1 \\ \dot{x}_2 \end{bmatrix} = \begin{bmatrix} \dot{\alpha} \\ \ddot{\vartheta} \end{bmatrix}$;$\boldsymbol{x} = \begin{bmatrix} x_1 \\ x_2 \end{bmatrix} = \begin{bmatrix} \alpha \\ \dot{\vartheta} \end{bmatrix}$;$\boldsymbol{u} = [\delta_z]$;$\boldsymbol{y} = \begin{bmatrix} y_1 \\ y_2 \end{bmatrix} = \begin{bmatrix} a_y \\ \dot{\vartheta} \end{bmatrix}$;$\boldsymbol{A} = \begin{bmatrix} -b_\alpha & 1 \\ -a_\alpha & -a_\omega \end{bmatrix}$;$\boldsymbol{B} = \begin{bmatrix} -b_\delta \\ -a_\delta \end{bmatrix}$;$\boldsymbol{C} = \begin{bmatrix} Vb_\alpha - ca_\alpha & -ca_\omega \\ 0 & 1 \end{bmatrix}$;$\boldsymbol{D} = \begin{bmatrix} Vb_\delta - ca_\delta \\ 0 \end{bmatrix}$。

或选取 α、ϑ、$\dot{\vartheta}$ 为状态变量,a_y、ϑ、$\dot{\vartheta}$ 为输出量,STT 导弹纵向运动的状态空间又可表示为

$$\begin{aligned} \begin{bmatrix} \dot{\alpha} \\ \dot{\vartheta} \\ \ddot{\vartheta} \end{bmatrix} &= \begin{bmatrix} -b_\alpha & 0 & 1 \\ 0 & 0 & 1 \\ -a_\alpha & 0 & -a_\omega \end{bmatrix} \begin{bmatrix} \alpha \\ \vartheta \\ \dot{\vartheta} \end{bmatrix} + \begin{bmatrix} -b_\delta \\ 0 \\ -a_\delta \end{bmatrix} [\delta_z] \\ \begin{bmatrix} a_y \\ \vartheta \\ \dot{\vartheta} \end{bmatrix} &= \begin{bmatrix} Vb_\alpha - ca_\alpha & 0 & -ca_\omega \\ 0 & 1 & 0 \\ 0 & 0 & 1 \end{bmatrix} \begin{bmatrix} \alpha \\ \vartheta \\ \dot{\vartheta} \end{bmatrix} + \begin{bmatrix} Vb_\delta - ca_\delta \\ 0 \\ 0 \end{bmatrix} [\delta_z] \end{aligned} \tag{7-41}$$

2. BTT 导弹状态空间模型

采用 BTT 控制时,滚转角速度引起的运动学耦合项 $-\boldsymbol{\beta} \cdot \boldsymbol{\omega}_x$ 与 $\boldsymbol{\alpha} \cdot \boldsymbol{\omega}_x$ 不可忽略,但在巡航段飞行的导弹常保持一定的正攻角飞行,可以引入常值平衡攻角 α_0,作为不确定量来处理。因而 BTT 导弹三通道线性方程组可表示为

$$
\begin{cases}
\dot{\alpha} = \omega_z - \beta \cdot \omega_x - b_\alpha \alpha - b_{\delta_z} \delta_z \\
\dot{\omega}_z = - a_\alpha \alpha - a_{\omega_z} \omega_z - a_{\delta_z} \delta_z
\end{cases}
$$

$$
\begin{cases}
\dot{\beta} = \omega_y + \alpha_0 \cdot \omega_x - b_\beta \beta - b_{\delta_y} \delta_y \\
\dot{\omega}_y = - a_\beta \beta - a_{\omega_y} \omega_y - a_{\delta_y} \delta_y
\end{cases}
\tag{7-42}
$$

$$
\ddot{\gamma} = - c_{\omega_x} \dot{\gamma} - c_{\delta_x} \delta_x
$$

对于 BTT 状态空间方程的建立过程与 STT 导弹类似,不再赘述。

7.3.3 弹体传递函数

以 STT 导弹为例,设 $c=0$,根据式(7-41),利用克莱姆法则,可推导得到弹体的加速度、俯仰姿态角速度、攻角相对舵偏角的传递函数,并写成常数项为 1 的标准形式,如下所示。

$$
\frac{a_y(s)}{\delta_z(s)} = \frac{V[b_\delta s^2 + a_\omega b_\delta s - (a_\delta b_\alpha - a_\alpha b_\delta)]}{s^2 + (a_\omega + b_\alpha)s + (a_\alpha + a_\omega b_\alpha)} = \frac{k_a(A_2 s^2 + A_1 s + 1)}{T_m^2 s^2 + 2\zeta_m T_m s + 1} \tag{7-43}
$$

$$
\frac{\dot{\vartheta}(s)}{\delta_z(s)} = \frac{-a_\delta s - (a_\delta b_\alpha - a_\alpha b_\delta)}{s^2 + (a_\omega + b_\alpha)s + (a_\alpha + a_\omega b_\alpha)} = \frac{k_{\dot{\vartheta}}(T_\alpha s + 1)}{T_m^2 s^2 + 2\zeta_m T_m s + 1} \tag{7-44}
$$

$$
\frac{\alpha(s)}{\delta_z(s)} = \frac{-b_\delta s - (a_\omega b_\delta + a_\delta)}{s^2 + (a_\omega + b_\alpha)s + (a_\alpha + a_\omega b_\alpha)} = \frac{k_\alpha(B_1 s + 1)}{T_m^2 s^2 + 2\zeta_m T_m s + 1} \tag{7-45}
$$

式中,k_a、$k_{\dot{\vartheta}}$ 与 k_α 是开环增益,A_1、A_2 与 B_1 是将传递函数标准化后形成的系数,T_m 为时间常数,ζ_m 为阻尼比。$c \neq 0$ 时的传递函数可采用同样的方式推导得出,这里不再赘述。

对于 BTT 导弹,因为控制系统设计时往往先将三通道解耦处理,从而可以用相同的方式获取各通道弹体的加速度、俯仰姿态角速度、攻角相对舵偏角的传递函数。

7.4 导弹控制特性分析

7.4.1 三通道耦合特性分析

导弹大机动、大攻角飞行空气动力学耦合主要有两种类型:一种是由导弹大攻角气动力特性造成的,另一种是由导弹的动力学和运动学特性引起的。

1. 大攻角气动力特性

导弹大攻角气动力特性是造成导弹空气动力学复杂化的主要因素,因此对导弹大攻角空气动力学耦合机理的分析应主要从其气动力特性的研究入手。导弹大攻角气动力特性主要表现在非线性、诱导滚转、侧向诱导以及舵面效率非线性与耦合等方面。

(1) 非线性:在小攻角飞行时,升力主要由弹翼提供,其特性呈现显著的线性特征。大攻角飞行时,弹身和弹翼产生的非线性涡升力成为主要的升力来源,控制系统必须处理这种非线性气动力带来的问题。

(2) 诱导滚转：在小攻角时，侧滑效应在翼面上诱导的滚转力矩较小，但是随着攻角的增加，斜吹力矩等诱导滚转力矩逐渐增大。

(3) 侧向诱导：小攻角飞行时，导弹的纵向与侧向相互独立。然而，在大攻角下，无侧滑角的导弹却出现侧向诱导效应。风洞试验显示，大攻角诱导的侧向力和偏航力矩相当显著，并且起始方向不确定，若不采取适当措施，可能导致导弹失控。

(4) 舵面效率非线性与耦合：在大攻角飞行时，导弹的舵面控制特性与小攻角时有着显著不同，体现在两个方面。

- 舵面效率的非线性：大攻角和大舵偏角下，舵面之间的干扰和缝隙效应变得显著，导致舵面效率不再呈现线性化特性。
- 舵面气动控制耦合：导弹大攻角飞行时，舵面的迎风面气动量大，而背风面气动量小。随着马赫数的增大，气动量的差异越来越大。这种情况下，如果导弹采用一对垂直舵面进行偏航控制，尽管上下舵面偏角相同，但气动量不同，会诱导出不利的滚转力矩。

2. 运动学耦合

导弹模型中，存在两项运动学耦合 $\omega_x\beta$ 和 $\omega_x\alpha$，当导弹以大攻角和大侧滑角飞行时，运动学耦合对导弹动力学特性的影响是较大的。

3. 动力学中的惯性耦合

导弹模型中的惯性耦合项 $\dfrac{J_z - J_x}{J_y}\omega_x\omega_z$ 和 $\dfrac{J_x - J_y}{J_z}\omega_x\omega_y$ 将导弹的俯仰通道、偏航通道和滚转通道耦合在一起。无论是就其产生的机理还是其本身数值的大小来说，由惯性耦合项所产生的干扰力矩项对控制系统的影响很小，在设计过程中基本可以忽略。

7.4.2　尾舵与鸭舵的控制特性分析

导弹在近似定态飞行的一小段距离内呈现纵向平衡状态。在此状态下，升降舵(或其他操纵面)会偏转到一个平衡角度 δ，以维持导弹的纵向平衡，并生成相应的平衡攻角。

在定态飞行时，导弹在受到扰动后的运动趋势主要由其静稳定性决定。静稳定性表征的是在移除干扰后导弹的瞬时运动特性。而在加入舵面控制后，不仅需要评估导弹在受扰后的瞬时运动趋势，还需评估导弹受控时恢复到原状态的能力，即导弹的动稳定性。通常，静稳定性越高，动稳定性也较好，但这会降低机动性；相反，静稳定性较低时，动稳定性也会变差，但机动性会提高。

接下来探讨鸭舵和尾舵配置对导弹控制特性的影响。以导弹的俯仰通道为例，图 7－11 和图 7－12 分别展示了尾舵控制和鸭舵控制下的静稳定弹体、静不稳定弹体以及静中立稳定弹体受到的力和力矩的示意图。

对静稳定的弹体，如图 7－11、图 7－12 所示，尾舵、鸭舵分别偏转角度 $-\delta$、δ，舵的抬头力矩 M_δ 使弹体绕质心转动产生正攻角 α，与此同时，弹升力 Y^α 对质心形成低头力矩 M_α，考虑到俯仰阻尼力矩，稳态时的力和力矩方程为

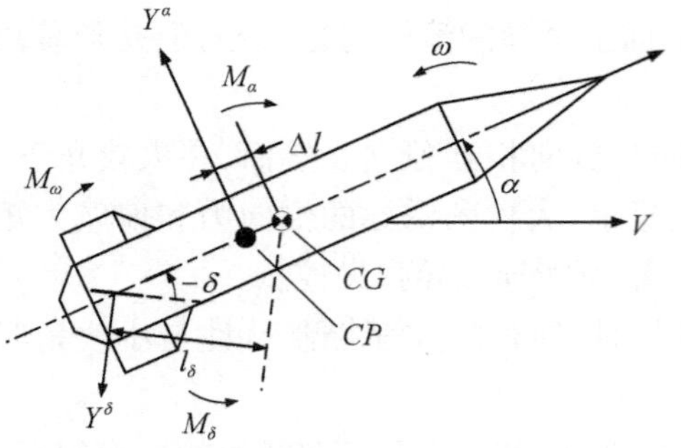

(a) 静稳定弹体

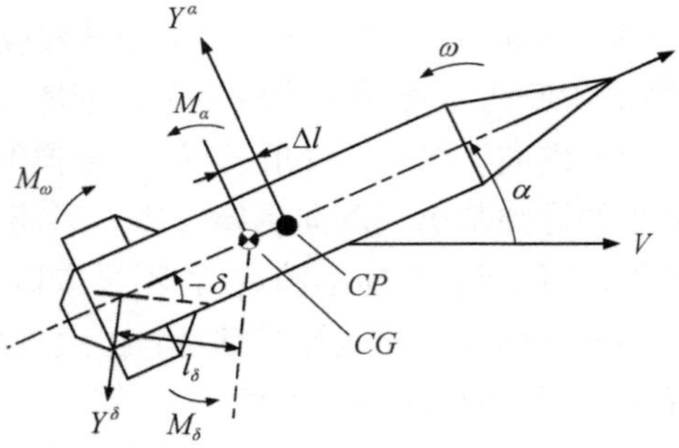

(b) 静不稳定弹体

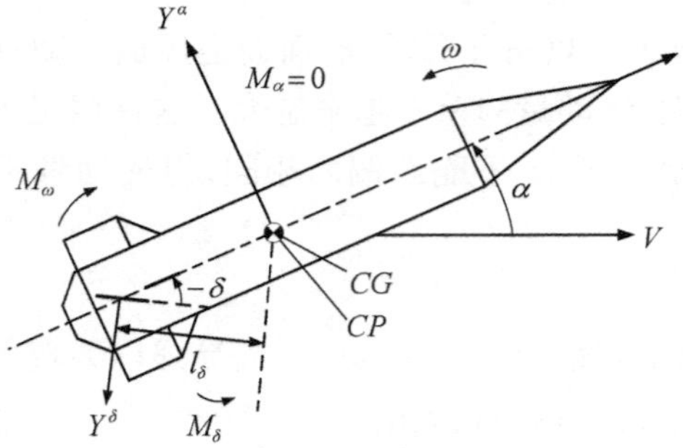

(c) 静中立稳定弹体

图 7－11 尾舵控制

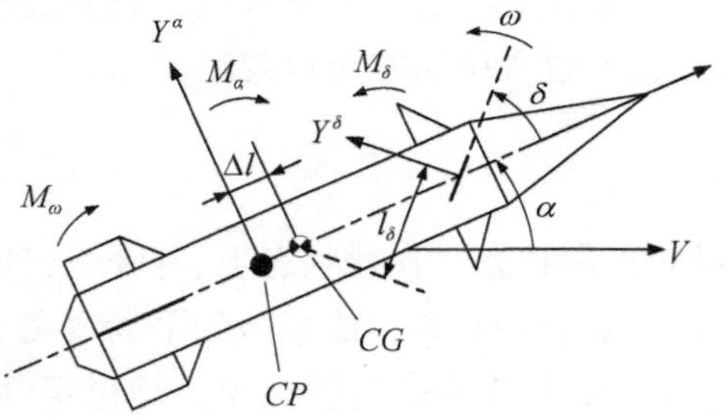

(a) 静稳定弹体

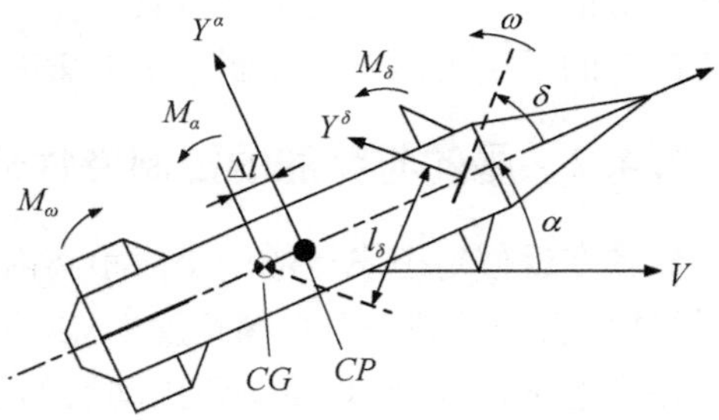

(b) 静不稳定弹体

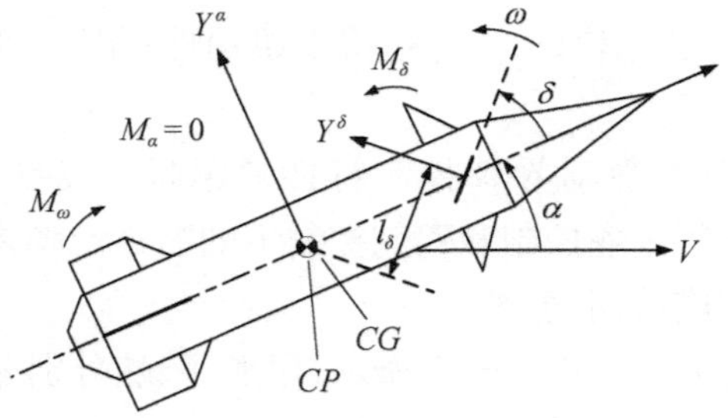

(c) 静中立稳定弹体

图 7－12 鸭舵控制

$$M_\delta - M_\alpha - M_\omega = 0 \tag{7-46}$$

$$Y = Y^\alpha - Y^\delta = 57.3c_y^\alpha \alpha qS - 57.3c_y^\delta \delta qS \quad (\text{尾舵控制}) \tag{7-47}$$

$$Y = Y^\alpha + Y^\delta = 57.3c_y^\alpha \alpha qS + 57.3c_y^\delta \delta qS \quad (\text{鸭舵控制}) \tag{7-48}$$

若不考虑俯仰阻尼力矩 M_ω，有

$$Y^\delta \cdot l_\delta - Y^\alpha \cdot \Delta l = 0 \tag{7-49}$$

则弹体的法向过载 $n_y = Y/mg$ 可以表示为

$$n_y = \frac{l_\delta - \Delta l}{\Delta l}\frac{Y^\delta}{mg} \quad (\text{尾舵控制}) \tag{7-50}$$

$$n_y = \frac{l_\delta + \Delta l}{\Delta l}\frac{Y^\delta}{mg} \quad (\text{鸭舵控制}) \tag{7-51}$$

式(7－50)表明，控制面(尾舵、鸭舵)远离质心，即增大 l_δ，可以获得较大的过载；或减小 Δl，即降低静稳定性，因为 l_δ 要远大于 Δl，即使是较小的 Δl 变化也可以显著地提高导弹的过载能力。

对静不稳定弹体，压心较质心更靠近弹头，如图 7－11(b)、图 7－12(b)所示，力矩方程为

$$M_\delta + M_\alpha - M_\omega \neq 0 \tag{7-52}$$

这种情况下，M_δ、M_α 均为正，而 M_ω 往往较小，远不足以平衡 $M_\delta + M_\alpha$，因此必须引进自动控制系统。若弹体为正攻角飞行，控制系统控制尾舵、鸭舵分别偏转 δ 和 $-\delta$，形成 $-M_\delta$，重新平衡弹体。

对静中立稳定的弹体，压心与质心重合，如图 7－11(c)、图 7－12(c)所示，由于力臂 Δl 为零，Y^α 相对质心力矩为零，而 M_ω 仍不足以平衡，此时弹体处于失稳状态。

通过比较式(7－47)和式(7－48)可见：对于静稳定的导弹而言，鸭舵偏转产生的舵面升力与导弹主升力方向一致，这有助于增强导弹的过载能力；而尾舵产生的舵面升力与导弹的主升力方向相反，这会降低部分过载能力。

通过对比式(7－50)和式(7－51)可见：如果鸭式布局与正常式布局导弹的尺寸、质量及舵系统相同，要达到相同的法向过载，鸭式布局的舵偏角和攻角通常比正常式布局小。

然而，鸭式布局面临的一个主要问题是鸭舵产生的下洗气流会影响主升力面，导致滚转控制的失效，并产生较大的诱导滚转力矩，并且鸭舵在大攻角时易失速。针对这个问题，目前主要有两种解决策略：

(1) 在鸭舵前安装固定升力面，如以色列的 Python－5 导弹上的分离鸭舵技术，这可以减轻失速、降低滚转控制损失、减小大攻角下的诱导滚转。这种技术在多款空空导弹中得到应用，例如俄罗斯的 RVV－MD2、法国的 MagicR－550、中国的 PL－7 等；

(2) 采用自由转动尾翼，同样能够减少滚转控制损失和高攻角下的诱导滚转。

值得注意的是，为平衡静不稳定的导弹，鸭舵的偏转方向与攻角方向相反，这降低了舵面的等效攻角，使导弹能在较大的舵偏角和攻角下飞行而不失速。而对于静稳定的导弹，尾舵控制的一个优点是没有诱导滚转力矩，且在大攻角下控制效率更高。如图

7－13 所示，尾舵控制的舵面上等效攻角 $\alpha^* = \alpha - \delta$，而鸭舵控制的舵面上等效攻角 $\alpha^* = \alpha + \delta$。相较而言，在失速前尾舵控制的导弹可以偏转较大的舵面角，而鸭舵控制的导弹只能偏转较小的舵面角，因而在大攻角时尾舵控制效率要高于鸭舵控制。

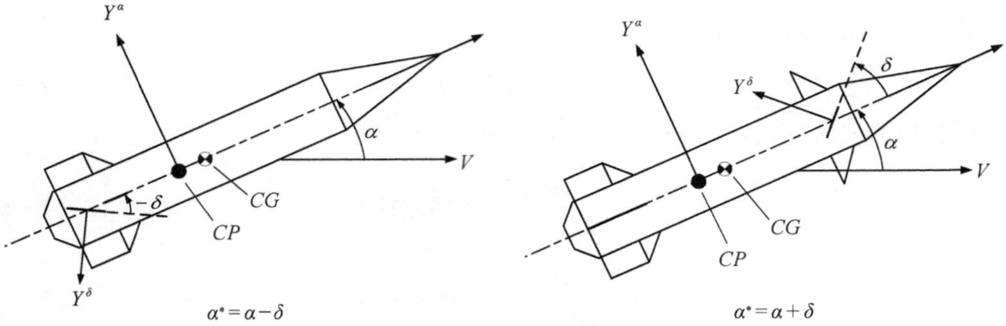

图 7－13　静稳定导弹尾舵控制和鸭舵控制的等效舵攻角示意图

图 7－14 给出了两种控制方式的舵效率。表 7－3 给出了平衡状态时两种控制方式的性能比较。

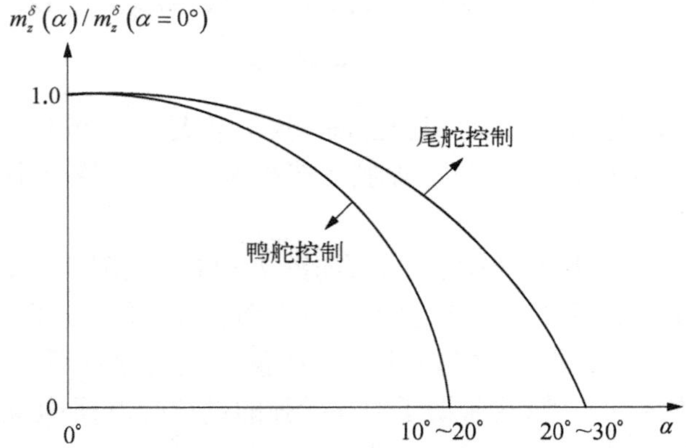

图 7－14　大攻角状态下尾舵控制与鸭舵控制效率对比

表 7－3　平衡状态下尾舵控制和鸭舵控制的性能比较

项	目	弹升力	舵面等效攻角	诱导滚转力矩影响	大攻角时舵效率	大攻角时抗失速性能
尾舵控制	静稳定	好	优	优	优	优
	静不稳定	优	一般	优	好	好
鸭舵控制	静稳定	优	一般	差	一般	一般
	静不稳定	好	优	差	好	好

7.4.3　弹体开环特性分析

首先以 STT 导弹为例进行弹体开环特性的分析，对于 BTT 导弹可以采用相似的分析

手段。考虑加速度到舵偏角的传递函数(7-43),取 $s=j\omega$, 得

$$\frac{a_y(s)}{\delta_z(s)}=-V\frac{-b_\delta(j\omega)^2-a_\omega b_\delta(j\omega)+(a_\delta b_\alpha-a_\alpha b_\delta)}{(j\omega)^2+(a_\omega+b_\alpha)(j\omega)+(a_\alpha+a_\omega b_\alpha)} \tag{7-53}$$

下面根据频域分析方法中的三频段理论进行讨论分析,定义穿越频率附近为中频段,低于中频的为低频段,高于中频的为高频段。将分别就低频段、中频段和高频段进行讨论,为了简化分析,认为 a_ω 为小量,即假设 $a_\omega\approx 0$, 并认为 $a_\alpha b_\delta$ 相对 $a_\delta b_\alpha$ 也是小量,可以忽略,式(7-53)可进一步表示为

$$\frac{a_y(s)}{\delta_z(s)}=-V\frac{-b_\delta(j\omega)^2+a_\delta b_\alpha}{(j\omega)^2+b_\alpha(j\omega)+a_\alpha} \tag{7-54}$$

1. 低频段

此时, $s=j\omega$ 较小,式(7-54)可简化为

$$\frac{a_y(s)}{\delta_z(s)}\approx -V\frac{a_\delta b_\alpha}{a_\alpha} \tag{7-55}$$

对尾舵控制,舵增益取为-1, $a_\delta>0$; 对鸭舵控制,舵增益取为1,但此时 $a_\delta<0$, 两种控制方式均可保证 $-Va_\delta\cdot\delta_z$ 为正。式(7-55)表明,加速度传函的幅值与 a_α 近似成反比。在采用尾舵控制时,若弹体静稳定,则相位约为-180°;若弹体静不稳定,则相位滞后近似0°。在采用鸭舵控制时,若弹体静稳定,则相位滞后近似0°;若弹体静不稳定,则相位-180°。

$$\left|\frac{a_y(s)}{\delta_z(s)}\right|\approx\left|V\frac{a_\delta b_\alpha}{a_\alpha}\right|,\ \varphi(\omega)\approx\begin{cases}-180^\circ, & a_\alpha>0\\ 0^\circ, & a_\alpha<0\end{cases}\text{(尾舵控制)}$$

$$\varphi(\omega)\approx\begin{cases}0^\circ, & a_\alpha>0\\ -180^\circ, & a_\alpha<0\end{cases}\text{(鸭舵控制)} \tag{7-56}$$

2. 中频段

式(7-54)可表示成:

$$\frac{a_y(s)}{\delta_z(s)}\approx -V\frac{b_\delta\omega^2+a_\delta b_\alpha}{jb_\alpha\omega+(a_\alpha-\omega^2)} \tag{7-57}$$

进一步,其幅频特性、相频特性的表达式:

$$\left|\frac{a_y(s)}{\delta_z(s)}\right|\approx\frac{V|b_\delta\omega^2+a_\delta b_\alpha|}{\sqrt{(b_\alpha\omega)^2+(a_\alpha-\omega^2)^2}},\ \phi(\omega)\approx-\arctan\left(\frac{b_\alpha\omega}{a_\alpha-\omega^2}\right) \tag{7-58}$$

此时, a_α 对传函的幅值和相位影响均较大。

3. 高频段

其他项相对 ω^2 均可视为小量,由于式(7-54)的分子、分母同阶,分别取最高阶系数,得

$$\frac{a_y(s)}{\delta_z(s)}\approx Vb_\delta \tag{7-59}$$

其幅、相特性为

$$\left|\frac{a_y(s)}{\delta_z(s)}\right| \approx Vb_\delta,\ \phi(\omega) \approx \begin{cases} 0^\circ, & \text{尾舵控制} \\ -180^\circ, & \text{鸭舵控制} \end{cases} \tag{7-60}$$

从上式可以看出，在高频段，受 a_α 影响较小，传函的幅值主要由舵力的大小决定（这里不讨论速度的影响），而相位主要由导弹的控制方式决定，尾舵控制时相位滞后接近0°，鸭舵控制时相位约为-180°，即相位滞后了约 180°。

以表 7-4 给出的导弹动力系数为例进行仿真，验证尾舵控制与鸭舵控制的影响。尾舵控制的 a_δ 取 605 s^{-2}，b_δ 取 0.46 s^{-1}；鸭舵控制的 a_δ 取 -605 s^{-2}，b_δ 取 -0.46 s^{-1}。

表 7-4　导弹动力系数

$V/(m \cdot s^{-1})$	a_α/s^{-2}	a_δ/s^{-2}	a_ω/s^{-2}	b_α/s^{-1}	b_δ/s^{-1}
550	-605~605	605;-605	3.63	3.63	0.46;-0.46

图 7-15、图 7-16 分别给出了尾舵控制和鸭舵控制弹体加速度传函在不同静稳定条件下的 Bode 图。可以看出，仿真计算结果与上述的分析结论一致。

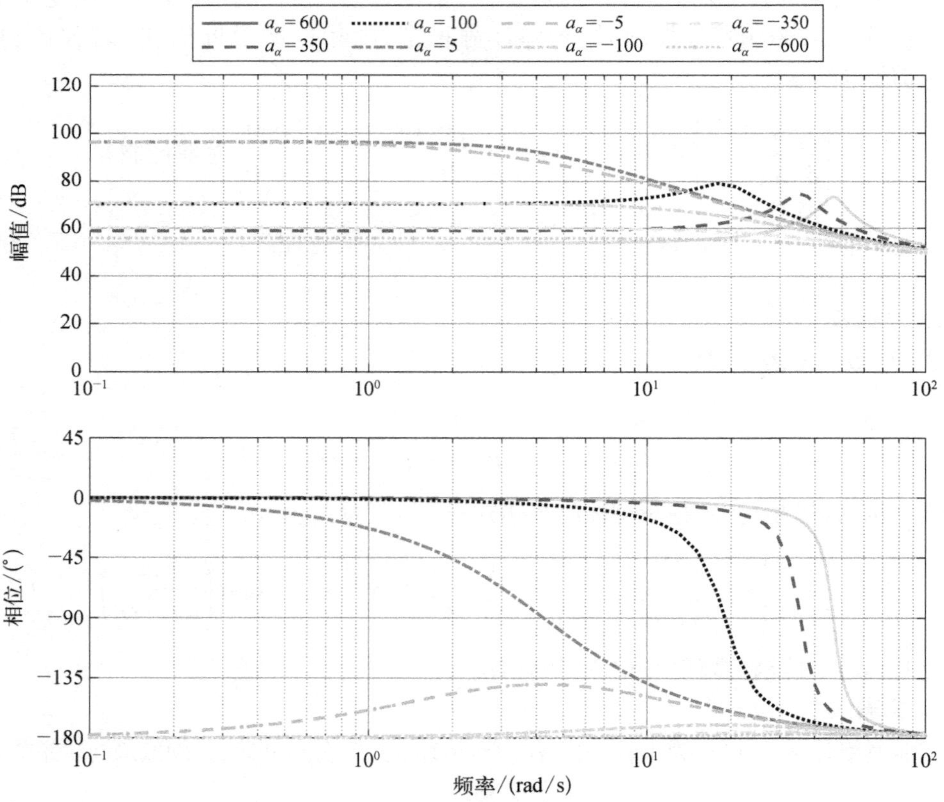

图 7-15　尾舵控制弹体加速度传函 Bode 图

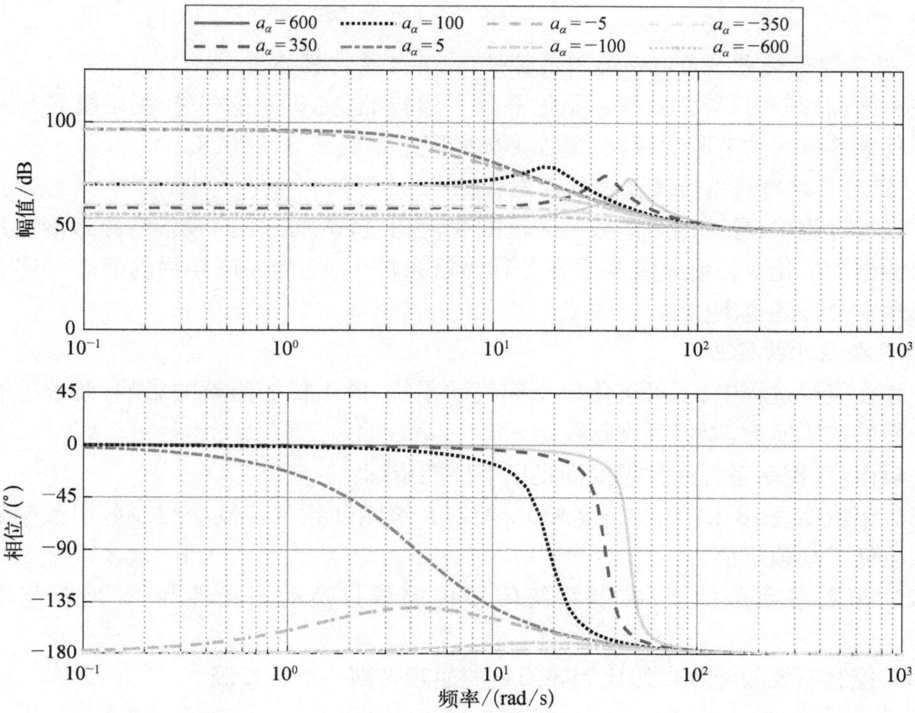

图 7－16　鸭舵控制弹体加速度传函 Bode 图

结合图 7－15、图 7－16 的仿真曲线，总结上述分析结果，可以得到以下结论：

（1）弹体开环加速度传函的低频和中频特性主要受弹体的静稳定性系数 a_α 影响，与舵面控制方式关系不大。

（2）在低频段，弹体增益随 a_α 剧烈变化，这反映出导弹需要通过控制系统来实现增益稳定；在该频段，静稳定弹体的相位滞后近似为 0°；但静不稳定弹体的相位滞后了约 180°，这要求静不稳定导弹控制系统具备很强的低频相位补偿能力。

（3）高频段的幅值特性主要由舵面偏转产生力的大小决定，而相位特性主要由舵面的控制方式决定，采用尾舵控制时弹体的相位滞后接近 0°，而鸭舵控制时弹体的相位滞后了约 180°。

（4）无论导弹是尾舵控制还是鸭舵控制，弹体是静稳定还是静不稳定，弹体在中频段的幅值特性与相位特性很快趋于一致，这是控制系统能够正常发挥作用的基础。

7.5　导弹控制系统的设计要求及指标选择

7.5.1　设计要求

控制系统的主要设计要求如下。

1. 能够稳定弹体轴在空间的角位置和角速度

控制系统需要保持导弹俯仰、偏航和滚转姿态角的稳定，并且快速地衰减姿态角的扰动运动。

2. 提高弹体绕质心角运动的阻尼特性，改善过渡过程品质

在不施加控制时，导弹的弹体阻尼系数一般较低，在0.1左右；控制系统必须通过速率陀螺反馈等方式构造阻尼回路，增加弹体的阻尼系数至0.4~0.8。

3. 稳定导弹的静态传递系数及动态特性

在飞行过程中，导弹动力系数的大范围变化，引起导弹在不同频段的静态传递系数与动态特性剧烈变化。控制系统需要在各种飞行条件下，都能保证导弹的静态传递系数及动态特性在合理的范围内。

4. 具备抗干扰能力

导弹在飞行过程中，不可避免地受到气动干扰、风干扰等因素的影响，要求控制系统具有较强的抗扰能力，以保证飞行稳定。

一般而言，控制系统通常需要满足以下性能指标：

（1）幅值裕度>8 dB，相位裕度>30°，控制系统闭环频率特性曲线在剪切频率处的相位滞后应低于某确定值；

（2）参数偏差条件下，控制系统闭环传递系数及动态特性在 ±20% 范围以内变化；

（3）控制系统的通频带约比制导回路的通频带高一个数量级。

7.5.2 控制系统的性能指标

1. 频率域性能指标

控制系统在频率域的性能指标一般用开环穿越频率、幅值裕度、相位裕度和矢量裕度来表示，这些指标用来描述系统的频率响应特性，以及对外部干扰或模型参数变化的容忍能力。

1）开环穿越频率

开环频率特性的幅值为1时，所对应的角频率为开环幅值穿越频率 ω_{CR}。较高的 ω_{CR} 意味着系统能够更快地响应输入变化，可以改善系统的跟踪性能和响应速度。然而，过高的 ω_{CR} 可能会引入过多的高频噪声，并且放大弹体硬件设备的相位滞后，使得系统不稳定。

2）幅值裕度(gain margin, GM)

开环频率特性的相位为−180°时，所对应的角频率为相位穿越频率 $\omega_{-\pi}$，在 $\omega_{-\pi}$ 处开环幅频特性的倒数称为控制系统的幅值裕度。幅值裕度的物理意义是，对于闭环稳定的系统，使系统达到临界稳定时，开环放大系数可以增大的倍数。若幅值裕度较大，表明系统对增益变化的抵抗能力较强。

3）相位裕度(phase margin, PM)

在 ω_{CR} 处，开环频率特性的相位与−180°的差称为控制系统的相位裕度。若相位裕度较大，表明系统对相位延迟的抵抗能力较强。

定义开环系统为 $\mathrm{PK}(s)$，幅值裕度 GM 可以表示为 $\mathrm{GM} = |1/\mathrm{PK}(j\omega_{-\pi})|$，相位裕度 PM 可表示为 $\mathrm{PM} = 180^{\circ}[1 + \angle \mathrm{PK}(j\omega_{CR})]$；而在 Bode 图上，幅值裕度 GM′则定义为

$$GM' = 20\lg|GM| = -20\lg|PK(j\omega_{-\pi})| \tag{7-61}$$

当 PM > 0、GM > 1(即 GM′ > 0) 时系统稳定,且 PM 和 GM 越大,系统的相对稳定性越好。图 7-17 给出了稳定系统/不稳定系统的幅值裕度和相位裕度示意图。

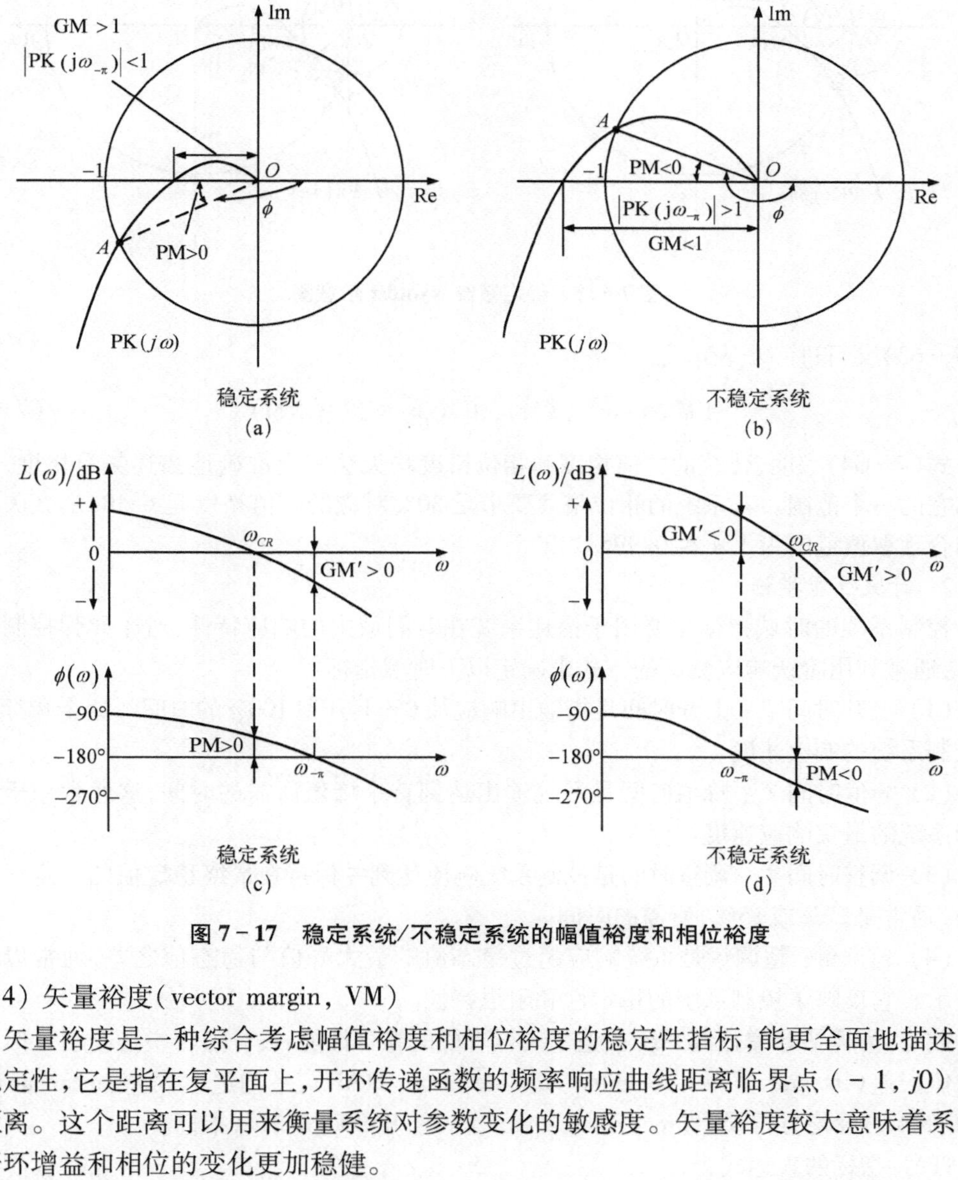

图 7-17　稳定系统/不稳定系统的幅值裕度和相位裕度

4) 矢量裕度(vector margin, VM)

矢量裕度是一种综合考虑幅值裕度和相位裕度的稳定性指标,能更全面地描述系统的稳定性,它是指在复平面上,开环传递函数的频率响应曲线距离临界点 $(-1, j0)$ 的最短距离。这个距离可以用来衡量系统对参数变化的敏感度。矢量裕度较大意味着系统对于开环增益和相位的变化更加稳健。

如图 7-18(a)所示,矢量裕度定义为点 $(-1, j0)$ 到 $PK(j\omega)$的最小距离,即

$$VM = \min_{\omega}|1 + PK(j\omega)| \tag{7-62}$$

根据图 7-18(b)中的几何关系可以得到

$$VM \leqslant |O_1A| = \sin(PM),\ VM \leqslant 1 - 1/GM \tag{7-63}$$

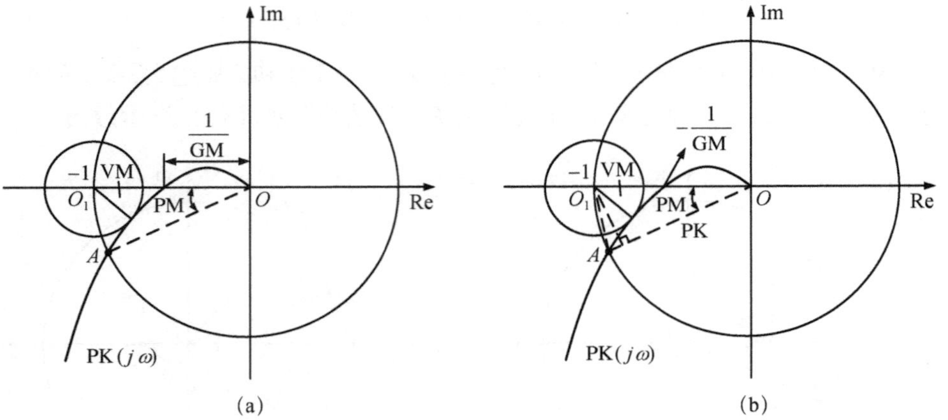

图 7-18　稳定系统 Nyquist 示意图

式(7-63)又可进一步表示为

$$PM \geqslant \sin^{-1}(VM),\ GM \geqslant 1/(1-VM) \tag{7-64}$$

式(7-64)表明,传统的幅值裕度和相位裕度均无法完全准确地描述矢量裕度,只能给出它的一个范围。若系统的相位裕度要求是 30°,对应的幅值裕度是 6 dB,那么矢量裕度的合理取值范围为 VM ≤ 0. 995/1. 995。

2. 时域性能指标

控制系统的时域指标主要用于描述系统在时间域内的响应特性,对于导弹控制系统而言,通常利用阶跃响应测试的方式来确定以下时域指标。

(1) 上升时间 T_r:上升时间是指输出响应从 0%上升到 100%的时间。这个指标反映了控制系统的响应速度。

(2) 峰值时间 T_p:峰值时间是系统输出达到首个峰值所需的时间,这通常用于评估控制系统的最快响应速度。

(3) 调整时间 T_s:调整时间是控制系统响应达到并保持在最终稳定值的一定误差范围内(通常是±2%或±5%)所需的时间。

(4) 超调量:超调量是系统响应超过稳态值的最大峰值与稳态值之差,通常以百分比表示。它反映了控制系统的稳定性和阻尼特性。

此外,为评估导弹控制系统在整个飞行阶段的综合性能,设计过程中还会引入时间乘绝对值误差(integral of time-weighted absolute error, ITAE),平均绝对误差(mean absolute error, MAE)及均方根误差(root mean square error, RMSE)等时域指标。

ITAE 指标的表达式为:

$$\text{ITAE} = \int_0^T \tau \left| e(\tau) \right| \mathrm{d}\tau \tag{7-65}$$

ITAE 通过在误差绝对值 $|e(t)|$ 的基础上乘以时间 t,对误差随时间的增长给予更高的权重。这意味着随着时间的增长,误差的存在变得更不可接受。ITAE 较低的系统通常具有较快的响应时间和较小的超调,同时长时间内保持较小的稳态误差。

MAE 指标的表达式为

$$\mathrm{MAE} = \frac{1}{T}\int_0^T |e(\tau)| \mathrm{d}\tau \tag{7-66}$$

MAE 通过取误差的绝对值的平均，提供了一个对系统误差绝对大小的总体评估。MAE 较低表明系统的平均性能较好。

RMSE 指标的表达式为

$$\mathrm{RMSE} = \sqrt{\frac{1}{T}\int_0^T e(\tau)^2 \mathrm{d}\tau} \tag{7-67}$$

RMSE 先平方累积每一时刻的误差，然后求平均，最后取平方根。这种方式使得较大的误差在总误差中的权重增加，因为误差平方后较大误差对总值的影响更显著。RMSE 提供了对系统误差分布的敏感度视角，尤其适用于评估大误差的出现频率和严重性。

3. 频域与时域性能指标间的联系

时域指标直接展示了系统在时间进程中的性能，如响应速度和准确性；而频域指标则通过系统对不同频率信号的敏感度来分析系统的行为。控制系统的时域指标和频域指标之间存在着密切的联系，因为这两类指标都描述了系统对输入信号的响应特性。

上升时间和截止频率（即幅值响应的分贝值是−3 dB 时所对应的频率）紧密相关，截止频率越大，一般而言上升时间越短；系统的谐振峰表明了系统对某个特定频率的最大响应；谐振峰的高度可以预示时域中的超调量，谐振频率越接近截止频率，超调量通常越大。

对于常见的二阶系统而言，频域性能指标与时域性能指标之间则有着解析关系，二阶系统的传递函数通常表达为

$$G(s) = \frac{\omega_n^2}{s^2 + 2\zeta\omega_n s + \omega_n^2} \tag{7-68}$$

其中，ω_n 是系统的自然频率；ζ 是阻尼比。对于二阶系统，上升时间 $T_r = \dfrac{\pi - \beta}{\omega_d}$，$\beta = \cos^{-1}(\zeta)$，$\omega_d = \omega_n\sqrt{1 - \zeta^2}$，峰值时间 $T_p = \dfrac{\pi}{\omega_d}$，调整时间 $T_s \approx \dfrac{4}{\zeta\omega_n}$ 或 $\dfrac{3}{\zeta\omega_n}$（对应系统输出在最终值的±2%或±5%误差带内），超调可以使用 $\exp\left(-\dfrac{\zeta\pi}{\sqrt{1 - \zeta^2}}\right) \times 100\%$ 来计算。

4. 鲁棒性能指标

在导弹鲁棒控制系统设计中，常用的鲁棒性能指标主要包括 H_∞ 范数、灵敏度函数和补灵敏度函数等。

1) H_∞ 范数

H_∞ 范数是在控制系统分析和鲁棒控制设计中非常重要的一个概念。它是用来衡量线性时不变系统从扰动输入到输出的最大增益，可以衡量系统对最坏情况扰动的抑制能力。

对于一个线性系统，描述其动态行为的传递函数为 $G(s)$，其 H_∞ 范数定义为传递函数

的最大奇异值的最大值：

$$\|G\|_{\infty}=\sup_{\omega}\sigma_{\max}(G(j\omega)) \tag{7-69}$$

其中，sup 表示上确界（最大值）；$\sigma_{\max}$ 是 $G(j\omega)$ 最大的奇异值。

H_{∞} 范数度量的是在所有频率中系统能达到的最大输出/输入比例。如果一个系统的 H_{∞} 范数很小，它说明系统对任何频率下的扰动都有很好的抑制能力。在鲁棒控制中，设计者通常希望控制系统即使在最坏情况下也能保持稳定性和性能，H_{∞} 范数就是用来衡量这种最坏情况性能的。

2）灵敏度函数和补灵敏度函数

对如图 7-19 所示的单输入单输出反馈系统，$P(s)$ 为被控对象，$K(s)$ 为控制器，y 为系统输出，r 为参考输入，d 为干扰输入，e 为控制误差信号，则系统的开环传递函数 $G_o(s)$ 和闭环传递函数 $G_c(s)$ 分别为

$$\begin{aligned}G_o(s)&=P(s)K(s)\\ G_c(s)&=P(s)K(s)[1+P(s)K(s)]^{-1}\end{aligned} \tag{7-70}$$

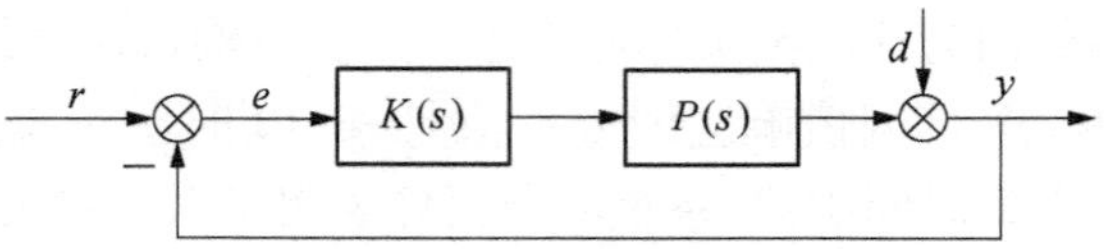

图 7-19　单输入单输出反馈系统框图

如果标称的系统模型 $P_0(s)$ 中存在不确定加性误差 $\Delta P(s)$，即 $P(s)=P_0(s)+\Delta P(s)$，则相应地 $G_o(s)$ 和 $G_c(s)$ 也会存在误差

$$\begin{aligned}\Delta G_o(s)&=G_o(s)-\overline{G}_o(s)\\ \Delta G_c(s)&=G_c(s)-\overline{G}_c(s)\end{aligned} \tag{7-71}$$

其中，$\overline{G}_o(s)$、$\overline{G}_c(s)$ 分别是标称条件下开环传递函数和闭环传递函数，其表达式为

$$\begin{aligned}\overline{G}_o(s)&=P_0(s)K(s)\\ \overline{G}_c(s)&=P_0(s)K(s)[1+P_0(s)K(s)]^{-1}\end{aligned} \tag{7-72}$$

若在控制器设计时，没能精确考虑模型误差 $\Delta P(s)$ 引起的频率特性偏差 $\Delta G_o(s)$，但是 $\Delta G_c(s)$ 足够小时，则实际的控制性能不会受到太大影响。为分析 $\Delta G_c(s)$ 相对于 $G_c(s)$ 的相对偏差，求取 $\Delta G_c(s)/G_c(s)$ 的表达式为

$$\frac{\Delta G_c(s)}{G_c(s)}=\frac{1}{1+P_0(s)K(s)}\cdot\frac{\Delta G_o(s)}{G_o(s)} \tag{7-73}$$

定义灵敏度函数 $S(s)$ 为

$$S(s)=[1+P_0(s)K(s)]^{-1} \tag{7-74}$$

可见 $S(s)$ 体现了开环传递函数相对偏差 $\Delta G_o(s)/G_o(s)$ 到闭环传递函数相对偏差

$\Delta G_c(s)/G_c(s)$之间的增益。

相应地,补灵敏度函数 $T(s)$ 可定义为

$$T(s)=1-S(s)=P_0(s)K(s)[1+P_0(s)K(s)]^{-1} \tag{7-75}$$

在鲁棒控制理论中,H_∞ 范数与灵敏度函数和补灵敏度函数有着紧密的联系。灵敏度函数 S 表示闭环系统对模型不确定性和外部干扰的灵敏度,其大小反映了系统对扰动的响应强度,特别是在低频区域,较小的灵敏度函数意味着对扰动的抵抗能力更强。补灵敏度函数主要描述了系统输出对测量噪声的灵敏度,其大小反映了系统对噪声的抑制能力,特别是在高频区域,较小的补灵敏度函数表示对高频噪声的良好抑制。

5. 控制系统性能指标的选取

1) 开环穿越频率 ω_{CR} 的选择

ω_{CR} 的选择主要基于两方面考虑,对于导弹的过载控制系统,其 ω_{CR} 应当高于弹体的自振频率 ω_m 数倍;同时,ω_{CR} 的选择还需要考虑弹体上的硬件设备的动态特性,其中舵机的动态特性是决定 ω_{CR} 取值的关键因素。

考虑舵机模型为二阶环节:

$$\delta/\delta_c=k_{\text{act}}/(s^2/\omega_{\text{act}}^2+2\zeta_{\text{act}}s/\omega_{\text{act}}+1) \tag{7-76}$$

计算可得舵机在 ω_{CR} 处的相位滞后 ϕ_{act} 为

$$\phi_{\text{act}}=-\arctan\left[\frac{2\zeta_{\text{act}}\omega_{CR}/\omega_{\text{act}}}{1-(\omega_{CR}/\omega_{\text{act}})^2}\right] \tag{7-77}$$

取不同的 $\omega_{CR}/\omega_{\text{act}}$ 进行计算,结果如表 7-5。可见 ω_{CR} 一般选在舵机频率的 1/5~1/3,既可保证 ω_{CR} 高于弹体的自振频率 ω_m,又可避免 ω_{CR} 过于接近 ω_{act} 而引起较大的相位滞后。在 $\omega_{CR}=(1/5\sim1/3)\omega_{\text{act}}$ 时,舵机在 ω_{CR} 处的相位滞后范围为

$$\phi_{\text{act}}\in\left[-\arctan\left(\frac{5}{12}\zeta_{\text{act}}\right),\ -\arctan\left(\frac{3}{4}\zeta_{\text{act}}\right)\right] \tag{7-78}$$

表 7-5　舵机在 ω_{CR} 处的相位滞后

项　目	舵机在 ω_{CR} 处的相位滞后(ϕ_{act})				
	$\omega_{CR}/\omega_{\text{act}}=1/2$	$\omega_{CR}/\omega_{\text{act}}=1/3$	$\omega_{CR}/\omega_{\text{act}}=1/4$	$\omega_{CR}/\omega_{\text{act}}=1/5$	$\omega_{CR}/\omega_{\text{act}}=1/6$
$\zeta_{\text{act}}=0.60$	-38.7°	-24.2°	-17.7°	-14.0°	-11.6°
$\zeta_{\text{act}}=0.65$	-40.9°	-26.0°	-19.1°	-15.2°	-12.6°
$\zeta_{\text{act}}=0.70$	-43.0°	-27.7°	-20.5°	-16.3°	-13.5°
$\zeta_{\text{act}}=0.75$	-45.0°	-29.4°	-21.8°	-17.4°	-14.4°
$\zeta_{\text{act}}=0.80$	-46.9°	-31.0°	-23.1°	-18.4°	-15.3°
$\zeta_{\text{act}}=0.85$	-48.6°	-32.5°	-24.4°	-19.5°	-16.3°

若考虑舵机为一阶,即

$$\delta/\delta_c = k_{\text{act}}/(T_{\text{act}}s + 1) \tag{7-79}$$

根据 $\omega_{CR} = (1/5 \sim 1/3)\omega_{\text{act}}$ 的原则,舵机在 ω_{CR} 处的相位滞后范围为

$$\varphi_{\text{act}} \in [-\arctan(1/5), -\arctan(1/3)] = [-11.3^\circ, -18.4^\circ] \tag{7-80}$$

2) 时域及频域指标的选择

对导弹的过载控制系统,可以选择时域与频域的混合指标,即 τ、ζ、ω_{CR}、GM 及 PM,其中 τ 为闭环系统一阶环节等效时间常数。时间常数 τ 可以选在 0.15~0.3 s,二阶阻尼 ζ 可以选在 0.7 附近。基于目前的加工工艺,舵机带宽可以保证达到 35 Hz 左右,根据 $\omega_{CR} = (1/5 \sim 1/3)\omega_{\text{act}}$ 的原则,ω_{CR} 选在 7~11 Hz 是合理的。为了确保系统在参数变化时仍能保持稳定,在导弹的整个飞行包线及参数偏差的包络内,系统的 GM 和 PM 需满足一定的最低要求。一般情况下,GM 不应低于 8 dB,PM 不应低于 30°。

3) 鲁棒性能指标的选择

H_∞ 范数在鲁棒控制中通常用来度量灵敏度函数 S 和补灵敏度函数 T 的最大增益。这是因为在设计鲁棒控制器时,一个关键目标是最小化这些函数在其各自关键频率范围内的峰值,从而增强系统对于不确定性和噪声的鲁棒性。最小化 S 意味着在所有频率下,系统对于不确定性和扰动的响应都被限制在某一范围之内,从而可以将闭环特性的偏差抑制在工程允许的误差范围之内。而最小化 T 可以确保系统对测量噪声的抑制能力在所有频率下都是最优的,尤其是在高频区域。

在实际应用中,控制器的设计经常需要在 S 和 T 之间做出权衡,因为通常减小一方的 H_∞ 范数会增加另一方的 H_∞ 范数。这种权衡通常被称为灵敏度权衡。通过合理地设置这些函数的 H_∞ 范数,可以设计出既能抑制扰动,又能降低噪声影响的控制系统,从而达到优化系统整体性能的目标。

7.6 本章要点

本章主要阐述了导弹控制系统原理。首先,给出了导弹的控制原理,并分析了侧滑转弯(STT)和倾斜转弯(BTT)两种控制方式;其次,建立了导弹控制模型;然后分析了导弹的控制特性;最后介绍了导弹控制系统的设计要求及性能指标选择。

(1) 分析了导弹控制原理与控制方式,指出导弹制导控制是按照制导系统产生的导引律,由控制系统实施作用于导弹上的法向力 N_y 与侧向力 N_z 进行控制,获得导弹飞行方向的变化,使其不断调整飞行线路,导向目标。

(2) 给出了侧滑转弯(STT)和倾斜转弯(BTT)的定义,其中,侧滑转弯是以两执行平面不同大小的机动,实现导弹任意方向的机动转弯,可以视为一种直角坐标控制;倾斜转弯是以两执行平面的等同大小机动与控制滚转角,来实现导弹任意方向的机动转弯,可以视为一种极坐标控制。

(3) 对第 2 章中推导得到的导弹运动方程组进行处理,建立了导弹的线性化控制模型,并给出了导弹三通道耦合线性化控制模型、弹体状态空间模型和弹体传递函数的推导方法。为控制特性分析及后续章节的控制系统设计建立了模型基础。

(4) 从气动耦合、运动学耦合和惯性耦合分析了三通道耦合特性，前两者需在控制系统设计中特别考量，而惯性耦合影响则基本可以忽略。研究了不同舵面配置方式，即鸭舵和尾舵下导弹的控制特性，指出鸭舵控制可以提高弹体的过载能力，但易诱导出不利的滚转力矩，大攻角时容易失速。分析了低、中、高三频段的弹体开环特性：在低频段，加速度传函的幅值与 a_α 近似成反比，相位滞后与静稳定性相关；在中频段弹体特性受 a_α 影响较大；在高频段时，传函的幅值受 a_α 影响不大，相位滞后与舵面配置方式有关。

(5) 介绍了控制系统的主要目的和控制系统设计需满足的要求；其次，介绍了各种控制系统的性能指标，如矢量裕度与鲁棒性能、高阶系统的最优极点设计、开环截止频率、时域、频域性能指标等，以供后续章节设计选取。

7.7 思考题

(1) BTT 控制模式与 STT 控制模式间有哪些区别和联系？

(2) 为何需要基于小扰动线性化的方法来建立导弹控制模型？

(3) BTT 导弹与 STT 导弹的控制模型有哪些差异？

(4) 惯性耦合项对导弹控制系统设计带来了哪些影响，应该如何抑制？

(5) 静不稳定的气动布局设计将为导弹动态特性带来哪些影响？

(6) 为提高机动性，部分导弹采用鸭舵进行控制，这种设计方法对控制系统有何影响？

(7) 导弹控制系统设计存在哪些原则，如何衡量一个导弹控制系统的性能？

第 8 章 STT 导弹经典控制系统设计方法

本章所介绍的 STT 导弹经典控制系统设计方法，是指利用第 7 章所建立的导弹线性化控制模型及传递函数，构造两回路或三回路的闭环控制结构，并采用频率域法、根轨迹法、极点配置法等经典手段进行控制参数设计的方法。内容主要包括 STT 导弹两回路过载控制系统、PI 校正两回路过载控制系统、经典三回路过载控制系统、伪攻角过载控制系统及它们的参数设计方法、特性对比分析等。本章在编写过程中主要参考了文献[39-44]。

8.1 两回路过载控制系统

8.1.1 经典两回路过载控制系统

两回路过载控制系统在导弹中得到了非常广泛的应用，其典型结构如图 8-1 所示。该控制系统通常包括角速度阻尼回路和加速度反馈回路两个部分。值得注意的是，控制系统的目标是使弹体实际加速度跟踪制导给出的加速度指令，但习惯上仍称之为“过载控制系统”。

以俯仰通道为例，系统的输入是纵向制导指令 a_{yc}。系统反馈用的角速度信号是由角速度陀螺仪输出并经过坐标转换和滤波处理后获取的；而加速度信号则由加速度计输出，经过滤波处理后获得。

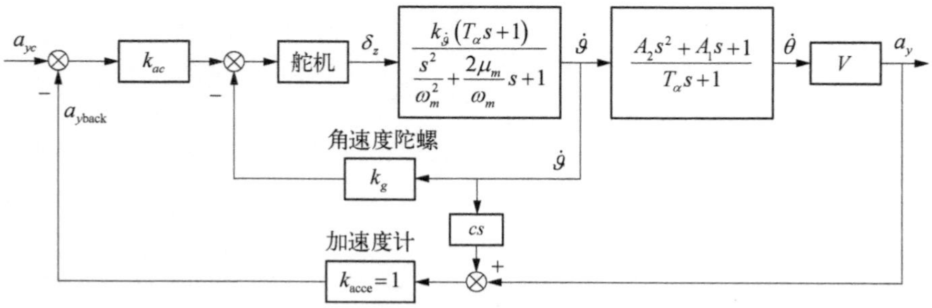

图 8-1 两回路过载控制系统典型结构

1. 内回路结构及功能

控制系统的核心目标是驱动舵面偏转来调整弹体的实际加速度，从而跟踪加速度指令。因此,使用加速度计量测的实际加速度作为主反馈是至关重要的。但仅有加速度反馈的系统往往稳定性不足。以图 8-2 为例,如果控制系统的响应速度需要是弹体自身响应速度的 2~3 倍,根据第 7 章 7.4.3 节的分析,系统穿越频率处由弹体引起的相位滞后了约 $\arctan\left(\dfrac{b_\alpha \omega}{a_\alpha - \omega^2}\right)$,其值受动力系数 a_α、b_α 影响较大。此外,还需考虑舵机等硬件的相位滞后。这些相位滞后会减小系统的相位裕度,容易导致系统振荡。当相位滞后达到了 180°时,系统从负反馈变成正反馈,从而失稳。

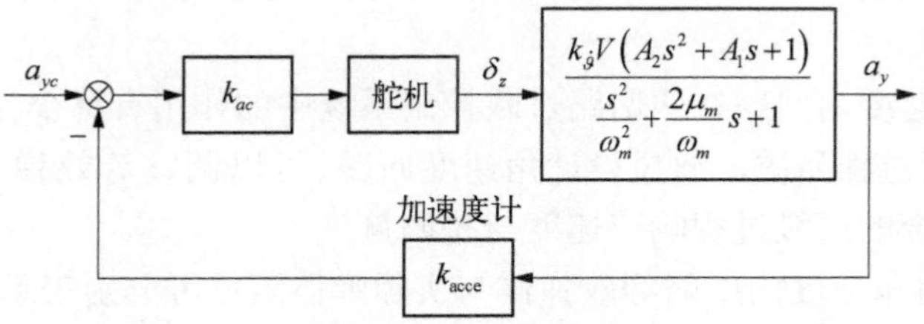

图 8-2　仅包含加速度反馈回路的控制系统结构

为了提高系统的稳定性,控制系统设计中常采用串联超前校正或 PD 校正。这些方法本质上是引入加速度的一阶微分信号,以在关键频率点提供足够的相位超前。然而,直接对加速度信号进行微分会放大噪声和高频附加信号(如弹性振动所致),进而引起舵机的高频运动和饱和,这在实际工程中是不可取的。

采用角速度反馈构成控制系统的内回路,可以有效避免上述问题,如图 8-3 所示。

角速度陀螺测量得到的弹体角速度信号可近似表示为

$$\dot\vartheta = \dot\theta + \dot\alpha \tag{8-1}$$

仅考虑短周期变化,则式(8-1)中,有 $\dot\theta \approx 0$、$\dot\vartheta \approx \dot\alpha$。而攻角 α 亦正比于弹体加速度 a_{y1},从而有 $\dot\alpha \propto \dot a_{y1}$,因此可得

$$\dot\vartheta \propto \dot a_{y1} \tag{8-2}$$

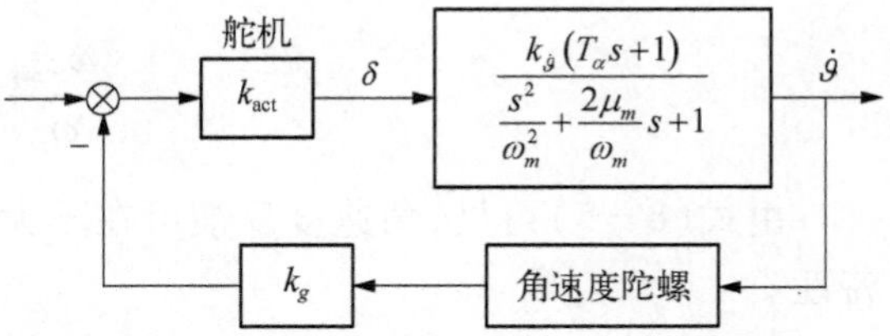

图 8-3　角速度反馈内回路结构原理框图

由式(8-2)可知,角速度反馈等价于对加速度的一阶微分反馈,从而达到了提高系统稳定性的作用。

若忽略舵机及角速度陀螺动力学特性,将舵机环节简化为-1,角速度陀螺环节简化为 1,则图 8-3 所示系统闭环传递函数为

$$G_{\text{inner}}(s) = \frac{-k_{\dot\vartheta}(T_\alpha s + 1)}{\dfrac{s^2}{\omega_m^2} + \dfrac{2\mu_m}{\omega_m}s + 1 - k_g k_{\dot\vartheta}(T_\alpha s + 1)} \tag{8-3}$$

而又因为 $\omega_m = \sqrt{a_\alpha + a_\omega b_\alpha}$，$\mu_m = \dfrac{a_\omega + b_\alpha}{2\sqrt{a_\omega b_\alpha + a_\alpha}}$，$T_\alpha = \dfrac{a_\delta}{a_\delta b_\alpha - a_\alpha b_\delta}$，$k_{\dot{\vartheta}} = -\dfrac{a_\delta b_\alpha - a_\alpha b_\delta}{a_\omega b_\alpha + a_\alpha}$，可得

$$G_{\text{inner}}(s) = \frac{a_\delta s + a_\delta b_\alpha - a_\alpha b_\delta}{s^2 + (a_\omega + b_\alpha + k_g a_\delta)s + a_\alpha + a_\omega b_\alpha + k_g(a_\delta b_\alpha - a_\alpha b_\delta)} \tag{8-4}$$

对于静不稳定弹体，式(8－3)的极点实部正负与 k_g 取值有关，随着 k_g 增大，极点实部由负转正，闭环系统趋于不稳定。因此只有在弹体静稳定的前提下，才能够对控制系统内回路单独进行分析。

归纳起来，角速度内回路在两回路过载控制系统中的作用有两个方面：

(1) 改善过渡过程品质。通过设计角速度回路，可以调整等效弹体的阻尼至期望的水平，从而调整系统的过渡过程响应速度与超调量。

由式(8－3)得角速度内回路等效弹体与实际弹体阻尼可分别表示为

$$\mu_{\text{inner}} = \frac{a_\omega + k_g a_\delta + b_a}{2\sqrt{a_\alpha + a_\omega b_a + k_g(a_\delta b_a - a_\alpha b_\delta)}},\ \mu_m = \frac{a_\omega + b_a}{2\sqrt{a_\omega b_a + a_a}}$$

设计 k_g，可调整等效弹体的阻尼，从而改善内回路过渡过程品质。同时，对比等效弹体与实际弹体自振频率，可得

$$\frac{\omega_{\text{inner}}}{\omega_m} = \frac{\sqrt{a_\alpha + a_\omega b_\alpha + k_g(a_\delta b_\alpha - a_\alpha b_\delta)}}{\sqrt{a_\alpha + a_\omega b_\alpha}} \cong \sqrt{1 + \frac{k_g(a_\delta b_\alpha - a_\alpha b_\delta)}{a_\alpha}} = \sqrt{1 + k_g\left(\frac{a_\delta}{a_\alpha} - b_\delta\right)}$$

取 b_δ 为小量，通常 $a_\delta/a_\alpha \leqslant 2$，$k_g$ 也较小，则有

$$\frac{\omega_{\text{inner}}}{\omega_m} \approx 1 \tag{8-5}$$

由式(8－5)可见，角速度反馈可在不大幅提高弹体频率的前提下，改善弹体的阻尼特性。

(2) 稳定弹体及舵机的增益波动。通过引入角速度反馈，可以显著减弱增益的波动，有利于外回路的设计及校正网络的使用。

引入角速度反馈后，内回路等效增益为

$$K_{\text{inner}} = \frac{k_{\dot{\vartheta}} k_{\text{act}}}{1 + k_{\dot{\vartheta}} k_g} \tag{8-6}$$

由式(8－6)可见，$k_{\dot{\vartheta}}$ 变化对等效弹体增益 K_{inner} 的影响被大大减弱。

除此之外，内回路还可以减少干扰对控制系统外回路精度的影响，有助于外回路的稳定；同时扩宽外回路的频带，加快响应速度。

2. 杆臂效应对两回路控制系统的影响

由于导弹的体积和结构布局限制，将加速度计准确地安装在导弹的质心位置通常较

为困难。而加速度计不在质心，将会引起加速度计的“杆臂效应”，即加速度计测量到的信号不仅包含质心的加速度信号，还包括由角加速度引起的附加加速度。以参数 c 表示加速度计位置相对质心位置大小，并分别取 $c=-1.0$, -0.5, 0, 0.5, 1.0，则由图 8 - 4 的阶跃响应曲线可见，杆臂效应对控制系统响应的影响非常明显。

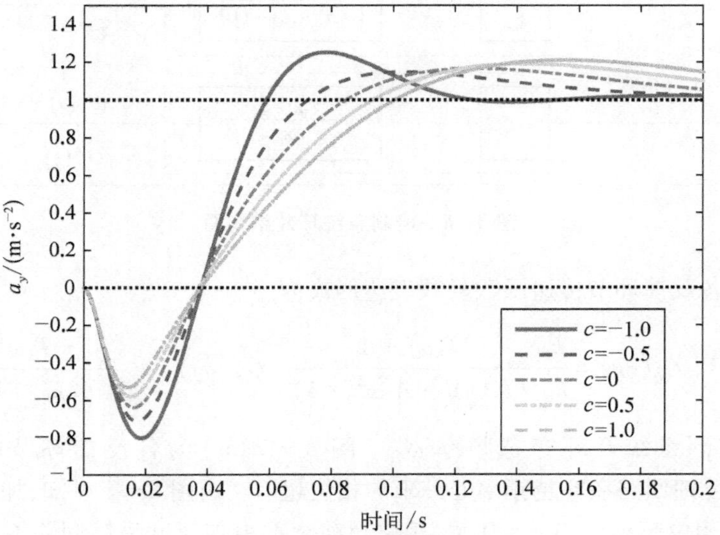

图 8 - 4　c 取不同值时阶跃响应曲线

c 取不同值时，控制系统开环稳定裕度变化如图 8 - 5 所示。显然，当 $c>0$ 时，控制系统相位裕度和幅值裕度正比于 c 的取值。

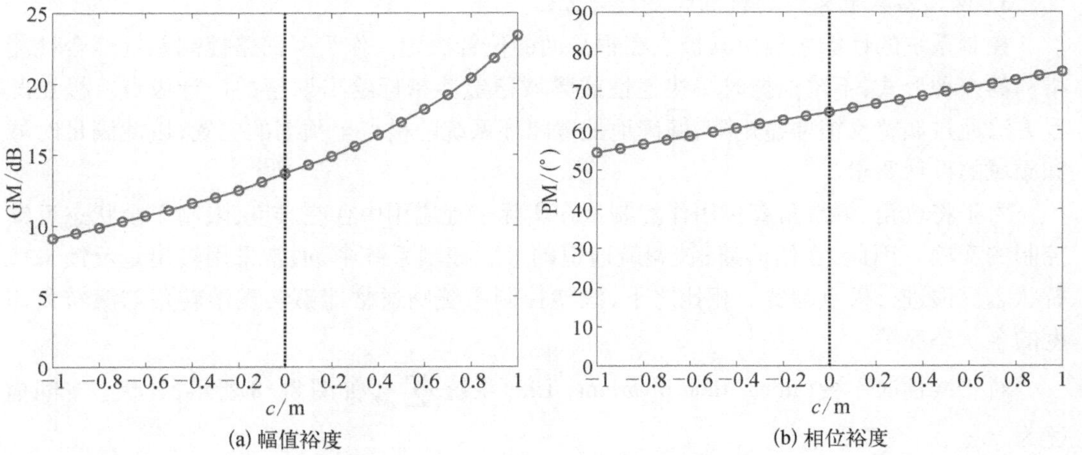

图 8 - 5　c 取不同值时开环稳定裕度变化曲线

为了更清晰地展示杆臂效应的影响，将角速度反馈、加速度反馈及由杆臂效应造成的角加速度回路均等价到输入节点，如图 8 - 6 所示。

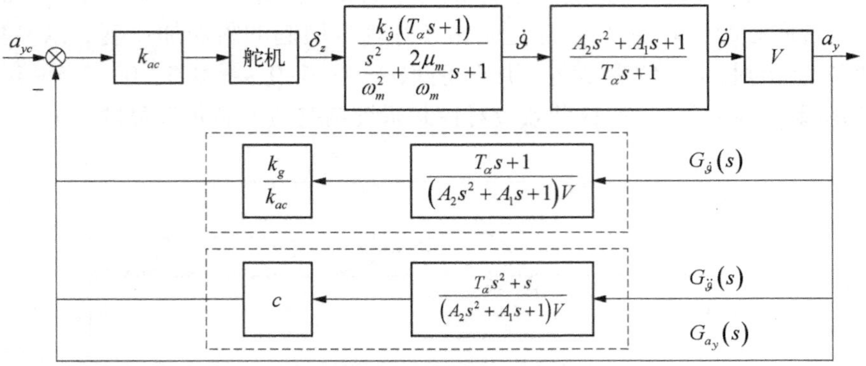

图 8-6　控制系统等效结构图

不难得到各反馈环节传递函数复数表达形式为

$$G_{a_y}(\omega j)=1,\ G_{\dot\vartheta}(\omega j)=\frac{k_g}{k_{ac}}\frac{T_\alpha\omega j+1}{V(A_1\omega j-A_2\omega^2+1)},\ G_{\ddot\vartheta}(\omega j)=c\frac{-T_\alpha\omega^2+\omega j}{V(A_1\omega j-A_2\omega^2+1)}$$

取 ω 为控制系统开环穿越频率 ω_{CR}，图 8-7(a)为各反馈环节的 Nyquist 图，图 8-7(b)为反馈回路在穿越频率处带来的相位超前。由图 8-7 可知，加速度反馈回路不带来任何的相位超前。当 $c=0$ 时，相位超前全部由加速度反馈回路 $G_{\dot\vartheta}(\omega j)$ 提供；当 $c>0$ 时，角加速度回路带来的相位超前角与 c 成正比，控制系统的稳定裕度提高；而当 $c<0$ 时，有相反的结论。

综上分析可见，在导弹布局设计中应尽量将加速度计放置于质心前方，以利用杆臂效应增强系统的稳定性。

3. *两回路控制系统的极点配置设计方法*

控制系统的性能主要由其极点在根平面的位置决定。作为两回路控制系统综合性能指标的一种形式，不难根据时域快速性或频域稳定性指标给出期望的设计极点。极点配置方法通过调整反馈增益矩阵，精确地配置闭环系统的极点至预期的位置，以此满足时域和频域的设计要求。

由于将攻角、侧滑角直接用作控制量在实际工程应用中存在难度，限制了全状态反馈控制的实施。因此，在俯仰通道、偏航通道的过载控制系统中，通常采用输出量反馈来代替状态反馈进行极点配置。相比之下，滚转控制系统则通常能够实现滚转角与滚转角速度的全状态反馈。

对于线性时不变(linear time invariant, LTI)系统 $\sum_0$，如图 8-8 所示，其状态空间描述为

$$\sum\nolimits_0:\ \begin{aligned}\dot{\boldsymbol{x}}&=\boldsymbol{A}\boldsymbol{x}+\boldsymbol{B}\boldsymbol{u}\\ \boldsymbol{y}&=\boldsymbol{C}\boldsymbol{x}+\boldsymbol{D}\boldsymbol{u}\end{aligned}\tag{8-7}$$

其中，$\boldsymbol{x}\in\mathbb{R}^n$ 为状态；$\boldsymbol{u}\in\mathbb{R}^p$ 为输入；$\boldsymbol{y}\in\mathbb{R}^q$ 为输出；$\boldsymbol{A}$、$\boldsymbol{B}$、$\boldsymbol{C}$ 和 $\boldsymbol{D}$ 分别为相应维数的

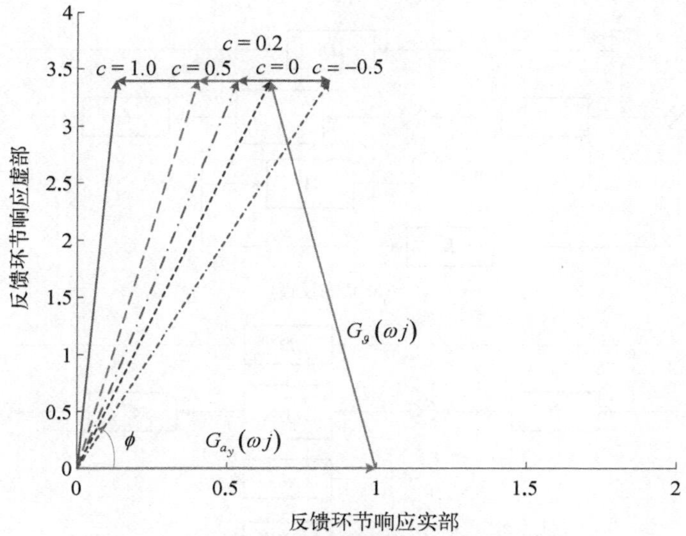

(a) 反馈回路在复平面内矢量变化曲线

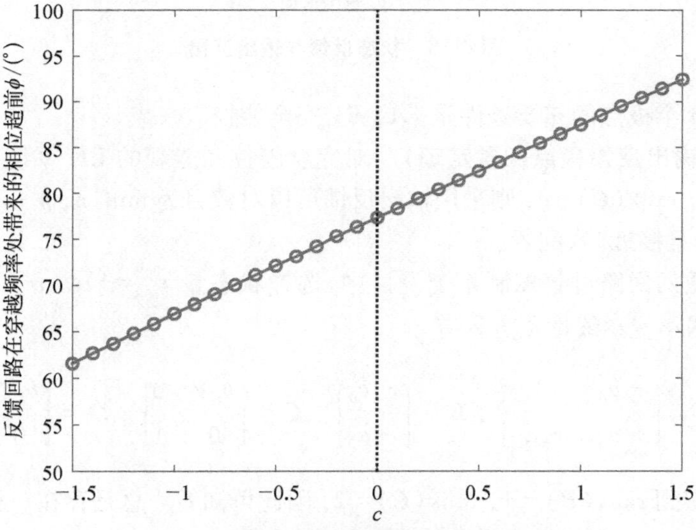

(b) 反馈回路在穿越频率处带来的相位超前

图 8-7　复平面内矢量变化曲线和穿越频率处相位超前

常矩阵。

状态反馈与输出反馈的控制量分别为

$$\boldsymbol{u} = -\boldsymbol{K}\boldsymbol{x} + \boldsymbol{r},\ \boldsymbol{u} = -\boldsymbol{F}\boldsymbol{y} + \boldsymbol{r}$$

无论是状态反馈还是输出反馈,都具有调整被控对象系统矩阵的能力。状态反馈提供了系统结构信息的完整反馈;而输出反馈则只能部分地提供这些信息。因而状态反馈的功能超过输出反馈。以下两个定理是关于极点配置的基本结论。

定理 8.1(状态反馈极点配置定理)　对 LTI 系统[图 8-8(a)],可以通过状态反馈

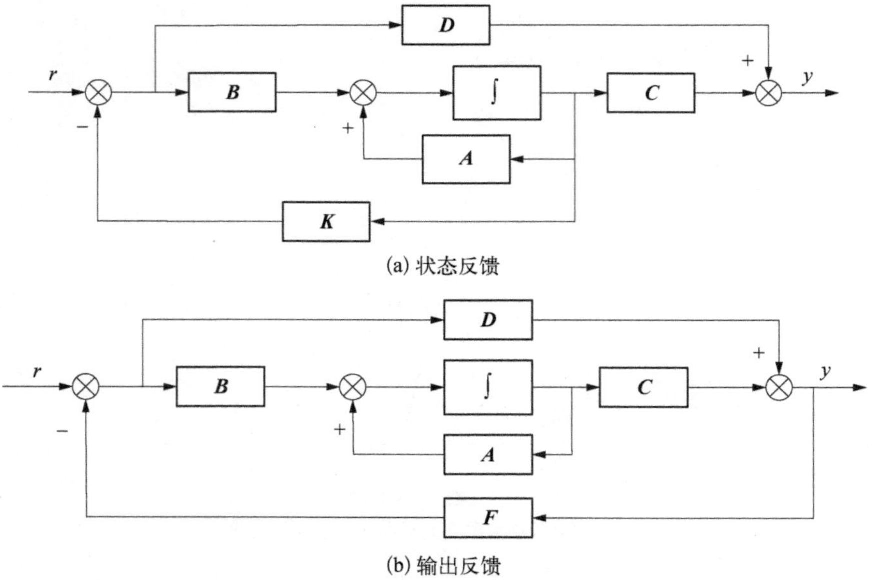

图 8-8　状态反馈与输出反馈

任意配置全部 n 个极点的充要条件是 $\{\boldsymbol{A},\ \boldsymbol{B}\}$ 完全能控。

定理 8.2(输出反馈极点配置定理)　对完全能控和能观的 LTI 系统[图 8-8(b)]，设 $\mathrm{rank}(\boldsymbol{B})=p$，$\mathrm{rank}(\boldsymbol{C})=q$，则采用输出反馈可以对数目为 $\min\{n,\ p+q-1\}$ 的闭环系统极点进行“任意接近”式配置。

在俯仰通道两回路过载控制系统设计中，选择状态量 $\boldsymbol{x}^{\mathrm{T}}=[\alpha\quad\dot{\vartheta}]$，输出量为 $\boldsymbol{y}^{\mathrm{T}}=[a_{ym}\quad\dot{\vartheta}]$，根据小扰动线性化方程有

$$\boldsymbol{A}=\begin{bmatrix}-b_\alpha & 1\\ -a_\alpha & -a_\omega\end{bmatrix},\ \boldsymbol{B}=\begin{bmatrix}-b_\delta\\ -a_\delta\end{bmatrix},\ \boldsymbol{C}=\begin{bmatrix}b_\alpha V & 0\\ 0 & 1\end{bmatrix},\ \boldsymbol{D}=\begin{bmatrix}b_\delta V\\ 0\end{bmatrix}$$

不难计算得到 $\mathrm{rank}(\boldsymbol{B})=1$，$\mathrm{rank}(\boldsymbol{C})=2$，因此可知 $\boldsymbol{C}^{-1}$ 总是存在。根据定理 8.2 可知，利用输出反馈可以任意配置系统的 2 个极点。这与运用状态反馈是一样的。

按照系统矩阵，计算导弹控制系统 $\sum_0$ 的可控性矩阵 $\boldsymbol{Q}_c$ 的秩：

$$\mathrm{rank}(\boldsymbol{Q}_c)=\mathrm{rank}[\boldsymbol{B}\mid\boldsymbol{AB}]=\mathrm{rank}\begin{bmatrix}-b_\delta & b_\alpha b_\delta-a_\delta\\ -a_\delta & a_\alpha b_\delta+a_\omega a_\delta\end{bmatrix}$$

可控性矩阵 $\boldsymbol{Q}_c$ 满秩，即 $\mathrm{rank}(\boldsymbol{Q}_c)=2$ 的充要条件为下面的关系式成立

$$a_\alpha\neq a_\delta\left(\frac{b_\alpha}{b_\delta}-\frac{a_\omega}{b_\delta}\right)-\frac{a_\delta^2}{b_\delta^2}\tag{8-8}$$

采用反证法。对于实际导弹而言，a_ω 可视为小量，且 b_α 和 a_δ 均比 b_δ 大至少一个数

量级。如不等式取等号，则有 $|a_\alpha| \approx |a_\delta| \left|\dfrac{b_\alpha}{b_\delta} - \dfrac{a_\delta}{b_\delta^2}\right|$，即 $|a_\alpha| \gg |a_\delta|$。而事实上，导弹 a_δ 与 a_α 通常需处于同一数量级方能保证气动配平。因此按照实际物理意义，式(8-8)的不等号通常是成立的，进而使系统的可控性问题得以证明。

下面采用待定系数法，推导两回路过载控制系统极点配置的数值解析算法。

首先简化控制系统模型，忽略舵机和其他硬件的动态特性，将它们的增益假设为 -1 或 1，简化后的系统如图 8-9 所示。

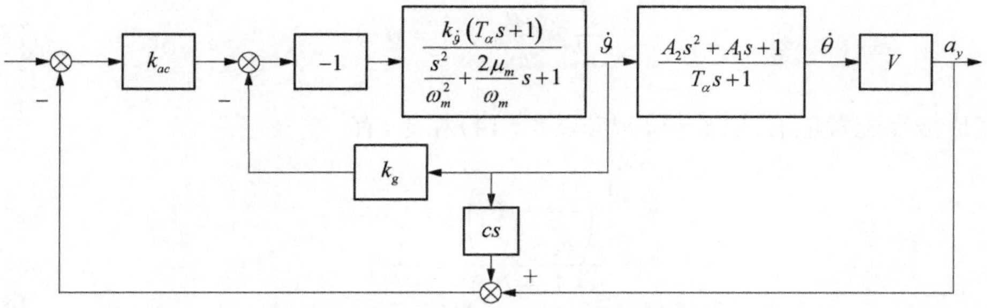

图 8-9　简化后的两回路控制系统结构原理框图

将系统在舵机后断开，系统开环传递函数为

$$HG = \frac{(k_{ac}k_{\dot\vartheta}VA_2 + k_{\dot\vartheta}k_{ac}T_\alpha c)s^2 + (k_{ac}k_{\dot\vartheta}VA_1 + k_g k_{\dot\vartheta}T_\alpha + k_{\dot\vartheta}k_{ac}c)s + (k_{ac}k_{\dot\vartheta}V + k_g k_{\dot\vartheta})}{\dfrac{s^2}{\omega_m^2} + \dfrac{2\mu_m}{\omega_m}s + 1} \tag{8-9}$$

设 $K'_{ac} = k_{ac}k_{\dot\vartheta}$，$K'_g = k_g k_{\dot\vartheta}$，引入中间变量 B_1、B_2、B_3：

$$\begin{cases} B_1 = K'_{ac}VA_2 + K'_{ac}cT_\alpha \\ B_2 = K'_{ac}(VA_1 + c) + K'_g T_\alpha \\ B_3 = K'_{ac}V + K'_g \end{cases} \tag{8-10}$$

计算系统闭环传递函数为

$$\frac{a_y}{a_{yc}} = \frac{-k_{\dot\vartheta}k_{ac}(A_2 s^2 + A_1 s + 1)V}{\left(\dfrac{1}{\omega_m^2} - B_1\right)s^2 + \left(\dfrac{2\mu_m}{\omega_m} - B_2\right)s + (1 - B_3)} \tag{8-11}$$

控制系统闭环增益 k_c 定义为

$$k_c = \frac{-k_{\dot\vartheta}k_{ac}V}{1 - (k_{\dot\vartheta}k_{ac}V + k_g k_{\dot\vartheta})} \tag{8-12}$$

由式(8－11)得系统闭环特征方程表达式为

$$\frac{\left(\frac{1}{\omega_m^2}-B_1\right)}{(1-B_3)}s^2+\frac{\left(\frac{2\mu_m}{\omega_m}-B_2\right)}{(1-B_3)}s+1=0 \tag{8-13}$$

设极点设置所要求的两个极点为一对振荡根,并设其阻尼为 μ,自振频率为 ω,即系统期望的闭环特征方程为

$$\frac{s^2}{\omega^2}+\frac{2\mu}{\omega}s+1=0 \tag{8-14}$$

完成极点配置应有式(8－13)与式(8－14)相等,有

$$\begin{cases}\dfrac{\left(\frac{1}{\omega_m^2}-B_1\right)}{(1-B_3)}=\dfrac{1}{\omega^2}\\ \dfrac{\left(\frac{2\mu_m}{\omega_m}-B_2\right)}{(1-B_3)}=\dfrac{2\mu}{\omega}\end{cases} \tag{8-15}$$

代入中间变量有关 K'_{ac} 及 K'_g 表达式(8－10)可得求解 K'_{ac} 及 K'_g 的线性方程组:

$$\begin{cases}K'_{ac}(V-V\omega^2A_2-cT_\alpha\omega^2)+K'_g=1-\dfrac{\omega^2}{\omega_m^2}\\ K'_{ac}(2\mu V-V\omega A_1-c\omega)+K'_g(2\mu-T_\alpha\omega)=2\mu-\dfrac{2\mu_m\omega}{\omega_m}\end{cases} \tag{8-16}$$

即

$$\begin{bmatrix}V-V\omega^2A_2-cT_\alpha\omega^2 & 1\\ 2\mu V-V\omega A_1-c\omega & 2\mu-T_\alpha\omega\end{bmatrix}\begin{bmatrix}K'_{ac}\\ K'_g\end{bmatrix}=\begin{bmatrix}1-\dfrac{\omega^2}{\omega_m^2}\\ 2\mu-\dfrac{2\mu_m\omega}{\omega_m}\end{bmatrix} \tag{8-17}$$

因此求解线性方程组(8－17)即可得到 K'_{ac} 及 K'_g,又根据:

$$\begin{cases}k_{ac}=\dfrac{K'_{ac}}{k_{\dot{\vartheta}}}\\ k_g=\dfrac{K'_g}{k_{\dot{\vartheta}}}\end{cases} \tag{8-18}$$

可求得满足系统设计期望性能的 k_{ac}、k_g。

4. 两回路控制系统仿真分析

取文献[39]中某导弹在高度 $H = 9\,150$ m,速度 $V = 784$ m/s 的弹体动力学系数,如表 8-1 所示。

表 8-1　动力学系数

弹体频率 $\omega_m/(\mathrm{rad}\cdot\mathrm{s}^{-1})$	a_α/s^{-2}	a_δ/s^{-2}	a_ω/s^{-2}	b_α/s^{-1}	b_δ/s^{-1}
15.49	240	204	0.02	1.17	0.239

计算所需的各变量值为

$$T_m = \frac{1}{\sqrt{a_\omega b_\alpha + a_\alpha}} = 0.064\,5;\ \mu_m = \frac{a_\omega + b_\alpha}{2\sqrt{a_\omega b_\alpha + a_\alpha}} = 0.038\,4$$

$$T_\alpha = \frac{a_\delta}{a_\delta b_\alpha - a_\alpha b_\delta} = 1.125\,1;\ k_{\dot\vartheta} = -\frac{a_\delta b_\alpha - a_\alpha b_\delta}{a_\omega b_\alpha + a_\alpha} = -0.755\,4$$

$$A_1 = \frac{-a_\omega b_\delta}{a_\delta b_\alpha - a_\alpha b_\delta} = -2.636\,2\times10^{-5};\ A_2 = \frac{-b_\delta}{a_\delta b_\alpha - a_\alpha b_\delta} = -0.001\,3$$

取系统期望的自振频率 $\omega = 20$ rad/s,阻尼 $\mu = 0.7$,通过 8.1.1 节中所给出的极点配置算法可得设计参数 $k_{ac} = 6.717\,0\times10^{-4}$,$k_g = 0.115\,0$,设计完成后系统闭环传递函数为

$$\frac{a_y}{a_{yc}} = \frac{0.379\,6(-0.001\,3s^2 - 2.636\,2\times10^{-5}s + 1)}{s^2 + 28s + 400}$$

由于设计过程中未考虑舵机的影响,因此还需验证引入舵机模型后的系统稳定性以及时域特性。取二阶舵机动力学模型:

$$G_{\mathrm{act}}(s) = \frac{-1}{\dfrac{s^2}{220^2} + 2\dfrac{0.65}{220}s + 1}$$

由图 8-10(a)给出的单位阶跃响应曲线可见,控制系统对指令输入响应存在静差,控制系统闭环增益 $k_c = 0.258\,8$。取指令放大系数 $K = 1/k_c$,由图 8-10(b)给出的响应曲线可见,控制系统上升时间 $t_{63} = 0.064$ s,过渡过程时间 $T = 0.268$ s,超调量小于 10%。

在舵机处断开,计算可得如图 8-11 所示的系统频域响应曲线,其中系统开环幅值裕度 GM = 14.0 dB,相位裕度 PM = 65.4°,穿越频率 $\omega_{CR} = 32.2$ rad/s,可见系统具有较大的稳定裕度。

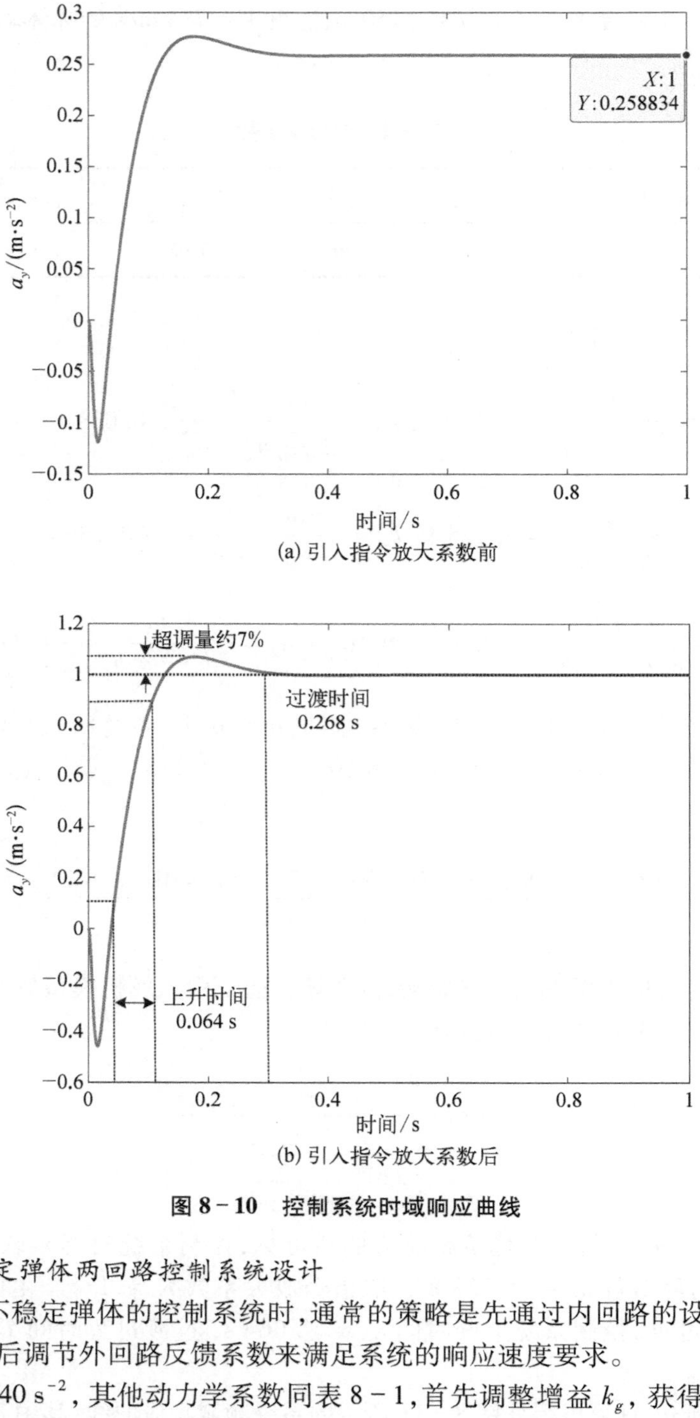

图 8-10　控制系统时域响应曲线

5. 静不稳定弹体两回路控制系统设计

在设计静不稳定弹体的控制系统时，通常的策略是先通过内回路的设计构造一个稳定的等效弹体，后调节外回路反馈系数来满足系统的响应速度要求。

取 $a_\alpha=-240\ \mathrm{s}^{-2}$，其他动力学系数同表 8-1，首先调整增益 k_g，获得稳定的等效弹体。图 8-12 为舵机频率取 35 Hz，阻尼比为 0.65 时，内回路闭环极点随 k_g 变化根轨迹曲线。表 8-2 为不同 k_g 值对应的内回路极点值。

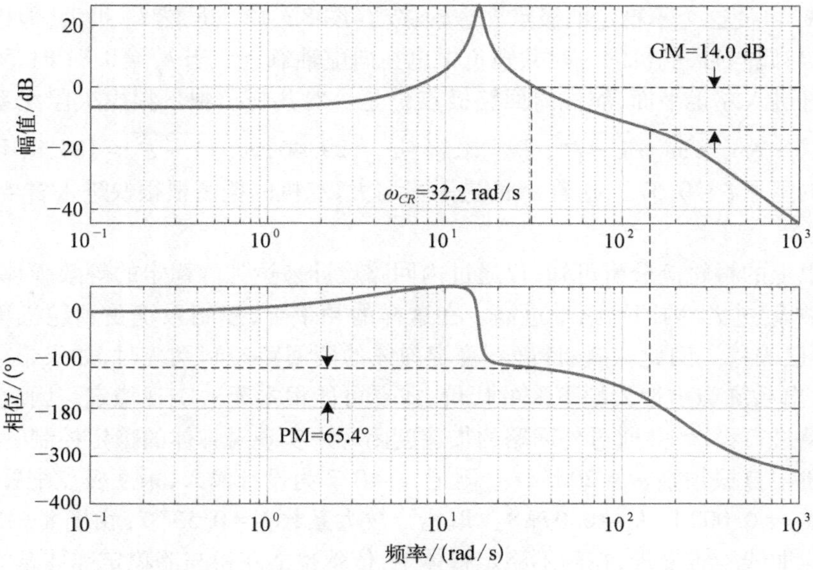

图 8－11　控制系统开环 Bode 图

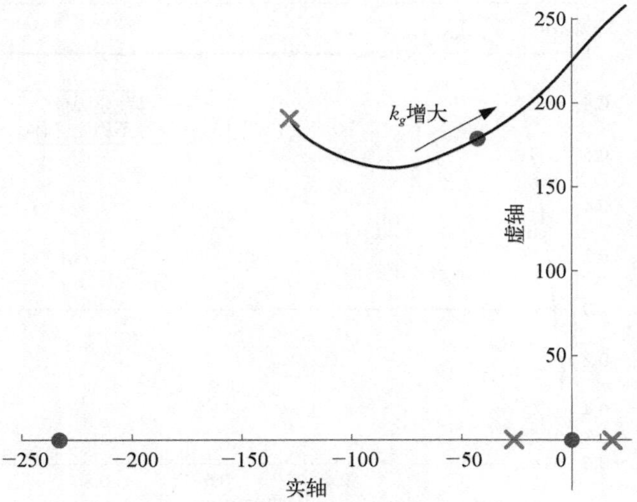

图 8－12　内回路闭环极点随 k_g 的变化曲线

表 8－2　不同 k_g 对应的内回路闭环极点

k_g	弹　体	舵　机
0	−16.2/14.8	−142.9±167.1j(35 Hz,0.65)
0.811 0(弹体的不稳定极点正好进入左半平面)	$-228.2/-6.7e^{-4}$	−29.46±184.8j(12.64 Hz,0.37)
1.406 7(舵机的振荡根正好进入右半平面)	−286.5/−0.61	$3e^{-4}$±219.8j(34.9 Hz,0)

当 $k_g=0$，即内回路开环时，静不稳定弹体产生的极点位于右半平面，导致系统不稳定。增大 k_g 可使这个不稳定的极点向虚轴移动(图 8-12)，虽然 k_g 很大，但极点的移动非常缓慢，与此同时，舵机的一对共轭负根也在向虚轴靠近。当 $k_g=0.81$ 时，弹体的不稳定极点正好进入左半平面，舵机内回路极点仍是一对共轭负根。根据欠阻尼系统共轭负根的表达式 $-\xi\omega_n \pm \mathrm{i}\omega_n\sqrt{1-\xi^2}$，联立求解 $\xi\omega_n=29.46$，$\omega_n\sqrt{1-\xi^2}=184.8$，可得舵机内回路极点的阻尼 $\xi=0.37$。随着 k_g 的进一步增大，舵机的振荡根很快进入右半平面，从而失稳。

通过以上的根轨迹分析可知，仅通过内回路设计来达到静稳定的等效弹体设计目的，会导致参数 k_g 过大、内回路频带过高。在这样的频带下，控制系统受到舵机等硬件的影响，可能早已失稳。因此，在设计静不稳定弹体的两回路控制系统时，如果希望内回路稳定，则需付出系统稳定性大幅下降的代价，或者可能根本无法实现稳定。因此，必须同时对内外回路进行设计，并通过外回路的加速度闭环来实现对弹体的稳定控制。

取二阶根自振频率 $\omega=20\ \mathrm{rad/s}$、阻尼 $\mu=0.7$ 为设计输入，采用极点配置算法，得到设计结果 $k_{ac}=0.0021$，$k_g=0.0798$。取指令放大系数 $K=0.5357$，由图 8-13 给出的控制系统响应曲线不难发现，在静不稳定弹体下，依然也能获得与静稳定弹体基本上相同的控制系统响应曲线。

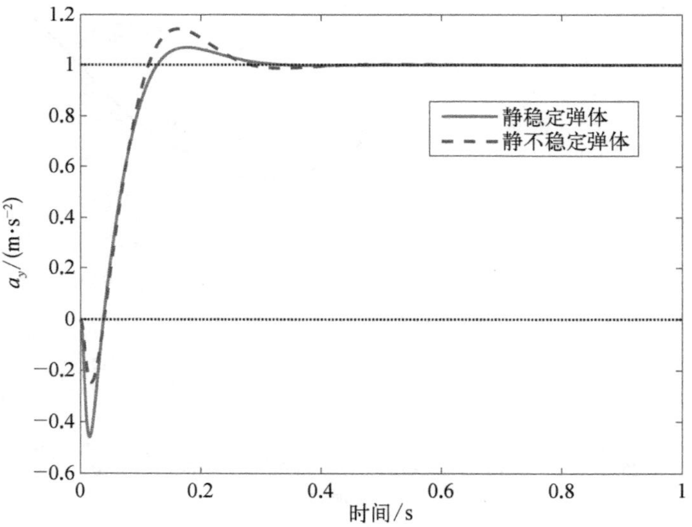

图 8-13 引入指令放大系数后的控制系统响应曲线

分别计算控制系统内回路及外回路闭环传递函数。

内回路：

$$G_{\text{inner}}=\frac{1.368(0.69s+1)}{(0.0358s+1)(0.1162s-1)\left(\dfrac{s^2}{208.7^2}+2\dfrac{0.64}{208.7}s+1\right)} \tag{8-19}$$

外回路：

$$G_{\text{close}} = \frac{-1.7978(0.0284s+1)(0.0284s-1)}{\left(\dfrac{s^2}{24.78^2}+2\dfrac{0.58}{24.78}s+1\right)\left(\dfrac{s^2}{146.2^2}+2\dfrac{0.88}{146.2}s+1\right)} \tag{8-20}$$

根据内回路传递函数式(8－19)可见，尽管角速度已经闭环反馈，但由于静不稳定弹体的特性，右半平面的极点依然存在，内回路仍然是不稳定的。而当应用加速度反馈闭环后，闭环传递函数如式(8－20)所示，由传递函数的分母可见，所有的极点均位于左半平面，闭环系统控制系统达到了稳定状态。

综合上述分析，我们可以得出结论：通过采用极点配置等设计方法，两回路控制系统能够有效地控制静不稳定弹体。这表明，实现静不稳定弹体控制的关键是加速度反馈，而非单纯的内回路设计。

接下来将进一步分析静不稳定控制系统的特点及其对舵机性能的具体要求。

1）闭环增益

图 8－14 的单位阶跃对比曲线显示，静不稳定弹体的控制系统稳态值超过 1，存在很大的超调。

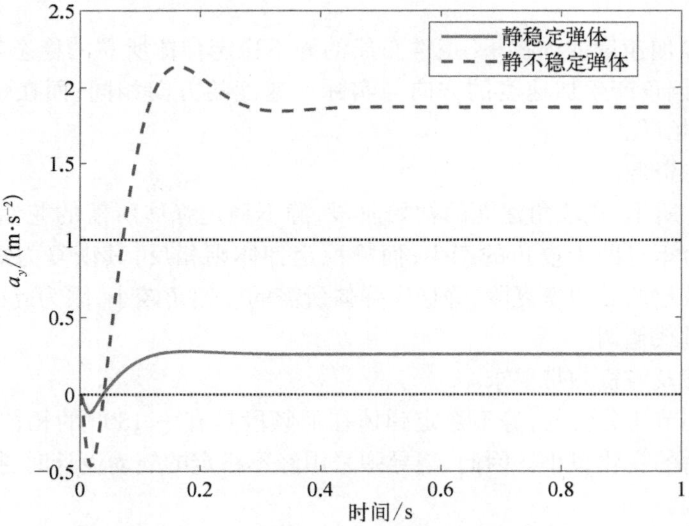

图 8－14　控制系统单位阶跃响应对比曲线

这引出一个问题：当通过 PI 校正或滞后校正网络尝试消除静差时，引入的积分环节将使超调量在原基础上进一步增大，从而更加难以满足性能指标要求。

2）稳态与瞬态舵资源分析

在静稳定与静不稳定弹体的控制系统中，同时设定 9.81 $\mathrm{m/s^2}$ 的加速度输出进行仿真，以比较舵偏角的变化情况。

(1) 稳态舵资源。

静稳定与静不稳定弹体的恢复力矩方向相反，因此它们的稳态舵偏角符号也相反(图

8-15)。对于临界稳定弹体,由于攻角恢复力矩较小,其稳态舵偏角是最小的。

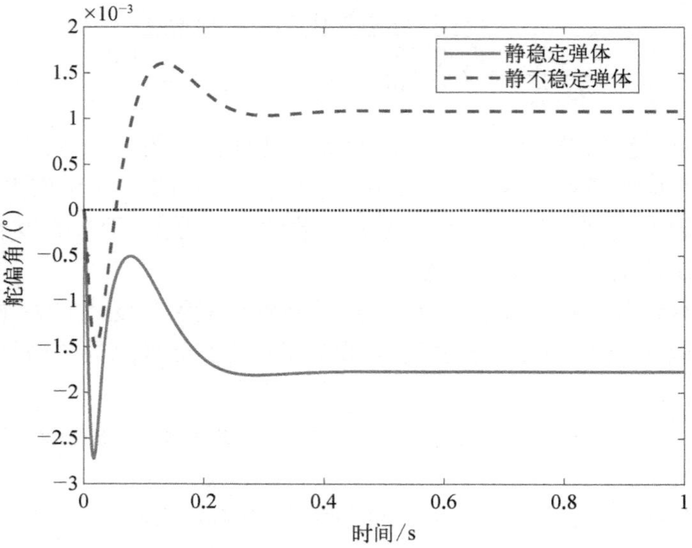

图 8-15　相同加速度输出条件下舵偏角变化曲线

在产生同样加速度的前提下,正常布局的静不稳定弹体所需的稳态舵偏角小于静稳定弹体,因为舵偏角产生加速度的方向与实际加速度的方向相同;而在鸭式布局的导弹中,这一结论则相反。

(2) 瞬态舵资源。

如图 8-15 所示,在攻角建立的初始阶段,静不稳定弹体所需的舵偏角较小,因为此时静不稳定的力矩有助于攻角的产生;而静稳定弹体则相反,其恢复力矩阻止攻角的产生。在进入过载超调后的恢复段,静稳定弹体所需的舵偏角较小,因为此时静稳定恢复力矩有助于消除过载超调。

(3) 稳定性及舵机频带要求。

如 7.4.3 小节所分析的,静不稳定弹体在低频段具有 -180° 的相位滞后,并且在中高频段相位滞后的变化很小。因此,当导弹采用静不稳定的气动设计时,控制系统的稳定性必然受到影响。

控制系统的设计通常以相位裕度 PM 为基准条件,取 PM = 40°,图 8-16 展示了在不同 a_α 取值下所需的最低舵机频率。显而易见,为了保证控制系统具有一定的稳定裕度,舵机的频带要求将随着静稳定度的降低而增加。

8.1.2 PI 校正两回路过载控制系统

通过之前的分析可知,两回路控制系统在响应中存在静差,但导弹通常无法容忍较大的响应静差。为了实现无静差控制,一种简单的方法是在指令后加入比例放大环节,通过放大控制信号消除静差,从而提高系统的精确度,过程原理见图 8-17,其中指令放大系数 $K^* = 1/k_c$。

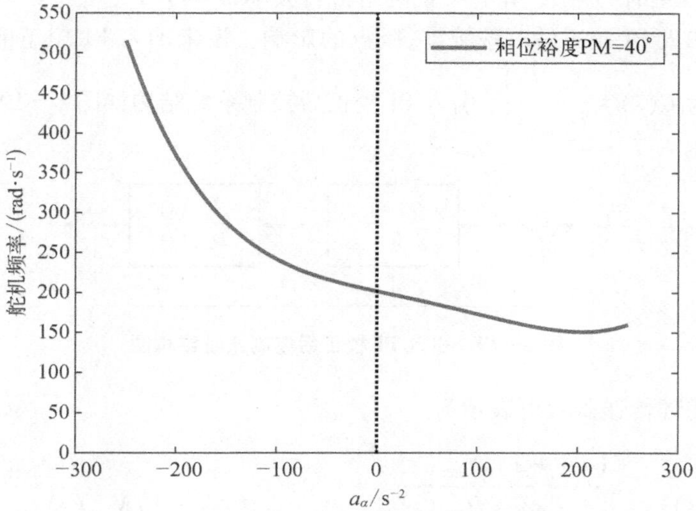

图 8－16　不同 a_α 取值下所需的最低舵机频率

采用指令放大的方法，无需改变控制系统结构，缺点是必须获得控制系统闭环增益 k_c 的准确数值。在不考虑控制系统各硬件动力学前提下，有

图 8－17　指令放大控制过程原理框图

$$k_c = \frac{-k_{\dot{\vartheta}}k_{ac}V}{1-(k_{\dot{\vartheta}}k_{ac}V+k_gk_{\dot{\vartheta}})} \tag{8-21}$$

式(8－21)中，k_c 的大小与控制系统设计参数 k_{ac}、k_g，导弹飞行速度 V 及弹体气动力增益 $k_{\dot{\vartheta}}$ 有关。当导弹飞行状态改变时，V 及 $k_{\dot{\vartheta}}$ 往往发生剧烈的变化，进而导致增益 k_c 出现波动。基于现有的弹上测量设备，要获得准确的 $k_{\dot{\vartheta}}$ 值是很难的，因此 k_c 的变化往往无法进行修正。

1. PI 校正网络作用机理

控制系统设计中，一般采用串联 PI 校正或滞后校正网络的方式，实现控制系统无静差设计。带 PI 校正的两回路过载控制系统标准结构如图 8－18 所示。

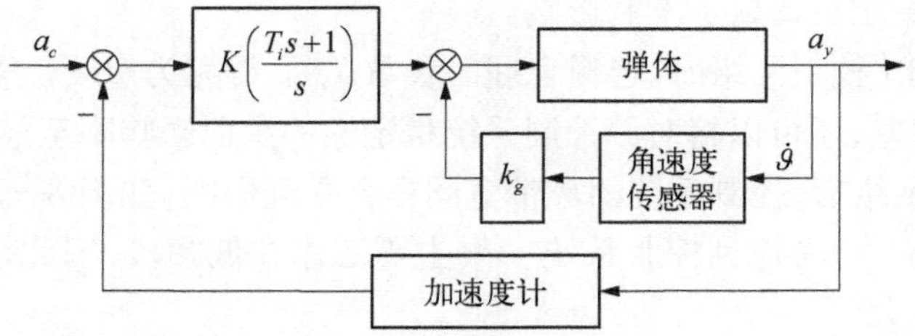

图 8－18　带 PI 校正的两回路过载控制系统标准结构

其中，T_i 为 PI 校正时间常数，并有校正网络折转频率 $\omega_i = 1/T_i$。

首先分析加入 PI 校正后对系统零、极点的影响。设未加入 PI 校正前过载控制系统开环传递函数为 $G(s) = \dfrac{N_{auto}(s)}{D_{auto}(s)}$，引入 PI 校正后控制系统结构如图 8－19 所示。

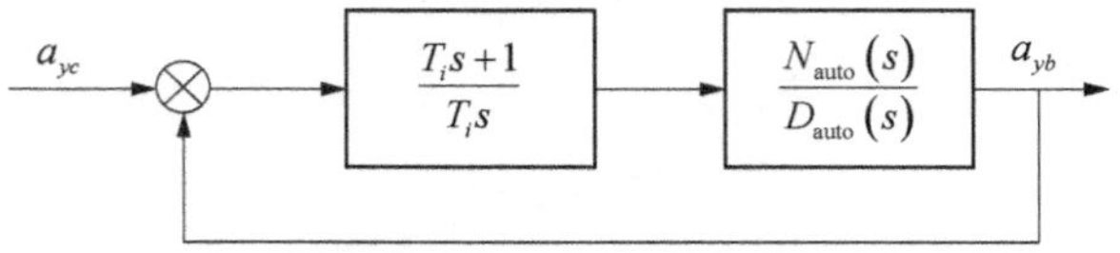

图 8－19　引入 PI 校正后控制系统结构图

控制系统闭环传递函数可表示为

$$\frac{a_{yb}(s)}{a_{yc}(s)} = \frac{\dfrac{(T_i s + 1)}{T_i s}\dfrac{N_{auto}(s)}{D_{auto}(s)}}{1 + \dfrac{(T_i s + 1)}{T_i s}\dfrac{N_{auto}(s)}{D_{auto}(s)}} = \frac{(T_i s + 1)N_{auto}(s)}{T_i s D_{auto}(s) + (T_i s + 1)N_{auto}(s)} \tag{8-22}$$

由式(8－22)可见，闭环后 PI 校正引入 $1/T_i$ 的零点，同时极点增加了一个一阶慢根，这一对零、极点基本上对消，如图 8－20 所示，因此控制系统的主极点依然是两回路设计中被加快的那一对振荡根，这从另一个角度说明，如果 PI 校正设计得合理，则引入该校正前后的控制系统快速性变化较小。

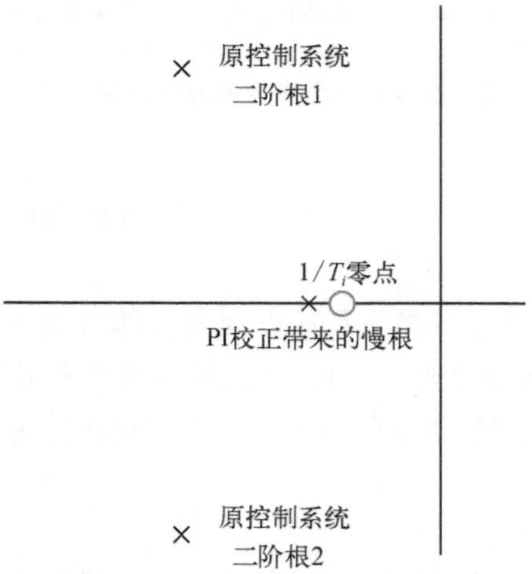

图 8－20　零、极点分布示意图

接下来在频域上分析 PI 校正环节及其对控制系统开环传递函数的影响。根据图 8－21(a)可见，PI 校正网络在低频段的特性是随着频率的降低，其增益逐渐增大，并且相移也会增大至 －90°；而在高频段，随着频率的增加，其幅值和相位滞后逐渐趋向于零。这种特性可使控制系统的低频段增益得到提升[图 8－21(b)]，从而有效地消除静差。然而，PI 校正在低频处同时引入了相当大的相位滞后，对控制系统的稳定性造成了不利影响。

因此，在设计 PI 校正网络时，选择合理的参数 T_i 显得尤为重要。合理的参数选取不仅可以尽量减小静差，还可以将对原控制系统稳定性的负面影响降至最低。

采用 PI 校正网络后，控制系统闭环带宽同样会受到影响，如图 8－22 所示，控制系统闭环带宽略有降低。但考虑到控制系统一般主要工作在低频段，因此带宽的下降对控制系统性能的影响不大。

2. 基于频域的 PI 校正参数设计方法

过载控制系统中 PI 校正参数设计工作主要是完成对增益 K 及时间常数 T_i 的设计，设

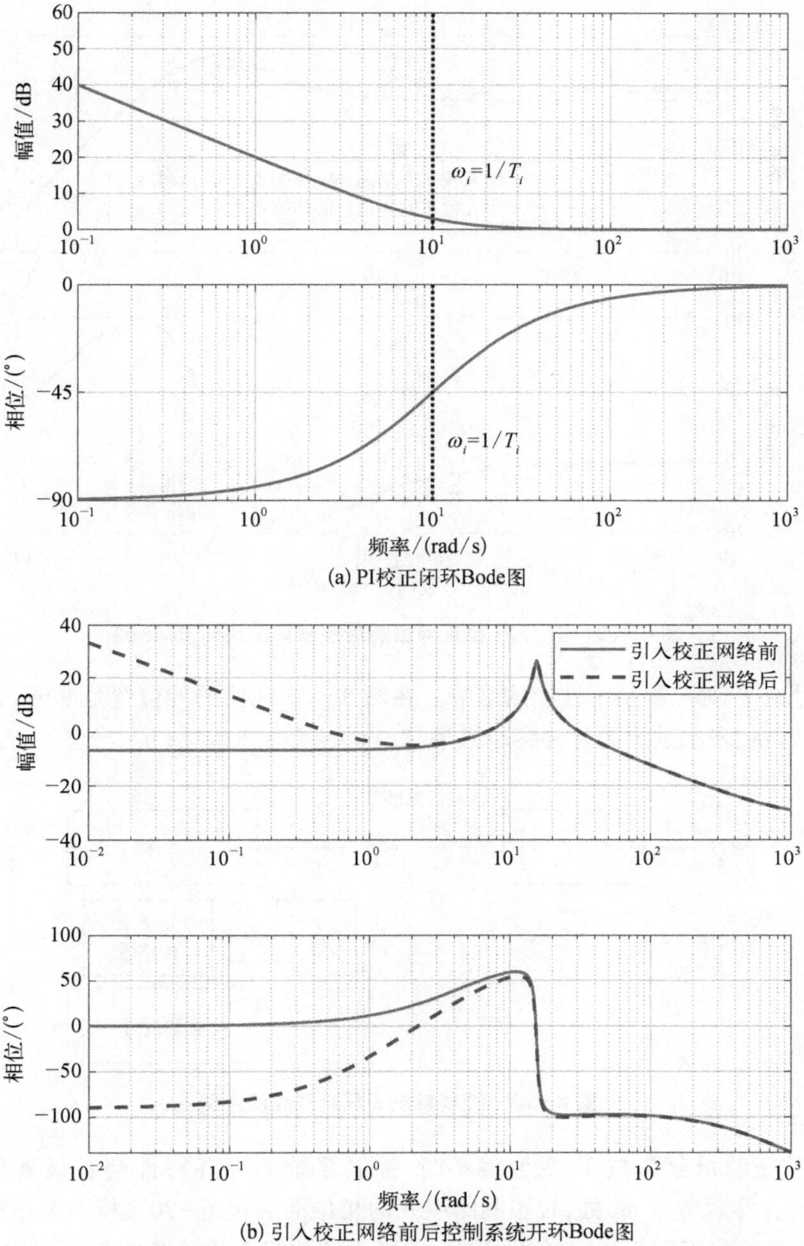

图 8-21　PI 校正网络 Bode 图

计目标是在期望的过渡过程时间内消除控制系统静差，同时把引入校正网络前后对控制系统的稳定性及快速性影响降低到最小。

令 $K = K_a/T_i$，PI 校正传递函数有如下变化：

$$K_a \frac{T_i s + 1}{T_i s} = K \frac{T_i s + 1}{s}$$

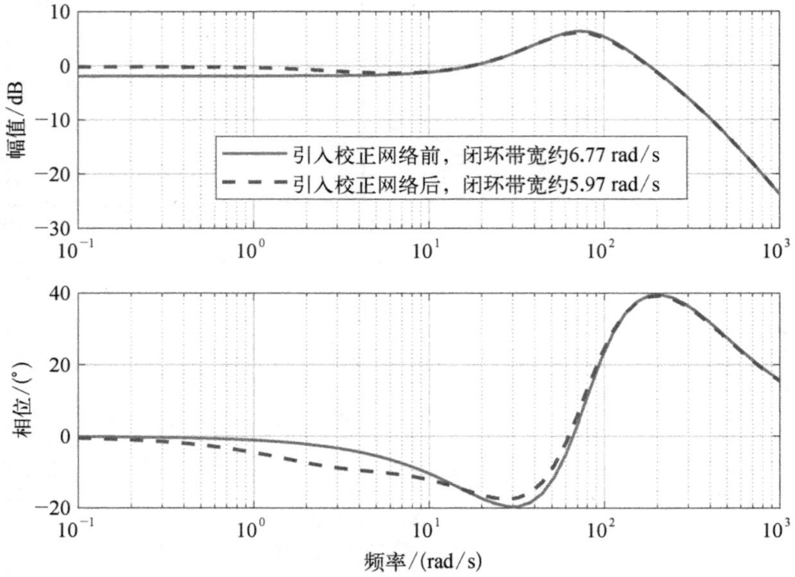

图 8-22　引入 PI 校正网络前后控制系统闭环 Bode 图

首先讨论 T_i 对控制系统性能的影响。在图 8-23 标注的的位置处断开，计算开环传递函数，并以 ω_c 表示系统的开环穿越频率。

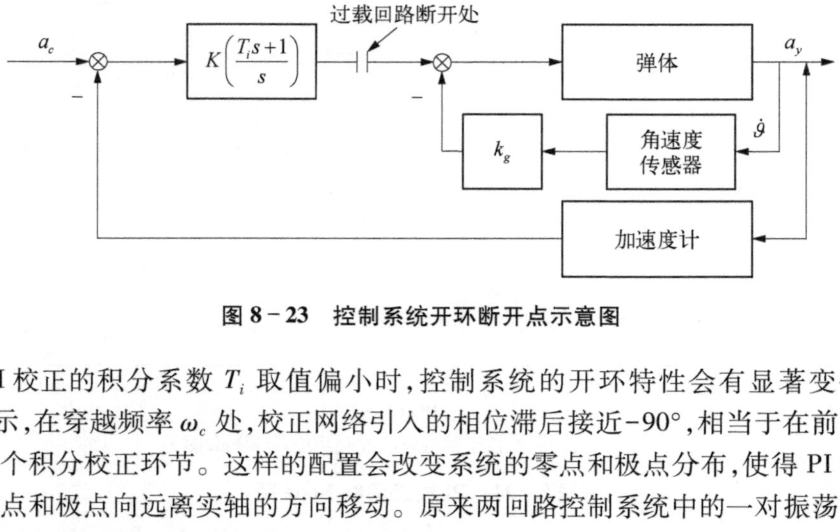

图 8-23　控制系统开环断开点示意图

当 PI 校正的积分系数 T_i 取值偏小时，控制系统的开环特性会有显著变化。如图 8-24 所示，在穿越频率 ω_c 处，校正网络引入的相位滞后接近-90°，相当于在前向通道中串联了一个积分校正环节。这样的配置会改变系统的零点和极点分布，使得 PI 校正引入的一对零点和极点向远离实轴的方向移动。原来两回路控制系统中的一对振荡根频率降低，其阻尼也相应增大，使得系统的动态特性接近于一阶系统(图 8-25)。

当 PI 校正的积分系数 T_i 取值偏大时，控制系统的开环 Bode 图如图 8-26 所示。在穿越频率处，由于校正网络的相位滞后非常小，积分效果较弱。通过对零点和极点的变化进行分析可以发现，二阶振荡根的频率有所提高，使得控制系统的上升时间快于原两回路控制系统。然而，PI 校正引入的一阶极点位置更靠近实轴，这意味着系统虽然上升时间很短，但需要更长的时间来消除静差。

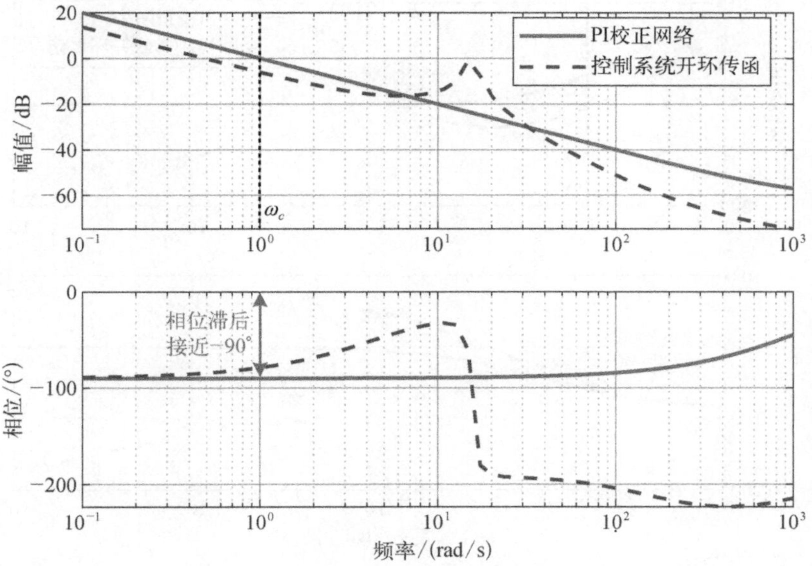

图 8－24　T_i 取值偏小时控制系统开环 Bode 图

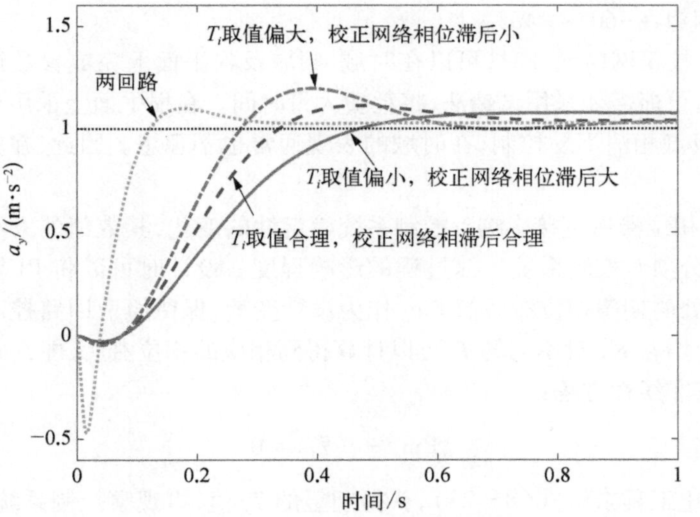

图 8－25　不同 T_i 取值对应阶跃响应曲线

综上所述，合理的积分系数 T_i 取值在设计上应满足以下约束条件。

(1) 时域约束：如图 8－24 所示，PI 校正后，应保证原控制系统的二阶振荡根频率及阻尼变化不大，以维持控制系统的快速响应性；同时，一阶慢根的位置应使得控制系统能在较短时间内消除静差。

(2) 零点和极点分布：引入 PI 校正后，虽然增加了零点与一阶慢根，但是系统的主导极点仍应是两回路控制系统中的振荡根，从而保证响应的快速性。

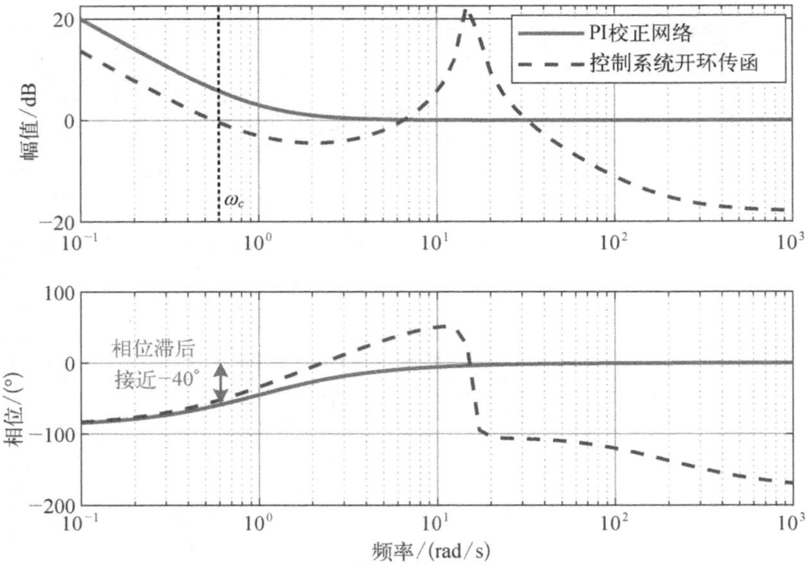

图 8-26　T_i 取值偏大时控制系统开环 Bode 图

（3）频域约束：在控制系统的穿越频率处，校正网络引入的相位滞后应处于合理的范围内，通常期望在-60°～-40°。

在进行 PI 校正网络设计时，可以在时域、频域及根平面上完成参数调整。如果选择在时域上设计，可能需要采用试错法，将耗费大量时间。在根平面上采用极点配置方法进行设计时，零极点相消不易控制，在时域的表现通常也不理想。因此，在频域上进行设计可能更为有效。

PI 校正的相位滞后直接影响到控制系统稳定性的变化，其数值的大小可以表征积分校正网络中积分项对控制系统过渡过程的影响程度。设计时可以将 PI 校正网络在系统开环穿越频率处的期望相位滞后值 Pm_c 作为设计变量，保留原两回路控制系统的内回路设计结果，给定增益 K，对不同的 T_i 可以计算得到相应的相位滞后，即 $f(T_i)$，当满足相位滞后约束时，有非线性方程：

$$Pm_c - f(T_i) = 0 \tag{8-23}$$

可通过优化工具求解式（8-23），获得期望的 T_i 值，再观察控制系统时域响应曲线，反复调节直至时域响应满足要求。

3. 设计实例

以 8.1.1 节中给出的两回路控制系统设计为例，由如图 8-27（a）给出的控制系统单位阶跃响应曲线可知，控制系统存在较大静差，闭环增益仅为 0.25。

设计 PI 校正网络，使控制系统可消除静差，同时控制系统稳定性应满足如下指标：相位裕度 PM > 40°，幅值裕度 GM > 8 dB。

首先设定 PI 校正相滞后约束，取 PM_c =- 45°，表 8-3 及图 8-27（b）给出了取不同 K 时对应设计结果。

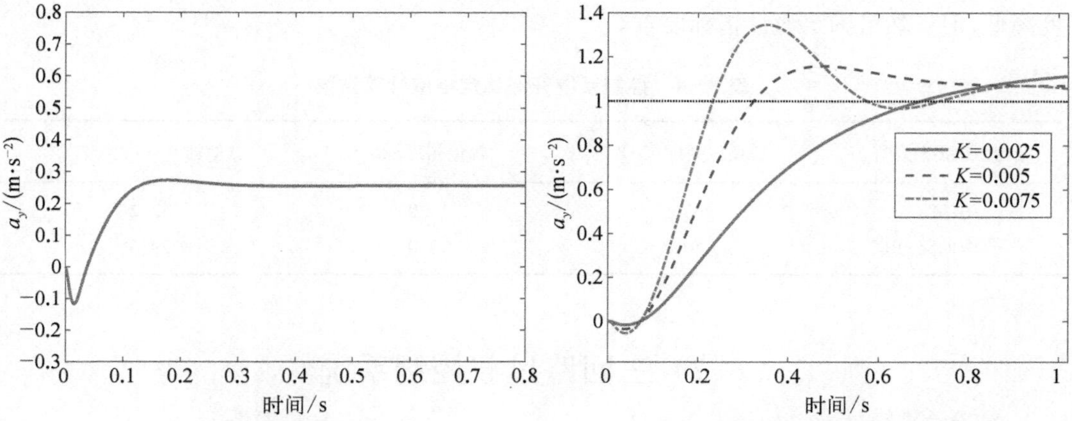

(a) 原两回路控制系统　　(b) 不同K值时对应PI校正控制系统

图 8－27　控制系统单位阶跃响应曲线

由图 8－27(b)及表 8－3 可见,当 K 取值偏低时,控制系统响应速度偏慢;当 K 取值偏大时,控制系统超调量太大,且稳定裕度偏低。综合对比,最终 PI 校正参数为 $K = 0.005$, $T_i = 0.078$。两回路 PI 与两回路控制系统单位阶跃响应对比如图 8－28 所示。

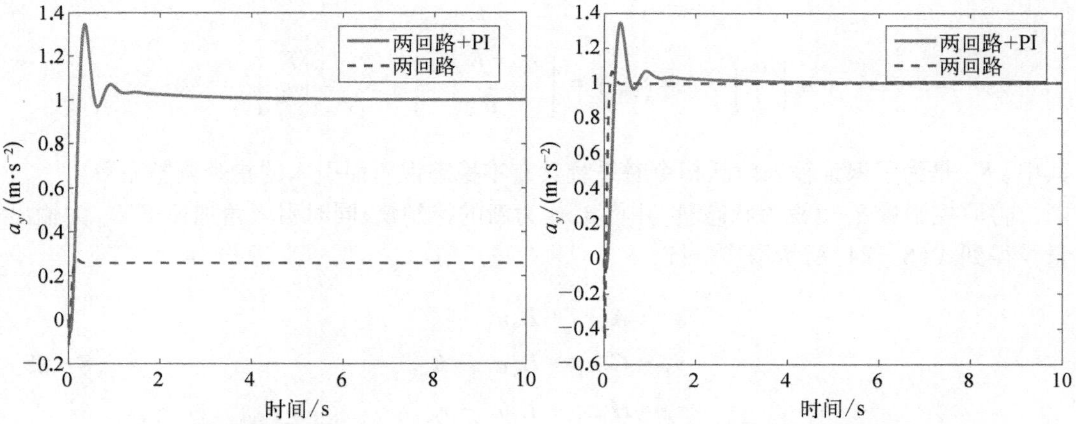

(a) 单位阶跃响应对比　　(b) 单位输出响应对比

图 8－28　两回路 PI 与两回路控制系统单位阶跃响应对比曲线

表 8－3　不同 K 值对应 PI 校正参数及控制系统开环稳定裕度

K	T_i	相位裕度/(°)	幅值裕度/dB	穿越频率/(rad·s^{-1})
0.005	0.089	53.8	13.6	31.7
0.010	0.078	51.3	13.2	30.0
0.015	0.068	50.4	12.8	29.3

计算控制系统开环稳定裕度,如表 8-4 所示,尽管引入 PI 校正后,控制系统稳定裕度降低,但依然可满足设计指标要求。

表 8-4　控制系统开环稳定裕度计算结果

控制系统类型	相位裕度/(°)	幅值裕度/dB	穿越频率/(rad · s^{-1})
两回路	65.4	14.0	32.2
两回路+PI	50.2	13.0	29.6

8.2　三回路过载控制系统

8.2.1　经典三回路过载控制系统

1. 三回路控制系统标准结构

以俯仰通道为例,取弹体状态空间表达式:

$$\begin{aligned}\dot{\boldsymbol{x}} &= \boldsymbol{A}x + \boldsymbol{B}u \\ \boldsymbol{y} &= \boldsymbol{C}x + \boldsymbol{D}u - \tilde{\boldsymbol{K}}_{ss}r\end{aligned} \tag{8-24}$$

式中,

$$\boldsymbol{x} = \begin{bmatrix} \alpha \\ \dot{\vartheta} \end{bmatrix},\ u = \delta_z,\ \boldsymbol{y} = \begin{bmatrix} a_y - K_{ss}a_{yc} \\ \dot{\vartheta}_m \end{bmatrix},\ \tilde{\boldsymbol{K}}_{ss} = \begin{bmatrix} K_{ss} \\ 0 \end{bmatrix}$$

其中,K_{ss} 是为了保证输入阶跃指令时系统具有零稳态误差而引入的指令调整系数。

将原控制量 δ_z 也视为状态量,并将 $\dot{\delta}_z$ 作为新的控制量,同时引入角加速度 $\ddot{\vartheta}_m$ 为输出量。得到式(8-24)所示增广系统:

$$\begin{aligned}\dot{\boldsymbol{x}}_1 &= \boldsymbol{A}_1\boldsymbol{x}_1 + \boldsymbol{B}_1u_1 \\ \boldsymbol{y}_1 &= \boldsymbol{C}_1\boldsymbol{x}_1 + \boldsymbol{D}_1u_1 - \tilde{\boldsymbol{K}}_{ss1}r \\ z_1 &= \boldsymbol{H}_1\boldsymbol{x}_1 + \boldsymbol{L}_1u_1 - K_{ss}r\end{aligned} \tag{8-25}$$

式中,

$$\boldsymbol{x}_1 = \begin{bmatrix} \alpha \\ \dot{\vartheta} \\ \delta_z \end{bmatrix},\ u_1 = \dot{\delta}_z,\ \boldsymbol{y}_1 = \begin{bmatrix} a_y - K_{ss}a_{yc} \\ \dot{\vartheta}_m \\ \ddot{\vartheta}_m \end{bmatrix},\ \tilde{\boldsymbol{K}}_{ss} = \begin{bmatrix} K_{ss} \\ 0 \\ 0 \end{bmatrix}$$

$$\boldsymbol{A}_1 = \begin{bmatrix} -b_\alpha & 1 & -b_\delta \\ -a_\alpha & -a_\omega & -a_\delta \\ 0 & 0 & 0 \end{bmatrix},\ \boldsymbol{B}_1 = \begin{bmatrix} 0 \\ 0 \\ 1 \end{bmatrix},\ \boldsymbol{C}_1 = \begin{bmatrix} b_\alpha V & 0 & b_\delta V \\ 0 & 1 & 0 \\ -a_\alpha & -a_\omega & -a_\delta \end{bmatrix},\ \boldsymbol{D}_1 = \begin{bmatrix} 0 \\ 0 \\ 0 \end{bmatrix}$$

在状态量 $\boldsymbol{x}_1$ 中攻角的测量是比较困难的，因此考虑以加速度 a_{ym} 取代，得到新的状态：

$$\boldsymbol{x}_2 = \begin{bmatrix} a_{ym} \\ \dot{\vartheta}_m \\ \ddot{\vartheta}_m \end{bmatrix}$$

当不考虑静差项时，显然有 $\boldsymbol{y}_1 = \boldsymbol{x}_2$。假设 $\boldsymbol{C}_1$ 总是可逆的，有

$$\boldsymbol{C}_1^{-1}\boldsymbol{y}_1 = \boldsymbol{C}_1^{-1}\boldsymbol{x}_2 = \boldsymbol{x}_1$$

代入状态方程(8-25)中，得

$$\boldsymbol{C}_1^{-1}\dot{\boldsymbol{x}}_2 = \boldsymbol{A}_1\boldsymbol{C}_1^{-1}\boldsymbol{x}_2 + \boldsymbol{B}_1 u_1 \tag{8-26}$$

化简式(8-26)，有

$$\dot{\boldsymbol{x}}_2 = \boldsymbol{C}_1\boldsymbol{A}_1\boldsymbol{C}_1^{-1}\boldsymbol{x}_2 + \boldsymbol{C}_1\boldsymbol{B}_1 u_1$$

从而得到新的状态空间表达式为

$$\begin{aligned} \dot{\boldsymbol{x}}_2 &= \boldsymbol{A}_2\boldsymbol{x}_2 + \boldsymbol{B}_2 u_1 \\ \boldsymbol{y}_2 &= \boldsymbol{x}_2 \end{aligned} \tag{8-27}$$

式中，

$$\boldsymbol{x}_2 = \begin{bmatrix} a_{ym} \\ \dot{\vartheta}_m \\ \ddot{\vartheta}_m \end{bmatrix},\ u_1 = \dot{\delta}_z,\ \boldsymbol{A}_2 = \boldsymbol{C}_1\boldsymbol{A}_1\boldsymbol{C}_1^{-1},\ \boldsymbol{B}_2 = \boldsymbol{C}_1\boldsymbol{B}_1$$

取加速度的误差与舵偏角速率的加权和构建性能目标函数：

$$\min_{\delta_z} J = \int_0^\infty [\,Q_{11}(a_{ym} - K_{ss}a_{yc})^2 + R_{11}\dot{\delta}_z\,]\mathrm{d}t \tag{8-28}$$

定义：

$$\boldsymbol{H}_1 = [\,Vb_\alpha \quad 0 \quad Vb_\delta\,],\ \boldsymbol{L}_1 = [\,0\,]$$

通过求解 *Riccati* 方程，可得到以上最优问题的解：

$$\boldsymbol{A}_2^{\mathrm{T}}\boldsymbol{P} + \boldsymbol{P}\boldsymbol{A}_2 - \boldsymbol{P}\boldsymbol{B}_2\boldsymbol{R}_2^{-1}\boldsymbol{B}_2^{\mathrm{T}}\boldsymbol{P} + \boldsymbol{Q}_2 = 0 \tag{8-29}$$

其中，$\boldsymbol{Q}_2 = (\boldsymbol{C}_1^{-1})^{\mathrm{T}}\boldsymbol{H}_1^{\mathrm{T}}\boldsymbol{Q}_{11}\boldsymbol{H}_1\boldsymbol{C}_1^{-1}$，$\boldsymbol{R}_2 = \boldsymbol{R}_{11}$。

定义 $\boldsymbol{K}_{\mathrm{opt}}$ 为最优控制增益，则有 $\boldsymbol{K}_{\mathrm{opt}} = [\,k_a \quad k_\vartheta \quad k_{\dot{\vartheta}}\,]$，控制律不难表示为

$$\dot{\delta}_z = u_{\mathrm{opt}} = \boldsymbol{K}_{\mathrm{opt}}\begin{bmatrix} a_{ym} - K_{ss}a_{yc} \\ \dot{\vartheta}_m \\ \ddot{\vartheta}_m \end{bmatrix} \tag{8-30}$$

对式(8-30)两端积分,并取 $\dot{\vartheta}_m = \int \ddot{\vartheta}_m \mathrm{d}t$, 得

$$\delta_z = \boldsymbol{K}_{\mathrm{opt}} \begin{bmatrix} \int (a_{ym} - K_{ss} a_{yc}) \mathrm{d}t \\ \int \dot{\vartheta}_m \mathrm{d}t \\ \dot{\vartheta}_m \end{bmatrix} \tag{8-31}$$

取 $k_a = k_{ac}\omega_i$、$k_\vartheta = k_g\omega_i$、$k_{\dot{\vartheta}} = k_g$、$K_{ss} = k_c$,并由角速度陀螺的输出值经过坐标变换和滤波后提供弹体角速度 $\dot{\vartheta}_m$,加速度计滤波后获得弹体加速度信号 a_{ym},式(8-31)转变为控制系统结构原理框图形式,如图 8-29 所示,即为三回路控制系统标准结构。由推导过程可知,三回路控制系统可实现对加速度响应及舵偏角速率的最优控制。

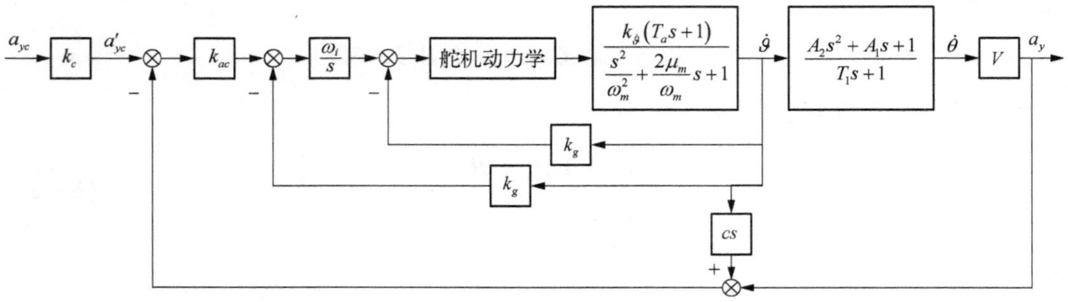

图 8-29 三回路控制系统结构原理框图

2. 三回路控制系统特点分析

对三回路控制系统的结构进行等效变化,如图 8-30 所示。这种结构中的姿态角速度及姿态角内回路近似于一个姿态控制系统,其主要功能是提高弹体的频率和阻尼。前向通道采用积分校正,一方面降低控制系统静差,另一方面减慢系统响应速度。

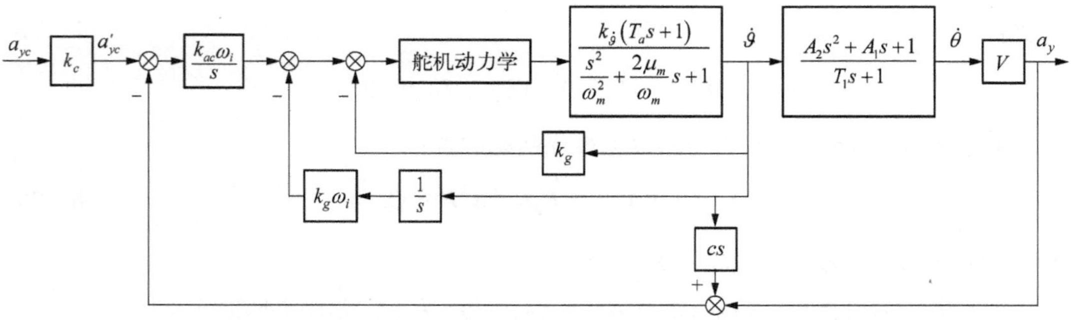

图 8-30 三回路控制系统等效结构框图

首先取内回路进行分析,以 $N(s)/D(s)$ 表示舵至角速度的传递函数,如图 8-31 所示。

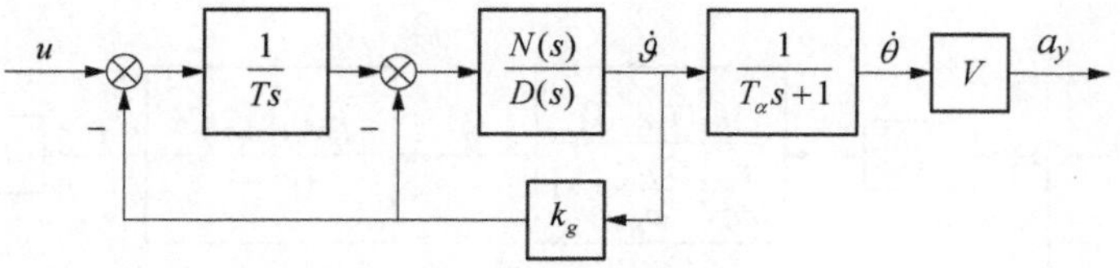

图 8－31　内回路框图

将角位置 ϑ 反馈及角速度 $\dot{\vartheta}$ 反馈综合简化为 $(Ts+1)\dot{\vartheta}$ 反馈，则结构图如图 8－32 所示。

系统闭环传递函数有

$$G(s)=\frac{\dot{\vartheta}}{u}=\frac{N(s)}{TD(s)s+N(s)(Ts+1)k_g} \tag{8-32}$$

式(8－32)中，分子项 $N(s)=(T_\alpha s+1)$，与 $\dot{\vartheta}\to\dot{\theta}$ 传递函数分母 $1/(T_\alpha s+1)$ 对消，使得分母项中，由 $(Ts+1)$ 及 $N(s)$ 中的 $(T_\alpha s+1)$ 带来的一阶慢根依然存在。

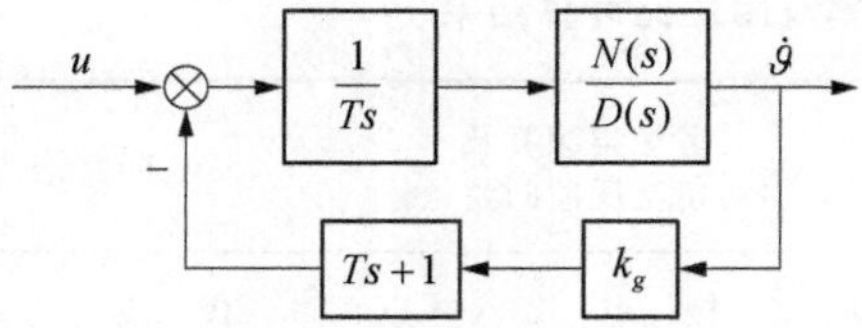

图 8－32　内回路简化框图

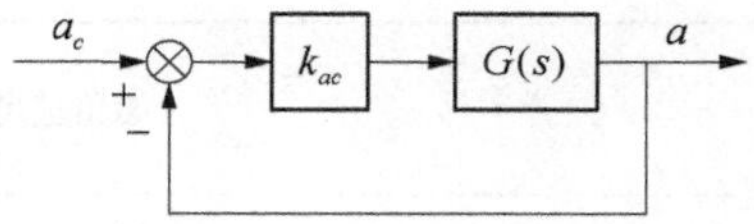

图 8－33　控制系统闭环框图

加速度回路闭环后，如图 8－33 所示，控制系统不可能容忍比 $1/T_\alpha$ 还要慢的根，所以一般通过增益 k_{ac} 的设计，使闭环后的慢根比 $1/T_\alpha$ 快。

采用三回路结构，基于表 8－5 所示的弹体动力学参数，设计该导弹的过载控制系统。

表 8－5　弹体动力学参数

$V/(\mathrm{m\cdot s^{-1}})$	a_α/s^{-2}	a_δ/s^{-2}	a_ω/s^{-2}	b_α/s^{-1}	b_δ/s^{-1}
950	258.7	219.9	0.03	3.2	0.7

取其控制系统参数：$k_g=0.219$、$k_{ac}=8.34\times10^{-4}$、$\omega_i=16.4$，并忽略结构滤波器、陀螺、加速度计及舵机动态特性。控制系统中角速度反馈回路如图 8－34 所示，角速度与角度反馈回路如图 8－35 所示。

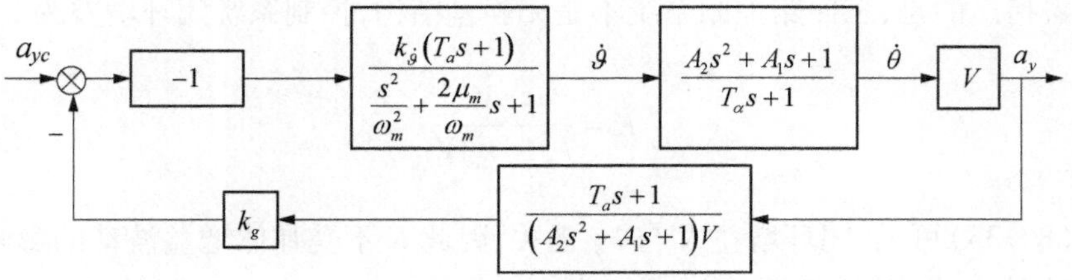

图 8－34　角速度回路结构原理图

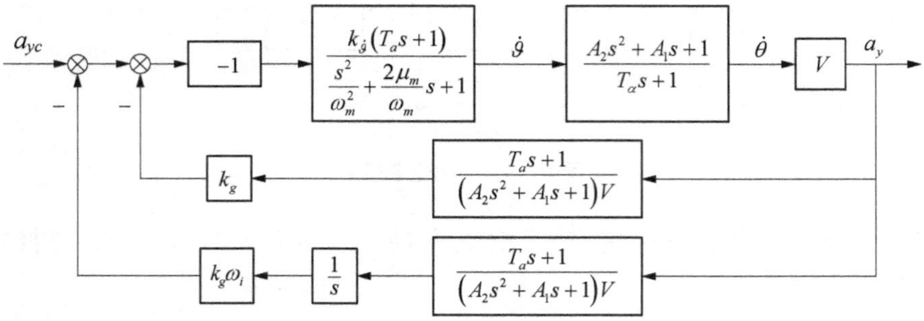

图 8-35　角速度及角度回路结构原理图

由表 8-6 可知，本例中原弹体为一对振荡根，频率 f_m 为 2.56 Hz，阻尼 μ 为 0.654。首先经角速度回路闭环后，振荡根频率增加至 3.71 Hz，阻尼增加至 1.58，此时弹体的阻尼已经得到大大改善，频率略有增加。

表 8-6　闭环零极点、频率及阻尼比计算结果

类型	弹　体		考虑角速度反馈回路		考虑角速度及角度反馈回路		三回路结构	
	极　点	零点	极　点	零点	极　点	零点	极　点	零点
主导极点		27.12	−8.302	27.12	−0.66	27.12	−11.17	27.12
弹体产生	−10.51±12.2j 2.56 Hz μ=0.654	−27.14	−65.37，−8.302 3.71 Hz μ=1.58	−27.14	−32.0±23.2j 6.29 Hz μ=0.8	−27.14	−25.7±23.4j 5.54 Hz μ=0.74	−27.14
舵机产生			−108±147j 28.9 Hz μ=0.59		−112±144j 29.0 Hz μ=0.61		−118±147j 30.0 Hz μ=0.63	

在经过角度回路闭环调整后，系统引入了一个一阶慢根，同时二阶根的频率提升到了 6.29 Hz，而阻尼降低至 0.8。从姿态控制系统的特性来看，一阶慢根受到了攻角滞后时间常数 T_α 的限制，因此响应速度不可能很快。在加速度回路闭环后，二阶振荡根的变化并不显著。如之前的分析所述，前向通道通过积分引入了一个一阶慢根，导致控制系统的响应速度变慢，其时间常数大约为 0.3 s。

同时需指出的是，三回路控制系统不是无静差结构，控制系统闭环增益为

$$K = \frac{k_{ac}V}{k_g + k_{ac}V} \tag{8-33}$$

由式(8-33)可见，闭环增益 K 与 $k_{\dot\vartheta}$ 无关，因此 K 不受弹体增益波动的影响；同时 k_g 与 $k_{ac}V$ 相比是小量，因而有 $K \approx 1$。

3. 三回路控制系统极点配置设计方法

1）极点配置算法

略去舵机、角速度陀螺、结构滤波器及加速度计的动态特性，得到简化的三回路控制系统结构如图 8-36 所示。将系统在舵机处断开，得到系统开环传递函数

$$HG = \frac{(k_g k_{\dot{\vartheta}} T_\alpha + k_{ac} k_{\dot{\vartheta}} \omega_i V A_2 + k_{ac} k_{\dot{\vartheta}} \omega_i T_\alpha c) s^2 + (k_g k_{\dot{\vartheta}} + k_g k_{\dot{\vartheta}} \omega_i T_\alpha + k_{ac} k_{\dot{\vartheta}} \omega_i V A_1 + k_{ac} k_{\dot{\vartheta}} \omega_i c) s + (k_{ac} k_{\dot{\vartheta}} \omega_i V + k_g k_{\dot{\vartheta}} \omega_i)}{\left(\frac{s^2}{\omega_m^2} + \frac{2\mu_m}{\omega_m} s + 1\right) s}$$

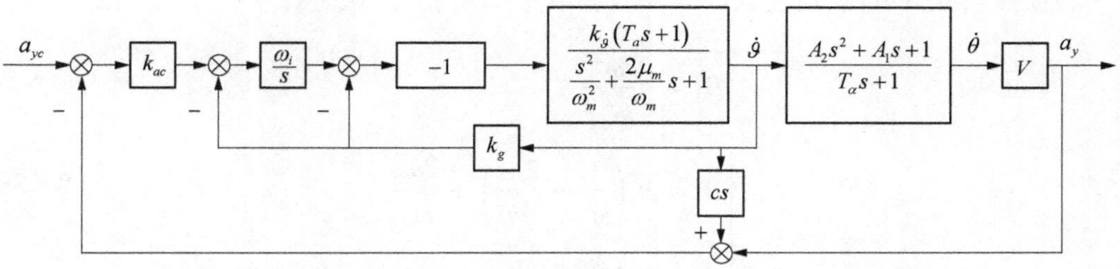

图 8-36　简化的三回路控制系统结构

引入中间变量 K'_0、$K'_{ac\omega}$、$K'_{g\omega}$，令

$$\begin{cases} K'_0 = k_g k_{\dot{\vartheta}} \\ K'_{ac\omega} = k_{ac} k_{\dot{\vartheta}} \omega_i \\ K'_{g\omega} = k_g k_{\dot{\vartheta}} \omega_i \end{cases} \tag{8-34}$$

再引入中间变量 B_1、B_2、B_3，令

$$\begin{bmatrix} B_1 \\ B_2 \\ B_3 \end{bmatrix} = \begin{bmatrix} (VA_2 + T_\alpha c) & 0 & T_\alpha \\ (VA_1 + c) & T_\alpha & 1 \\ V & 1 & 0 \end{bmatrix} \begin{bmatrix} K'_{ac\omega} \\ K'_{g\omega} \\ K'_0 \end{bmatrix} \tag{8-35}$$

则利用 B_1、B_2 和 B_3，系统开环传递函数可简化为

$$HG = \frac{B_1 s^2 + B_2 s + B_3}{\left(\frac{s^2}{\omega_m^2} + \frac{2\mu_m}{\omega_m} s + 1\right) s}$$

三回路控制系统的闭环传递函数则为

$$\frac{a_y}{a'_{yc}} = \frac{-k_{\dot{\vartheta}} k_{ac} \omega_i V (A_2 s^2 + A_1 s + 1)}{\left(\frac{s^2}{\omega_m^2} + \frac{2\mu_m}{\omega_m} + 1\right) s - B_1 s^2 - B_2 s - B_3}$$

从而得到系统闭环特征多项式：

$$\frac{s^3}{-B_3\omega_m^2}+\frac{(2\mu_m-B_1\omega_m)}{-\omega_m B_3}s^2+\frac{(1-B_2)}{-B_3}s+1 \tag{8-36}$$

设期望极点由一个负数实根和一对共轭复数根（振荡根）组成，振荡根自振频率为 ω，阻尼为 μ，负数实根的时间常数为 τ，则系统期望的闭环特征方程为

$$(1+\tau s)\left(\frac{s^2}{\omega^2}+\frac{2\mu}{\omega}s+1\right)=\frac{\tau}{\omega^2}s^3+\left(\frac{1}{\omega^2}+\frac{2\mu\tau}{\omega}\right)s^2+\left(\frac{2\mu}{\omega}+\tau\right)s+1 \tag{8-37}$$

根据极点配置方法，应有式（8－36）与式（8－37）相等，从而有

$$\begin{cases}B_3=-\dfrac{\omega^2}{\omega_m^2\tau}\\ B_1=B_3\left(\dfrac{1}{\omega^2}+\dfrac{2\mu\tau}{\omega}\right)+\dfrac{2\mu_m}{\omega_m}\\ B_2=B_3\left(\dfrac{2\mu}{\omega}+\tau\right)+1\end{cases} \tag{8-38}$$

式（8－38）中，若已知 τ、ω 与 ω_m 可计算得出 B_3；而已知 B_3、τ、ω、ω_m 与 μ，则可计算得出 B_1、B_2。将 B_1、B_2、B_3 代入式（8－35）中，可得到求解 K'_0、$K'_{ac\omega}$、$K'_{g\omega}$ 的表达式：

$$\begin{bmatrix}K'_{ac\omega}\\K'_{g\omega}\\K'_0\end{bmatrix}=\begin{bmatrix}(VA_2+T_\alpha c) & 0 & T_\alpha\\(VA_1+c) & T_\alpha & 1\\V & 0 & 0\end{bmatrix}^{-1}\begin{bmatrix}B_1\\B_2\\B_3\end{bmatrix} \tag{8-39}$$

已知 K'_0、$K'_{ac\omega}$、$K'_{g\omega}$，由式（8－34）可得控制系统设计参数 k_g、ω_i、k_{ac} 计算公式：

$$\begin{cases}k_g=\dfrac{K'_0}{k_{\dot\vartheta}}\\ \omega_i=\dfrac{K'_{g\omega}}{k_g k_{\dot\vartheta}}\\ k_{ac}=\dfrac{K'_{ac\omega}}{k_{\dot\vartheta}\omega_i}\end{cases} \tag{8-40}$$

根据式（8－40），已知 K'_0、$k_{\dot\vartheta}$，可得参数 k_g；已知 $K'_{g\omega}$、$k_{\dot\vartheta}$、k_g，可得 ω_i；已知 $K'_{ac\omega}$、$k_{\dot\vartheta}$、ω_i，可得 k_{ac}。

2）开环穿越频率约束的控制系统设计问题

在三回路控制系统设计中，对系统的开环穿越频率进行约束通常更加具有实际意义。开环穿越频率的具体数值较为容易确定，因为设计人员可以通过分析舵机、加速度计、角

速度陀螺及结构滤波器在各个频率点上的相位滞后来合理的设定一个频率值。当系统的开环穿越频率满足这一设计值时，可以确保由各控制系统部件合成的相位滞后对系统稳定性的影响在可接受范围内。

基于以上分析，设计中可以取 ω_{CR0} 为系统期望的开环穿越频率值，它与 τ、μ 均是已定的，而取 ω 为待定量。显然对于已定的 τ、μ 及不同的 ω，极点配置完成后的系统总有一个开环穿越频率 ω_{CR} 与之对应，可记作 $\omega_{CR}=f(\omega)$。定义以自振频率 ω 为变量的非线性函数 $F(\omega)=f(\omega)-\omega_{CR0}$，则可得求解 ω 的非线性方程：

$$F(\omega)=f(\omega)-\omega_{CR0}=0 \tag{8-41}$$

求解非线性方程 $F(\omega)=0$，即可得到使系统开环穿越频率满足要求的自振频率 ω。

3）实例设计与分析

引用文献[39]中某导弹在不同特征点处的弹体传函动力学系数，如表 8－7 所示。

表 8－7　不同特征点处的弹体传函动力学系数

H/m	ω_m/(rad · s^{-1})	a_α/s^{-2}	a_δ/s^{-2}	b_α/s^{-1}	b_δ/s^{-1}
0	25.43	642	555	2.94	0.65
9 150	15.49	240	204	1.17	0.239
15 250	9.95	99.1	81.7	0.533	0.095 7

舵机参数：$\omega_{act}=220$ rad/s，$\mu_{act}=0.65$；陀螺参数 $\omega_{gyro}=400$ rad/s，$\mu_{gyro}=0.65$；加速度计参数 $\omega_{acce}=300$ rad/s，$\mu_{acce}=0.65$；结构滤波器参数 $\omega_{sf}=314$ rad/s，$\mu_{sf}=0.5$；其他参数取 $c=0.68$ m，$V=915$ m/s。

在三回路控制系统的设计中，系统在穿越频率处应该实现大约 70°的相位超前。参考表 8－8 所提供的各控制系统硬件（如舵机、加速度计、角速度陀螺、结构滤波器等）在不同频率下的相位滞后数据，在 $\omega=40$ rad/s 时，这些硬件的总相位滞后为 38.56°。如果将这个频率作为开环穿越频率的设计值，系统设计完成后将基本能保证超过 30°的相位裕度，因此选定 $\omega_{CR0}=40$ rad/s。

表 8－8　不同频率处控制系统各硬件相位滞后值

硬　件	ω = 40 rad/s	ω = 50 rad/s	ω = 60 rad/s
舵机	-13.7	-17.3	-20.9
结构滤波器	-7.37	-9.28	-11.22
加速度计	-10.01	-12.56	-15.15
角速度陀螺	-7.48	-9.37	-11.28
总的相位滞后	-38.56	-48.51	-58.55

注：单位为（°）。

取高度为 $H=9\,150$ m 时导弹气动参数进行设计。取时间常数 $\tau=0.3$、阻尼 $\mu=0.7$、

穿越频率 $\omega_{CR0}=40\ \text{rad/s}$ 为设计输入指标。要求解非线性方程，取求解精度 $F(\omega)=|f(\omega)-\omega_{CR0}|\leqslant 0.001$，得到振荡根自振频率 $\omega=20.8\ \text{rad/s}$，相应的控制系统参数为：$k_g=0.1561$、$k_{ac}=8.9201\times10^{-4}$、$\omega_i=8.18$。

由系统开环 Bode 图（图 8－37）可见，设计完成后的系统开环穿越频率 $\omega_{CR}=40\ \text{rad/s}$，满足穿越频率设计要求。当考虑了舵机、加速度计、角速度陀螺、结构滤波器动态特性之后，系统相位裕度 PM 由 71.4°降低到 35.3°，幅值裕度 GM 由无穷大降低到 6.82 dB。系统相位裕度满足要求，与设计前的估算值也是相符的。

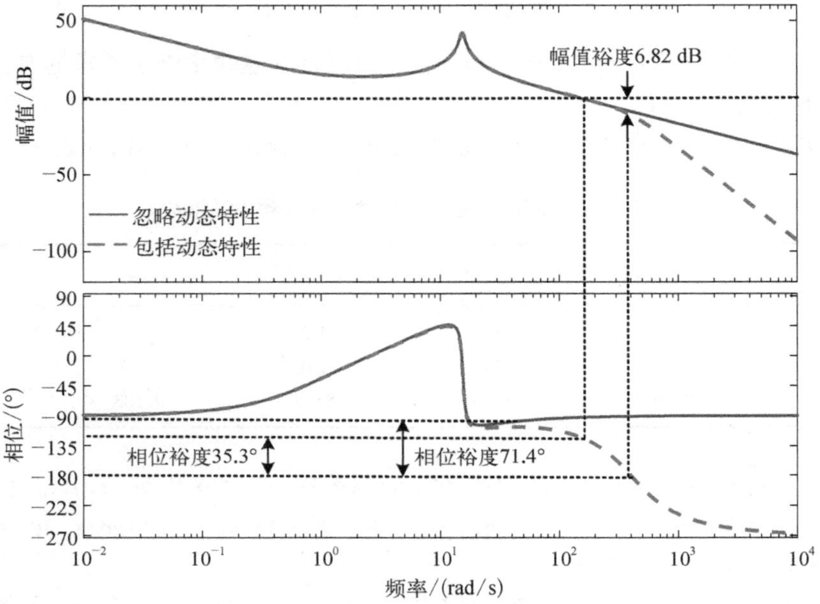

图 8－37　系统开环 Bode 图

取设计参数 $\tau=0.3$、$\mu=0.7$、$\omega_{CR0}=40\ \text{rad/s}$ 不变，对不同高度下的三组气动参数分别进行设计，表 8－9 给出了设计结果。采用开环穿越频率约束的极点配置方法，对于不同的弹体气动参数，设计完成后系统实际时间常数 τ、阻尼 μ 及开环穿越频率 ω_{CR} 值均符合设计输入要求，系统相位裕度也都能保证在 30°以上。

表 8－9　不同特征点的设计结果

设计参数	H/m	ω_m/(rad·s^{-1})	τ/s	μ	ω/(rad·s^{-1})	ω_{CR}/(rad·s^{-1})	PM/(°)	GM/dB
设计约束	—	—	0.3	0.7	—	40.0	—	—
设计结果	0	25.3	0.3	0.7	27.0	40.0	43.2	8.33
	9 150	15.5	0.3	0.7	29.4	40.0	35.3	6.82
	15 250	9.95	0.3	0.7	30.1	40.0	30.1	6.36

由闭环传递函数表达式，不难得到控制系统闭环增益表达式：

$$K = \frac{k_{ac} V}{k_g + k_{ac} V} \tag{8-42}$$

由于速度值通常很大，所以有 $k_{ac}V$ 远大于 k_g，因此可认为控制系统闭环增益 $K \approx 1$。图 8－38 和图 8－39 给出了系统输出过载，舵偏角及舵偏角速度对 5g 阶跃过载指令的响应曲线。

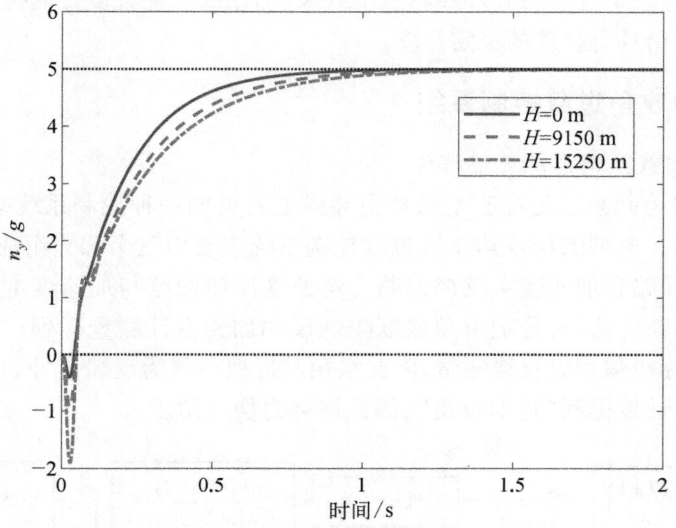

图 8－38　不同高度下三回路控制系统响应曲线

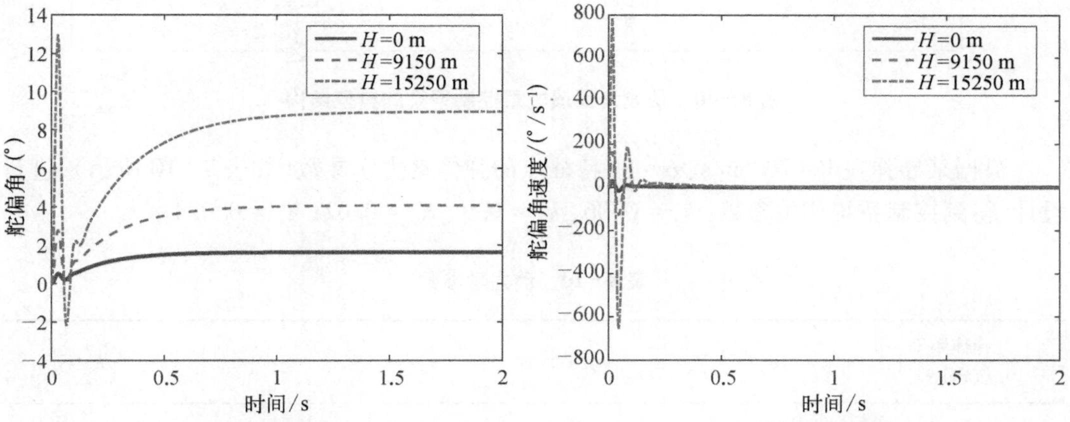

(a) 舵偏角　　(b) 舵偏角速度

图 8－39　不同高度下舵偏角及舵偏角速度响应曲线

由于选取了相同的闭环主导极点，虽然弹体在不同高度下的气动参数不同，但过载响应的过渡过程是一致的。随着高度的增加，由于控制效率的下降实现同样的过载指令需要的舵偏角及舵偏角速度值也会不断增大。

4）结论

本节在确定系统主导极点的基础上，将非主导极点作为自变量，构造了关于穿越频率的非线性方程。进而将极点配置算法嵌入到求解该非线性方程的迭代过程中，最终得到符合开环穿越频率要求的闭环非主导极点值。

这种穿越频率约束的极点配置方法可以在不改变三回路控制系统闭环主导极点的情况下，满足设计后的闭环系统对开环穿越频率的约束。这种方法不仅能兼容极点配置设计方法，还能通过设定合理的开环穿越频率约束，确保极点配置设计的控制系统在加入各硬件动态特性后仍具有合理的稳定裕度。

8.2.2 伪攻角过载控制系统

1. 伪攻角过载控制系统典型结构

伪攻角反馈控制系统是在空空及地空导弹上常见的一种控制系统结构，其典型结构如图 8－40 所示。典型的伪攻角反馈过载控制系统主要由三个部分组成：角速度反馈回路、伪攻角反馈回路和加速度主反馈回路。角速度反馈回路与加速度主反馈回路采用的角速度信号和加速度信号，分别由角速度陀螺仪和加速度计测量得到。而对于伪攻角反馈回路，由于实际攻角难以直接测量，因此采用其近似值作为反馈信号。该近似值为角速度信号通过数学计算得到“近似攻角”，因此被称为伪攻角。

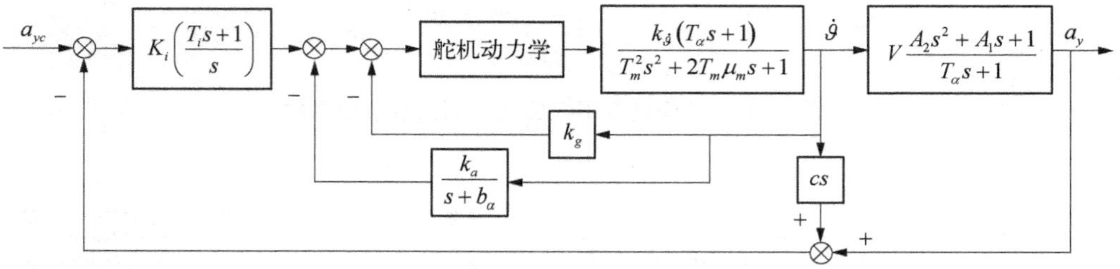

图 8－40　伪攻角反馈过载控制系统的典型结构

根据某导弹在 $V=700$ m/s、$\alpha=8°$ 特征点的弹体动力学参数（如表 8－10 所示），进行设计，得到控制系统相关参数：$k_g=0.06$、$k_a=0.9$、$K_i=0.02$、$T_i=0.024$。

表 8－10　动力学参数

弹体频率 ω_m/(rad·s^{-1})	a_α/s^{-2}	a_δ/s^{-2}	a_ω/s^{-2}	b_α/s^{-1}	b_δ/s^{-1}
20.7	413	890	7.2	2.2	0.8

由图 8－41 给出的单位阶跃响应曲线可见，控制系统是无静差设计，响应曲线类似于三回路控制系统。

2. 伪攻角反馈回路分析

伪攻角控制系统与两回路控制系统最大的区别是引入由角速度信号计算得到的伪攻

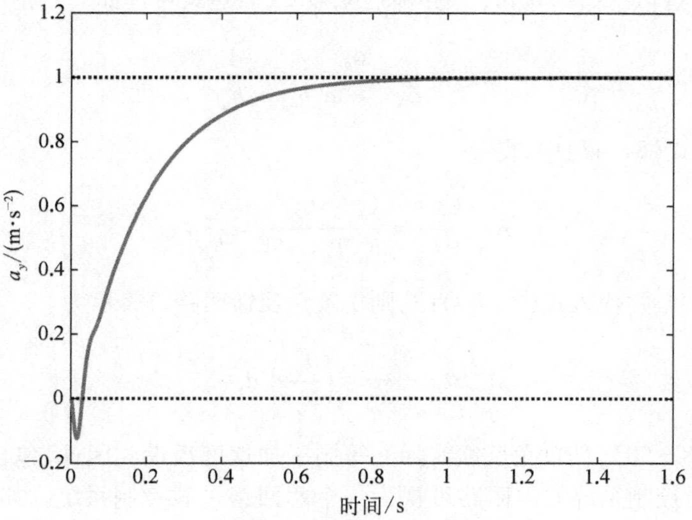

图 8－41　单位阶跃响应曲线

角反馈回路，因此首先对这一反馈回路进行分析。

对弹体动力学方程进行拉普拉斯变换，有

$$\begin{cases} s^2\vartheta(s) + a_\omega\vartheta(s)s + a_\alpha\alpha(s) = -a_\delta\delta_z(s) \\ \theta(s)s - b_\alpha\alpha(s) = b_\delta\delta_z(s) \end{cases} \tag{8-43}$$

令式(8－43)中两式相除，可得

$$s^2\vartheta(s)b_\delta + a_\omega\vartheta(s)b_\delta s + a_\alpha\alpha(s)b_\delta = -\theta(s)a_\delta s + b_\alpha\alpha(s)a_\delta \tag{8-44}$$

将 $\theta(s) = \vartheta(s) - \alpha(s)$ 代入式(8－44)中，得

$$\vartheta(s)s[b_\delta s + (a_\omega b_\delta + a_\delta)] = \alpha(s)[a_\delta s + (b_\alpha a_\delta - a_\alpha b_\delta)]$$

有

$$\frac{\alpha(s)}{\dot{\vartheta}(s)} = \frac{b_\delta s + (a_\omega b_\delta + a_\delta)}{a_\delta s + (b_\alpha a_\delta - a_\alpha b_\delta)} \tag{8-45}$$

取 b_δ、a_ω 为小量，将其忽略，则式(8－45)可写为

$$\frac{\alpha(s)}{\dot{\vartheta}(s)} \approx \frac{a_\delta}{a_\delta s + b_\alpha a_\delta} = \frac{1}{s + b_\alpha} \tag{8-46}$$

式(8－43)给出了角速度到攻角的传递函数，控制系统中由该传函计算得到伪攻角。进一步地，伪攻角反馈回路可表示为如下形式：

$$\dot{\vartheta}\frac{k_a}{s + b_\alpha} = \dot{\vartheta}\frac{k_a}{b_\alpha}\frac{1}{\dfrac{s}{b_\alpha} + 1} \tag{8-47}$$

取 b_δ 为小量时,近似忽略掉 $a_\alpha b_\delta$,攻角滞后系数 T_α 表达式可作如下变化:

$$T_\alpha = \frac{a_\delta}{a_\delta b_\alpha - a_\alpha b_\delta} \approx \frac{1}{b_\alpha} \tag{8-48}$$

式(8-48)代入式(8-47)中,得

$$\dot{\vartheta}\frac{k_a}{s+b_\alpha} = \frac{k_a}{b_\alpha}\frac{\dot{\vartheta}}{T_\alpha s+1} = \frac{k_a}{b_\alpha}\dot{\theta} \tag{8-49}$$

取加速度 $a_y = \dot{\theta}V$,并代入式(8-49)中,则伪攻角反馈回路可表示为

$$\dot{\vartheta}\frac{k_a}{s+b_\alpha} = \left(\frac{k_a}{b_\alpha V}\right)a_y \tag{8-50}$$

根据公式(8-50),伪攻角反馈实际上等同于加速度反馈。因此,包含角速度和加速度反馈的伪攻角控制系统的内回路可视为一个两回路过载控制系统。如图 8-42 所示,该系统的输入信号是通过前向通道的 PI 校正网络从加速度误差信号中获得,其输出则是弹体的加速度响应。

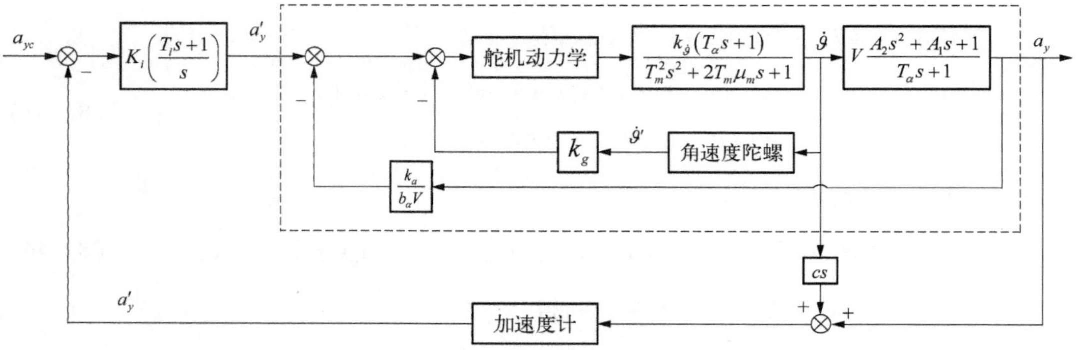

图 8-42　伪攻角反馈过载控制系统的典型结构

内回路采用的是两回路过载控制系统结构,提高了原弹体动力学频率并增加了阻尼,从而形成了更为理想的等效弹体,伪攻角控制系统的内回路因此可以设计的响应非常快。对图 8-43 所示的内回路进行阶跃响应仿真,由图 8-44 可见,内回路的速度远远大于外回路。

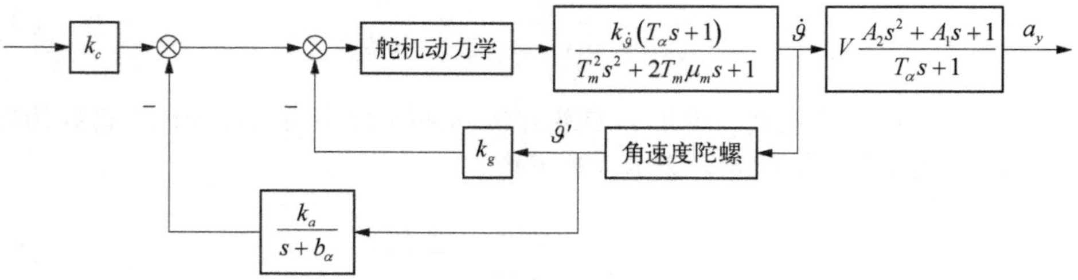

图 8-43　内回路结构

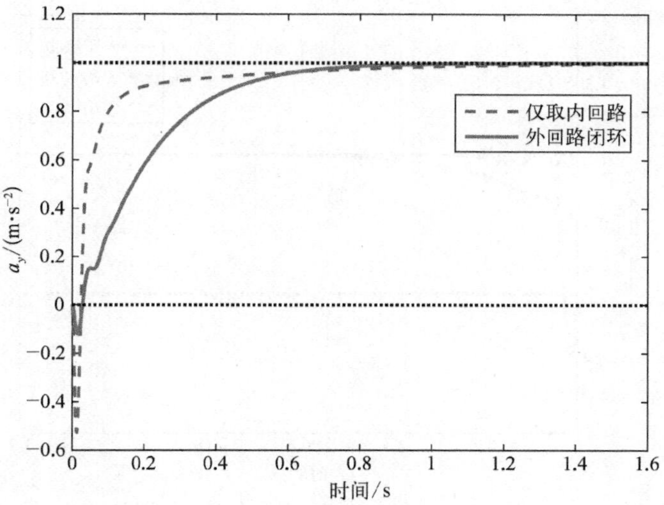

图 8－44　内外回路快速性对比

如表 8－11 所示，内回路显著改善了弹体的动力学特性，具体表现为弹体频率从 3.23 Hz 增加到了 7.26 Hz，阻尼从 0.22 提高到了 0.96。

表 8－11　主根值、频率与阻尼变化表

弹　体		伪攻角回路		全控制系统	
自振频率	阻　尼	主　根	频率/阻尼	主　根	频率/阻尼
3.29 Hz	0.23	−43.89±12.45j	7.26 Hz 0.96	−44.25±6.95j	1.11 Hz 0.06

3. 伪攻角控制系统快速性设计

在伪攻角控制系统中，通常会在外回路引入 PI 校正网络以消除静差。在本例中 PI 校正网络设计为 $K_i\left(\dfrac{T_i s + 1}{s}\right)$。尽管内回路通过伪攻角反馈实现了宽频带设计，但外回路的设计中近似串联了一个纯积分校正，导致整个控制系统的实际响应速度变得较慢。

本节参考 8.1.2 节提出的 PI 校正设计方法，在不改变伪攻角内回路的基础上，调整校正网络参数进一步提高控制系统的响应速度。取 $Pm_c > -20°$ 为设计约束，分别选取不同 K_i 值，得到相关设计结果及控制系统响应曲线如表 8－12 及图 8－45 所示。

表 8－12　稳定裕度计算结果

K_i	T_i	Pm_c/(°)	相位裕度/(°)	幅值裕度/dB	穿越频率/(rad · s^{-1})
0.01	0.076	−11.1	42.2	5.95	66.9
0.02	0.054	−15.7	43.1	7.09	66.1
0.04	0.044	−19.4	44.5	9.96	64.6

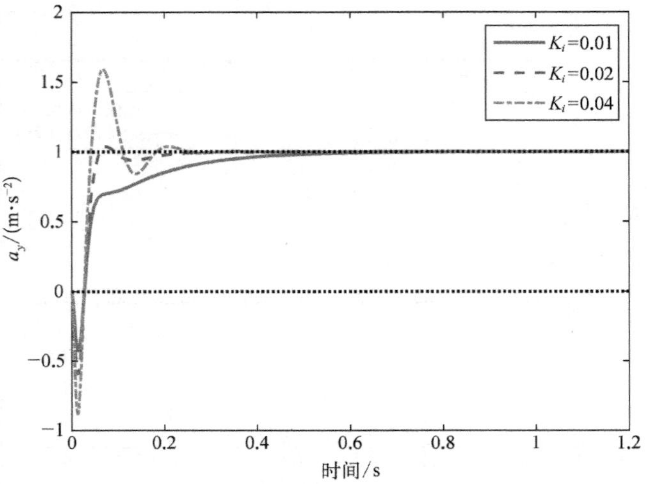

图 8－45　不同 K_i 值对应控制系统的响应曲线

综合对比控制系统稳定裕度及时域响应曲线，最终选定新的控制系统 PI 校正参数为 $K_i = 0.02$，$T_i = 0.054$。由时域响应对比曲线图 8－46 及表 8－13 可见，PI 校正重新设计后，控制系统响应速度得到较大的提高，上升时间 t_{63} 由原 0.233 s 缩短至 0.034 s，同时控制系统开环幅值裕度虽然略有降低，但依然可满足通常工程上的设计指标要求。

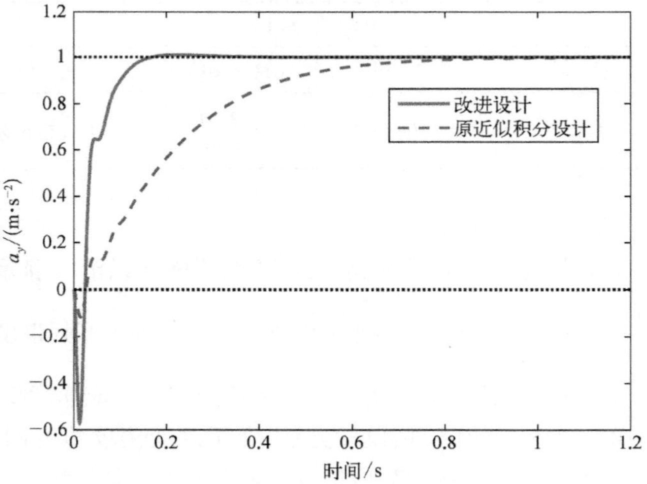

图 8－46　两种设计下控制系统的响应曲线

表 8－13　不同校正网络设计控制系统特性对比

控制系统类型	时域特性		频域特性		
	t_{63}/s	t_{90}/s	相位裕度/(°)	幅值裕度/dB	穿越频率/(rad·s^{-1})
原设计	0.233	0.452	42.6	8.56	65.4
改进设计	0.034	0.048	43.1	7.09	66.1

8.3　典型过载控制系统对比

8.1 节和 8.2 节分别围绕两回路、两回路+PI 以及三回路三种典型结构控制系统特点及设计方法进行了研究,取表 8－1 给出的弹体动力学参数,分别在时域、频域及根平面上对这三种典型过载控制系统进行对比。

1. 控制系统模型与设计结果

图 8－47 至图 8－49 分别为三种典型结构过载控制系统原理框图。

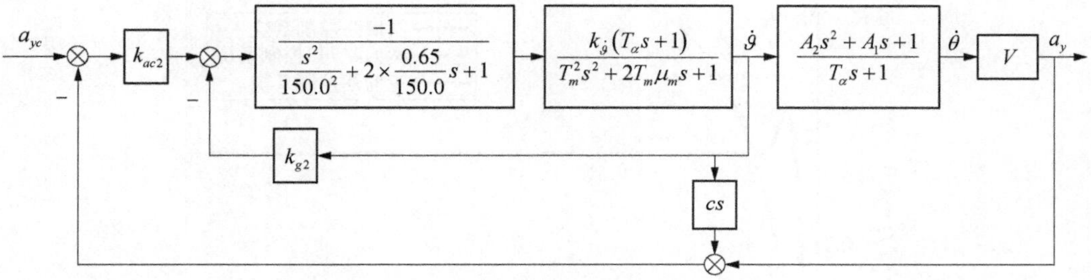

图 8－47　两回路结构控制系统原理框图

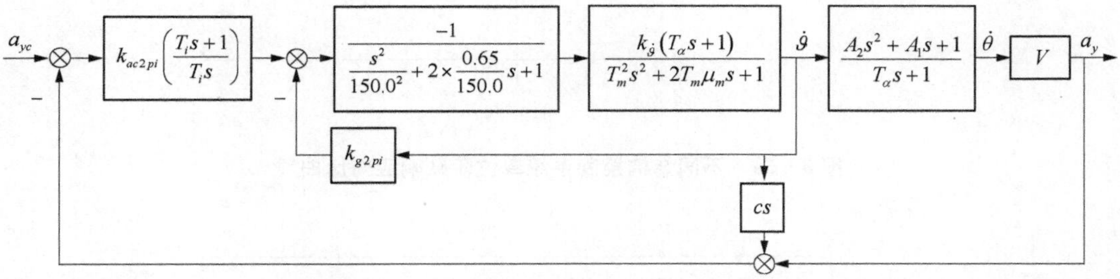

图 8－48　两回路+PI 结构控制系统原理框图

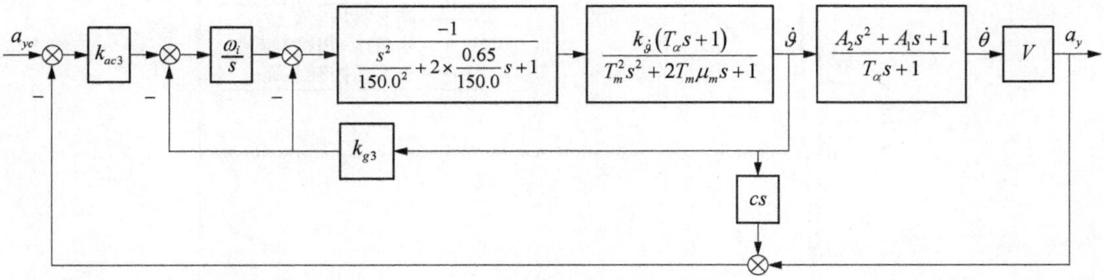

图 8－49　三回路结构控制系统原理框图

针对不同类型控制系统设计方法,取以下设计输入。

(1) 两回路结构控制系统: $\omega = 4.2$ Hz、$\mu = 0.7$,可根据 8.1.1 节的方法设计出图 8－47 对应系统的控制参数。

(2) 两回路+PI 结构控制系统：在两回路设计的基础上，PI 校正设计输入 $K = 0.018$，可根据 8.1.2 节的方法设计出图 8-48 对应系统的控制参数。

(3) 三回路结构控制系统：$\tau = 0.25$ s、$\mu = 0.7$、$\omega_{CR} = 8.0$ Hz，可根据 8.2.1 节的方法设计出图 8-49 对应系统的控制参数。

2. 分析结论

1) 快速性

图 8-50 及图 8-51 为不同结构控制系统时域响应对比曲线，相关参数见表 8-14。

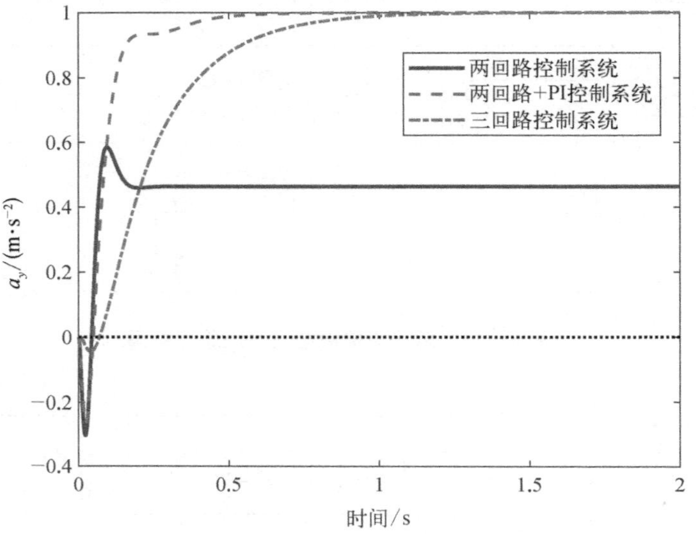

图 8-50　不同结构控制系统单位阶跃响应对比曲线

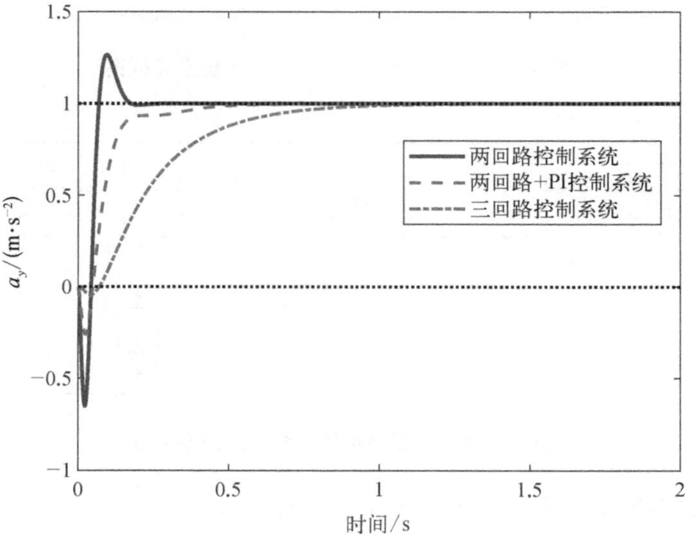

图 8-51　不同结构控制系统单位输出响应对比曲线

表 8-14　不同类型控制系统时域及频域特性对比

控制系统类型	时域特性		频域特性			
	t_{63}/s	闭环增益	相位裕度/(°)	幅值裕度/dB	穿越频率/Hz	闭环带宽/Hz
三回路	0.279	0.88	59.4	15.4	5.91	0.80
两回路+PI	0.1	1.0	66.2	22.2	5.03	6.07
两回路	0.057	0.463 4	37.6	6.38	5.91	21.06

由响应曲线可知：

（1）两回路控制系统，优点是响应速度最快，使系统能迅速对输入信号作出反应，但存在较大的静差。

（2）两回路+PI 控制系统，通过引入前向通道的积分环节，消除了静差，尽管设计上期望提高响应速度，但由于积分环节的引入，响应速度略慢于两回路控制系统。

（3）三回路控制系统，响应曲线平滑，没有超调，虽然存在静差，但非常小；响应速度最慢，主要由一阶主根的特性决定。

2）频域特性

图 8-52 和图 8-53 给出了不同结构控制系统闭环及开环 Bode 图对比曲线，分析对比可知：

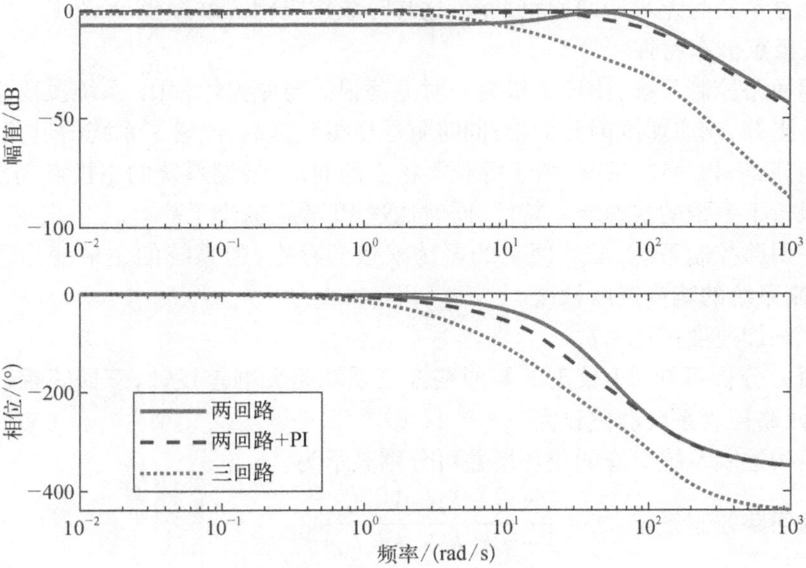

图 8-52　不同结构控制系统闭环 Bode 图对比曲线

（1）两回路控制系统，闭环带宽最大，表明其在非常宽的频率范围内能够维持稳定的控制系统传递比。

（2）两回路+PI 控制系统，虽然闭环带宽略低于纯两回路系统，但幅值曲线在衰减前一直稳定在 0 dB 附近，这表明系统结构能够在较宽的频率范围内保持控制系统传递比接

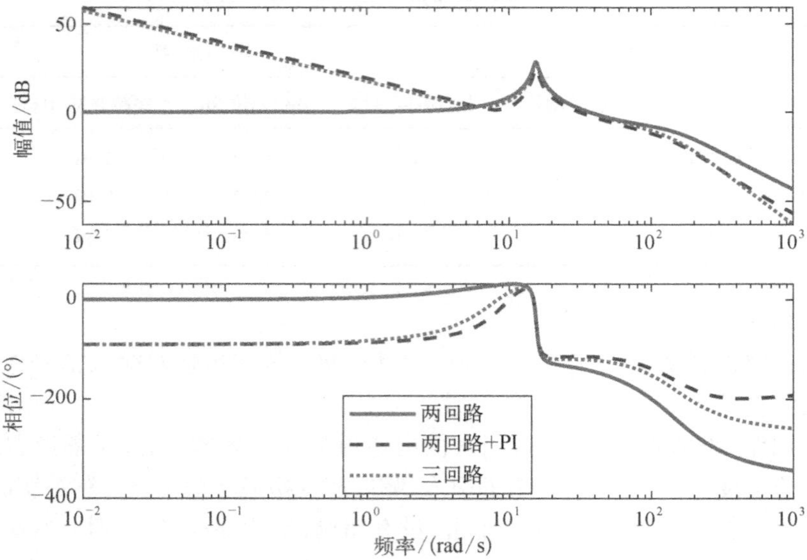

图 8-53　不同结构控制系统开环 Bode 图对比曲线

近 1。

（3）三回路控制系统，闭环带宽最低，且在中高频段幅值曲线衰减非常显著；低频段的幅值曲线显示其静差小于两回路系统，这与时域响应相一致。

3）零、极点分布特性

（1）两回路控制系统，闭环主根为一对振荡根。与原弹体相比，系统振荡根的自振频率得到显著提升，响应速度因此加快；同时阻尼也得到提高，改善了系统的过渡过程品质。

（2）两回路+PI 控制系统，由于低频零极点的对消，控制系统的主极点仍然是一对振荡根。这保持了系统的快速响应特性，同时通过 PI 校正减小了静差。

（3）三回路控制系统，虽然原来的振荡根依然存在，但系统的主根变为了一阶慢实根，导致控制系统的响应速度较慢。

4）指令-加速度传递系数

由前面的分析可知，PI 校正的两回路控制系统是无静差设计，三回路控制系统静差较小，而两回路控制系统静差较大。

三种结构控制系统对应的闭环增益可分别表示为。

（1）两回路控制系统：$K = \dfrac{-k_{\dot{\vartheta}}k_{ac}V}{1-(k_{ac}k_{\dot{\vartheta}}V+k_g k_{\dot{\vartheta}})}$。

（2）PI 校正的两回路控制系统：$K = 1$。

（3）三回路控制系统：$K = \dfrac{k_{ac}V}{k_g + k_{ac}V}$。

分别取速度波动为±10%，在三种控制系统结构中，三回路控制系统闭环增益变化最大，两回路控制系统则受到的影响较小。引入 PI 校正后，由于积分项的作用，闭环增益完全不受速度的影响，如表 8-15 所示。

表 8-15　速度波动对不同结构控制系统闭环增益的影响

控制系统结构	V+10%	V-10%
两回路	5.1%	-5.6%
PI 校正	不变	不变
三回路	10.89%	-13.05%

8.4　本章要点

（1）两回路过载控制系统外环采用加速度反馈，内环采用角速度反馈，近似于加速度的一阶超前校正，可避免直接对加速度计输出信号微分带来过多的噪声。加速度计的前置布置相当于引入加速度的二阶超前信号，有利于提升系统的稳定性。

（2）两回路+PI 过载控制系统中引入 PI 校正后，低频段的增益被抬高，因此可实现无静差设计；但在低频处也引入相当大的相位滞后，因此对控制系统的稳定性带来了不利的影响。为此，可采用基于频域的 PI 校正参数设计方法：分析 PI 校正在穿越频率处的相位滞后 PM_i，建立 PM_i 的约束方程并求解，即可得到满足要求的 PI 校正参数。

（3）经典三回路过载控制系统的姿态角速度及姿态角内回路近似于姿态控制系统，起到增稳的作用；前向通道采用积分校正，一方面降低了控制系统静差，另一方面引入一阶慢根有意使控制系统响应速度减慢。对于三回路控制系统的设计，可采用构造开环穿越频率约束+极点配置迭代求解的方法，使得控制系统在加入各硬件动态特性后仍有合理的稳定裕度。

（4）伪攻角过载控制系统中的伪攻角反馈回路近似于加速度反馈回路；内回路相当于两回路过载控制系统，起到增稳的作用，在舵机频带足够大的前提下，内回路可以取高频设计，从而提高控制系统抗干扰能力。在主反馈回路校正网络采用积分校正时，可有意降低响应速度；在主反馈回路校正网络采用 PI 校正时，控制系统可得到较快的响应速度。

（5）从快速性、频域特性、零极点分布特性、指令-加速度传递系数等角度，对比分析典型过载控制系统的特点，可见，三回路和两回路+PI 均可实现无静差设计，但三回路控制系统频带较窄，且引入一个一阶慢实根，控制系统响应减慢。

8.5　思考题

（1）试总结分析两回路、PI 校正两回路、三回路、伪攻角过载驾驶仪间的区别与联系。

（2）如何理解过载驾驶仪设计中“频带”的概念？

（3）导弹控制系统的频带特性与控制响应与控制需求之间存在何种关系？

（4）驾驶仪设计中，某一通道的内外回路的频带应如何合理配置，三通道间的频带又应采用何种设计关系?

(5) 导弹舵机的动态特性是如何影响驾驶仪性能的?

(6) 利用表 8-1 中的动力学系数及二阶舵机动力学模型,分别取系统期望的自振频率为 25 rad/s、30 rad/s,阻尼为 0.4、0.8,设计两回路自动驾驶仪,并分析不同自振频率、阻尼设计下,系统阶跃响应与控制需求量的区别。

第 9 章 BTT 导弹经典控制系统设计方法

采用 BTT 控制的导弹(简称 BTT 导弹),其机动过程为:俯仰通道控制导弹在其最大升力面内产生一定的攻角,以获得需要的机动总过载;同时,滚转通道快速将导弹最大升力面转动到制导指令所要求的机动方向;而偏航通道则用于协调俯仰通道和滚转通道的运动,使侧滑角近似为零。

由于 BTT 导弹特殊的机动模式,制导指令为总加速度与滚转角,与 STT 导弹采用的纵向、侧向加速度指令有着显著的区别,且制导指令计算过程中存在奇异性问题,需要采用一定的处理手段以避免奇异。同时,与 STT 导弹相比,BTT 导弹在飞行过程中具有更大的滚转角速率和滚转角,由此引起了俯仰通道、偏航通道与滚转通道之间的交叉耦合,特别是偏航-滚转交叉耦合。侧滑角越大,耦合现象越严重,因此在设计 BTT 导弹经典控制系统时,需要在 STT 经典控制系统结构的基础上,设计协调解耦支路限制侧滑角,以减小或抑制偏航-滚转交叉耦合。本章在编写过程中主要参考了文献[39]及文献[45-48]。

9.1 BTT 控制的制导指令

BTT 控制是一种弹体系下的极坐标控制方式,其工作原理框图如图 9-1 所示。首先根据惯性导航系统或导引头提供的弹目相对信息,按照制导律生成惯性坐标系内的俯仰、偏航制导指令 a_{yc}、a_{zc};然后,经指令转换计算,形成弹体坐标系下的俯仰制导指令 a_{ybc} 和滚转制导指令 γ_{bc},分别发送给俯仰控制系统和滚转控制系统。在导弹转弯过程中,偏航

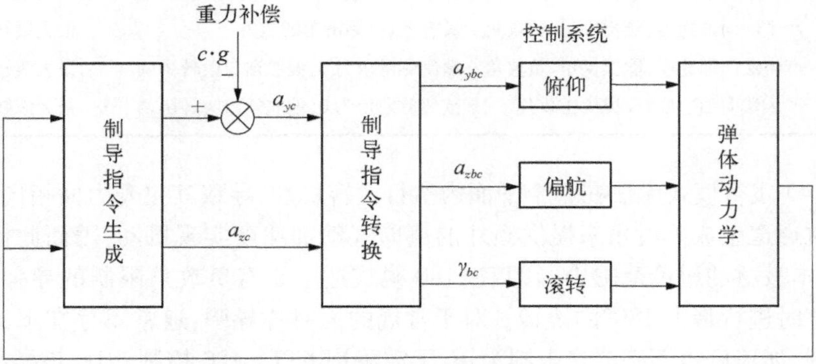

图 9-1 BTT 控制工作原理框图

控制系统的侧向加速度指令 a_{zbc} 为零，以保证零侧滑角，起到协调转弯的作用。

根据惯性系与弹体坐标系的转换关系，有

$$\begin{bmatrix} a_{xbc} \\ a_{ybc} \\ a_{zbc} \end{bmatrix} = \boldsymbol{L}(\gamma)\boldsymbol{L}(\vartheta)\boldsymbol{L}(\psi)\begin{bmatrix} a_{xc} \\ a_{yc} \\ a_{zc} \end{bmatrix} \tag{9-1}$$

式(9－1)中，如 $a_{xbc} = a_{zbc} = a_{xc} = 0$，同时令 γ 等于弹体坐标系滚转角指令 γ_{bc}，则有

$$\begin{bmatrix} 0 \\ a_{ybc} \\ 0 \end{bmatrix} = \boldsymbol{L}(\gamma_{bc})\boldsymbol{L}(\vartheta)\boldsymbol{L}(\psi)\begin{bmatrix} 0 \\ a_{yc} \\ a_{zc} \end{bmatrix} \tag{9-2}$$

从而有

$$\begin{cases} a_{ybc} = (\cos\vartheta\cos\gamma_{bc})a_{yc} + (\sin\vartheta\sin\psi\cos\gamma_{bc} + \cos\psi\sin\gamma_{bc})a_{zc} \\ 0 = (-\cos\vartheta\sin\gamma_{bc})a_{yc} + (-\sin\vartheta\sin\psi\sin\gamma_{bc} + \cos\psi\cos\gamma_{bc})a_{zc} \end{cases} \tag{9-3}$$

近似地认为俯仰角 ϑ、偏航角 ψ 均为小角度，则有 $\sin\vartheta = \sin\psi = 0$，$\cos\vartheta = \cos\psi = 1$，式(9－2)可简化为

$$\begin{cases} \tan\gamma_{bc} = \dfrac{a_{zc}}{a_{yc}} \\ a_{ybc}^2 = a_{yc}^2 + a_{zc}^2 \end{cases} \tag{9-4}$$

式(9－4)即为 BTT 制导指令逻辑生成的基本表达式。根据不同的滚转角与加速度指令取值约束，常用的 BTT 指令计算方法包含以下三种模式：BTT－45、BTT－90 及 BTT－180，如表 9－1 所示。

表 9－1　不同 BTT 控制类型特点

类　型	俯仰通道	偏航通道	滚转通道
BTT－45	产生法向加速度，能提供正、负攻角	具有正、负侧滑角的能力	最大滚转角为 45°
BTT－90	产生法向加速度，能提供正、负攻角	欲使侧滑角为 0，偏航须与滚转协调	最大滚转角为 90°
BTT－180	产生法向加速度，仅提供正攻角	欲使侧滑角为 0，偏航须与滚转协调	最大滚转角为 180°

BTT－45 飞行模式无法在整个平面内执行滚转机动，导致其主升力面指向受限，导弹必须在偏航通道生成侧滑角来提供额外的侧向气动加速度实现机动，因而此模式较少被使用，不在本教材的讨论范围内。BTT－180 模式适合于有负攻角限制的导弹，在需要产生负加速度时进行最大 180°的滚转。对于常规的面对称导弹，通常不存在下部发动机进气道的限制，加速度也不必严格限制为正，无需采用 BTT－180 控制，因此该类型也不在本教材进行讨论。

BTT－90 模式在多种 BTT 导弹中广泛应用,具有更高的普遍性。因此,本教材将主要围绕 BTT－90 模式进行讨论分析。在这种模式下,如图 9－2 所示,导弹的滚转角限制为±90°,其控制系统的俯仰通道可以产生正、负加速度以完成导弹机动。同时,偏航通道控制使导弹的侧滑角始终为零,从而实现协调转弯,有效消除三个控制通道间的交叉耦合。

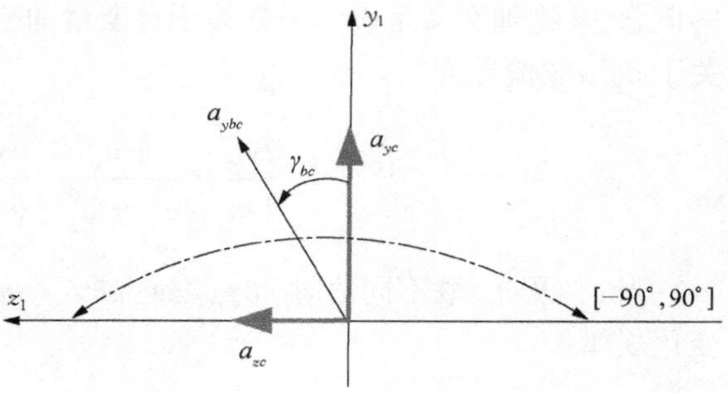

图 9－2　BTT－90 逻辑计算示意图

其对应的数学表达式为

$$\gamma_{bc0} = \arctan\left(\frac{a_{zc}}{|a_{yc}|}\right),\ \gamma_{bc0} \in [-90°, 90°],\ \begin{cases} \text{if } a_{yc} > 0, & \gamma_{bc} = \gamma_{bc0} \\ \text{if } a_{yc} < 0, & \gamma_{bc} = -\gamma_{bc0} \end{cases} \tag{9-5}$$

$$a_{ybc} = \text{sign}(a_{yc})\sqrt{a_{yc}^2 + a_{zc}^2}$$

式中,a_{yc}、a_{zc} 为惯性系下的俯仰制导指令、偏航制导指令;γ_{bc} 为弹体系下滚转制导指令;a_{ybc} 为弹体系下俯仰制导指令。

9.1.1　制导指令的奇异性问题

当导弹采用 BTT 控制时,其在小指令条件下存在奇异性,即当导弹纵向加速度、侧向加速度均较小或者纵向/侧向加速度穿越 0 时,目标在导引头光轴方向发生的微小变化(如目标闪烁等),可能会导致滚转角控制指令 γ_{bc} 出现大幅的振荡,甚至剧烈跳变,这种现象被称为“奇异性”。

如图 9－3 所示,以 BTT－90 模式为例,当纵向制导指令 a_{yc} 由正号转变为负号,而 a_{zc} 保持不变时,计算出的弹体滚转角应由第一象限变化到第二象限。如果 $a_{zc} > a_{yc}$(这在两通道制导都是小指令状况时是经常容易出现的),则滚转角变化幅度 $\Delta\gamma_{bc}$ 甚至会接近 180°,同时弹体加速度指令也应相应地变号。

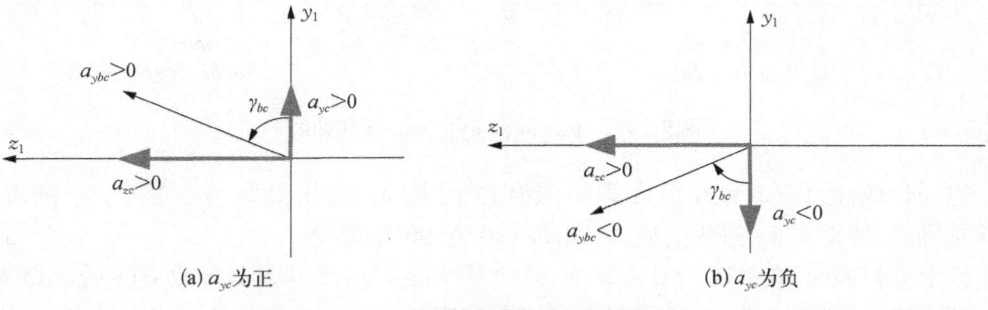

图 9－3　BTT－90 指令计算模式示意图

为计算 γ_{bc} 对其自变量 a_{yc}、a_{zc} 变化的敏感程度,分析奇异性产生的机理,引入偏导数的概念，其物理意义是表示函数关于自变量的变化快慢程度。由式(9-5)，不难得到 γ_{bc} 关于 a_{yc}、a_{zc} 偏导为

$$\frac{\partial\gamma_{bc}}{\partial a_{yc}}=\frac{-a_{zc}}{a_{yc}^2+a_{zc}^2},\ \frac{\partial\gamma_{bc}}{\partial a_{zc}}=\frac{a_{yc}}{a_{yc}^2+a_{zc}^2} \tag{9-6}$$

当 a_{yc} 及 a_{zc} 取不同值时，$\partial\gamma_{bc}/\partial a_{yc}$、$\partial\gamma_{bc}/\partial a_{zc}$ 变化曲线如图 9-4 所示，不难得出如下变化规律：

$$\begin{aligned}
&\partial\gamma_{bc}/\partial a_{yc}:\begin{cases}|a_{yc}|\downarrow\Rightarrow|\partial\gamma_{bc}/\partial a_{yc}|\uparrow,\ |a_{yc}|\neq 0\\ |\partial\gamma_{bc}/\partial a_{yc}|\rightarrow\max,\ |a_{yc}|=0\end{cases}\\
&\partial\gamma_{bc}/\partial a_{zc}:\begin{cases}|a_{yc}|\uparrow\Rightarrow|\partial\gamma_{bc}/\partial a_{zc}|\downarrow,\ |a_{yc}|<|a_{zc}|\\ |\partial\gamma_{bc}/\partial a_{zc}|\rightarrow\max,\text{当}|a_{yc}|=|a_{zc}|\\ |a_{yc}|\downarrow\Rightarrow|\partial\gamma_{bc}/\partial a_{zc}|\uparrow,\text{当}|a_{yc}|>|a_{zc}|\text{时}\end{cases}
\end{aligned} \tag{9-7}$$

其中，$\partial\gamma_{bc}/\partial a_{yc}$ 与 $|a_{yc}|$ 呈反比，当 $|a_{yc}|$ 接近 0 时，$\partial\gamma_{bc}/\partial a_{yc}$ 达到最大；$\partial\gamma_{bc}/\partial a_{zc}$ 变化趋势取决于 $|a_{yc}|$、$|a_{zc}|$ 的大小关系，当 $|a_{yc}|>|a_{zc}|$，$\partial\gamma_{bc}/\partial a_{zc}$ 与 a_{yc} 成反比，$|a_{yc}|<|a_{zc}|$ 时则相反；当 $|a_{yc}|=|a_{zc}|$，$\partial\gamma_{bc}/\partial a_{zc}$ 有最大值。以上表明 a_{yc} 越小，γ_{bc} 对 a_{yc} 变化越敏感；侧向指令 a_{zc} 越小，$\partial\gamma_{bc}/\partial a_{ycmax}$、$\partial\gamma_{bc}/\partial a_{zcmax}$ 数值越大，即 γ_{bc} 变化的幅度越大。

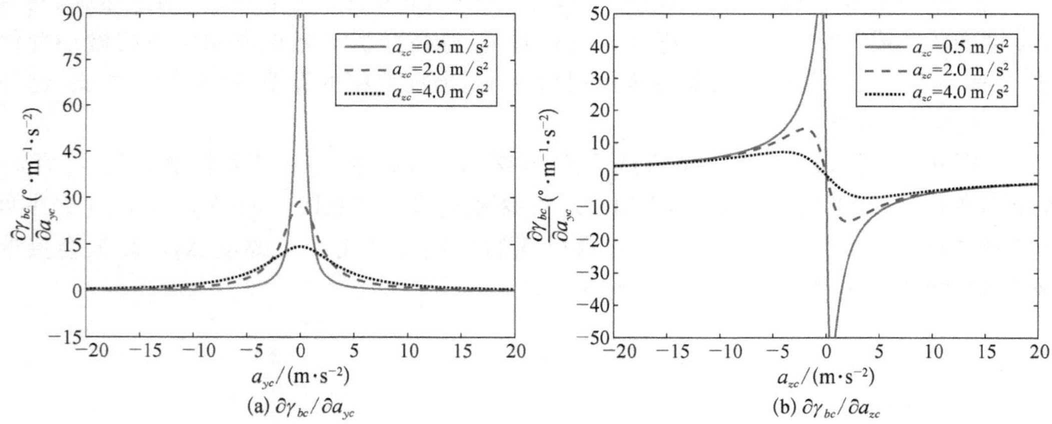

图 9-4　$\partial\gamma_{bc}/\partial a_{yc}$、$\partial\gamma_{bc}/\partial a_{zc}$ 变化曲线

进一步地，图 9-5 给出了 a_{zc} 取不同值时 γ_{bc} 随 a_{yc} 变化曲线。a_{yc} 越小，γ_{bc} 随着 a_{yc} 变化越剧烈，特别在 a_{yc} 过零前后，γ_{bc} 出现-90°至 90°的跳变。

以上分析表明，在 BTT-90 逻辑中，纵向制导指令 a_{yc} 为小量是导致 BTT 控制奇异性的主要原因，特别在零附近，滚转指令的变化幅度最大。通过相似的分析方法可知，侧向制导指令 a_{zc} 较小或反复穿越零线时，滚转指令同样会出现奇异现象。

如果两通道制导指令均在零附近跳动，则弹体滚转指令必然会出现±90°的跳动，滚转

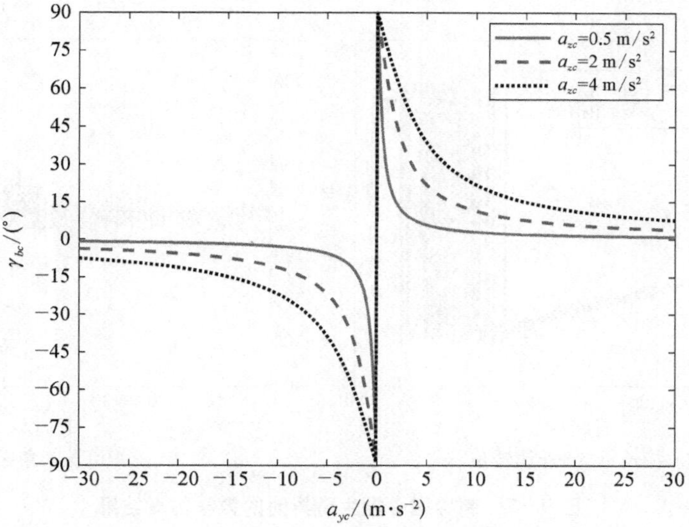

图 9-5　a_{zc} 取不同值时 γ_{bc} 随 a_{yc} 变化曲线

控制系统无法跟踪这一剧烈变化的指令，如图 9-6 给出的某型 BTT 导弹末端两通道制导指令，根据这两个指令计算得到的滚转角指令如图 9-7(a)所示。而跟踪过程中，滚转角速度如图 9-7(b)所示，其值的增大也会给导弹三通道间带来较大的运动学耦合及气动耦合，甚至直接导致三通道控制失稳。

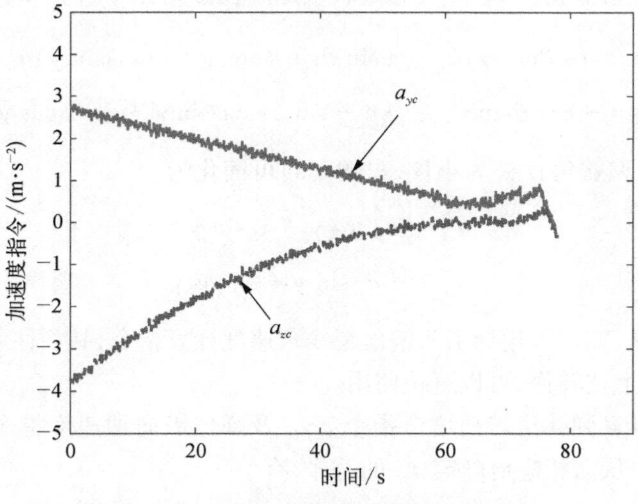

图 9-6　某型导弹末端两通道制导指令

9.1.2　消除制导指令奇异的方法

1. 采用相对滚转指令

在传统的 BTT 滚转指令解算中，通常以惯性空间作为基本坐标系，计算出相对于惯性空间纵向平面的滚转角。这种计算方法虽然简单，但它限制了导弹的最大滚转角，如在

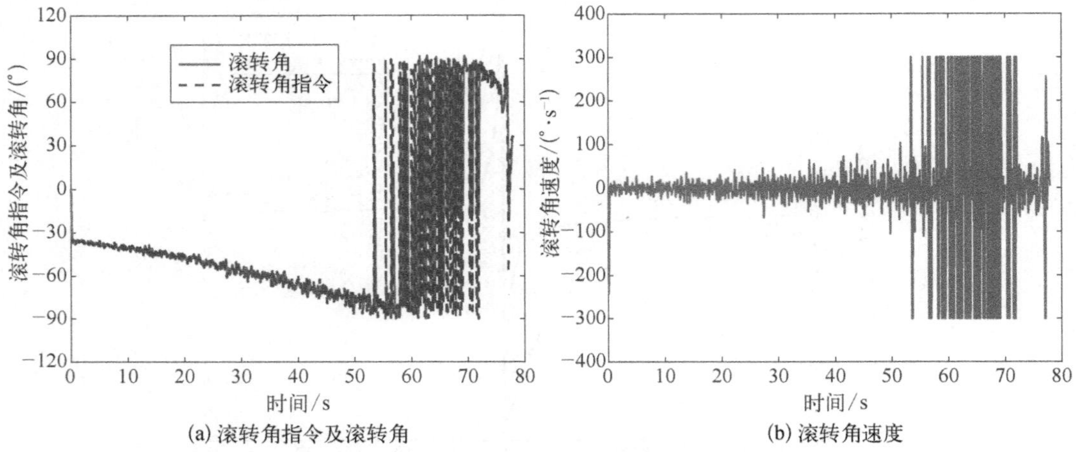

图 9-7　制导指令发生奇异时的数学仿真结果

BTT-90 模式下限制为±90°,这可能导致导弹在滚转角极值边界上出现跳变现象。

为解决这一问题,可以采用相对滚转 BTT 指令模式。在这种模式下,滚转指令的计算以弹体当前的滚转角为参考面,并且每一次得到的滚转指令都是相对于这个参考面的增量值。这样增量值虽然受到限制,但是在惯性空间下,导弹的总滚转角并未受限。即使增量值导致滚转角变化大,也不会出现跳变。相对滚转指令的计算步骤如下。

已知惯性系下制导指令 a_{yc}、a_{zc},通过转换矩阵投影到弹体系下,即有

$$\begin{aligned} a_{ybc}^{*} &= (\cos\vartheta\cos\gamma)a_{yc} + (\sin\vartheta\sin\psi\cos\gamma + \cos\psi\sin\gamma)a_{zc} \\ a_{zbc}^{*} &= (-\cos\vartheta\sin\gamma)a_{yc} + (-\sin\vartheta\sin\psi\sin\gamma + \cos\psi\cos\gamma)a_{zc} \end{aligned} \tag{9-8}$$

将俯仰角 ϑ、偏航角 ψ 视为小量,式(9-8)可简化为

$$\begin{aligned} a_{ybc}^{*} &= a_{yc}\cos\gamma + a_{zc}\sin\gamma \\ a_{zbc}^{*} &= -a_{yc}\sin\gamma + a_{zc}\cos\gamma \end{aligned} \tag{9-9}$$

需要指出的是,如果采用导引头输出视线角速度计算指令,其往往就是相对于弹体系的,因此无须进行上述转换,可以直接使用。

在弹体系下计算弹体滚转角增量指令 $\Delta\gamma_{bc}$ 及弹体纵向加速度指令 a_{ybc},并定义 $\Delta\gamma_{bc} \in [-90°, 90°]$,从而相应地确定 a_{yc} 的符号,有

$$\begin{aligned} &\Delta\gamma_{bc0} = \arctan\left(\frac{a_{zbc}^{*}}{|a_{ybc}^{*}|}\right),\ \Delta\gamma_{bc0} \in [-90°, 90°],\ \begin{cases} \text{if } a_{ybc}^{*} > 0,\ \Delta\gamma_{bc} = \Delta\gamma_{bc0} \\ \text{if } a_{ybc}^{*} < 0,\ \Delta\gamma_{bc} = -\Delta\gamma_{bc0} \end{cases} \\ &a_{ybc} = \text{sign}(a_{ybc}^{*})\sqrt{(a_{ybc}^{*})^2 + (a_{zbc}^{*})^2} \end{aligned} \tag{9-10}$$

结合弹体实际的滚转角 γ,则可得到相对惯性系下弹体滚转角指令:

$$\gamma_{bc} = \gamma + \Delta\gamma_{bc} \tag{9-11}$$

由式(9－11)可以看出，相对角度计算模式仅将新的滚转角指令变化量限制在±90°范围内，而没有限制滚转角在惯性空间下的大小，从而导弹可以实现全平面的机动。然而因为导弹滚转角度可以在0°~360°的范围内变化，在采用图像制导系统时对导引头成像时的消旋能力提出了较高的要求。

图9－8展示了在相对BTT－90模式下滚转角及角速度的变化曲线。从图中可以观察到，通过这种模式，滚转指令的跳变得到了明显的抑制，并且滚转角速度也有所降低。滚转角可以平稳地跟随指令的变化，最大滚转角度值约为-210°。

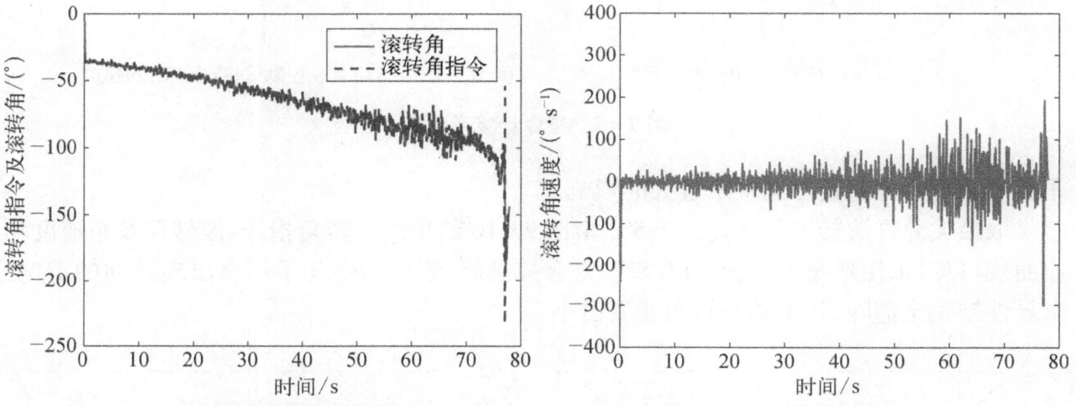

(a) 滚转角指令及滚转角　　(b) 滚转角速度

图9－8　滚转角及角速度变化曲线

2. BTT/STT复合控制

采用增量计算模式后，奇异性得到一定的抑制，但依然存在指令跳变的情况。进一步对每一次计算的滚转角增量进行限幅，同时引入STT控制的思路，允许产生弹体的侧向加速度，以消除对滚转角限幅后总加速度无法实现的问题。

BTT/STT复合控制模式的计算思路为：首先根据弹体系制导指令计算滚转角增量，然后比较增量值 $\Delta\gamma_{bc0}$ 与最大允许的增量值 $\Delta\gamma_{bc\max}$，当 $\Delta\gamma_{bc0} < \Delta\gamma_{bc\max}$ 时，则采用原过载计算方式不变，如图9－9(a)所示。

当 $\Delta\gamma_{bc0} > \Delta\gamma_{bc\max}$ 时，对 $\Delta\gamma_{bc0}$ 进行限幅，同时根据限幅后的 $\Delta\gamma_{bc0}$，及 a_{ybc}^*、a_{zbc}^* 值，计算得到对应的弹体纵向及侧向加速度指令，即在有限滚转变化角度下，附加STT控制，如图9－9(b)所示，计算公式如下：

$$\begin{aligned}&\text{if } (|\Delta\gamma_{bc0}| > \Delta\gamma_{bc\max}):\\&\quad \Delta\gamma_{bc0} = \text{sign}(\Delta\gamma_{bc0})\Delta\gamma_{bc\max}\\&\quad a_{ybc} = \cos(\Delta\gamma_{bc0})a_{ybc}^* + \sin(\Delta\gamma_{bc0})a_{zbc}^*\\&\quad a_{zbc} = -\sin(\Delta\gamma_{bc0})a_{ybc}^* + \cos(\Delta\gamma_{bc0})a_{ybc}^*\end{aligned} \tag{9-12}$$

当选取的制导指令较小时，采用复合控制模式，从而保证STT辅助机动所产生的侧滑

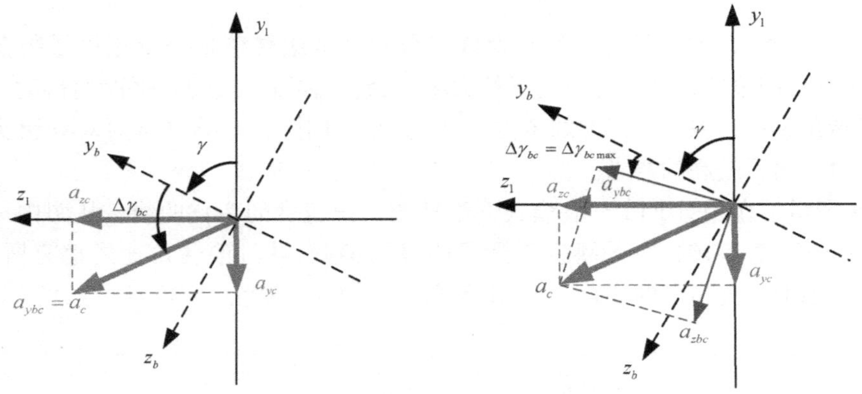

(a) 原相对BTT-90模式　　(b) 引入BTT/STT复合控制后相对BTT-90模式

图 9-9　指令计算示意图

角也不会对弹体稳定控制带来过大的影响。

取最大允许滚转增量 $\Delta\gamma_{bc\max}=5°$，由图 9-10 给出的滚转角指令、滚转角及角速度响应曲线可见，采用增量限幅及 BTT/STT 复合控制后，滚转指令几乎不会出现跳动的情况，奇异性被完全消除，且末端滚转角速度值小。

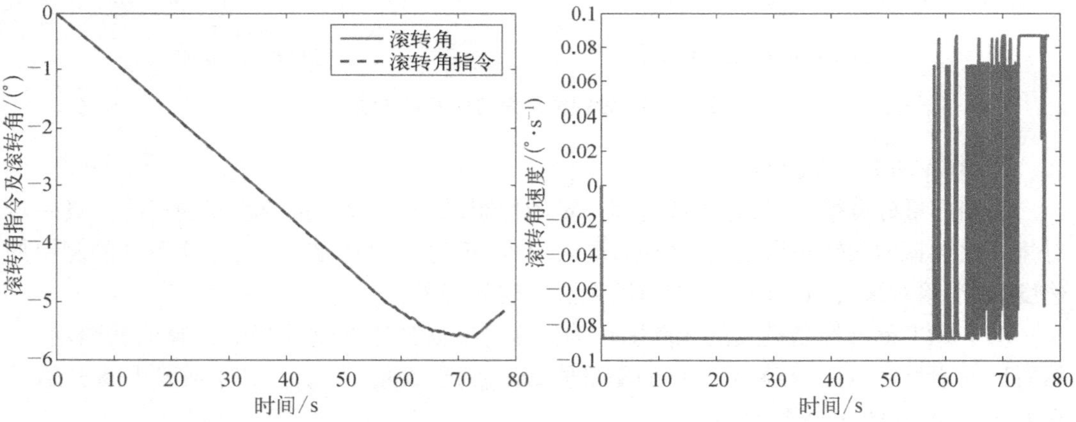

(a) 滚转角指令及滚转角响应　　(b) 滚转角速度响应

图 9-10　滚转角指令、滚转角及角速度响应曲线

9.2　BTT 导弹三通道间频带关系

BTT 控制系统的指令生成采用极坐标方式，导弹的机动需要通过俯仰和滚转两个通道协调工作来实现，偏航通道起到协调转弯的作用，使侧滑角保持为 0，消除气动耦合干扰，以保证稳定控制。因此，在设计三通道控制系统时，合理地匹配各通道响应速度至关重要，这不仅有助于提高控制系统的抗耦合能力，还能增强制导回路的性能。

以下重点分析存在气动耦合、运动学耦合情况下，三通道控制系统之间的频带关系，导弹的动力学参数数值如表 9－2 所示。

表 9－2　动力学参数

俯仰通道	a_α	a_{δ_z}	a_{ω_z}	b_α	b_{δ_z}
	111.0	102	0.45	0.66	0.076
偏航通道	a_β	a_{δ_y}	a_{ω_y}	b_β	b_{δ_y}
	49.1	107.3	0.43	0.13	0.08
滚转通道	c_{δ_x}	c_{ω_x}	c_β		
	286.7	7.02	−573.5		

分析中，俯仰、偏航通道均采用典型的两回路过载控制系统，滚转通道采用滚转角控制系统。在控制系统参数上，无论两回路过载控制系统还是滚转姿态控制系统均可以通过极点配置方法实现控制系统参数的快速设计。考虑到控制系统闭环主导极点均为二阶振荡根，并取根的阻尼为 0.75，则只需要调整振荡根频率，即可得到不同响应速度要求下的控制系统。下文中，ω_{pitch}、ω_{yaw}、ω_{roll} 分别表示俯仰控制系统、偏航控制系统和滚转控制系统闭环主导极点二阶振荡根频率，μ_{pitch}、μ_{yaw}、μ_{roll} 则为对应的阻尼。

9.2.1　俯仰-滚转通道响应快速性

俯仰控制系统设计输入 $\omega_{\text{pitch}} = 16$ rad/s，$\mu_{\text{pitch}} = 0.75$。为消除偏航控制系统与俯仰控制系统响应速度差异对分析的影响，取偏航通道控制系统的设计输入与俯仰通道相同，即取 $\omega_{\text{yaw}} = 16$ rad/s，$\mu_{\text{yaw}} = 0.75$。

不同滚转控制系统的设计输入如表 9－3 所示。

表 9－3　滚转控制系统不同设计输入

速度相对关系	ω_{roll}/(rad/s)	μ_{roll}
滚转控制系统速度慢一半	8	0.75
滚转控制系统速度相同	16	0.75
滚转控制系统速度快 1 倍	32	0.75
滚转控制系统速度快 1.5 倍	40	0.75

给定俯仰通道指令 $a_{yc} = 30\ \text{m/s}^2$，滚转通道指令 $\gamma_c = 45°$，偏航通道指令 $a_{zc} = 0\ \text{m/s}^2$。图 9－11 展示了在不同滚转控制系统响应速度下，滚转角、纵向加速度、侧滑角和滚转角速度的仿真曲线。从图中可以观察到，当滚转控制系统的响应速度比俯仰通道慢时，三通道都会出现显著的振荡。这是因为滚转角速度未及时消除，对偏航通道耦合产生侧滑角，进而导致斜吹力矩影响滚转通道。俯仰通道同样受到滚转角速度引起的运动

耦合，产生振荡现象。因此，为了消除耦合影响，有必要放宽滚转通道的频带，提升滚转控制系统的响应速度。

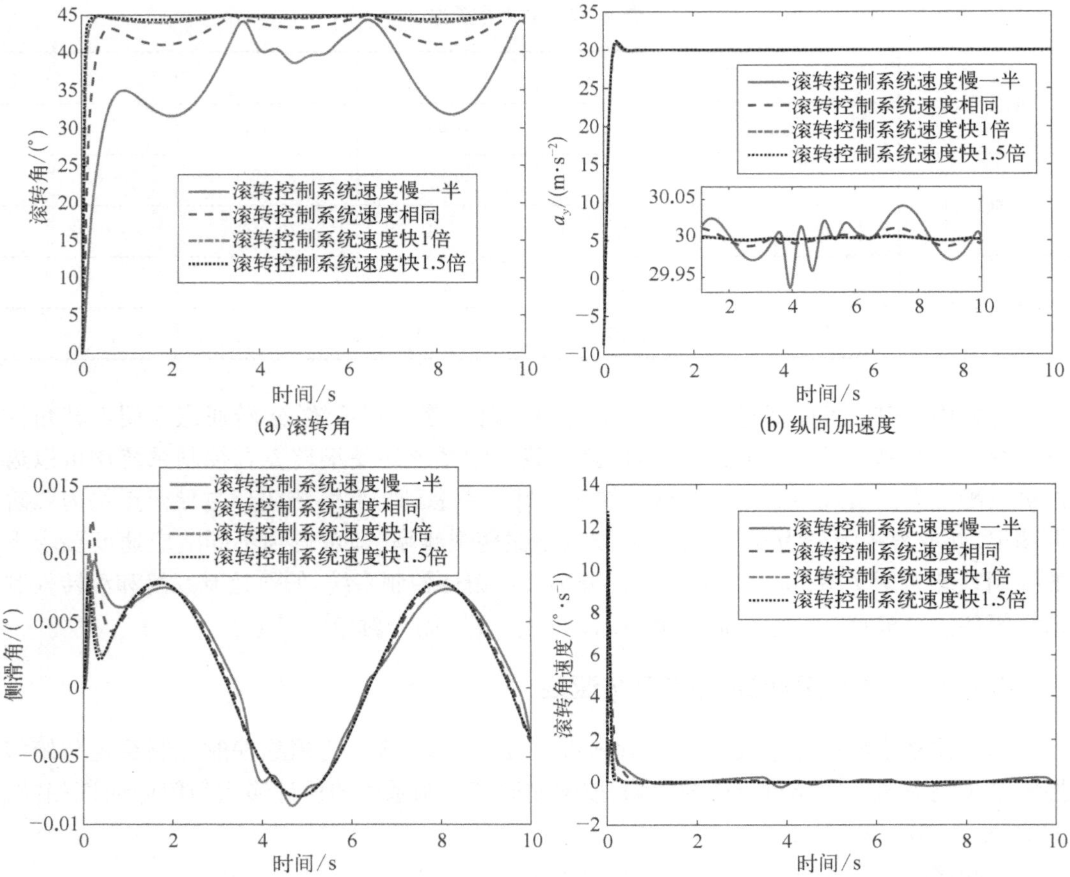

(a) 滚转角　(b) 纵向加速度　(c) 侧滑角　(d) 滚转角速度

图 9－11　不同滚转控制系统速度下仿真曲线

当滚转控制系统的速度加快到俯仰控制系统速度的 2 倍以上时，三通道的振荡现象消失，且滚转角速度能够快速收敛，这表明通道间的耦合影响得到了有效抑制。因此滚转控制系统的频带应尽可能宽，理想情况下达到俯仰-偏航通道的 2 倍左右。然而，在实际的系统设计中，考虑到舵机和其他控制系统硬件的带宽限制，无限加宽滚转控制系统的频带是不可行的。引入舵机动力学，其传递函数可表示为

$$\mathrm{sys}_{\mathrm{act}} = \frac{1}{\dfrac{s^2}{90^2} + 2\dfrac{0.6}{90}s + 1} \tag{9-13}$$

图 9－12 为取不同 ω_{roll} 值时，滚转控制系统开环稳定裕度响应曲线。由图 9－12 可见，如果期望滚转控制系统相位裕度>40°、幅值裕度>8 dB，则设计频率最大 25 rad/s。

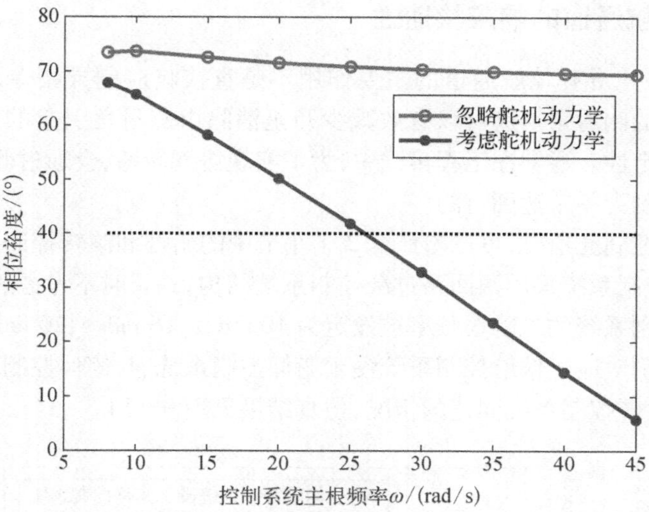

图 9-12　滚转控制系统稳定裕度随设计频带变化曲线

根据俯仰弹体动力学计算,俯仰弹体频率 $\omega_{\text{pitch}} = \sqrt{a_\alpha + b_\alpha \alpha_\omega} = 10.55\ \text{rad/s}$,俯仰控制系统的设计频率是不能低于弹体频率的,根据以上的分析结论,可以确定俯仰控制系统、滚转控制系统的设计频率为俯仰:$\omega_{\text{pitch}} = 16\ \text{rad/s}$、$\mu_{\text{pitch}} = 0.75$;滚转:$\omega_{\text{roll}} = 25\ \text{rad/s}$、$\mu_{\text{roll}} = 0.75$。

两者的频带比接近 1∶1.8,基本符合滚转控制系统速度应为俯仰控制系统 2 倍左右的结论。设置俯仰通道指令 $a_{yc} = 45\ \text{m/s}^2$,滚转通道指令 $\gamma_c = 45°$,图 9-13 为按以上指标设计得到的俯仰、滚转控制系统响应曲线,可见滚转角和纵向加速度都能够实现良好的跟踪,且由于通道耦合产生的滚转角响应速度慢、静差大的现象消失。

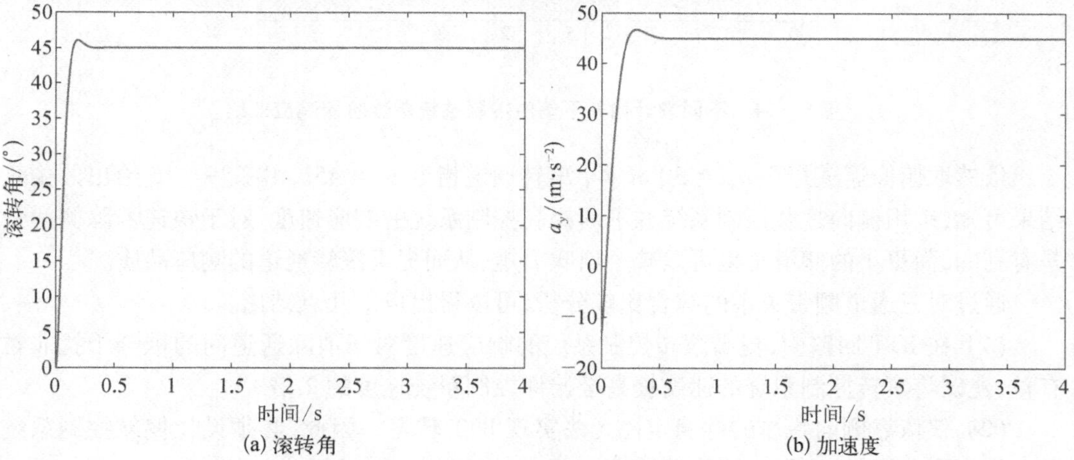

(a) 滚转角　　(b) 加速度

图 9-13　俯仰、滚转通道单位阶跃响应曲线

按照消除耦合的要求,滚转-俯仰通道控制系统频带比至少应该为 2,而受到舵机的限制,滚转控制系统能达到的最快响应速度是有限的,因此,滚转-俯仰通道控制系统的频带设计要考虑控制需求、舵机响应能力等因素进行综合设计。

9.2.2 偏航通道的响应快速性

在 BTT 控制中，导弹偏航通道的主要作用不是直接响应制导指令，而是消除由 BTT 转弯过程中产生的侧滑角。这可以有效减少乃至消除由侧滑角引起的气动耦合干扰，保证导弹飞行的稳定性。通常在工程实践中，为了实现协调转弯，会通过侧向过载控制系统将侧向加速度控制为零来达到目的。

在设计偏航控制通道时，可以参照 9.2.1 小节中的俯仰和滚转控制通道的设计结果。在分析中，偏航控制系统采用两回路过载控制系统结构，并暂时不考虑舵机等硬件动力学的影响。偏航控制系统的二阶根频率被设定为 10 rad/s、16 rad/s、20 rad/s、25 rad/s，这四种频率的设置分别对应于偏航控制系统慢于俯仰控制系统、与俯仰控制系统同速、快于俯仰控制系统、与滚转控制系统同速的情况，仿真结果见图 9－14。

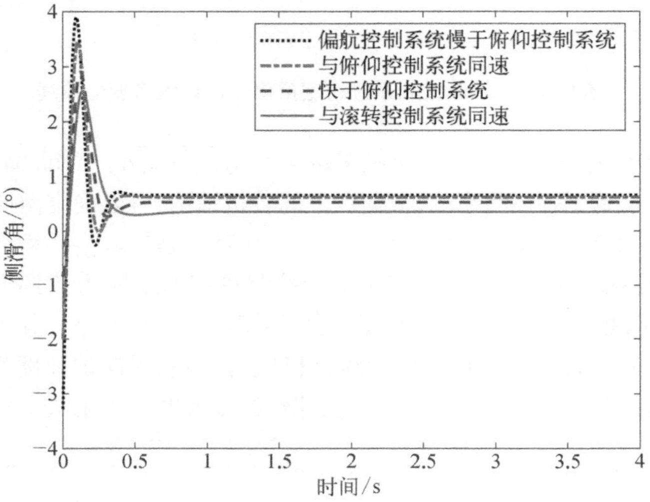

图 9－14　不同设计输入下偏航控制系统单位阶跃响应曲线

依然取俯仰通道指令 a_{yc} = 30 m/s^2，滚转通道指令 γ_c = 45°，由图 9－15 给出的仿真结果可知，采用侧向过载控制系统并不断提高控制系统的响应速度，对于快速消除侧滑角是有利的，而更小的侧滑角也可以减小斜吹力矩，从而提高滚转通道的响应品质。

通过对三通道频带关系的综合比较分析，可以得出以下几点结论。

（1）在 BTT 回路中，提高滚转控制系统的响应速度对于消除通道间的耦合干扰非常有益，建议将滚转控制系统的速度提高至俯仰控制系统速度的 2 倍。

（2）仅依靠侧向弹体的静稳定性无法实现 BTT 转弯。因此，必须设计偏航控制系统迅速将侧滑角调整至零，实现协调转弯。

（3）为了快速消除侧滑角并减小由此产生的斜吹力矩，应尽量提高偏航控制系统的设计频带。然而，由于偏航弹体自身升力面小、弹体频率低，偏航控制系统速度的提升潜力是有限的，通常难以达到与滚转控制系统相同的速度。

（4）即便将偏航控制系统的速度提高至与滚转控制系统相同，也不能保证完全消除

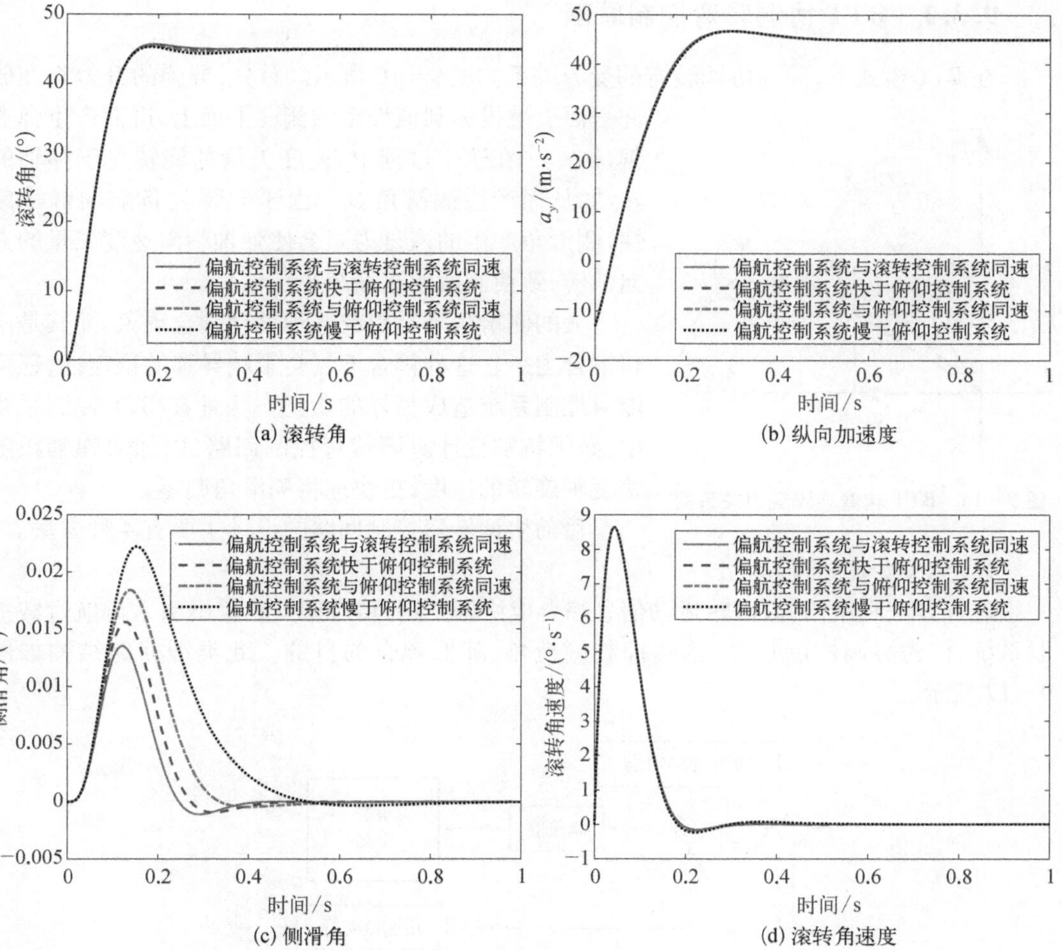

图 9－15　数学仿真曲线

侧滑角。因此，不应仅依靠提高控制系统频带来降低耦合，而应进一步探索如前馈等其他主动去耦合手段。

(5) 为了保证滚转控制系统足够的稳定裕度及其与俯仰控制系统的频带关系比，在满足制导需求的前提下降低俯仰控制系统的设计频带是有益的。因此，可以考虑采用包含前向通道带积分校正的三回路控制系统等结构来设计俯仰通道控制系统。

9.3　协调转弯控制回路设计

BTT 导弹控制系统设计过程中，通常先不考虑三通道耦合项，按照第 8 章介绍的两回路/三回路方式，单独设计各通道的控制系统。然后引入协调转弯控制回路，抑制侧滑角的产生，减轻通道间的耦合。本节重点关注协调转弯控制的原理、协调转弯过程中弹体的特性及协调转弯控制回路的设计。

9.3.1 BTT 协调转弯控制原理

在 BTT 模式下，导弹协调转弯的受力关系如图 9-16 所示。首先，导弹的升力 $\boldsymbol{L}$ 在俯仰平面上被投影到惯性系的侧向平面上，进而产生弹道偏角 ψ_V。在这个过程中，速度矢量的旋转先于弹轴的转动，从而产生侧滑角 β。由于导弹具备航向静稳定性，侧滑角产生的恢复力矩会使弹轴朝向速度矢量的方向偏转，致使侧滑角逐渐减小。

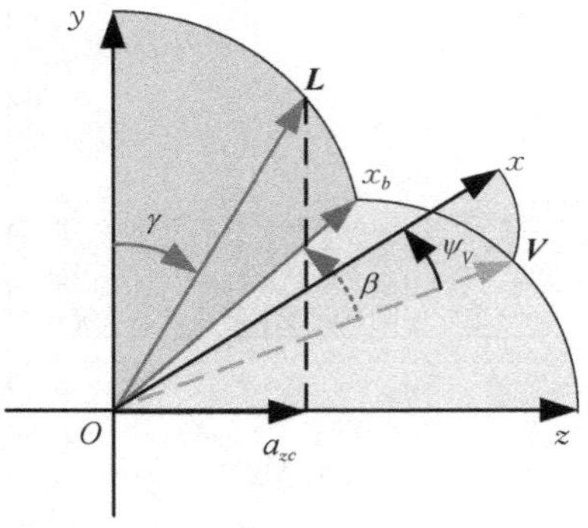

图 9-16 BTT 转弯导弹受力关系图

大的侧滑角容易引起各种气动耦合现象，尤其是滚转耦合力矩。这种耦合不仅会影响导弹的稳定性，还可能对控制系统造成额外的负担。为此在 BTT 控制系统中，必须特别设计协调转弯控制回路，以加快弹轴跟随速度轴旋转的速度，更快地将侧滑角归零。

目前协调转弯控制回路的设计主要有 4 种方法。

1. 引入协调支路

这种方法利用俯仰、滚转运动信息综合成协调支路，将协调支路输出引入偏航过载控制系统，作为协调控制指令，达到抑制侧滑角、降低耦合的目的。此类型回路结构如图 9-17 所示。

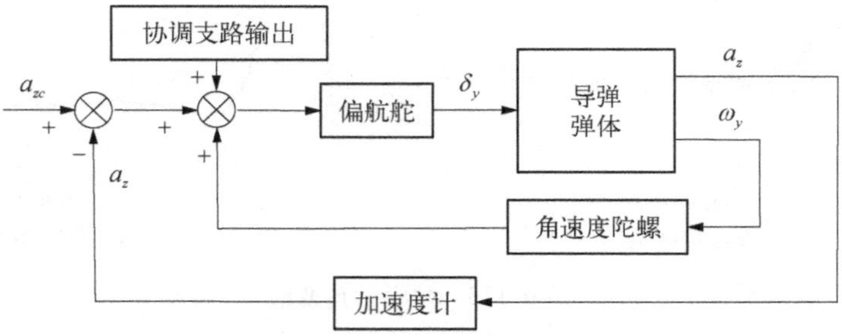

图 9-17 引入协调支路的偏航过载控制系统结构框图

2. 引入侧滑角反馈

图 9-18 为引入侧滑角反馈系统的方框图，侧滑角反馈是实现协调转弯最直接的方式。但侧滑角传感器受噪声影响较大，限制了此类方法的工程应用。

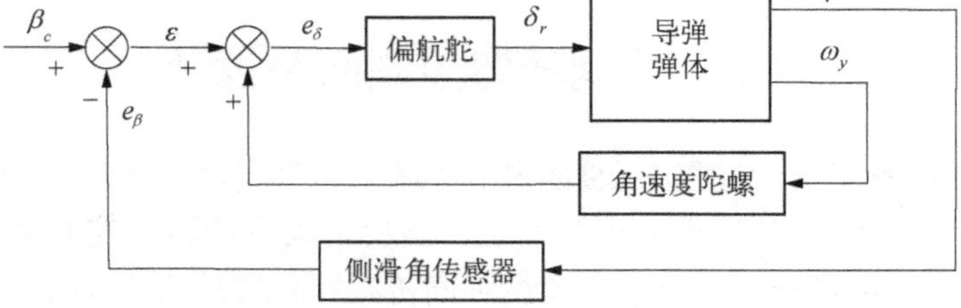

图 9-18 引入侧滑角反馈的偏航过载控制系统结构框图

3. 引入侧向加速度反馈

由于直接测量侧滑角较为困难，一种常见的替代方法是使用加速度传感器来反馈控制侧滑角。这种方法的结构如图 9－19 所示。侧滑角是产生导弹侧向加速度的主要原因。因此，通过控制导弹的侧向加速度始终为零，可以有效地控制侧滑角也为零。

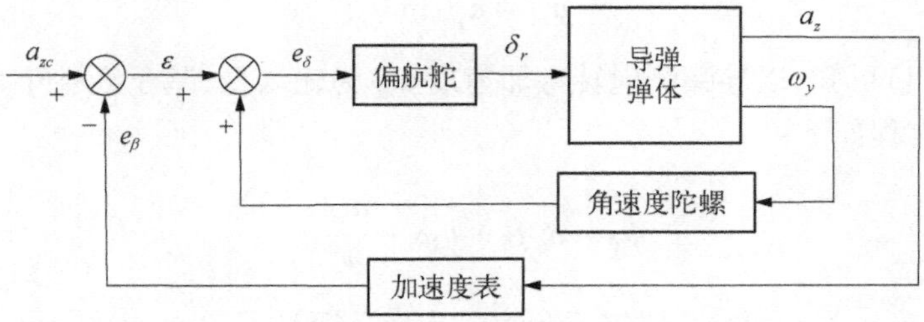

图 9－19　引入侧向加速度反馈的偏航过载控制系统结构框图

4. 引入偏航角速度反馈

这种方法是基于在一定的滚转角和飞行速度下，协调转弯时的偏航角速度不变这一原理设计的，其控制基本原理框图如图 9－20 所示。

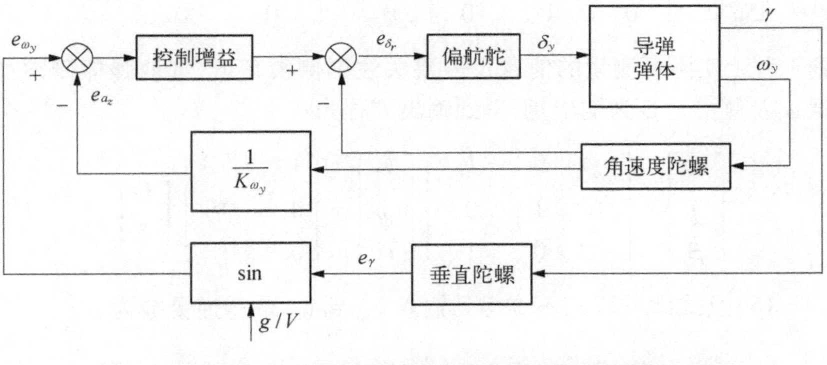

图 9－20　引入偏航角速度实现协调转弯控制基本原理框图

协调转弯时升力垂直于弹体 z 轴，升力与重力的合力为向心力 $m\dot{\psi}^2R$，R 为导弹进行转弯的半径。$m\dot{\psi}^2R = mV\dot{\psi}$，因此升力在水平方向的分量为 $L\sin\gamma = mV\dot{\psi}$，其垂直分量为 $L\cos\gamma = mg$，两式相除可得 $\dot{\psi} = \dfrac{g\tan\gamma}{V}$。又有 $\omega_y = \dot{\psi}\cos\gamma$、$\omega_z = \dot{\psi}\sin\gamma$，代入上式得到 $\omega_y = \dfrac{g}{V}\sin\gamma$。由 V 和 γ 可以直接计算得到 ω_y，驱动偏航舵实现协调转弯。

该系统在协调转弯时明显比前两个系统复杂，因此并不常用。

以上几种协调转弯方法的分析表明，引入协调支路、侧滑角或侧向加速度反馈是比较直观简单的方法。由于侧滑角难以准确测量，导致侧滑角反馈方法难以在实际工程中得到应用，故引入协调支路或侧向加速度反馈是较为常用的协调转弯方式。

9.3.2 转弯过程中偏航弹体特性

由导弹 BTT 转弯机动过程可见，不同于 STT 导弹控制，其使速度矢量发生变化的力来自弹体纵向升力的投影，并定义其产生的加速度为 a_{zd}，忽略俯仰及偏航姿态角，根据几何投影关系有

$$a_{zd} = a_{yb}\sin\gamma \tag{9-14}$$

由式(9-14)可知，以导弹侧向转弯加速度 a_{zd} 为输入量，基于线性小角度假设，可得到弹体动力学方程如下：

$$\begin{aligned}&\dot{\psi}_V = b_\beta\beta + b_\delta\delta - \frac{a_{zd}}{V}\\&\ddot{\psi} = -a_\beta\beta - a_\omega\dot{\psi} - a_\delta\delta\\&\beta = \psi - \psi_V\end{aligned} \tag{9-15}$$

将式(9-15)改写为状态空间表达式的形式，则有

$$\begin{bmatrix}\dot{\psi}_V\\ \ddot{\psi}\\ \dot{\psi}\end{bmatrix} = \begin{bmatrix}-b_\beta & 0 & b_\beta\\ a_\beta & -a_\omega & -a_\beta\\ 0 & 1 & 0\end{bmatrix}\begin{bmatrix}\psi_V\\ \dot{\psi}\\ \psi\end{bmatrix} + \begin{bmatrix}-1/V & b_\delta\\ 0 & -a_\delta\\ 0 & 0\end{bmatrix}\begin{bmatrix}a_{zd}\\ \delta\end{bmatrix} \tag{9-16}$$

考虑到工程上实际可测量的信息及需要关注的侧滑角值，选取弹体侧向加速度 a_{zb}、偏航角速度 $\dot{\psi}$ 及侧滑角 β 为输出量，得到输出方程为

$$\begin{bmatrix}a_{zb}\\ \dot{\psi}\\ \beta\end{bmatrix} = \begin{bmatrix}b_\beta V & 0 & -b_\beta V\\ 0 & 1 & 0\\ -1 & 0 & 1\end{bmatrix}\begin{bmatrix}\psi_V\\ \dot{\psi}\\ \psi\end{bmatrix} + \begin{bmatrix}1 & -b_\delta V\\ 0 & 0\\ 0 & 0\end{bmatrix}\begin{bmatrix}a_{zd}\\ \delta\end{bmatrix} \tag{9-17}$$

由式(9-16)及式(9-17)，不难得到输入 a_{zd} 到 a_{zb} 的传递函数为

$$\frac{a_{zb}}{a_{zd}} = \frac{1}{\omega_m^2}\frac{s^2 + a_\omega s + a_\beta}{\dfrac{s^2}{\omega_m^2} + 2\dfrac{\mu_m}{\omega_m}s + 1} \tag{9-18}$$

由第 7 章 7.3.3 节给出的传递函数分母定义了弹体频率为 $\omega_m = 1/T_m = \sqrt{a_\beta + b_\beta a_\omega}$，则在稳态情况下，单位转弯加速度产生的弹体偏航加速度值为

$$a_{zb}^* = \frac{a_\beta}{\omega_m^2} \tag{9-19}$$

由于表征弹体偏航角速度引起偏航力矩的参数 a_ω 是小量，因此近似有 $\omega_m = \sqrt{a_\beta}$，从而可知单位转弯加速度产生的 $a_{zb}^* = 1$。注意，这一关系是在考虑理想控制时得到的结论，并未计及弹体受控时的动态过程。

而在考虑动态过程时，需要根据式(9-16)所示的状态方程，推导输入量 a_{zd} 与状态量 $\dot{\psi}$ 的关系。a_{zd} 到 $\dot{\psi}$ 的传递函数为

$$\frac{\dot{\psi}}{a_{zd}}=\frac{(-a_\beta)/V}{s^2+s(a_\omega+b_\beta)+(a_\beta+b_\beta a_\omega)}=-\frac{(T_m^2 a_\beta)/V}{T_m^2 s^2+2\mu_m T_m s+1} \tag{9-20}$$

在稳态情况下，则有

$$\dot{\psi}=-\frac{a_{zd}a_\beta}{V\omega_m^2} \tag{9-21}$$

忽略舵面产生的气动力及弹体动导数，有 $V\dot{\psi}_V\approx -a_{zd}$、$\omega_m\approx\sqrt{a_\beta}$，代入式(9-21)中，可得 $\dot{\psi}=\dot{\psi}_V$。以上表明，只要航向是静稳定的，在稳态时弹体角速度总会与速度偏角角速度相等。

9.3.3　引入协调支路的协调转弯控制系统

由 7.3.1 节给出的导弹三通道耦合线性化控制模型可知，俯仰通道通过两条支路 $\omega_x\alpha$ 和 $(J_z-J_x)\omega_x\omega_z/J_y$ 影响偏航通道，而偏航通道也通过两条支路 $-\omega_x\beta$ 和 $(J_x-J_y)\omega_x\omega_y/J_z$ 影响俯仰通道。从理论上讲，可以增加类似的四条协调控制支路，取协调控制支路增益与耦合支路增益相同、符号相反，就可以达到两通道之间的解耦、消除交叉耦合作用的目标。由于支路在弹体运动内部而不可物理实现，可以把协调控制支路移到舵机输入端，并调整协调控制支路的增益，以减小交叉耦合作用的影响，主要有以下两种设计方案。

1. 方案 1—引入 $\omega_x\beta$，$\omega_x\alpha$

在传统两回路/三回路控制系统的基础上，引入 $\omega_x\tan\alpha$ 与 $\omega_x\tan\beta$ 作为协调支路，由于 BTT 导弹的侧滑角 β 和攻角 α 比较小，可以近似认为 $\tan\alpha=\alpha$，$\tan\beta=\beta$，故实际引入 $k_{\beta1}\omega_x\beta$、$k_{\beta2}\omega_x\alpha$，其中 $k_{\beta1}$ 与 $k_{\beta2}$ 为协调支路的增益系数。此种方案的结构见图 9-21。

2. 方案 2—引入 $\omega_x\omega_z$，$\omega_x\alpha$，$\omega_x\omega_y$

由于 BTT 导弹的侧滑角 β 比攻角 α 小得多，因此偏航对俯仰运动交叉耦合作用不显著，可以不考虑。这样，协调控制的设计只需考虑俯仰对偏航的运动学交叉耦合项 $\omega_x\alpha$ 和惯性交叉耦合项 $(J_x-J_y)\omega_x\omega_y/J_z$ 和 $(J_z-J_x)\omega_x\omega_z/J_y$，即引入 $k_{\beta1}\omega_x\omega_z$、$k_{\beta2}\omega_x\alpha$、$k_{\beta3}\omega_x\omega_y$ 三条支路，其中，$k_{\beta1}$、$k_{\beta2}$ 与 $k_{\beta3}$ 为协调支路的增益系数。此种方案的结构见图 9-22。

在实际应用中，往往只引入 $k_{\beta1}\omega_x\omega_z$ 一条支路，这样做是由于引入这条支路即可以达到控制 β 角的目的，再引入 $k_{\beta2}\omega_x\alpha$、$k_{\beta3}\omega_x\omega_y$ 不仅不会对 β 角产生显著影响，反而增加了系统的复杂程度，这在实际工程应用中是弊大于利的。

9.3.4　引入侧向加速度反馈的协调转弯控制系统

由(9-20)可见，在 BTT 转弯过程中，纵向升力在侧向投影带来的导弹机动加速度 a_{zd}

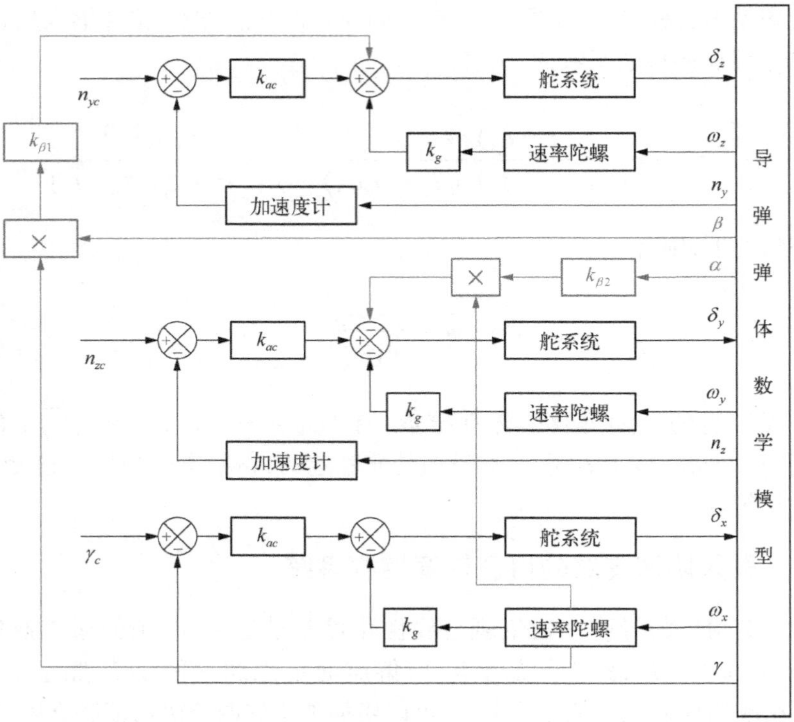

图 9-21　引入 $k_{\beta1}\omega_x\beta$、$k_{\beta2}\omega_x\alpha$ 作为协调支路的结构图(红色为协调支路)

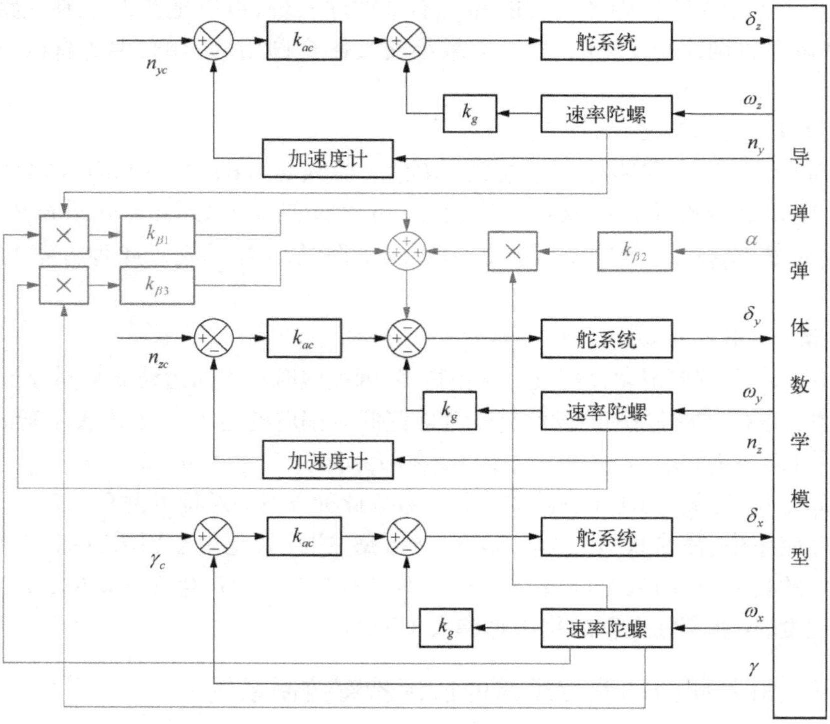

图 9-22　引入 $k_{\beta1}\omega_x\omega_z$、$k_{\beta2}\omega_x\alpha$、$k_{\beta3}\omega_x\omega_y$ 作为协调支路的结构图(红色为协调支路)

将产生偏航角速度 $\dot{\psi}$,这一角速度会对控制的动态过程造成影响。控制系统设计的目标则是使得弹体实际的加速度输出 a_{zb} 与 a_{zd} 尽量相同,实现转弯过程中弹轴与速度矢量同步偏转,从而消除侧滑角。

1. 两回路协调转弯控制系统

以典型的两回路控制系统为例,忽略舵机动力学,并表示为-1,协调转弯过程两回路控制系统原理框图如图 9-23 所示。图中, $T_\beta=\dfrac{a_\delta}{a_\delta b_\beta-a_\beta b_\delta}$; $k_{\dot{\psi}}=\dfrac{a_\delta b_\beta-a_\beta b_\delta}{a_\beta+a_\omega b_\beta}$; $A_1=\dfrac{a_\omega b_\delta}{a_\delta b_\beta-a_\beta b_\delta}$; $A_2=\dfrac{b_\delta}{a_\delta b_\beta-a_\beta b_\delta}$。

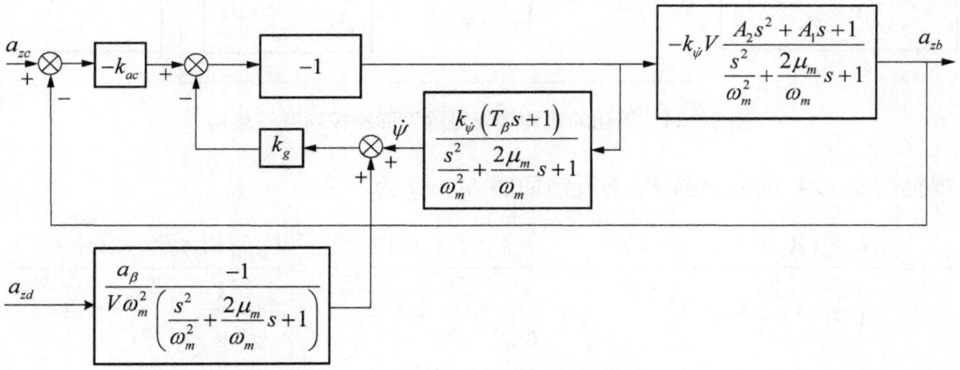

图 9-23　协调转弯过程两回路控制系统原理框图

引入协调转弯效率系数 K_β,其物理意义为当导弹以一定的加速度航向转弯时,由侧滑角带来的弹体加速度值,并有

$$K_\beta=a_{zb}/a_{zd}$$

显然, K_β 值越大,则以相同的加速度转弯时侧滑角越大。

在稳态情况下,将上式代入式(9-14)中,可得

$$(a_{yb}\sin\gamma)K_\beta=a_{zb} \tag{9-22}$$

忽略舵面偏转产生气动力带来的弹体加速度,并认为弹体加速度完全由攻角及侧滑角产生,则有如下近似表达式 $a_{yb}\approx b_\alpha\alpha V$, $a_{zb}\approx b_\beta\beta V$, 代入式(9-22)中,可得

$$(b_\alpha\alpha V\sin\gamma)K_\beta=b_\beta\beta V$$

简化,可得

$$\frac{\beta}{\alpha}=\frac{b_\alpha\sin\gamma}{b_\beta}K_\beta \tag{9-23}$$

式(9-23)中,攻角 α 用于产生导弹机动所需的加速度,而侧滑角 β 则是 BTT 协调转

弯支路设计中希望控制为零的物理量。在一定的攻角下,侧滑角越小,导弹协调转弯的效率越高。同时,侧滑角的大小与纵侧向加速度能力比 b_α/b_β、弹体滚转角 γ、协调转弯效率 K_β 及纵向升力面机动攻角 α 有关。K_β 值越低,则相同攻角机动下出现侧滑角越小,因此在设计协调转弯偏航控制系统时期望 K_β 值尽量小。

对图 9-23 给出的协调转弯过程两回路控制系统原理框图进行合并简化后,结果如图 9-24 所示。

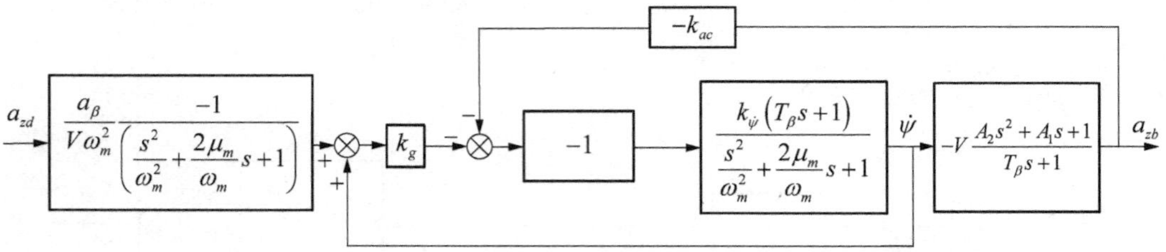

图 9-24　简化的协调转弯过程两回路控制系统结构

根据图 9-24,前向通路 P_1 与反馈回路 L_1, L_2 为

$$P_1=\frac{a_\beta k_g k_{\dot\psi}(A_2s^2+A_1s+1)}{\left(\frac{s^2}{\omega_m^2}+\frac{2\mu_m}{\omega_m}s+1\right)^2},\ L_1=\frac{k_g k_{\dot\psi}(T_\beta s+1)}{\frac{s^2}{\omega_m^2}+\frac{2\mu_m}{\omega_m}s+1},\ L_2=\frac{k_{ac}k_{\dot\psi}V(A_2s^2+A_1s+1)}{\frac{s^2}{\omega_m^2}+\frac{2\mu_m}{\omega_m}s+1} \tag{9-24}$$

采用梅森增益公式不难得到 a_{zb} 到 a_{zd} 的闭环传递函数为

$$\begin{aligned}\frac{a_{zb}}{a_{zd}}&=\frac{P_1}{1-(L_1+L_2)}\\&=\frac{a_\beta}{\omega_m^2}\frac{k_g k_{\dot\psi}(A_2s^2+A_1s+1)}{\left(\frac{s^2}{\omega_m^2}+\frac{2\mu_m}{\omega_m}s+1\right)^2-k_{\dot\psi}k_g\left(\frac{s^2}{\omega_m^2}+\frac{2\mu_m}{\omega_m}s+1\right)(T_\beta s+1)-Vk_{ac}k_{\dot\psi}\left(\frac{s^2}{\omega_m^2}+\frac{2\mu_m}{\omega_m}s+1\right)(A_2s^2+A_1s+1)}\end{aligned} \tag{9-25}$$

对两回路控制系统,闭环增益系数 $K_{a_{zb}/a_{zd}}$ 的数学表达式为

$$K_{a_{zb}/a_{zd}}=\frac{a_\beta}{\omega_m^2}\frac{k_{\dot\psi}k_g}{(1-k_gk_{\dot\psi}-k_{\dot\psi}Vk_{ac})} \tag{9-26}$$

取 a_ω 为小量,则有 $a_\omega\approx 0$, 由前文分析可知 $\omega_m^2\approx a_\beta$, 则式(9-26)可近似为

$$K_{a_{zb}/a_{zd}}=\frac{k_{\dot\psi}k_g}{1-k_gk_{\dot\psi}-k_{\dot\psi}Vk_{ac}} \tag{9-27}$$

根据图 9-24 计算开环增益为

$$K_{\text{open}} = \frac{-(k_g k_{\dot{\psi}} + k_{\dot{\psi}} V k_{ac})}{V} \tag{9-28}$$

式(9－28)代入式(9－27)中，有

$$K_{a_{zb}/a_{zd}} = \frac{k_{\dot{\psi}} k_g}{1 + V K_{\text{open}}} \tag{9-29}$$

由式(9－29)可知，$K_{a_{zb}/a_{zd}}$ 大小与控制系统开环增益 K_{open} 成反比。因此提高控制系统的开环增益，对提高控制系统协调转弯控制能力是有益的。

传统的两回路过载控制系统通常将弹体角速度反馈作为内回路的一部分，这种设计主要通过弹体陀螺仪直接测量角速度，在工程上被广泛采用。然而，随着惯性导航系统技术的进步，现在已经可以通过惯性导航系统的输出，根据速度方向计算得到导弹的侧滑角，从而使得内回路的反馈机制可以由角速度反馈改进为侧滑角速度反馈。下面将讨论这种改进对协调转弯控制能力的影响。

以 $\dot{\beta}$ 为输出量，由式(9－16)给出的状态方程，得到输出方程为

$$\dot{\beta} = [b_\beta \quad 1 \quad -b_\beta] \begin{bmatrix} \psi_V \\ \dot{\psi} \\ \psi \end{bmatrix} + \begin{bmatrix} \frac{1}{V} & -b_\delta \end{bmatrix} \begin{bmatrix} a_{zd} \\ \delta \end{bmatrix} \tag{9-30}$$

δ 到 $\dot{\beta}$ 的传递函数为

$$\frac{\dot{\beta}}{\delta} = \frac{k_a s(B_1 s + 1)}{\frac{s^2}{\omega_m^2} + \frac{2\mu_m}{\omega_m} s + 1} \tag{9-31}$$

式中，

$$k_a = -\frac{a_\delta + a_\omega b_\delta}{a_\beta + a_\omega b_\beta},\ B_1 = \frac{b_\delta}{a_\delta + a_\omega b_\delta}$$

以侧滑角速度反馈为内回路，两回路控制系统框图如图 9－25 所示。

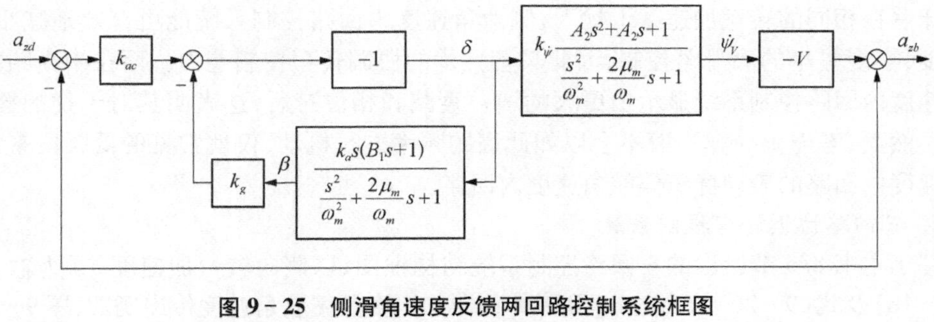

图 9－25　侧滑角速度反馈两回路控制系统框图

根据输出方程，不难得到 a_{zd} 到 $\dot{\beta}$ 的传递函数为

$$\frac{\dot{\beta}}{a_{zd}}=\frac{1}{V}\frac{s(s+a_{\omega})}{s^2+s(a_{\omega}+b_{\beta})+(a_{\beta}+b_{\beta}a_{\omega})}=\frac{1}{V\omega_m^2}\frac{s(s+a_{\omega})}{\frac{s^2}{\omega_m^2}+2\frac{\mu_m}{\omega_m}s+1} \tag{9-32}$$

由式(9-32)可见,当系统进入稳态时,侧向转弯加速度产生的侧滑角速度是零。取 9.81 m/s² 转弯加速度为输入,对应两种结构所产生的不同角速度干扰变化对比曲线如图 9-26 所示。由于受弹体的偏航恢复力矩影响,偏航角速度最终将与速度矢量的转弯角速度相等,同时侧滑角速度也将逐渐减小至零。这表明在导弹侧向转弯过程中,偏航角速度受到持续的干扰影响。如果改为采用侧滑角速度的内回路控制,控制系统的干扰输入会随着时间减小,从而更有效地控制弹体的加速度。

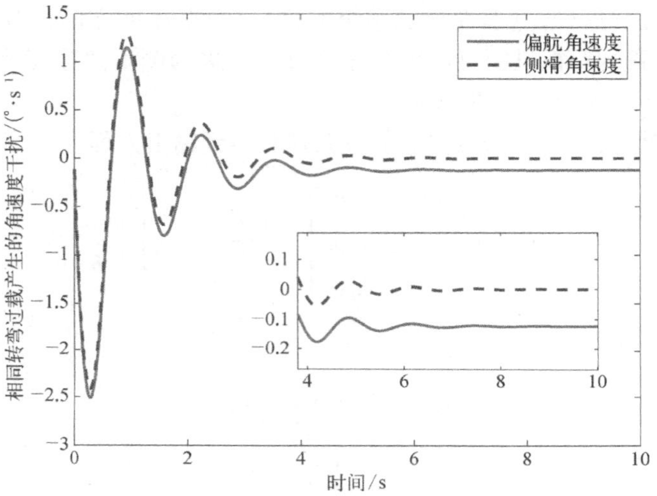

图 9-26　不同角速度干扰变化对比曲线

根据式(9-20)与式(9-32),不难得到采用不同内回路反馈形式两回路控制系统在 BTT 转弯下工作原理框图,如图 9-27 所示。

根据图 9-28 所示的转弯加速度到弹体加速度输出闭环控制系统的 Bode 图,可以观察到在低频段,侧滑角速度内回路控制系统的增益显著低于偏航角速度内回路控制系统。这意味着在相同的转弯加速度干扰下,侧滑角速度内回路控制系统能更有效地减小弹体加速度,实现更小的侧滑角控制,因此具备更优的协调转弯控制能力。而在中高频段,偏航角速度内回路控制系统显示出更大的增益衰减和相位滞后,这表明其对干扰的鲁棒性更强。然而,考虑到导弹一般不会以如此高的频率进行机动,仅就常见的低频段来看,侧滑角速度内回路的表现优于偏航角速度内回路。

2. 三回路协调转弯控制系统

基于本书 8.3 节给出的三回路控制系统结构框图,以侧向转弯加速度 a_{zd} 为输入,取式(9-18)及式(9-20)给出的 a_{zd} 到弹体侧向加速度及偏航角速度传递函数,图 9-29 为考虑以侧向转弯加速度 a_{zd} 为输入之后,用于协调转弯控制三回路控制系统结构框图,其中,同样假设舵机动力学为-1。

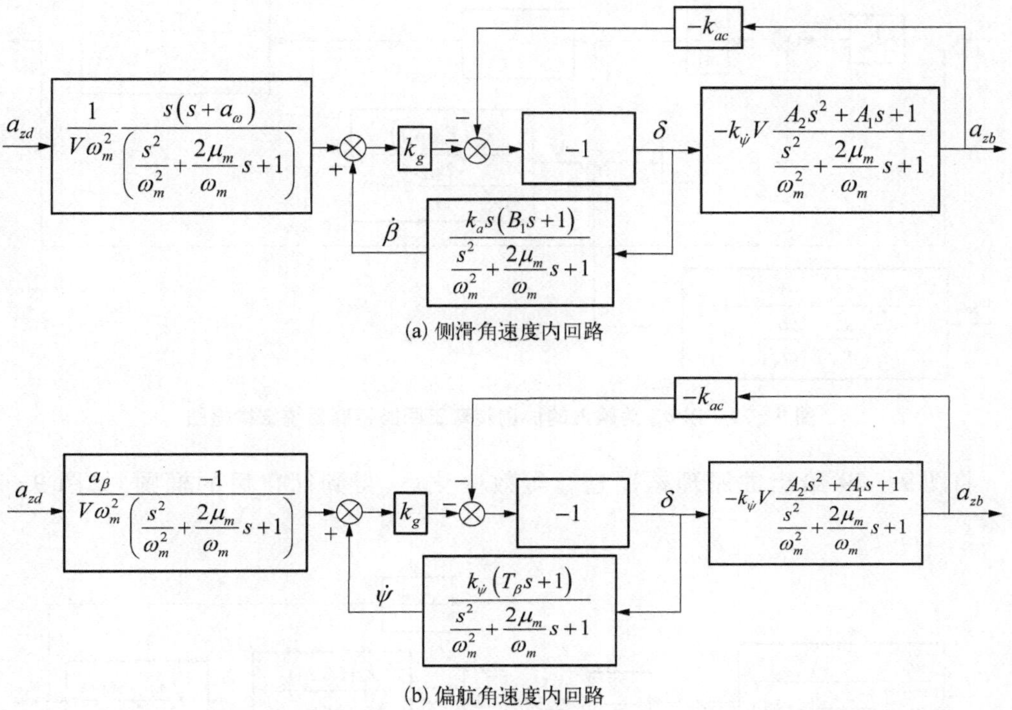

图 9－27　采用不同内回路反馈形式两回路控制系统在 BTT 转弯下工作原理框图

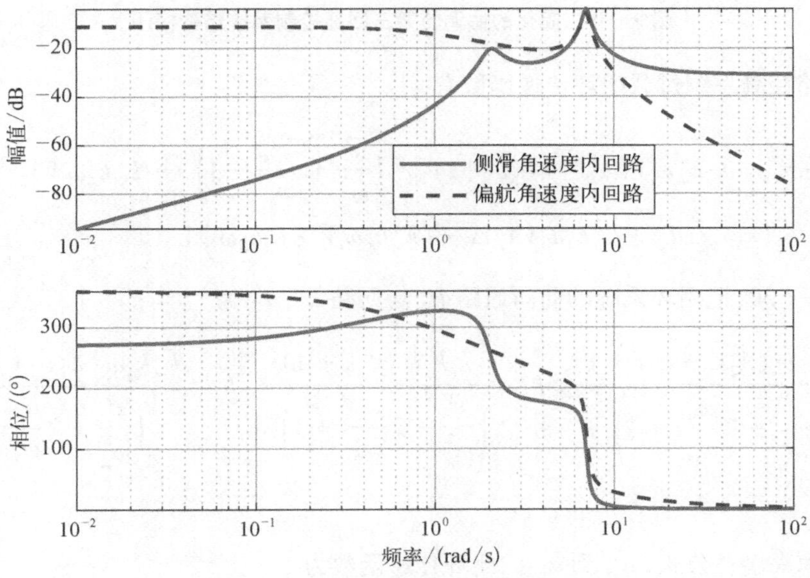

图 9－28　闭环控制系统 Bode 图

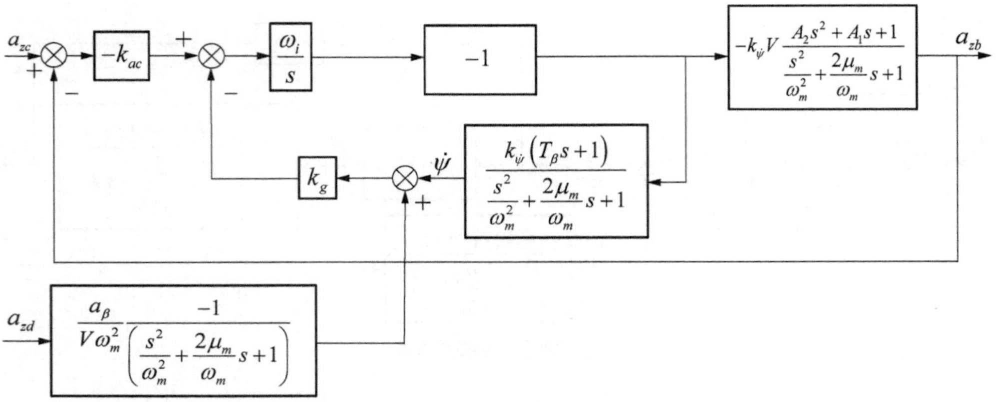

图 9-29　以 a_{zd} 为输入的协调转弯三回路控制系统结构框图

将图 9－29 给出的原理框图进行等效变化后，得到简化后的框图，如图 9－30 所示。

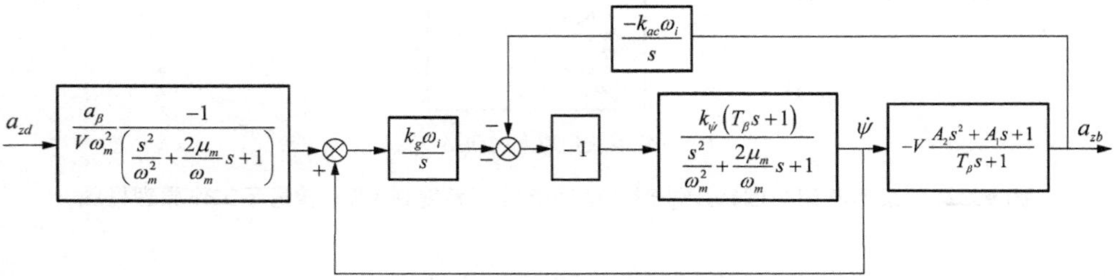

图 9－30　简化的协调转弯三回路控制系统结构框图

三回路控制系统过载闭环传递函数有

$$\frac{a_{zb}}{a_{zc}} = [-k_{\dot\psi}k_{ac}\omega_i V(A_2s^2+A_1s+1)]\Big/\left[\left(\frac{s^2}{\omega_m^2}+\frac{2\mu_m}{\omega_m}+1\right)s - k_{ac}k_{\dot\psi}\omega_i VA_2s^2 - (k_gk_{\dot\psi}\omega_iT_\beta + k_{ac}k_{\dot\psi}\omega_iVA_1)s - (k_{ac}k_{\dot\psi}\omega_iV + k_gk_{\dot\psi}\omega_i)\right] \tag{9-33}$$

由图 9－30，记闭环系统的前向通路 P_1 与回路 L_1，L_2 为

$$P_1 = \frac{a_\beta k_g k_{\dot\psi}\omega_i(A_2s^2+A_1s+1)}{\omega_m^2\left(\frac{s^2}{\omega_m^2}+2\frac{\mu_m}{\omega_m}s+1\right)^2 s},\quad L_1 = \frac{k_gk_{\dot\psi}\omega_i(T_\beta s+1)}{\left(\frac{s^2}{\omega_m^2}+2\frac{\mu_m}{\omega_m}s+1\right)s},\quad L_2 = \frac{k_{ac}k_{\dot\psi}\omega_i(A_2s^2+A_1s+1)V}{\left(\frac{s^2}{\omega_m^2}+2\frac{\mu_m}{\omega_m}s+1\right)s} \tag{9-34}$$

基于梅森增益公式，a_{zd} 到 a_{zb} 的闭环传递函数为

$$\frac{a_{zb}}{a_{zd}} = \frac{P_1}{1-L_1-L_2}$$

$$
= \frac{\dfrac{1}{\omega_m^2}\dfrac{a_\beta k_g k_{\dot\psi}\omega_i(A_2 s^2 + A_1 s + 1)}{\dfrac{s^2}{\omega_m^2} + 2\dfrac{\mu_m}{\omega_m}s + 1}}{\left(\dfrac{s^2}{\omega_m^2} + 2\dfrac{\mu_m}{\omega_m}s + 1\right)s - k_{ac}k_{\dot\psi}\omega_i A_2 V s^2 - (k_{ac}k_{\dot\psi}\omega_i A_1 V + k_g k_{\dot\psi}\omega_i T_\beta)s - (k_{ac}k_{\dot\psi}\omega_i V + k_g k_{\dot\psi}\omega_i)} \tag{9-35}
$$

定义 $K_{a_{zb}/a_{zd}}$ 表示 BTT 导弹单位侧向转弯加速度所产生的控制系统稳态加速度输出，则通过计算式(9-35)稳态增益可得

$$
K_{a_{zb}/a_{zd}} = \frac{a_\beta}{\omega_m^2}\frac{k_g}{k_{ac}V + k_g} \tag{9-36}
$$

在弹体偏航角速度引起偏航力矩的参数 a_ω 是小量时，近似有 $\omega_m = \sqrt{a_\beta}$，从而有

$$
K_{a_{zb}/a_{zd}} \approx \frac{k_g}{k_{ac}V + k_g} \tag{9-37}
$$

式(9-37)给出的闭环增益表示了单位转弯加速度下对应弹体加速度的数值，其值越大，则在稳态时，协调转弯控制系统不能消除的侧滑角越大，其大小由控制系统参数 k_{ac}、k_g 及导弹飞行速度 V 决定。由于控制系统设计要求不同，对应的控制参数同样会发生变化。考虑到三回路控制系统闭环根特点，设控制系统二阶振荡根阻尼为 0.7，图 9-31 为取不同二阶主根频率及一阶根时间常数 τ，对应闭环增益计算结果。

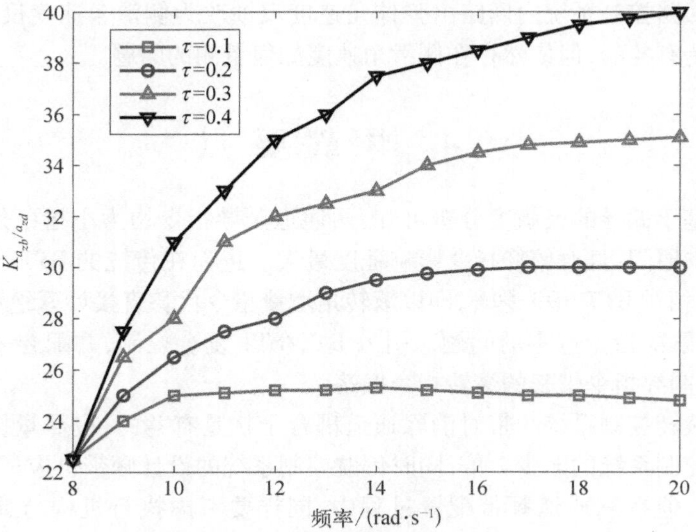

图 9-31　$K_{a_{zb}/a_{zd}}$ 随二阶根主根频率变化曲线

由图 9－31 可见,无论设计的三回路控制系统速度如何提高,在侧向转弯加速度作用下,弹体侧向加速度总是存在的,即无法保证导弹以零侧滑角实现协调转弯。对比不同一阶根时间常数 τ、二阶根频率 ω 对 $K_{a_{zb}/a_{zd}}$ 的影响,不难得出: τ 取值越小,则 $K_{a_{zb}/a_{zd}}$ 越小,表明提高控制系统响应速度,对降低侧向加速度静差是有益的;相同 τ 下,降低二阶根频率 ω, $K_{a_{zb}/a_{zd}}$ 也会略有降低。

3. 小结

通过以上分析,我们可以得出如下结论。

(1) 导弹在 BTT 转弯中,弹体升力在惯性系侧向投影产生导弹的转弯力,使导弹的速度矢量先于弹体轴转动,并产生侧滑角。对于航向静稳定弹体,偏航恢复力矩会使弹轴跟踪速度矢量的旋转,并最终阻止侧滑继续增大。

(2) 导弹的 BTT 运动过程表明航向侧滑角的出现不是导弹运动所必需的,而由其产生的各种气动耦合却往往严重影响到导弹稳定控制,因此必须设计协调转弯支路控制侧滑角,使之迅速减小至零。

(3) 考虑到弹体各种运动参数的可量测性,采用偏航过载控制系统,通过使弹体侧向加速度归零的方式控制侧滑角至零,是比较成熟且可靠的协调转弯控制系统方案。

(4) 对过载控制系统设计来说,BTT 转弯的过程类似于外界对速度矢量直接作用干扰力下的鲁棒性问题,并可等效为由干扰力产生的弹体干扰角速度及加速度;而控制系统必须在此干扰作用下尽可能地响应零加速度的指令。

(5) 对比不同结构过载控制系统,三回路控制系统用于协调转弯控制时侧滑角稳态误差最大,且必须设计足够快的响应速度才能降低误差,这与控制系统本身的特点是不符的;而两回路控制系统同样存在稳态误差,通过设计 PI 校正或滞后校正网络,提供控制系统开环增益,可有效地降低稳态误差,因此协调转弯支路采用带 PI 校正的两回路过载控制系统方案是可行的。

(6) 将两回路控制系统内回路由弹体角速度反馈改为侧滑角速度反馈,对提高协调转弯控制能力是有益的,但依然存在侧滑角速度如何量测的问题。

9.4 本章要点

(1) 通过基于偏导的灵敏度分析可知,两通道制导指令均为小指令是滚转指令计算出现奇异的根本原因,且对俯仰指令影响程度最大。进而在传统的 BTT－90 指令计算模式下,通过改进相对 BTT－90 逻辑,即以滚转角增量指令代替直接计算绝对滚转指令的方式,可以很好地解决指令过零的问题。引入 BTT/STT 复合控制,并配合采用滚转增量限幅,可以消除小制导指令带来的滚转指令振荡。

(2) 提高滚转控制系统频带对消除通道耦合干扰是有益的,应尽量提高滚转控制系统速度至俯仰控制系统的至少 2 倍;同时偏航控制系统的设计频带也应尽量加宽,以抑制侧滑角的产生。但在三通道频带配置过程中,同样要考虑执行机构与弹体本身特性的限制。

(3) 产生侧滑角的根本原因是弹体升力在惯性系侧向投影产生的转弯力使导弹的速

度矢量先于弹体轴转动。对于引入协调支路、侧滑角反馈、侧向加速度反馈等协调转弯控制回路的设计方法,引入侧滑角信息反馈对于提高协调转弯能力是有益的,但工程上存在侧滑角难以准确测量的问题,因而引入协调支路或侧向加速度反馈是较为可行的设计方案。

9.5　思考题

(1) BTT导弹在控制指令计算中,为何会出现奇异性问题,应该如何解决?

(2) BTT导弹三通道控制系统频带分配的原则是什么?

(3) 为什么BTT导弹的控制系统频带要进行合理的配置?

(4) BTT导弹协调转弯的原理是什么,为何要在转弯过程中抑制侧滑角的产生?

(5) 分析侧滑角速度反馈、偏航角速度反馈形式的两回路控制系统的特点和性能。

(6) 为何引入协调支路可以抑制协调转弯过程中侧滑角的产生?

(7) 总结分析BTT导弹与STT导弹的控制设计主要有哪些异同之处。

第 10 章
导弹现代控制方法与设计分析

导弹控制技术受益于科技的不断进步，取得了飞跃性的发展，在控制方法方面尤为显著。现代控制方法以其高效、灵活、适应性强的特点，成为导弹控制系统设计中的重要组成部分。这些方法的独特之处在于其面对复杂多变的战场环境和不确定性因素时，仍能够保持导弹的稳定性和发挥导弹性能的优越性。

导弹的现代控制方法主要包含鲁棒控制、自抗扰控制、滑模控制、神经网络控制、智能控制等方法。在本书中，我们将聚焦于鲁棒控制和自抗扰控制。这两种方法不仅在理论上形成了较为完备的体系，而且在实际应用中取得了显著的成果。鲁棒控制通过强调对系统不确定性和外部扰动的鲁棒性，使导弹能够在各种极端条件下保持稳定。自抗扰控制则通过主动抑制外界扰动，提高系统对扰动的抵抗能力，从而实现导弹在复杂环境中的稳定飞行。本章在编写过程中主要参考了文献[49－52]。

10.1　导弹鲁棒控制设计方法

10.1.1　鲁棒控制原理

20 世纪 80 年代，鲁棒控制理论的出现使得不确定性系统的控制器设计有了坚实的理论支撑。此后，经过几十年的发展，逐渐出现了 H_∞、μ 综合、H_2/H_∞ 等鲁棒控制方法等，本教材将主要介绍 H_∞ 控制方法。

1. Hinf 范数

为了更好地理解 H_∞ 范数，首先引入奇异值的概念。在多变量控制理论中，矩阵的对角分解是一种重要的技术，主要有特征值分解和奇异值分解两种。其中特征值分解的应用受到很多限制，且不能表征系统的输入输出特性；奇异值分解则有一系列超出特征值分解的优点，有利于控制系统的分析和设计。

下面不加证明地直接给出奇异值分解定理。

定理 10.1 设矩阵 $\boldsymbol{A} \in \mathscr{C}^{m\times n}$，则存在酉矩阵 $\boldsymbol{U} \in \mathscr{C}^{m\times m}$和 $\boldsymbol{V} \in \mathscr{C}^{n\times n}$ 使得

$$\boldsymbol{A} = \boldsymbol{U\Sigma V}^* \tag{10-1}$$

式中，* 号表示复共轭转置，$\boldsymbol{\Sigma}$ 是如下定义的矩阵。

$$\boldsymbol{\Sigma} = \begin{bmatrix} \boldsymbol{S} & \boldsymbol{0} \\ \boldsymbol{0} & \boldsymbol{0} \end{bmatrix} \in \mathscr{R}^{m\times n}$$

$$\boldsymbol{S} = \mathrm{diag}(\sigma_1,\ \sigma_2,\ \cdots,\ \sigma_r),\ r \leqslant \min(m,\ n)$$

$$\sigma_1 \geqslant \sigma_2 \geqslant \cdots \geqslant \sigma_r > 0$$

式中,r 是 $\boldsymbol{A}$ 阵的秩。若 $\boldsymbol{A}$ 为实数阵,$\boldsymbol{A} \in \mathscr{R}^{m\times n}$,则 $\boldsymbol{U}$, $\boldsymbol{V}$ 为正交阵。

式(10-1)称为 $\boldsymbol{A}$ 阵的奇异值分解。$\boldsymbol{\Sigma}$ 的主对角线上共有 $\min(m,\ n)$ 个元,其中除前 r 个为正实数外,还可能存在一些 0。包括这一系列 0 在内的所有 $\min(m,\ n)$ 个非负实数都称为 $\boldsymbol{A}$ 阵的奇异值。酉矩阵 $\boldsymbol{U}$ 和 $\boldsymbol{V}$ 的各列分别称为 $\boldsymbol{A}$ 阵的左奇异向量和右奇异向量。

定义 H_∞ 空间(Hardy Space H_∞)为由所有在开右半复平面($\mathrm{Re}s > 0$)上解析(右半复平面无极点)并有界的函数阵 $\boldsymbol{F}(s)$ 所构成的集合。其中,有界是

$$\sup\{\ \|\boldsymbol{F}(s)\|:\ \mathrm{Re}s > 0\} < \infty$$

式中,$\|\boldsymbol{F}(s)\|$ 表示矩阵 $\boldsymbol{F}$ 的范数,该范数即为矩阵的最大奇异值,即 $\|\boldsymbol{F}(s)\| = \sigma_{\max}[\boldsymbol{F}(s)]$。将上述不等式的左侧称为 $\boldsymbol{F}$ 的 H_∞ 范数,即

$$\|\boldsymbol{F}\|_\infty = \sup_{\mathrm{Re}s>0} \sigma_{\max}[\boldsymbol{F}(s)] \tag{10-2}$$

根据最大模原理,可以用虚轴代替式(10-2)中的开右半面,故 H_∞ 范数等于:

$$\|\boldsymbol{F}\|_\infty = \sup_{\omega} \sigma_{\max}[\boldsymbol{F}(j\omega)] \tag{10-3}$$

设 RH_∞ 表示 H_∞ 中的实有理(阵)子空间,对 RH_∞ 来说,解析并有界就是指稳定(即在 $\mathrm{Re}s > 0$ 上是解析的)和真有理。复函数 $\boldsymbol{F}(s)$ 真有理是指 $|\boldsymbol{F}(\infty)|$ 为有限值。因此,粗略地说,H_∞ 空间就是稳定的传递函数阵空间,而 H_∞ 范数就是遍历所有 ω 得出的 $\boldsymbol{F}(j\omega)$ 的最大值奇异值。对于 SISO 系统,H_∞ 范数就是从原点到 Nyquist 图中最远点的距离,即 $\boldsymbol{F}(j\omega)$ 的 Bode 图幅频特性的峰值。

H_∞ 范数是传递函数阵的最大奇异值函数上的最大值,由于在 H_∞ 控制器设计时不能改变原有系统传递函数的奇异值,所以需要采用加权传递函数的 H_∞ 范数作为性能指标。

现给出系统灵敏度的定义,设有如图 10-1 所示的单输入单输出反馈系统,图中 K 为控制器,G 为被控对象。设该系统闭环传递函数 T 为

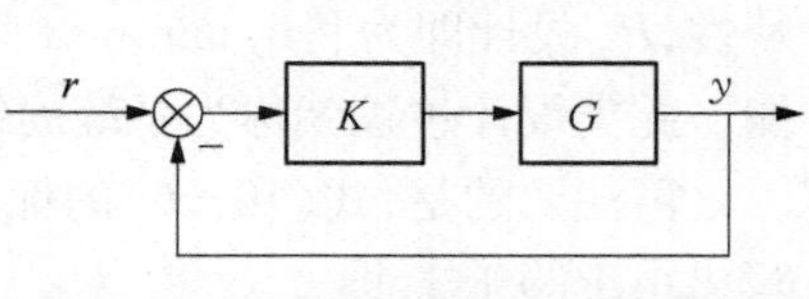

图 10-1　单输入单输出反馈控制系统

$$T = \frac{GK}{1 + GK} \tag{10-4}$$

如果以 G 作为变量,T 为其函数,对式(10-4)进行求导,可得系统的灵敏度定义为

$$S = \frac{G}{T} \times \frac{\mathrm{d}T}{\mathrm{d}G} = \frac{1}{1 + GK} \tag{10-5}$$

式(10-5)指出了一种测量灵敏度的方法,如图 10-2 所示,从扰动 d 到输出 y 的传递函数就是 S。此传递函数表征了系统对扰动 d 的抑制特性,S 则表征扰动对输出的影响。灵敏度也是控制系统的一个重要特性。

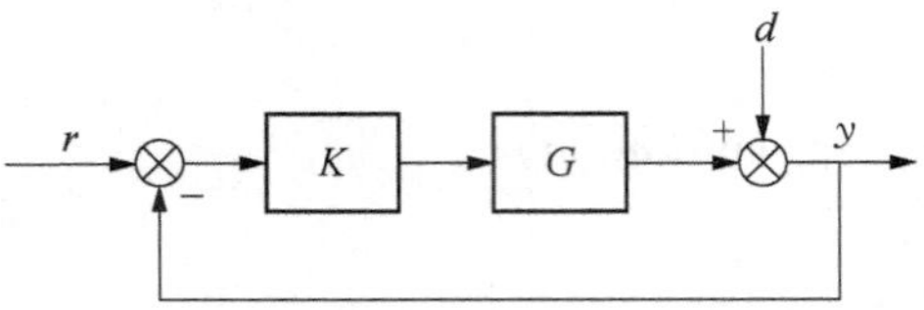

图 10-2　带有扰动的反馈系统框图

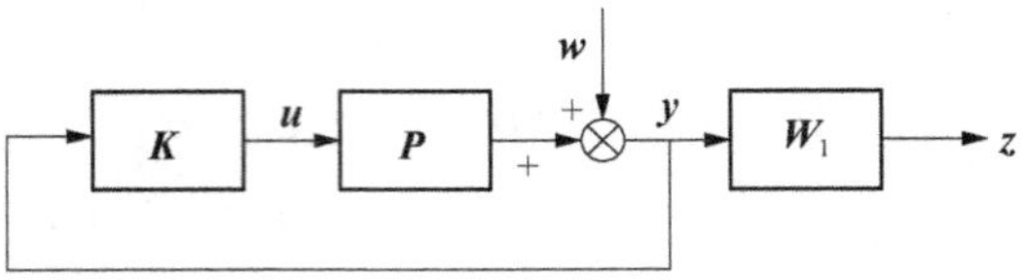

图 10-3　灵敏度问题的框图

现在以图 10-3 为例来说明灵敏度 $\boldsymbol{S}$ 的设计问题，

图 10-3 中 $\boldsymbol{P}$ 为对象，$\boldsymbol{K}$ 为控制器。从扰动输入 w 到 y 的传递函数就是系统的灵敏度 $\boldsymbol{S}=(\boldsymbol{I}+\boldsymbol{PK})^{-1}$。$\boldsymbol{S}$ 代表了系统对扰动的抑制性能。此性能在 H_∞ 设计中需以加权的灵敏度的 H_∞ 范数来表示，即 $\|\boldsymbol{W}_1\boldsymbol{S}\|_\infty$。其中，$\boldsymbol{W}_1$ 是权函数，用以对灵敏度 $\boldsymbol{S}$ 进行限定。而 H_∞ 设计就是指求解下列的优化问题而得出控制器 $\boldsymbol{K}$。

$$\min_K \|\boldsymbol{W}_1(j\omega)\boldsymbol{S}(j\omega)\|_\infty \tag{10-6}$$

注意到上式中的 H_∞ 范数是 $\sigma_{\max}[\boldsymbol{W}_1(j\omega)\boldsymbol{S}(j\omega)]$ 沿频率轴上的最大值，而现在要使其最小，即极小极大(min-max)问题。该问题解是遍历所有 ω，使所有的最大奇异值都达到最小值 γ_0。也就是说，其解具有全通特性。由于权函数 $\boldsymbol{W}_1$ 可由设计者选择，故通常取最小值 $\gamma_0=1$。故 H_∞ 最优设计结果为

$$\sigma_{\max}[\boldsymbol{W}_1(j\omega)\boldsymbol{S}(j\omega)]=1 \tag{10-7}$$

式(10-7)对应于 Bode 图上 0 dB 线，这个结果对理解 H_∞ 设计极为重要。为了简化所用的符号，现在用标量系统来进行说明。

对标量系统来说，式(10-6)的优化结果是

$$|\boldsymbol{W}_1(j\omega)\boldsymbol{S}(j\omega)|=1 \tag{10-8}$$

式(10-8)表明 $\boldsymbol{W}_1$ 和 $\boldsymbol{S}$ 的幅频特性的乘积等于 1。如果权函数取为积分特性，即 $\boldsymbol{W}_1=\rho/s$，则 H_∞ 优化设计结果是系统的灵敏度 $|\boldsymbol{S}|$ 在对数坐标上一定具有 $|\boldsymbol{W}_1|$ 的镜像特性，H_∞ 设计即为利用 min-max 问题的全通解(0 dB 线)使系统具有用权函数所指定的性能。此类设计过程就称为系统的综合。

需注明的是，式(10-6)的优化解 $\gamma_0=1$ 是一个上确界，故 H_∞ 设计中的性能指标一般写成小于等于 1，即

$$\|\boldsymbol{W}_1(j\omega)\boldsymbol{S}(j\omega)\|_\infty \leqslant 1 \tag{10-9}$$

鲁棒稳定性条件为

$$1-\bar{\sigma}[\boldsymbol{LGK}(\boldsymbol{I}+\boldsymbol{GK})^{-1}]>0 \tag{10-10}$$

因为 H_∞ 范数是 $\bar{\sigma}$ 的最大值，故式(10-10)等价于：

$$\|\boldsymbol{LGK}(\boldsymbol{I}+\boldsymbol{GK})^{-1}\|_\infty<1 \tag{10-11}$$

其中，矩阵 $\boldsymbol{L}$ 代表乘性不确定性，其界函数为 $l_m(\omega)$，即

$$\bar{\sigma}[\boldsymbol{L}(j\omega)] < l_m(\omega)$$

现以权函数来代替界函数 $l_m(\omega)$。将上式改写成：

$$\bar{\sigma}[\boldsymbol{L}(j\omega)] < |\boldsymbol{W}_2(j\omega)| \tag{10-12}$$

式中，$\boldsymbol{W}_2$ 称为不确定性的权函数。

根据式(10－11),式(10－12)可得用权函数来表示的鲁棒稳定性条件为

$$\|\boldsymbol{W}_2\boldsymbol{GK}(\boldsymbol{I}+\boldsymbol{GK})^{-1}\|_\infty \leqslant 1 \tag{10-13}$$

式(10－13)表明,鲁棒稳定性判断与性能指标设计(10－9)相同,均为一种针对加权传递函数的 H_∞ 范数的设计问题,设计的概念也是相似的,故可用统一的数学工具来处理。下面仍以标量系统来进行说明。根据全通解的概念,按式(10－13)设计后系统的闭环幅频特性 $|\boldsymbol{T}|$ 一定位于乘性不确定性界函数 $|\boldsymbol{W}_2(j\omega)|$ 的倒数下方,即

$$|\boldsymbol{T}(j\omega)| < \frac{1}{|\boldsymbol{W}_2(j\omega)|}$$

此时闭环系统是鲁棒稳定的。需注意,式(10－11)是鲁棒稳定性的充要条件。用 H_∞ 范数来判别鲁棒稳定性是目前唯一的充要条件。此外,H_∞ 范数亦可用于系统性能的综合。故而常以 H_∞ 范数来进行控制系统设计。

设函数 $H(s)$ 满足:

$$\lim_{s\to\infty} H(s) < +\infty \tag{10-14}$$

则称函数 $H(s)$ 是真的(proper)。

H_∞ 空间是由在 $\mathrm{Re}s > 0$ 上解析,在复矩阵集合 $\mathscr{C}^{m\times n}$ 上取值,且满足:

$$\|\boldsymbol{F}(s)\|_\infty = \sup_{\omega}\{\sigma_{\max}[\boldsymbol{F}(s)]: \mathrm{Re}s > 0\} < +\infty \tag{10-15}$$

的所有函数矩阵 $\boldsymbol{F}(s)$ 所构成的空间。上式定义了函数矩阵 $\boldsymbol{F}(s)$ 的 H_∞ 范数 $\|\boldsymbol{F}(s)\|_\infty$。

对于一个稳定的线性时不变系统,其真的传递函数矩阵 $\boldsymbol{G}(s)$ 的 H_∞ 范数在频域上的定义为

$$\|\boldsymbol{G}(s)\|_\infty = \sup_{\omega}\sigma_{\max}[\boldsymbol{G}(j\omega)] \tag{10-16}$$

其中,$\sigma_{\max}$ 为最大奇异值。当 $\boldsymbol{G}(s)$ 为一个标量传递函数时,H_∞ 范数的几何意义可以理解为关于 $\boldsymbol{G}(s)$ 的 Bode 图中增益的最大值。

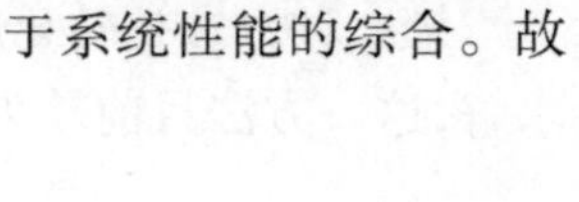

图 10－4　传递函数与输入输出信号

在时域上也可对 H_∞ 范数进行定义。考虑如图 10－4 所示的稳定系统。其中,输入和输出分别为 $\boldsymbol{w}(t)$ 和 $z(t)$,则 $\boldsymbol{G}(s)$ 的 H_∞ 范数定义为

$$\|\boldsymbol{G}\|_\infty = \sup_{\omega\neq 0}\frac{\|\boldsymbol{z}\|_2}{\|\boldsymbol{w}\|_2} \tag{10-17}$$

$\|z\|_2$ 和 $\|w\|_2$ 分别代表输出信号和输入信号的能量，所以 H_∞ 范数反映了输出信号能量和输入信号能量之比的最大值。

下面介绍 H_∞ 范数计算的两种常见方法。

第一种是利用哈密顿矩阵的相关理论。对于真的和稳定的传递函数矩阵 $\boldsymbol{G}(s)=\left[\begin{array}{c|c}\boldsymbol{A} & \boldsymbol{B}\\ \hline \boldsymbol{C} & \boldsymbol{D}\end{array}\right]$，令

$$\begin{aligned}\boldsymbol{R}&=\gamma^2\boldsymbol{I}-\boldsymbol{D}^{\mathrm{T}}\boldsymbol{D}\\ \boldsymbol{S}&=\gamma^2\boldsymbol{I}-\boldsymbol{D}\boldsymbol{D}^{\mathrm{T}}\end{aligned} \tag{10-18}$$

假设 $\gamma>\sigma_{\max}(\boldsymbol{D})$，并定义哈密顿矩阵：

$$\boldsymbol{M}_\gamma=\begin{bmatrix}\boldsymbol{A}+\boldsymbol{B}\boldsymbol{R}^{-1}\boldsymbol{D}^{\mathrm{T}}\boldsymbol{C} & \boldsymbol{B}\boldsymbol{R}^{-1}\boldsymbol{B}^{\mathrm{T}}\\ -\gamma^2\boldsymbol{C}^{\mathrm{T}}\boldsymbol{S}^{-1}\boldsymbol{C} & -(\boldsymbol{A}+\boldsymbol{B}\boldsymbol{R}^{-1}\boldsymbol{D}^{\mathrm{T}}\boldsymbol{C})^{\mathrm{T}}\end{bmatrix} \tag{10-19}$$

则 $\|\boldsymbol{G}\|_\infty<\gamma$ 的充分必要条件是 $\boldsymbol{M}_\gamma$ 在虚轴上没有特征值。可以迭代调整 γ，直至矩阵 $\boldsymbol{M}_\gamma$ 存在虚特征值，使得 γ 接近 $\|\boldsymbol{G}\|_\infty$，从而得到 H_∞ 范数。

第二种方法是转化成线性矩阵不等式（linear matrix inequality, LMI）的代数形式进行求解，这一方法目前较为常见。对于线性时不变连续时间系统：

$$\begin{aligned}\dot{\boldsymbol{x}}(t)&=\boldsymbol{A}\boldsymbol{x}(t)+\boldsymbol{B}\boldsymbol{w}(t)\\ \boldsymbol{z}(t)&=\boldsymbol{C}\boldsymbol{x}(t)+\boldsymbol{D}\boldsymbol{w}(t)\end{aligned} \tag{10-20}$$

其中，$\boldsymbol{x}(t)\in\mathbf{R}^n$ 是系统的状态变量，$\boldsymbol{w}(t)\in\mathbf{R}^n$ 是外部扰动输入，$\boldsymbol{z}(t)\in\mathbf{R}^n$ 是系统输出。$\|\boldsymbol{G}\|_\infty<\gamma$ 的充要条件是，对于一个充分小的常数 $\varepsilon>0$，Riccati 方程：

$$\boldsymbol{X}(\boldsymbol{A}+\boldsymbol{B}\boldsymbol{R}^{-1}\boldsymbol{D}^{\mathrm{T}}\boldsymbol{C})+(\boldsymbol{A}+\boldsymbol{B}\boldsymbol{R}^{-1}\boldsymbol{D}^{\mathrm{T}}\boldsymbol{C})^{\mathrm{T}}\boldsymbol{X}+\boldsymbol{X}\boldsymbol{B}\boldsymbol{R}^{-1}\boldsymbol{B}\boldsymbol{X}+\boldsymbol{C}^{\mathrm{T}}(\boldsymbol{I}+\boldsymbol{D}\boldsymbol{R}^{-1}\boldsymbol{D}^{\mathrm{T}})\boldsymbol{C}+\varepsilon\boldsymbol{I}=0 \tag{10-21}$$

存在正定解 $\boldsymbol{X}>0$。其中，$\boldsymbol{R}=\gamma^2\boldsymbol{I}-\boldsymbol{D}^{\mathrm{T}}\boldsymbol{D}$。

则求解 H_∞ 范数的问题就转化成了求解一个最小的 γ，使得方程式（10－21）存在正定解。方程式（10－21）存在正定解等价于 Riccati 不等式：

$$\boldsymbol{X}(\boldsymbol{A}+\boldsymbol{B}\boldsymbol{R}^{-1}\boldsymbol{D}^{\mathrm{T}}\boldsymbol{C})+(\boldsymbol{A}+\boldsymbol{B}\boldsymbol{R}^{-1}\boldsymbol{D}^{\mathrm{T}}\boldsymbol{C})^{\mathrm{T}}\boldsymbol{X}+\boldsymbol{X}\boldsymbol{B}\boldsymbol{R}^{-1}\boldsymbol{B}\boldsymbol{X}+\boldsymbol{C}^{\mathrm{T}}(\boldsymbol{I}+\boldsymbol{D}\boldsymbol{R}^{-1}\boldsymbol{D}^{\mathrm{T}})\boldsymbol{C}<0 \tag{10-22}$$

存在正定解 $\boldsymbol{X}>0$。由 Schur 补定理，式（10－22）等价于下述 LMI 成立。

$$\begin{bmatrix}\boldsymbol{X}\boldsymbol{A}+\boldsymbol{A}^{\mathrm{T}}\boldsymbol{X} & \boldsymbol{X}\boldsymbol{B} & \boldsymbol{C}^{\mathrm{T}}\\ \boldsymbol{B}^{\mathrm{T}}\boldsymbol{X}^{\mathrm{T}} & -\gamma^2\boldsymbol{I} & \boldsymbol{D}^{\mathrm{T}}\\ \boldsymbol{C} & \boldsymbol{D} & -\boldsymbol{I}\end{bmatrix}<0 \tag{10-23}$$

对于上述 LMI 两边同时左乘和右乘矩阵 $\mathrm{diag}\{\gamma^{-0.5}\boldsymbol{I},\gamma^{-0.5}\boldsymbol{I},\gamma^{0.5}\boldsymbol{I}\}$，并记 $\boldsymbol{P}=\gamma^{-1}\boldsymbol{X}$，则式（10－23）可以转化为如下的等价 LMI：

$$\begin{bmatrix} PA + A^{\mathrm{T}}P & PB & C^{\mathrm{T}} \\ B^{\mathrm{T}}P^{\mathrm{T}} & -\gamma I & D^{\mathrm{T}} \\ C & D & -\gamma I \end{bmatrix} < 0 \tag{10-24}$$

于是，式(10－20)中系统 H_∞ 范数的求解问题最终可以转化为如下的优化问题：

$$\begin{aligned} &\min \quad \gamma \\ &\text{s.t.} \quad 式(10-22)\ 成立且\ P > 0 \end{aligned} \tag{10-25}$$

找到最小的 γ，即为 $\|G\|_\infty$ 的值。该问题可以利用 LMI 工具箱进行求解。

2. Hinf 标准问题

一般的控制问题都可以转化成如图 10－5 所示的标准 H_∞ 问题。其中，G 为广义控制对象，是系统固有的部分；K 为控制器，是需要进行设计的部分；w 为参考信号及外部干扰等所有外部输入信号；u 是控制信号；y 是系统输出量；z 为表示性能要求的加权输出。H_∞ 控制通常会将系统输出 y、控制信号 u 和跟踪误差作为待设计指标要求，并从这三项中选择一个或几个作为受控输出信号。

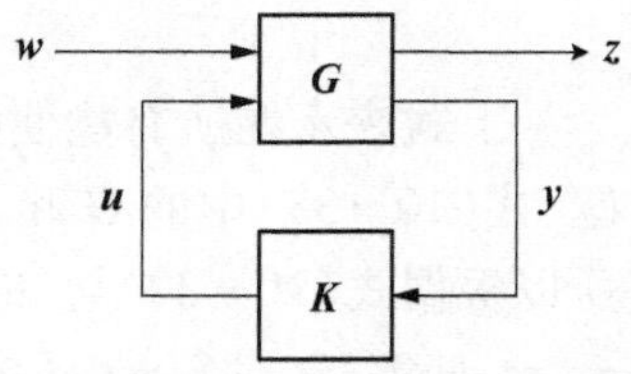

图 10－5　标准 H_∞ 控制问题的基本框图

假设 G 和 K 均是 LTI 系统的传递函数矩阵，即形式为 $G(s)$ 和 $K(s)$，且均是真有理的，则可以把 $G(s)$ 分解为

$$G(s) = \begin{bmatrix} G_{11} & G_{12} \\ G_{21} & G_{22} \end{bmatrix} \tag{10-26}$$

则 w, z, u, y 四个变量之间的关系可以表示为

$$\begin{aligned} z &= G_{11}w + G_{12}u \\ y &= G_{21}w + G_{22}u \end{aligned} \tag{10-27}$$

其状态空间实现为

$$\begin{aligned} \dot{x} &= Ax + B_1 w + B_2 u \\ z &= C_1 x + D_{11} w + D_{12} u \\ y &= C_2 x + D_{21} w + D_{22} u \end{aligned} \tag{10-28}$$

记为

$$G = \begin{bmatrix} A & B_1 & B_2 \\ C_1 & D_{11} & D_{12} \\ C_2 & D_{21} & D_{22} \end{bmatrix} \tag{10-29}$$

故有

$$G_{ij}(s) = C_i(sI - A^{-1})B_j + D_{ij} \quad i, j = 1, 2 \tag{10-30}$$

设控制器 K 的状态空间形式实现为

$$u = Ky \tag{10-31}$$

将其代入式(10-28),若 $I - G_{22}K$ 是可逆的有理矩阵,则由 w 到 z 的闭环传递函数矩阵为

$$T_{zw}(s) = G_{11} + G_{12}K(I - G_{22}K)^{-1}G_{21} = F_l(G, K) \tag{10-32}$$

式(10-32)即称为 G 和 K 的下线性分式变换(lower linear fraction transformation, LLFT),记为 $F_l(G, K)$。

若系统的传递函数 $T_{zw}(s)$ 能用线性分式变换 $F_l(G, K)$ 来表示,就表明这个系统具有标准问题的结构(图 10-5)。此时 H_∞ 优化问题就可写成:

$$\text{minimize} \ \| F_l(G, K) \|_\infty \tag{10-33}$$

上式表示在所有能使闭环系统稳定的控制器集合上来寻求极小。另外,针对 H_∞ 问题,式(10-33)中的 G 和 K 还需满足一个基本假设。这是因为 H_∞ 问题要求 $F_l \in RH_\infty$,所以根据式(10-32)可知,这里就要假设 G 和 K 均实有理且真有理。这里真有理是指在 $s=\infty$ 处解析,对 SISO 系统来说就是指 $|G(\infty)|$, $|K(\infty)|$ 为有限值。由于设计时对象 G 是已知的,其是否满足要求是可以查验的,而控制器 K 是待求的,故此处真有理的假设就转化为对设计结果的要求。G 和 K 是否均为实有理且真有理的假设也是 H_∞ 理论中要考虑到的一个重要因素。

现将标准问题用定义的形式归纳如下。这里设系统为图 10-5 所示,其中, G 是真有理和已知的。

定义 10.1 H_∞ 标准问题是指求解一真有理的控制器 K, 使从 w 到 z 的传递函数阵的 H_∞ 范数为最小,而极小化的约束条件是 K 镇定 G。

定义 10.1 中的约束条件: K 镇定 G, 指的就是内稳定。其实这里对稳定性并没有引入新的概念,如果图 10-5 中 G 和 K 用的都是状态空间模型,那么 K 镇定 G 就是指当输入 $w=0$ 时, G 和 K 的各状态变量都能从各初始值回到零。但是在 H_∞ 问题中,系统的性能是用传递函数来表示的,有可能有不稳定零极点的对消,即非内稳定。因此,系统的稳定性就不能仅根据输入 w 到输出的传递函数 $T_{zw}(s)$ 来判断。

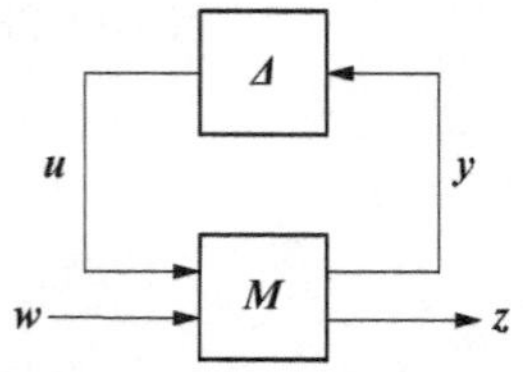

图 10-6 鲁棒控制性能问题的基本形式

这里要说明的是,内稳定的概念对于基于传递函数的 H_∞ 设计虽然很重要,但并不是每次设计都要去进行判别。这个概念主要贯穿于 H_∞ 控制的各个理论之中,使设计所得的 H_∞ 控制器一定是使系统内稳定的。

上线性分式变换(upper linear fraction transformation, ULFT)和下线性分式变换(lower linear fraction transformation, LLFT)互相对偶。在鲁棒性能问题的求解当中,所有的问题都将化简为如图 10-6 所示的结构。

有

$$\begin{bmatrix} y \\ z \end{bmatrix} = M(s)\begin{bmatrix} u \\ w \end{bmatrix} \tag{10-34}$$

将 $\boldsymbol{M}(s)$ 分解成：

$$\boldsymbol{M}(s)=\begin{bmatrix}\boldsymbol{M}_{11}(s) & \boldsymbol{M}_{12}(s)\\ \boldsymbol{M}_{21}(s) & \boldsymbol{M}_{22}(s)\end{bmatrix} \tag{10-35}$$

并将 $\boldsymbol{M}(s)$、$\boldsymbol{\Delta}(s)$ 和 $\boldsymbol{M}_{ij}(s)$ 分别简写为 $\boldsymbol{M}$、$\boldsymbol{\Delta}$ 及 $\boldsymbol{M}_{ij}(i,\ j=1,\ 2)$，则由 $\boldsymbol{w}$ 到 $\boldsymbol{z}$ 的闭环传递函数矩阵为

$$\boldsymbol{T}_{zw}(s)=\boldsymbol{M}_{22}+\boldsymbol{M}_{21}\boldsymbol{\Delta}(\boldsymbol{I}-\boldsymbol{M}_{11}\boldsymbol{\Delta})^{-1}\boldsymbol{M}_{12} \tag{10-36}$$

其为 $\boldsymbol{M}$ 和 $\boldsymbol{\Delta}$ 的 ULFT，记作 $F_u(\boldsymbol{M},\ \boldsymbol{\Delta})$。

10.1.2　导弹鲁棒控制系统设计与分析

本节以 BTT 导弹滚转通道、俯仰–偏航通道的鲁棒控制系统设计为例，给出导弹鲁棒控制系统设计与分析的基本流程。对于 STT 导弹而言，设计流程基本相同。

1. 鲁棒控制模型建立

根据第 7 章 7.3 节给出的小扰动线性化方程，并简记 $c_1=c_{\omega_x}$，$c_3=c_{\delta_x}$，BTT 导弹滚转通道控制模型为

$$\begin{aligned}\dot{\gamma}&=\omega_x\\ \dot{\omega}_x&=-c_1\omega_x-c_3\delta_x\end{aligned} \tag{10-37}$$

则不考虑不确定性时，滚转通道的控制系统框图如图 10-7 所示：

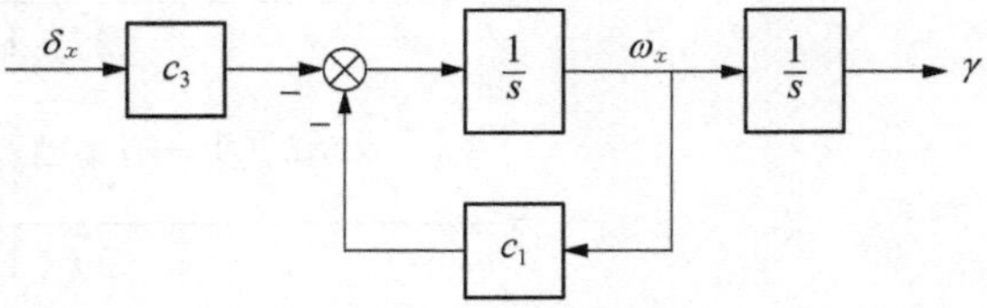

图 10-7　滚转通道框图

对于滚转通道，需考虑的不确定性参数有 ρ、V、J_x、$m_x^{\bar{\omega}_x}$、$m_x^{\delta_x}$，各个参数的不确定性可用下式来表示：

$$\begin{aligned}\rho&=\bar{\rho}(1+p_\rho\Delta_\rho)\\ V&=\bar{V}(1+p_V\Delta_V)\\ J_x&=\bar{J}_x(1+p_{J_x}\Delta_{J_x})\\ m_x^{\bar{\omega}_x}&=\bar{m}_x^{\bar{\omega}_x}(1+p_{m_x^{\bar{\omega}_x}}\Delta_{m_x^{\bar{\omega}_x}})\\ m_x^{\delta_x}&=\bar{m}_x^{\delta_x}(1+p_{m_x^{\delta_x}}\Delta_{m_x^{\delta_x}})\end{aligned} \tag{10-38}$$

式中，$\bar{\rho}$、$\bar{V}$、$\bar{J}_x$、$\bar{m}_x^{\bar{\omega}_x}$、$\bar{m}_x^{\delta_x}$ 分别为大气密度、飞行速度、沿导弹弹体坐标系 x 轴的转动惯量、滚转阻尼力矩系数及副翼操纵力矩系数各自的名义值；p_ρ、p_V、p_{J_x}、$p_{m_x^{\bar{\omega}_x}}$、$p_{m_x^{\delta_x}}$ 分别为大气密度、飞行速度、沿导弹弹体坐标系 x 轴的转动惯量、滚转阻尼力矩系数以及副翼操纵力矩系数的不确定范围；Δ_ρ、Δ_V、Δ_{J_x}、$\Delta_{m_x^{\bar{\omega}_x}}$、$\Delta_{m_x^{\delta_x}}$ 分别为各不确定性块中的不确定大小，其范围是$[-1,\ 1]$。

考虑在飞行过程中，实际气动参数与名义值相比存在 ±20% 偏差，沿弹体坐标系 x 轴

转动惯量存在 ±10% 偏差,实际飞行速度与名义飞行速度相比存在 ±10% 偏差。故各个参数的不确定性范围是

$$
\begin{aligned}
&V \in [0.9\bar{V},\ 1.1\bar{V}] \\
&J_x \in [0.9\bar{J}_x,\ 1.1\bar{J}_x] \\
&m_x^{\bar{\omega}_x} \in [0.8\bar{m}_x^{\bar{\omega}_x},\ 1.2\bar{m}_x^{\bar{\omega}_x}] \\
&m_x^{\delta_x} \in [0.8\bar{m}_x^{\delta_x},\ 1.2\bar{m}_x^{\delta_x}]
\end{aligned}
\tag{10-39}
$$

而给定大气密度的不确定性范围是

$$
\rho \in [0.955\bar{\rho},\ 1.005\bar{\rho}] \tag{10-40}
$$

由于各个不确定参数在滚转通道控制模型中是相乘或者相除的关系,可以将多个不确定性参数合在一起,简化滚转通道系统模型如下式所示。

$$
\begin{aligned}
c_1 &= -\frac{m_x^{\bar{\omega}_x} qSL^2}{J_x V} = -\frac{m_x^{\bar{\omega}_x} \rho VSL^2}{2J_x} \\
&= -\frac{\bar{m}_x^{\bar{\omega}_x}(1 + p_{m_x^{\bar{\omega}_x}}\Delta_{m_x^{\bar{\omega}_x}})\bar{\rho}(1 + p_\rho\Delta_\rho)\bar{V}(1 + p_V\Delta_V)SL^2}{2\bar{J}_x(1 + p_{J_x}\Delta_{J_x})} \\
&= -\frac{\bar{m}_x^{\bar{\omega}_x}\bar{\rho}\bar{V}SL^2(1 + p_{m_x^{\bar{\omega}_x}}\Delta_{m_x^{\bar{\omega}_x}})(1 + p_\rho\Delta_\rho)(1 + p_V\Delta_V)}{2\bar{J}_x(1 + p_{J_x}\Delta_{J_x})} \\
&= \bar{c}_1(1 + p_{c_1}\Delta_{c_1}) \\
c_3 &= -\frac{m_x^{\delta_x} qSL}{J_x} = -\frac{m_x^{\delta_x} \rho V^2 SL}{2J_x} \\
&= -\frac{\bar{m}_x^{\delta_x}(1 + p_{m_x^{\bar{\delta}_x}}\Delta_{m_x^{\bar{\delta}_x}})\bar{\rho}(1 + p_\rho\Delta_\rho)\bar{V}^2(1 + p_V\Delta_V)^2 SL}{2\bar{J}_x(1 + p_{J_x}\Delta_{J_x})} \\
&= -\frac{\bar{m}_x^{\delta_x}\bar{\rho}\bar{V}^2 SL(1 + p_{m_x^{\bar{\delta}_x}}\Delta_{m_x^{\bar{\delta}_x}})(1 + p_\rho\Delta_\rho)(1 + p_V\Delta_V)^2}{2\bar{J}_x(1 + p_{J_x}\Delta_{J_x})} \\
&= \bar{c}_3(1 + p_{c_3}\Delta_{c_3})
\end{aligned}
\tag{10-41}
$$

式中,$\bar{c}_1$、$\bar{c}_3$ 分别是系数 c_1、c_3 的名义值;p_{c_1}、p_{c_3} 分别是系数 c_1、c_3 的不确定性范围;Δ_{c_1}、Δ_{c_3} 为不确定性大小,Δ_{c_1}、$\Delta_{c_3} \in [-1,\ 1]$。

对于式(10-41),可以采取 ULFT 的形式表示:

$$
c_1 = F_U(\boldsymbol{M}_{c_1},\ \Delta_{c_1}),\ c_3 = F_U(\boldsymbol{M}_{c_3},\ \Delta_{c_3}) \tag{10-42}
$$

其中,

$$\boldsymbol{M}_{c_1} = \begin{bmatrix} 0 & \bar{c}_1 \\ p_{c_1} & \bar{c}_1 \end{bmatrix}, \boldsymbol{M}_{c_3} = \begin{bmatrix} 0 & \bar{c}_3 \\ p_{c_3} & \bar{c}_3 \end{bmatrix} \tag{10-43}$$

用上线性分式变换可以表示为

$$\begin{gathered} \begin{bmatrix} y_{c_1} \\ v_{c_1} \end{bmatrix} = \begin{bmatrix} 0 & \bar{c}_1 \\ p_{c_1} & \bar{c}_1 \end{bmatrix} \begin{bmatrix} u_{c_1} \\ \omega_x \end{bmatrix} \\ \begin{bmatrix} y_{c_3} \\ v_{c_3} \end{bmatrix} = \begin{bmatrix} 0 & \bar{c}_3 \\ p_{c_3} & \bar{c}_3 \end{bmatrix} \begin{bmatrix} u_{c_3} \\ \delta_{x\text{real}} \end{bmatrix} \end{gathered} \tag{10-44}$$

对于图 10－7 所示的框图，加入不确定性之后可以表示为图 10－8。

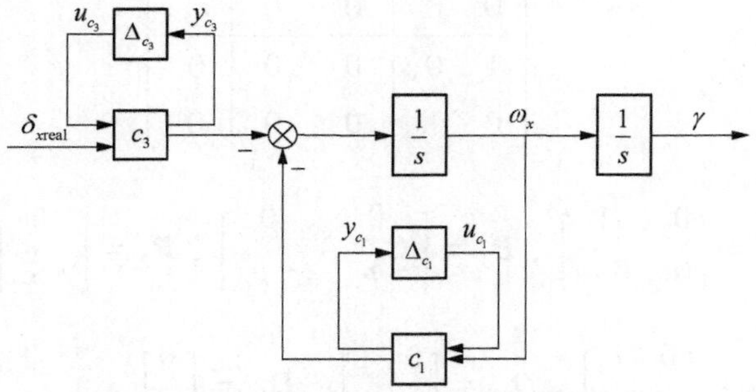

图 10－8　滚转通道含不确定性参数系统框图

进而有

$$\begin{aligned} &\dot{\gamma} = \omega_x \\ &\dot{\omega}_x = -v_{c_1} - v_{c_3} \\ &y_{c_1} = \bar{c}_1 \omega_x \\ &y_{c_3} = \bar{c}_3 \delta_{x\text{real}} \\ &v_{c_1} = p_{c_1} u_{c_1} + \bar{c}_1 \omega_x \\ &v_{c_3} = p_{c_3} u_{c_3} + \bar{c}_3 \delta_{x\text{real}} \\ &y_1 = \gamma \\ &y_2 = \omega_x \\ &u_{c_1} = \Delta_{c_1} y_{c_1} \\ &u_{c_3} = \Delta_{c_3} y_{c_3} \end{aligned} \tag{10-45}$$

将式(10－45)化成状态空间方程描述的形式：

$$\begin{bmatrix} \dot{\gamma} \\ \dot{\omega}_x \\ y_{c_1} \\ y_{c_3} \\ \gamma \\ \omega_x \end{bmatrix} = \left[\begin{array}{cc|cc|c} 0 & 1 & 0 & 0 & 0 \\ 0 & -\bar{c}_1 & -p_{c_1} & -p_{c_3} & -\bar{c}_3 \\ \hline 0 & \bar{c}_1 & 0 & 0 & 0 \\ 0 & 0 & 0 & 0 & \bar{c}_3 \\ \hline 1 & 0 & 0 & 0 & 0 \\ 0 & 1 & 0 & 0 & 0 \end{array}\right] \begin{bmatrix} \gamma \\ \omega_x \\ u_{c_1} \\ u_{c_3} \\ \delta_{x\mathrm{real}} \end{bmatrix} \tag{10-46}$$

再记

$$\boldsymbol{G}_{\mathrm{sys}} = \left[\begin{array}{cc|cc|c} 0 & 1 & 0 & 0 & 0 \\ 0 & -\bar{c}_1 & -p_{c_1} & -p_{c_3} & -\bar{c}_3 \\ \hline 0 & \bar{c}_1 & 0 & 0 & 0 \\ 0 & 0 & 0 & 0 & \bar{c}_3 \\ \hline 1 & 0 & 0 & 0 & 0 \\ 0 & 1 & 0 & 0 & 0 \end{array}\right] \tag{10-47}$$

$$\begin{gathered} \boldsymbol{A} = \begin{bmatrix} 0 & 1 \\ 0 & -\bar{c}_1 \end{bmatrix},\ \boldsymbol{B}_1 = \begin{bmatrix} 0 & 0 \\ -p_{c_1} & -p_{c_3} \end{bmatrix},\ \boldsymbol{B}_2 = \begin{bmatrix} 0 \\ -\bar{c}_3 \end{bmatrix} \\ \boldsymbol{C}_1 = \begin{bmatrix} 0 & \bar{c}_1 \\ 0 & 0 \end{bmatrix},\ \boldsymbol{D}_{11} = \begin{bmatrix} 0 & 0 \\ 0 & 0 \end{bmatrix},\ \boldsymbol{D}_{12} = \begin{bmatrix} 0 \\ \bar{c}_3 \end{bmatrix} \\ \boldsymbol{C}_2 = \begin{bmatrix} 1 & 0 \\ 0 & 1 \end{bmatrix},\ \boldsymbol{D}_{21} = \begin{bmatrix} 0 & 0 \\ 0 & 0 \end{bmatrix},\ \boldsymbol{D}_{22} = \begin{bmatrix} 0 \\ 0 \end{bmatrix} \end{gathered} \tag{10-48}$$

将式(10-48)变化为上线性分式变换的形式,如图 10-9 所示,可得

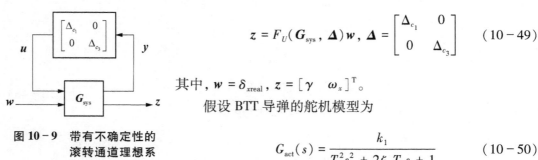

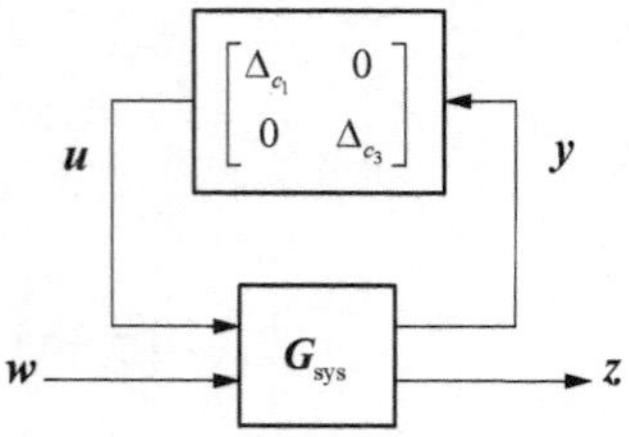

图 10-9 带有不确定性的滚转通道理想系统模型

$$\boldsymbol{z} = F_U(\boldsymbol{G}_{\mathrm{sys}}, \boldsymbol{\Delta})\boldsymbol{w},\ \boldsymbol{\Delta} = \begin{bmatrix} \Delta_{c_1} & 0 \\ 0 & \Delta_{c_3} \end{bmatrix} \tag{10-49}$$

其中,$\boldsymbol{w} = \delta_{x\mathrm{real}}$,$\boldsymbol{z} = [\gamma \quad \omega_x]^{\mathrm{T}}$。

假设 BTT 导弹的舵机模型为

$$G_{\mathrm{act}}(s) = \frac{k_1}{T_1^2 s^2 + 2\xi_1 T_1 s + 1} \tag{10-50}$$

其中,$k_1 = 1$;$T_1 = 0.045$;$\xi_1 = 0.707$。

在加入舵机模型后,可以得到滚转通道系统模型为图 10-10,可将其进一步转化为图 10-11。

对于 BTT 导弹的俯仰-偏航通道,在本书 7.3.1 节同样已建立控制模型,为了设

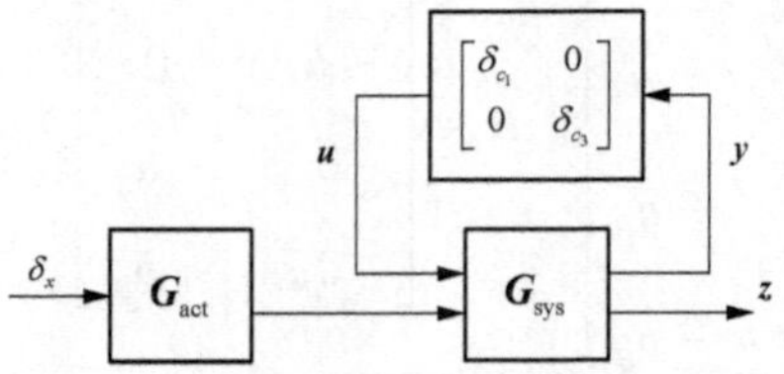

图 10-10　滚转通道系统未简化模型

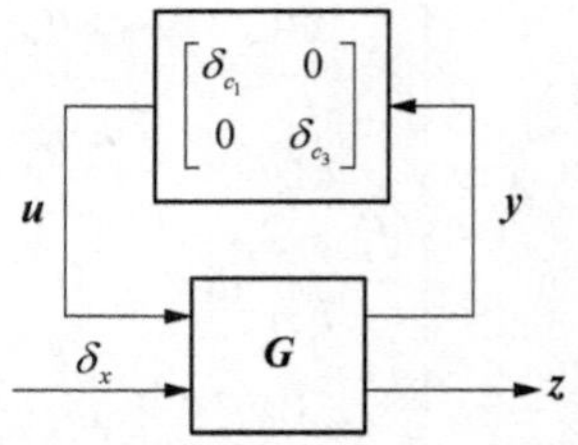

图 10-11　滚转通道系统简化模型

计简便,忽略俯仰通道与偏航通道无因次下洗阻尼力矩系数带来的影响,得到如下模型:

$$\begin{cases}\dot{\omega}_y = -a_{\omega_y}\omega_y + \dfrac{J_z - J_x}{J_y}\omega_x\omega_z - a_\beta\beta - a_{\delta_y}\delta_y \\ \dot{\omega}_z = -a_{\omega_z}\omega_z + \dfrac{J_x - J_y}{J_z}\omega_x\omega_y - a_\alpha\alpha - a_{\delta_z}\delta_z \\ \dot{\alpha} = \omega_z - \omega_x\beta - b_\alpha\alpha - b_{\delta_z}\delta_z \\ \dot{\beta} = \omega_y + \omega_x\alpha - b_\beta\beta - b_{\delta_y}\delta_y \\ n_y = V(b_\alpha\alpha + b_{\delta_z}\delta_z)/g \\ n_z = -V(b_\beta\beta + b_{\delta_y}\delta_y)/g \end{cases} \tag{10-51}$$

不包含不确定性参数的模型如图 10-12。

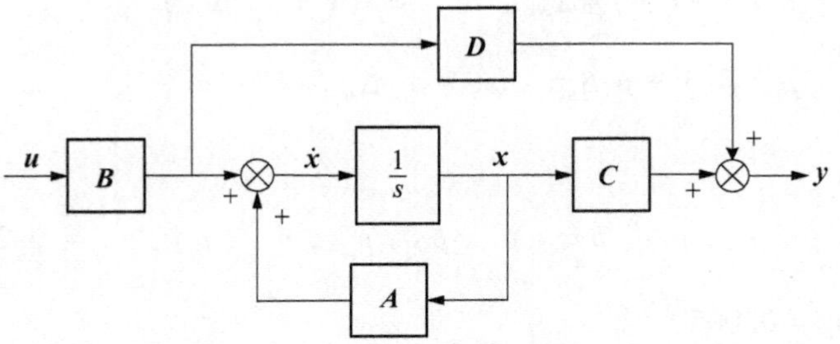

图 10-12　俯仰-偏航通道框图

$$\begin{aligned}\dot{x} &= Ax + Bu \\ y &= Cx + Du\end{aligned} \tag{10-52}$$

其中, $\boldsymbol{x}$ 为状态变量; $\boldsymbol{y}$ 为输出变量; $\boldsymbol{u}$ 为控制变量。

$$\begin{aligned}\boldsymbol{x} &= [\omega_z \quad \alpha \quad \omega_y \quad \beta]^{\mathrm{T}} \\ \boldsymbol{y} &= [n_y \quad n_z]^{\mathrm{T}} \\ \boldsymbol{u} &= [\delta_z \quad \delta_y]^{\mathrm{T}}\end{aligned} \tag{10-53}$$

$$A=\begin{bmatrix} -a_{\omega_z} & -a_\alpha & \dfrac{J_x-J_y}{J_z}\omega_x & 0 \\ 1 & -b_\alpha & 0 & -\omega_x \\ \dfrac{J_z-J_x}{J_y}\omega_x & 0 & -a_{\omega_y} & -a_\beta \\ 0 & \omega_x & 1 & -b_\beta \end{bmatrix},\ B=\begin{bmatrix} -a_{\delta_z} & 0 \\ -b_{\delta_z} & 0 \\ 0 & -a_{\delta_y} \\ 0 & -b_{\delta_y} \end{bmatrix} \tag{10-54}$$

$$C=\begin{bmatrix} 0 & \dfrac{Vb_\alpha}{g} & 0 & 0 \\ 0 & 0 & 0 & -\dfrac{Vb_\beta}{g} \end{bmatrix},\ D=\begin{bmatrix} \dfrac{Vb_{\delta_z}}{g} & 0 \\ 0 & -\dfrac{Vb_{\delta_y}}{g} \end{bmatrix}$$

对于俯仰-偏航通道,需要考虑的具有不确定性的参数有

$$\begin{aligned} & m_z^{\bar{\omega}_z}=\overline{m_z^{\bar{\omega}_z}}(1+p_{m_z^{\bar{\omega}_z}}\Delta_{m_z^{\bar{\omega}_z}}) \quad m_z^\alpha=\overline{m_z^\alpha}(1+p_{m_z^\alpha}\Delta_{m_z^\alpha}) \\ & m_z^{\delta_z}=\overline{m_z^{\delta_z}}(1+p_{m_z^{\delta_z}}\Delta_{m_z^{\delta_z}}) \quad m_y^{\bar{\omega}_y}=\overline{m_y^{\bar{\omega}_y}}(1+p_{m_y^{\bar{\omega}_y}}\Delta_{m_y^{\bar{\omega}_y}}) \\ & c_y^\alpha=\overline{c_y^\alpha}(1+p_{c_y^\alpha}\Delta_{c_y^\alpha}) \quad c_y^{\delta_z}=\overline{c_y^{\delta_z}}(1+p_{c_y^{\delta_z}}\Delta_{c_y^{\delta_z}}) \\ & m_y^\beta=\overline{m_y^\beta}(1+p_{m_y^\beta}\Delta_{m_y^\beta}) \quad m_y^{\delta_y}=\overline{m_y^{\delta_y}}(1+p_{m_y^{\delta_y}}\Delta_{m_y^{\delta_y}}) \\ & c_z^\beta=\overline{c_z^\beta}(1+p_{c_z^\beta}\Delta_{c_z^\beta}) \quad c_z^{\delta_y}=\overline{c_z^{\delta_y}}(1+p_{c_z^{\delta_y}}\Delta_{c_z^{\delta_y}}) \\ & \rho=\bar{\rho}(1+p_\rho\Delta_\rho) \quad \omega_x=p_{\omega_x}\Delta_{\omega_x} \end{aligned} \tag{10-55}$$

其中,

$$\begin{aligned} & p_{m_z^{\bar{\omega}_z}},\ p_{m_z^\alpha},\ p_{m_z^{\delta_z}},\ p_{m_y^{\bar{\omega}_y}},\ p_{c_y^\alpha},\ p_{c_y^{\delta_z}},\ p_{m_y^\beta},\ p_{m_y^{\delta_y}},\ p_{c_z^\beta},\ p_{c_z^{\delta_y}}=0.2 \\ & p_\rho=0.005 \\ & p_{\omega_x}=5 \end{aligned}$$

2. BTT 滚转通道鲁棒控制器设计

H_∞ 最优控制问题为:对于如图 10-5 所示的闭环控制系统,寻找一个真的实有理控制器 $\boldsymbol{K}$,使闭环控制系统内部稳定,且最小化闭环传递函数矩阵 $\boldsymbol{T}_{zw}(s)$ 的 H_∞ 范数,即

$$\min \|\boldsymbol{F}_l(\boldsymbol{G},\ \boldsymbol{K})\|_\infty,\text{并且}\ \boldsymbol{K}\ \text{镇定}\ \boldsymbol{G} \tag{10-56}$$

H_∞ 次优控制问题为:对于如图 10-5 所示的闭环控制系统,寻找一个真的实有理控制器 $\boldsymbol{K}$,使闭环控制系统内部稳定,且闭环传递函数矩阵 $\boldsymbol{T}_{zw}(s)$ 的 H_∞ 范数小于一个给定的常数 $\gamma>0$,即

$$\| F_l(G, K) \|_\infty < \gamma, \quad \gamma > 0 \in R \tag{10-57}$$

下面将要解决的问题转化为 H_∞ 问题的标准形式，如图 10－13。

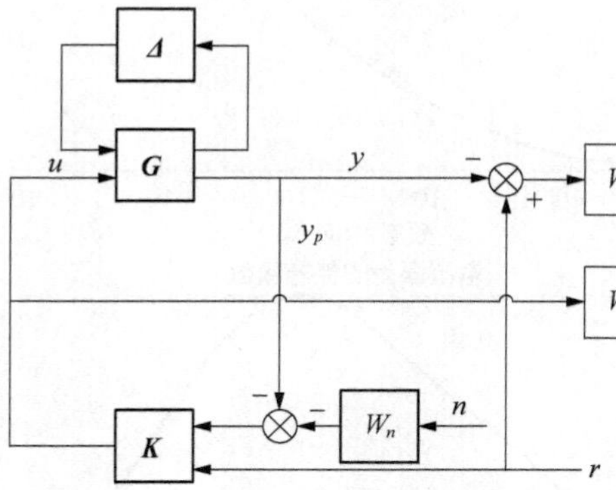

图 10－13　H_∞ 标准形式

图中，$\boldsymbol{G}$ 为包含舵机传递函数的 BTT 导弹模型；$\boldsymbol{\Delta}$ 表示施加在 BTT 导弹上的不确定性；y 为三通道的输出量（滚转角、纵向过载及侧向过载）；y_p 为观测量（滚转角、纵向过载及侧向过载）；W_p、W_u、W_n 为传递函数，分别用于描述输出误差、控制信号和传感器噪声的特性。本节以滚转通道为例来阐述 W_p、W_u、W_n 的设计思想。

W_p 是控制系统输出误差的性能函数，也可视作系统输出误差的滤波器。在给定二阶系统峰值时间 t_p 与阻尼比 ζ 的条件下，可根据式(10－58)近似求出期望带宽 ω_B^*，用于指导滤波器 W_p 带宽值的选择。

$$\omega_B^* = \frac{\pi}{t_p}\sqrt{\frac{1 - 2\zeta^2 + \sqrt{2 - 4\zeta^2 + 4\zeta^4}}{1 - \zeta^2}} \tag{10-58}$$

滤波器的高频增益代表初始期望误差，在本例中，由于希望滚转角快速响应指令，所以高频增益取值较大；低频增益代表期望的稳态误差，取值较小。因此将 W_p 设计为二阶微分环节+二阶振荡环节的形式

$$W_p = K\frac{\dfrac{s^2}{\omega_1^2} + \dfrac{2\xi_1 s}{\omega_1} + 1}{\dfrac{s^2}{\omega_2^2} + \dfrac{2\xi_2 s}{\omega_2} + 1} \tag{10-59}$$

其中，$K = 8$；$\xi_1 = 1.25$；$\omega_1 = 80$ rad/s；$\xi_2 = 2.5$；$\omega_2 = 0.4$ rad/s。通过绘制 W_p^{-1} 的 Bode 图（图 10－14），可以得到其低频区增益是－18 dB，高频区增益是 74 dB。

W_u 是系统控制信号的性能函数，用于衡量控制过程中执行机构的作动量。在高频段，应当限制舵偏大幅偏转带来的弹体振动；而低频段对舵偏的限制则可放宽，因此将本例中的舵性能函数设计为一阶惯性环节+一阶微分环节的形式

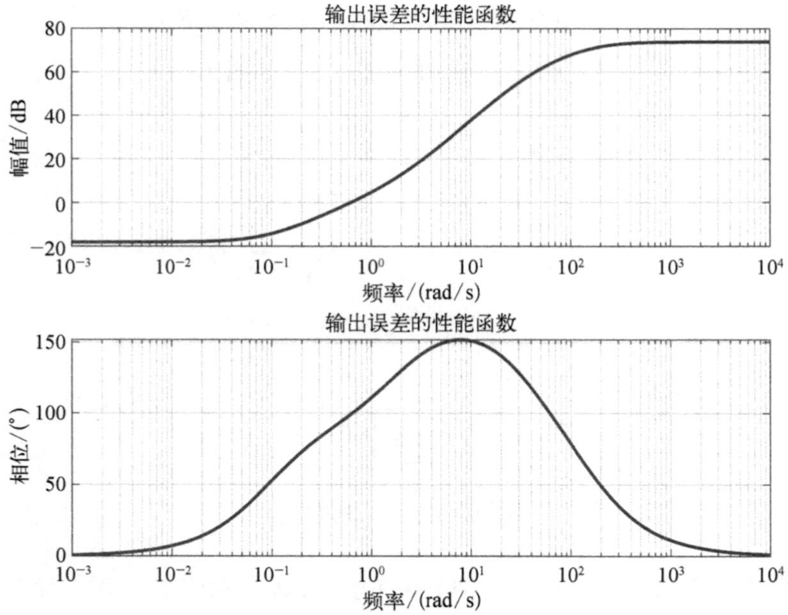

图 10－14　滚转通道 W_p^{-1} 的 Bode 图

$$W_u = K\frac{\tau s + 1}{Ts + 1} \tag{10-60}$$

本节中取 $K = 0.005$；$\tau = 1$；$T = 0.01$。W_u^{-1} 的 Bode 图如图 10－15 所示，可知 W_u^{-1} 在低频区的增益为 46 dB，高频区的增益为 6 dB，满足高频区限制舵偏、低频区放宽限制的特性。

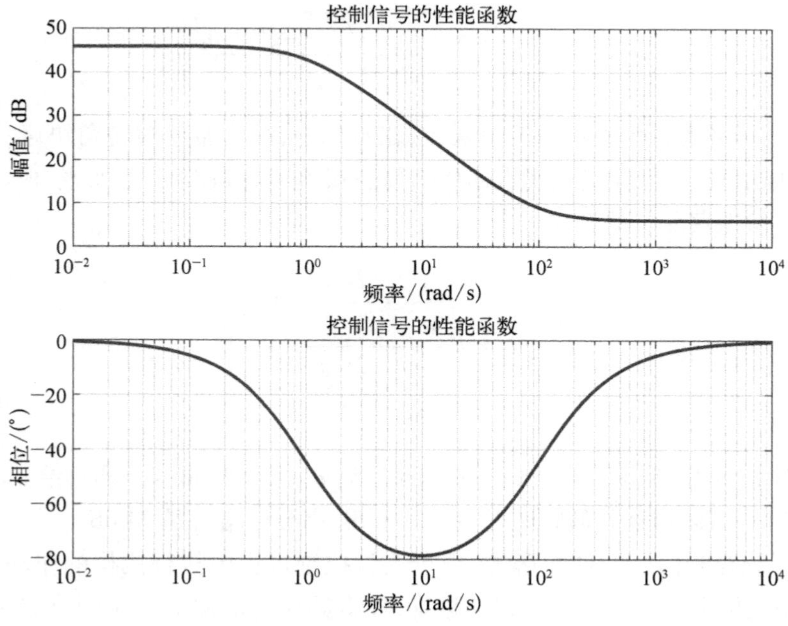

图 10－15　滚转通道 W_u^{-1} 的伯德图

本例的设计中，W_n 为滚转角速度测量信号的噪声。通常而言，噪声在全频段的幅值均较小，就不同频段而言，低频段噪声幅值较小，高频段噪声幅值稍大。因此将 W_n 设计为一阶惯性环节+一阶微分微分环节

$$W_n = K\frac{\tau s + 1}{Ts + 1} \tag{10-61}$$

取 $K = 2 \times 10^{-5}$；$\tau = 10$；$T = 0.1$。W_n 的 Bode 图如图 10-16 所示，其在低频区的增益为 -94 dB，高频区的增益为-54 dB。

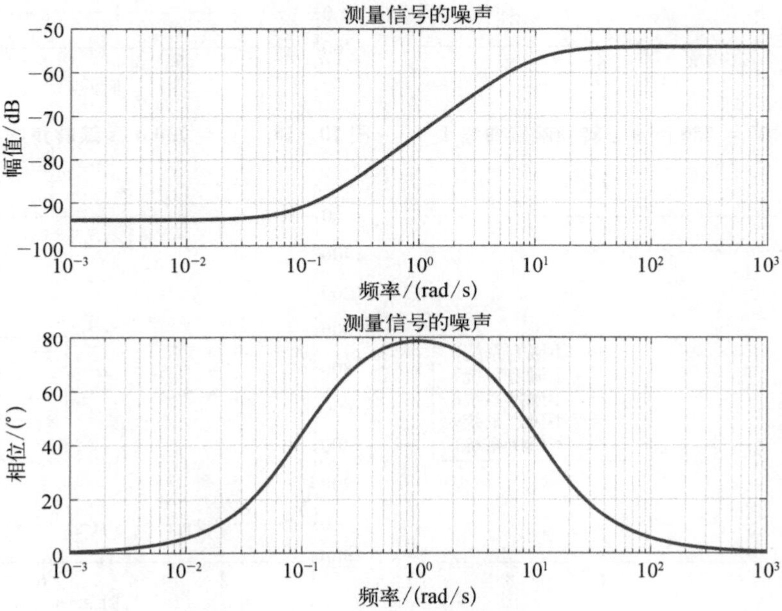

图 10-16　滚转通道加入的噪声函数

下面针对 BTT 导弹的滚转通道设计鲁棒控制器。由于本例考虑的 BTT 导弹飞行速度范围是[230, 270] m/s，可将其均匀的划分为 5 段进行设计：即分别为[225, 235] m/s、[235, 245] m/s、[245, 255] m/s、[255, 265] m/s、[265, 275] m/s。每部分对应的名义速度值分别为 230 m/s、240 m/s、250 m/s、260 m/s、270 m/s。然后针对每部分速度范围，分别设计 H_∞ 鲁棒控制器，飞行过程中采用增益定序连接各控制器。

在对设计完成的 H_∞ 鲁棒控制器进行闭环仿真分析中，设置导弹名义飞行速度为 250 m/s，滚转角指令 $\gamma_c = 90°$，并随机选取 10 组不确定性参数，验证鲁棒控制的效果。仿真结果如图 10-17 至图 10-20 所示。

由以上仿真曲线可知，名义速度为 250 m/s 时所设计的滚转通道控制器，在不确定性影响下仍具有良好的动态特性，调节时间约为 0.94 s，且滚转角的稳态误差小于 1%。

类似地，当导弹的名义飞行速度分别为 230 m/s、240 m/s、260 m/s、270 m/s，滚转角指令 $\gamma_c = 90°$ 时，随机选取 10 组不确定性参数，验证鲁棒控制的效果。仿真结果如图 10-21 至图 10-36 所示：

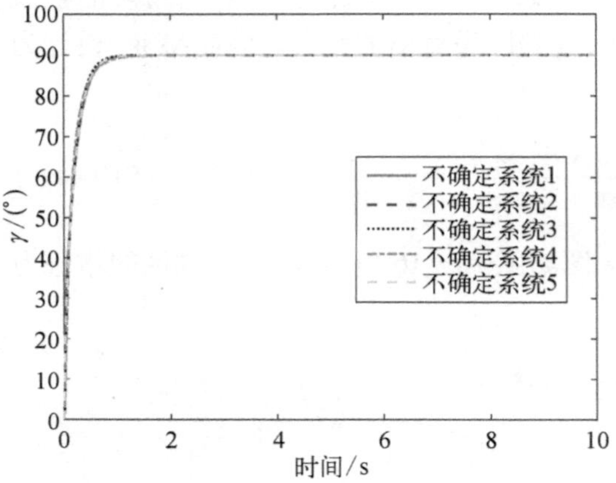

图 10 - 17　V = 250 m/s 滚转角响应曲线 1

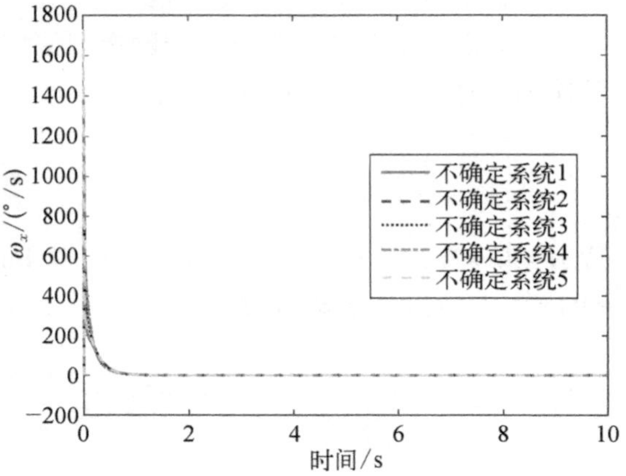

图 10 - 18　V = 250 m/s 滚转角速度响应曲线 1

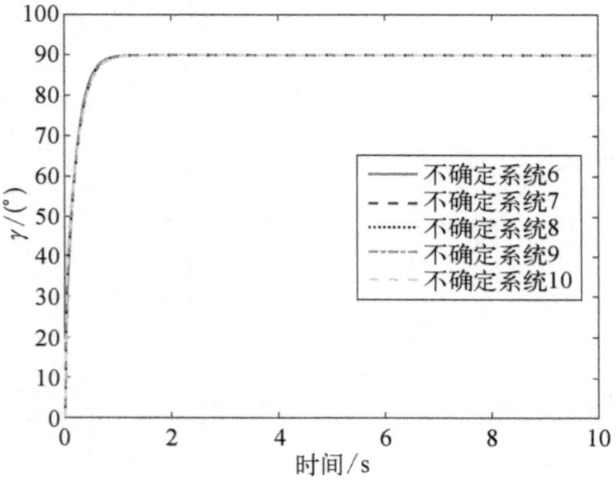

图 10 - 19　V = 250 m/s 滚转角响应曲线 2

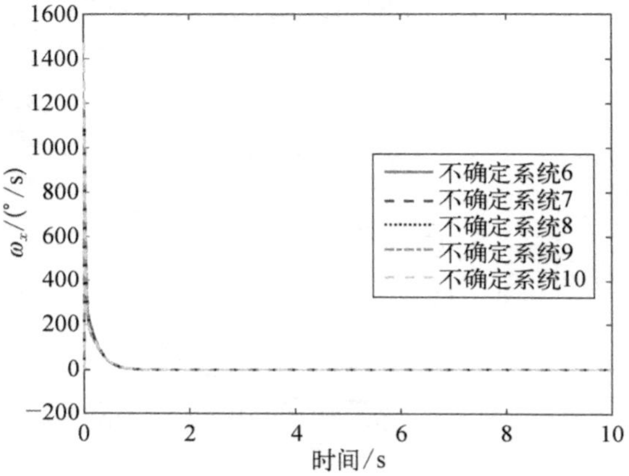

图 10 - 20　V = 250 m/s 滚转角速度响应曲线 2

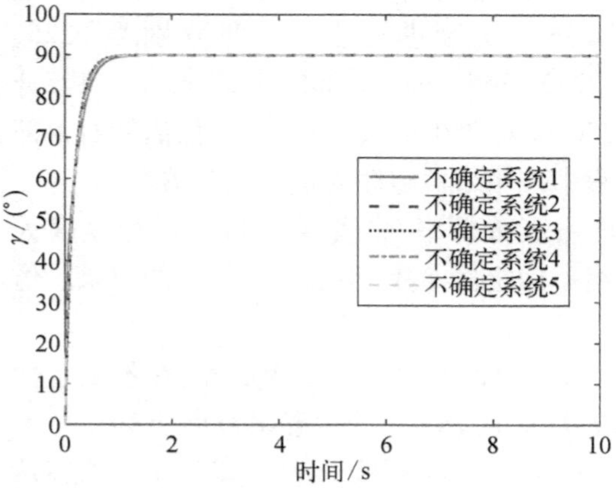

图 10 - 21　V = 230 m/s 滚转角响应曲线 1

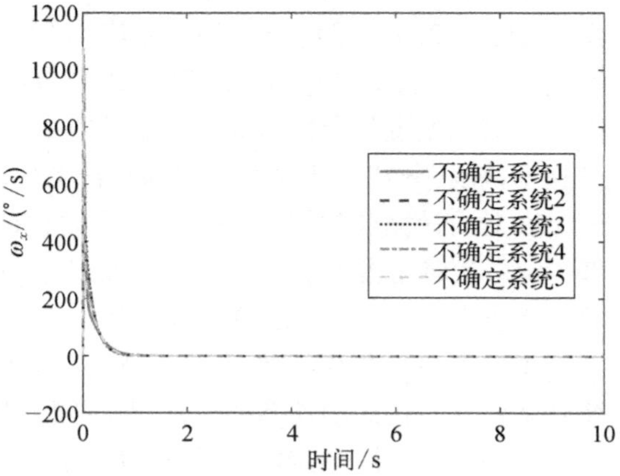

图 10 - 22　V = 230 m/s 滚转角速度响应曲线 1

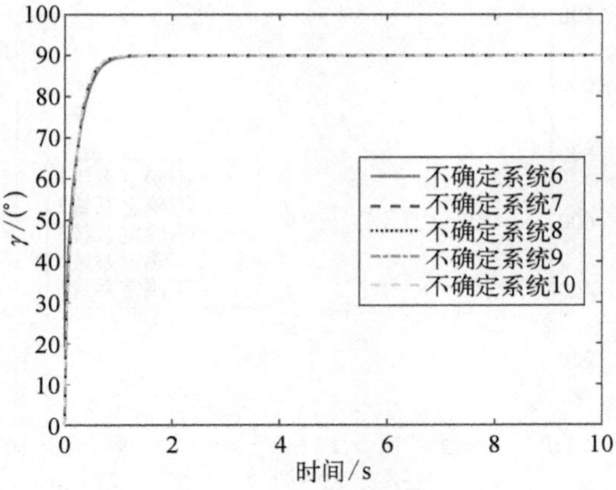

图 10-23　V = 230 m/s 滚转角响应曲线 2

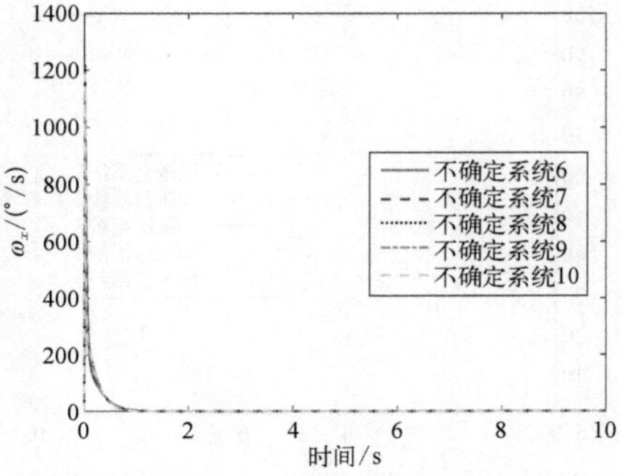

图 10-24　V = 230 m/s 滚转角速度响应曲线 2

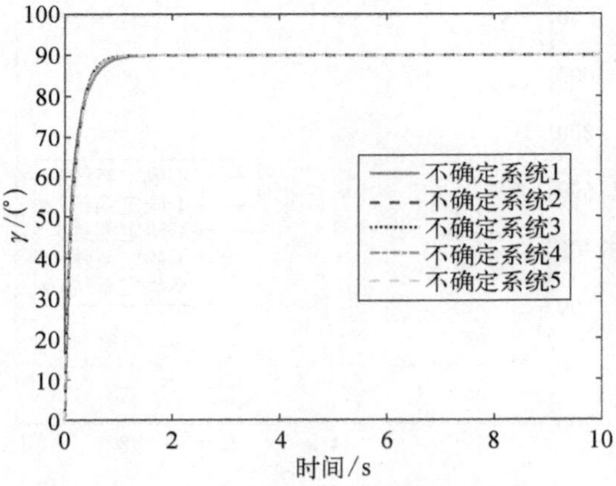

图 10-25　V = 240 m/s 滚转角响应曲线 1

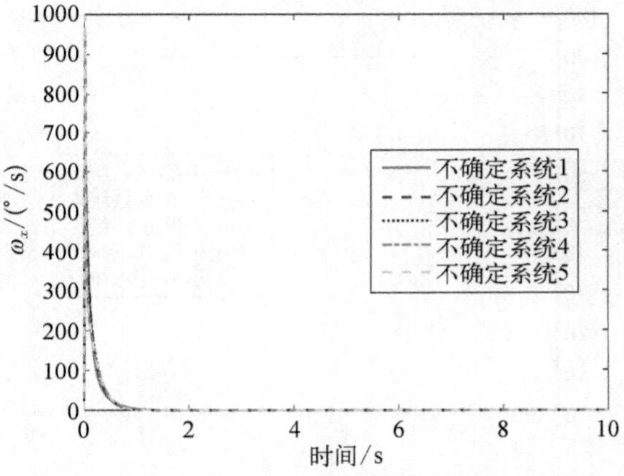

图 10-26　V = 240 m/s 滚转角速度响应曲线 1

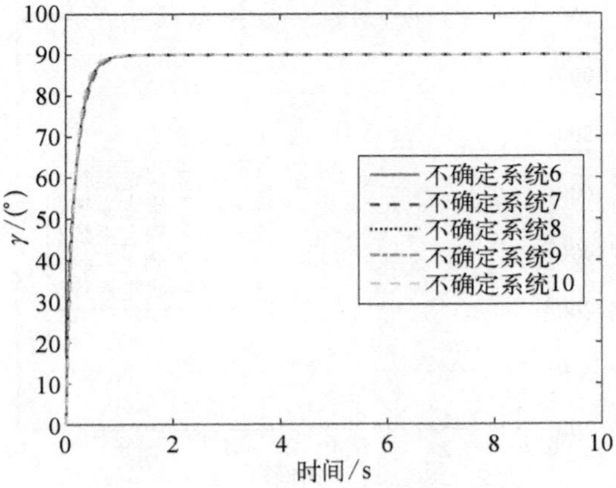

图 10-27　V = 240 m/s 滚转角响应曲线 2

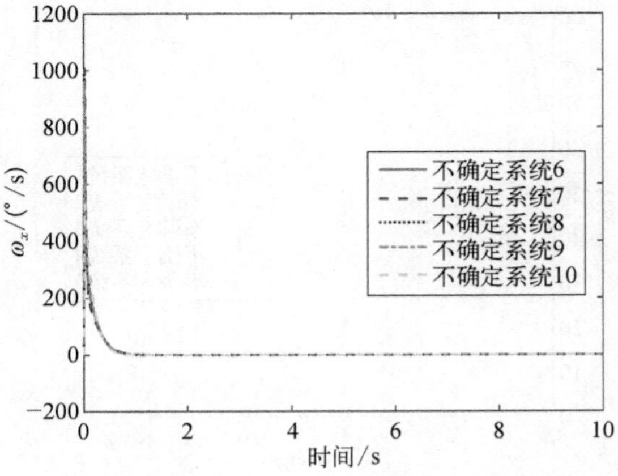

图 10-28　V = 240 m/s 滚转角速度响应曲线 2

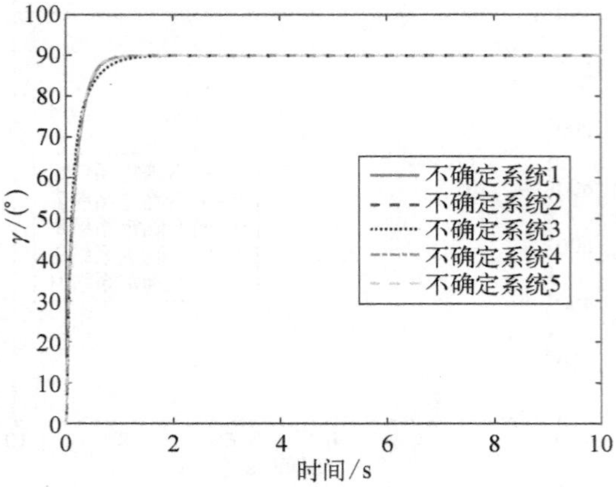

图 10-29　V = 260 m/s 滚转角响应曲线 1

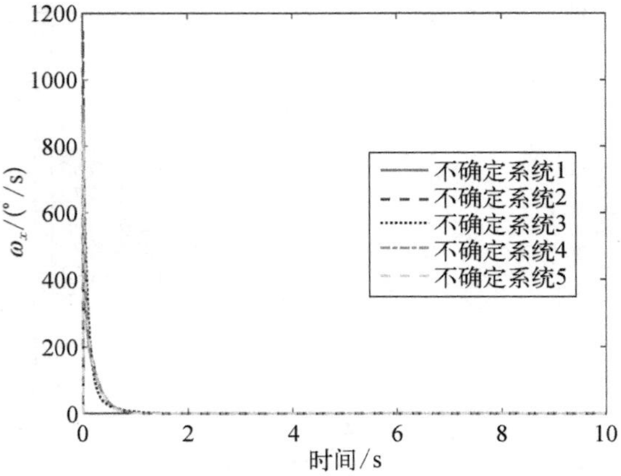

图 10-30　V = 260 m/s 滚转角速度响应曲线 1

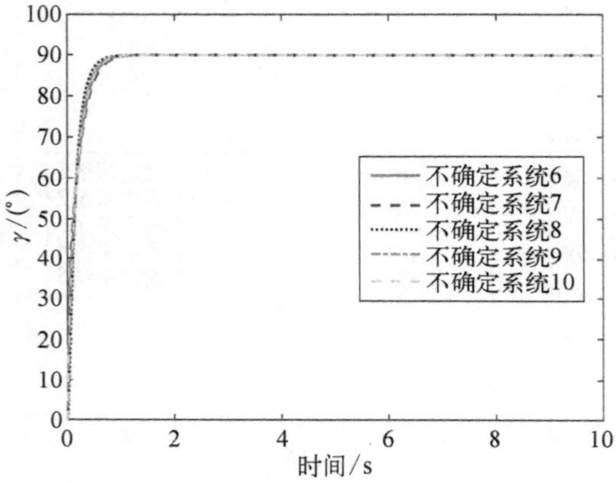

图 10-31　V = 260 m/s 滚转角响应曲线 2

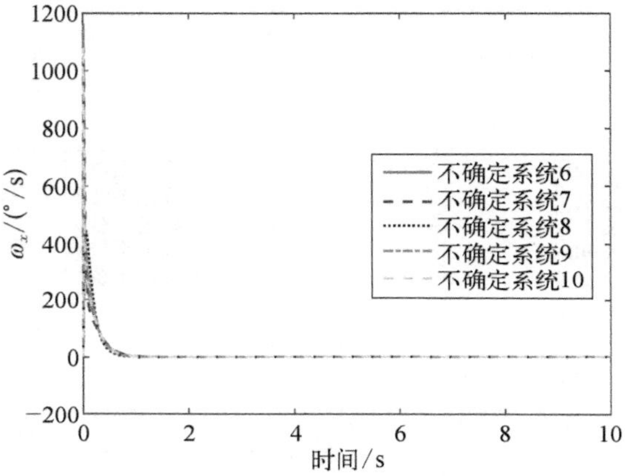

图 10-32　V = 260 m/s 滚转角速度响应曲线 2

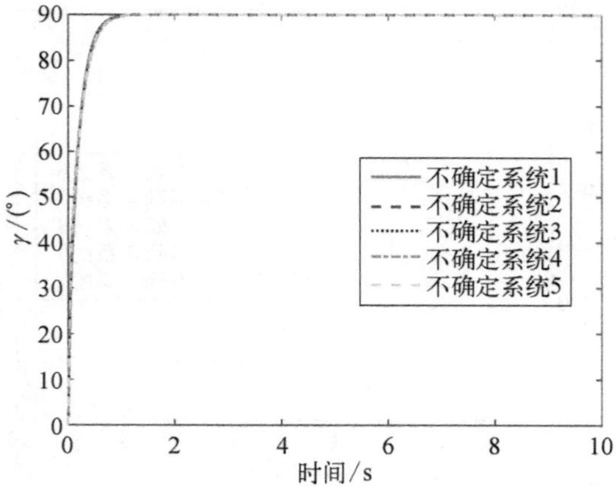

图 10-33　V = 270 m/s 滚转角响应曲线 1

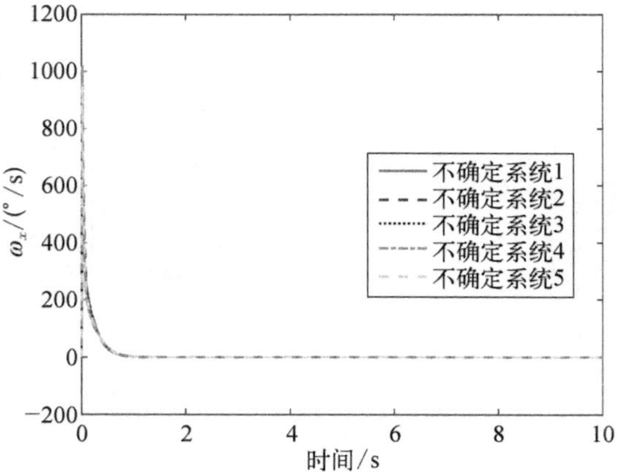

图 10-34　V = 270 m/s 滚转角速度响应曲线 1

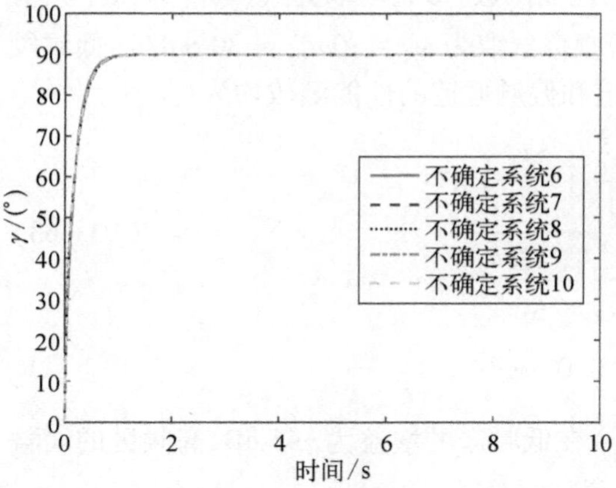

图 10-35　$V = 270$ m/s 滚转角响应曲线 2

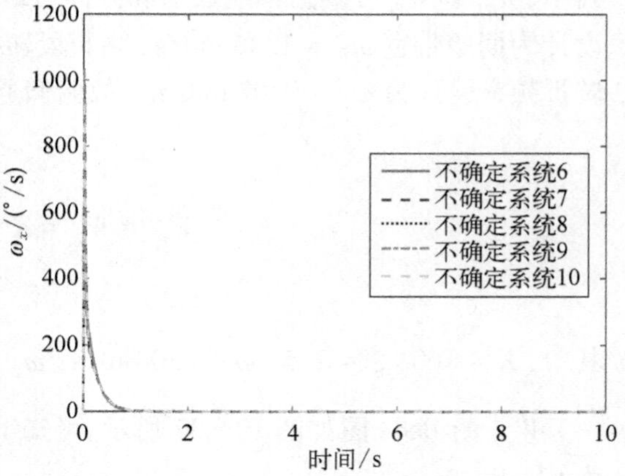

图 10-36　$V = 270$ m/s 滚转角速度响应曲线 2

通过不断寻找 H_∞ 范数的最优解,分别获得的 H_∞ 范数如下:

(1) 名义速度为 230 m/s 时的滚转通道系统的 H_∞ 范数为 0.556 9;

(2) 名义速度为 240 m/s 时的滚转通道系统的 H_∞ 范数为 0.523 7;

(3) 名义速度为 250 m/s 时的滚转通道系统的 H_∞ 范数为 0.520 1;

(4) 名义速度为 260 m/s 时的滚转通道系统的 H_∞ 范数为 0.510 2;

(5) 名义速度为 270 m/s 时的滚转通道系统的 H_∞ 范数为 0.509 5。

结合 5 个名义系统的仿真结果可知,在一定的不确定性范围内,滚转通道系统的 H_∞ 范数均小于 1。系统具有良好的动态特性,响应速度较快,且滚转角的稳态值均为 90°,稳态误差均小于 1%。所采用的 H_∞ 鲁棒控制方法能够使滚转通道系统具有良好的鲁棒性能。

3. BTT 俯仰-偏航通道鲁棒控制器设计

BTT 导弹需要通过快速地滚转使主升力面指向需求过载方向,滚转角速度 ω_x 会发生大范围变化,这会对俯仰-偏航通道带来耦合的不确定性。因此本节主要考虑不同不确定范围的 ω_x 对俯仰-偏航通道的影响来设计鲁棒控制器,期望对于不同的 ω_x,闭环系统都能满足性能指标。

取 ω_x 的名义值为 0 rad/s,不确定性范围为 $[-5, 5]$ rad/s,将 ω_x 的不确定性范围划分为 $[-5, -3]$ rad/s,$[-3, -1]$ rad/s,$[-1, 1]$ rad/s,$[1, 3]$ rad/s,$[3, 5]$ rad/s,其对应的名义值分别为-4 rad/s,-2 rad/s,0 rad/s,2 rad/s,4 rad/s。

对于俯仰-偏航通道,不确定性参数也包括转动惯量不确定性、气动参数不确定性等,其模型与 10.1.2.1 节中的相同,这里不再赘述。

下面介绍性能传递函数矩阵 $\boldsymbol{W}_p$,$\boldsymbol{W}_u$,$\boldsymbol{W}_n$ 的设计思路:

$\boldsymbol{W}_p$ 是控制系统输出误差的性能函数矩阵,在本例中其形式为

$$\boldsymbol{W}_P = \begin{bmatrix} W_{py} & 0 \\ 0 & W_{pz} \end{bmatrix} \tag{10-62}$$

其中，W_{py} 和 W_{pz} 分别为偏航通道和俯仰通道的性能函数，形式均取为式(10－59)，中频值设计为期望带宽 $\omega_B^* = 1.45$ rad/s，高频段转折频率选取为 $\omega_1 = 20\omega_B^* \approx 30$ rad/s；低频段转折频率设计为 $\omega_2 = 0.07$ rad/s。故俯仰通道和偏航通道的性能函数均为

$$W_{py} = W_{pz} = K\frac{\dfrac{s^2}{\omega_1^2}+\dfrac{2\xi s}{\omega_1}+1}{\dfrac{s^2}{\omega_2^2}+\dfrac{2\xi s}{\omega_2}+1} \tag{10-63}$$

其中，$K = 160$；$\xi = 2.5$；$\omega_1 = 30$ rad/s；$\omega_2 = 0.07$ rad/s。

W_{py}^{-1} 的 Bode 图如图 10－37 所示，可知 W_{py}^{-1} 在低频区的增益为-43 dB，高频区的增益为 61 dB。

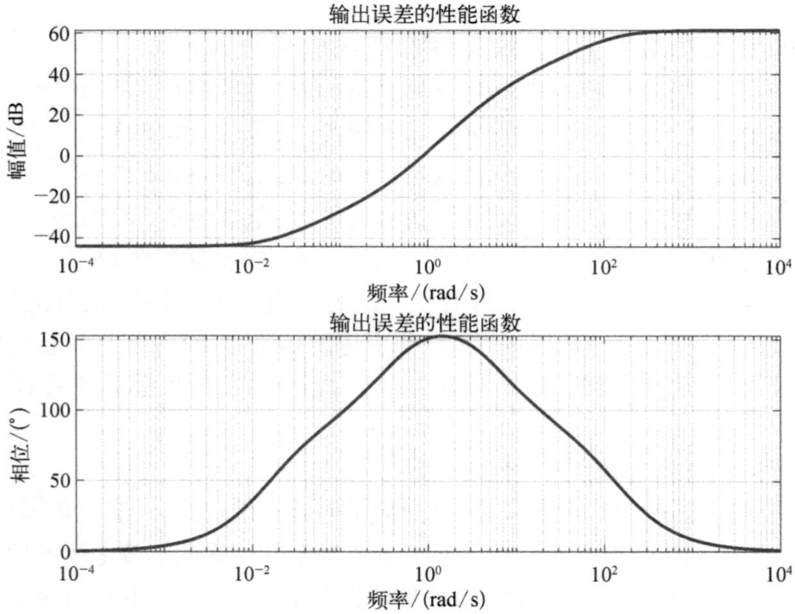

图 10－37　W_{py}^{-1} 的伯德图

$\boldsymbol{W}_u$ 是系统控制信号的性能函数矩阵。在本例中其形式为：

$$\boldsymbol{W}_u = \begin{bmatrix} W_{uy} & 0 \\ 0 & W_{uz} \end{bmatrix} \tag{10-64}$$

其中，W_{uy} 和 W_{uz} 分别是偏航舵和俯仰舵的性能函数，表达式为

$$W_{uy} = W_{uz} = K\frac{\tau s+1}{Ts+1} \tag{10-65}$$

其中取 $K = 0.02$；$\tau = 0.1$；$T = 0.001$。

所设计的 W_{uy}^{-1} 的 Bode 图如图 10－38 所示,可知在低频区转折频率为 10 rad/s,增益为 34 dB;高频区转折频率是 1 000 rad/s,高频区增益为-6 dB,满足对控制信号性能限制的要求。

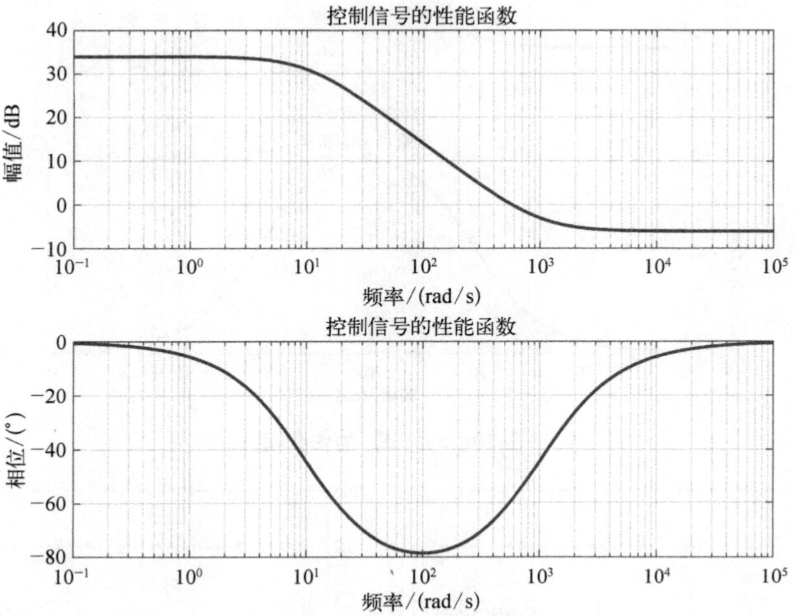

图 10－38　W_{uy}^{-1} 的伯德图

$\boldsymbol{W}_n$ 表征俯仰-偏航两通道过载测量信号的噪声,其设计原则与滚转通道相同,表达式为

$$\boldsymbol{W}_n = \begin{bmatrix} W_{ny} & 0 \\ 0 & W_{nz} \end{bmatrix} \tag{10-66}$$

其中,W_{ny} 和 W_{nz} 的形式如下:

$$W_{ny} = W_{nz} = K\frac{\tau s + 1}{Ts + 1} \tag{10-67}$$

其中,$K = 2 \times 10^{-5}$; $\tau = 10$; $T = 0.1$。

所设计的 W_{ny} 的 Bode 图如图 10－39 所示,可知 W_{ny} 在低频区的增益是-94 dB,高频区的增益是-54 dB。

对俯仰-偏航通道鲁棒控制器进行闭环仿真验证,设置过载指令为 $n_y = 2$, $n_z = 0$, 并在名义系统的基础上,随机选取 10 组不确定性参数,仿真结果如图 10－40 至图 10－43 所示。可见,在 10 组不确定性条件下,俯仰-偏航通道的鲁棒控制器能够较为迅速地响应过载指令,实际过载的调节时间约为 0.8s,超调量均小于 5%,且稳态误差均小于 2%。

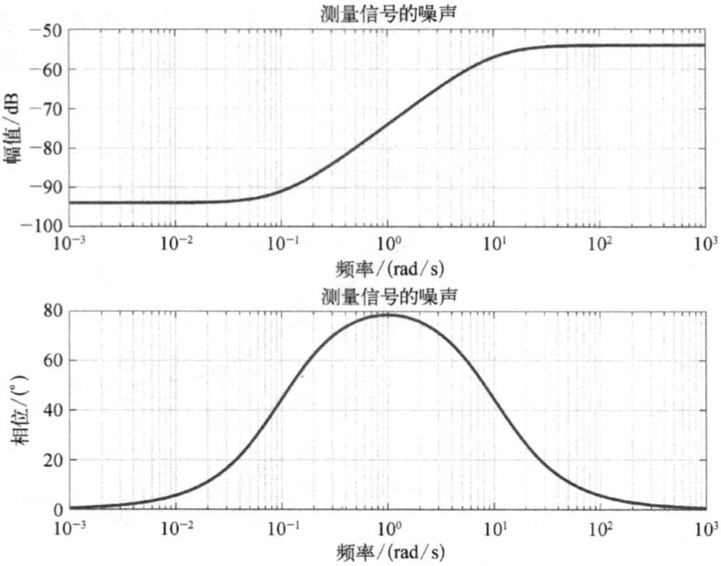

图 10 - 39　W_{ny} 的伯德图

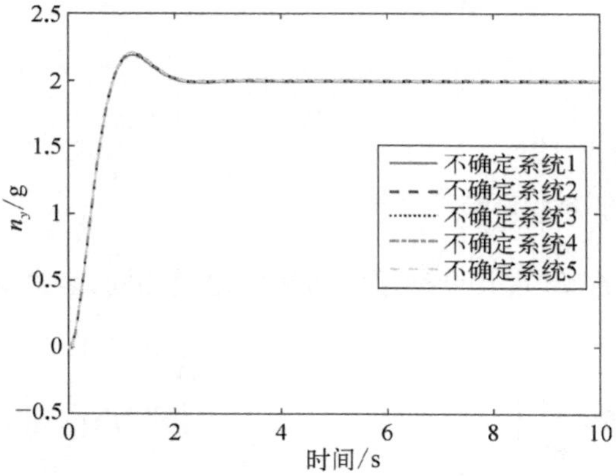

图 10 - 40　滚转角速度为 0 rad/s 时的偏航过载

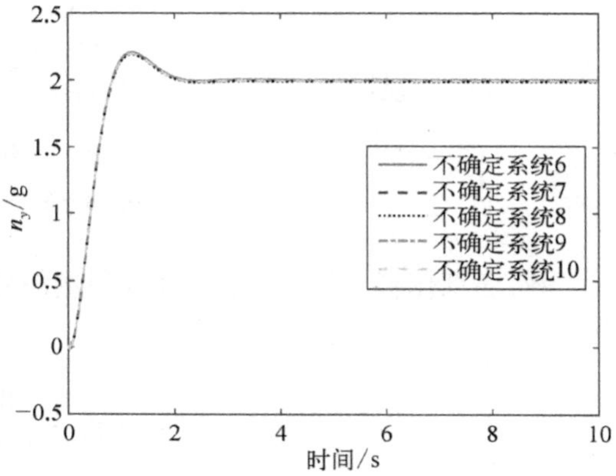

图 10 - 41　滚转角速度为 0 rad/s 时的偏航过载

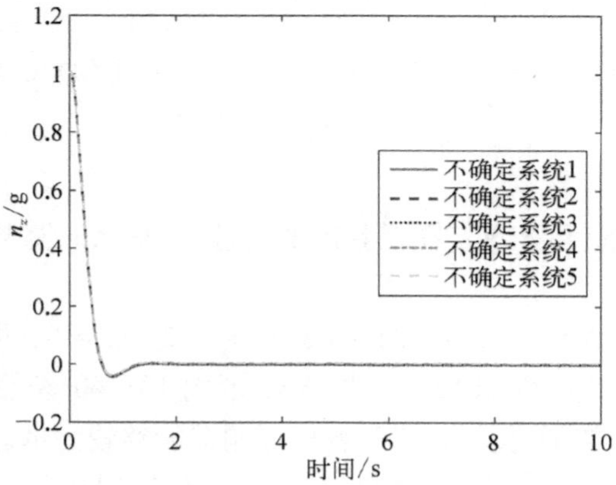

图 10 - 42　滚转角速度为 0 rad/s 时的俯仰过载

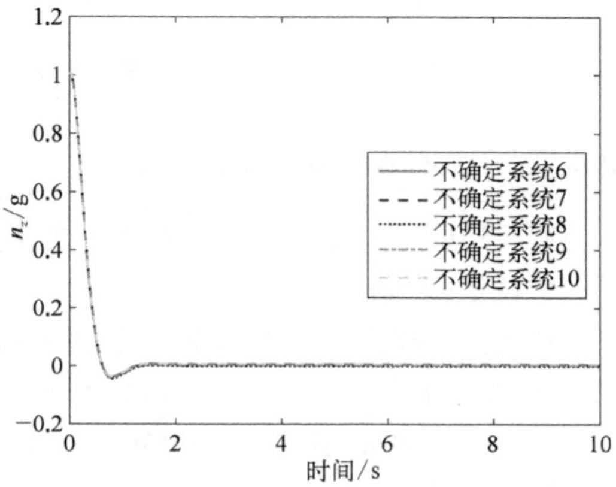

图 10 - 43　滚转角速度为 0 rad/s 时的俯仰过载

改变导弹的名义滚转角速度分别至-4 rad/s，-2 rad/s，2 rad/s，4 rad/s，过载指令 $n_y=2$，$n_z=0$，并随机取 10 组不确定性参数值，使气动参数与真实参数存在一定的偏差。仿真结果如图 10-44 至图 10-59 所示。

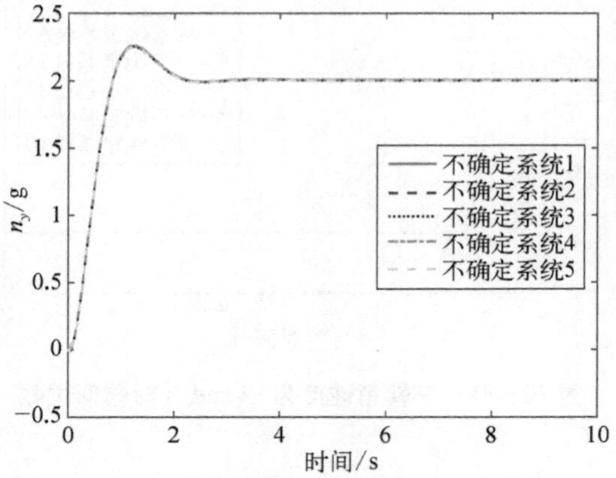

图 10-44　滚转角速度为-4 rad/s 时偏航过载

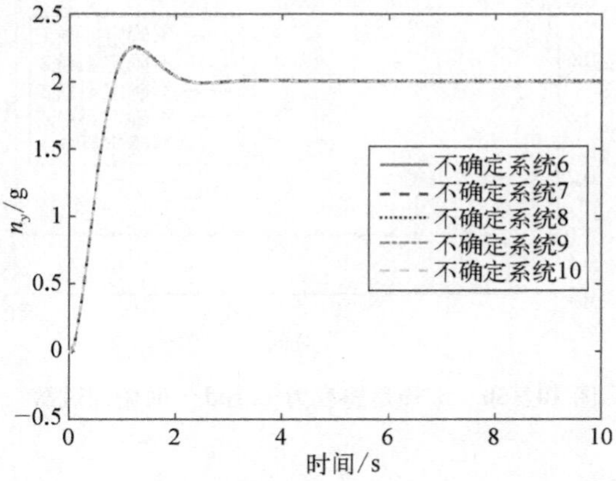

图 10-45　滚转角速度为-4 rad/s 时偏航过载

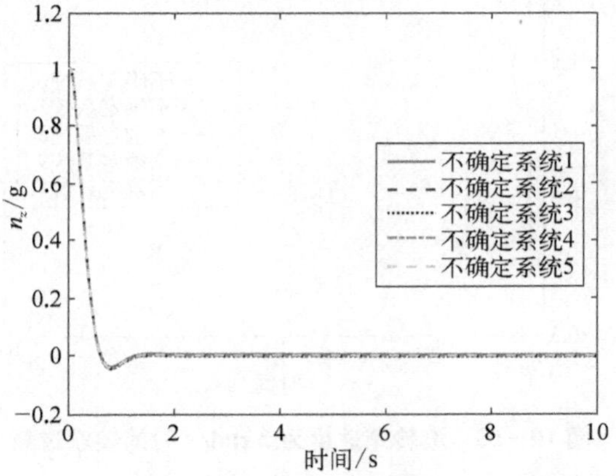

图 10-46　滚转角速度为-4 rad/s 时俯仰过载

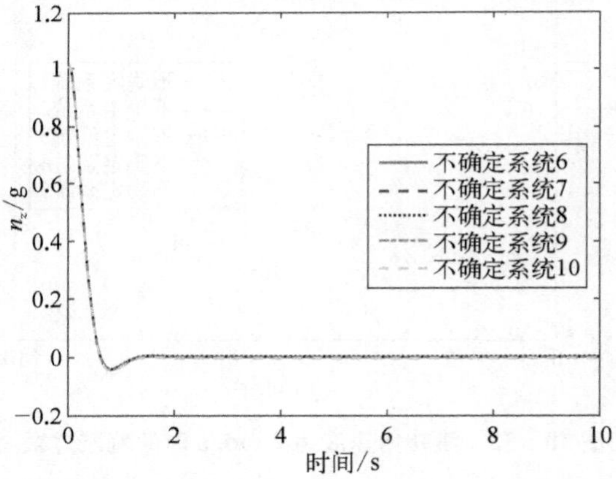

图 10-47　滚转角速度为-4 rad/s 时俯仰过载

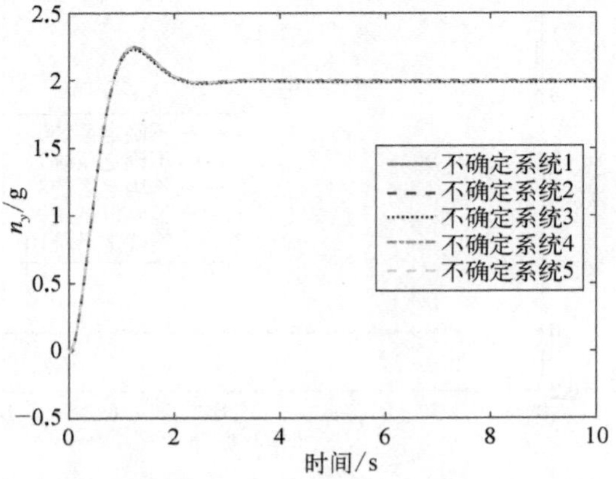

图 10-48　滚转角速度为-2 rad/s 时偏航过载

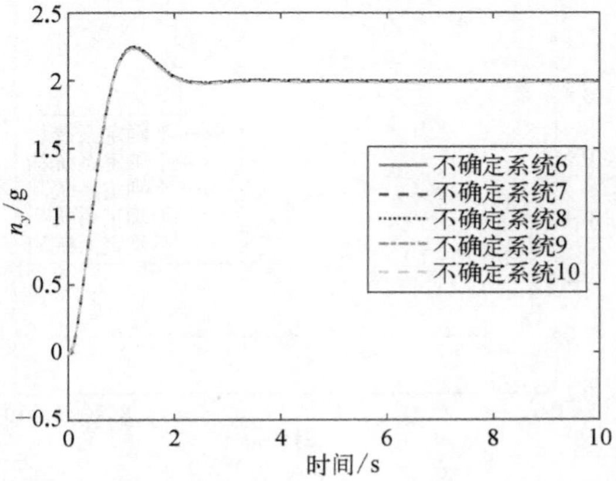

图 10-49　滚转角速度为-2 rad/s 时偏航过载

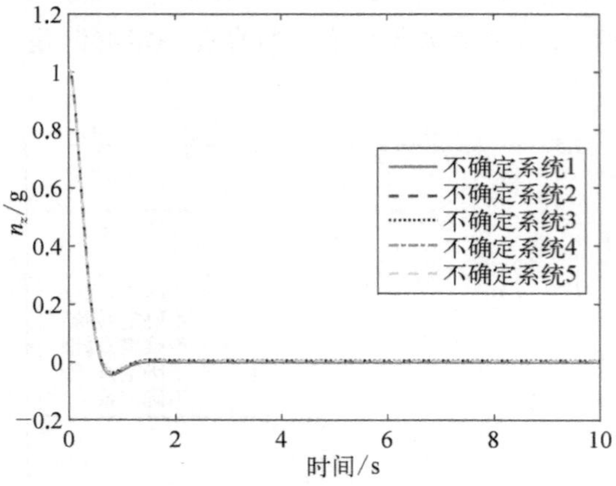

图 10－50　滚转角速度为−2 rad/s 时俯仰过载

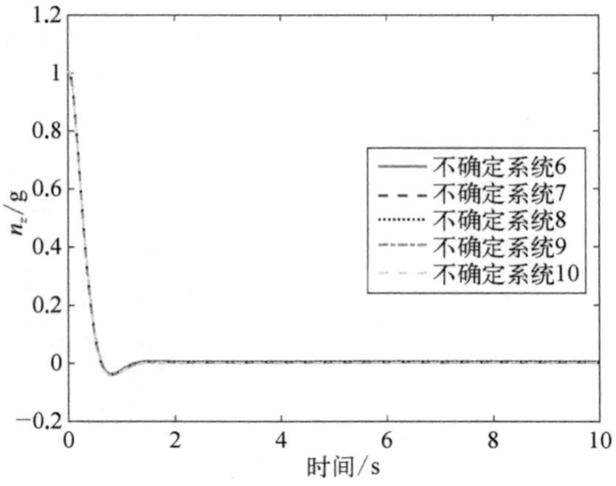

图 10－51　滚转角速度为−2 rad/s 时俯仰过载

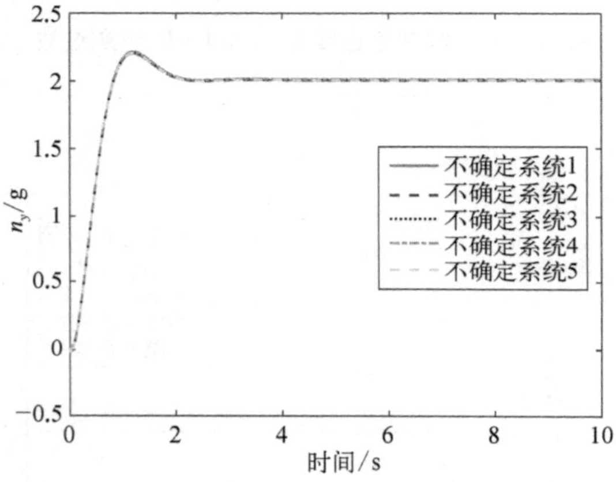

图 10－52　滚转角速度为 2 rad/s 时的偏航过载

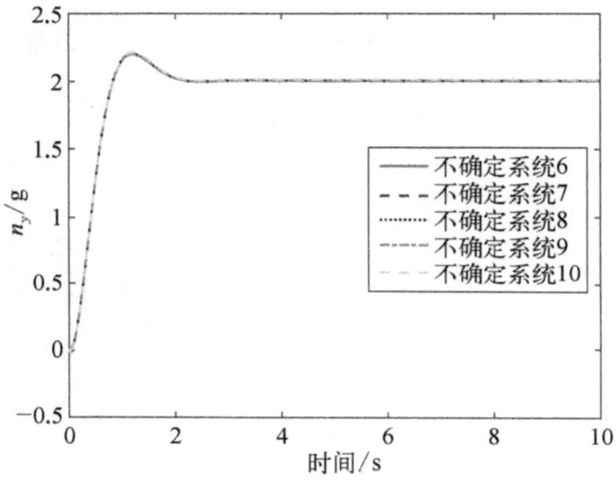

图 10－53　滚转角速度为 2 rad/s 时的偏航过载

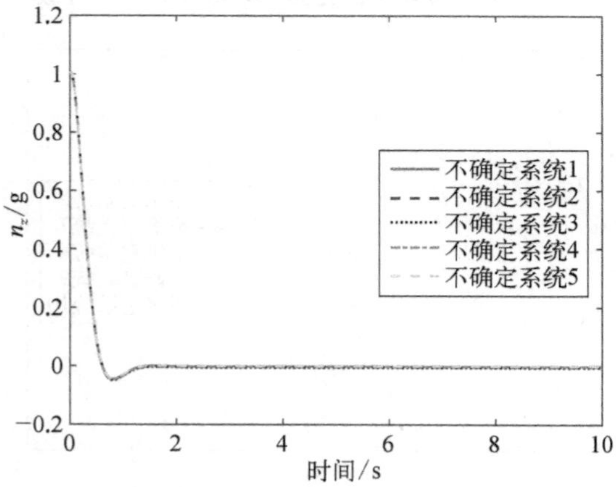

图 10－54　滚转角速度为 2 rad/s 时的俯仰过载

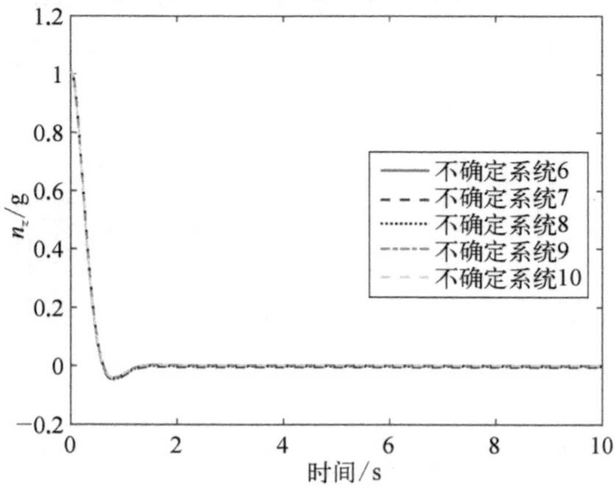

图 10－55　滚转角速度为 2 rad/s 时的俯仰过载

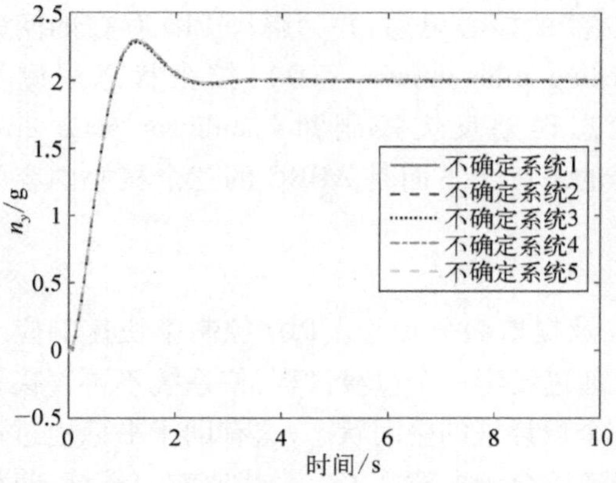

图 10-56　滚转角速度为 4 rad/s 时的偏航过载

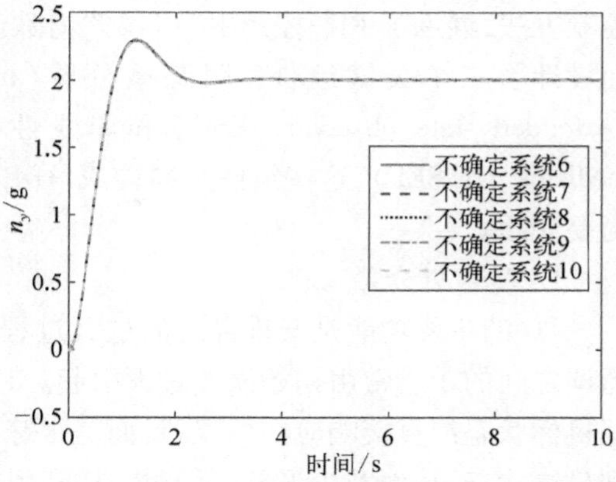

图 10-57　滚转角速度为 4 rad/s 时的偏航过载

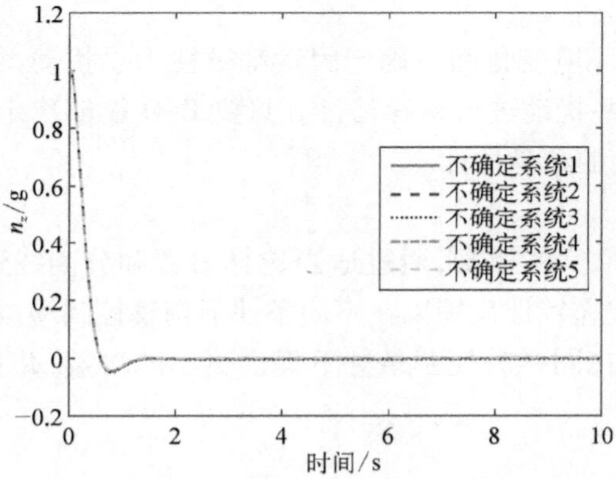

图 10-58　滚转角速度为 4 rad/s 时的俯仰过载

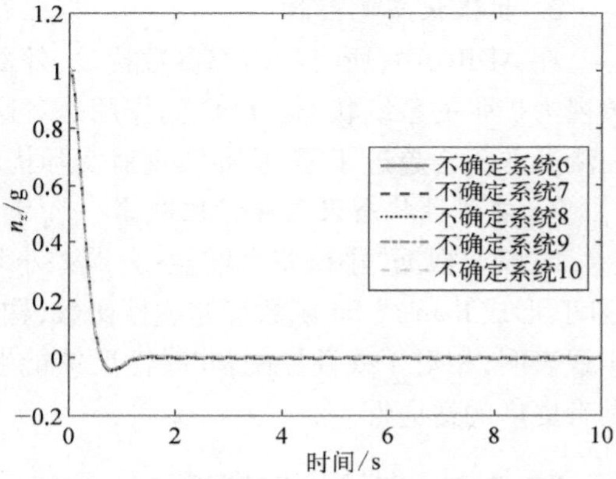

图 10-59　滚转角速度为 4 rad/s 时的俯仰过载

通过不断寻找 H_∞ 范数的最优解，分别获得的 H_∞ 范数如下：

(1) 滚转角速度为-4 rad/s 时，该系统的 H_∞ 范数为 0.620 4；

(2) 滚转角速度为-2 rad/s 时，该系统的 H_∞ 范数为 0.663 0；

(3) 滚转角速度为 0 rad/s 时，该系统的 H_∞ 范数为 0.647 8；

(4) 滚转角速度为 2 rad/s 时，该系统的 H_∞ 范数为 0.643 0；

(5) 滚转角速度为 4 rad/s 时，该系统的 H_∞ 范数为 0.656 9。

结合 5 个名义系统的仿真结果可知，在一定的不确定性范围内，俯仰-偏航通道系统的 H_∞ 范数均小于 1。系统具有良好的动态特性，响应速度较快，两通道过载稳态误差均小于 1%。H_∞ 鲁棒控制器能够使俯仰-偏航通道系统具有良好的鲁棒性能。

10.2　导弹自抗扰控制设计方法

10.2.1　自抗扰控制原理

自抗扰控制(active disturbance rejection control, ADRC)是由韩京清先生首创的一种

控制方法,继承了 PID 控制中“以误差消除误差”的核心思想,并为解决 PID 存在的问题而设计了三个关键组件:跟踪微分器(tracking differentiator, TD)、扩张状态观测器(extended state observer, ESO)和非线性状态误差反馈控制律(nonlinear state error feedback, NLSEF),这些组件共同构成 ADRC 的基础。下面是 ADRC 的三个核心内容的简要介绍。

1. 跟踪微分器

TD 的主要功能是安排合适的过渡过程以及提取微分信号。PID 控制中快速响应与超调之间的矛盾常由初始误差过大引起。TD 通过设定一个过渡过程,使系统不再直接跟踪目标状态或直接响应初始误差,而是跟踪一个设计好的中间状态,这有助于平稳地过渡到最终状态,从而减少误差。同时,TD 利用最速综合函数建立了一个快速响应系统,使得微分信号的提取更加方便,并有效降低了噪声放大效应。

2. 扩张状态观测器

在 ADRC 中,所有的内部参数扰动、外部环境变化和不确定因素都被视为总扰动,并被视为扩张的系统状态。ESO 的作用是对这些扰动进行精确估计。只要 ESO 能够稳定,观测误差就会趋近于零,从而实现对实际扰动的精确估计。

3. 非线性状态误差反馈控制律

NLSEF 根据“小误差大增益;大误差小增益”的原则,通过适当选择参数和分割线性区间,形成 fhan 或 fal 函数等非线性函数,构成非线性反馈以在不同条件下调整控制增益。实践表明,相对于线性控制,非线性反馈能够在同样的控制条件下提供更小的增益,并且具有更广的适应性。

10.2.2 自抗扰控制设计

1. 自抗扰控制框架

自抗扰控制系统的典型框架如图 10-60 所示。

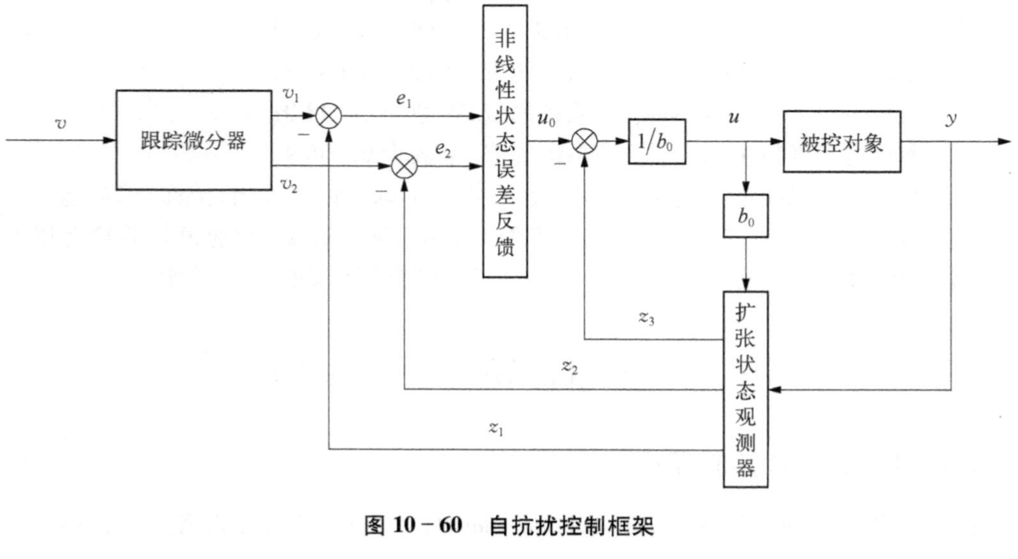

图 10-60 自抗扰控制框架

TD 主要用于安排合理的过渡过程,并产生相应的控制信号及其微分信号,以此解决响应速度和超调之间的矛盾,可优化系统响应并降低初始误差。ESO 是 ADRC 中的核心,用于综合处理系统的未知动态和外部扰动,将这些因素合并表达为总扰动,并用一个扩张状态来描述。它根据系统的输入和输出,估计出这个扩张状态以及其他各阶状态变量。NLSEF 基于误差信号及其微分信号、积分信号,可组合形成类似 PID 的线性控制器;也可通过最速控制综合函数(如 fhan 或 fal 函数)构造非线性控制器。

随着 ADRC 技术的实际应用和发展,根据不同的实际对象和控制质量需求,ADRC 结构可能会进行一些简化或变更。例如,有时可能使用参考模型方法代替 TD 来安排过渡过程和获取微分信号,或者将非线性控制律简化为线性的 PD 或 PID,使用线性扩张状态观测器(linear extended state observer, LESO)替代 ESO。不管结构如何变化,ADRC 及其衍生形式始终遵循核心原则:将内部扰动和外部扰动统一视为总扰动,通过扩张状态进行观测和补偿。

2. 跟踪微分器

下面以二阶积分器串联型系统为例,分别给出连续与离散形式的跟踪微分器。

1) 连续系统最速跟踪微分器

已知二阶积分器串联型系统:

$$\begin{cases}\dot{x}_1 = x_2 \\ \dot{x}_2 = u, \ |u| \leqslant r\end{cases} \tag{10-68}$$

则针对上述系统,以原点为终点的快速最优控制综合函数为

$$u(x_1, x_2) = -r\mathrm{sign}\left(x_1 + \frac{x_2|x_2|}{2r}\right) \tag{10-69}$$

把上式代入式(10-68),得

$$\begin{cases}\dot{x}_1 = x_2 \\ \dot{x}_2 = -r\mathrm{sign}\left(x_1 + \dfrac{x_2|x_2|}{2r}\right)\end{cases} \tag{10-70}$$

将式(10-70)第二式中的 x_1 改为 $x_1 - v_0(t)$,即得到以 $v_0(t)$ 为终点的快速最优控制综合函数,为

$$\begin{cases}\dot{x}_1 = x_2 \\ \dot{x}_2 = -r\mathrm{sign}\left[x_1 - v_0(t) + \dfrac{x_2|x_2|}{2r}\right]\end{cases} \tag{10-71}$$

则系统的解的分量 $x_1(t)$ 将在加速度限制 $|\ddot{x}_1| \leqslant r$ 之下,最快地跟踪输入信号 $v_0(t)$,并且 r 越大,跟踪得越快。显然,当 $x_1(t)$ 充分地接近 $v_0(t)$ 时,可以把解的另一分量 $x_2(t) = \dot{x}_1(t)$ 当作输入信号 $v_0(t)$ 的近似微分,从而获得了连续系统最速跟踪微分器。

2）离散系统最速跟踪微分器

考虑如下离散系统：

$$\begin{cases} x_1(k+1) = x_1(k) + hx_2(k) \\ x_2(k+1) = x_2(k) + hu, \ |u| \leqslant r \end{cases} \tag{10-72}$$

如果直接将式(10－71)离散化成下式,那么系统进入稳态后将产生高频颤振。

$$\begin{cases} f = -r\mathrm{sign}\left[x_1(k) - v(k) + \dfrac{x_2(k)\,|x_2(k)|}{2r}\right] \\ x_1(k+1) = x_1(k) + hx_2(k) \\ x_2(k+1) = x_2(k) + hf \end{cases} \tag{10-73}$$

为此,韩京清先生给出了离散系统方程的最速控制综合函数 $\mathrm{fhan}(x_1,\ x_2,\ r,\ h)$，其公式如下：

$$u = \mathrm{fhan}(x_1,\ x_2,\ r,\ h):$$

$$\begin{cases} d = rh \\ d_0 = hd \\ y = x_1 + hx_2 \\ a_0 = \sqrt{d^2 + 8r|y|} \\ a = \begin{cases} x_2 + \dfrac{(a_0 - d)}{2}\mathrm{sign}(y), & |y| > d_0 \\ x_2 + \dfrac{y}{h}, & |y| \leqslant d_0 \end{cases} \\ \mathrm{fhan} = -\begin{cases} r\mathrm{sign}(a), & |a| > d \\ r\dfrac{a}{d}, & |a| \leqslant d \end{cases} \end{cases} \tag{10-74}$$

若记 $\mathrm{fsg}(x,\ d) = [\mathrm{sign}(x+d) - \mathrm{sign}(x-d)]/2$，那么 $u = \mathrm{fhan}(x_1,\ x_2,\ r,\ h)$ 表示成：

$$\begin{cases} d = rh^2 \\ a_0 = hx_2 \\ y = x_1 + a_0 \\ a_1 = \sqrt{d^2 + 8d|y|} \\ a_2 = a_0 + \mathrm{sign}(y)(a_1 - d)/2 \\ a = (a_0 + y)\mathrm{fsg}(y,\ d) + a_2[1 - \mathrm{fsg}(y,\ d)] \\ \mathrm{fhan} = -r\dfrac{a}{d}\mathrm{fsg}(a,\ d) - r\mathrm{sign}(a)[1 - \mathrm{fsg}(a,\ d)] \end{cases} \tag{10-75}$$

把函数 $u = \mathrm{fhan}(x_1, x_2, r, h)$ 代到式(10-72)中,得

$$\begin{cases} \mathrm{fn} = \mathrm{fhan}(x_1, x_2, r, h) \\ x_1(k+1) = x_1(k) + hx_2(k) \\ x_2(k+1) = x_2(k) + h\mathrm{fn} \end{cases} \tag{10-76}$$

则系统从非零初值出发,按这个差分方程递推,即能以有限步到达原点并停止不动。若以 $x_1(k) - v(k)$ 代替方程中的 $x_1(k)$, 就得离散化的跟踪微分器:

$$\begin{cases} \mathrm{fn} = \mathrm{fhan}[x_1(k) - v(k), x_2(k), r, h] \\ x_1(k+1) = x_1(k) + hx_2(k) \\ x_2(k+1) = x_2(k) + h\mathrm{fn} \end{cases} \tag{10-77}$$

如果把函数 $\mathrm{fhan}(x_1, x_2, r, h)$ 中的变量 h 改为不同于步长 h 的新变量 h_0, 并取 h_0 为适当大于步长 h 的参数,能很好地抑制微分信号中的噪声放大。这样,离散形式跟踪微分器为:

$$\begin{cases} \mathrm{fn} = \mathrm{fhan}[x_1(k) - v(k), x_2(k), r, h_0] \\ x_1(k+1) = x_1(k) + hx_2(k) \\ x_2(k+1) = x_2(k) + h\mathrm{fn} \end{cases} \tag{10-78}$$

其中, $v(k)$ 是控制系统的期望状态指令; r 是快速因子,取值范围为正数,速度因子越大,跟踪速度越快; h_0 被称为滤波因子,滤波因子越大,滤波效果越好。

3. 扩张状态观测器

ESO 是 ADRC 体系中的核心。它源自韩京清先生对传统状态观测器概念的创新应用:将影响被控输出的所有扰动扩展为新的状态变量,并利用状态观测器技术来估计这些扩张状态。不同于依赖具体数学模型的传统方法,ESO 无需直接测量扰动,而是通过分析系统的输出和控制输入来估计包括非线性项和不确定扰动在内的“总扰动”,从而为控制系统直接补偿这些扰动提供输入。

本节内容将从状态观测器的设计方法入手,进一步阐述 ESO 的具体形式和应用。

1. 状态观测器的基础

在动态系统中,状态观测器的作用是通过系统与外部环境的信息交换来跟踪和预测系统内部的状态变化。具体来说,系统会将某些状态变量的信息传递给外部,并从外部获取反馈信息。状态观测器利用系统的输出(部分状态变量或其函数)和输入(控制量)来确定系统的内部状态。

(1) 线性系统状态观测器。

对线性控制系统

$$\begin{cases} \dot{\boldsymbol{X}} = \boldsymbol{AX} + \boldsymbol{BU} \\ \boldsymbol{Y} = \boldsymbol{CX} \end{cases} \tag{10-79}$$

其中，$\boldsymbol{X}$ 是 n 维状态变量；$\boldsymbol{U}$ 和 $\boldsymbol{Y}$ 分别是 p 维、q 维向量，通常 $p < n$、$q < n$。以系统输出量 $\boldsymbol{Y}$ 和输入量 $\boldsymbol{U}$ 作为输入，以状态量观测值 $\boldsymbol{Z}$ 为输出，可构造出如下新系统。

$$\dot{\boldsymbol{Z}} = \boldsymbol{AZ} - \boldsymbol{L}(\boldsymbol{CZ} - \boldsymbol{Y}) + \boldsymbol{BU} = (\boldsymbol{A} - \boldsymbol{LC})\boldsymbol{Z} + \boldsymbol{LY} + \boldsymbol{BU} \tag{10-80}$$

其中，$\boldsymbol{L}$ 为要适当选取的矩阵。

将这两个系统状态变量的误差定义为观测误差，记为 $\boldsymbol{e} = \boldsymbol{Z} - \boldsymbol{X}$，则有

$$\dot{\boldsymbol{e}} = (\boldsymbol{A} - \boldsymbol{LC})\boldsymbol{e} \tag{10-81}$$

这里只要取矩阵 $\boldsymbol{L}$，使矩阵 $(\boldsymbol{A} - \boldsymbol{LC})$ 稳定[系统$(\boldsymbol{A}, \boldsymbol{C})$的能观性保证这样的 $\boldsymbol{L}$ 存在]，就有 $\boldsymbol{e} \Rightarrow 0$，从而 $\boldsymbol{Z} \Rightarrow \boldsymbol{X}$。新设计的系统方程(10－80)的状态 $\boldsymbol{Z}$ 就是能近似地估计出原系统方程(10－79)的所有状态变量 $\boldsymbol{X}$。系统方程(10－80)即为原系统方程(10－79)的状态观测器。

$$\begin{cases} \boldsymbol{e}_Y = \boldsymbol{CZ} - \boldsymbol{Y} \\ \dot{\boldsymbol{Z}} = \boldsymbol{AZ} - \boldsymbol{L}\boldsymbol{e}_Y + \boldsymbol{BU} \end{cases} \tag{10-82}$$

式中，$\boldsymbol{e}_Y$ 为系统的输出误差。因此状态观测器是用输出误差的“反馈”来改造原系统而构造出来的新系统。

下面给出具体实例。设有二阶线性控制系统：

$$\begin{cases} \dot{x}_1 = x_2 \\ \dot{x}_2 = a_1 x_1 + a_2 x_2 + bu \\ y = x_1 \end{cases} \tag{10-83}$$

对这个系统，

$$\boldsymbol{A} = \begin{bmatrix} 0 & 1 \\ a_1 & a_2 \end{bmatrix}, \ \boldsymbol{B} = \begin{bmatrix} 0 \\ b \end{bmatrix}, \ \boldsymbol{C} = [1 \quad 0] \tag{10-84}$$

记观测器参数矩阵 $\boldsymbol{L} = [l_1 \quad l_2]^{\mathrm{T}}$，观测误差 $\boldsymbol{e} = [e_1 \quad e_2]^{\mathrm{T}} = [z_1 - x_1 \quad z_2 - x_2]^{\mathrm{T}}$，根据式(10－82)，对应于这个系统的状态观测器形式为

$$\begin{cases} e_1 = z_1 - y = z_1 - x_1 \\ \dot{z}_1 = z_2 - l_1 e_1 \\ \dot{z}_2 = (a_1 z_1 + a_2 z_2) - l_2 e_1 + bu \end{cases} \tag{10-85}$$

观测器与原系统的误差方程为

$$\begin{cases} e_1 = z_1 - x_1, \ e_2 = z_2 - x_2 \\ \dot{e}_1 = -l_1 e_1 + e_2 \\ \dot{e}_2 = (-l_2 + a_1)e_1 + a_2 e_2 + bu \end{cases} \tag{10-86}$$

因此只要选取 l_1，l_2，使得下述矩阵稳定：

$$\begin{bmatrix} -l_1 & 1 \\ -l_2+a_1 & a_2 \end{bmatrix}$$

那么方程(10－85)将成为线性系统方程(10－83)的状态观测器。

(2) 非线性系统状态观测器。

而对于非线性系统：

$$\begin{cases} \dot{x}_1 = x_2 \\ \dot{x}_2 = f(x_1, x_2) + bu \\ y = x_1 \end{cases} \tag{10-87}$$

当函数 $f(x_1, x_2)$ 和 b 已知时,也可以建立如下状态观测器：

$$\begin{cases} e_1 = z_1 - y = z_1 - x_1 \\ \dot{z}_1 = z_2 - l_1 e_1 \\ \dot{z}_2 = f(z_1, z_2) - l_2 e_1 + bu \end{cases} \tag{10-88}$$

这时,式(10－87)和式(10－88)的误差方程为

$$\begin{cases} e_1 = z_1 - x_1,\ e_2 = z_2 - x_2 \\ \dot{e}_1 = -l_1 e_1 + e_2 \\ \dot{e}_2 = f(x_1 + e_1, x_2 + e_2) - f(x_1, x_2) - l_2 e_1 \end{cases} \tag{10-89}$$

假定函数 $f(x_1, x_2)$ 连续可微,那么按泰勒展开线性近似成：

$$\begin{cases} e_1 = z_1 - x_1,\ e_2 = z_2 - x_2 \\ \dot{e}_1 = -l_1 e_1 + e_2 \\ \dot{e}_2 = \left[\dfrac{\partial f(x_1, x_2)}{\partial x_1} - l_2\right] e_1 + \dfrac{\partial f(x_1, x_2)}{\partial x_2} e_2 \end{cases} \tag{10-90}$$

这里,只要 $\partial f(x_1, x_2)/\partial x_1$、$\partial f(x_1, x_2)/\partial x_2$ 有界,总可以选 l_1、l_2,使得下述矩阵稳定：

$$\begin{bmatrix} -l_1 & 1 \\ -l_2 + \dfrac{\partial f(x_1, x_2)}{\partial x_1} & \dfrac{\partial f(x_1, x_2)}{\partial x_2} \end{bmatrix}$$

进而使误差系统方程(10－90)稳定,于是方程(10－88)将成为方程(10－87)的状态观测器。

下面要讨论的问题是,原系统方程(10－82)和方程(10－85)中的参数 a_1, a_2 或函数 $f(x_1, x_2)$ 未知时,我们能否构造出估计状态变量 x_1 和 x_2 的状态观测器?

已知线性系统(这里 $\boldsymbol{U}$, $\boldsymbol{X}$, $\boldsymbol{Y}$ 是列向量)：

$$\begin{cases} \dot{\boldsymbol{X}} = \boldsymbol{AX} + \boldsymbol{BU} \\ \boldsymbol{Y} = \boldsymbol{CX} + \boldsymbol{DU} \end{cases} \tag{10-91}$$

的对偶系统为

$$\begin{cases}\dot{\boldsymbol{\psi}} = -\boldsymbol{\psi}\boldsymbol{A} + \boldsymbol{\eta}\boldsymbol{C}\\ \boldsymbol{\varphi} = \boldsymbol{\psi}\boldsymbol{B} - \boldsymbol{\eta}\boldsymbol{D}\end{cases} \tag{10-92}$$

式中，$\boldsymbol{\psi}$ 为对偶系统的状态向量；$\boldsymbol{\eta}$ 为对偶系统的输入向量，即对偶系统的控制向量；$\boldsymbol{\varphi}$ 为对偶系统的输出向量。$\boldsymbol{\psi}$、$\boldsymbol{\eta}$、$\boldsymbol{\varphi}$ 都是行向量。现在对对偶系统的式(10－92)取状态反馈：

$$\boldsymbol{\eta} = \boldsymbol{\psi}\boldsymbol{L} \tag{10-93}$$

那么对偶的闭环系统变成：

$$\dot{\boldsymbol{\psi}} = -\boldsymbol{\psi}\boldsymbol{A} + \boldsymbol{\psi}\boldsymbol{L}\boldsymbol{C} = -\boldsymbol{\psi}(\boldsymbol{A} - \boldsymbol{L}\boldsymbol{C}) \tag{10-94}$$

比较这个系统和误差方程(10－81)可见，线性状态观测器的设计相当于对其对偶系统状态反馈设计。

既然不知道参数 a_1，a_2 或函数 $f(x_1,\ x_2)$，我们设计状态观测器时也无法利用这些参数和函数，因此可以不考虑 a_1，a_2 和 $f(x_1,\ x_2)$ 的作用，建立如下状态观测器：

$$\begin{cases}e_1 = z_1 - y = z_1 - x_1\\ \dot{z}_1 = z_2 - l_1 e_1\\ \dot{z}_2 = -l_2 e_1 + bu\end{cases} \tag{10-95}$$

虽然在上式的建立中忽略了 $f(x_1,\ x_2)$，但是仍然需要抑制其带来的影响，根据对偶系统的反馈效应取如下非线性反馈形式：

$$-\beta_{01}g_1(e_1),\ -\beta_{02}g_2(e_1) \tag{10-96}$$

使式(10－95)变成：

$$\begin{cases}e_1 = z_1 - x_1\\ \dot{z}_1 = z_2 - \beta_{01}g_1(e_1)\\ \dot{z}_2 = -\beta_{02}g_2(e_1) + bu\end{cases} \tag{10-97}$$

式中，β_{01}、β_{02} 为适当参数；$g_i(e)$，$i = 1,\ 2$ 是满足条件 $e \times g_i(e) \geqslant 0$ 的非线性函数。

只要适当的选取参数 β_{01}、β_{02} 和非线性函数 $g_1(e)$、$g_2(e)$，状态观测器(10－97)对很大范围的系统(10－87)都能很好地估计出其状态变量，并且适用于一定范围的 $f(x_1,\ x_2)$。

原系统与状态观测器的误差方程为

$$\begin{cases}e_1 = z_1 - x_1,\ e_2 = z_2 - x_2\\ \dot{e}_1 = e_2 - \beta_{01}g_1(e_1)\\ \dot{e}_2 = -f(x_1,\ x_2) - \beta_{02}g_2(e_1)\end{cases} \tag{10-98}$$

2）扩张状态观测器

既然非线性状态观测器方程(10－97)对非线性系统方程(10－87)的状态 x_1，x_2 能够进行很好的跟踪,我们把作用于系统的总扰动量 $f(x_1, x_2)$ 扩充成新的状态变量 x_3，记作:

$$x_3 = f(x_1, x_2) \tag{10-99}$$

并记扰动的变化率为 $\dot{x}_3 = w$，那么式(10－87)可扩张成新的线性控制系统:

$$\begin{cases} \dot{x}_1 = x_2 \\ \dot{x}_2 = x_3 + bu \\ \dot{x}_3 = w \\ y = x_1 \end{cases} \tag{10-100}$$

对这个被扩张的系统建立状态观测器:

$$\begin{cases} e_1 = z_1 - y \\ \dot{z}_1 = z_2 - \beta_{01} e_1 \\ \dot{z}_2 = z_3 - \beta_{02} |e_1|^{\frac{1}{2}} \mathrm{sign}(e_1) + bu \\ \dot{z}_3 = -\beta_{03} |e_1|^{\frac{1}{4}} \mathrm{sign}(e_1) \end{cases} \tag{10-101}$$

则只要适当选择参数 β_{01}，β_{02}，β_{03}，式(10－101)也能很好地估计方程(10－100)的状态变量 x_1，x_2 及被扩张的状态的实时作用量 $x_3 = f(x_1, x_2)$，即

$$z_1 \to x_1, \ z_2 \to x_2 \tag{10-102}$$

并且有

$$z_3 \to x_3 = f(x_1, x_2) \tag{10-103}$$

我们把被扩张的系统的状态观测器(10－101)称为方程(10－87)的 ESO,而变量 x_3 称作被扩张的状态。ESO 只用了对象的输入—输出信息,没有用到描述对象传递关系函数的任何信息,其结构如图 10－61 所示。

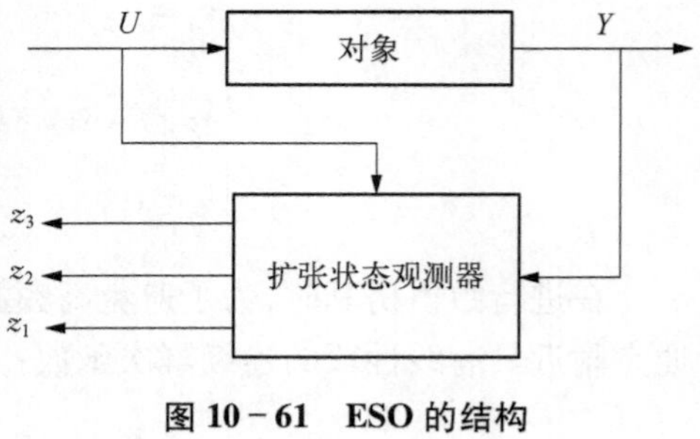

图 10－61　ESO 的结构

如果我们假定 $\dot{x}_3 = w$ 是常值,即 $\dot{x}_3 \equiv w_0$，那么式(10－100)与式(10－101)的误差方程为

$$\begin{cases} \dot{e}_1 = e_2 - \beta_{01} e_1 \\ \dot{e}_2 = e_3 - \beta_{02} |e_1|^{\frac{1}{2}} \mathrm{sign}(e_1) \\ \dot{e}_3 = w_0 - \beta_{03} |e_1|^{\frac{1}{4}} \mathrm{sign}(e_1) \end{cases} \tag{10-104}$$

其中，$e_1 = z_1 - y$；$e_2 = z_2 - x_2$；$e_3 = z_3 - x_3$。

当这个系统进入稳态时，方程右端全部收敛于零：

$$\begin{cases}\dot{e}_1 = e_2 - \beta_{01}e_1 = 0 \\ \dot{e}_2 = e_3 - \beta_{02}|e_1|^{\frac{1}{2}}\text{sign}(e_1) = 0 \\ \dot{e}_3 = w_0 - \beta_{03}|e_1|^{\frac{1}{4}}\text{sign}(e_1) = 0\end{cases} \tag{10-105}$$

因此误差系统的稳态误差为

$$|e_1| = \left(\frac{w_0}{\beta_{03}}\right)^4,\ |e_2| = \beta_{01}\left(\frac{w_0}{\beta_{03}}\right)^4,\ |e_3| = \beta_{02}\left(\frac{w_0}{\beta_{03}}\right)^2 \tag{10-106}$$

只要 β_{03} 足够大于 w_0，这些估计误差都会足够小。

只要系统是能观测的，扰动的作用必定会反映在系统的输出上，ESO 就可以从系统的输出中提炼出扰动信息。有了这个被扩张的状态 x_3 的估计值 z_3，只要参数 b 已知，在控制量中补偿被扩张的状态 x_3 的估计值 z_3：

$$u = u_0 - \frac{z_3}{b} \text{ 或 } u = \frac{u_0 - z_3}{b} \tag{10-107}$$

就能使原来的非线性控制系统变成线性的积分器串联型控制系统：

$$\begin{cases}\dot{x}_1 = x_2 \\ \dot{x}_2 = f(x_1, x_2) + b\left(u_0 - \frac{z_3}{b}\right) \\ y = x_1\end{cases} \Rightarrow \begin{cases}\dot{x}_1 = x_2 \\ \dot{x}_2 = bu_0 \\ y = x_1\end{cases} \tag{10-108}$$

或

$$\begin{cases}\dot{x}_1 = x_2 \\ \dot{x}_2 = f(x_1, x_2) + b\,\frac{u_0 - z_3}{b} \\ y = x_1\end{cases} \Rightarrow \begin{cases}\dot{x}_1 = x_2 \\ \dot{x}_2 = u_0 \\ y = x_1\end{cases} \tag{10-109}$$

在进行数值仿真时，为了避免高频颤振现象的出现，我们把函数 $|e|^{\alpha}\text{sign}(e)$ 改造成原点附近具有线性段的连续幂次函数：

$$\text{fal}(e, \alpha, \delta) = \begin{cases}\frac{e}{\delta^{\alpha-1}}, & |e| \leqslant \delta \\ |e|^{\alpha}\text{sign}(e), & |e| > \delta\end{cases} \tag{10-110}$$

式中，δ 为线性段的区间长度。

ESO 设计为

$$\begin{cases} e = z_1 - y,\ \text{fe} = \text{fal}\left(e,\ \dfrac{1}{2},\ \delta\right),\ \text{fe}_1 = \text{fal}\left(e,\ \dfrac{1}{4},\ \delta\right) \\ \dot{z}_1 = z_2 - \beta_{01} e \\ \dot{z}_2 = z_3 - \beta_{02}\text{fe} + bu \\ \dot{z}_3 = -\beta_{03}\text{fe}_1 \end{cases} \tag{10-111}$$

其离散形式为

$$\begin{cases} e(k) = z_1(k) - y(k),\ \text{fe} = \text{fal}\left[e(k),\ \dfrac{1}{2},\ \delta\right],\ \text{fe}_1 = \text{fal}\left[e(k),\ \dfrac{1}{4},\ \delta\right] \\ z_1(k+1) = z_1(k) + h[z_2(k) - \beta_{01} e(k)] \\ z_2(k+1) = z_2(k) + h[z_3(k) - \beta_{02}\text{fe} + bu] \\ z_3(k+1) = z_3(k) + h(-\beta_{03}\text{fe}_1) \end{cases} \tag{10-112}$$

也可采用简化的线性形式,设计 LESO 为

$$\begin{cases} e(k) = z_1(k) - y(k) \\ z_1(k+1) = z_1(k) + h[z_2(k) - \beta_{01} e(k)] \\ z_2(k+1) = z_2(k) + h[z_3(k) - \beta_{02} e(k) + bu(k)] \\ z_3(k+1) = z_3(k) + h[-\beta_{03} e(k)] \end{cases} \tag{10-113}$$

以上讨论的是对象为二阶的情形,对于高阶的对象,ESO 形式也是很容易推广的,例如,对三阶对象:

$$\begin{cases} \dot{x}_1 = x_2 \\ \dot{x}_2 = x_3 \\ \dot{x}_3 = f(x_1,\ x_2,\ t) + bu \\ y = x_1 \end{cases}$$

可以建立如下 ESO:

$$\begin{cases} e = z_1 - y \\ \dot{z}_1 = z_2 - \beta_{01} g_1(e) \\ \dot{z}_2 = z_3 - \beta_{02} g_2(e) \\ \dot{z}_3 = z_4 - \beta_{03} g_3(e) + bu \\ \dot{z}_4 = -\beta_{04} g_4(e) \end{cases} \quad \text{或} \quad \begin{cases} e = z_1 - y \\ \dot{z}_1 = z_2 - \beta_{01} e \\ \dot{z}_2 = z_3 - \beta_{02}\text{fal}(e,\ 0.5,\ \delta) \\ \dot{z}_3 = z_4 - \beta_{03}\text{fal}(e,\ 0.25,\ \delta) + bu \\ \dot{z}_4 = -\beta_{04}\text{fal}(e,\ 0.125,\ \delta) \end{cases}$$

通过调节选择合适的参数,满足 ESO 稳定性条件系统就达到稳态,ESO 状态量有如下收敛关系:

$$z_1 \to x_1$$

$$z_2 \to x_2$$
$$z_3 \to d$$

即扩张的状态量是对原系统总和扰动 d 的估计。

对于 LESO(10-113),在整定参数时可根据带宽概念进行设计:$\beta_{01}=3\omega_0$,$\beta_{02}=3\omega_0^2$,$\beta_{03}=\omega_0^3$。其中,ω_0 是观测器带宽,带宽越大观测速度越快。

而对于非线性 ESO(10-112),线性段的区间半长度 δ 可选取为递推步长的 5~10 倍,β_{01}、β_{02}、β_{03} 可选为,$\beta_{01}=\dfrac{1}{h}$、$\beta_{02}=\dfrac{1}{3h^2}$、$\beta_{03}=\dfrac{2}{8^2h^3}$。

4. 非线性状态误差反馈控制律

本节从扰动抑制能力方面分析非线性反馈的优越性。

先考察一个简单的例子。设有一阶受控对象:

$$\dot{x}=d(x,\ t)+u \tag{10-114}$$

式中,x 为状态变量;$d(x,\ t)$ 为扰动;u 为控制输入。

1) 线性反馈

对它实施状态的线性反馈:

$$u=-kx,\ k>0 \tag{10-115}$$

得闭环系统:

$$\dot{x}=-kx+d(x,\ t) \tag{10-116}$$

若使其状态变量 x,在扰动 $d(x,\ t)$ 的作用之下,仍能收敛到零,需满足 $x\dot{x}<0$,即

$$x\dot{x}=-kx^2+xd=-k\left(x-\frac{d}{2k}\right)^2+\frac{d^2}{4k}<0 \tag{10-117}$$

使上式成立的充分条件为

$$\left|x-\frac{d}{2k}\right|>\frac{|d|}{2k} \tag{10-118}$$

而由于 $\left|x-\dfrac{d}{2k}\right|>|x|-\dfrac{|d|}{2k}$,因此只要 $|x|-\dfrac{|d|}{2k}>\dfrac{|d|}{2k}$,即 $|x|>\dfrac{|d|}{k}$ 就可满足 $x\dot{x}<0$。进一步假定存在两常数 m,d_0,满足:

$$|d(x,\ t)|<\left|\frac{x}{m}\right|+d_0,\ \forall x,\ t>0 \tag{10-119}$$

那么,当 x 满足不等式(10-120)时,就有 $x\dot{x}<0$。

$$|x|>\frac{\left|\dfrac{x}{m}\right|+d_0}{k},\ 即\ |x|>\frac{m}{km-1}d_0 \tag{10-120}$$

由式(10－120)知：

(1) 若 $d_0 = 0$，那么对所有 x 都有 $x\dot{x} < 0$，闭环系统方程(10－116)渐近稳定，所有解都趋近于 0。

(2) 若 $d_0 \neq 0$，取 $k > \frac{1}{m}$ 时，则仅当 $|x| > \frac{m}{km-1}d_0$ 才有 $x\dot{x} < 0$。因此，闭环系统的解 $x(t)$ 最终都要进入区间 $\left[-\frac{m}{km-1}d_0, \frac{m}{km-1}d_0\right]$ 之内。即状态变量 $x(t)$ 最终都要进入小于 $\frac{m}{km-1}d_0$ 的范围。该范围称为闭环系统在反馈增益 k 之下的稳态范围或静差范围。

虽然可以通过增大反馈增益或引入积分环节来减小稳态误差，但反馈增益的增大常常引起执行机构饱和、超出被控对象线性特性范围等后果；积分反馈也会带来系统响应变慢、出现不良振荡等现象。

2）非线性反馈

现在我们将线性反馈方程(10－115)改造成非线性反馈：

$$u = -k|x|^{\alpha}\text{sign}(x),\ 0 < \alpha < 1 \tag{10-121}$$

代入原对象方程(10－114)得闭环系统：

$$\dot{x} = -k|x|^{\alpha}\text{sign}(x) + d(x, t) \tag{10-122}$$

与线性反馈类似，若使其状态变量 x，在扰动 $w(x, t)$ 的作用之下，仍能收敛到零，需满足 $x\dot{x} < 0$。而为了后续推导方便，该条件可等价修改为 $\dot{x}|x|^{\alpha}\text{sign}(x) < 0$。

对式(10－122)两边乘 $|x|^{\alpha}\text{sign}(x)$，得

$$\begin{aligned}\dot{x}|x|^{\alpha}\text{sign}(x) &= -k|x|^{2\alpha} + |x|^{\alpha}\text{sign}(x)d(x, t)\\ &= -k\left(|x|^{\alpha}\text{sign}(x) - \frac{d}{2k}\right)^2 + \frac{d^2}{4k}\end{aligned} \tag{10-123}$$

欲使 $\dot{x}|x|^{\alpha}\text{sign}(x) < 0$，必须有

$$\left||x|^{\alpha}\text{sign}(x) - \frac{d}{2k}\right| > \left|\frac{d(x, t)}{2k}\right| \tag{10-124}$$

而由于 $\left||x|^{\alpha}\text{sign}(x) - \frac{d}{2k}\right| > |x|^{\alpha} - \frac{|d|}{2k}$，因此只要：

$$|x|^{\alpha} > \left|\frac{d(x, t)}{k}\right|，即 |x| > \left(\frac{|d(x, t)|}{k}\right)^{\frac{1}{\alpha}} \tag{10-125}$$

就满足不等式(10－124)，从而有 $\dot{x}|x|^{\alpha}\text{sign}(x) < 0$。

同式(10－119)，现在进一步假定，存在两常数 m，d_0，使函数 $d(x, t)$ 满足：

$$|d(x, t)| < d_0 + \left|\frac{x}{m}\right|^{\alpha} \tag{10-126}$$

那么,当 $|x|^{\alpha} > \dfrac{m^{\alpha}}{km^{\alpha}-1}d_0$ 时,也即满足方程(10-127)时,有 $\dot{x}|x|^{\alpha}\mathrm{sign}(x) < 0$

$$|x| > \left(\frac{m^{\alpha}}{m^{\alpha}-1/k}\right)^{\frac{1}{\alpha}}\left(\frac{d_0}{k}\right)^{\frac{1}{\alpha}} \tag{10-127}$$

因此闭环系统的解 $x(t)$ 都将进入区间 $\left[-\left(\dfrac{m^{\alpha}}{m^{\alpha}-1/k}\right)^{\frac{1}{\alpha}}\left(\dfrac{d_0}{k}\right)^{\frac{1}{\alpha}}, \left(\dfrac{m^{\alpha}}{m^{\alpha}-1/k}\right)^{\frac{1}{\alpha}}\left(\dfrac{d_0}{k}\right)^{\frac{1}{\alpha}}\right]$ 之内,即 $x(t)$ 最终都要进入误差小于 $\left(\dfrac{m^{\alpha}}{m^{\alpha}-1/k}\right)^{\frac{1}{\alpha}}\left(\dfrac{d_0}{k}\right)^{\frac{1}{\alpha}}$ 的范围。

显然,在非线性反馈方程(10-121)之下,闭环系统的稳态误差是与量 (d_0/k) 的 $1/\alpha$ 次方成正比。在控制器设计时,通常满足 $k > |d_0|$,因此只要 $0 \leqslant \alpha < 1$ $(1/\alpha > 1)$,就有

$$\left(\frac{d_0}{k}\right)^{\frac{1}{\alpha}} \ll \frac{d_0}{k} \tag{10-128}$$

当反馈增益 k 超过扰动 d_0 的作用范围,非线性反馈方程(10-121)所留下的稳态误差远小于线性反馈方程(10-115)留下的稳态误差。

如果假定 $d(x,t) \equiv d_0 = \mathrm{const} > 0$,闭环系统方程(10-122)变成:

$$\dot{x} = -k|x|^{\alpha}\mathrm{sign}(x) + d_0 \tag{10-129}$$

让右端函数等于零,得系统平衡点方程:

$$-k|x|^{\alpha}\mathrm{sign}(x) + d_0 = 0 \tag{10-130}$$

这个方程有唯一的根——系统的平衡点 $x_0 = (d_0/k)^{1/\alpha}$。式(10-127)的所有解最终都要稳定在这个平衡点上。因此这个平衡点就代表闭环系统的稳态误差。显然,对固定的 d_0 和反馈增益 k 来说,反馈幂次 α 的不同所确定的稳态误差 $(d_0/k)^{1/\alpha}$ 差别很大。

平衡点方程(10-130)的根是曲线 $y = k|x|^{\alpha}\mathrm{sign}(x)$ 和直线 $y = d_0$ 的交叉点在 x 轴上的坐标,图 10-62 显示的是 $d_0 = 1$、$k = 1.5$,而 α 分别取 2、1、1/2、1/3、1/5 时的稳态误差(x 轴上的坐标),幂次 α 越小,稳态误差就越小,而且随着 α 趋近于 0,稳态误差也趋近于 0。

若把 d_0 看作对式(10-129)的外部扰动,则稳态误差 $(d_0/k)^{1/\alpha}$ 代表反馈 $u = -k|x|^{\alpha}\mathrm{sign}(x)$ 抑制扰动 d_0 的效果。上述现象说明:增大反馈增益 k 能以反比例的方式减小误差,而减小幂次 α 却能以数量级的方式减小稳态误差,因此抑制扰动的效率更高。

当 $\alpha \neq 1$ 时,反馈(10-121)是非线性的。$\alpha > 1$ 时,函数 $k|x|^{\alpha}\mathrm{sign}(x)$ 处处可微,是光滑的,但是 $\alpha < 1$ 时,在 $x = 0$ 处不可微,导数趋近无穷大,是非光滑的。从光滑反馈的视角来看,线性反馈抑制扰动的效率最好;从非光滑反馈的视角来看,传统线性反馈抑制扰

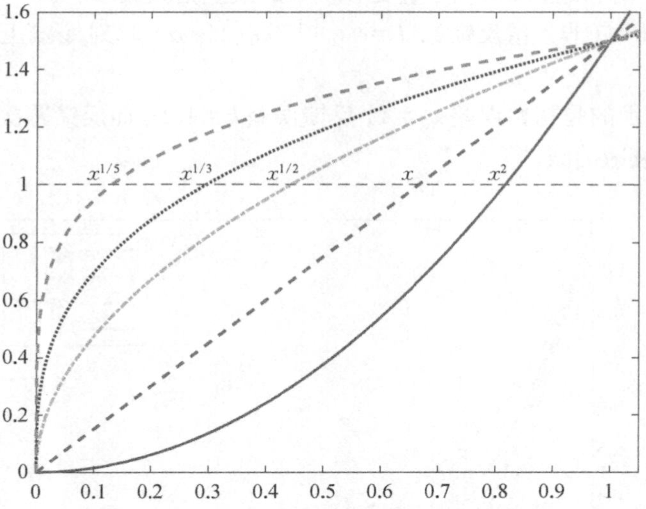

图 10-62　$y = k|x|^{\alpha}\mathrm{sign}(x)$ 和 $y = d_0$ 的交叉点

动的能力是最差的。光滑反馈能够使得误差指数收敛,收敛时间的上界是正无穷;而非光滑反馈则能够实现误差的有限时间收敛,收敛时间的上界是一个确定值。

将反馈(10-121)中的幂次 α 减小到 0,那么状态反馈变成:

$$u = -k\mathrm{sign}(x) \tag{10-131}$$

这时,无论扰动 $d(t)$ 在 $|d(t)| < d_0$ 范围内如何变化,只要反馈增益 k 超过 d_0,闭环的稳态误差都变成 0。这种状态反馈完全抑制住了外扰作用。这种闭环系统的稳态特性是与外扰 $d(t)$ 完全无关,是独立于外扰作用的。这就是变结构控制对外扰具有独立性(或不变性)的基本机理。

上面讨论了在反馈(10-121)的作用下闭环系统的稳态特性。下面分析无外扰作用($d_0=0$)时误差衰减的动态特性。在式(10-129)中令 $d_0 = 0$,得

$$\dot{x} = -k|x|^{\alpha}\mathrm{sign}(x) \tag{10-132}$$

这个系统有一般解的表达式:

$$x(t) = \begin{cases} \dfrac{\mathrm{sign}(x_0)}{\left(\dfrac{1}{|x_0|^{\alpha-1}} + (\alpha-1)kt\right)^{\frac{1}{\alpha-1}}}, \ \alpha > 1 \\ x_0 e^{-kt}, \ \alpha = 1 \\ \mathrm{sign}(x_0)\left[|x_0|^{1-\alpha} - (1-\alpha)kt\right]^{\frac{1}{1-\alpha}}, \ \alpha < 1 \\ t \leqslant |x_0|^{1-\alpha}/k(1-\alpha) \end{cases} \tag{10-133}$$

式中,$x_0 = x(0)$ 是初始误差。从这个解的表达式知:

(1) 当 $\alpha > 1$ 时(光滑反馈),误差是以 $1/(kt)^{1/(\alpha-1)}$ 的速度衰减到 0。

(2) 当 $\alpha=1$ 时(线性反馈),误差是以 e^{-kt} 的速度指数衰减。

(3) 当 $\alpha<1$ 时(非光滑反馈),$T=|x_0|^{1-\alpha}/k(1-\alpha)$ 时刻,误差已变成 0,以有限时间衰减到 0。

图 10－63 显示的是初始误差 $x_0=1$,反馈误差 $k=1.5$,而反馈幂次 α 分别等于 2、1、0.5、0 时的误差衰减曲线。

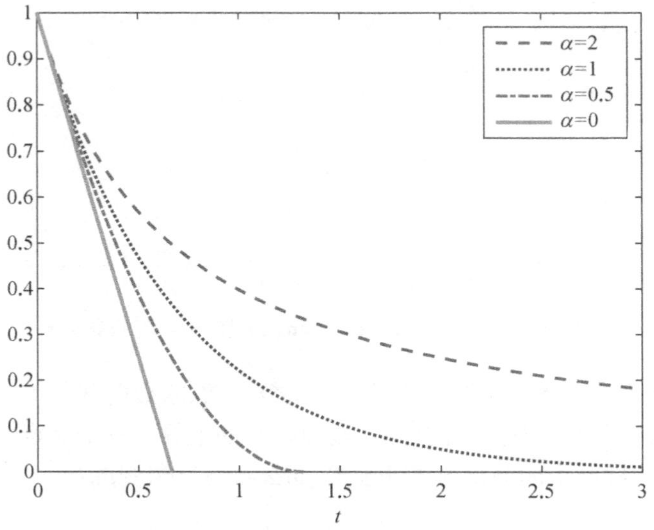

图 10－63　误差衰减曲线

$\alpha\geqslant1$ 确定的光滑误差反馈具有“小误差小增益,大误差大增益”的特点,而 $\alpha<1$ 确定的非光滑误差反馈具有“小误差大增益,大误差小增益”的特点,导致其反馈的效率远比光滑反馈好(图 10－63)。

在 ADRC 中常用的非线性组合如下:

$$u_0=k_0\mathrm{fal}(e_0,a_0,\delta)+k_1\mathrm{fal}(e_1,a_1,\delta)+k_2\mathrm{fal}(e_2,a_2,\delta) \tag{10-134}$$

$$u_0=k_0e_0+\mathrm{fhan}(e_1,ce_2,\delta,h_0) \tag{10-135}$$

对于第一种非线性组合来说,a 和 δ 是可以调节的参数,根据工程经验一般取 $\delta=0.1$,$a_0<0<a_1<1<a_2$。此外,在二阶系统的控制中一般只用误差 e_1 和误差微分 e_2 来组成非线性 PD 控制器:

$$u_0=K_p\mathrm{fal}(e_1,a_1,\delta)+K_d\mathrm{fal}(e_2,a_2,\delta) \tag{10-136}$$

第二种非线性组合用到的 $\mathrm{fhan}(e_1,ce_2,\delta,h_1)$ 与跟踪微分器 TD 中用到的 $\mathrm{fhan}(e_1,x_2,\delta,h_0)$ 略有不同:用于误差反馈时,其参数 c 称为阻尼因子,相当于 PID 的微分增益;h_1 为精度因子,决定跟踪设定值的跟踪精度,$1/h_1$ 相当于 PID 的比例增益。非线性的控制组合可实现“小误差大增益,大误差小增益”的效果。最后根据 ESO 对扰动的估计值 z_3 及非线性状态误差反馈得到的虚拟控制量 u_0 可以得到真实控制量 u 为

$$u = (u_0 - z_3)/b_0 \tag{10-137}$$

其中，b_0 是补偿因子，其值一般是已知的控制器放大增益，若未知，则取真实值附近的估计值。

10.2.3　导弹自抗扰控制设计实例

以 STT 导弹为例，给出自抗扰控制的设计实例。STT 导弹的俯仰通道与偏航通道采用过载控制，可以选择过载和过载变化率为状态变量，建立二阶链式积分的控制模型，设计二阶自抗扰控制器；也可以选择过载和角速度为状态变量，建立两个一阶系统串联的控制模型，设计两个一阶自抗扰控制器。滚转通道则选择滚转角和滚转角速度为状态变量，控制模型为二阶链式积分形式，设计二阶自抗扰控制器。

考虑到 STT 导弹一般安装了加速度计和陀螺仪作为传感器，过载、角度和角速度信息是可以直接量测得到的。因此对于俯仰通道与偏航通道，可建立过载与角速度为状态变量的控制模型，进而通过时标分离法将整个模型分解为内外环，其中过载定义为“慢变量”，作为系统外环；角速度定义为“快变量”，作为系统内环，对于内外环各设计一阶自抗扰控制器。而对于滚转通道，则建立滚转角与滚转角速度为状态变量的二阶控制模型，设计二阶自抗扰控制器。

根据第 7 章的推导，STT 导弹在俯仰通道和偏航通道中的过载表示为

$$\begin{aligned} n_y &= \frac{V\dot{\theta}}{\lambda_{hd}g} = \frac{V}{\lambda_{hd}g}(b_\alpha \alpha + b_{\delta_z}\delta_z) \\ n_z &= -\frac{V\dot{\psi}_v}{\lambda_{hd}g} = -\frac{V}{\lambda_{hd}g}(b_\beta \beta + b_{\delta_y}\delta_y) \end{aligned} \tag{10-138}$$

式中，λ_{hd} 是通常设置为 1 的比例系数。n_y 和 n_z 在弹道坐标系中定义。此外，气动舵力可以忽略不计，即 $b_{\delta_z}\delta_z$ 和 $b_{\delta_y}\delta_y$ 非常小。对 n_y 和 n_z 求导可得

$$\begin{aligned} \dot{n}_y &= \frac{V}{\lambda_{hd}g}b_\alpha\dot{\alpha} = \frac{V}{\lambda_{hd}g}b_\alpha(\omega_z - b_\alpha\alpha - b_{\delta_z}\delta_z) = \frac{Vb_\alpha}{\lambda_{hd}g}\omega_z - b_\alpha n_y \\ \dot{n}_z &= -\frac{V}{\lambda_{hd}g}b_\beta\dot{\beta} = -\frac{V}{\lambda_{hd}g}b_\beta(\omega_y - b_\beta\beta - b_{\delta_y}\delta_y) = -\frac{Vb_\beta}{\lambda_{hd}g}\omega_y - b_\beta n_z \end{aligned} \tag{10-139}$$

1）俯仰通道与偏航通道的状态方程

定义状态向量 $\boldsymbol{X}_y = [n_y \quad \omega_z]^{\mathrm{T}}$ 和控制输入 $\boldsymbol{U}_y = \delta_z$，从而得到俯仰通道状态方程为

$$\dot{\boldsymbol{X}}_y = \boldsymbol{A}_y\boldsymbol{X}_y + \boldsymbol{B}_y\boldsymbol{U}_y + \boldsymbol{F}_y \tag{10-140}$$

其中，$\boldsymbol{F}_y$ 为俯仰通道动力学模型误差，且

$$\boldsymbol{A}_y = \begin{bmatrix} -b_\alpha & \dfrac{b_\alpha V}{\lambda_{hd}g} \\ \dfrac{\lambda_{hd}g}{V}\cdot\dfrac{a_\alpha}{b_\alpha} & a_{\omega_z} \end{bmatrix},\ \boldsymbol{B}_y = \begin{bmatrix} 0 \\ -\dfrac{a_\alpha}{b_\alpha}b_{\delta_z} + a_{\delta_z} \end{bmatrix}$$

同理,偏航通道可表示为

$$\dot{\boldsymbol{X}}_z = \boldsymbol{A}_z\boldsymbol{X}_z + \boldsymbol{B}_z\boldsymbol{U}_z + \boldsymbol{F}_z \tag{10-141}$$

其中, $\boldsymbol{X}_z = [n_z \quad \omega_y]^{\mathrm{T}}$, $\boldsymbol{U}_z = \delta_y$, $\boldsymbol{F}_z$ 为偏航通道动力学模型误差,且

$$\boldsymbol{A}_z = \begin{bmatrix} -b_\beta & -\dfrac{b_\beta V}{\lambda_{hd} g} \\ -\dfrac{\lambda_{hd} g}{V} \cdot \dfrac{a_\beta}{b_\beta} & a_{\omega_y} \end{bmatrix}, \quad \boldsymbol{B}_z = \begin{bmatrix} 0 \\ -\dfrac{a_\beta}{b_\beta} b_{\delta_y} + a_{\delta_y} \end{bmatrix}$$

2)滚转通道的状态方程

滚转通道状态变量定义为 $\boldsymbol{X}_x = [\gamma \quad \omega_x]^{\mathrm{T}}$, 控制输入为 $\boldsymbol{U}_x = \delta_x$, 从而得到滚转通道状态方程为

$$\dot{\boldsymbol{X}}_x = \boldsymbol{A}_x\boldsymbol{X}_x + \boldsymbol{B}_x\boldsymbol{U}_x + \boldsymbol{F}_x \tag{10-142}$$

其中, $\boldsymbol{F}_x$ 为滚转通道动力学模型误差,且

$$\boldsymbol{A}_x = \begin{bmatrix} 0 & 1 \\ 0 & c_{\omega_x} \end{bmatrix}, \quad \boldsymbol{B}_x = \begin{bmatrix} 0 \\ c_{\delta_x} \end{bmatrix}$$

1. STT 导弹自抗扰控制器设计

根据上节推导的 STT 导弹状态方程,以俯仰通道为例进行自抗扰控制器的设计,包括对 TD、ESO 和 NLSEF 的设计。控制框图见图 10-64。

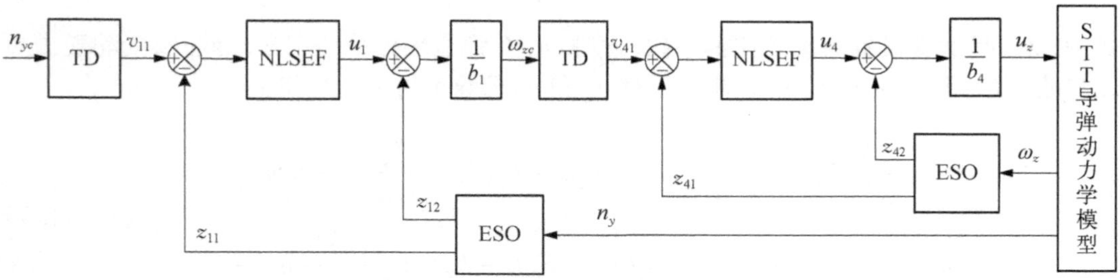

图 10-64 俯仰通道控制框图

1)TD 的设计

TD 跟踪设定的参考输入,即制导系统产生的外环参考指令 n_{yc}、n_{zc} 和内环参考指令 ω_{yc}、ω_{zc},以及滚转通道的 γ_c,从而为系统安排合适的过渡过程。为了避免高频震颤,用二阶纯积分器串联型离散系统的最速控制综合函数来派生二阶最速离散 TD。

以俯仰通道为例,离散化外环 TD 为

$$\begin{cases} \mathrm{fh} = \mathrm{fhan}[v_{11}(k) - n_{yc}(k),\ v_{12}(k),\ r_0,\ h_0] \\ v_{11}(k+1) = v_{11}(k) + hv_{12}(k) \\ v_{12}(k+1) = v_{12}(k) + h\mathrm{fh} \end{cases} \tag{10-143}$$

离散化内环 TD 为

$$\begin{cases} \mathrm{fh} = \mathrm{fhan}[v_{41}(k) - \omega_{zc}(k),\ v_{42}(k),\ r_0,\ h_0] \\ v_{41}(k+1) = v_{41}(k) + hv_{42}(k) \\ v_{42}(k+1) = v_{42}(k) + h\mathrm{fh} \end{cases} \tag{10-144}$$

其中,fhan 为前文所述的最速控制综合函数; r_0 是快速因子; h_0 是滤波因子。

将制导系统产生的参考指令分别送入 TD,调节每个 TD 的相关参数,即可得到合适的安排了过渡过程之后的参考输入及其微分信号:

$$n_{yc} \Leftrightarrow v_{11}$$

$$n_{zc} \Leftrightarrow v_{21}$$

$$\gamma_c \Leftrightarrow v_{31}$$

$$\omega_{zc} \Leftrightarrow v_{41}$$

$$\omega_{yc} \Leftrightarrow v_{51}$$

2）ESO 的设计

（1）俯仰与偏航通道的 ESO。

对于俯仰与偏航通道而言,采用内外环设计,各通道内外环均为一阶系统,故建立二阶 ESO。下面以俯仰通道为例进行描述,偏航通道仅需根据上节推导得到的模型将其中的变量进行更换即可。

外环 ESO 设计为

$$\begin{cases} e(k) = z_{11}(k) - n_y(k) \\ z_{11}(k+1) = z_{11}(k) + h\left[z_{12}(k) - \beta_{11}e(k) + \dfrac{b_\alpha V}{\lambda_{hd}g}u(k) - b_\alpha n_y(k)\right] \\ z_{12}(k+1) = z_{12}(k) + h[-\beta_{12}e(k)] \end{cases} \tag{10-145}$$

其中, β_{11}、β_{12} 是状态观测器参数,均是正数; n_y 为导弹纵向过载。

内环 ESO 设计为

$$\begin{cases} e(k) = z_{41}(k) - \omega_z(k) \\ z_{41}(k+1) = z_{41}(k) + h\left[z_{42}(k) - \beta_{41}e(k) + \left(-\dfrac{a_\alpha}{b_\alpha}b_{\delta_z} + a_{\delta_z}\right)u(k) + \right. \\ \qquad \left. \dfrac{\lambda_{hd}g}{V}\cdot\dfrac{a_\alpha}{b_\alpha}n_y(k) + a_{\omega_z}\omega_z(k)\right] \\ z_{42}(k+1) = z_{42}(k) + h[-\beta_{42}e(k)] \end{cases} \tag{10-146}$$

其中, β_{41}、β_{42} 是状态观测器参数,均是正数; ω_z 为导弹俯仰角速度。

（2）滚转通道 ESO。

而对于滚转通道而言,采用二阶姿态控制策略,针对该二阶系统,建立三阶 ESO 如下:

$$\begin{cases}e(k)=z_{31}(k)-\gamma(k)\\z_{31}(k+1)=z_{31}(k)+h[z_{32}(k)-\beta_{31}e(k)]\\z_{32}(k+1)=z_{32}(k)+h[z_{33}(k)-\beta_{32}e(k)+c_{\delta_x}u(k)+c_{\omega_x}\omega_x(k)]\\z_{33}(k+1)=z_{33}(k)+h[-\beta_{33}e(k)]\end{cases}\tag{10-147}$$

其中，β_{31}、β_{32}、β_{33} 是状态观测器参数，均是正数；γ 为导弹滚转角；ω_x 为导弹滚转角速度。

3）NLSEF 设计

对每个状态量，由 TD 及 ESO 得到状态量的误差信号，由状态误差反馈律得到纯积分器串联型系统的标准控制量。

（1）俯仰通道和偏航通道 NLSEF。

俯仰通道和偏航通道非线性反馈算法相似，采用内外环形式分别设计控制律，以俯仰通道为例，为了避免高频震颤现象，采用在原点附近具有线性段的连续幂次函数 $\text{fal}(e,\ \alpha,\ \delta)$设计反馈算法。

① 外环：

$$\begin{cases}e_{11}=v_{11}-z_{11}\\u_1=-k_1\text{fal}(e_{11},\ a_1,\ \delta_1)\\\omega_{zc}=(u_1-z_{12})/b_1\end{cases}\tag{10-148}$$

② 内环：

$$\begin{cases}e_{41}=v_{41}-z_{41}\\u_4=-k_4\text{fal}(e_{41},\ a_4,\ \delta_4)\\u_z=(u_4-z_{42})/b_4\end{cases}\tag{10-149}$$

其中，k_1、k_2 为正数；ω_{zc} 既为外环的控制输出，又为内环的指令输入；u_z 为俯仰通道控制量。

（2）滚转通道 NLSEF。

滚转通道采用姿态控制器，因此可采用 fhan 直接设计为二阶自抗扰控制器，具有如下形式：

$$\begin{aligned}&e_1=v_{31}-z_{31}\\&e_2=v_{32}-z_{32}\\&u_3=-\text{fhan}(e_1,\ c_3e_2,\ r_3,\ h_3)\\&u_x=(u_3-z_{33})/b_3\end{aligned}\tag{10-150}$$

其中，c_3 为滚转通道阻尼因子；r_3 是快速因子；h_3 是滤波因子。

2. *仿真分析*

根据上述控制器设计结果，对某型 STT 导弹飞行过程进行仿真，取初始值为高度 $H=$

6 km、速度 $v = 240$ m/s、$n_{y0} = 0$、$n_{z0} = 0$、$\gamma_0 = 0°$。给定指令信号为 $n_{yc} = n_{zc} = 1$、$\gamma_c = 10°$、仿真步长 $h = 0.01$，选取的导弹参数及设计的控制系统参数见表 10-1。

表 10-1　导弹参数及自抗扰控制系统参数

参　数	数　值
I	$I_{yy} = I_{zz} = 6.279$, $I_{xx} = 0.14$
r_{0i}	$r_{01} = r_{02} = 10$, $r_{03} = 2$, $r_{04} = r_{05} = 20$
h_{0i}	$h_{01} = h_{02} = h_{03} = 5h$, $h_{04} = h_{05} = 2h$
ω_{0i}	$\omega_{01} = \omega_{02} = 10$, $\omega_{03} = 5$, $\omega_{04} = \omega_{05} = 20$
β_{1i}	$\beta_{11} = 2\omega_{01}$, $\beta_{12} = \omega_{01}^2$
β_{2i}	$\beta_{21} = 2\omega_{02}$, $\beta_{22} = \omega_{02}^2$
β_{3i}	$\beta_{31} = 3\omega_{03}$, $\beta_{32} = 3\omega_{03}^2$, $\beta_{33} = \omega_{03}^3$
β_{4i}	$\beta_{41} = 2\omega_{04}$, $\beta_{42} = \omega_{04}^2$
β_{5i}	$\beta_{51} = 2\omega_{05}$, $\beta_{52} = \omega_{05}^2$
α_i	$\alpha_1 = 1$, $\alpha_2 = 0.8$, $\alpha_4 = \alpha_5 = 0.5$
δ_i	$\delta_1 = \delta_2 = 10h$, $\delta_4 = \delta_5 = 5h$
c_3	$c_3 = 2$
r_3	$r_3 = 1.5$
h_3	$h_3 = 2h$

1）未加入扰动补偿的仿真结果

（1）俯仰通道。

俯仰通道的过载与角速度变化曲线如图 10-65 和图 10-66 所示。

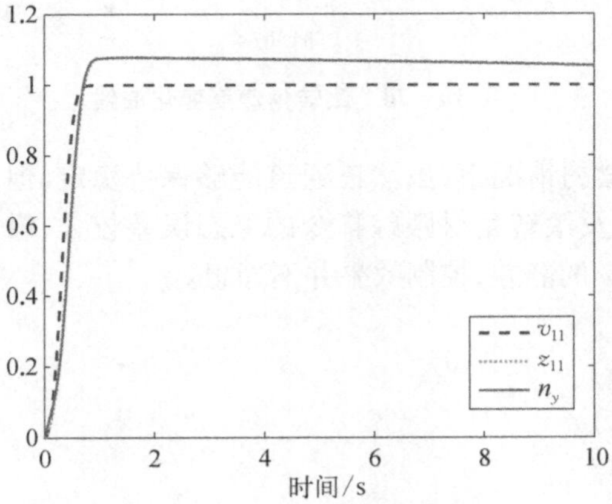

图 10-65　法向过载变化曲线

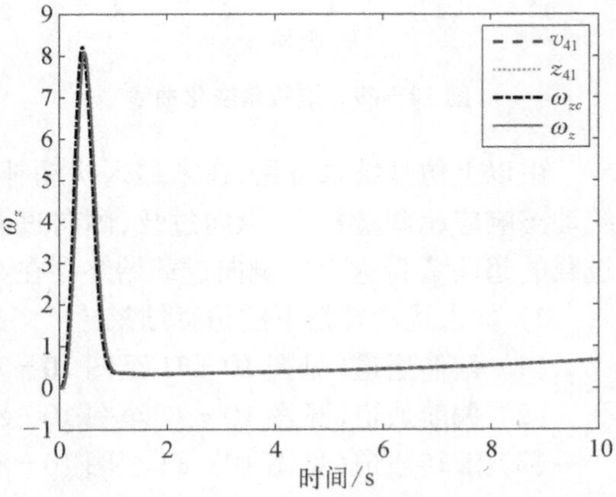

图 10-66　俯仰角速度变化曲线

（2）偏航通道。

偏航通道的过载与角速度变化曲线如图 10-67 和图 10-68 所示。

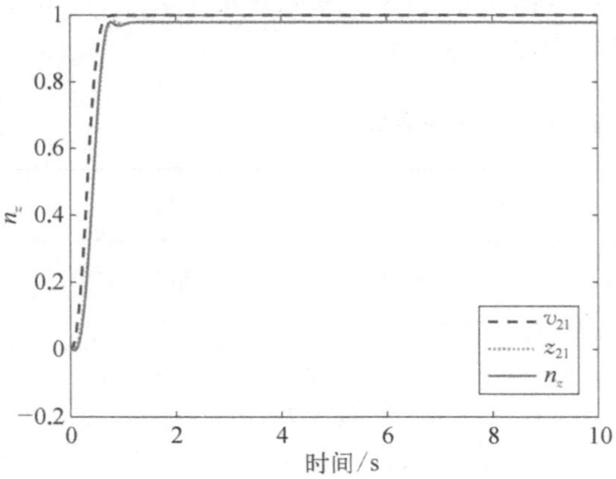

图 10-67　侧向过载变化曲线

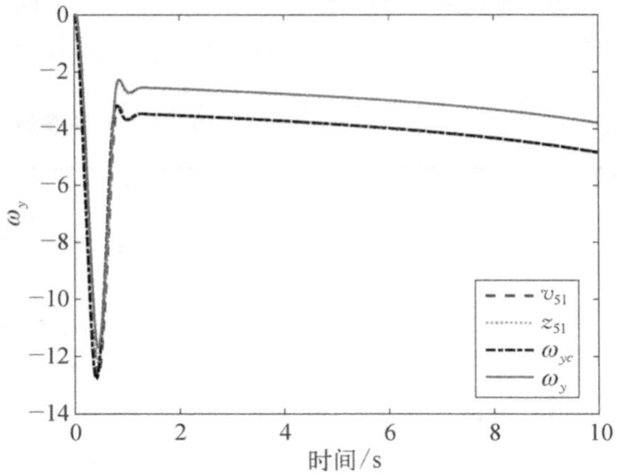

图 10-68　偏航角速度变化曲线

（3）滚转通道。

滚转角与滚转角速度变化曲线如图 10-69 和图 10-70 所示。

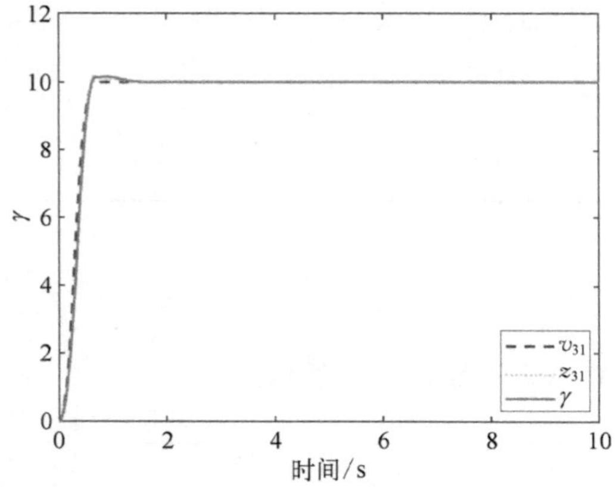

图 10-69　滚转角变化曲线

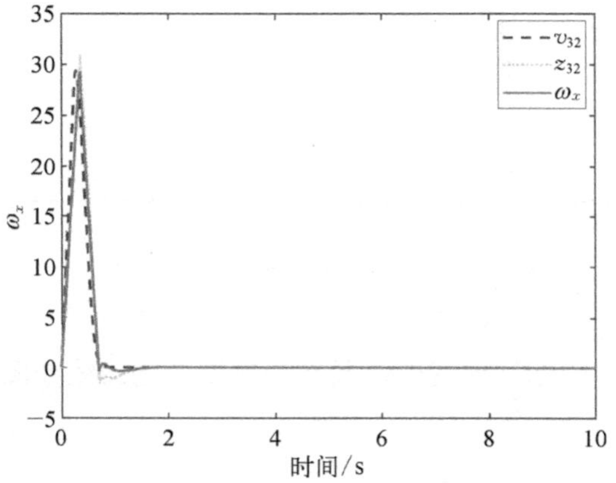

图 10-70　滚转角速度变化曲线

由以上仿真结果可见，在未加入扰动补偿的情况下，虽然三通道能够保持稳定，但系统动态响应超调量较大，纵向过载、侧向过载及滚转角对跟踪指令的稳态误差较大，纵向过载的超调量高达 7%，侧向过载始终存在 5%的静差，控制效果并不理想。

2）加入扰动补偿下的仿真结果

（1）俯仰通道（见图 10-71 至图 10-76）。

（2）偏航通道（见图 10-77 至图 10-82）。

（3）滚转通道（见图 10-83 至图 10-85）。

由图 10-74、图 10-76、图 10-80、图 10-82、图 10-85 可知，俯仰、偏航、滚转三个通道的 ESO 均能够在 2 s 内有效估计未知扰动。通过在控制律中施加补偿，实现了超调量小于 1%，稳态误差小于 0.1%（如图 10-71、图 10-77、图 10-83）。对比未加入扰动补偿的结果可见，加入扰动补偿能够有效提升控制器的品质，纵向过载、侧向过载及滚转角能够有效跟踪指令，系统动态性能及稳态性能均得到提升，达到较为理想的跟踪效果。

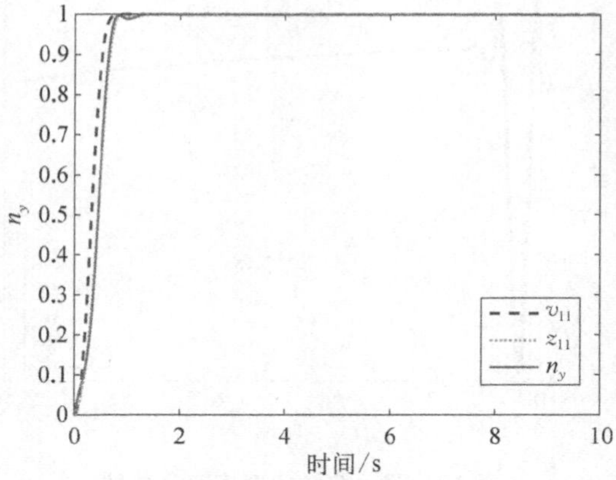

图 10－71　法向过载变化曲线

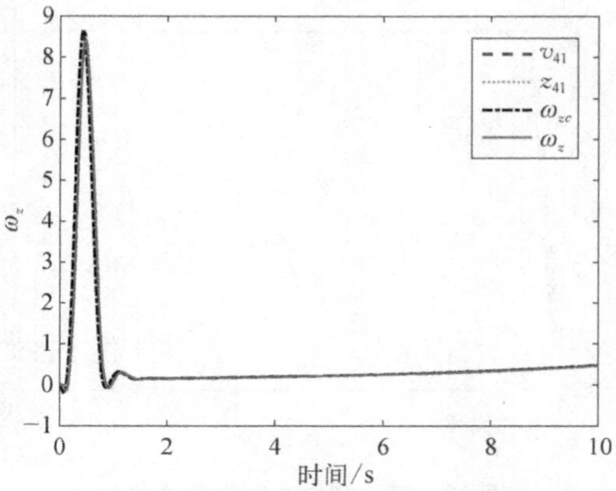

图 10－72　俯仰角速度变化曲线

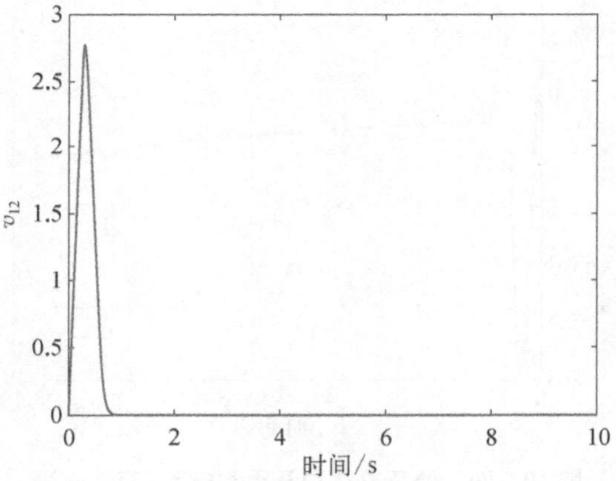

图 10－73　v_{12} 变化曲线

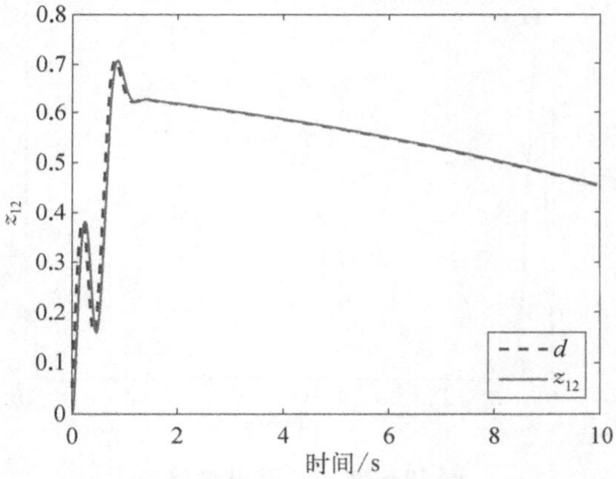

图 10－74　外环总扰动及观测值 z_{12} 变化曲线

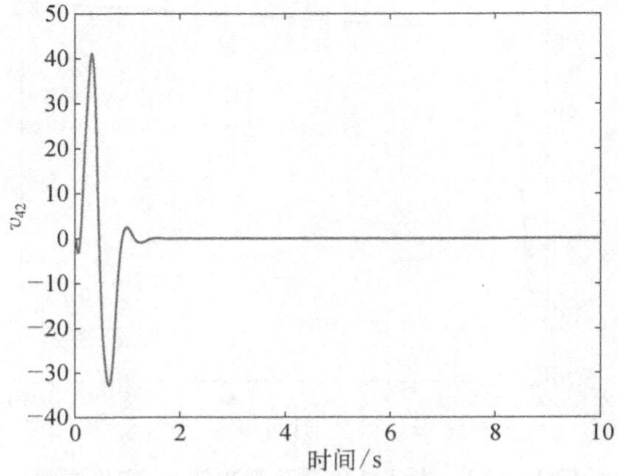

图 10－75　v_{42} 变化曲线

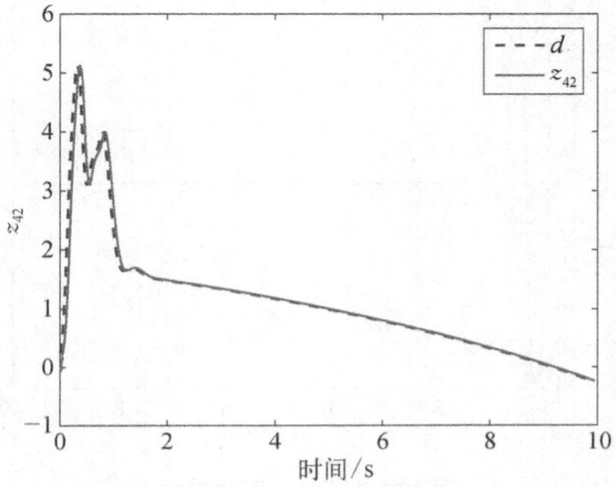

图 10－76　内环总扰动及观测值 z_{42} 变化曲线

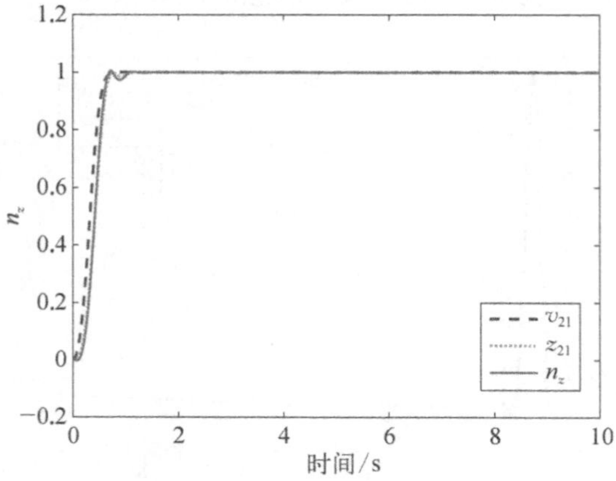

图 10－77　侧向过载变化曲线

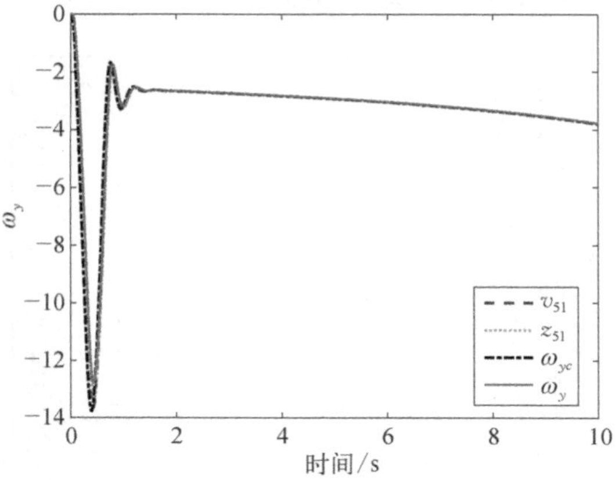

图 10－78　偏航角速度变化曲线

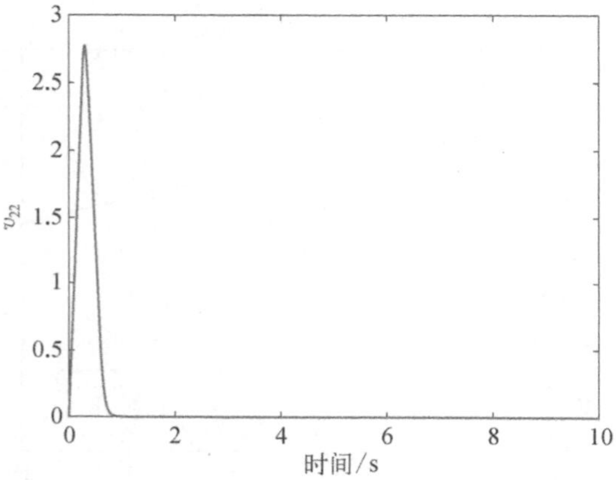

图 10－79　v_{22} 变化曲线

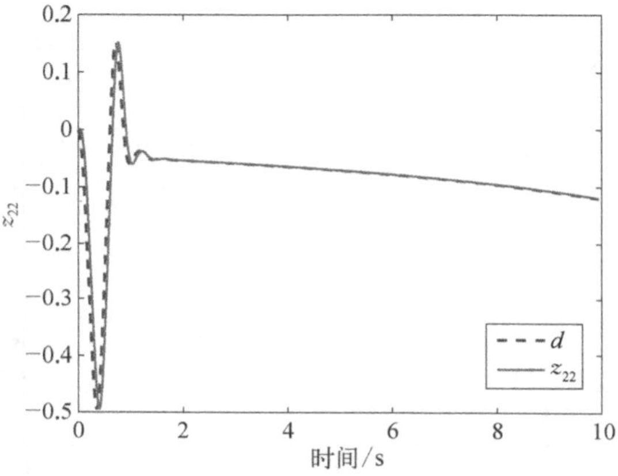

图 10－80　外环总扰动及观测值 z_{22} 变化曲线

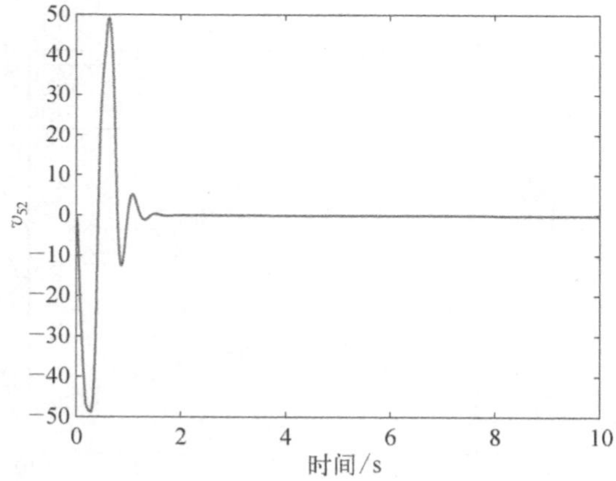

图 10－81　v_{52} 变化曲线

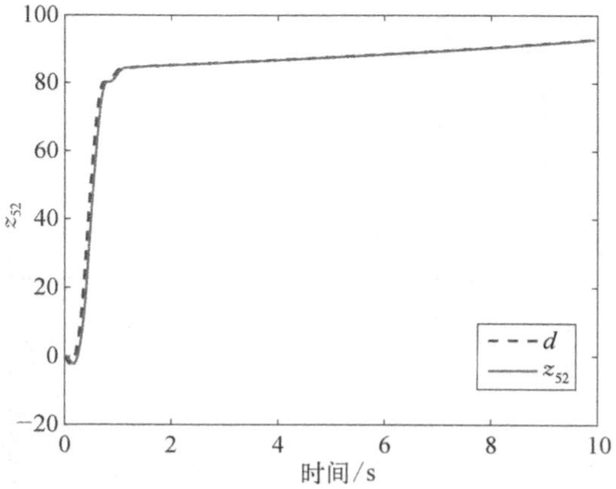

图 10－82　内环总扰动及观测值 z_{52} 变化曲线

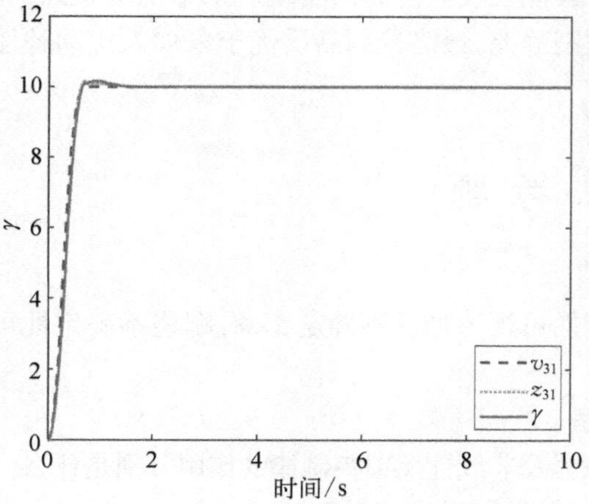

图 10-83　滚转角变化曲线

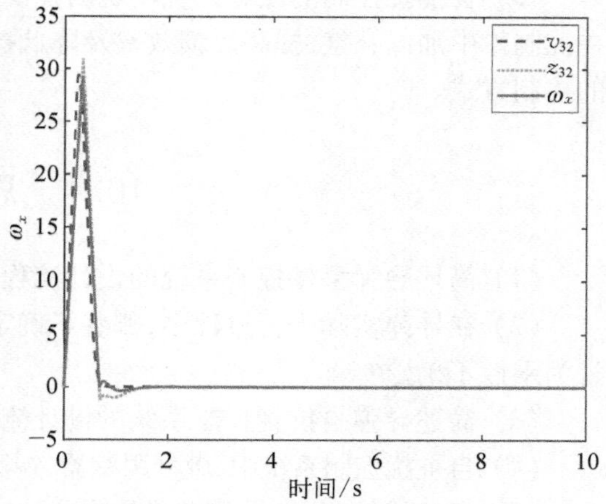

图 10-84　滚转角速度变化曲线

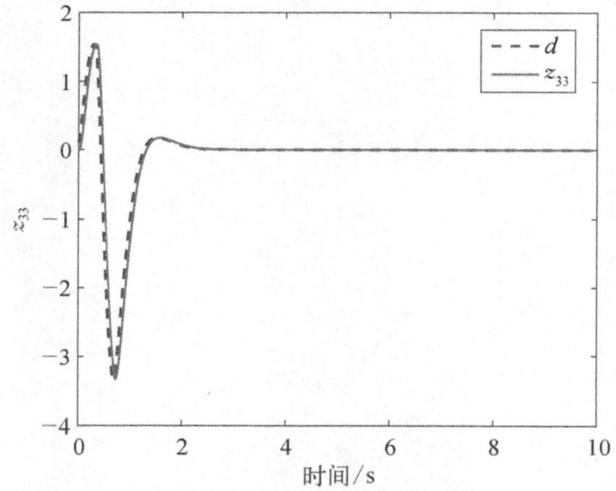

图 10-85　总扰动及观测值 z_{33} 变化曲线

10.3　本章要点

(1) 鲁棒控制系统设计中可首先将待研究问题转换为标准 H_∞ 问题，然后利用标准 H_∞ 问题归纳出鲁棒性能指标 H_∞ 范数条件以及鲁棒稳定性 H_∞ 范数条件。由鲁棒性能指标 H_∞ 范数条件和鲁棒稳定性 H_∞ 范数条件可知，鲁棒控制器的求解过程就是 H_∞ 范数寻优的过程。

(2) 自抗扰控制包含跟踪微分器、扩张状态观测器和非线性状态误差反馈控制律三个部分：跟踪微分器以控制系统的期望状态指令作为输入，输出具备合适过渡过程的跟踪信号及微分；扩张状态观测器根据系统的输出和输入给出总扰动估计值和其他各阶状态变量估计值；非线性状态误差反馈控制律借助非线性函数“小误差、大增益，大误差、小增益”的特性实现更高效的反馈控制。

(3) 自抗扰控制的核心是扰动观测补偿,其能在较短时间内实现对未知扰动跟踪,并在控制律中加以补偿,提高反馈效率及降低控制静差,最终控制品质优于未加入扰动补偿的控制方式。

10.4 思考题

(1) 简述导弹鲁棒控制系统的设计流程。

(2) 在导弹实际飞行过程中,哪些不确定性可视为加性不确定,又有哪些不确定性可视为乘性不确定?

(3) 简述导弹自抗扰控制系统的设计流程。

(4) 自抗扰控制系统中,微分跟踪器、观测器及非线性反馈控制律的作用分别是什么?

(5) 自抗扰控制中,导弹所受的哪些扰动可视为“总和扰动”?

(6) 鲁棒控制与自抗扰控制克服导弹所受扰动的原理分别是什么?

参考文献

[1] Bryson A E. Applied optimal control: optimization, estimation and control[M]. CRC Press, 1975.
[2] Yuan P J, Chen J S. Ideal proportional navigation [J]. Journal of Guidance, Control and Dynamics, 1992, 15(5): 1161 - 1165.
[3] 王婷,周军.三维理想比例导引律的捕获区域分析[J].西北工业大学学报, 2007(1): 83 - 86.
[4] Siouris G M. Comparison between proportional and augmented proportional navigation [J]. Nachrichtentechnische Zeitschrift, 1974, 27(7): 278 - 280.
[5] 陈增强,刘俊杰,孙明玮. 一种新型控制方法——自抗扰控制技术及其工程应用综述[J]. 智能系统学报,2018,13(6): 865 - 877.
[6] Lee H, Utkin V I. Chattering suppression methods in sliding mode control systems[J]. Annual Reviews in Control, 2007, 31(2): 179 - 188.
[7] Charlet B, Lévine J, Marino R. On dynamic feedback linearization[J]. Systems & Control Letters, 1989, 13(2): 143 - 151.
[8] Krstic M, Kanellakopoulos I, Kokotovic P V. Nonlinear design of adaptive controllers for linear systems [J]. IEEE Transactions on Automatic Control, 1994, 39(4): 738 - 752.
[9] 李新国,方群.有翼导弹飞行动力学[M].西安：西北工业大学出版社,2005.
[10] 钱杏芳,林瑞雄,赵亚男.导弹飞行力学[M].北京：北京理工大学出版社,2013.
[11] 王守斌.某型 BTT 导弹实验器自动驾驶仪设计与分析[D].哈尔滨：哈尔滨工业大学,1998.
[12] 彭冠一.防空导弹武器制导控制系统设计[M].北京：宇航出版社,2006.
[13] 袁子怀,钱杏芳.有控飞行力学与计算机仿真[M].北京：国防工业出版社,2001.
[14] 于英杰,张运,刘藻珍.制导航弹飞行力学中的坐标系研究[J].兵工学报,2002,23(2): 201 - 204.
[15] 卢晓东,周军,刘光辉,等.导弹制导系统原理[M].北京：国防工业出版社,2015.
[16] 林涛,肖支才,李涛,等.导弹制导与控制系统原理[M].北京：北京航空航天大学出版社,2021.
[17] 史震,赵世军.导弹制导与控制原理[M].哈尔滨：哈尔滨工程大学出版社,2002.
[18] 雷虎民.导弹制导与控制原理[M].北京：国防工业出版社,2006.
[19] 杨军.导弹控制原理[M].北京：国防工业出版社,2010.
[20] 孟秀云.导弹制导与控制系统原理[M].北京：北京理工大学出版社,2003.
[21] 李士勇,章钱.智能制导：寻的导弹智能自适应导引律[M].哈尔滨：哈尔滨工业大学出版社,2011.
[22] 杨军,朱学平,贾晓洪,等.空空导弹制导控制总体技术[M].西安：西北工业大学出版社,2022.
[23] 穆虹.防空导弹雷达导引头设计[M].北京：中国宇航出版社,1996.
[24] 甘伟佑.导弹技术词典：寻的制导与遥控制导的弹上装置[M].北京：宇航出版社,1991.
[25] 黄新生.导弹制导控制系统设计[M].长沙：国防科技大学出版社,2013.
[26] 刘兴堂.导弹制导控制系统分析、设计与仿真[M].西安：西北工业大学出版社,2006.

[27] 李超. 地空导弹武器系统遥控制导体制应用与发展[J]. 科技信息,2012(03):119+121.
[28] 甄建伟,吴力力,李金明. 激光驾束制导机制弹药的发展及战场运用[J]. 飞航导弹,2017,(04):60-64.
[29] 刘洁瑜. 导弹惯性制导技术[M]. 西安:西北工业大学出版社,2010.
[30] 张洪波. 弹道导弹星光-惯性复合制导技术[M]. 北京:科学出版社,2021.
[31] 房建成,宁晓琳,刘劲. 航天器自主天文导航原理与方法[M]. 北京:国防工业出版社,2017.
[32] 王巍,邢朝洋,冯文帅. 自主导航技术发展现状与趋势[J]. 航空学报,2021,42(11):18-36.
[33] 杨小冈,陈世伟,席建祥. 飞行器异源景像匹配制导技术[M]. 北京:科学出版社,2016.
[34] 李小锋,张胜修,孙伟. 飞行器激光主动成像制导图像处理、分析与匹配[M]. 北京:国防工业出版社,2021.
[35] 熊芬芬. 飞行器制导控制方法及其应用[M]. 北京:北京理工大学出版社,2021.
[36] 刘万俊. 导弹飞行力学[M]. 西安:西安电子科技大学出版社,2014.
[37] 林德福,王辉,王江,等. 战术导弹自动驾驶仪设计与制导律分析[M]. 北京:北京理工大学出版社,2012.
[38] 吴杏芬. 倾斜转弯(BTT)控制技术的综合评述[J]. 航天控制,1990,8(2):12.
[39] 温求遒,刘大卫. 导弹精确制导控制原理与设计方法[M]. 北京:北京理工大学出版社,2021
[40] 钱杏芳,林瑞雄,赵亚男. 导弹飞行力学[M]. 北京:北京理工大学出版社,2013.
[41] 祁载康. 战术导弹制导控制系统设计[M]. 北京:中国宇航出版社,2018.
[42] 王娟利,祁载康. 三回路自动驾驶仪特点分析[J]. 北京理工大学学报,2006,(03):239-243.
[43] 王辉,林德福,祁载康. 导弹伪攻角反馈三回路驾驶仪设计分析[J]. 系统工程与电子技术,2012,34(01):129-135.
[44] 张明恩,李庆波,陈国良等. 伪攻角反馈三回路自动驾驶仪频域设计法研究[J]. 工业控制计算机,2021,34(01):14-16.
[45] 王守斌,崔祜涛. 静不稳定 BTT 导弹自动驾驶仪设计[J]. 航空兵器,1998(1):8-12.
[46] Kovach M, Stevens T R, Arrow A. A bank-to-turn autopilot design for an advanced air-to-air interceptor[C]. Monterey: Guidance, Navigation and Control Conference, 1987.
[47] 于桂杰. BTT 导弹自动驾驶仪设计及机动目标加速度估计方法[D]. 哈尔滨:哈尔滨工业大学,2012:22-30.
[48] 孙宝彩,林德福,祁载康. BTT 导弹自动驾驶仪的积分 LQG 控制设计[J]. 弹箭与制导学报,2007,27(3):18-22.
[49] 王广雄,何朕. 应用 H∞ 控制[M]. 哈尔滨:哈尔滨工业大学出版社,2010.
[50] 徐刚. BTT 导弹扰动观测补偿鲁棒控制研究[D]. 哈尔滨:哈尔滨工业大学,2018.
[51] 韩京清. 自抗扰控制技术——估计补偿不确定因素的控制技术[M]. 北京:国防工业出版社,2008.
[52] 朱斌. 自抗扰控制入门[M]. 北京:北京航空航天大学出版社,2017.